普通高等教育“十一五”国家级规划教材

重力与磁法勘探

焦新华 吴燕冈 主编

地质出版社

·北 京·

内 容 提 要

本教材共分三篇。第一篇为重力勘探基础，包括第一、二、三和四章。第二篇为磁法勘探基础，包括第五、六、七和八章。这两篇分别介绍了重力勘探、磁法勘探两种方法的基本理论、测量仪器、野外工作过程以及规则形体重力或磁异常的计算分析。第三篇为重、磁资料的数据处理与解释，包括第九、十、十一和十二章，重点介绍了重力异常、磁异常（简称重、磁异常）的处理与转换，重、磁异常的波数域处理，重、磁异常的反演计算和重、磁资料的地质解释及应用。

将重力勘探与磁法勘探联系起来对应介绍是本书的一个重要特点。它既突出了两种勘探方法各自的独立性，又强调了它们在基本理论方面的相互联系。

本教材适用于勘查技术与工程专业（应用地球物理方向）的本科生必修课专业教学，也可供其他相近专业的教师和工程技术人员参考。

图书在版编目（CIP）数据

重力与磁法勘探 / 焦新华，吴燕冈主编. —北京：地质出版社，2009. 8（2024. 8 重印）

普通高等教材“十一五”国家级规划教材

ISBN 978-7-116-06170-5

Ⅰ. 重…　Ⅱ. ①焦…②吴…　Ⅲ. ①重力勘探—高等学校—教材②磁法勘探—高等学校—教材　Ⅳ. P631. 1　P631. 2

中国版本图书馆 CIP 数据核字（2009）第 123478 号

ZHONGLI YU CIFA KANTAN

责任编辑：王春庆
责任校对：田建茹
出版发行：地质出版社
社址邮编：北京市海淀区学院路 31 号，100083
电　　话：（010）66554646（邮购部）；（010）66554578（编辑室）
网　　址：https：//www. gph. clmpg. com
印　　刷：固安华明印业有限公司
开　　本：787 mm×1092 mm　1/16
印　　张：21
字　　数：510 千字
版　　次：2009 年 8 月北京第 1 版
印　　次：2024 年 8 月河北第 4 次印刷
定　　价：32. 00 元
书　　号：ISBN 978-7-116-06170-5

前　言

本教材是普通高等教育“十一五”国家级规划教材。是根据教育部对专业改革的要求，在近些年教学改革实践的基础上，参照了原有的“重力勘探”、“磁法勘探”类多部教材的基础上编写的。

本教材在编写过程中，致力于阐明基本理论，注意相关知识的系统性以及现代技术发展的前瞻性。在数据处理与计算过程中强调对计算机应用技术的依赖性，力图提供广泛的浏览，以拓展读者的思路，为今后的发展奠定基础。

本教材各部分分别突出了以下几点。

重力勘探基础部分：

1. 加强了地球内部结构变化与重力关系知识的介绍；

2. 增加了绝对重力测量，现代高精度电子重力仪，海上、航空、井中重力测量以及重力梯度测量内容的介绍。

磁法勘探基础部分：

1. 以磁荷概念为基础，突出泊松关系及其表达式；

2. 给出最新的地球基本磁场资料数据，以有利于实际工作需要；

3. 以介绍电子便携式磁力仪为主，强调 ΔT 测量技术，同时增加了梯度测量、高精度测量以及航磁测量介绍等内容；

4. 借助于重、磁异常的对应关系，对规则形体的磁异常正演计算表达式以列表形式给出，简化了计算过程。

重磁资料处理与综合解释部分：

1. 阐明了重、磁资料预处理中的网格化计算、圆滑以及异常的分离计算等方法之间的共性；

2. 重、磁异常的波数域计算自成体系，单独由第十章给出；

3. 磁法反演计算中偏重于介绍对总强度磁异常 ΔT 的计算方法；

4. 详细介绍了对截面为任意形状的二度体、任意形状三度体的正演计算理论以及在人机联作模拟反演中的应用；

5. 对不同反演计算方法重点介绍基本原理，帮助读者理解这些方法的实质内容。

本教材应用于勘查技术专业应用地球物理方向的本科生必修课专业教学，其他相近专业也可参考使用。书中带星号（*）的内容可供选讲，或一般性参考，一般可不讲授。本教材按80学时讲授使用。

本教材第一、二、三、四章由吴燕冈教授编写，第五、八章由焦新华教授和范美宁副教授编写，第六、七章由焦新华教授和肖锋讲师编写，第九章由范美宁副教授编写，第十、十一、十二章由焦新华教授和管彦武讲师编写。最后由焦新华教授和吴燕冈教授负责全书的统编定稿。

教材编写过程中曾得到过董焕成教授和禹惠民副教授的热心指导并提出了许多宝贵意见，研究生赵玉岩、高铁、孙鹏飞和祁光参加了部分校对工作。在此，向对本书的编写和出版给予支持和帮助的所有人表示衷心的感谢！

要告诉读者的是，第一作者焦新华教授因病于2007年2月11日去世；教材主审董焕成教授亦因病于2006年10月6日去世，他们未能看到教材的出版，令人遗憾！留给我们的是对他们的深切缅怀和无尽的思念。他们在教材编写过程中殚精竭虑，竭尽心智，奉献了他们的才华和心血。教材的顺利出版或许可以告慰他们的在天之灵。

编　者

2009年6月于长春

目　　次

第二篇　磁法勘探基础

第三篇　重、磁资料的数据处理与解释

绪 论

地球重力和地磁场磁力与人类生活关系密切，伴随人类文明活动的进程，人们从未间断对它们的观察、研究和利用。作为应用地球物理学的两个重要分支——重力勘探和磁法勘探，以测量各种地质体的重力场和磁场为主，研究地质体的密度、磁性差异并给出解释，达到研究地壳结构构造与找矿勘探的目的。

人类对重力现象研究有记录的历史可以追溯到公元前古希腊伟大学者亚里士多德（Aristotel，公元前384～322年）的早期描述：运动物体下落的时间与其重量成比例。这一简单的认识直到16世纪才被意大利物理学家伽利略（Galileo G，1564～1642年）所否定。他从大量的实验中总结出：物体坠落的路径长度与它经历的时间的平方成正比，而与物体自身的重量无关。并第一个用他自己发现的自由落体定律测定了重力加速度的近似值，在重力研究方面作出了开创性的贡献。

重力测量从第一次世界大战之后才开始比较广泛地应用于地质勘探——重力勘探。重力勘探所观测、研究的是天然的地球重力场，并且由于从地表附近直至地球深处都存在着物质密度分布的不均匀，所以重力勘探相对来说具有较为经济和勘探深度大的优点。20世纪初期，匈牙利物理学家厄缶（Eötvös V，1848～1919年）发明了测量重力变化率的扭秤，用它在捷克、德国、埃及和美国的油田勘探中获得了成功；40年代，轻便实用的重力仪出现，随着现代科技水平、材料科学、测试技术的发展，精度更高的重力仪逐步问世。测量仪器的不断更新刺激和引导着重力勘探的应用技术以及解释理论的不断发展，同时又反过来对测量仪器本身提出新的更高需求。另一方面，计算机技术的广泛应用，与重力观测资料的整理、重力资料数据处理等重力正、反演计算相关的应用技术也都得到了快速发展，这些新技术提高了重力勘探的工作效率与质量，同时也不断拓宽着重力勘探的应用领域。

在我国重力勘探的应用最早开始于1945年。新中国成立以后，随着国民经济发展的需要，重力勘探工作也得到了快速发展。20世纪60年代，在我国区域地质构造研究、石油、天然气和煤田地质勘探工作中，重力勘探方法都发挥了重要作用。目前我国正在全国范围内有计划地开展1:25万比例尺的区域重力普查工作，它将为我国地质资源进一步开发以及相关研究奠定更好的基础。除陆地外，海洋重力勘探在近海石油勘探以及远洋科学考察方面发挥着重要作用。

人类对地磁现象的发现和应用最早出现在我国。指南针被誉为我国古代四大发明之一。指南针用于航海的记录，最早可见于我国朱彧所著《萍州可谈》，书中记载公元1099～1102年间的史事说道：“舟师识地理，夜则观星，昼则观日，阴晦则观指南针”。公元1123年出使朝鲜的徐竞也记载说：“是夜洋中不可住，惟视星斗前迈，若晦冥则用指南浮针，以揆南北”。

早在17世纪就有人发现罗盘在强磁性的大型磁铁矿附近会偏离南北方向，并利用简易的罗盘观察磁场来探寻铁矿。1870年瑞典的泰朗（Thalen）和铁贝尔（Tiberg）制成了可测定地表不同地点的地磁场相对变化的万能磁力仪，之后运用这种磁力仪开展了较广泛的磁法找矿工作。在泰朗（Thalén）1879 年发表了《用磁测量对铁矿的考察》出版物之后，有人认为这是应用地球物理学的分支——磁法勘探开始发展的一个重要标志。1915 年阿道夫·施密特（Adolf Schmidt）制成刃口式垂直磁秤后，由于提高了观测精度和工作效率，磁法测量不仅在寻找磁铁矿中，而且在圈定磁性岩体、地质构造以及与油田有关的盐丘中也得到应用。1936 年俄国人阿·阿·罗加乔夫（Логачев А А）试制成功感应式航空磁力仪，大大提高了磁测速度，扩大了磁测的应用范围。随着磁测仪器种类和性能的不断提高和完善，20 世纪 60 年代初，美国科学家又把质子旋进磁力仪移装到了船上，开始了大洋磁测，从而推动了地磁学、地学理论的更广泛的应用和发展。

我国的磁法勘探工作开始于 20 世纪 30 年代。新中国成立后，磁法勘探得到了国家和政府的高度重视，在地面磁测、航空磁测、井中磁测和海洋磁测等各方面相继开展，并在找矿勘探及国民经济建设中作出了重大贡献。目前我国已完成了全国范围的 1∶25 万航磁编图，且在大部分地区已完成了大比例尺航空、地面磁测。

重力勘探与磁法勘探作为不同的勘探方法，各自都有漫长的应用发展历史。由于它们的场源机制不同，其测量仪器原理、数据整理过程以及测量结果所反映的地质现象均不相同。只有在详细了解和掌握了重力与磁法各自在基本概念与技术要求的基础上，才能够更有效地发挥它们不同的作用。

另一方面，因重力场与地磁场具有共同的位场基础，无论在模型异常的计算、测量结果的相关处理还是波数域位场转换等多种理论分析和应用方面有很多共同之处，有的可以互相借鉴，有的则可以直接引用。特别在重、磁资料的综合解释中，利用重、磁异常识别场源不同的物理性质既可限制位场反演计算的多解性，又可以提高工作效率。在重、磁场理论与应用研究中，不少学者在重力与磁法综合技术方面做了很多有意义的工作，在阐明重、磁场理论关系的基础上，同时推导出重力与磁场的正演或反演结果，减少了两种方法理论上的重复计算。鉴于这两种勘探方法在基本理论以及实际应用中的相互关系，国内外许多从事重力与磁法勘探的专业人员习惯上把两种方法统称为“重磁勘探”（Gravimagnetic Exploration）。

目前，随着数字技术及计算机技术的发展与应用，不仅使得重力与磁场磁力的仪器测量结果更加准确，应用更加方便，而且使得对重磁资料的数据处理、成图及异常解释逐步实现自动化，大大提高了解释速度和效果，同时又推动了复杂重磁异常解释理论的应用和发展。这两种技术无论在金属与非金属矿产勘探、石油与天然气勘探、岩土与军事工程、文化考古勘探以及地壳结构与深部构造研究方面都发挥着越来越重要的作用。总之，重磁勘探在国民经济和人们生活中占有十分重要的位置。在 21 世纪，更广泛的社会需求将引导人们更多地认识、扶持并发展这项传统科学技术。伴随着新的测量设备、更完善的解释理论的不断出现，其发展和应用将达到新的水平，也将更多地造福于人类。

第一篇　重力勘探基础

本篇包括第一、二、三和四章，主要介绍重力勘探的基本理论、重力测量仪器、野外工作方法以及规则形体重力异常的计算分析。除了系统介绍重力勘探的基础知识外，还突出了以下几个方面的特点：

1）加强了地球内部结构知识的介绍；

2）增加了绝对重力测量及现代高精度电子重力仪的内容；

3）结合不同类型的仪器，介绍了海上、航空、井中重力测量以及重力梯度测量的内容；

4）详细介绍了重力基点网的条件平差方法。

第一章　地球的重力场

地球是一个南北方向稍扁的旋转着的巨大椭球体，在其内部和表面及附近空间的物体都会受到多种力的作用，包括地球的质量对物体产生的引力、物体随着地球自转而引起的惯性离心力等，我们称这两种力的合力为重力。而将地球内部及其附近存在重力作用的空间称为重力场。

第一节　地球的形状及其内部结构

地球重力场的变化与地球的形状及其内部结构密切相关。

一、地球的形状及大地水准面

地球的自然表面十分复杂，人们将平均海水面顺势延伸到陆地下所构成的封闭曲面视为地球的基本形状，并称其为大地水准面。大地水准面形状的一级近似，可视为半径等于地球平均半径（6376km）的球面；二级近似是一个旋转椭球面，赤道半径比两极半径略长；三级近似是梨形体面，与椭球面相比其在北极高出十余米，而在南极凹进二十余米，南北两半球也不对称，如图 1－1 所示，为了醒目起见，图中高出和凹进的距离有明

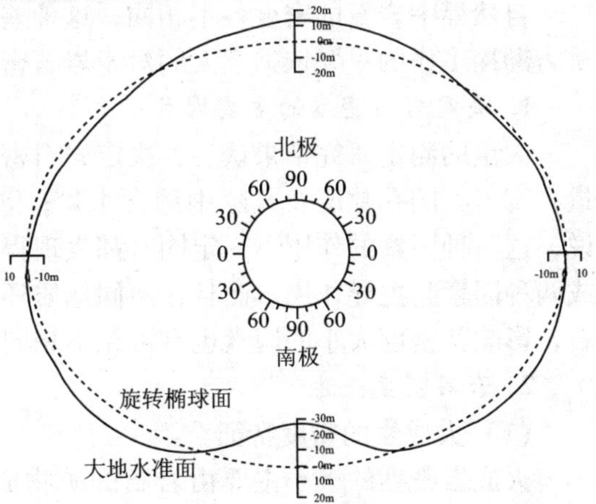

图 1－1　大地水准面示意图

显的夸大。

实际上大地水准面比梨形体面复杂得多。在测量中人们把与大地水准面拟合得最佳的椭球面称为参考椭球面。在1967年瑞士卢塞恩召开的第14届国际大地测量与地球物理协会上，决定以1967年大地测量为基准。即参考椭球的赤道半径（长轴）：$a=6378140\text{m}$，极半径（短轴）$c=6356827\text{m}$，扁率 $\varepsilon=(a-c)/a=1/298.256$。

在确定了参考椭球的基础上，人们在度量地面某点的高度时，不是从大地水准面起算，而是从某一个参考椭球面起算（曾华霖，2005），并将大地水准面到参考椭球面的法线距离称为大地水准面的高程异常。图1－2是根据25个卫星的数据和19328个1°×1°的地面重力资料确定的“1973标准地球”（简称SEⅢ）的大地水准面高程异常。大地水准面相对参考椭球面的起伏，宏观地反映了地球的形状及地球内部物质密度分布的不均匀性，高程异常不超过±110m，可以被用来研究地球内部物质的密度分布。

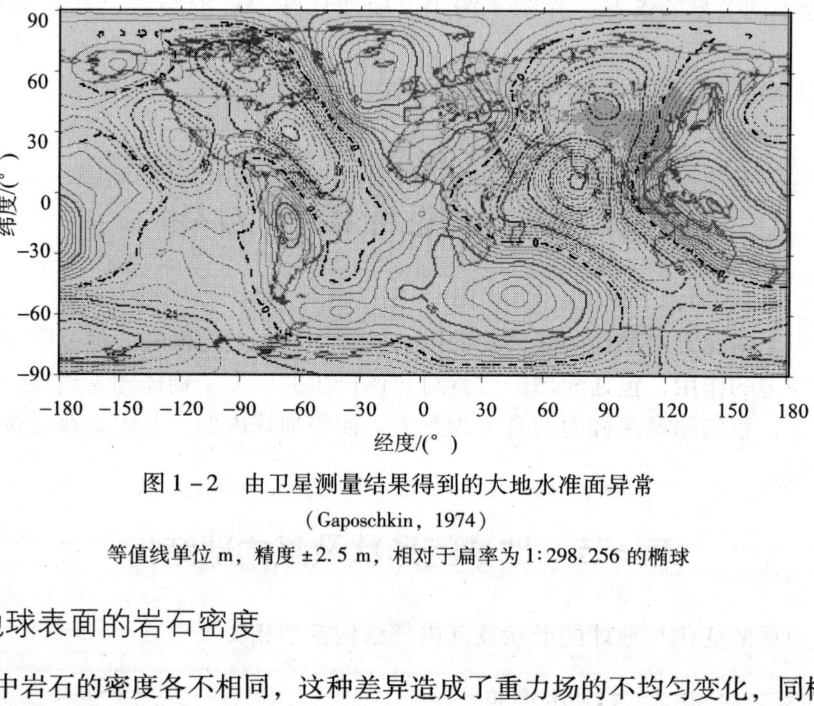

图1－2　由卫星测量结果得到的大地水准面异常

（Gaposchkin，1974）

等值线单位m，精度±2.5 m，相对于扁率为1∶298.256的椭球

二、地球表面的岩石密度

自然界中岩石的密度各不相同，这种差异造成了重力场的不均匀变化，同样也是开展重力勘探工作的重要依据。人们对于岩石密度的认识主要来自于地表附近。

1. 决定岩石密度的主要因素

大量的测定研究结果认为，决定岩石密度大小的主要因素有：①岩石的矿物成分及含量；②岩石的孔隙度及孔隙中的含水量；③岩石的埋藏深度。应当说明，对某种岩石来说，这三种因素的作用不一定同时都表现得十分显著。在通常情况下，只有其中的某一种或两种因素起主导作用。而且在不同地质环境下的同种岩石，或者不同时代生成的同种岩石，影响其密度大小的因素也有可能不相同。

2. 岩石密度概述

（1）火成岩的密度特征

火成岩密度的大小主要由岩石的矿物成分及含量决定，因为这类岩石的孔隙度很小（一般不超过1%～2%），它几乎影响不到密度的大小。在火成岩中，通常熔岩的密度较低，而侵入岩的密度稍高。

表1-1列出了一些岩石的密度常见值。由表中可以看出，从花岗岩类向辉长岩类及橄榄岩类过渡时，其密度值随岩石中较重的铁镁矿物含量的增加而变大；从整体上看火成岩的密度比沉积岩的大，但有部分重叠。

表1-1 部分岩石的密度常见值

火成岩		沉积岩		变质岩	
名称	密度/$10^3kg \cdot m^{-3}$	名称	密度/$10^3kg \cdot m^{-3}$	名称	密度/$10^3kg \cdot m^{-3}$
流纹岩	2.3~2.7	表土	1.1~2.0	石英岩	2.6~2.9
安山岩	2.5~2.8	干沙	1.4~1.7	片岩	2.4~2.9
花岗岩	2.4~3.1	冲积物	1.9~2.0	云母片岩	2.5~3.0
闪长岩	2.7~3.0	粘土	1.5~2.2	千枚岩	2.7~2.8
辉绿岩	2.9~3.2	砾石	1.7~2.4	大理岩	2.6~2.9
玄武岩	2.6~3.3	砂岩	1.8~2.8	蛇纹岩	2.4~3.1
辉长岩	2.7~3.4	页岩	2.1~2.8	板岩	2.7~2.9
纯橄榄岩	2.5~3.3	灰岩	2.3~2.9	片麻岩	2.6~3.0
橄榄岩	2.6~3.6	白云岩	2.4~3.0		
辉石岩	2.9~3.3				

（据董焕成，1993）

（2）沉积岩的密度特征

沉积岩一般具有较大的孔隙度，其密度在很大程度上取决于其孔隙度，而与物质成分的关系不甚明显（某些化学沉积岩石除外）。对于多孔岩石，水充填后比干燥时的密度要大。沉积岩的密度还受其年代、沉积历史以及在地表以下的深度等影响。因此，密度随着埋藏深度和时间而增加，这一作用对粘土和页岩比对砂岩和灰岩更为明显。

（3）变质岩的密度特征

变质作用有助于岩石孔隙的充填并使岩石以更致密的形式再结晶，所以变质岩的密度往往随变质程度的加深而增加。因此，经过变质的沉积岩，如大理岩、板岩和石英岩一般比原生灰岩、页岩和砂岩致密。对于火成岩的变质类型，如片麻岩与花岗岩、角闪岩与玄武岩等，尽管密度差异不如沉积岩及其变质类型大，但通常也出现相同的情况。

正变质岩的密度通常与原岩密度的变化规律相似。但由于变质过程的复杂性，其密度的变化与沉积岩和火成岩相比更加不稳定。因此，难以按密度进行明确的分类。

（4）矿石及混杂物质的密度特征

表1-2列出了部分金属和非金属矿物的密度值，可见矿石的密度往往随着物质成分的改变而明显变化。非金属矿（除了少数例外），其密度比岩石的平均密度（$2.67\times10^3kg/m^3$）要低，而大部分金属矿物的密度比这个平均值要大。

表 1－2　部分矿物的密度常见值

金属矿物		非金属矿物	
名称	密度/10^3kg·m^{-3}	名称	密度/10^3kg·m^{-3}
闪锌矿	3.5～4.0	石油	0.6～0.9
褐铁矿	3.5～4.0	褐煤	1.1～1.3
黄铜矿	4.1～4.3	钾盐	1.9～2.0
铬铁矿	3.2～4.4	石墨	1.9～2.3
磁黄铁矿	4.3～4.8	石膏	2.2～2.4
钛铁矿	4.5～5.0	铝土矿	2.3～2.6
软锰矿	3.4～6.0	铝钒土	2.4～2.5
黄铁矿	4.9～5.2	硬石膏	2.7～3.0
磁铁矿	4.8～5.2	岩盐	3.1～3.2
赤铁矿	4.5～5.2	刚玉	3.9～4.0
辉铜矿	5.5～5.8	重晶石	4.4～4.7
钨酸钙矿	5.9～6.2		
毒砂	5.9～6.2		
锡石	6.8～7.1		
辉银矿	7.2～7.4		
方铅矿	7.4～7.6		
辰砂	8.0～8.2		

（据董焕成，1993）

在矿产勘探中，除了研究由不同矿物组成的火成岩、沉积岩以及变质岩的密度变化外，同时要详细地测量和研究各种金属与非金属矿石的密度变化规律。而在区域地质构造的研究中，利用重力资料进行解释时则需要研究含不同矿物成分的地壳不同深度上的密度差别、不同地质构造单元上不同地质背景的密度差别、莫霍面上下的密度差别以及大陆地壳与海洋地壳的密度的差别等。

三、地球内部的密度结构

人们在对地震波传播速度与密度关系的研究中发现：在地球内部，随着深度的增加密度不断变大，物质分布呈同心圈层结构；莫霍面（Mohoroviēiě，1909）和古登堡面（Gutenberg，1914）两个主体界面，将地球划分为地壳、地幔和地核三层。

1. 地壳

地壳是指从地球表面至莫霍面之间的地球物质。地壳厚度的变化可达几十千米。地壳的质量约占地球总质量的0.4%。

地壳主要是由长石、石英和一些含结晶水的矿物（如角闪石、黑云母）所组成，其平均密度为2.67×10^3kg/m^3。地壳内部还存在着一个主要速度间断面，把地壳分为上地壳和下地壳，这个面称康拉德界面。上地壳主要是富含硅铝的花岗岩类，平均密度为2.7×10^3kg/m^3；下地壳主要是富含硅镁的玄武岩类，平均密度为2.9×10^3kg/m^3；上地壳与下地壳间的密度差约为0.2×10^3kg/m^3。

地壳还可分为大陆地壳、海洋地壳和过渡带地壳。大陆地壳的厚度在平原地区通常在30~50km范围内，在某些板块汇聚的高山地区，其厚度可达到70~100km。海洋地壳的厚度在深海地区一般为5~15km，其面积约占地壳面积的60%，其体积约占地壳体积的20%；在洋中脊处最浅且不到3km，随着离开洋中脊距离的增大逐渐增厚直至达到其稳定值；在海底高原和某些海岭地区的厚度可超过30km。过渡带地壳是指岛弧和大陆边缘地区的地壳，其厚度一般在15~30km范围内。

大陆地壳和海洋地壳在成分上有明显的不同。大陆上地壳岩石的主要类型是花岗岩和花岗闪长岩，大陆下地壳的物质是闪长岩、石榴子石等类型的矿物，大陆地壳物质经过自然风化和沉积变质后将变为花岗岩和花岗闪长岩；海洋地壳的主要成分是玄武质岩石。大陆地壳主要含SiO_2、Al_2O_3、Na_2O和K_2O等氧化物；海洋地壳富含FeO、MgO等成分；详见表1-3。由于构成大陆地壳的岩石比海洋地壳的岩石更富含硅，其密度要低于大洋地壳；并且大陆地壳的平均厚度是35km，而大洋地壳的平均厚度只有5~15km；这两种因素使得大陆地壳在重力上是稳定的，在大陆地壳内现在发现最古老的岩石年龄可达40多亿年，这远远大于海洋的地壳的最大年龄。

表1-3 海洋地壳和大陆地壳主要化学成分的比较

氧化物	海洋地壳（氧化物含量%）	大陆地壳（氧化物含量%）	
		上地壳	下地壳
SiO_2	48.7	63.3	58.0
TiO_3	0.59	0.6	0.8
Al_2O_3	12.1	16.0	18.0
Fe_2O_3	—	1.5	—
FeO	9.0	3.5	7.5
MgO	17.8	2.2	3.5
CaO	11.2	4.1	7.5
Na_2O	1.31	3.7	3.5
K_2O	0.03	2.9	1.5
H_2O	1.0	0.9	—

2. 地幔

地幔是指地球内部由莫霍面至古登堡面之间的地球物质。地幔各处的密度均大于$3.3\times10^3kg/m^3$，并且随深度的加深而变大。

地表下670km左右也存在着一个速度间断面，这个面又把地幔分为上地幔和下地幔。上地幔主要是辉长岩-玄武岩类和橄榄岩-苦橄岩类，平均密度为$3.5\times10^3kg/m^3$；下地幔主要是铁镍等金属氧化物，平均密度为$5.1\times10^3kg/m^3$。

莫霍面与上地幔间的密度差大于$0.4\times10^3kg/m^3$。

3. 地核

地核是指地球内部由古登堡面至地心之间的地球物质。地核的成分主要是铁、镍或铁镍合金，又称铁镍核。地核的半径约等于地球半径的一半，地核的质量是地球质量的

32%，而地核的密度大约是地幔密度的两倍。

地表下 5159km 处也存在着一个速度间断面，该面又把地核分为液态外核和固态内核。外核的密度在（9.9 ~ 12.17）$\times 10^3$kg/m^3 之间，内核的密度在（12.76 ~ 13.09）$\times 10^3$kg/m^3 之间。

第二节　重力和重力位

一、引力、惯性离心力和重力

1. 引力

万有引力定律指出：Q（ξ，η，ζ）处的质点 m 对 P（x，y，z）处的质点 m_0 的作用力为

$$\boldsymbol{f} = -G\frac{m_0 m}{r^3}\boldsymbol{r} \tag{1-1}$$

式中：$\boldsymbol{r}$ 为自 m 指向 m_0 的矢径，即源点 Q（ξ，η，ζ）到场点 P（x，y，z）的矢径；而 $r=[(x-\xi)^2+(y-\eta)^2+(z-\zeta)^2]^{1/2}$；负号表示引力 $\boldsymbol{f}$ 与矢径 $\boldsymbol{r}$ 的方向相反；G 为万有引力常数，$G=6.67\times10^{-11}\mathrm{N\cdot m^2/(kg)^2}=6.67\times10^{-11}\mathrm{m^3/(kg\cdot s^2)}$。

引力场强度定义为

$$\boldsymbol{F} = \frac{\boldsymbol{f}}{m_0} = -G\frac{m}{r^3}\boldsymbol{r} \tag{1-2}$$

它是一矢量，其方向为试验质点所受到的引力的方向，其大小相当于单位质量所受引力的大小。在 SI 单位制中，场强的单位为 N/kg 或 m/s^2。

由牛顿第二定律可知，质量为 m_0 的物体受到引力 $\boldsymbol{f}$ 作用时，物体所获得的加速度 $\boldsymbol{a}$ 应为

$$\boldsymbol{a} = \frac{\boldsymbol{f}}{m_0} \tag{1-3}$$

由（1-2）和（1-3）式可知，引力加速度的大小等于引力场强度的大小。

还应指出，在重力勘探中，习惯上将加速度称为“力”，以后如无注明，提到引力和重力时，均系指引力加速度和重力加速度。

2. 惯性离心力

由动力学可知，在转动系统中存在的惯性力称为惯性离心力，自转地球产生的惯性离心加速度为

$$\boldsymbol{C} = \omega^2\boldsymbol{R} \tag{1-4}$$

式中：ω 为地球自转角速度（$\omega=\frac{2\pi}{86164\mathrm{s}}$）；$\boldsymbol{R}$ 为从自转轴到场点的垂直矢径。

习惯上将 $\boldsymbol{C}$ 称为离心力。

3. 重力

地球表面的重力是地球内部质量分布的引力、地球自转的惯性离心力和地球以外天体的引力之和。前两种力的强度比第三种力大得多，并且几乎是恒定的。这里主要讨论前两种力之和。而地球以外天体的引力主要是日、月对地球的引力。

根据以上讨论，地球的重力 $\boldsymbol{g}$ 应为地球的引力 $\boldsymbol{F}$ 与惯性离心力 $\boldsymbol{C}$ 的矢量和（图 1-3）：

$$\boldsymbol{g} = \boldsymbol{F} + \boldsymbol{C} \tag{1-5}$$

在研究重力时，一般取地心为坐标原点，z 轴与自转轴重合，x、y 轴在赤道平面内。

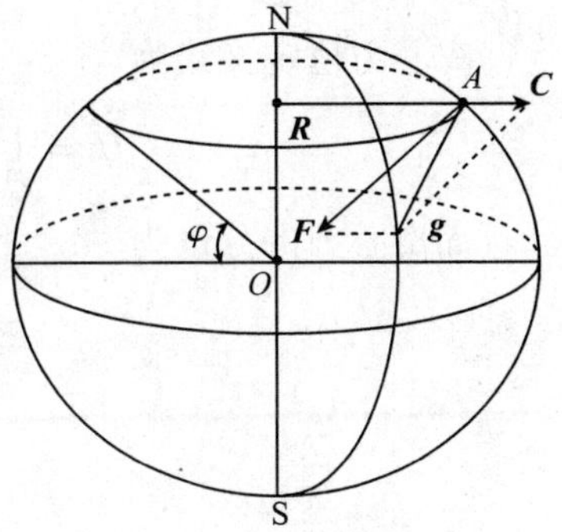

图 1-3　重力示意图

已知地球的平均半径等于 6376km，总质量约为 5.976×10^{24}kg，平均重力为 9.8m/s²。由图 1-3 和（1-4）式可知，赤道上的离心力最大，其值为

$$C = \left(\frac{2\pi}{86164\text{s}}\right)^2 \times 6376\times10^3\text{m} = 0.0339\text{m/s}^2$$

可见，离心力很小，仅占平均重力的 1/289。图中为醒目，离心力有显著夸大。

引力、离心力和重力的 SI 单位为 m/s²。重力勘探中使用 SI 的分数单位，记作 g. u.，1g. u. $=10^{-6}$m/s²。以往曾采用绝对单位制（CGS 单位制），其中重力的单位为 cm/s²，称为伽，记作 Gal。1Gal（伽）$=1\text{cm/s}^2=10^{-2}\text{m/s}^2=10^4$g. u.，1mGal（毫伽）$=10^{-5}\text{m/s}^2=$ 10g. u.，1μGal（微伽）$=10^{-8}\text{m/s}^2=10^{-2}$g. u.。

二、重力位及重力等位面

1. 引力位

引力场 $\boldsymbol{F}$ 是保守场（沿闭合路线 $\boldsymbol{l}$ 做功为零，即 $\oint \boldsymbol{F}\cdot \mathrm{d}\boldsymbol{l}=0$）或无旋场（$\mathrm{rot}\boldsymbol{F}=\nabla\times\boldsymbol{F}=0$），考虑到标量函数梯度的旋度恒等于零，可引入引力位 V（标量函数）：

$$\boldsymbol{F} = \mathrm{grad}V = \nabla V \tag{1-6}$$

上式说明引力的方向始终指向引力位增加最快的方向。引力的分量形式为

$$F_x = \frac{\partial V}{\partial x} = V_x;F_y = \frac{\partial V}{\partial y} = V_y;F_z = \frac{\partial V}{\partial z} = V_z \tag{1-7}$$

我们知道，质量为 m 的质点的引力场中，某点的引力位的定义是：将单位质量的质点从无穷远移至该点时引力场所做的功，即

$$V = \int_\infty^r \boldsymbol{F}\cdot \mathrm{d}\boldsymbol{l} = -G\int_\infty^r \frac{m}{r^3}\boldsymbol{r}\cdot \mathrm{d}\boldsymbol{l} = -G\int_\infty^r \frac{m}{r^2}\cdot \mathrm{d}r = G\frac{m}{r} \tag{1-8}$$

不难理解，质体外的引力位（设密度为 ρ，体积为 v）应为

$$V = G\iiint_v \frac{\mathrm{d}m}{r} = G\iiint_v \frac{\rho}{r}\mathrm{d}v \quad (\mathrm{d}m = \rho\mathrm{d}v,\mathrm{d}v = \mathrm{d}\xi\mathrm{d}\eta\mathrm{d}\zeta) \tag{1-9}$$

而质体外的引力的分量形式为

$$\left.\begin{aligned} F_x &= V_x = -G\iiint_v \frac{\rho(x-\xi)}{r^3}\mathrm{d}v \\ F_y &= V_y = -G\iiint_v \frac{\rho(y-\eta)}{r^3}\mathrm{d}v \\ F_z &= V_z = -G\iiint_v \frac{\rho(z-\zeta)}{r^3}\mathrm{d}v \end{aligned}\right\} \tag{1-10}$$

2. 离心力位

离心力位定义式为

$$U = \int_0^R \boldsymbol{C} \cdot \mathrm{d}\boldsymbol{R} = \int_0^R \omega^2 R\mathrm{d}R = \frac{1}{2}\omega^2(x^2 + y^2) \tag{1-11}$$

而离心力的分量为

$$\left.\begin{aligned} C_x &= U_x = \omega^2 x \\ C_y &= U_y = \omega^2 y \\ C_z &= U_z = 0 \end{aligned}\right\} \tag{1-12}$$

3. 重力位

地球的重力位等于引力位与离心力位之和，即

$$W = V + U = G\iiint_v \frac{\rho}{r}\mathrm{d}v + \frac{1}{2}\omega^2(x^2 + y^2) \tag{1-13}$$

而重力的分量形式为

$$\left.\begin{aligned} g_x &= W_x = V_x + U_x = -G\iiint_v \frac{\rho(x-\xi)}{r^3}\mathrm{d}v + \omega^2 x \\ g_y &= W_y = V_y + U_y = -G\iiint_v \frac{\rho(y-\eta)}{r^3}\mathrm{d}v + \omega^2 y \\ g_z &= W_z = V_z + U_z = -G\iiint_v \frac{\rho(z-\zeta)}{r^3}\mathrm{d}v \end{aligned}\right\} \tag{1-14}$$

依方向导数定义，重力在 $\boldsymbol{l}$ 方向上的分力为

$$g_l = \frac{\partial W}{\partial l} = W_l = W_x\cos\alpha_l + W_y\cos\beta_l + W_z\cos\gamma_1 = g\cos(\boldsymbol{g},\boldsymbol{l}) \tag{1-15}$$

式中：$\boldsymbol{l}$ 为任意矢量，($\boldsymbol{g}$，$\boldsymbol{l}$) 为重力 $\boldsymbol{g}$ 与 $\boldsymbol{l}$ 之夹角，$\cos\alpha_l$、$\cos\beta_l$、$\cos\gamma_l$ 为 $\boldsymbol{l}$ 的方向余弦。

由以上的讨论可知，重力位对坐标轴的偏导数的物理意义是重力在相应坐标轴上的分量。而对任意方向的偏导数则等于重力在该方向上的分量。

引力位、离心力位、重力位的 SI 单位是 $\mathrm{m^2/s^2}$。

4. 重力等位面及其特性

由（1－15）式可知，若令 $\boldsymbol{g}$ 与 $\boldsymbol{l}$ 垂直，即（$\boldsymbol{g}$，$\boldsymbol{l}$）＝90°，则$\frac{\partial W}{\partial l}=0$，于是有

$$W(x,y,z) = C \tag{1-16}$$

式中：C 为常数。上式是曲面方程，当 C 取不同常数时，表示一簇曲面，称作重力等位面。重力等位面上各点的重力与等位面垂直，此为重力等位面的第一个特性。由于任意点的重力与过该点的水准面垂直，因此，重力等位面也是水准面。不难理解大地水准面是一个特殊的重力等位面。

若令 $\boldsymbol{g}$ 与 $\boldsymbol{l}$ 平行，则可见$\frac{\partial W}{\partial l}=\frac{\partial W}{\partial g}=\boldsymbol{g}$，重力位对重力方向的导数等于重力的数值。由于重力方向指向重力位增加最快的方向（也就是等位面的内法线方向），因此，等位面上各点的重力等于重力位对该点等位面的内法线 $\boldsymbol{n}$ 的方向导数，即

$$\boldsymbol{g} = \frac{\partial W}{\partial \boldsymbol{n}} \tag{1-17}$$

此为重力等位面的第二个特性。

将上式改写成重力位的增量形式并令其等于常数，即

$$\Delta W = \boldsymbol{g} \cdot \Delta \boldsymbol{n} = 常数 \tag{1-18}$$

因为等位面上的重力并非处处相等，所以两相邻等位面间的距离 Δn 并非处处相等，等位面并非处处平行。又因为各点的重力皆为有限值，所以 $\Delta n \neq 0$，即等位面既不相交也不相切。重力等位面不处处平行，既不相交也不相切，此为重力等位面的第三个特性。

三、重力位的高阶导数

1. 重力位高阶导数的计算

重力位不仅有连续的一阶导数，而且还有连续的高阶导数。重力位有如下六个二阶偏导数：

$$\left.\begin{aligned}
W_{xx} &= \frac{\partial^2 W}{\partial x^2} = \frac{\partial}{\partial x} g_x, \quad W_{xy} = \frac{\partial^2 W}{\partial x \partial y} = \frac{\partial}{\partial x} g_y = \frac{\partial}{\partial y} g_x \\
W_{yy} &= \frac{\partial^2 W}{\partial y^2} = \frac{\partial}{\partial y} g_y, \quad W_{xz} = \frac{\partial^2 W}{\partial x \partial z} = \frac{\partial}{\partial x} g_z = \frac{\partial}{\partial z} g_x \\
W_{zz} &= \frac{\partial^2 W}{\partial z^2} = \frac{\partial}{\partial z} g_z, \quad W_{yz} = \frac{\partial^2 W}{\partial y \partial z} = \frac{\partial}{\partial y} g_z = \frac{\partial}{\partial z} g_y
\end{aligned}\right\} \tag{1-19}$$

可见，重力位二阶偏导数的物理意义是重力在某一坐标轴上的分量对同一或另一坐标轴的变化率。重力位二阶导数的 SI 单位为 $1/s^2$，在重力勘探中采用 SI 的分数单位，称为艾维或厄缶，记作 E，而 $1E = 10^{-9} 1/s^2$，它相当于在 1m 距离内重力变化 10^{-3}g. u. 。

由位场理论可知，在密度为 ρ 的质体内引力场是有散场，$\mathrm{div}\boldsymbol{F} = \nabla \cdot \boldsymbol{F} = -4\pi G\rho$，将（1-6）式代入后得

$$\nabla^2 V = -4\pi G\rho \tag{1-20}$$

上式称泊松方程。在质量分布区域外，由于 $\rho = 0$ 或 $\nabla \cdot \boldsymbol{F} = 0$，引力位满足拉普拉斯方程：

$$\nabla^2 V = 0 \tag{1-21}$$

对（1-11）式所示的离心力位直接求导，则离心力位在地球内、外部满足方程

$$\nabla^2 U = 2\omega^2 \tag{1-22}$$

由以上可知，在地球内部、外部重力位应分别满足如下微分方程

$$\nabla^2 W = 2\omega^2 - 4\pi G\rho \quad （地球内部） \tag{1-23}$$

$$\nabla^2 W = 2\omega^2 \quad （地球外部） \tag{1-24}$$

数学上，称满足拉普拉斯方程的函数为调和函数。因此，在地球外部空间引力位是调和函数，而离心力位和重力位皆不是调和函数。

常用的重力位的三阶导数是

$$W_{zzz} = \frac{\partial^3 W}{\partial z^3} = \frac{\partial^2}{\partial z^2}\left(\frac{\partial W}{\partial z}\right) = \frac{\partial^2}{\partial z^2}(g_z) = \frac{\partial}{\partial z}\left(\frac{\partial}{\partial z} g_z\right) \tag{1-25}$$

重力位对 z 轴三阶导数的物理意义是，重力的 z 分量对 z 轴的变化率的变化率。重力位三阶导数的 SI 单位为 $1/（m \cdot s^2）$，记作 MKS（W_{zzz}）。常用的 SI 单位的分数单位有 10^{-9}（$m \cdot s^2$）$^{-1}$和 10^{-12}（$m \cdot s^2$）$^{-1}$，分别记作 nMKS（W_{zzz}）和 pMKS（W_{zzz}），它们分别相当于 1m 距离内重力位二阶导数变化 1E 和 10^{-3}E。

2. 重力位二阶导数与重力等位面的关系

场强为常矢量的场称为均匀场。对均匀场而言，位函数的二阶导数应等于零，或者说，位差相等时等位面为一簇等距的相互平行的平面。由于重力等位面不是处处平行的平面，因此，重力场为非均匀场，重力位二阶导数应不等于零或不全等于零。下面说明重力二阶导数与等位面的形状、不平行性及疏密性的关系。

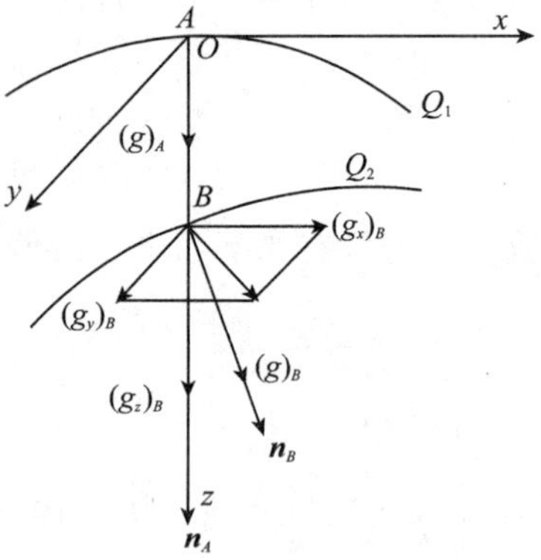

图 1-4　不平行重力等位面

（1）重力位二阶导数与等位面形状的关系

数学上可以证明，重力位的三个水平二阶导数 W_{xx}、W_{yy} 和 W_{xy} 与考察点附近等位面的曲率有关，因此，它们表示等位面的弯曲程度。

（2）重力位二阶导数与等位面不平行性的关系

图 1-4 中 Q_1 和 Q_2 是不平行的重力等位面，取 Q_1 上的考察点 A 为坐标原点、z 轴与过 A 点的等位面的内法线 $\boldsymbol{n}_A$ 方向一致，xAy 是与 xoy 重合的水平面，z 轴与 Q_2 交于 B 点，$AB=\Delta z$。

对 A 点，z 轴与 $\boldsymbol{n}_A$ 方向一致，$\left(\frac{\partial W}{\partial x}\right)_A=(g_x)_A=0$ 和 $\left(\frac{\partial W}{\partial y}\right)_A=(g_y)_A=0$，而 $\left(\frac{\partial W}{\partial z}\right)_A=(g_z)_A=(g)_A$。对 B 点，z 轴与 $\boldsymbol{n}_B$ 方向不一致，$\left(\frac{\partial W}{\partial x}\right)_B=(g_x)_B$ 和 $\left(\frac{\partial W}{\partial y}\right)_B=(g_y)_B$ 不等于零或不全等于零，而 $\left(\frac{\partial W}{\partial z}\right)_B=(g_z)_B$。由差商和导数定义有

$$\left.\begin{aligned}\left(\frac{\partial g_x}{\partial z}\right)_A&=\frac{(g_x)_B-(g_x)_A}{AB}=\frac{(g_x)_B}{\Delta z},\quad \lim_{\Delta z\to 0}\left(\frac{\partial g_x}{\partial z}\right)_A=(W_{xz})_A\\ \left(\frac{\partial g_y}{\partial z}\right)_A&=\frac{(g_y)_B-(g_y)_A}{AB}=\frac{(g_y)_B}{\Delta z},\quad \lim_{\Delta z\to 0}\left(\frac{\partial g_y}{\partial z}\right)_A=(W_{yz})_A\end{aligned}\right\}\tag{1-26}$$

由于在 Q_1 与 Q_2 不平行时，$(g_x)_B$，$(g_y)_B$ 不等于零或不全等于零，即 W_{xz}，W_{yz} 不等于零或不全等于零。因此，W_{xz}，W_{yz} 可表示重力等位面的不平行程度。

W_{xz} 和 W_{yz} 是重力 $\boldsymbol{g}$ 沿两个相互垂直方向的水平变化率，如图 1-5 所示，由 W_{xz} 和 W_{yz} 确定出水平矢量 $\boldsymbol{G}$。重力 $\boldsymbol{g}$ 沿水平矢量 $\boldsymbol{G}$ 的方向变化最快（重力 $\boldsymbol{g}$ 变化最大），因此，称 $\boldsymbol{G}$ 为重力的水平梯度。

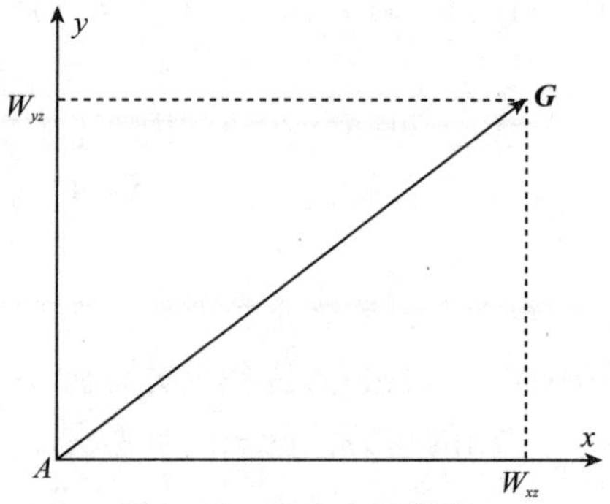

图 1-5　重力水平梯度

（3）重力位二阶导数与等位面疏密性的关系

依差商和导数的定义，有

$$\frac{\left(\frac{\Delta W}{\Delta z}\right)_B-\left(\frac{\Delta W}{\Delta z}\right)_A}{AB}=\frac{(g_z)_B-(g)_A}{\Delta z},\quad \lim_{\Delta z\to 0}\left(\frac{(g_z)_B-(g)_A}{\Delta z}\right)=(W_{zz})_A\tag{1-27}$$

由上式可知，只有 $(g_z)_B$ 不等于 $(g_z)_A$ 时，W_{zz} 才不等于零。在 W_{zz} 不等于零时，若

令重力等位面的位差相等，则 A 点附近的等位面间的距离不等。当 $W_{zz}>0$ 时，等位面随 z 增加而变密，否则变疏。可见，重力位的垂直二阶导数 W_{zz} 表示等位面的疏密程度。

值得指出的是，重力等位面为一系列互不平行的曲面，等位面的弯曲程度、不平行性和疏密性不仅与地球的形状、地球的运动有关，还与地球内不同密度物质的分布有关。

第三节　地球的正常重力及重力异常

一、正常重力场

1. 正常重力公式

由（1-13）式可知，若精确地计算地球的重力位，则需精确地知道地球的形状及其内部的密度分布。然而这是无法实现的，人们只能寻求重力位的近似式。

地球从总体上来说处于流体平衡状态，其大地水准面接近旋转椭球面，选择适当参数的旋转椭球作为真实地球的模型称作参考椭球。表面与大地水准面形状接近，质量等于地球总质量，以地球自转角速度绕其极轴旋转，转动惯量与地球相同的参考椭球称作正常场地球模型。

用正常场地球模型代替实际地球，假定地球内部的质量是呈均匀层状分布的，其表面和外部空间产生的重力场称为地球的正常重力场。由此求出的重力公式称为正常重力公式。

索米格兰纳（Somigliana）先给定地球的总质量、大地椭球体的长、短轴半径和地球的自转角速度，根据重力位公式（1-13）直接导出正常重力公式的一般形式为

$$g_{\varphi}=g_{e}(1+\beta\sin^{2}\varphi-\beta_{1}\sin^{2}2\varphi) \qquad (1-28)$$

式中：g_e 为赤道上的正常重力；g_p 为两极的正常重力；$\beta=(g_p-g_e)/g_e$，为正常重力扁率；φ 为纬度；$\beta_1=\frac{1}{8}\varepsilon^2+\frac{1}{4}\varepsilon\beta$，$\varepsilon$ 为地球形状扁率。

正常场地球模型有四个独立参数：地球质量 M，参考椭球的赤道半径 a，扁率 ε 和旋转角速度 ω。给定这四个参数，可以求出赤道和两级的正常重力值，再根据（1-28）式可以计算出参考椭球面上的正常重力分布。随着测量精度不断提高，四个独立参数已经多次修改。现在较常用的具体正常重力公式有：

1901～1909 年赫尔默特公式

$$g_{\varphi}=9780300(1+0.005302\sin^{2}\varphi-0.000007\sin^{2}2\varphi)\quad(\text{g. u.}) \qquad (1-29)$$

1930 年卡西尼国际正常重力公式

$$g_{\varphi}=9780490(1+0.0052884\sin^{2}\varphi-0.0000059\sin^{2}2\varphi)\quad(\text{g. u.}) \qquad (1-30)$$

1979 年国际大地测量和地球物理联合会通过了 1980 大地参考系，与之相对应的正常重力公式为

$$g_{\varphi}=9780327(1+0.0053024\sin^{2}\varphi-0.000005\sin^{2}2\varphi)\quad(\text{g. u.}) \qquad (1-31)$$

在我国，（1-29）式多用于测绘部门，（1-30）式多用于地质勘探部门。20 世纪 80 年代以后我国决定统一使用（1-29）式。它们都是按照一定条件推导出来的理论公式。从中还可以看出，赫尔默特在约 100 年前推算出来的（1-29）式与现今国际地球物理与大地测量联合会根据人造卫星资料推算出来的（1-31）式相差是很小的。

2. 正常重力的分布特征

世界各地的正常重力（g_{φ}）的大小和方向随纬度而变化，但是处处都大致指向地心（或铅直向下），具有单极场的特征，如图 1－6（a）所示。

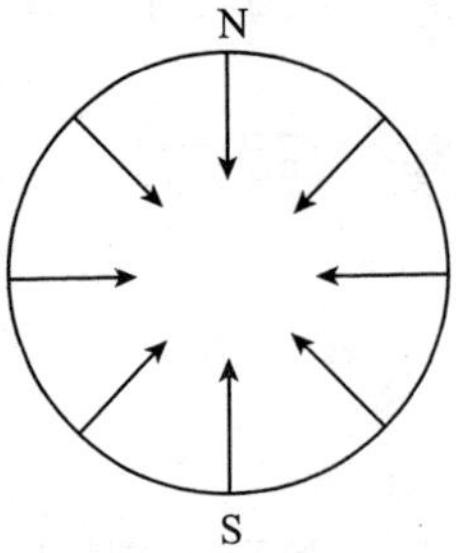

（a）正常重力场方向

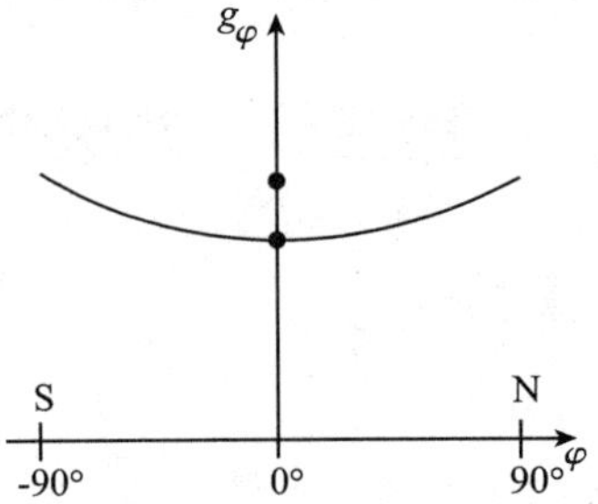

（b）正常重力分布

图 1－6　正常重力示意图

赤道附近的正常重力约为 9.78m/s²，两极附近的正常重力约为 9.832m/s²，可见正常重力随纬度升高而增大，如图 1－6（b）所示。全球的平均重力为 9.8m/s²，全球正常重力的变化量最大为 0.052m/s²，约占平均重力的 0.5%。

由于两极离心力为零，赤道离心力最大（其值为 0.0339m/s²）且方向向外，因此，两极的引力等于重力，而赤道引力应等于 9.8139m/s²。

顺便指出，赤道的重力小于两极的重力，主要是因为地球的赤道半径大于极半径，赤道的离心力最大（方向向外），而两极离心力等于零的缘故。

由以上的讨论可见：①正常重力公式是按一定条件推导出来的理论公式；②正常重力值只与纬度有关；③赤道上的正常重力最小而两极的最大；④正常重力随纬度的变化率与纬度有关，在纬度 45°处变化率最大。

3. 地球重力场模型

利用（1－29）～（1－31）式的任意一个表达式，代入相关的纬度值，可以计算得出建立在参考椭球体基础上的全球范围内的正常重力分布。它在假定地球物质密度均匀分布、地球形状规则的条件之下成立。根据前面介绍，我们已知从地球表面到内部是一个非均匀密度分布的物体，实际全球的重力变化与（1－29）～（1－31）式计算结果有很大差别。研究这个差异部分比研究整个重力场方便得多，研究这个差异部分也就研究了整个地球的重力场，对于认识地球内部结构以及大地水准面高程的计算都有重要意义。

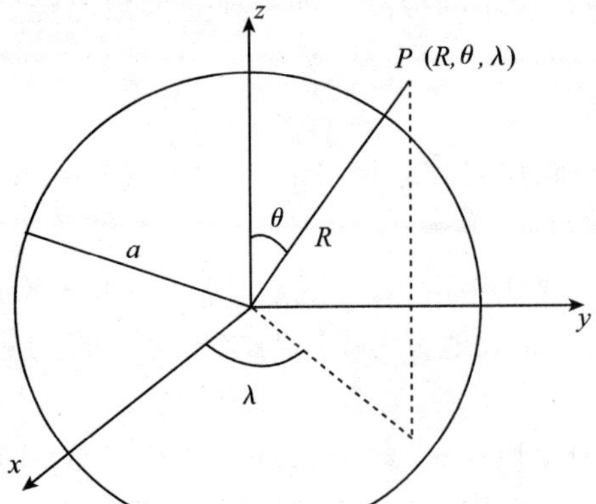

图 1－7　用球谐函数表示的地球引力位坐标系

研究地球重力场模型及全球范围的重力异常变化，是建立在以参考椭球体为基准的球谐函数的基础上，其各项参数如图 1－7 所示。

以球谐函数级数形式表示的地球外部 P（R，θ，λ）点的引力位为

$$V = \frac{GM}{R}\left[1 + \sum_{n=2}^{\infty} \sum_{m=0}^{n} \left(\frac{a}{R}\right)^{n} (C_{nm}\cos m\lambda + S_{nm}\sin m\lambda) P_{nm}(\cos\theta)\right] \tag{1-32}$$

式中：R、λ、θ 分别为地球重力场中计算点的地心矢径、经度和余纬度。GM 为引力常数与地球质量的乘积，简称地心引力常数；C_{nm} 和 S_{nm} 为引力位球谐函数系数，简称位系数。a 为地球的长半径；P_{nm}（$\cos\theta$）称为勒让德函数；n 称为阶（或次），m 称为级，当 n 为某一定值时，m 由 0 变化到 n，称为完整阶级。引力位球谐函数级数式中的第一项表示质量为 M 的均匀正球体的引力位，求和符号中各项为地球形状和质量分布不同于均匀正球体引力位的增减部分。要详细准确地表达地球引力位，就必须精确地推算出各个阶次的位系数 C_{nm} 和 S_{nm}，这些系数，需要世界各国相关专业人员的合作，提供世界各地重力正常场、高程以及多方面的准确测量结果，经过一系列计算才能够获得。

由一组位系数可以表达相应的地球重力场，称为地球重力场模型。目前还只能确定有限阶数的位系数，用以近似地表示地球的引力位。由于推算位系数时所采用的资料类型和数量不同，所以有不同的地球重力场模型。表 1－4 中所列的是 1991 年以前发表的主要地球重力场模型。

表 1－4　地球重力场模型

名称	完整阶级	推断模型所用的资料	所属或发表单位
GEM_9	20	卫星跟踪数据	美国哥达德宇航中心
GEM_{10}	22	卫星跟踪、地面测量数据	美国哥达德宇航中心
GEM_{10A}	30	卫星跟踪、地面重力、卫星海洋测高数据	美国哥达德宇航中心
GEM_{10B}	36	卫星跟踪、地面重力、卫星海洋测高数据	美国哥达德宇航中心
GEM_{10C}	180	卫星跟踪、地面重力、卫星海洋测高数据	美国哥达德宇航中心
SE	24	卫星跟踪、地面重力数据	美国斯密松天文台
RAPP	180	卫星跟踪、地面重力、卫星海洋测高数据	哥达德宇航中心
$GRIM_3$	36	卫星跟踪、地面重力、卫星海洋测高数据	德国、法国合作

目前最新的地球重力场模型是 EGM96（楼海等，2000）。该模型是由美国航天局哥达德宇航中心（NASA，GSFC）、美国国家影像制图局（NIMA）以及俄亥俄州立大学等单位于 1996 年联合建立的。建立这个模型时利用了 20 多颗卫星的轨道观测数据，包括最新的 GPS 和 TDRSS（tracking data relay satellite system）资料，由海洋卫星 GEOSAT 测高数据导出的 $30' \times 30'$ 海洋重力异常、$30' \times 30'$ 平均地面重力数据；而且还新增加了以前无法获得的地面重力资料。因而，这个新模型比以前的模型更可靠。EGM96 模型具有完整的 360 阶位系数。以球谐函数展开式表示的重力场可以反映出波长大于 100km 的重力变化。若以半波长作为重力场的空间分辨率，则 360 阶的重力场模型可以表示出尺度约为 50km 的重力异常。不同阶次的重力场模型位系数反映不同尺度的重力变化，也与不同深度的场源（密度异常）相关。不同学者得出的球谐系数的阶次与场源深度的关系有很大差别，但其共同点是 2～36 阶系数对应的密度异常场源不在地壳和岩石圈内，而是在上地幔或更深处，而且，球谐系数阶次越高，反映的场源深度越浅。

利用地球重力场模型的位系数，可以计算全球范围的重力异常、大地水准面高程异常等。

二、重力场随时间的变化及重力固体潮

正常重力是重力的稳定成分，也是重力的主要成分。实际上，地面上任一点的重力还随时间变化，这是重力的非稳定成分。重力随时间的变化主要由天体相对于地球位置的变化、地球自转轴的瞬时摆动、地球自转角速度的变化、地球形状的变动和地球内部的质量迁移等因素所引起的。按变化特征不同，可分为长期变化和短期变化两类。

长期变化非常缓慢和微弱，重力勘探中可不予考虑。

短期变化主要是重力日变化。潮汐现象是太阳、月球相对于地球位置的变化，使它们间的引力不断变化所产生的，它不仅表现在海水周期性的涨落上，而且固体地球也有周期性的起伏，造成地面重力日变化，又称重力固体潮。重力日变化多以半个太阴日为周期（一个太阴日为24h 50min），形状似正弦形，幅度1～3g. u. 。重力日变化对重力测量有一定影响，高精度重力测量时应予以消除。

1. 起潮力与固体潮

用 O 表示地球的质心、O'表示月球的质心、C 表示月地系统的质心（把月亮与地球的相对运动看作是一个整体，称其为月地系统）。月球和地球相互吸引，根据万有引力定律，有

$$\boldsymbol{f}_{\mathrm{m}}(O) = G\frac{EM}{r_{\mathrm{m}}^{3}}\boldsymbol{r}_{\mathrm{m}}, \quad \boldsymbol{f}_{\mathrm{e}}(O') = -G\frac{EM}{r_{\mathrm{m}}^{3}}\boldsymbol{r}_{\mathrm{m}} \tag{1-33}$$

式中：$\boldsymbol{f}_{\mathrm{m}}(O)$、$\boldsymbol{f}_{\mathrm{e}}(O')$ 大小相等，方向相反。它们是作用在月地系统上的内力，其合力等于零。系统公共质心 C 的空间位置保持不动或做匀速直线运动。$E=5.9993\times10^{24}$kg，是地球的质量；$M=7.3537\times10^{22}$kg，是月球的质量；$r_{\mathrm{m}}=OO'$，为地心和月心之间的距离；$\boldsymbol{r}_{\mathrm{m}}$ 为 OO'方向的矢量。

根据质心的定义，整理后则有

$$OC = \frac{M}{M+E}r_{\mathrm{m}} \approx 0.73R \tag{1-34}$$

式中：$E/M\approx81.5$；$r_{\mathrm{m}}\approx60.3R$，$R$ 为地球的半径。

由上式可见，月地系统的质心 C 位于地球的内部，它到地心的距离为 $0.73R$。月球的质心 O'沿以月地系统的质心为焦点的椭圆旋转。为了保持月地系统的动态平衡，地心绕 C 旋转，使得地心 O、月地系统的质心 C、月心 O'始终保持在一条直线上，C 在空间的位置不动。当地球的质心 O 绕 C 沿着 $0.73R$ 的半径旋转时，地球内部任一点所描绘的轨迹与地心 O 所描绘的轨迹相似，即为圆心不同、半径相等（等于 $0.73R$）的圆周，如图1－8所示。此时，地球所做的运动是平动。其内部各点的向心加速度（也叫离心力）都等于地心 O 的向心加速度。由于地球所做的这种由地心 O 所描述的平动加速运动，地球不是惯性参考系，当研究地球上发生的力学现象时，必须考虑这种平动加速运动所产生的惯性离心力。

如图1－8所示，月球在地球内部任一点 P 产生的引力为

$$\boldsymbol{f}_{\mathrm{m}}(P) = G\frac{M}{r_{PO'}^{3}}\boldsymbol{r}_{PO'} \tag{1-35}$$

式中：$\boldsymbol{r}$ 为 P 点相对于地心 O 的矢径；$r_{PO'}$ 为 PO'之间的距离；$\boldsymbol{r}_{PO'}$ 为 PO'方向的矢量。由

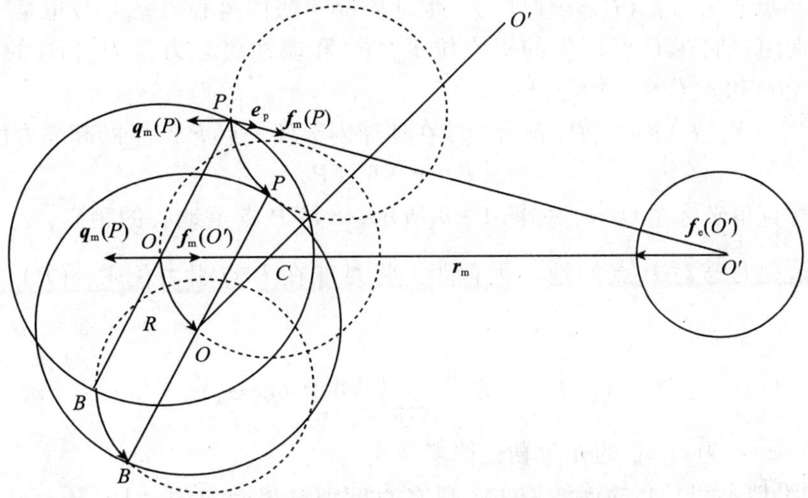

图 1－8　地球在月球的引力作用下所作的运动

地心 O 描述的地球整体平动加速运动在 P 点产生的惯性离心力为

$$\boldsymbol{q}_{\mathrm{m}}(P) = -\boldsymbol{f}_{\mathrm{m}}(O) = -G\frac{M}{r_{\mathrm{m}}^3}\boldsymbol{r}_{\mathrm{m}} \tag{1-36}$$

在地球内部，惯性离心力 $\boldsymbol{q}_{\mathrm{m}}(P)$ 是一个大小处处相等，方向相同的平行力场。它的大小等于月球在地心产生的引力，而其方向相反。月球在地球内部任一点产生的引力 $\boldsymbol{f}_{\mathrm{m}}(P)$ 和由于地心绕月地系统质心 C 旋转来描述的地球平动在地球内部产生的惯性离心力 $\boldsymbol{q}_{\mathrm{m}}(P)$ 的矢量和，称为月球在地球内部任一点 P 产生的起潮力 $\boldsymbol{t}_{\mathrm{m}}(P)$，即

$$\boldsymbol{t}_{\mathrm{m}}(P) = \boldsymbol{f}_{\mathrm{m}}(P) + \boldsymbol{q}_{\mathrm{m}}(P) = G\frac{M}{r_{PO'}^3}\boldsymbol{r}_{PO'} - G\frac{M}{r_{\mathrm{m}}^3}\boldsymbol{r}_{\mathrm{m}} \tag{1-37}$$

由上式可知，月球在地心 O 产生的起潮力等于零，其余各点 $|\boldsymbol{t}_{\mathrm{m}}(P)| \neq 0$，月球在地球内部产生的起潮力将是 P 点在地球内部位置和时间的函数。地球在地心和月心的连线方向的起潮力自地心向外，而在与其垂直的平面内起潮力指向地心。

同理，太阳在地球内部任一点 P 产生的起潮力 $\boldsymbol{t}_{\mathrm{s}}(P)$，等于太阳在 P 点的引力 $\boldsymbol{f}_{\mathrm{s}}(P)$ 与由于地心 O 绕日地系统的质心旋转来描述的地球平动加速运动在地球内部形成的惯性离心力 $\boldsymbol{q}_{\mathrm{s}}(P)$ 的矢量和。

月亮是离地球最近的一个天体，它在地球内部产生的起潮力约为太阳在地球内部产生起潮力的两倍，其他天体在地球内部产生的起潮力要比月亮和太阳的起潮力小几个数量级。由于受目前固体潮仪器观测精度的限制，我们所说的起潮力指的是月球和太阳起潮力的矢量和，即

$$\boldsymbol{t}(P) = \boldsymbol{t}_{\mathrm{m}}(P) + \boldsymbol{t}_{\mathrm{s}}(P) \tag{1-38}$$

地球在月球和太阳起潮力的作用下发生形变，在地心和月心以及地心和日心这两条连线上拉伸，在与它们垂直的两个平面内压缩。这种拉伸和压缩会使地球刚体表面每天升降几到几十厘米。地球对起潮力的这种响应称为地球的固体潮。

2. 起潮力位及其级数表达式

由于地球的自转、月球绕地球的旋转和地球绕太阳的旋转，因而，在地球内部任一点的起潮力是一个随时间变化的矢量场。

月球在 P 点的引力 $\boldsymbol{f}_m(P)$ 是保守力，地球内部的惯性离心力 $\boldsymbol{q}_m(P)$ 也是一个保守力，因而，可分别用它们在 P 点产生的引力位 $V_m(P)$ 和惯性离心力位 $U_m(P)$ 的梯度表示为 $\boldsymbol{f}_m(P)=\nabla V_m(P)$ 和 $\boldsymbol{q}_m(P)=\nabla U_m(P)$。

用 $W_m(P)=V_m(P)+U_m(P)$ 表示月球在地球内部任一点 P 产生的起潮力位，则有

$$\boldsymbol{t}_m(P)=\nabla W_m(P) \tag{1-39}$$

引入瞬时直角坐标系 $Oxyz$，如图 1-9 所示，r 是 P 点至地心的距离，r_m 是地心至月心的距离，z_m 是月球对 P 点的地心天顶距。将月球在 P 点引力位 V_m（P）展成 $\frac{r}{r_m}$ 的级数，有

$$V_m(P)=G\frac{M}{r_m}\sum_{n=0}^{\infty}\left(\frac{r}{r_m}\right)^n \mathrm{P}_n(\cos z_m)$$

式中：P_n（$\cos z_m$）为 $\cos z_m$ 的 n 阶勒让德多项式。

令 Oz 轴沿地心和月心的连线 OO'，则 P 点的惯性离心力为（1-36）式，其惯性离心力位为

$$U_m(P)=-G\frac{M}{r_m^2}r\cos z_m$$

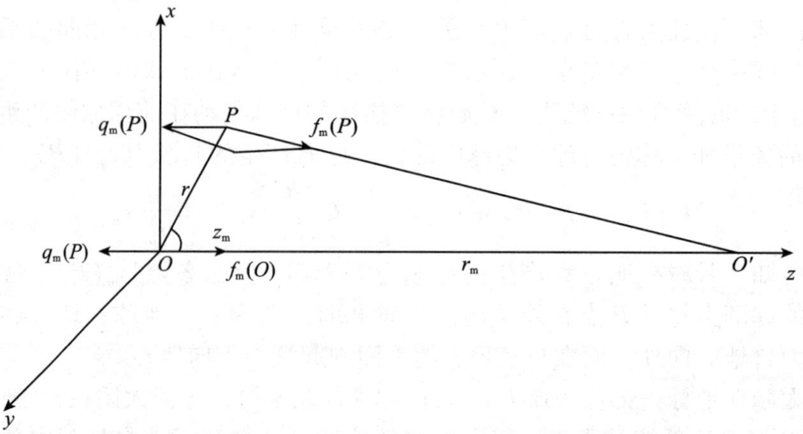

图 1-9　月球在地球内部任一点 P 产生的起潮力 $\boldsymbol{t}_m$（P）和起潮力位 W_m（P）

运用 P_1（$\cos z_m$）$=\cos z_m$，只取有限项，可得出月球在地球内部任一点 P 产生的起潮力位 W_m（P）的级数表达式：

$$\begin{aligned}W_m(P)&=G\frac{M}{r_m}\left(\frac{r}{r_m}\right)^2\left[\mathrm{P}_2(\cos z_m)+\left(\frac{r}{r_m}\right)\mathrm{P}_3(\cos z_m)\right]\\&=G\frac{M}{r_m}\left[\left(\frac{r}{r_m}\right)^2\left(\frac{3}{2}\cos^2 z_m-\frac{1}{2}\right)+\left(\frac{r}{r_m}\right)^3\left(\frac{5}{2}\cos^3 z_m-\frac{3}{2}\cos z_m\right)\right]\end{aligned} \tag{1-40}$$

同理，可以把太阳在地球内部任一点 P 的起潮力位 W_s（P）写成级数表达式，即

$$W_s(P)=G\frac{S}{r_s}\left(\frac{r}{r_s}\right)^2\mathrm{P}_2(\cos z_s)=G\frac{S}{r_s}\left(\frac{r}{r_s}\right)^2\left(\frac{3}{2}\cos^2 z_s-\frac{1}{2}\right) \tag{1-41}$$

式中：S 是太阳的质量；z_s 是太阳对 P 点的地心天顶距；r 为日心至地心的距离。

这样，月球和太阳在地球内部任一点 P 产生的起潮力位 W（P）为

$$W(P) = W_m(P) + W_s(P) \tag{1-42}$$

由于月球绕地球旋转和地球绕太阳旋转，r_m 和 r_s 是时间的函数；又由于地球的自转，z_m 和 z_s 也随时间在变化。因而，月球和太阳在地球内部的起潮力位 $W(P)$ 是时间 t 和 P 点在地球内部位置的函数。

3. 重力固体潮

以球状刚体地球模型作为地球的一级近似来研究地球的固体潮，则作用在地球表面上任一点的起潮力矢量的垂直分量使地球在该点的重力发生变化，这种变化称为地球的重力固体潮。

球状刚体地球模型表面上任一点的垂直方向即为该点的径向。约定重力固体潮向下为正，则月球在地面上任一点 P、任一时刻 t 产生的重力固体潮为

$$\begin{aligned}\Delta g_m(P,t) &= -\frac{\partial W_m}{\partial r}(P,t)\bigg|_{r=R} \\ &= G\frac{MR}{r_m^3}\left[(1-3\cos^2 z_m)+\frac{3}{2}\left(\frac{R}{r_m}\right)(3\cos^2 z_m - 5\cos^3 z_m)\right]\end{aligned} \tag{1-43}$$

同理，太阳在地面上任一点 P、任一时刻 t 产生的重力固体潮为

$$\Delta g_s(P,t) = -\frac{\partial W_s}{\partial r}(P,t)\bigg|_{r=R} = G\frac{SR}{r_s^3}(1-3\cos^2 z_s) \tag{1-44}$$

这样，月球和太阳在刚体地球模型表面上任一点 P、任一时刻 t 产生的重力固体潮为

$$\Delta g(P,t) = \Delta g_m(P,t) + \Delta g_s(P,t) \tag{1-45}$$

对重力固体潮，理论上可以计算，用现代高精度重力仪也可以直接测量出来。

三、重力异常及其计算表达式

1. 决定重力变化的因素

大量重力测量结果说明，地面上任意点的实际重力值一般均不等于由正常重力公式计算出的值。地面上任一点的实际重力值取决于纬度、高度、周围地形、重力固体潮和地下物质的不均匀分布 5 个因素，最后一个因素是重力勘探的重要研究对象。对重力勘探而言，其他四个因素所产生的重力变化都是干扰。

实际测量结果表明，重力勘探对象所引起的重力变化，一般为 10 ~ 100g. u.，最大值可达几千 g. u.。然而其他四个因素所产生的重力变化有时相当大，如高度相差 100m 重力变化可达 300g. u.。因此，为确定勘探对象所产生的重力变化，必须从重力测量结果中去掉那些与勘探无关因素所引起的重力变化。

2. 重力异常及其物理意义

设在大地水准面上 P 点附近的地下有一球形矿体，矿体的密度为 ρ_1，体积为 v，围岩的密度为 ρ_2，矿体相对围岩的剩余密度 $\rho = \rho_1 - \rho_2$（$\rho_1 > \rho_2$ 时 $\rho > 0$，$\rho_1 < \rho_2$ 时 $\rho < 0$），剩余质量 $m = \rho v$。设正常重力为 $\boldsymbol{g}_\varphi$，矿体剩余质量的引力为 $\boldsymbol{F}$（指向矿体中心）、P 点实际重力为 $\boldsymbol{g} = \boldsymbol{g}_\varphi + \boldsymbol{F}$，如图 1-10 所示，则 P 点的重

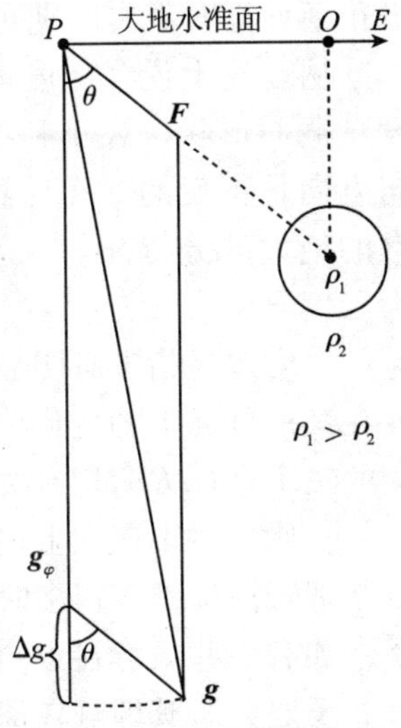

图 1-10　重力异常物理意义示意图

力异常的定义为

$$\Delta g = |\boldsymbol{g}| - |\boldsymbol{g}_\varphi| = g - g_\varphi \tag{1-46}$$

由余弦定理，有

$$g = (g_\varphi^2 + 2g_\varphi F\cos\theta + F^2)^{1/2}$$

式中：θ 为 $\boldsymbol{F}$ 与 $\boldsymbol{g}_\varphi$ 的夹角。

将上式代入（1－48）式，可得

$$\Delta g + g_\varphi = (g_\varphi^2 + 2g_\varphi F\cos\theta + F^2)^{1/2}$$

将上式等号两边平方后再除以 g_φ^2，得

$$\left(\frac{\Delta g}{g_\varphi}\right)^2 + 2\left(\frac{\Delta g}{g_\varphi}\right) = \left(\frac{F}{g_\varphi}\right)^2 + 2\left(\frac{F}{g_\varphi}\right)\cos\theta$$

因 $F \ll g_\varphi$，$(\Delta g/g_\varphi)^2$ 和 $(F/g_\varphi)^2$ 可忽略，故

$$\Delta g = F\cos\theta \tag{1-47}$$

上式表明，重力勘探中所称的重力异常 Δg 的物理意义是剩余质量所产生的引力在正常重力方向的分量（或在铅直方向的分量）。应注意，重力异常并非剩余质量的引力本身（O 点除外）。由于剩余质量的引力远远小于正常重力，因此，剩余质量的引力基本上不改变重力的方向。

实际重力异常往往由两部分所组成，即

$$\Delta g = \Delta g_1 + \Delta g_2$$

式中：Δg_1 为区域重力异常（范围大的重力异常）；Δg_2 为局部重力异常（范围小的重力异常）。既研究区域异常又研究局部异常时，参考点一般选在大地水准面上，只研究局部异常时，参考点可选在某一水准面上。

3. 重力异常的基本计算公式

重力勘探中，主要研究地质体所引起的重力异常 Δg，有时也研究地质体引力位的二、三阶导数，因此，所谓重力异常的基本计算公式也包括引力位二、三阶导数公式。

就规则形体的重力异常而言，按其平面分布特点，可分为二度体异常与三度体异常，做正演计算时需要区别对待。

从理论上说，二度体异常的场源是指走向方向无限延伸，且在走向方向上埋藏深度、截面形状、大小和物性特点皆稳定不变的地质体。显然这种地质体的重力场沿走向方向是不变的，在计算其异常的剖面上，只需取一条垂直于走向的剖面就能代表异常的绝大部分特征。也就是说，在空间的坐标系中取两个轴的方向量度即可，故称之为二度异常。

三度体是指没有明显走向的地质体，它的异常近于等轴状。对于三度体异常，只研究其在某一剖面上的变化特征是不够的，必须研究异常的平面特征，因此，异常的计算与空间的三个坐标方向均有关。

自然界并不存在上述理论上的二度体。一般情况下，当地质体走向长度比起截面的线度与埋藏深度都大得多时，且将研究的剖面取在沿走向的中部，就可以当作二度体来计算了。如有一些虽然在走向方向上延伸有限，但埋藏较浅的地质体也可以近似地看成二度体；反之，若其埋藏较深，则可看成三度体。因此，二度与三度是一个相对的概念。对场源分出类型是为了讨论问题和理论计算方便。

(1) 三度体重力异常计算的基本表达式

所谓三度体是三个方向均有限的物体。如图 1-11 所示，以地面上某一点 O 作为坐标原点，z 轴铅垂向下即沿重力方向，x、y 轴在水平面内，由（1-9）式可知，若物体的剩余密度 ρ 均匀时，该三度体的引力位应为

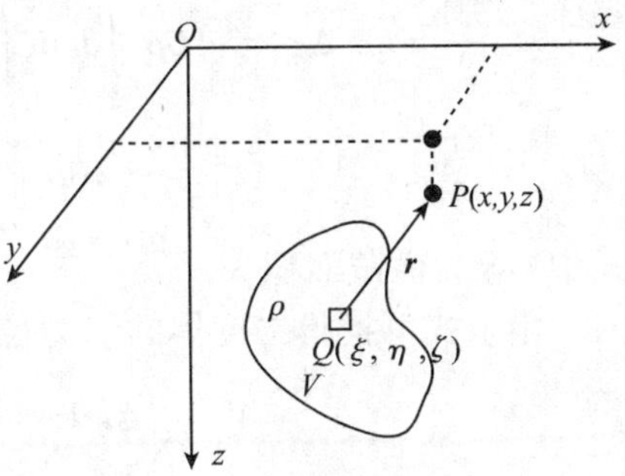

图 1-11　三度体重力场和引力位计算参考图

$$V = G\rho \iiint_v \frac{\mathrm{d}v}{r} = G\rho \iiint_v \frac{\mathrm{d}\xi\mathrm{d}\eta\mathrm{d}\zeta}{[(x-\xi)^2+(y-\eta)^2+(z-\zeta)^2]^{1/2}} \tag{1-48}$$

由上式可求得

$$\Delta g = V_z = \frac{\partial V}{\partial z} = -G\rho \iiint_v \frac{(z-\zeta)\mathrm{d}\xi\mathrm{d}\eta\mathrm{d}\zeta}{[(x-\xi)^2+(y-\eta)^2+(z-\zeta)^2]^{3/2}} \tag{1-49}$$

$$V_{xy} = \frac{\partial^2 V}{\partial x \partial y} = 3G\rho \iiint_v \frac{(x-\xi)(y-\eta)\mathrm{d}\xi\mathrm{d}\eta\mathrm{d}\zeta}{[(x-\xi)^2+(y-\eta)^2+(z-\zeta)^2]^{5/2}} \tag{1-50}$$

$$V_{xz} = \frac{\partial^2 V}{\partial x \partial z} = 3G\rho \iiint_v \frac{(x-\xi)(z-\zeta)\mathrm{d}\xi\mathrm{d}\eta\mathrm{d}\zeta}{[(x-\xi)^2+(y-\eta)^2+(z-\zeta)^2]^{5/2}} \tag{1-51}$$

$$V_{yz} = \frac{\partial^2 V}{\partial y \partial z} = 3G\rho \iiint_v \frac{(y-\eta)(z-\zeta)\mathrm{d}\xi\mathrm{d}\eta\mathrm{d}\zeta}{[(x-\xi)^2+(y-\eta)^2+(z-\zeta)^2]^{5/2}} \tag{1-52}$$

$$V_{xx} = \frac{\partial^2 V}{\partial x^2} = G\rho \iiint_v \frac{[2(x-\xi)^2-(y-\eta)^2-(z-\zeta)^2]\mathrm{d}\xi\mathrm{d}\eta\mathrm{d}\zeta}{[(x-\xi)^2+(y-\eta)^2+(z-\zeta)^2]^{5/2}} \tag{1-53}$$

$$V_{yy} = \frac{\partial^2 V}{\partial y^2} = G\rho \iiint_v \frac{[2(y-\eta)^2-(x-\xi)^2-(z-\zeta)^2]\mathrm{d}\xi\mathrm{d}\eta\mathrm{d}\zeta}{[(x-\xi)^2+(y-\eta)^2+(z-\zeta)^2]^{5/2}} \tag{1-54}$$

$$V_{zz} = \frac{\partial^2 V}{\partial z^2} = G\rho \iiint_v \frac{[2(z-\zeta)^2-(x-\xi)^2-(y-\eta)^2]\mathrm{d}\xi\mathrm{d}\eta\mathrm{d}\zeta}{[(x-\xi)^2+(y-\eta)^2+(z-\zeta)^2]^{5/2}} \tag{1-55}$$

$$V_{zzz} = \frac{\partial^2 V}{\partial z^3} = 3G\rho \iiint_v \frac{[-2(z-\zeta)^3+3(z-\zeta)(x-\xi)^2+3(z-\zeta)(y-\eta)^2]\mathrm{d}\xi\mathrm{d}\eta\mathrm{d}\zeta}{[(x-\xi)^2+(y-\eta)^2+(z-\zeta)^2]^{7/2}} \tag{1-56}$$

引力位高阶导数中，V_{xz}、V_{yz}、V_{zz} 和 V_{zzz} 较常用。

(2) 二度体重力异常计算的基本表达式

所谓二度体是横截面的形状和深度沿某一水平方向不变且沿该方向无限延伸的物体。如图 1-12所示，以地面上某一点 O 作为坐标原点，z 轴铅垂向下即沿重力方向，x、y 轴在水平面内，且 y 轴与二度体的走向平行，若物体的剩余密度 ρ 均匀时，该二度体的重力异常可由三度体的重力异常（1-49）式求得。令该式中 $y=0$，η 的积分限为 $-\infty \sim \infty$，有

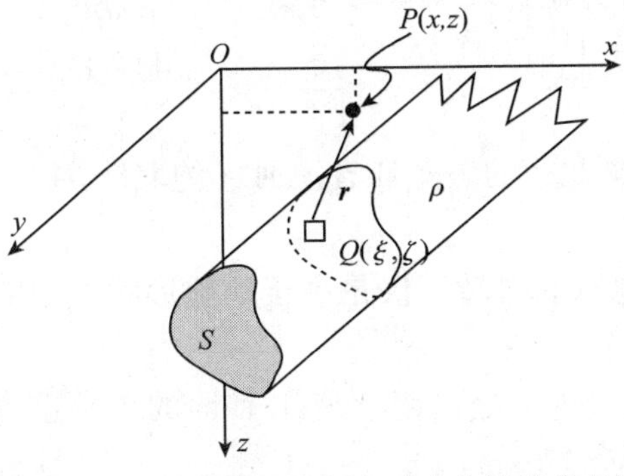

图 1-12　二度体重力场和引力位计算参考图

$$
\begin{aligned}
\Delta g &= -G\rho\iint_S \mathrm{d}\xi\mathrm{d}\zeta\int_{-\infty}^{\infty}\frac{(z-\zeta)\mathrm{d}\eta}{[(x-\xi)^2+(y-\eta)^2+(z-\zeta)^2]^{3/2}} \\
&= -2G\rho\iint_S\frac{(z-\zeta)}{(x-\xi)^2+(z-\zeta)^2}\mathrm{d}\xi\mathrm{d}\zeta
\end{aligned} \tag{1-57}
$$

式中：S 为横截面积。

由上式可推得二度体的引力位公式，即

$$
\begin{aligned}
V &= \int\Delta g\mathrm{d}z = \int\left(-2G\rho\iint_S\frac{(z-\zeta)\mathrm{d}\xi\mathrm{d}\zeta}{(x-\xi)^2+(z-\zeta)^2}\right)\mathrm{d}z \\
&= 2G\rho\iint_S\ln\frac{1}{[(x-\xi)^2+(z-\zeta)^2]^{1/2}}\mathrm{d}\xi\mathrm{d}\zeta
\end{aligned} \tag{1-58}
$$

利用（1－57）式或（1－58）式还可求得

$$
V_{xz} = \frac{\partial^2 V}{\partial x\partial z} = \frac{\partial}{\partial x}(\Delta g) = 4G\rho\iint_S\frac{(x-\xi)(z-\zeta)}{[(x-\xi)^2+(z-\zeta)^2]^2}\mathrm{d}\xi\mathrm{d}\zeta \tag{1-59}
$$

$$
V_{xx} = \frac{\partial^2 V}{\partial x^2} = 2G\rho\iint_S\frac{(x-\xi)^2-(z-\zeta)^2}{[(x-\xi)^2+(z-\zeta)^2]^2}\mathrm{d}\xi\mathrm{d}\zeta = -V_{zz} \tag{1-60}
$$

$$
V_{zz} = \frac{\partial^2 V}{\partial z^2} = \frac{\partial}{\partial z}(\Delta g) = 2G\rho\iint_S\frac{(z-\zeta)^2-(x-\xi)^2}{[(x-\xi)^2+(z-\zeta)^2]^2}\mathrm{d}\xi\mathrm{d}\zeta \tag{1-61}
$$

$$
V_{zzz} = \frac{\partial^3 V}{\partial z^3} = \frac{\partial^2}{\partial z^2}(\Delta g) = 4G\rho\iint_S\frac{3(x-\xi)^2(z-\zeta)-(z-\zeta)^3}{[(x-\xi)^2+(z-\zeta)^2]^3}\mathrm{d}\xi\mathrm{d}\zeta \tag{1-62}
$$

习题一

1. 名词解释：大地水准面；莫霍面。

2. 决定岩（矿）石密度的主要因素有哪些？决定沉积岩、火成岩密度的主要因素各是什么？

3. 试绘出图 1－13 中各点的引力、惯性离心力和重力的方向。

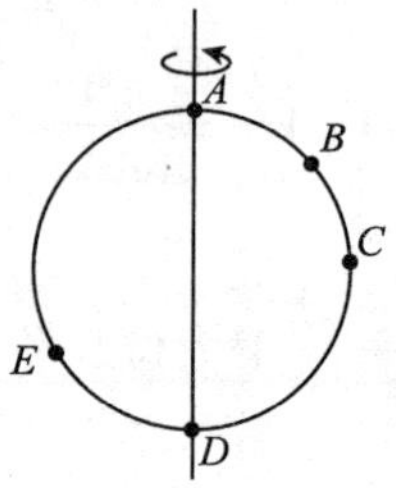

图 1－13

4. 地球的引力位、离心力位、重力位对某一坐标轴和某一方向的偏导数的物理意义是什么？

5. 何为重力等位面？等位面有哪几个特性？重力位二阶偏导数与重力等位面有何关系？

6. 利用赫尔默特正常重力公式计算：

1）从我国最南边的南沙群岛（约北纬 5°）到最北边的黑龙江省漠河（约北纬 54°），正常重力值的变化有多大？

2）两极与赤道间的重力差是多大？若不考虑地球的自转，仅是由于地球形状引起的极地与赤道间重力差为多少？

3）纬度 $\varphi=0°$、45°、90°（即赤道、中纬度、极地）处沿南北变化 1km 的正常重力的变化量（即水平变化率），已知地球的平均半径为 6376km。

7. 利用 $g=c/r^2$（c 为常数）计算地面的正常重力的垂直变化率，已知平均重力为 9.8×10^6 g. u. 。

8. 将地球近似看成半径为6370km的均匀球体，若极地处重力值为9.8m/s²，试估算地球的总质量为多少吨？

9. 地球表面上任意点的重力由哪几个因素所决定的？“引起重力变化的因素就是引起重力异常变化的因素”这个说法对吗？为什么？

10. 假定沿某一剖面上各点的正常重力值的大小和方向皆相同，示意绘出当地下存在有剩余密度小于零的球形地质体时，沿剖面各点的重力分布图。

11. 考虑如图1－14（a）和（b）所示两种剖面的地质条件，请分别说明沿地面能否观测到有相对变化的重力异常来？为什么？这对重力勘探的应用条件提供了什么启示？

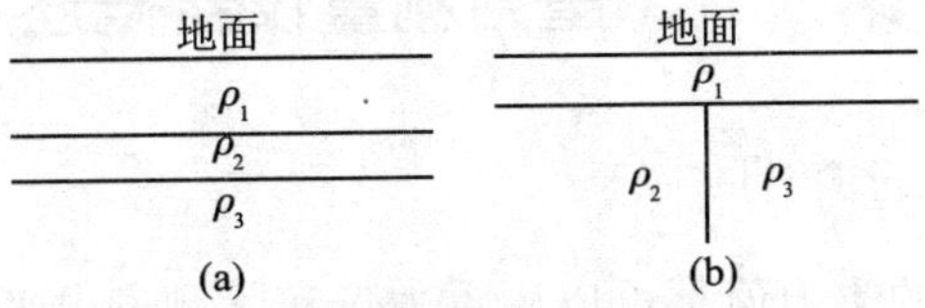

图1－14

第二章　重力测量仪器

重力仪和重力梯度仪是进行重力及其梯度测量的工具，统称重力测量仪器。本章主要讨论目前应用较普遍的几种仪器的设计原理和基本结构。

第一节　重力测量仪器概述

一、重力测量仪器的类别

地球表面上任何一点的重力值都可以用重力仪实际测量出来。如果测定出来的是该测点的重力绝对数值，则称其为绝对重力测量。如果测定出来的是该测点与另一测点（也可以是重力基准点）间的重力差值，则称为相对重力测量。在建立高级别的基准观测站或进行地震监测等工作时多采用绝对重力测量。在找矿勘探和地质研究工作以及建筑工程项目中多采用相对重力测量。与绝对重力测量相比，实施相对重力测量更简便易行。

在重力测量中，按测定重力的方法不同可分为动力法和静力法。

动力法通过观测物体在重力作用下的运动状态（路程和时间）来测定重力。例如利用物体的自由下落或上抛运动，或利用摆的自由摆动。这些方法通常用来测定绝对重力值。按动力法原理设计的测定绝对重力值的仪器称为绝对重力仪。

静力法通过观测物体在重力作用下静力平衡位置的变化来测定两点间的重力差。例如观测负荷弹簧的伸长量（线位移系统）或摆杆的偏移角度（角位移系统）。按静力法原理设计的仪器只能测定两点间的重力差值，故称为相对重力仪。

重力仪按其所测量的环境和空间不同，可以分为地面、海洋、航空及井中重力仪。

二、重力测量仪器的相关指标

重力勘探要求能测量出重力场的微弱变化，即要求能可靠地测量出 1～10g. u.，甚至更小的重力变化，该值约占地球平均重力值的千万分之一到百万分之一，因此，要求重力仪具有高灵敏度、高精度、轻便化、数字化和自动化等良好性能。

1. 重力仪的灵敏度

灵敏度是指仪器能够感觉出的场强度的最小变化。

显示灵敏度（亦称读数分辨率），指的是在读数装置上估计出的最小可辨读数。对无数字显示的仪器，如 ZSM 型石英弹簧重力仪为 0.1 格；对数字显示的仪器来说，即最末一位数字代表的场值，如 CG－3 型石英弹簧重力仪为 0.01g. u.。

灵敏度与显示灵敏度是两个不同的概念。一般情况下，仪器的显示灵敏度包括有一定的随机误差，而灵敏度是某种仪器对一定强度的重力场感知的标定量。应注意它们的区别。

2. 重力仪的精度

精度是反映测量结果与真实值接近程度的量，它与误差大小相对应，误差大、精度低，误差小、精度高。通常，误差又可分为系统误差、偶然误差和过失误差。

通常情况下，精度可分为以下三种。

准确度：描述系统误差影响程度的量。

精密度：描述偶然误差影响程度的量。

精确度：描述系统误差和偶然误差综合影响程度的量。

在重力勘探中，往往不区分精密度与准确度在含义上的差别，而笼统地称为精度，但在必要时应加以区分。

应注意的是，不应将仪器的灵敏度与精度混淆。如果一台仪器的精度很高，则它的灵敏度自然很高，而一台仪器的灵敏度很高，它的精度不一定很高。

第二节　绝对重力仪

绝对重力测量的方法、手段很多，凡是与重力有关的一切物理现象都可以用来测量重力，如摆、自由落体、斜面法等。

一、自由落体法绝对重力仪

1. 自由落体法绝对重力仪的基本原理

自由落体方法首先是1946年由法国的伏莱（Volet C）提出的。如图2-1所示，自由落体在真空中下落，质心在时刻t_1、t_2、t_3，相应经过的位置分别为h_1、h_2、h_3，时间间隔为T_1、T_2，经过的距离为S_1、S_2，任意时刻t自由落体的运动方程为

$$h = h_0 + v_0 t + \frac{1}{2}gt^2 \qquad (2-1)$$

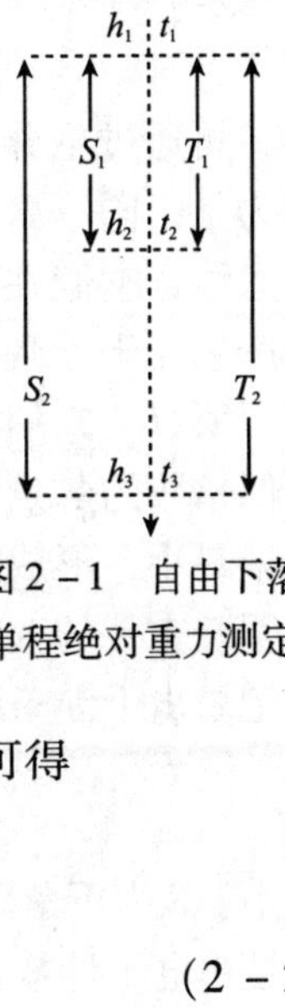

图2-1　自由落体下落单程绝对重力测定

式中：h_0是落体的起始高度；t是从起始高度起算的下落时间；v_0是下落时的初速度；g是重力。

由于（2-1）式中含有h_0、v_0和t三个未知数，故必须测定三组h_1和t_1以解出g。设自由落体在三个位置上的参数分别为t_1、h_1，t_2、h_2和t_3、h_3，并设$x_1 = h_1 - h_0$，$x_2 = h_2 - h_0$，$x_3 = h_3 - h_0$，按（2-1）式可得

$$\left.\begin{aligned} x_1 &= v_0 t_1 + \frac{1}{2}gt_1^2 \\ x_2 &= v_0 t_2 + \frac{1}{2}gt_2^2 \\ x_3 &= v_0 t_3 + \frac{1}{2}gt_3^2 \end{aligned}\right\} \qquad (2-2)$$

将上式中的第二、三式分别减去第一式，再令$S_1 = x_2 - x_1$，$S_2 = x_3 - x_1$，$T_1 = t_2 - t_1$，$T_2 = t_3 - t_1$，消去v_0后可简化求得

$$g = \frac{2\left(\frac{S_2}{T_2} - \frac{S_1}{T_1}\right)}{T_2 - T_1} \qquad (2-3)$$

由此可见，只要精确地测定距离S_1、S_2和时间间隔T_1、T_2就可计算出精确的绝对重

力值 g。

2. 国产 NIM 型绝对重力仪

我国是当今少数几个能进行重力仪研制的国家之一，1975 年中国计量科学院研制成功我国第一台自由落体原理的固定式绝对重力仪。1980 年研制成功我国第一代可移式绝对重力仪，1985 年完成其第二代产品。1990 年其测量不准确度已降低到 ±0. 1g. u. ，达到当时国际先进水平。

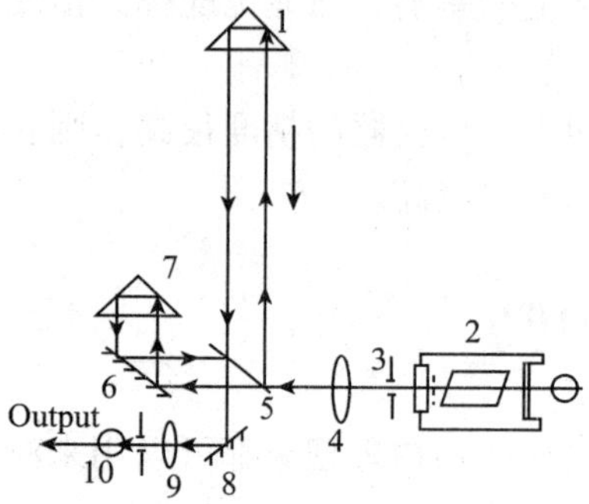

图 2－2　NIM－Ⅱ型绝对重力仪工作原理图
1—立体直角棱镜；2—氦－氖激光器；3—狭缝；4—准直透镜；5—主分光镜；6—分光镜；7—参考立体直角棱镜；8—反射镜；9—透镜；10—光电倍增管

我国计量科学研究院自行研制的 NIM－Ⅱ型绝对重力仪是采用如下自由下落原理制造的绝对重力仪。其工作原理如图 2－2 所示。

它实际上是一台麦克尔逊干涉仪。自由落体是一个立体直角棱镜（1），它的光心和重心重合。该直角棱镜可沿铅垂方向自由下落。由高度稳定的氦－氖激光器（2）射出的细光束通过狭缝（3）和准直透镜（4）投射到主分光镜（5）上。此时激光束分成两路，一路经主分光镜反射至固定参考立体直角棱镜（1）上。另一路透过分光镜（6）反射至固定参考立体直角棱镜（7）上。此两路光束分别经棱镜（1）和（7）的折射，再通过主分光镜（5）、反射镜（8）和透镜（9）一起反射进入光电倍增管（10）。因为是由同一激光源发出的光波，经主分光镜分成两束，所以，此两束光是相位相同的相干光线，它们在空间经过不同路程而会聚到光电倍增管后，在相遇点上保持恒定的相位差而产生光干涉现象。在立体直角棱镜（1）的下落过程中，由于两光束的光程差不断改变，所以，它们在空间叠加时就形成明暗交错的干涉条纹。当光程差等于零或等于半波长的偶倍数的各点，合成振幅最大，形成明条纹。光程差等于半波长的奇数倍的各点，合成振幅最小，形成暗条纹。显然，当光程差每改变二分之一个光波长，则干涉条纹就出现一次明暗交替的变化。因此，这里的光程差就是立体直角棱镜（1）下落距离的变化。只要能记录出干涉条纹的数目就可按下式求得自由落体的下落距离：

$$S = N\frac{\lambda}{2} \qquad (2-4)$$

式中：S 为下落距离；λ 为激光波长；N 为干涉条纹数。为了测定下落距离，干涉条纹数 N 是用电子计数器根据光电倍增管输入的信号进行记录的，而激光波长 λ 的精确值则用氪长度标准测出。在记录干涉条纹的同时，又用经过标准授时台校正过的高稳定石英振荡器测定下落时间，这些观测数据虽然均可达到很高的精度，但最后还要在重力值的结果中加入较大的振动干扰，残存空气影响以及光束垂直偏差等项修正。

NIM－Ⅱ型绝对重力仪利用干涉信号和时标信号相符合原理，在落体自由下落过程中，在干涉条纹脉冲和时标信号脉冲两者同时出现（相符合）时，给出信号以准确计数。NIM－Ⅱ型绝对重力仪在落体下落过程中取 400 个符合测量点，应用最小二乘法拟合求出 g 值。

3. FG5 型绝对重力仪

FG5 型绝对重力仪是 20 世纪 90 年代美国标准和科技研究所与 AXIS 仪器公司联合研制成功的。它是世界上目前在测量精度、自动化和商业化程度等方面最高的绝对重力仪。

FG5 型重力仪主要由真空落体室、激光干涉测量系统、长周期活动垂直惯性参照系统（即超长弹簧）、高速电子时间系统、电子控制系统、实时数据采集以及数据处理软件系统组成，系统的示意图如图 2－3 所示。

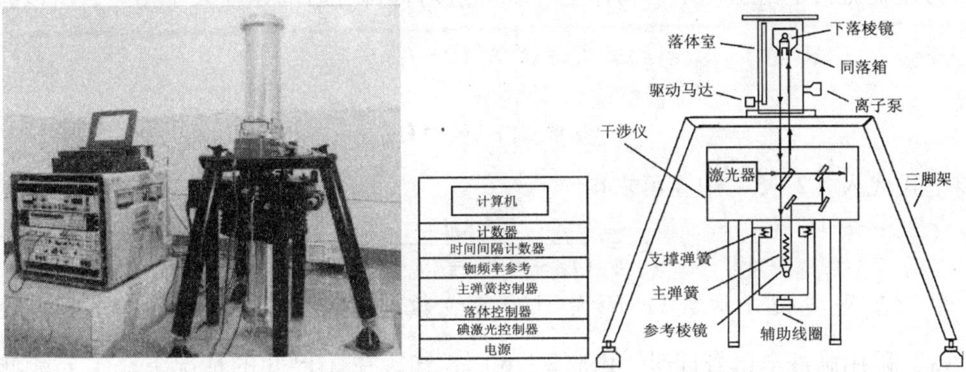

(a)仪器外貌　(b)仪器工作原理示意图

图 2－3　FG5 型绝对重力仪系统

FG5 型重力仪采用了无阻力下落装置，落体室采用一个真空无阻力盒（DFC）来抛落和接触自由落体 *W*。即 *DFC* 由伺服电机首先释放落体 *W*，在测量过程中跟踪落体 *W*，但并不接触，最后在落体末端接触落体 *W*，这样，可消除落体室内残留空气和静电荷等产生的阻力。

参照光学单元安装在一个活动的长期垂直体即超长弹簧中，在超长弹簧中，用机械补偿系统来消除超长弹簧的热漂移。

FG5 型重力仪采用在线式干涉仪，以便使落体室内的自由落体测试质量块与悬挂在超长弹簧内的参照测试质量块保持在一条垂线上，从而消除干涉仪基底倾斜等对测量结果的影响。FG5 型的光学系统，与其他重力仪光学系统相比，主要优点是对落体质量块的运动冲击引起的系统运动不敏感；另一个优点是两个干涉光束的夹角能够调节以产生更好的干涉条纹；此外，新的光束路径的设计可以容易得到所需用于调整系统的各种数据。

FG5 型重力仪的另一个主要改善是干涉仪中采用了耐用的碘稳频 He－Ne 激光器。该激光器无需标定，激光频率的稳定性可达 10^{-10} 以上。

控制系统采用 PC 便携微机控制，可自动启动重力仪工作：实时数据采集、存储、打印、绘图以及后处理等。并对重力观测数据实时作光束传播时间改正、地球潮汐改正、气压改正、仪器有效高度改正、极移改正、海潮改正等。

经测试，该仪器精度达到 0.01～0.02g.u.。

4. 上抛与下落法绝对重力仪

上抛与下落法绝对重力测量与自由落体法绝对重力测量的原理基本一样，只不过考虑了物体运动的往返过程。如图 2－4 所示，设在铅垂方

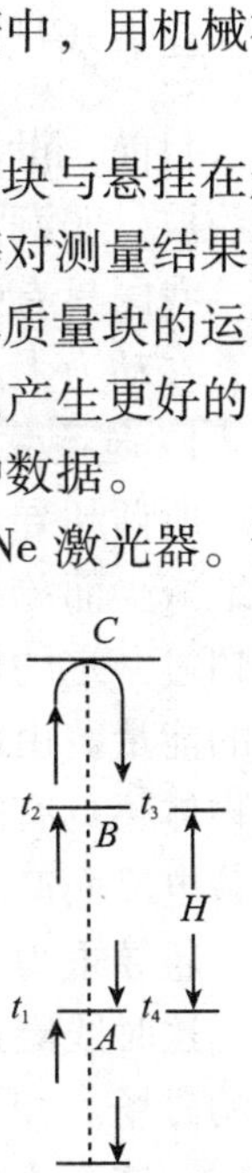

图 2－4　上抛与下落原理示意图

向上有两个位置A和B，AB间的距离为H，物体上抛至A位置的时刻为t_1，速度为v_1，至B位置的时刻为t_2，速度为v_2，到达最高点C时，速度为0。然后下落至B点的时刻为t_3，速度为v_3，下落至A点的时刻为t_4，速度为v_4。若抛体仅受重力作用，则由能量守衡定律可得

$$\frac{1}{2}mv_1^2 = \frac{1}{2}mv_2^2 + mgH \tag{2-5}$$

因为在上抛与下落运动中，物体上、下经过对称位置时的速度大小相等，所以有

$$v_1 = \frac{1}{2}g(t_4 - t_1)$$

$$v_2 = \frac{1}{2}g(t_3 - t_2)$$

将上式代入（2-5）中，可求得

$$g = \frac{8H}{(t_4 - t_1)^2 - (t_3 - t_2)^2} \tag{2-6}$$

式中：λ为激光波长（常数）；H为干涉条纹数。这种重力仪均采用激光测距，即$H=\frac{1}{2}N\lambda$。采用脉冲电讯号计时。由（2-6）式知，在λ已知的情况下，主要能测出N及不同位置上的时刻t，就可求出g值。

可以看出，由落体（或上抛及降落）方法进行测量，主要是准确进行时间和长度（高度）测量的问题，而时间和长度测量属基本物理量的测量。因此，许多绝对重力测量都是在计量研究单位进行的。如我国的绝对重力仪研制和测量就是由中国计量科学院进行的。自由落体式仪器的发展，主要是更便于估计系统精度和增强野外工作的实用性。

二、超导重力仪

目前，世界上已有超导重力仪用于固定台站的重力固体潮观测，其目的是检测长周期潮汐波、非潮汐变化的极移、构造运动过程中的重力效应、液核动力学效应等。

我国只有中国科学院测量与地球物理研究所引进了一台 WUGWR-T004 型超导重力仪，在动力大地测量观测站连续进行固体潮观测已达数十年之久。

1. 超导重力仪的基本原理

所谓超导电性现象是指在温度接近于绝对零度（即-273℃）时，某些金属的电阻急剧地减少而趋近于零。在已经达到超导状态的导体中可以承载很大的电流，只要这个电流不超过一定的极限，则因导体电阻趋近于零而无能量损耗，也就是电能不会转化为其他形式的能量。由此，若将导体作为回路，则电流就能无衰减地永久流通下去。再有，这种超导物体还具有完全的抗磁性，即在外磁场不超过某一临界值的情况下，其表面可形成超导屏蔽电流而产生一种磁矩，起着排斥外磁场的作用。

超导重力仪的工作原理是，用超导材料制成一个线圈，将它置于临界温度以下的环境中，这时线圈进入超导状态，给它输入一个电流，这个电流将长期流下去，并形成一个永久的磁场。如果在线圈上面同时放置一个重量很小，又有一定厚度的超导材料制成的空心小球，这个小球也同时进入超导状态，由超导体的迈斯纳效应可知，在小球的表面将产生一电流，这电流在其内部的磁场完全抵消了超导线圈在小球内的磁场，即超导小球有了抗

磁性，这时小球将被“浮”起来，因为超导线圈内电流不变，故磁场恒定，因此，小球在这个磁场中将随着重力的变化而上下浮动，若把这种上下位移转换成电信号输入记录器就可以记录到重力变化。利用这种超导悬浮装置制成的重力仪称为超导重力仪。

2. 超导重力仪的基本结构

超导重力仪的基本结构如图2－5所示。它有4个温度保持在绝对温度附近的铌丝绕成的载流线圈（1），对称地安置在真空罐（2）外部两侧。根据上述超导电性现象的特点，当有外部电流激励时，线圈中流过的是极为稳定的持续电流，由此产生极其稳定的永久磁场。有一空心球（3），其铝壳外表镀铅，它也是超导体，因此将它放在永久磁场中，小球所受的重力与磁场的反作用力形成平衡，则小球就悬浮在空中，只要没有其他外力作用，球的悬浮状态是极其稳定的。但是随着观测点重力的变化，小球也随之上下移动。我们可以根据此小球的位置测定重力的变化。

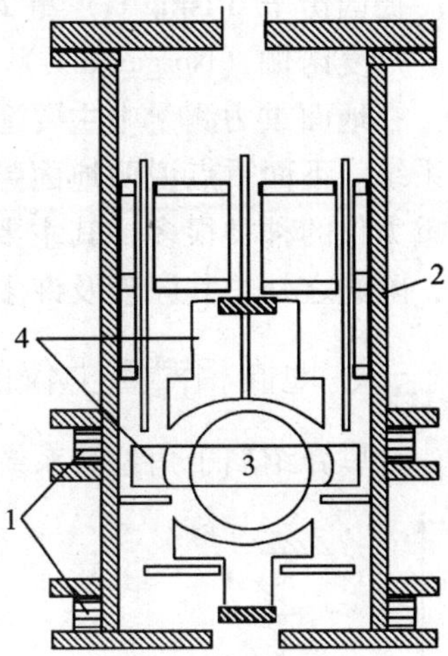

图2－5　超导重力仪的结构

1—载流线圈；2—真空罐；3—空心球；4—电容极板

小球的位移可以采用电容电桥传感器来检测。这个检测系统是在超导球的周围装置六块电容极板，如图2－5中的（4）。上下两块与超导球组成电容 C_1，外部交流信号由引线输入。四周的四块超导球组成电容 C_2，由超导球垂直位移而产生的信号由此输出连接到锁相放大器中。此外，由锁相放大器中输出的直流电信号还可反馈到上下电容极板上而产生反馈静电力使超导球及时恢复到原始的平衡位置。这样，可以观测反馈电压来测定重力变化。

超导重力仪的主体——真空罐是安置在盛满液氦的杜瓦瓶内。因为液氦的温度可以低到绝对温度附近，这样，可保证线圈和铝球处于超导状态。整个仪器又放在超导磁屏蔽室内，以防止外界磁场干扰。

第三节　地面相对重力仪

相对重力测量一般用相对重力仪进行。相对重力仪通常简称重力仪。绝对摆仪最初也曾用来进行过相对重力测量，现在已经基本不再使用。目前应用较普遍的重力仪多利用一种力来平衡重力，然后再用适当的方法来测量平衡力的变化以确定重力变化。它们的构造原理基本上是相同的。如气压重力仪用气压变化平衡重力变化，弹簧重力仪则用弹簧的弹力来平衡重力。他们大都是质盘旋转型，均是利用弹力矩平衡重力矩原理来测量重力变化。这些仪器统称为静力重力仪。静力重力仪又分为两大类型：直线型和助动型。

直线型重力仪：平衡物体的变化量大致和重力变化成正比。如上述的气体或弹簧。其特点是结构简单，但灵敏度低，需要高倍的量测系统测量其微小变化。这种重力仪有哈尔克（Haalck K）气压重力仪，哈特莱（Hartley K）重力仪等。

助动型重力仪：这种类型的重力仪利用弹簧的特殊安置方法，使灵敏系统处于不稳定状态，从而提高了它对于重力变化的灵敏度。所以不必采用高倍的量测系统，但这种仪器受倾斜和温度的影响很大，必须采用特殊的读数方法和温度补偿方法来避免其缺点。

现在的重力仪大多是助动型的。有德国阿斯卡尔亚（Askania）GS 型重力仪、底森（Thvssen ST V）重力仪和美国拉科斯特（LaCoste L J B）重力仪等，均为金属弹簧重力仪。德国伊辛（Ising G）重力仪、美国沃登（Worden S）重力仪、加拿大的 CG－3 重力仪、丹麦诺伽（Norgaard G）重力仪及我国的 ZSM 型重力仪等均为石英弹簧重力仪。

在地面重力测量中主要适用依据静力法设计制造的弹簧重力仪，它们中的多数为角位移系统。下面重点说明地面弹簧重力仪。此外，其他类型的重力仪仅作简要介绍。地面弹簧重力仪的种类很多，其主要差别在于制造弹性系统的材料以及灵敏系统的位移方式不同，除此之外，其原理及许多结构方面都很相似。

一、地面相对重力仪的基本原理及结构

这里介绍属于角位移系统的弹簧重力仪原理及结构。

1. 灵敏系统的结构及平衡方程式

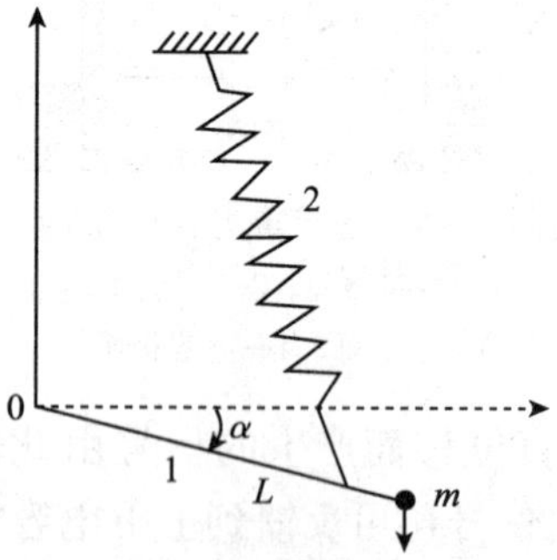

图 2－6　简化的角位移重力仪灵敏系统

0—转轴；1—摆杆；2—主弹簧

弹簧重力仪的静力平衡装置（也称灵敏系统）是用来感觉重力变化的机构。图 2－6 为其简化的工作原理图。它主要由以下几部分组成：0 为转轴（或支点），此转轴可为水平扭丝或一对水平弹簧；1 为摆杆，其一端质量为 m 的重荷固定在转轴 0 上并可绕其旋转；2 为主弹簧，上端固定，下端与摆杆相连。

在某一测点 A 处，由于重力的作用使摆杆静止在一定位置（平衡位置）上。当此装置移到和 A 点重力值不等的另一点 B 时，平衡体就产生位移，位移角度 $\Delta\alpha=\alpha_B-\alpha_A$ 的大小与两点间重力变化量 $\Delta g=g_B-g_A$ 的大小有关。显而易见，根据 $\Delta\alpha$，通过某种换算关系便可确定 Δg。

在上述平衡过程中，以 M_g 表示平衡体（摆杆）所受到的重力矩（为重力 g 及摆杆偏离水平位置角度 α 的函数），以 M_r 表示平衡体受到的弹力矩（是 α 角的函数）。当摆杆静止在某一位置时，平衡体所受到的合力矩 M_0 为零，即

$$M_0=M_g(g,\alpha)+M_r(\alpha)=0 \tag{2-7}$$

上式称为重力仪的基本平衡方程，它对于认识和了解重力仪的工作原理有重要意义。

2. 灵敏度及提高灵敏度的方法

由前面的讨论可知，重力的改变将引起 α 角的变化。从（2－7）式出发，可以讨论仪器的角灵敏度等问题。对（2－7）式计算 g、α 全微分可得

$$\frac{\partial}{\partial g}M_g(g,\alpha)\mathrm{d}g+\frac{\partial}{\partial\alpha}M_g(g,\alpha)\mathrm{d}\alpha+\frac{\partial}{\partial\alpha}M_r(g,\alpha)\mathrm{d}\alpha=0 \tag{2-8}$$

对其稍加整理后可得

$$\frac{\mathrm{d}\alpha}{\mathrm{d}g}=-\frac{\frac{\partial}{\partial g}M_g(g,\alpha)}{\frac{\partial}{\partial\alpha}M_g(g,\alpha)+\frac{\partial}{\partial\alpha}M_r(\alpha)}=-\frac{\frac{\partial}{\partial g}M_g}{\frac{\partial}{\partial\alpha}M_0} \tag{2-9}$$

式中：$\partial M_g/\partial g>0$，$\partial M_0/\partial\alpha<0$。（2－9）式称重力仪的一般灵敏公式，它反映了灵敏系

统对重力变化的敏感程度。对于灵敏系统，要求它必须有较高的灵敏度，能够感觉出微小的重力变化。

为提高灵敏度，可从两方面着手进行：

1）增大（2-9）式的分子，就其物理意义而言，增大分子就是增大灵敏系统中平衡体上的重荷 m 或增大摆杆长度 L，但这么做势必会增加仪器的体积和重量，这是我们所不希望的。

2）减小（2-9）式中的分母，使它从负的方向趋于零，即

$$\frac{\partial}{\partial\alpha}M_{g}(g,\alpha)+\frac{\partial}{\partial g}M_{r}(\alpha)\leqslant 0 \qquad (2-10)$$

此时灵敏度可大为提高，故称（2-10）式为敏化条件。

根据力学中的三种平衡状态，即：稳定平衡时 $\partial M_0/\partial\alpha<0$；随遇平衡时 $\partial M_0/\partial\alpha=0$；不稳定平衡时 $\partial M_0/\partial\alpha>0$。敏化条件的物理意义就是在设计制造重力仪时，使灵敏系统趋于随遇平衡的稳定状态。即减小平衡体的稳定性，但又不使其达到不稳定平衡，就可提高仪器的灵敏度。为达此目的所采用的主要方法有：增加敏化装置，例如质量敏化、弹簧敏化、电力敏化，倾斜法及适当布置弹簧位置等。适当布置弹簧位置多为现代重力仪所采用。

3. 测读机构及测度方法

测读机构是重力仪中用来观察平衡体位移和测量重力变化具体数值的部分。如前所述，平衡体的位移量 $\Delta\alpha$ 与重力的变化量 Δg 有关。计算表明，若 $\Delta g=10$g. u.，则 $\Delta\alpha=1''$。若 $\Delta g=0.1$g. u.，则 $\Delta\alpha$ 会更小。可见，对平衡体这样微小的位移，肉眼显然无法观察。为此，要求测读机构必须具有足够大的放大能力，能分辨出平衡体的微小位移。通常采用光学放大、电学放大（如电容放大等）装置。

为测量重力变化的具体值，目前的重力仪均采用补偿法进行零点读数。即把灵敏系统中平衡体在重力变化时所产生的位移仅作为重力变化的信息，并不直接测定位移的大小，而是用另外的力去补偿重力的变化，把平衡体再调到某一固定位置（也称为零点位置），然后再通过读数装置读出重力的变化。重力仪的零点位置一般都定在平衡体的质心与其转轴所构成的平面为水平面时的位置（水平零点位置）。

现代重力仪中，用来观察和测量重力变化的测读装置是光学装置。简单的光学装置如图 2-7 所示。由灯泡（1）发出的光经透镜（2）进入棱镜（3），经反射由棱镜底面的狭缝（4）射出，经透镜（5）投射在与平衡体杆臂固定在一起的平面镜（6）上，并由它反射，再经透镜（5）进入望筒。望筒中的（8）为刻度片，（7）是一个放大镜。在望筒中可以看到很细的一条亮线（狭缝（4）的像），这条亮线随着平衡体杆臂的偏转而在刻度片上左右摇动。当亮线与刻度片上的零线重合时，表示平衡体处于水平零点位置。当亮线离开零刻度时，利用测微螺丝（10）改变弹簧（9）的张力，把亮线调回到零刻度上。最后，根据测微螺丝上的读数变化，就可求出重力的变化。

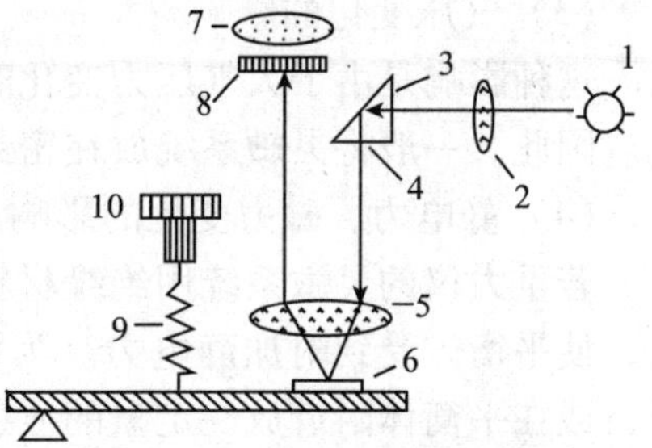

图 2-7　光学装置示意图

1—灯泡；2—透镜；3—棱镜；4—狭缝；5—透镜；6—平面镜；7—放大镜；8—刻度片；9—弹簧；10—测微螺丝

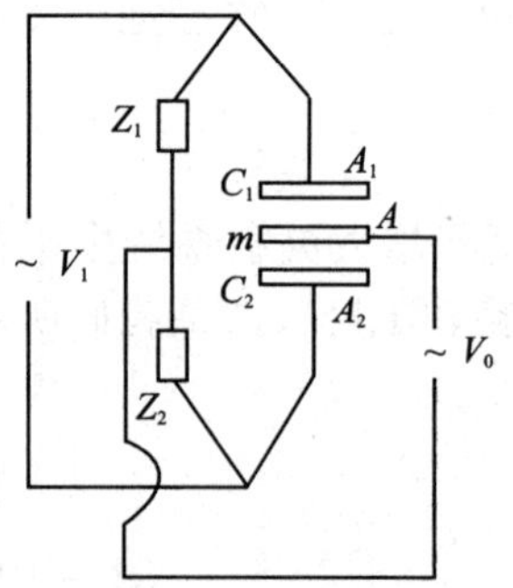

图 2－8　电容测读装置工作原理图

此外，有些仪器也采用电学测读装置，图 2－8 为其工作原理图。A 为平衡体的负荷，A_1、A_2 为两个金属板。它们和 A 组成两个平行板电容器 C_1 和 C_2；Z_1 和 Z_2 为电桥中两个相等的外接阻抗，V_1为输入频率和振幅稳定的电讯号，V_0为输出的电讯号。当A 位于 A_1、A_2正中间时，$C_1=C_2$，$Z_1C_1=Z_2C_2$电桥平衡，无信号输出。当重力变化时，负荷 A 产生位移，使 $C_1 \neq C_2$，输出端将有电讯号输出，将该讯号送入锁相放大器经放大、整流、滤波后送入记录仪，用放大了的电流推动记录笔自动记录重力变化。

4. 影响重力仪精度的因素及提高精度的措施

影响重力仪精度的因素主要有温度变化、仪器倾斜、磁力、重力仪零点漂移、静电以及气压变化等。

（1）温度变化的影响及消除

温度变化对重力仪读数的影响比较复杂，主要原因有：温度变化导致各部件涨缩，因而位置发生变化；重力仪中弹簧的弹力系数随温度变化；外界温度变化使仪器内部温度不均匀，造成其中气体发生对流，给平衡体以冲击，或因温度变化后改变空气的密度，使平衡体受浮力作用发生变化等。

减小或消除这种影响的途径是：①选择适当的材料制造灵敏系统；②将灵敏系统置于电热恒温箱或保温瓶里；③采用温度补偿装置。

（2）重力仪零点漂移的影响

在同一点上不同时间进行多次观测的结果，在完全去掉其他各项影响之后，还会出现差异。这种随时间变化的现象称为重力仪的零点漂移。其原因主要是由于弹簧连续不断受重力作用后，导致弹簧的弹性疲劳及发生蠕变，变化的大小和规律与制造弹簧的材料及工艺水平有关。故零点漂移的规律和大小因仪器而异。一台高质量的重力仪，其零点漂移和时间成正比。为消除这种影响，首先应选择合适的制造灵敏系统的材料。在实际工作中，还应根据零点漂移的基本规律及零漂值的大小进行零漂校正。

（3）气压变化的影响

这种影响是由于大气压力变化时，空气密度将随之改变，导致平衡体所受浮力发生变化。因此，一般将灵敏系统放在密封的容器中。此外，还可增加气压补偿装置。

（4）静电力、磁力变化的影响

若重力仪的灵敏系统用绝缘材料石英制成，则由于摩擦吸附作用，往往会自动积累电荷，使平衡体受到附加静电力。为消除这种影响，通常是在绝缘体的表面镀上一层金属膜，或在平衡体附近放一定量的放射性物质使空气电离，可避免电荷积累。若灵敏系统用铁磁性金属材料制作，则要考虑磁场变化的影响。所以，有些金属弹簧重力仪都对灵敏系统消磁并放在磁屏里，以消除这种影响。

（5）仪器安放状态不一致的影响

由于在各测点上不可能将平衡体与重力间的夹角安置得完全一样，因此，测量结果中存在着安放状态不一致的影响。由重力矩 $M_g=mgL\cos\alpha$ 分别计算对 g 和 α 的微分后，可求得 $dg=-\tan\alpha d\alpha \approx g\alpha d\alpha$。若安置角的偏差为 $\Delta\alpha$，则所引起的观测误差应为

$$dg = \int_{\alpha}^{\alpha+\Delta\alpha} g\alpha \mathrm{d}\alpha = -g\alpha\Delta\alpha - \frac{1}{2}g(\Delta\alpha)^2$$

可见，水平零点读数 $\alpha = 0°$ 安置时误差最小。

二、几种地面弹簧重力仪

在弹簧重力仪中，按制造弹性系统的材料不同可分为石英弹簧重力仪和金属弹簧重力仪，以下着重介绍石英弹簧重力仪，对金属弹簧重力仪只做简要说明。

1. 石英弹簧重力仪

石英弹簧重力仪是目前世界各国使用较广泛的仪器。常用的有如下几种。

（1）ZSM－3 型石英弹簧重力仪

ZSM－3 型石英弹簧重力仪由我国原北京地质仪器厂设计并制造，其外观如图 2－9（a）所示。观测精度约为 ±0.3～±0.5g.u.，读数能力为 0.1 格，格值约 0.8～1.2g.u.，直接测量范围约 1400g.u.，测程范围约 50000g.u.，接近国外同类仪器水平。

仪器可分为如下几个主要部分：

1）灵敏系统　位于主体结构的底部，其构造如图 2－9（b）。主要部件中，除了温度补偿丝和负荷为金属外，余者均由石英制成。主要部件由一个矩形石英框架支撑着，支杆固定在密封器顶盖上。灵敏系统的位移方式属角位移。

2）光学系统　其结构见图 2－9（c）。它应是一个长焦距显微镜，由目镜座（1）、目镜筒（2）、刻度片（3）、场镜（4）、全反射镜（5）、物镜（6）、指示丝（7）、聚光镜（8）、灯泡（9）等组成。该系统的原理与前面介绍的光学测读装置类似。

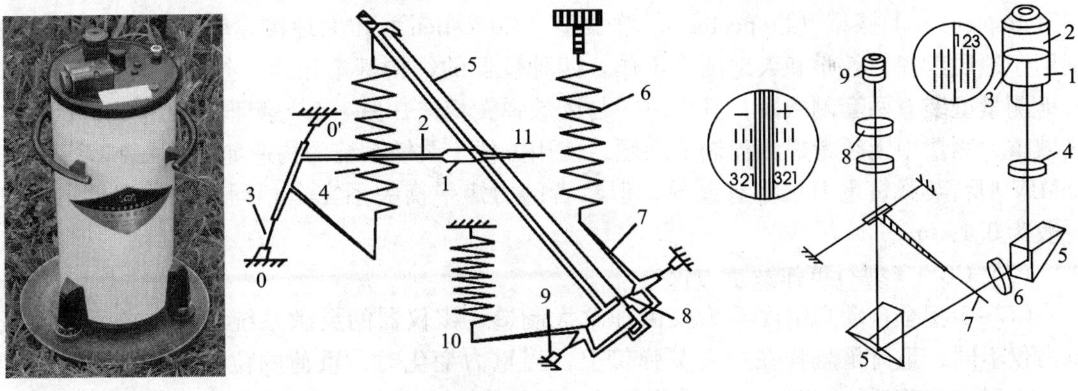

(a)外貌　　(b)灵敏系统　　(c)光学测读装置

1—负荷；2—摆杆；3—摆扭丝；4—主弹簧；5—温度补偿丝；6—读数弹簧；7—读数弹簧连杆；8—温度补偿框扭丝；9—读数框架扭丝；10—测程调节弹簧连杆；11—指示丝

1—目镜座；2—目镜筒；3—刻度片；4—场镜；5—全反射镜；6—物镜；7—指示丝；8—聚光镜；9—灯泡

图 2－9　ZSM－3 型石英弹簧重力仪

3）测量系统　由测读装置、测程调节装置及纵、横水准器等组成。其中读数装置如图 2－10 所示。测微螺杆（1）通过连杆（2）与仪器板面上的读数器（3）相连，转动测微器旋钮可以带动测微螺丝旋转。测微螺丝的底部压一钢球（4），其下面为导向装置（5），该装置下面又连着读数弹簧（6）。随着测微螺杆的旋转，导向装置可以带动读数弹簧伸缩，借以改变灵敏系统中的弹力矩。把石英摆调到水平零点位置，此时读数器上显示的数字即为仪器读数。

为保证仪器安放正确，仪器中间（或顶部）安装有两个互相垂直的水准器，其中之一与石英摆平行，称为纵水泡，另一个与摆扭丝轴平行，称为横水泡。

整个仪器主体置于保温瓶内，最外面是金属壳。

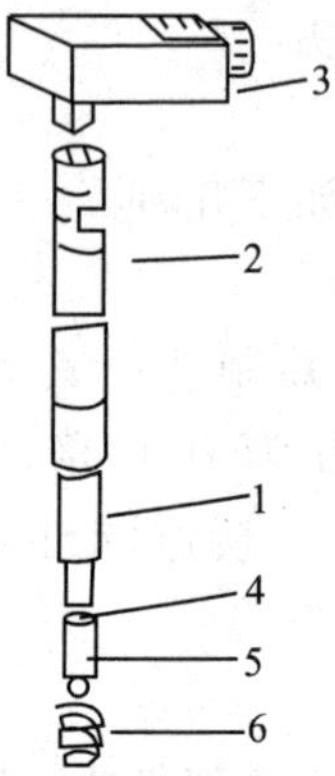

图 2－10　ZSM－3 型重力仪读数装置

1—测微螺杆；2—连杆；3—读数器；4—钢球；5—导向装置；6—读数弹簧

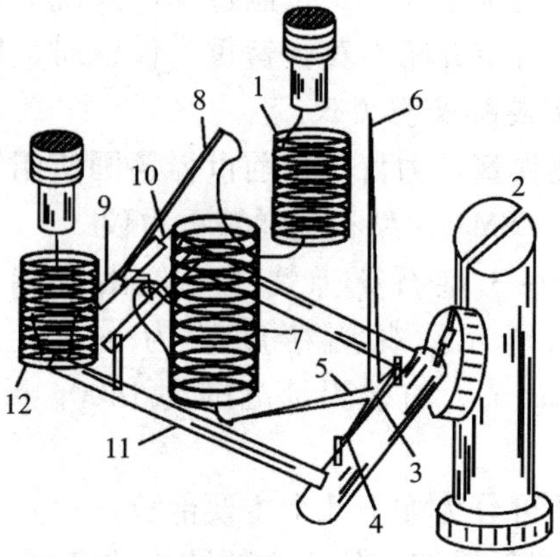

图 2－11　沃尔登重力仪灵敏系统示意图

1—读数弹簧；2—支座；3—石英摆框架；4—摆扭丝；5—石英摆；6—指示丝；7—主弹簧；8—湿度补偿丝；9—温度补偿框；10—读数扭丝；11—石英框架；12—测程弹簧；13—限制器

（2）沃尔登（WORLDEN）石英弹簧重力仪

该仪器由美国制造，是目前石英弹簧重力仪中较好的产品之一。可分为四种类型：主型（Mopter）、勘探型（Propector）、教学型（Education）和大地测量型（geodesist），分别用于地质勘探、教学和大地测量工作。四种仪器的结构基本相同，技术性能略有差异。大地测量型装有两套测微器，其中之一与读数弹簧相连，另一个与测程弹簧相连，因而在区域重力测量中无须考虑测程调节问题，使用方便。灵敏系统的构造如图 2－11 所示。与 ZSMⅣ 型石英弹簧重力仪略有差异，但二者的力矩平衡关系完全相同。这类仪器的精度一般为 0.1g.u.。

（3）CG－3 型石英弹簧重力仪

CG－3 型全自动高精度重力仪由加拿大制造。该仪器的灵敏系统结构与前面介绍的重力仪不同，重荷是悬挂在一石英弹簧上，当重力变化时，重荷的位置上、下移动，因此，它属线位移系统。图 2－12 为仪器外貌及工作原理图。

作用在重荷 M 上的重力是靠弹簧的弹力及较小的静电恢复力来平衡的。重力的变化是通过电容位移转换器感觉到的。重力变化时，重荷位置要上、下移动，则电容量发生变化，在控制电路中就有电流通过，由此得到的直流电压经反馈回路加到电容器极板上，则在重荷 M 上产生一静电力使其回到初始位置，这一反馈电压与重力变化的大小有关。反馈电压经模数转换器转换为数字信号并送到仪器的数据接收系统，进行处理、显示和存储。

该仪器设有 16KB 的标准内存，可储存 420 个测点的数据。若存储更多数据，存储器可扩充到 48KB。

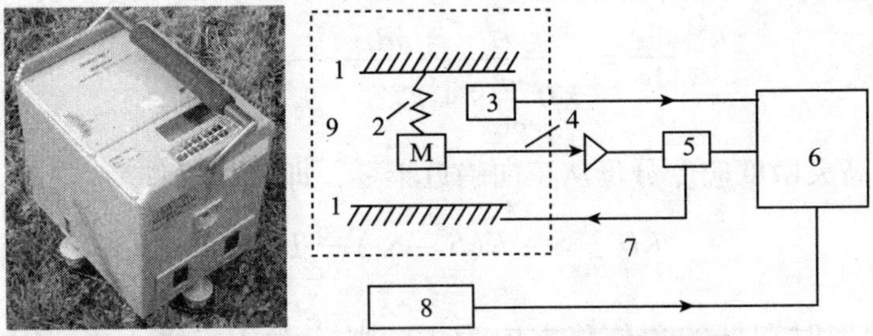

(a)外貌　　　　　　　　(b)工作原理图

图 2－12　CG－3 型全自动高精度石英弹簧重力仪

1—可变电容器；2—弹簧；3—温度传感器；4—控制电路；5—模数转换器；6—数据接收；7—反馈电压；8—倾斜灵敏元件；9—真空容器。M—重荷

CG－3 型重力仪的精度可达 0.1g.u.，测程范围为 70000g.u.，可进行全球性的相对重力测量。该类仪器自动化程度高，操作方便，能自动记录和存储数据，并可与 PC 机对接，便于数据的整理和计算。

（4）提高石英弹簧重力仪灵敏度的方法

目前使用的角位移石英弹簧重力仪都是通过适当选择主弹簧上端点悬挂位置的方法，即适当布置弹簧的办法来提高灵敏度。以下介绍其工作原理。

图 2－13 为简化后的灵敏系统工作原理图。由图可知，当系统平衡时，它对转轴 O 产生的力矩分别为（顺时针为正向）

重力矩

$$M_g = mgL\cos\alpha$$

弹力矩

$$M_r = -KD(S - S_0)$$

式中：S_0 为弹簧受力前的原始长度；S 为其受力后的长度；K 是弹性系数；D 为弹簧的力臂。S 和 D 都是 α 的函数。

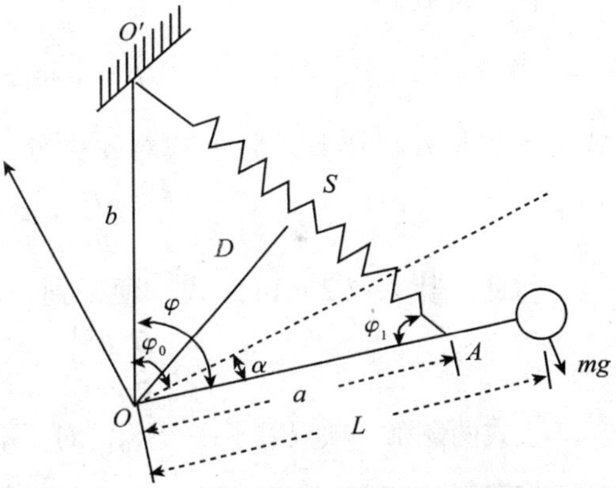

图 2－13　简化灵敏系统工作原理图

当重力变化 dg 时，平衡体将产生相应的位移 dα，各力矩的变化关系为

$$\frac{\partial}{\partial g}M_g = mL\cos\alpha$$

$$\frac{\partial}{\partial \alpha}M_g = mgL\sin\alpha$$

$$\frac{\partial}{\partial \alpha}M_r = -KD\frac{\partial}{\partial \alpha}S - K(S - S_0)\frac{\partial}{\partial \alpha}D$$

将上述三式代入（2－9）式，则有

$$\frac{d\alpha}{dg} = \frac{mL\cos\alpha}{mgL\sin\alpha + KD\frac{\partial}{\partial \alpha}S + K(S - S_0)\frac{\partial}{\partial \alpha}D} \tag{2-11}$$

以平衡体杆臂水平时作为零点，即 $\alpha=0$，则（2-11）式可表示为

$$\frac{\mathrm{d}\alpha}{\mathrm{d}g}=\frac{mL}{KD\frac{\partial}{\partial\alpha}S+K(S-S_0)\frac{\partial}{\partial\alpha}D} \tag{2-12}$$

可见，为提高灵敏度应令分母从正向趋近于零，即敏化条件为

$$KD\frac{\partial}{\partial\alpha}S+K(S-S_0)\frac{\partial}{\partial\alpha}D\geqslant 0 \tag{2-13}$$

若以重力增加时摆杆的角位移方向为正，则$\frac{\partial S}{\partial\alpha}$为正。由于 K、D 也为正，故欲使（2-13)式成立，$\frac{\partial D}{\partial\alpha}$必须为负。由（2-13）式得

$$-\frac{\partial D}{\partial\alpha}\leqslant\frac{D}{S-S_0}\cdot\frac{\partial}{\partial\alpha}S \tag{2-14}$$

$\frac{\partial D}{\partial\alpha}$为负的物理意义是：当角位移增大时，弹力臂随之减小。为保证$\frac{\partial D}{\partial\alpha}$为负，只要使 φ_1 小于 90°即可。对此尚需进一步说明。

由图 2-13 可知，在△$OO'A$ 中，按正弦定理有

$$\sin\varphi_1=\frac{b}{S}\sin\varphi=\frac{b}{S}\sin(\varphi_0+\alpha)$$

由此可知

$$D=a\sin\varphi_1=\frac{ab}{S}\sin(\varphi_0+\alpha)$$

式中 S 也是 α 的函数。将上式对 α 微分，并令 $\alpha=0$ 得

$$\frac{\partial D}{\partial\alpha}=-\frac{D}{S}\frac{\partial S}{\partial\alpha}+\frac{ab}{S}\cos\varphi_0$$

将此式代入（2-14）式，便得到

$$\frac{D}{S}\frac{\partial S}{\partial\alpha}-\frac{ab}{S}\cos\varphi_0\leqslant\frac{D}{S-S_0}\frac{\partial S}{\partial\alpha} \tag{2-15}$$

上式两侧第一项只差了一个 S_0，对于不同的 S，可以用改变 φ_0 的方法使不等式得到满足。

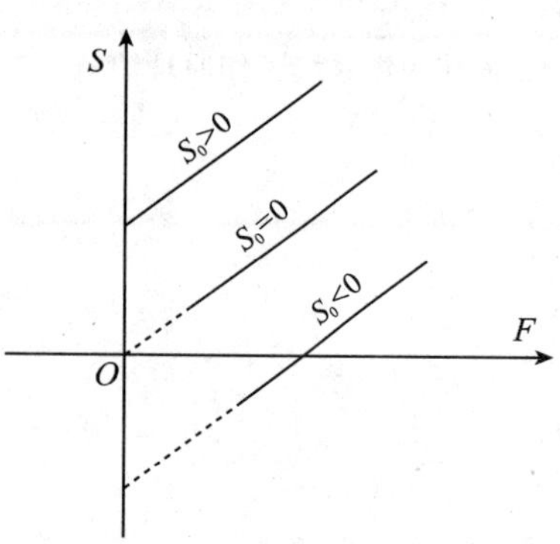

图 2-14　不同性质弹簧的应力与应变关系

就弹簧的物理性质而言，目前可制成三种不同 S_0 的弹簧，即 $S_0>0$、$S_0=0$ 和 $S_0<0$，它们分别称为正常弹簧、零长弹簧和负长弹簧。三种不同性质的弹簧应力与应变的关系如图 2-14 所示。正常弹簧本身没有内聚力，当外力等于零时，$S=S_0>0$。零长弹簧和负长弹簧本身具有一定的内聚力，外力小于它的内聚力时，弹簧不伸长。将他们的变化关系向 S 轴方向延长，零长弹簧将恰好交于 S 轴的零点，负长弹簧则交于 S 轴的负方向。负长弹簧的内聚力更大，无外力作用时，它的 S 应为负。

目前使用的石英弹簧重力仪，主弹簧都采用零长弹簧，即在无外力作用时，$S_0=0$。由（2-14）式可知，对于零长弹簧的仪器，若要满足敏化条件，只有 $\varphi_0\leqslant 90°$。

综上所述，用适当布置弹簧法提高仪器灵敏度，就是要使仪器灵敏系统满足敏化条件，为此，只要将弹簧的上端点向过 O 点的垂线方向移动，使角 $\varphi_0 \leqslant 90°$ 即可。

(5) 石英弹簧重力仪的温度补偿装置

为消除或减小温度变化对仪器读数的影响，仪器上装有温度补偿装置。图 2－15 所示的温度补偿装置多为重力仪所采用。一条细金属丝 J 作为温度补偿丝，其一端固定在温度补偿框 K 上，这个丝将给温度补偿杆 N 以一定拉力使其停止在固定的位置。当温度变化时，由于主弹簧 S 的弹力及其他部件的变化使平衡体产生位移。但由于热胀冷缩，补偿丝的长度也将发生变化，因而改变自身对杆 N 的拉力，使补偿杆的端点上下移动，并通过主弹簧带动平衡体移动。若这两种原因引起平衡体偏转的角度相等而方向相反，则补偿了温度变化的影响，但温度补偿的范围是有限的，只在一定温度变化范围内才有较好的补偿效果。

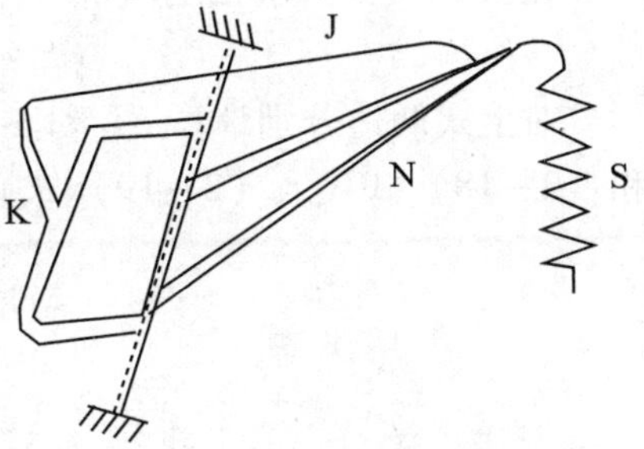

图 2－15　ZSM－3 型重力仪的温度补偿装置

2. 金属弹簧重力仪

所谓金属弹簧重力仪，就是它的弹性系统由金属材料制成。下面介绍两种精度较高，使用较普遍的仪器。

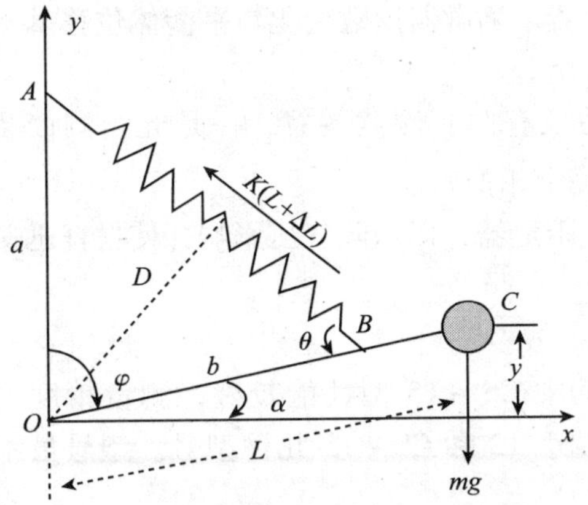

图 2－16　拉科斯特重力仪工作原理图

(1) 拉科斯特（Lacoste）重力仪

拉科斯特重力仪由美国 LACOSTE－ROMBERG 有限公司设计制造，分为 G 型（大地型）和 D 型（勘探型），两者的结构基本相同。其测量精度约 ±0.1g. u.，灵敏度较高，其中 G 型仪器直接测程为 70000g. u.，可进行全球范围的相对重力测量而无须调整测程。

图 2－16 是仪器灵敏系统的简化工作原理图。有一摆杆 OC，可绕过 O 点的转轴旋转。在摆杆的 B 点上直接连接主弹簧 AB。A 点位于过 O 点的 y 轴上。设摆杆的长度为 l，质量为 m，主弹簧的起始长度为 L，由于重力作用产生的变化为 ΔL，弹性系数为 K，且 $OA = a$，$OB = b$，摆杆在 Oxy 平面内转动。当摆杆在任意位置平衡时，其平衡方程式为

$$mgl\cos\alpha = K\Delta LD = K\Delta Lb\sin\theta \qquad (2-16)$$

式中：α 为摆杆与 Ox 轴之间的夹角；D 为主弹簧到 O 点的距离；θ 为主弹簧和摆杆间的夹角。由 $\triangle OAB$ 可得

$$(L + \Delta L)\sin\theta = a\sin\varphi \qquad (2-17)$$

由上式解出 $\sin\theta$，将它代入（2－16）式可解得

$$ml = \frac{Kab\Delta L}{g(L + \Delta L)} \qquad (2-18)$$

对上式计算 ΔL、g 的全微分得

$$ml\mathrm{d}g = \frac{Kab\mathrm{d}(\Delta L)}{L+\Delta L} - \frac{Kab\mathrm{d}(\Delta L)}{(L+\Delta L)^2} \tag{2-19}$$

在△OAB 中由余弦定理得

$$(L+\Delta L)^2 = a^2 + b^2 - 2ab\sin\alpha$$

对上式两边分别计算 ΔL 和 α 的全微分可得 d（ΔL）$= -ab\cos\alpha\mathrm{d}\alpha/(L+\Delta L)$，将它和（2－18）式代入（2－19）式则有

$$\frac{\mathrm{d}\alpha}{\mathrm{d}g} = -\frac{1}{g}\frac{\Delta L(L+\Delta L)^2}{abL\cos\alpha} \tag{2-20}$$

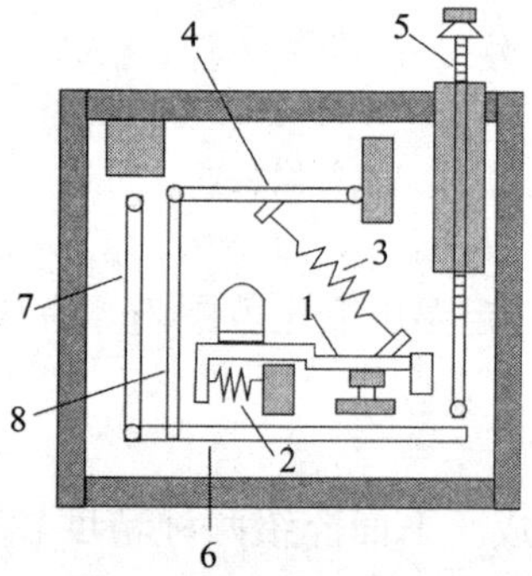

图 2－17　拉科斯特重力仪灵敏系统结构示意图

1—摆杆；2—细弹簧；3—主弹簧；4—杠杆；5—测微螺杆；6～8—杠杆

上式为拉科斯特重力仪的灵敏度公式。可见，若主弹簧采用零长弹簧（$L=0$）时，则灵敏度 $\frac{\mathrm{d}\alpha}{\mathrm{d}g}\to\infty$，因灵敏度与 α 角有关，故也采用水平零点读数法进行观测。

拉科斯特重力仪的弹性系统结构如图 2－17 所示。它由摆杆(1)、细弹簧(2)、主弹簧(3)、测微螺杆(5)、杠杆(4)、(6)、(7)、(8)组成。

与 ZSM 型石英弹簧重力仪的不同点是，该类型重力仪平衡体的转轴为一很细的金属丝，因而拉力很小。测量系统由测微螺丝控制一套杠杆来带动主弹簧的上端点，使平衡体处于零点位置。测微器读数变化与平衡体位移基本同步，读数快而准确。

拉科斯特重力仪有两套测读装置，一是光学测读装置，二是电学测读装置。其结构与 ZSM 型重力仪完全相似。

在灵敏系统得摆杆上还装有浮力补偿器及空气阻尼器，以消除气压影响并使摆杆迅速稳定，用测温元件对温度系统进行控制。

（2）GS 型金属弹簧重力仪

GS 型重力仪由西德生产，仪器型号很多。其中 GS－15 型性能较好，测量精度可达 ±0.1～0.2g.u.。目前我国常用的有 GS－11、GS－12 和 GS－15 几种型号。型号虽不同，但基本原理是一样的。

第四节　海洋、航空、井中重力仪

不论是进行海洋还是航空重力测量，它们都有一显著特点，就是安放仪器的基础不像陆地那样稳固，而是处于运动状态。由此产生许多扰动力的影响，这些影响在重力测量中必须予以消除。

一、海洋重力仪

目前海上重力测量的方法主要有两类：

一类是将重力仪用潜水钟或沉箱由船上放入海底，用遥控和遥测方法操纵仪器进行读

数，所用仪器多是地面常用重力仪改装的，只是增加了遥控测读装置和仪器的自动调平系统。这种方法只适用于浅海或海底地形比较平坦的地区，而且只能单点测量。并且测量工作效率远低于陆地，测量精度与陆地相近。

另一类是将重力仪装在船上，在船只航行中进行连续测量。由于在运动中进行重力测量，给测量增加了许多干扰，如船只航行的加速度、海浪冲击使船只的颠簸等。为保证重力测量的精度，就应消除这些干扰，必须采用特制的海洋重力仪，陀螺稳定平台，自动记录系统和数据处理系统等。此类测量方法的测量精度不如第一类方法，但工作效率和自动化程度远高于第一类，是目前深海和大洋重力测量的主要方法。

数10年来，世界各国研制了各种类型的海洋重力仪。多数海洋重力仪是在陆地重力仪的基础上改进与发展而制成的。在此仅介绍几种主要类型的海洋重力仪。

1. 海洋弦线重力仪

海洋弦线重力仪就其性质来说属于动力法的仪器，其原理如下：

图2－18为ZY70－1型海洋弦线重力仪灵敏系统结构示意图。一条铍铜合金制成的弦线，下端悬挂一负荷M，负荷的另一端用两对十字形弹性片固定在支架上。若将弦线置于均匀磁场中且弦线两端接一振荡电路，则弦线在适当电流的驱动下以固有频率振动。由物理学可知，在弦线横截面为矩形，长比宽大得多的条件下，弦线的固有频率为

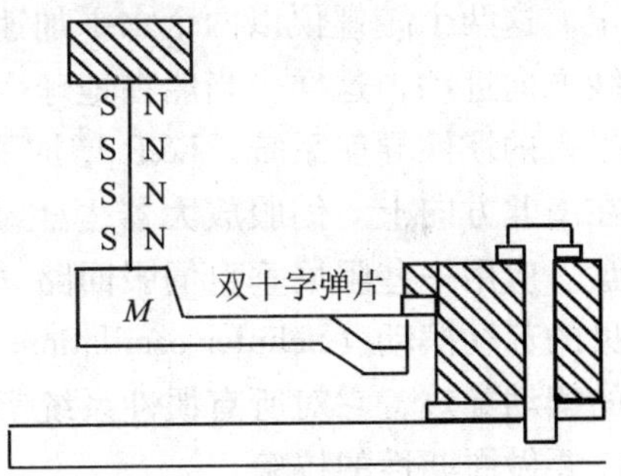

图2－18　弦线重力仪灵敏系统结构示意图

$$f = \frac{1}{2L}\sqrt{\frac{mg}{\lambda}} \qquad (2-21)$$

式中：L为弦线的长度；λ为弦线的线密度；m为负荷M的质量；g为重力。

由上式可解得

$$g = \frac{4L^2\lambda}{m}f^2 = Kf^2 \qquad (2-22)$$

式中：$K=\frac{4L^2\lambda}{m}$（称为仪器常数）。（2－22）式表明，重力与旋线的振动频率的平方成正比。

当重力变化时频率也改变，即有

$$\Delta g = 2Kf\Delta f$$

或

$$\frac{\Delta g}{g} = \frac{2\Delta f}{f} \qquad (2-23)$$

可见，可通过测量弦线频率的变化求出重力的变化。如果要求重力测量的精度达到0.2g.u.（约为地球平均重力的2×10^{-8}），则频率变化测量的相对精度也必须达到10^{-8}的数量级，现代电子技术对频率测量不难达到这一精度。

为消除水平加速度的影响，负荷的另一端联在两对十字金属弹簧片上，这样负荷只能做垂直方向移动。强磁场可使负荷载各方向的振动迅速衰减。弦线重力仪的零点漂移不大

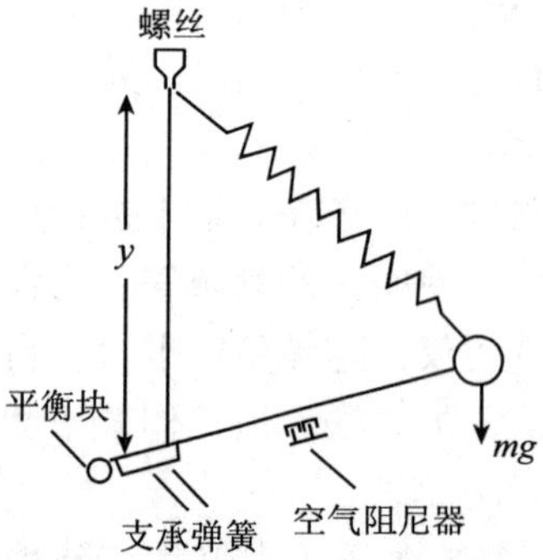

图 2－19　拉科斯特－隆贝格摆杆型海洋重力仪弹簧系统工作原理示意图

但因频率的变化与重力变化间的线性关系不够好，精度受一定影响。

2. 拉克斯特－隆贝格（L&R）摆杆型重力仪

拉克斯特－隆贝格（L&R）海洋重力仪探头是拉克斯特－隆贝格（L&R）陆地重力仪的超阻尼型，并增强了摆杆的刚性和附加了细丝悬浮以防止摆杆的水平方向运动。为了使船上的摆杆震动减小到最小值，摆杆被高度过阻尼。为了产生一个近于零的纯恢复力，周期做的非常长。高阻尼不会使相应时间加长，增加阻尼实际上能减小相应时间。图 2－19 是拉克斯特－隆贝格摆杆型海洋重力仪的灵敏系统示意图。

这套重力仪系统安装在一个被称作三轴惯性平台上。这种 L&R 平台由两个陀螺来稳定。这两个陀螺仪以两个水平加速度计为基准，来自加速度计的负反馈使这两个陀螺绕垂线方向进动，这样，当船在地球表面上运动时，平台也总能保持水平状态。为了制造仪器平台的惯性导航系统，L&R 增加了第三个陀螺（固定在仪器罩上）。这一陀螺将平台稳定在南北方向上。伺服放大器去驱动力矩马达来保持北向，这样就使平台成为一个回转罗盘。应用一些阻尼垂直伺服回路（周期约为 12 min）可在物理上而不是数学上避免 84 分贝的苏勒摆动（Schuler oscillations）（Bell，1969），该摆动与一个长度等于地球半径的摆的摆动等效，它对所有惯性系统都产生影响，这些陀螺也可以用来补偿漂移，不过漂移率需要做周期性的校验。

三轴惯性平台的实验给出的重力观测精度达 30g. u.，这可根据更精确的电子导航方法所得到的精度相比拟。

3. 贝尔重力仪

这种仪器的探头（图 2－20）是为惯性导航系统而研制的平衡加速度计的改进型（Bell Aero. Space Company，1971），贝尔航空航天公司 1971 年研发的。探头由一个在两块永久磁铁之间做垂直运动的线圈组成。重力和垂直加速度这两者的变化，改变线圈及其支架的重量。线圈位移是由桥式回路中的电容环检测的。桥中的不平衡产生恢复平衡方向上的电流。这样，由线圈内的变化电流就可测量视重力，即重力加上垂直加速度的变化。

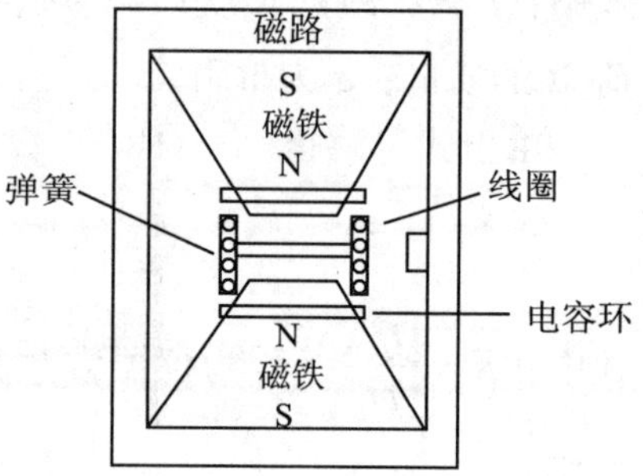

图 2－20　贝尔重力仪平衡原理示意图

加速度计是非常小的，它被罩在一个小于 5cm 高，直径约 2cm 的圆桶内。探头在一个恒温箱内的永久磁铁的主均匀场内运动。横向弹簧迫使探头只能沿它的探头轴运动。这个仪器安装在稳定平台上，因此，水平加速度不影响线圈的运动。

因为仪器是轴对称的，水平和垂直加速度的交叉耦合甚至在高海拔下可以忽略。

以数值读数的平衡电流，正比于视重力（垂直运动加速度加上重力加速度）。重力变化与船的加速度可通过输出信号的数值滤波分开。

贝尔重力仪主要由美国海军和石油公司使用。据报道，测量精度大约 10g. u.。

除此之外，一些欧洲研究者还制造出格拉夫·阿斯卡尼亚 GSS－2 型（测量精度在几十个 g. u. 以内）和阿斯卡尼亚 GSS－3 型（测量精度在 ±10g. u. 左右）等不同型号的海上重力仪，这里不再一一列举。

二、航空重力仪

在交通不便，人迹难觅的地区，如沙漠、沼泽、高山陡岭、原始森林等地区，不能用通常的重力测量方法，就需要将重力仪安置在飞机上进行航空重力测量。

最早的试验性航空重力测量始自 1958 年，此后用不同机型的固定翼飞机和不同的机速（400～500km/h）、不同的重力仪（拉科斯特－隆贝格，阿斯卡尼亚 GSS－2，贝尔型）、不同的导航系统和滤波方法均进行过试验。大量的试验表明，在飞机上进行重力测量是可能的，精度一般能达到 ±100g. u. 。在好的条件下，达到 ±50g. u. 也是可能的。

在具有较好的导航设备的直升机中进行测量作业时，现行航空重力仪系统可以获得精度达 ±5g. u. 。

航空重力测量和海洋重力测量很相似，也是在运动中测量重力。在飞机上重力仪的基座受到各种扰动加速度的影响要比海洋上大得多，因此，为消除这些扰动加速度的影响相应的也就困难得多，这也使航空重力测量的精度大大受到限制。

航空重力测量中，由于各种扰动加速度的影响，重力测量精度较低，而且测量结果的一些校正也很难保证准确，因此，航空重力仪和航空重力测量尚处于试验研究阶段，20 世纪 80 年代初美国的一些试验工作的精度已达 ±10g. u. 。

航空重力仪与海洋重力仪虽都是将重力仪放在载体上进行测量，但是飞机上各种扰动加速度影响要大一些，尤其是飞机行距大，改变了作用在灵敏系统上的离心力，因此，必须进行精确的厄特维修正。为此在飞机上必须备有精密的导航设备。为了克服重力仪的倾斜和水平加速度的影响，航空重力仪须安置在精密的常平架或陀螺稳定平台上。为了消除垂直加速度的影响，必须精确地测量出航高的时间变化率，为此须采用沸点气压测高、雷达测高或多道电子导航示踪等装置。

根据航空重力仪的研制发展情况，在这里以实际投入试验与测量的拉科斯特航空重力仪的结构与工作原理为例做一简单介绍。

拉科斯特航空重力仪的弹性系统与陆地重力仪或海洋重力仪基本相同。其原理结构如图 2－21（a）所示，工作原理如下：

重力仪摆杆 OC 的平衡方程为

$$lmg\cos\alpha = KLd \tag{2-24}$$

由于其中：

$$d = y\sin\beta, \qquad L = \frac{b\cos\alpha}{\sin\beta}$$

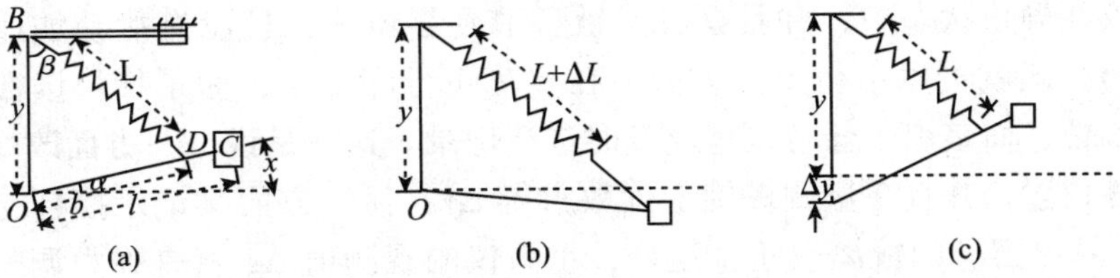

图 2－21　航空重力仪弹簧系统工作原理图

所以，（2－24）式可以写成

$$lmg = Kyb \quad 即 \quad g = \frac{Kb}{ml}y \tag{2-25}$$

（2－25）式的 l（摆杆长）、m（平衡质量）、K（弹簧弹性系数）和 b（OD 长度）皆为常数，所以 g（重力值）和 y 是对应的单值关系，也就是只要适当地选择 y 值，则摆杆在任意位置都能平衡。

如在两个测点上重力有 Δg 的变化，使摆杆稍微降一些，如图 2－21（b）。此时主弹簧 L 伸长了 ΔL。为了使主弹簧恢复到原来的长度，只要将 O 点下降 Δy 长度，如图 2－21（c）所示，即可根据摆杆在任意位置都能平衡的特性，这时（2－25）式可写为

$$lm(g + \Delta g) = K(y + \Delta y)b$$

即

$$\Delta g = \left(\frac{Kyb}{ml} - g\right) + \frac{Kb}{ml}\Delta y$$

由（2－25）式知

$$\frac{Kyb}{ml} - g = 0$$

因此，

$$\Delta g = \frac{Kb}{ml}\Delta y \tag{2-26}$$

由（2－26）式可见，两测点的重力差可由两点处的 y 值差求得。在拉科斯特重力仪的弹性系统中，利用测量螺旋调节弹簧的张力，改变 y 的长度，使每个测点上摆杆恢复到零位置，再由测量螺旋上读取两个测点之间的重力差。航空重力测量和海洋重力测量一样，也不能求出某一瞬间的重力值，而是只能求出某一时间段内的平均重力值。在海洋重力测量中，因船的航速较慢，弹性系统的强阻尼而引起的重力变化和滞后的影响较小，可以忽略不计。同时，在取观测平均值的时间段（10～20min）内，船航行的距离也不长，取的平均值对重力测量的精细程度影响不大。但这种方法不适用于航空重力测量的情况。因为飞机的航速很快，弹性系统在强阻尼的情况下，摆杆是不会立即由倾斜位置达到平衡位置，它需要一定的时间，这就使重力观测值产生极大的变形和滞后。而且，飞机航速大，在取观测值的平均值的时间内，飞机飞过的距离长，在长距离中取重力平均值，重力测量的详细程度就受到影响。所以在航空重力仪中就要用一种快速读数方法。

在航空重力测量中，由于重力仪是安置在飞机上进行观测的，所以，在各种扰动速度下，摆杆的平衡条件被破坏了，它处于运动状态。但由于重力仪是阻尼的，所以摆杆的位移不大。在观测过程中用量测螺旋改变 y 的长度 Δy，使摆杆恢复到零位附近，在摆杆上所加的弹性力 g_a，它和重力方向相反，称为弹力调整量。

当重力仪在静止状态中，并且摆杆又被调节到零位置，且没有扰动加速度时，利用 Δy 由（2－26）式就可以求得重力差。但在实际飞行测量中，为了加快读数过程，不等摆杆恢复到零位，而是出于任意位置就随时进行记录。这就是说，一方面改变弹力调整使摆杆趋近于零位置，并且在量测螺旋上读数求得 Δy；另一方面又记录摆杆与零位置的偏差 x，由 x 计算出摆杆的偏离改正。这样，重力仪的观测值 Δg 就是弹力调整加摆杆偏离修正。实际上求得的是某一时间内的平均值。

此外，拉科斯特高精度航空及海洋重力仪是一种性能更优越的仪器，这种带有陀螺稳定平台的航空/海洋型重力仪，以每秒200次的速度自动对飞机或船只的各种姿态变动进行实时调整补偿，从而使重力传感器始终处于水平测量状态。航空及海洋型重力仪的动态实测精度均为2～10g. u.。

拉科斯特直升机悬挂重力仪是带有自动调平悬挂机构的高精度重力仪。通过电缆可以从直升机上控制重力仪并采集数据。直升机悬挂的工作方式适用于沙漠或地形困难的无人区的重力调查。

三、井中重力仪

已有的钻孔、钻井、竖井、地下矿区坑道可以被人们用来作为接近目标矿体的通道，使得重力仪能更接近目标来进行垂直向离散点的重力测量（也包括重力垂直梯度的测量）。井中重力勘探由于重力值的变化与地下大体积的密度异常的岩体有关，因此，也是确定大体积岩体原地密度的最有效的一种方法。在精确测定的条件下，可以给出0.01g/cm^{3}的密度精度。

在钻孔中进行重力垂向测量所用的微伽重力仪要求是体积直径小，能承受高温与高压的变化，并要求在与铅垂方向有一定偏离的倾斜条件下能够连续测量的仪器。

美国LaCoste & Romberg公司研制的拉科斯特高精度井中重力仪是世界上应用效果较好的井中重力仪。符合钻孔内要求直径小、能承受较高的温度与压力变化，并且能够与在铅垂方向有一定偏离的条件下进行测量的各种特殊要求。井中重力仪用于井中微重力测井，为油气开发提供井下地层密度的空间变化及孔隙度分布变化资料，也可为剩余油气分布调查提供信息。该仪器测井不受油井铁套管影响，测量精度为0.4g. u.。

最新型的井中重力仪的直径为10cm，可在井斜为14°，温度为200℃和压力为172MPa的环境下连续工作30h。其精度为±0.03g. u.，得到的密度精度为±0.01g/cm^3。这种重力仪采用的是金属零长弹簧，与L&R“D”型重力仪的内部测重结构、测量原理都相同。

第五节　重力梯度测量仪器

地球重力场可以用重力位、重力位梯度（重力矢量）及位的高阶导数来表示，重力矢量各个分量的梯度是重力位的二阶导数。

为什么现今人们对梯度的测量如此重视呢？这是因为重力梯度测量与重力测量相比，前者具有许多优点，例如它可用张量表示、短波信息丰富、与惯性加速度可以分离。作为航空重力梯度测量，它对高度不太敏感；作为卫星梯度测量，它可覆盖全球，且周期短、测量结果应用价值高。它在大地测量、地球物理、地质、地震、海洋、导弹弹道、航空和空间等学科领域都可以得到广泛应用。因此，近20年来航空重力梯度仪和卫星重力梯度仪的研制得到空前的发展。

各种卫星梯度重力仪的用途、工作环境和原理均各不相同。未来国际卫星重力梯度测量任务将采用低温超导重力梯度仪。按运载方式划分，重力梯度仪可分为星载（卫星）重力梯度仪、航空重力梯度仪和地面重力梯度仪。卫星重力梯度测量可采用空间稳定平台系统和旋转型系统。重力梯度测量的原理可大致分为两类：扭力测量和差分加速度测量。前者测定用于检测质量上的力矩以获取重力梯度值，后者通过测量两个加速度计之间的加速度差来获得重力梯度观测值，因而可消除加速度计之间大部分公共误差的影响，它较前者更有发展前景。

上述除扭秤外的各种重力梯度仪器还未能完全用于生产实际中。

一、扭秤

以Z－40型扭秤为例，它的灵敏系统主要是一个Z型秤杆，上下支杆上各固定有一个重荷，两重荷间的水平和垂直距离均为40cm。秤杆的中间有一个立柱，其上焊一平面镜P，然后以一条细丝——扭丝，将整个系统悬挂起来，如图2－22所示。

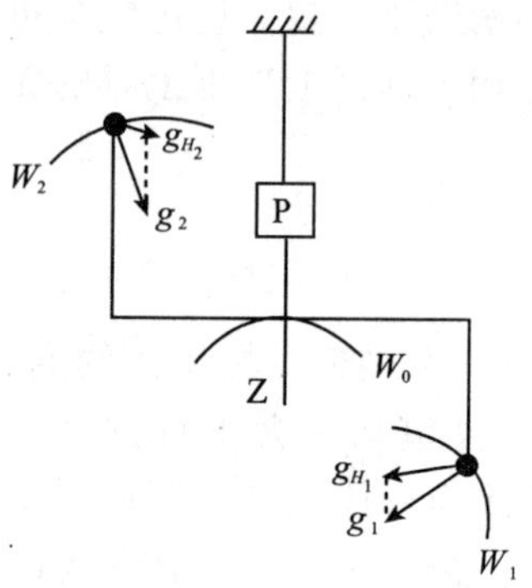

图2－22　Z－40型扭秤的构造和工作原理

扭秤的工作原理是：设 W_0、W_1 和 W_2 分别为通过扭秤重心和上下重荷质心的三个互不平行的重力等位面。测量时，让坐标原点位于扭秤的重心，z 轴与重力等位面 W_0 垂直，x、y 轴在水平面内。由于三个等位面互不平行，故对选定的坐标系来说，两个重荷处的重力 g_1 和 g_2 方向不可能和重心一致，因而，它们在水平方向必然有分力。如果用 g_{H_1} 和 g_{H_2} 分别代表两个重荷所受的水平分力，则当 g_{H_1} 和 g_{H_2} 的大小和方向无论垂直或水平方向发生变化时，系统受到的水平力矩之和均不可能等于零。因此，灵敏系统将以扭丝为轴在水平面内扭转一定的角度。偏转角度的大小除了和扭秤灵敏系统的构造有关外，还和重力场的变化有关。当灵敏系统的构造常数已知时，就可以根据转角的大小求出重力场的变化量。

二、地面重力梯度测量仪器

重力垂直梯度是重力测量与重力勘探的重要参数。在大地测量中和重力测量中发挥了重要的作用。

由于现今在地面上直接测量重力梯度的仪器还未广泛应用于实践，一般从其他参数换算，又因转换方法繁复且难以保证一定的精度，故很少应用换算的办法。因此，现实的做法是进行实测，实测方法的原理是测定在垂直方向上间距 Δh 的上、下两端的重力，并以重力差与高差相除的平均重力梯度作为 $\partial g/\partial h$（重力垂直梯度）的近似值。

这样重力垂直梯度的测量工作，首先需要有一台微伽级的重力仪（最好是L&R—D型）和一个具有一定高度的测量架（塔）。野外工作中，在测量架的底部中心用重力仪观测得到一个结果 $g_{下}$，然后在高为 Δh 的测量架顶部中心（上下两个中心同一铅垂线上）用同一重力仪观测得到结果 $g_{上}$，随后，再在架底中心再测得 $g_{下}$。一个“下—上—下”的一次闭合称为一次独立的观测。根据重力垂直梯度测架的误差表示式可知，观测次数 n 越大，误差越小。Δh 越大，测定的垂直梯度值精度越高。如果 Δh 较小，在1m左右时，测量精度主要取决于重力仪的观测精度。

在微伽级重力仪尚未问世时，在美国、波兰和德国作重力梯度测量，采用了3m高差的固定式测量塔（架）。测量的垂直梯度的精度一般在20～30E。随着微伽级LaCoste－

Romberg D 型重力仪的大量采用，应用 1～1.5 m 的测架，即可取得较高精度的结果。

中国科学院地球物理研究所和测量与地球物理研究所皆研制与应用 1m 左右高度的测量三脚架改装成为重力垂直梯度测量架进行了野外作业，取得了具有一定精度较理想的结果。同时，参考国外的一些资料，自行设计与研制了国内第一台无级调高差的轻便的 GD－Ⅱ型重力垂直梯度测量架，如图 2－23 所示。

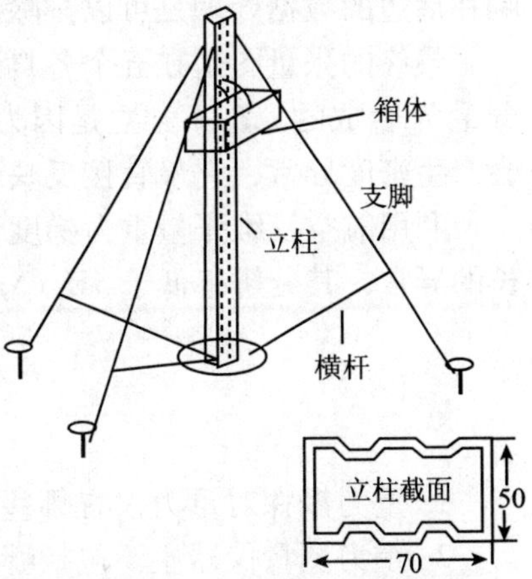

图 2－23　GD－Ⅱ型重力垂直梯度测量架示意图

利用重力梯度架具有装拆方便，重量轻，便于野外携带的优点，利用其进行重力梯度测量时应注意如下特点和要求：

1）重力仪在测量架上可以连续调节升降、观察，最高升高距离应有 2m。对中准确，高程读值精度应符合设计要求。

2）装拆方便、重量轻，便于野外携带和使用。

3）结构连接可靠，特别要注意支撑的稳定性，减少测量架垂直向晃动性振荡对测量精度的影响。

4）测距与水平调节方便，便于操作、观测，在读数时观测人员与测量架分离，免除人体对测量架及仪器的影响。

三、航空重力梯度仪简介

1998 年，贝尔地球空间（Bell Geospace）公司从军事方面获得一种水下重力测量技术，并将其应用于水面上的海上石油生产勘探。2000 年又把它应用于航空测量。我们提及的这一技术是三维全张量重力梯度（3D－FTG）测量技术，尽管这一项技术的研究已进行了一个多世纪，但仅仅做些缓慢的固定测量，覆盖面积有限。近些年来，随着航空技术的改进，将重力仪带到空中进行测量的尝试取得了有限的成功。

据发明航空三维全张量重力梯度仪的 Bell Geospace 公司近来介绍，他们改进的这项技术填补了这方面的空白，能使石油和矿产勘探在短时间内对测区进行大面积覆盖。航空三维全张量重力梯度仪外观如图 2－24 所示。

(a)整机外观

(b)在澳大利亚南部测量工作中

图 2－24　三维全张量重力梯度仪

目前的航空三维张量重力仪已改进成能装载的一种仪器，这种仪器附带有采用差分全球定位系统并进行地形测量的硬件。将全张量梯度仪放在飞机颠簸摆动偏航最轻微的位置，旋转加速度能够达到最小，任何加速度都可以用精密加速度计测出来，并且他们的影响在后边的数据处理是可以排除。这一设计允许在环境非常恶劣的条件下进行测量。

最终的张量图是在五个各自独立的张量分量元素图 T_{xx}、T_{xy}、T_{xz}、T_{yy} 和 T_{yz} 以及竖直分量 T_{zz} 合成的。T_{zz} 不独立是因为 $T_{xx}+T_{yy}+T_{zz}=0$，但它被提出是因为在恰当空间勘测上会产生密度异常，它最直接反映地表下的地质情况。

利用航空三维张量重力梯度仪在非洲某地进行的测量工程中，所记录的大于400m 波长的异常，其分辨率低于5E（5g. u. /km）。

习题二

1. 重力勘探对重力仪有哪些具体要求？

2. 重力测量仪器主要包括哪些种类？

3. 衡量重力仪性能好坏的主要指标是哪些？

4. 目前世界上较先进的重力测量仪器有哪些型号？分别是哪个国家生产的？我国曾经生产过哪些型号的重力仪？

5. 说明重力仪的灵敏度、显示灵敏度和精度的含义。灵敏度越高，是否测量精度也越高？为什么？

6. 为提高重力仪的精度，现代重力仪采取了哪些措施？

7. ZSM 型石英弹簧重力仪由哪几个主要部分组成？并说明其中几个主要部件的作用。

8. ZSM 型石英弹簧重力仪提高灵敏度的方法和依据是什么？

9. 绘出 ZSM 型石英弹簧重力仪弹性系统图，并说明测量重力变化的原理和进行温度自动补偿的原理。

10. 结合 ZSM 型石英弹簧重力仪，说明重力仪的平衡位置、水平位置、零点位置和水平零点位置。

11. 何为重力仪的零点位移？研究它有何实际意义？如何消除这一因素的影响？

12. 为什么地面相对重力仪在同一点上不同仪器的读数会不同？且同一台仪器在不同时刻的读数也不同？

13. 与地面重力仪相比，海洋重力仪和航空重力仪在设计上还要考虑哪些因素的影响？具体设计中是如何克服的？

第三章 重力野外工作方法与资料整理

野外重力测量得到的实测的数据是重要的原始资料。重力野外测量可分为地面、航空、海洋和井中几种测量方式。这里主要介绍获得合格的地面重力测量结果的有关要求。

第一节 野外重力测量

一、重力勘探野外工作技术设计

根据具体任务，野外施工之前应先编写技术设计书，它是具体施工的依据。设计书应包括以下内容：

1）明确工区范围、地理位置及工作目的与任务，开展野外工作所需人员配备、仪器设备型号等；

2）收集有关本区及邻区的地质、物性资料和前人工作成果，必要时应实地踏勘并完成一定数量的密度标本测试；

3）确定工作比例尺，测网形状、测线方向、测量时具体技术方法，测量精度要求及精度误差分配标准；

4）是否建立基点网以及基点网的精度要求；

5）确定开展野外工作所需人员配备和素质、仪器设备型号和数量、工作进度，施工顺序；

6）所需经费预算、安全措施等。

设计书一旦经审批后，它是对测量工作评价的重要依据。这里首先明确以下几点。

1. 重力勘探的地质任务

随着重力仪精度的不断提高，重力勘探所能解决的地质任务越来越多。

1）在区域地质调查中，利用重力异常配合其他有关资料能有效地研究地壳深部构造（如莫霍界面、结晶基底起伏），研究区域地质构造，划分构造单元，进行地质填图等。

2）在石油、天然气和煤田地质勘探中，重力资料可用来圈定沉积盆地，研究沉积层厚度，寻找与石油、天然气和煤田有关的构造。

3）在寻找金属和非金属矿产方面，利用重力资料配合磁测资料可以圈定成矿带，也可以直接找矿（如铬铁矿、磁铁矿等）。

4）在水文工程方面，重力异常用来寻找断裂、破碎带、溶洞及古河道。

2. 比例尺和测网

不论是进行剖面还是面积测量，首先应确定工作的比例尺，针对不同地质任务应选择不同比例尺。

（1）比例尺的选择

一般来说，为寻找埋藏较深范围较大的异常体通常选用较小的比例尺；寻找较浅和范围不大的地质体则选用较大的比例尺。

小比例尺一般可分为四种：1:10 万，1:20 万，1:50 万，1:100 万。这可用于区域性测量。

大比例尺一般可分为 1:5 万 ~ 1:500 各种比例尺，这常用于局部异常体（如岩体、矿体）的测量。

（2）测网的选择

开展面积性测量时，测线距和测点距的大小决定测网的大小。一般用线距与点距的乘积表示测网密度。例如线距 50m，点距 20m，测网密度为 50m × 20m。

测网形状有两种。线距大于点距为长方形网，线距等于点距为正方形网。

测线方向和测网形状应根据勘探对象的形态来确定。在实际工作中对于等轴状的地质体应采用正方形网，对于有一定走向的地质体应采用长方形网，而且测线方向尽量垂直地质体走向来布置，同时测线距离大于测点距离。一般来讲，测线距离不能大于地质体在地面投影长度的 1/3 ~ 1/2。其目的是保证至少有 2 ~ 3 条测线同时穿过所寻找的地质体。

实际工作中，测点的距离是根据可信异常宽度大小来确定。所谓可信异常宽度，是指测线上异常曲线的幅值大于异常均方差 2 倍的两个测点间的水平距离。一般测点距应为异常宽度的 1/3 ~ 1/2，可保证不漏掉有意义的异常。

3. 重力测量精度

测量的精度常用误差大小来衡量。由于测量误差主要是由偶然误差产生的，通常以重复测量的均方差来度量。

由误差理论可知，若对某未知量进行 n 次等精度观测，其观测值与相应真值之差用 Δ_i 表示，而均方差用 m 表示时，则有

$$m = \pm\sqrt{\frac{\sum_{i=1}^{n}\Delta_i^2}{n}} \tag{3-1}$$

但在实际中，未知量的真值往往用 n 次观测值的最近似值（如平均值）代替。这时均方差可写成

$$m = \pm\sqrt{\frac{\sum_{i=1}^{n}\Delta_i^2}{n-1}} \tag{3-2}$$

（3 – 2）式中 Δ_i 表示第 i 次观测值与平均值之差。

当对 k 个量进行测量而每个量进行 n 次等精度测量时，均方差表达式为

$$m = \pm\sqrt{\frac{\sum_{j=1}^{k}\sum_{i=1}^{n}\Delta_{ij}^2}{k(n-1)}} \tag{3-3}$$

该式中 Δ_{ij} 表示第 j 个量的第 k 次观测值与第 i 个量 n 次观测的平均值之差。

当对 k 个量只观测两次时，表达式为

$$m = \pm\sqrt{\frac{\sum_{j=1}^{k}\Delta_j^2}{2k}} \tag{3-4}$$

式中 Δ_j 为两次观测的差值。

由上可知，重力测量精度主要由观测精度来体现，也就是观测精度决定了测量异常的精度。如若要寻找微弱异常，则须进行较高精度的测量。

一般重力仪的观测精度可达 0.1g.u. 以上。目前重力测量还没有统一的精度分级标准。

二、仪器的准备、重力基点网联测与测点观测

1. 仪器的检查与常数测定

重力仪在正式投入生产之前应进行必要的性能检查和常数测定。仪器性能不稳定（如仪器读数零点位移无规律），将直接影响测量精度。故开展野外工作前应完成下列工作：

1）仪器格值的检查和重新标定；

2）仪器灵敏度的检查和调节；

3）仪器水平位置的检查和水泡曲线测试；

4）仪器测程的检查与调节；

5）仪器零点位移的检查（包括静态和动态试验）；

6）仪器（多台仪器）一致性试验。

2. 重力基点网的布设与联测

（1）基点、基点网和总基点

重力仪存在零点漂移问题。漂移大小只有在基准点上先后两次读数做比较才能确定。这个基准点称为基点。当测区面积很大时，只设一个基点工作很不方便，为了控制普通测点的测量精度，须设立多个基点。这些基点相互联系就组成基点网。此外，重力测量往往是相对测量，仪器测出的异常须在全区内选一个基准点为异常的起算点，这个起算点又称总基点。

（2）基点网设立原则

1）基点网中的基点一般要均匀分布在全区，在地形条件差的地段要多增设基点，同时基点要有统一编号。基点间距离远近应根据仪器零点位移量的大小来确定，在保证精度的前提下应尽量减少基点的个数。

2）基点应选择在交通方便，标志明显，易于永久保存的地方。

3）基点网联测可采用一台仪器多次重复观测或多台仪器重复观测，保证基点值的精度高于普通测点观测精度的 2~3 倍。所以，基点之间重力差值（称增量或段差值）至少应由两个以上独立增量的平均值来确定。

（3）基点网的联测

基点网的联测通常采用三程循环观测或重复观测的方法，下面简要介绍。

1）三程循环观测法：为了提高精度，尽量保证重复时间相近，基点网联测可以采用三程循环观测路线方法，即采用 $A \to B \to A \to B$ 的观测路线，如图 3-1 所示。这样的方式可以分别计算出 A、B 基点间两个非独立增量来，最后由这两个非独立增量的平均值计算出该段的总平均值，称为一个独立增量。

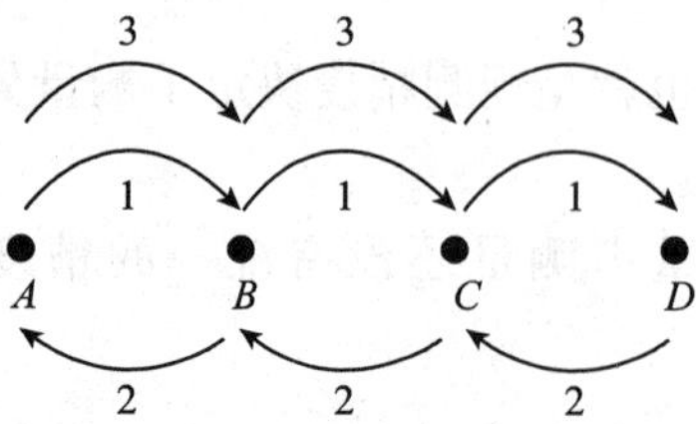

图 3－1　三程循环观测法

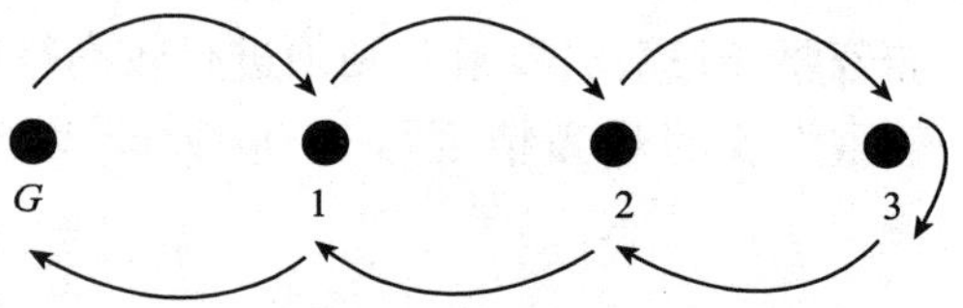

图 3－2　重复观测法

2）重复观测法：重复观测路线是先从一个基点出发依次按顺序进行测量，到最后一个基点后按原路线返回再依次重复测量，路线如图 3－2 所示。

3. 普通测网的布置与观测

（1）测地工作

布置测网、确定测点的坐标位置及高程均属测地工作（这里把工程测量称作测地。主要为了和重力测量相区别，磁法勘探中也类似）。测地工作质量的好坏直接影响物探测量的精度。

在较大比例尺（如大于 1∶5 万）重力测量中，可使用经纬仪、水准仪或采用激光测距、测高，以保证精度；在某些小比例尺（小于 1∶20 万）重力测量中可用相应的地形图来确定点位和高程，甚至还可用航片来确定点位和高程。随着测地技术的发展，目前的很多测地工作均使用 GPS（全球定位系统）来确定点位和高程。

重力异常变化与各测点的高程密切相关，点位和高程测量的精度随布格改正方差的标准而定。测地工作结束之后，无论对点位测量还是高程测量均需给出精度评价及结果精度。

（2）普通测点的观测

在利用已知基点网的前提下，普通测点的观测应为从某一个基点出发经过一些测点后回到该基点或到另一个基点的闭合观测。普通点一般只需单次观测，其路线如图 3－3 和图 3－4 所示。

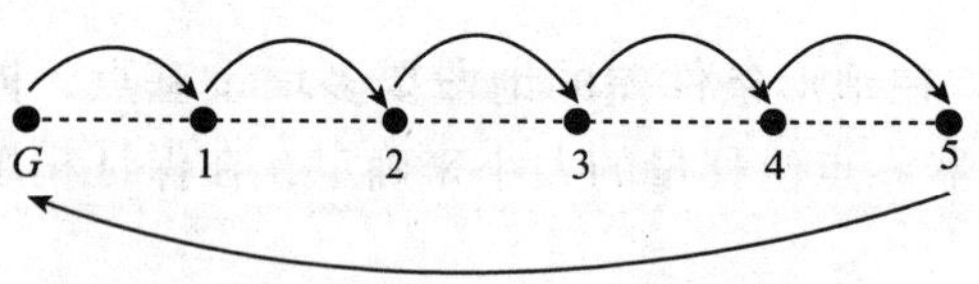

图 3－3　使用单基点测点观测路线图

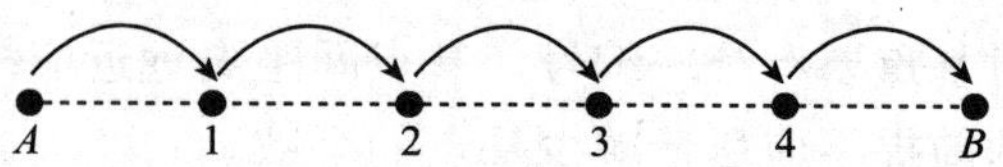

图 3－4　使用两个基点测点观测路线

（3）检查点观测

为了评价测量精度，应对已经测量过的点进行一定量的检查测量，按规范要求检查点数占总点数 5%～10%，而且检查点应尽量均匀分布于研究区。在平稳场和异常场上都要有一定数量的检查点，对前者，用（3－4）式计算均方误差，并绘出误差分布曲线，对后者，应计算平均相对误差 $\overline{\eta}$，并绘出异常检查对比剖面图，平均相对误差 $\overline{\eta}$ 的计算公式为

$$\overline{\eta} = \frac{1}{n}\sum_{i=1}^{n}\left|\frac{A_{i1} - A_{i2}}{A_{i1} + A_{i2}}\right| \times 100\% \tag{3-5}$$

式中：n 为检查点数；A_{i1} 和 A_{i2} 分别为第 i 个点的原始值和检查值。

检查观测应贯穿野外施工全过程，做到一同三不同（同点位，不同仪器、不同时间、不同操作员）或二同二不同（同点位、同仪器，不同时间、不同操作员）。

（4）补充观测

按原设计点距进行观测时，若发现异常变化较大，则可以临时决定加密点距进行补充观测。有时在野外遇到原设计点位无法施工，也可以再临时补充一些点进行观测。

第二节　重力野外资料的整理

野外重力观测数据须经过一系列整理和计算后才能成为具有确切意义的异常值。这些整理和计算主要是指对已获得的观测结果进行的各项改正计算。

一、重力基点网的条件平差

1. 基点网段差的计算方法

各相邻两基点间（一个边段）的重力差值称为段差。采用解析法或图解法都可以求得消除仪器零点漂移后的重力段差值。

（1）解析法求取段差值

图 3-5 是对基点 1、2 采用三程循环观测结果与相应读数时间的关系图示。横轴表示时间 t，纵轴表示读数 S。由于常用的三程循环观测法在同一点上相邻两次观测的时间差较小，可以较好地控制重力仪的零点漂移，且在这较短的时间内，将零点变化视为线性变化。

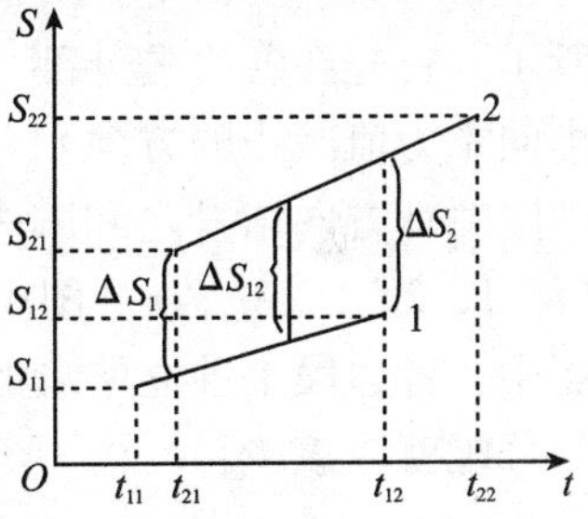

图 3-5　解析法求段差示意图

图中 1、2 代表 G_1、G_2 两个基点上各自的零漂折线，S_{ij}、t_{ij}分别表示第 i 点上第 j 次观测的读数值和观测时间。由图中可知 G_1、G_2 两个基点之间的段差解析表达式为

$$\left.\begin{aligned}\Delta S_1 &= S_{21} - S_{11} - \frac{S_{12} - S_{11}}{t_{12} - t_{11}}(t_{21} - t_{11}) \\ \Delta S_2 &= S_{22} - S_{12} - \frac{S_{22} - S_{21}}{t_{22} - t_{21}}(t_{22} - t_{12}) \\ \overline{\Delta S}_{12} &= \frac{\Delta S_1 + \Delta S_2}{2} \text{或} \overline{\Delta g}_{12} = \overline{\Delta S}_{12} C\end{aligned}\right\} \tag{3-6}$$

式中：ΔS_1、ΔS_2 为非独立增量；$\overline{\Delta S}_{12}$为读数独立增量，它能独立地表示两基点间的读数差；C 为仪器的格值；$\overline{\Delta g}_{12}$为重力独立增量，它能独立地表示两基点间的重力差。

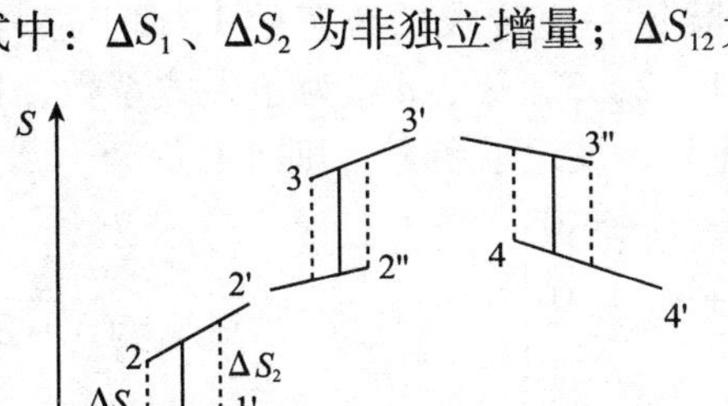

图 3-6　图解法求段差示意图

（2）图解法求段差值

将基点 1、2、3、4 的观测值与时间关系按一定比例尺绘在方格坐标纸上，将同一个基点不同时间用直线连接起来，如图 3-6 所示，图中 1-1′，2-2′，……分别表示某一个基点读数随时间的零点位移情况。

利用作图这种办法也可以计算出相邻基点间的段差值。利用图中 ΔS_1 和 ΔS_2 的平均值同样可计算一个独立增量值：

$$\Delta g_{12} = C\frac{\Delta S_1 + \Delta S_2}{2} \tag{3-7}$$

2. 基点网的平差计算

基点网中基点之间的段差得到之后，根据闭合圈的闭合差确定是否需要进行平差。平差的目的是合理修改测出的段差值，最终保证基点网中的每一闭合圈的闭合差均为零。由于基点联测中观测的偶然误差不可避免，所以，尽管段差值是几个独立增量的平均值，也很难保证没有闭合差。相邻基点之间联测的时间长短、独立增量个数的多少以及仪器性能的好坏，决定条件也不同。下面主要介绍重力自由基点网以各边独立增量的个数为条件进行平差的过程。这种平差在工作中常用。

自由网的条件平差过程如下。

1）绘制基点网分布图：例如某一级基点网由八个边组成，两个闭合圈成，如图3－7所示。首先在各边的外部（以所在的闭合圈为准）标出平均重力增量及变化方向（箭头指向重力值减小的方向），然后求出各闭合圈的闭合差（以 g. u. 为单位）。闭合差等于圈中顺时针方向增量之和减去逆时针方向增量之和，并写在闭合圈中央，P_i 为各边段的权（$i=1, 2, 3, \cdots, n$。图中 $n=8$）写在各边段上。P_i 也称独立增量的个数。在基点网联测中，各边段上独立增量的个数常常不相等，P_i 值大，其平均增量精度就高，而闭合差的分配就应该少。

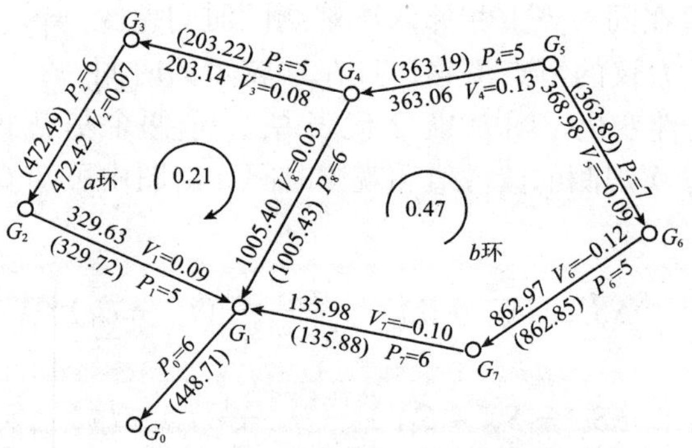

图3－7　某工区重力一级基点网分布示意图

2）列出改正数条件方程式：为了使计算更具普遍性，假设基点网由 r 个闭合圈组成，各闭合圈闭合差分别为 w_a，w_b，w_c，$\cdots$，w_r，把各圈每一边待求的改正数 V_i 编上序号，则可列出 r 个条件方程式。a_i，b_i，c_i，$\cdots$，r_i（$i=1, 2, 3, \cdots, n$）为条件式系数，系数的符号按各圈边段箭头方向确定，顺时针方向取正号，反之取负号，则有

$$\left.\begin{aligned} a_1V_1 + a_2V_2 + \cdots + a_nV_n + w_a &= 0 \\ b_1V_1 + b_2V_2 + \cdots + b_nV_n + w_b &= 0 \\ &\vdots \\ r_1V_1 + r_2V_2 + \cdots + r_nV_n + w_r &= 0 \end{aligned}\right\} \tag{3-8}$$

由图3－7结合（3－8）式可知：

由 a 环得 $a_1=a_2=a_3=-1$；$a_8=1$，$w_a=0.21$；其余 $a_i=0$。

由 b 环得 $b_4=b_8=-1$，$b_5=b_6=b_7=1$，$w_b=0.47$；其余 $b_i=0$。

所以，对本例只有 a，b 两环时的改正数条件方程式为

$$\left.\begin{aligned}-V_1-V_2-V_3+V_8+0.21&=0\\-V_4+V_5+V_6+V_7-V_8+0.47&=0\end{aligned}\right\}\qquad(3-8')$$

3）建立联系数法方程式：法方程式的一般形式为

$$\left.\begin{aligned}\left[\frac{a_ja_j}{P_i}\right]K_a+\left[\frac{a_ja_j}{P_i}\right]K_b+\cdots+\left[\frac{a_jr_j}{P_i}\right]K_r+w_a&=0\\\left[\frac{b_ja_j}{P_i}\right]K_a+\left[\frac{b_jb_j}{P_i}\right]K_b+\cdots+\left[\frac{b_jr_j}{P_i}\right]K_r+w_b&=0\\\vdots\\\left[\frac{r_ja_j}{P_i}\right]K_a+\left[\frac{r_jb_j}{P_i}\right]K_b+\cdots+\left[\frac{r_jr_j}{P_i}\right]K_r+w_r&=0\end{aligned}\right\}\qquad(3-9)$$

（3－9）式中 K_a，K_b，…，K_r 称为各环联系数，方程个数 r 与闭合环个数相同。

本例中的法方程式系数的计算，按表3－1进行。表3－1中边段编号就是改正数 V_j 的编号，a，b 可看作改正数条件方程的编号，a_j，b_j 分别为各式 V_j 的系数，$1/P_i$ 为第 i 条边的权，中括号［　］代表求 i 条边的和。根据算出的法方程组系数，建立的两个法方程式为

$$\left.\begin{aligned}\frac{11}{15}K_a-\frac{1}{6}K_b+0.21&=0\\-\frac{1}{6}K_a+\frac{92}{105}K_b+0.47&=0\end{aligned}\right\}\qquad(3-9')$$

4）解法方程组：解此方程式，求得联系数为

$$K_a=-0.427$$
$$K_b=-0.618$$

5）计算各边改正数值：将算出的联系数 K_a，K_b 和第 i 边的权的倒数 $1/P_i$ 代入下式：

$$V_i=\frac{1}{P_i}(a_iK_a+b_iK_b)\qquad(3-10)$$

本例中 V_i（第一边）改正值为

$$V_1=\frac{1}{P_1}(a_1K_a+b_1K_b)\qquad(3-10')$$

由于例中 $a_1=-1$，$b_1=0$，所以得

$$V_1=\frac{1}{5}[-1\times(-0.472)]=0.09(\mathrm{g.u.})$$

同理可得

$V_2=0.07(\mathrm{g.u.})$　　　　$V_6=-0.12(\mathrm{g.u.})$

$V_3=0.09(\mathrm{g.u.})$（取0.08g.u.）　　　　$V_7=-0.10(\mathrm{g.u.})$

$V_4=0.12(\mathrm{g.u.})$（取0.13g.u.）　　　　$V_8=0.03(\mathrm{g.u.})$

$V_5=-0.09(\mathrm{g.u.})$

6）计算平差后的各边重力增量值（段差值）：首先将算出的各边改正数 V_i 值写在基

表 3－1　基点网条件平差计算表

改为编号	a 环	b 环	s	$\frac{1}{P}$	$\frac{la}{P}$	$\frac{ab}{P}$	$\frac{as}{P}$	$\frac{bb}{P}$	$\frac{bs}{P}$	G_1			G_3			G_4			G_5				G_6				G_8			
										f	$\frac{ff}{P}$	$\frac{af}{P}$	f	$\frac{ff}{P}$	$\frac{af}{P}$	f	$\frac{ff}{P}$	$\frac{af}{P}$	f	$\frac{ff}{P}$	$\frac{af}{P}$	$\frac{bf}{P}$	f	$\frac{ff}{P}$	$\frac{af}{P}$	$\frac{bf}{P}$	f	$\frac{ff}{P}$	$\frac{af}{P}$	$\frac{bf}{P}$
1	－1		－1	$\frac{1}{5}$	$\frac{1}{5}$		$\frac{1}{5}$			－1	$\frac{1}{5}$	$\frac{1}{5}$											－1	$\frac{1}{5}$	$\frac{1}{5}$		－1	$\frac{1}{5}$	$\frac{1}{5}$	
2	－1		－1	$\frac{1}{6}$	$\frac{1}{6}$		$\frac{1}{6}$						1	$\frac{1}{6}$	$-\frac{1}{6}$	1	$\frac{1}{6}$	$-\frac{1}{6}$	1	$\frac{1}{6}$	$-\frac{1}{6}$						(1)	$\left(\frac{1}{6}\right)$	$\left(-\frac{1}{6}\right)$	
3	－1		－1	$\frac{1}{5}$	$\frac{1}{5}$		$\frac{1}{5}$									1	$\frac{1}{5}$	$-\frac{1}{5}$	1	$\frac{1}{5}$	$-\frac{1}{5}$						(1)	$\left(\frac{1}{5}\right)$	$\left(-\frac{1}{5}\right)$	
4		－1	－1	$\frac{1}{5}$				$\frac{1}{5}$	$\frac{1}{5}$										1	$\frac{1}{5}$		$-\frac{1}{5}$					(1)	$\left(\frac{1}{5}\right)$		$\left(-\frac{1}{5}\right)$
5		1	1	$\frac{1}{7}$				$\frac{1}{7}$	$\frac{1}{7}$																		(－1)	$\left(\frac{1}{7}\right)$		$\left(-\frac{1}{7}\right)$
6		1	1	$\frac{1}{5}$				$\frac{1}{5}$	$\frac{1}{5}$														1	$\frac{1}{5}$		$\frac{1}{5}$	(－1)	$\left(\frac{1}{5}\right)$		$\left(-\frac{1}{5}\right)$
7		1	1	$\frac{1}{6}$				$\frac{1}{6}$	$\frac{1}{6}$														1	$\frac{1}{6}$		$\frac{1}{6}$	1	$\frac{1}{6}$		$\frac{1}{6}$
8	1	－1		$\frac{1}{6}$	$\frac{1}{6}$	$-\frac{1}{6}$		$\frac{1}{6}$																						
总和	－2	1	－1		$\frac{1}{15}$	$-\frac{1}{6}$	$\frac{17}{30}$	$\frac{92}{105}$	$\frac{149}{210}$		$\frac{1}{5}$	$\frac{1}{5}$		$\frac{1}{6}$	$-\frac{1}{6}$		$\frac{11}{30}$	$-\frac{11}{30}$		$\frac{17}{30}$	$-\frac{11}{30}$	$-\frac{1}{5}$		$\frac{17}{30}$	$\frac{1}{5}$	$\frac{11}{30}$		$\frac{11}{30}$ $\left(\frac{191}{210}\right)$	$\frac{1}{5}$ $\left(-\frac{11}{30}\right)$	$\frac{1}{6}$ $\left(-\frac{19}{35}\right)$

注：表中括号内的数据供检查计算时使用。

点网示意图相应的边上。各边的原重力增量（联测的平均值）L_i 与 V_i 的代数和，即平差后的重力增量值 X_i，即

$$X_i = L_i + V_i \tag{3-11}$$

可将 X_i 写在各边段的外部，并加括号以示区别。

利用平差值计算出的各圈闭合差应当等于零。但由于改正数 V_i 值四舍五入等原因，闭合差有时不为零，而有微小差异时可作适当调整，将不符值分配在不与邻圈公用的权较小的边上即可。例如上例中将 V_3 不进到 0.09，而是舍去尾数只取为 0.08g.u.，V_4 不取 0.12g.u.，而取 0.13 g.u. 这是允许的。

一般这种差异的分配原则是：①分配在非公共边上；②应分配在权较小的边上；③当权一样时分配在段差较大的边上。

7）平差后各基点重力值的计算：各基点重力值是由各边平差后的重力增量值推算而得，因此，它是各边重力增量值的线性函数，我们称为增量值函数 G，即

$$G = f_1X_1 + f_2X_2 + \cdots + f_nX_n + f_0 \tag{3-12}$$

对于自由网来说，$f_0 = 0$，f_i（$i = 1, 2, 3, \cdots, n$）的确定方法为：当边段箭头方向同所求基点重力值到起算点的方向一致时取 +1 反之取 -1，见表 3-1。

本例中 $G_2 = 0$ 作为起算点计算的各自基点重力值为

$G_3 = X_2 = 472.49(\text{g.u.})$　　$G_6 = X_6 + X_7 - X_1 = 669.01(\text{g.u.})$

$G_4 = X_3 + X_2 = 675.71(\text{g.u.})$　　$G_7 = -X_7 - X_1 = -193.84(\text{g.u.})$

$G_5 = X_4 + X_3 + X_2 = 1038.90(\text{g.u.})$　　$G_1 = -X_1 = -329.72(\text{g.u.})$

3. 基点网的精度评价

（1）求单位权中误差

$$\mu = \pm\sqrt{\frac{[Pvv]}{r}} \tag{3-13}$$

式中：r 为闭合环个数；Pvv 值可由闭合差和联系数计算求得，即

$$[Pvv] = -w_aK_a - w_bK_b - \cdots - w_nK_n$$

在本例中

$$[Pvv] = -w_aK_a - w_bK_b = 0.21 \times 0.427 + 0.47 \times 0.618 = 0.3801$$

代入（3-13）式得到　$\mu = \pm\sqrt{\frac{0.3801}{2}} = \pm 0.436$（g.u.）

（2）平差后各基点重力值误差计算

1）转换系数的计算：转换系数 q_a，q_b，…，q_r 满足下列方程组，即

$$\left.\begin{aligned}
\left[\frac{a_ja_j}{P_i}\right]q_a + \left[\frac{a_jb_j}{P_i}\right]q_b + \cdots + \left[\frac{a_jr_j}{P_i}\right]q_r + \left[\frac{a_jf_j}{P_i}\right] = 0 \\
\left[\frac{b_ja_j}{P_i}\right]q_a + \left[\frac{b_jb_j}{P_i}\right]q_b + \cdots + \left[\frac{b_jr_j}{P_i}\right]q_r + \left[\frac{a_jf_j}{P_i}\right] = 0 \\
\vdots \qquad\qquad \\
\left[\frac{r_ja_j}{P_i}\right]q_a + \left[\frac{r_jb_j}{P_i}\right]q_b + \cdots + \left[\frac{r_jr_j}{P_i}\right]q_r + \left[\frac{r_jf_j}{P_i}\right] = 0
\end{aligned}\right\} \tag{3-14}$$

式中系数的意义与（3-9）式相同。相关数据可对照表 3-1，对 G_7 基点从表中查得

$$\left[\frac{a_ja_j}{P_i}\right]=\frac{11}{15},\left[\frac{a_jb_j}{P_i}\right]=-\frac{1}{6},\left[\frac{b_jb_j}{P_i}\right]=\frac{92}{105},\left[\frac{a_jf_j}{P_i}\right]=\frac{1}{5},\left[\frac{b_jf_j}{P_i}\right]=\frac{1}{6}$$

由（3－14）式得方程组

$$\left.\begin{aligned}\frac{11}{15}q_a-\frac{1}{6}q_b+\frac{1}{5}&=0\\-\frac{1}{6}q_a+\frac{92}{105}q_b+\frac{1}{6}&=0\end{aligned}\right\}\tag{3-15}$$

解方程组得 $q_a=-0.330$，$q_b=-0.253$。

同样可求得同其他基点相对应的转换系数，其计算结果见表3－2。

2）计算平差值函数的权倒数：

$$\frac{1}{P_G}=\left[\frac{f_jf_j}{P_i}\right]+\left[\frac{a_jf_j}{P_i}\right]q_a+\cdots+\left[\frac{r_jf_j}{P_i}\right]q_r\tag{3-16}$$

本例 G_7 基点的权倒数为

$$\frac{1}{P_{G_7}}=\frac{11}{30}+\frac{1}{5}\times(-0.330)+\frac{1}{6}\times(-0.253)=0.259$$

同样可求得其他基点的权倒数，其结果见表3－2。

3）计算平差后各基点重力值误差：

计算公式为

$$m_G=\pm\mu\sqrt{\frac{1}{P_G}}\tag{3-17}$$

本例 G_7 基点重力值中误差为 $m_{G_7}=\pm0.436\times\sqrt{0.259}=\pm0.22$（g. u.）

同理可求得其他基点重力值的误差，其结果见表3－2。

表3－2　基点网精度统计表

基点编号	q_a	q_b	$\frac{1}{P_G}$	m_G（g. u.）
G_1	－0.285	－0.054	0.143	±0.16
G_3	0.238	0.045	0.127	±0.16
G_4	0.523	0.099	0.175	±0.18
G_5	0.577	0.338	0.288	±0.23
G_6	－0.384	－0.492	0.31	±0.24
G_7	－0.330（0.670）	－0.253（0.747）	0.259（0.258）	±0.22（±0.22）

4）检验计算结果：采用不同路线计算部分基点的重力值，检验计算结果有无错误。本例是以 G_7 基点进行验算，通过五个边段的增量值函数为

$$G_7=X_2+X_3+X_4-X_5-X_6$$

（3）求基点网精度

各个基点的精度求出后，用整个网内最弱点的误差表示基点网精度 ε_w。例如本例中基点网内最弱点为 G_6 基点，中误差为±0.24g. u.，故此基点网精度为 $\varepsilon_w=0.24$g. u.。

二、野外实测数据的混合零点改正计算

在工作中仪器存在的零点漂移需要改正，同时由于重力场随时间变化的影响也要消

除，实际工作中可以把这些因素混在一起进行混合零点改正。

在测量过程中为了工作方便，常常利用两个不同基点进行控制，不但可以计算掉格系数，而且同样可以计算出各测点零点改正值。其公式为

$$\delta_{gi} = -K \cdot \Delta t_{iA} = -K(t_i - t_A) \tag{3-18}$$

式中：t_A 为首次基点读数时间；t_i 为第 i 个测点上的读数时间；K 为掉格系数，其表达式为

$$K = \frac{C \cdot (S_B - S_A) - (\Delta g_B - \Delta g_A)}{t_B - t_A}$$

其中：Δg_B 为尾基点重力值；Δg_A 为首基点重力值；S_B 为尾基点读数；S_A 为首基点读数；t_B 为尾基点读数时间；t_A 为首基点读数时间；C 为仪器格值。

混合零点改正的步骤如下：

1）首先计算各测点相对首基点（G_A）的读数差 ΔS；

2）用格值 C 乘以读数差 ΔS 得 $\Delta g_i'$；

3）计算随时间的零点位移率，即掉格系数 K；

4）求出混合零点位移改正值 δ_{gi}；

5）根据公式 $\Delta g_i = \Delta g_i' + \delta_{gi}$ 计算出各点改正后相对于基点的重力差值。

三、布格重力异常的计算

尽管仪器可以测出各测点相对总基点间的重力差值，但引起各测点相对总基点间的重力差值的原因很多，除了地下地质因素外，还有各测点相对总基点的纬度变化、高程变化及测点周围地形起伏等因素。下面逐一分析重力变化的影响因素及有关改正计算，以获得仅由地下地质因素引起的重力异常。

1. 重力差值的组成因素

图 3-8 是一组纬度相同，地下为均匀介质的重力剖面。根据这些剖面可分析形成重力差值的相关因素。在图 3-8（a）中，若 A 为某一测点，G 为基点（或总基点），A 与 G 在同一水平面 S 上，并且 A、G 两点间的纬度相同。假设地下物质的密度 ρ 是均匀的，在这种情况下 A 和 G 的重力值是相等的，即它们之间没有重力差值，也没有重力变化。图中用带箭头的线表示重力的方向，数字表示大小。

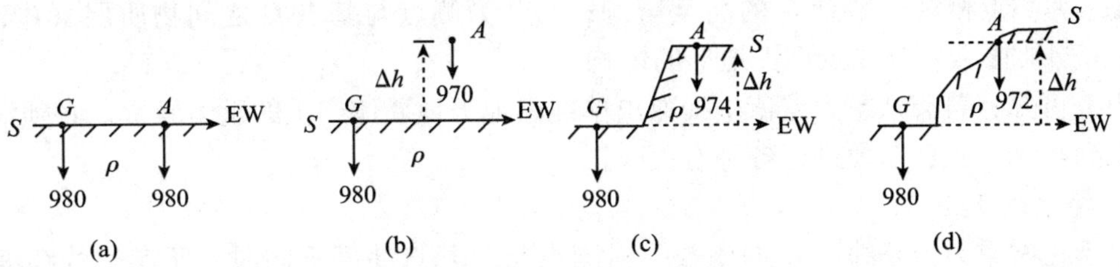

图 3-8　影响重力值变化的因素

在图 3-8（b）中，当测点 A 高于基点 G 时，尽管其他条件不变，根据地球正常重力值随高度增高而减少的理论，可知在 A 点测出的重力值与基点相比产生了差值，并且 $g_A < g_G$，这种影响称为高度影响。

在图 3-8（c）中，虽然 A 点与基点的高差与图（b）中一样，但 A 点不是自由悬空

的，它所在的平面下多了密度为 ρ 的物质层，这一层物质必定使得在 A 点所测的值比图（b）值要大些。这层物质的影响称为中间层影响。

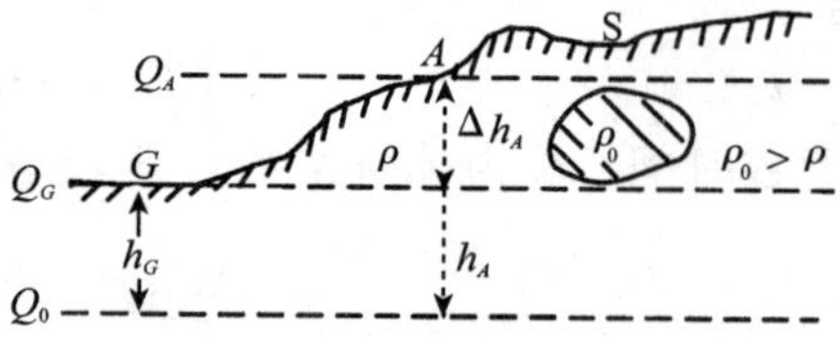

图 3 – 9　重力差值的物理意义

在图 3 – 8（d）中，由于 A 点周围地形有起伏，高出 A 点所在平面以上密度为 ρ 的物质会使 A 点测得的重力值变小，同时低于 A 点的物质亏损（与图（c）相比）同样使 A 点重力值变小。这两种影响称地形影响。所以图（d）中 A 点值比图（c）中 A 点值要小些。

下面结合实际情况研究重力差值产生的物理意义，如图 3 – 9 所示。图中 S 为地表，Q_G 为基点所在的水准面，Q_A 为 A 点所在的水准面，Q_0 为大地水准面，ρ_0 为地质体的密度，ρ 为围岩的密度。可知 G、A 两点的重力值 g_G、g_A 可分别表示为

$$g_G = g_{G\varphi} + g_{Gh} + g_{Gm} + g_{Gt} + \Delta g_G \tag{3-19}$$

$$g_A = g_{A\varphi} + g_{Ah} + g_{Gm} + g_{At} + \Delta g_A \tag{3-20}$$

式中：$g_{G\varphi}$、$g_{A\varphi}$分别表示 A 点和 G 点相对基点的纬度的影响；g_{Gh}、g_{Ah}分别表示 A 点和 G 点相对基点的高度的影响；g_{Gm}、g_{Am}分别表示 A 点和 G 点相对于基点之间物质层（中间层）的影响；g_{Gt}、g_{At}分别表示在 A 点和 G 点周围地形的影响；Δg_A、Δg_G 分别是指地质体剩余质量在 A 点和 G 点产生的重力异常。

这两点间的重力差值为

$$\begin{aligned}\Delta g_{A-G} = g_A - g_G = (g_{A\varphi} - g_{G\varphi}) + (g_{Ah} - g_{Gh}) + \\ (g_{Am} - g_{Gm}) + (g_{At} - g_{Gt}) + (\Delta g_A - \Delta g_G)\end{aligned} \tag{3-21}$$

式中：Δg_{A-G}表示 A 点相对 G 点的重力差值。若把 G 点当作基点，则由于 G 点周围地形平坦，不存在纬度影响、高度影响、中间层影响以及地形影响等因素，并且基点 G 远离地质体，地质体剩余质量在 G 点产生的影响可以忽略不计，这样一来，$g_{G\varphi} = g_{Gh} = g_{Gm} = g_{Gt} = \Delta g_G = 0$，故（3–21）式可简化为

$$\Delta g_{A-G} = (g_{A\varphi} + g_{Ah} + g_{Am} + g_{At} + \Delta g_A) = \Delta g_\varphi + \Delta g_h + \Delta g_m + \Delta g_t + \Delta g_A$$

或

$$\Delta g_A = \Delta g_{A-G} - \Delta g_\varphi - \Delta g_h - \Delta g_m - \Delta g_t \tag{3-22}$$

式中：Δg_A 为地质体剩余质量在 A 点产生的重力异常；Δg_φ 为测点相对于基点 G 的纬度影响；Δg_h 为测点相对于基点 G 的高度影响；Δg_m 为测点与基点 G 之间物质层（中间层）对 A 点的影响；Δg_t 为 A 点周围地形的影响。

由上可知，若想从重力差值中提取出单纯由地下地质体产生的重力异常，必须消除上述一系列影响，也就是要进行各种有关改正。

2. 纬度改正

由于正常重力值是纬度 φ 的函数，当测点与总基点纬度不同时，所产生的纬度影响也不同，消除纬度影响称为纬度改正。

当纬度变化不大时，正常重力值随纬度的变化，可直接用正常重力公式的全微分来代替。在（1–30）式中忽略等号右边第三项，对 φ 求微分后可得到

$$\Delta g_\varphi = \frac{\partial \Delta g_\varphi}{\partial \varphi}\Delta\varphi = 51855.1506\sin 2\varphi \cdot \Delta\varphi \tag{3-23}$$

在 $\Delta\varphi$ 较小时，$\Delta\varphi$ 可以用测点到总基点间纬向（南北向）距离 D 来表示，D、$\Delta\varphi$ 和地球平均半径 R 的关系为 $\Delta\varphi = D/R$，若取 $R = 6370.8\text{km}$，并将它代入（3－23）式，便有

$$\Delta g_{\varphi} = -8.14\sin 2\varphi \cdot D \quad (\text{g. u.}) \tag{3-24}$$

公式前面另外加上的负号表示其作为校正公式可直接代入（3－22）式进行计算。式中 φ 为测区的平均纬度，D 表示测点与总基点的纬向距离。对北半球而言，当测点在总基点以北时，纬度影响值为正，D 取正值；测点在总基点以南时，纬度影响值为负，D 取负值，其单位为 km。

Δg_{φ} 为纬度影响值，（3－23）式为纬度改正表达式，（3－24）式为其简化形式。应用（3－24）式进行纬度改正时，测区不能太大（南北向距离），否则梯度就不是一个常数了。

在大区域重力测量时，可直接利用各测点所在纬度和正常重力公式计算出纬度影响值进行改正。

3. 地形改正

消除测点周围地形起伏对该点产生的影响称为地形改正。

（1）地形影响值的理论计算

取直角坐标系，如图 3－10 所示，并将测点 A 所在的位置定为原点，z 轴垂直向下，x、y 轴在 A 点所在的水平面内。dm 为质量元，其所在的 B 点坐标为（ξ，η，ζ）；A 点到 B 点矢径用 $\boldsymbol{r}$ 表示，r 与 z 轴夹角为 θ。dm 在 A 点产生的重力影响，即引力的垂直分量为

$$\mathrm{d}g = G\frac{\mathrm{d}m}{r^2}\cos\theta \tag{3-25}$$

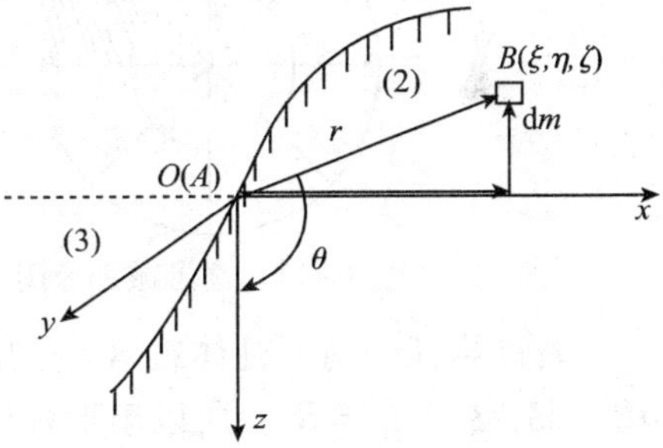

图 3－10 地形影响示意图

式中：$r = (\xi^2 + \eta^2 + \zeta^2)$；$\mathrm{d}m = \rho \cdot \mathrm{d}\xi\mathrm{d}\eta\mathrm{d}\zeta$；$\cos\theta = \dfrac{\zeta}{r}$，其中 ζ 为负值。

由图 3－10 可知，若计算区域（2）全部质量的影响可用积分计算，

$$\Delta g = G\iiint_V \frac{\mathrm{d}m}{r^2}\cos\theta = G\iiint_V \frac{\zeta\rho}{(\xi^2 + \eta^2 + \zeta^2)^{3/2}}\mathrm{d}\xi\mathrm{d}\eta\mathrm{d}\zeta \tag{3-26}$$

由于式中 ζ 为负值，所以计算地形影响值是负值，这表明地形的影响结果是使重力值减小。

若计算质量亏损（区域（3））全部影响，同样可用上述公式，只是 ζ 为正值，但剩余密度 ρ 为负值，因此，最后得到的影响值仍为负值。

由此可得如下结论：地形对测点的重力影响值永远为负值，也就是说它使重力值减小，所以，地形改正值永远为正值（在不考虑大地水准面弯曲的情况下）。

由于地表起伏很复杂，积分限很难用数学解析式表示。但我们可采取把测点周围地形分割成许多规则形体，对于每个分割体的影响值是可以计算的，最后把全部个体的影响值加起来就可以得到全部地形影响值了。

（2）地形改正值的近似计算

目前地形改正（简称地改）值的计算有两种分割办法，一是用扇形柱体分割地形，

二是用方柱体分割地形。前者适用于量板计算，后者用于计算机编程计算。

地改分区一般为：0～20m 为近区，20～400m 为中区，400m 至最大地改范围为远区。若想提高地改精度，近区地形改正尽量采用实测或扇形锥体来完成；中区地改可在 1∶1 万～1∶5 万地形图按 50m×50m、100m×100m 节点网高程取数；远区节点网可按 400m×400m、1000m×1000m 取数完成。具体地改半径的确定应视测点周围地形的复杂程度，同时考虑设计精度由试验来确定。

1）扇形域地形改正值计算法：首先在地形图上以测点 A 为圆心，以不同半径 R 作圆环，然后通过 A 点按等角度作辐射线分割各圆环，图 3－11 中阴影面积即为其中一个扇形柱的截面积。图 3－12 为一个扇形柱体相对 A 点的位置关系。柱体的高度由地形图中读取（平均高程）。实际工作中，扇形柱体的高度 h 为地形平均高程与测点高程之差。

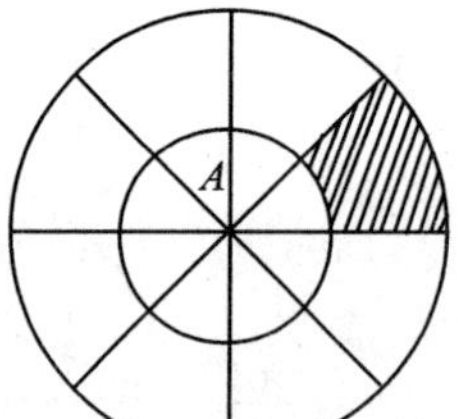

图 3－11　扇形域划分图

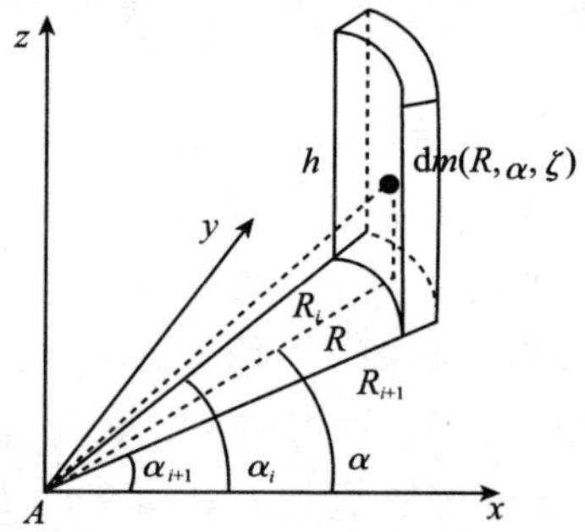

图 3－12　扇形柱体地形校正计算图

若计算任一扇形柱体在 A 点的改正值，可在柱坐标系中完成。由于 $\mathrm{d}\xi\mathrm{d}\eta\mathrm{d}\zeta = R\mathrm{d}\alpha \cdot \mathrm{d}R \cdot \mathrm{d}\xi$，$\xi^2+\eta^2=R^2$，所以扇形柱体中质量元 d$m$ 对 A 点的改正值为

$$\delta g = G\rho \frac{R\zeta}{(R^2+\zeta^2)^{3/2}}\mathrm{d}\alpha \cdot \mathrm{d}R \cdot \mathrm{d}\zeta$$

这个扇形柱体对 A 点改正值 Δg_t 为

$$\Delta g_t' = G\rho\int_{\alpha_i}^{\alpha_{i+1}}\mathrm{d}\alpha\int_0^h \zeta\mathrm{d}\zeta\int_{R_i}^{R_{i+1}}\frac{R}{(R^2+\zeta^2)^{3/2}}\mathrm{d}R$$

$$= G\rho(\alpha_{i+1}-\alpha_i)(\sqrt{R_i^2+h^2}-R_i-\sqrt{R_{i+1}^2+h^2}+R_{i+1})$$

若令 $\alpha_{i+1}-\alpha_i=2\pi/n$（其中 n 为每一环带分割份数）时，则上式为

$$\Delta g_t' = \frac{2\pi G\rho}{n}(\sqrt{R_i^2+h^2}-R_i-\sqrt{R_{i+1}^2+h^2}+R_{i+1}) \qquad (3-27)$$

下面举例说明，计算一个扇形柱体地形改正值。

已知 $R_i=2\text{m}$，$R_{i+1}=10\text{m}$，$\rho=2000\text{kg}\cdot\text{m}^{-3}$，$n=4$，$h=3\text{m}$。由公式（3－27）得

$$\Delta g_t' = \frac{2\pi G\rho}{4}(\sqrt{2^2+3^2}-2-\sqrt{10^2+3^2}+10)$$

$$\approx \frac{1}{2}\times 3.14\times 6.67\times 10^{-11}\text{m}\cdot(\text{kg}^{-1}\cdot\text{s}^{-2})\times 2000\text{kg}\cdot\text{m}^{-3}\times 1.2\text{m}$$

$$\approx 3.14\times 6.67\times 10^{-8}\times 1.2(\text{m}\cdot\text{s}^{-2})\approx 25.13\times 10^{-8}\text{m}\cdot\text{s}^{-2}$$

由于 $1\text{m/s}^2=10^6$g. u.，所以

$$\Delta g_t' \approx 25.13\times 10^{-8}\times 10^6 \approx 0.251(\text{g. u.})$$

最后把 A 点周围所有扇形柱体都计算出来，相加后就得到总改正值，即

$$\Delta g_{地总} = \sum_{i=1}^{n} \Delta g'_{t_i}$$

这里注意扇形柱体的密度应采用实际地形的密度值。

计算表明，每个扇形柱体的改正值大小与它所在的环数和高程差有关，在高差相同的情况下，远离测点的柱体改正值迅速减小，这说明远区地改值较小。距离相同时，柱体越高改正值越大。总之，在山区开展重力工作，地形改正很重要。

2）近区扇形锥体的地形改正值计算法：

为了提高近区改正精度，避免引进柱体平均高程取数误差，对于近区往往采用锥形体去分割测点周围 0～20m 的地形。图 3－13 表示一个扇形锥体。A 为测点，h 为扇形锥体的高度，R 为测点 A 到 B 点的水平距离，i 为锥面倾角。由于 $h = R \cdot \tan i$，所以，锥体的地形改正值为

$$\begin{aligned}\Delta g'_t &= G\rho\int_0^R\int_{\alpha_i}^{\alpha_{i+1}}\int_0^{R\cdot\tan i}\frac{R\zeta}{(R^2+\zeta^2)^{3/2}}\mathrm{d}R\mathrm{d}\zeta\mathrm{d}\alpha \\ &= G\rho(\alpha_{i+1}-\alpha_i)[R(1-\cos i)] \qquad (3-28)\end{aligned}$$

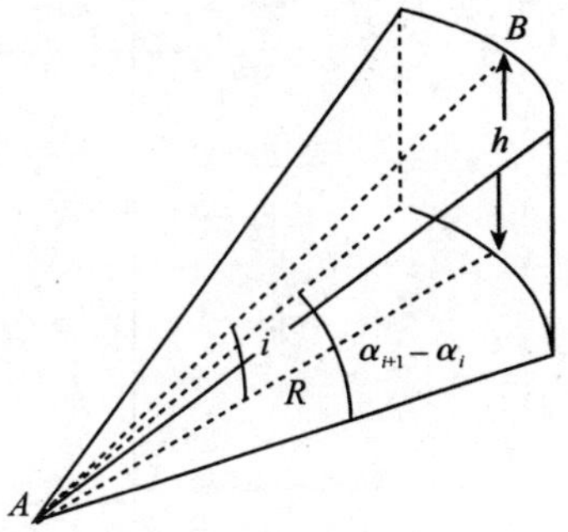

图 3－13　锥体地形校正计算图

野外工作中锥体 i 角可实测得到。

例如：$R = 5\mathrm{m}$，$\rho = 2000\mathrm{kg}\cdot\mathrm{m}^{-3}$，$i = 30°$，$n = 8$ 时由上式计算得

$$\begin{aligned}\Delta g'_t &\approx \frac{2\pi G\rho}{8}R(1-\cos i) \\ &\approx \frac{2\times3.14}{8}\times6.67\times10^{-11}\times2\times10^3\times5(1-\cos30°) \\ &\approx \frac{3.14}{2}\times6.67\times10^{-8}\times5\times0.134 \quad (\mathrm{m}\cdot\mathrm{s}^{-2}) \\ &\approx 0.07(\mathrm{g.u.})\end{aligned}$$

3）方形域分割的地形改正值计算法：

图 3－14 是用方形域分割测点周围地形的示意图。其中网格节点为重力测点（或网格化的计算点）。若 A 测点的坐标为（0，0，h_0），方形域柱体 $abcd$ 所代表的面积元与网格面积相等，其中心点水平坐标为（ξ_i，η_i），方柱体平均高程与 A 点高程之差为 $h_{i,j}$，则这一方柱体在 A 点的地形改正值可表示为

$$\Delta g'_{地} = G\rho\int_{\xi_i-\frac{1}{2}\Delta\xi}^{\xi_i+\frac{1}{2}\Delta\xi}\mathrm{d}\xi\int_{\eta_j-\frac{1}{2}\Delta\eta}^{\eta_j+\frac{1}{2}\Delta\eta}\mathrm{d}\eta\int_0^{h_{ij}}\frac{\zeta\mathrm{d}\zeta}{(\xi^2+\eta^2+\zeta^2)^{3/2}} \qquad (3-29)$$

由于 $\xi^2+\eta^2=r^2$，所以

$$\begin{aligned}\int_0^h\frac{\zeta\mathrm{d}\zeta}{(\xi^2+\eta^2+\zeta^2)^{3/2}} &= \int_0^h\frac{\zeta\mathrm{d}\zeta}{(r^2+\zeta^2)^{3/2}} = \frac{1}{r}-(r^2+h^2)^{-1/2} \\ &= \frac{1}{r}-\frac{1}{r}\left[\left(1+\frac{h^2}{r^2}\right)\right]^{-1/2} = \frac{1}{r}\left\{1-\left[1+\left(\frac{h}{r}\right)^2\right]^{-1/2}\right\}\end{aligned}$$

所以，全部地形改正值可表达为

$$\Delta g_t = \sum_{i=1}^{n}\sum_{j=1}^{n}\frac{K_{ij}}{r_{ij}}\left\{1-\left[1+\left(\frac{h_{ij}}{r_{ij}}\right)^2\right]^{-1/2}\right\} \qquad (3-30)$$

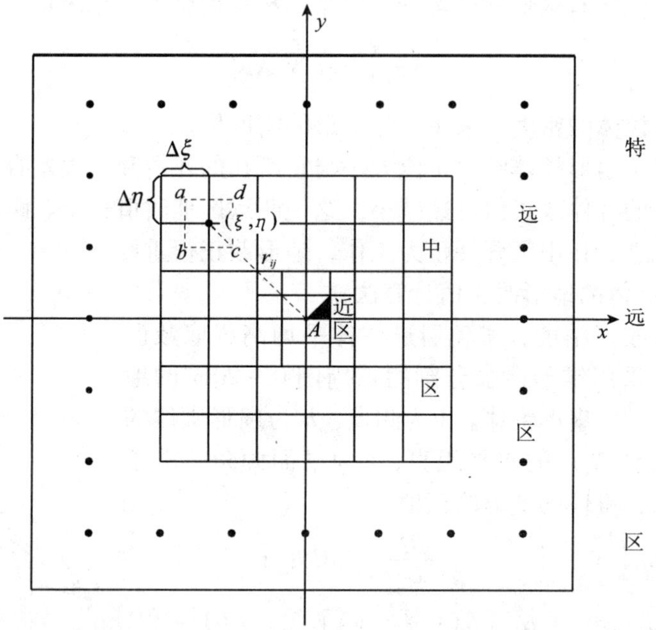

图 3－14　方形域地形校正分区计算示意图

式中：K_{ij}为各方柱体所应用的系数，它包含了引力系数 G、密度 ρ 及数值积分所用的各常数；r_{ij}表示柱体到地改点的距离。

（3）地形改正范围

一般来讲地形远区改正值很小，根据实际精度要求地形改正范围可以是有限的。现举例说明这个问题。

根据（3－27）式可知，第 i 环当 $R_{i+1}\to\infty$（与 h 比较）的地改值为

$$\Delta g_t' \approx \frac{2\pi G\rho}{n}(\sqrt{R_i^2+h^2}-R_i)$$

当 $n=1$ 时得

$$\Delta g_T = 2\pi G\rho\left(\sqrt{1+\frac{h^2}{R_i^2}}-1\right)R_i$$

用二项式展开后且只取其前两项可得

$$\Delta g_t = 2\pi G\rho R_i\left(1+\frac{h^2}{2R_i^2}-1\right) = \pi G\rho\frac{h^2}{R_i}$$

即

$$R_i = \frac{\pi G\rho h^2}{\Delta g_T}$$

设 ε 为重力异常精度，为了满足 $\Delta g_T\leqslant\varepsilon$，则须

$$R_i \geqslant \frac{\pi G\rho h^2}{\varepsilon} \tag{3－31}$$

式中：h 为 R_i 以外地形平均高差；R_i 为地改最大半径（范围）。例如 $h=100\text{m}$，$\varepsilon=$ 1g. u.，$\rho=2000\text{kg}\cdot\text{m}^{-3}$，地改半径为

$$R_i \geqslant \frac{3.14 \times 6.67 \times 10^{-11} \times 2 \times 10^3 \times (100)^2}{1 \times 10^{-6}} \approx 4200(\mathrm{m})$$

4. 中间层改正

经过地形改正后可认为测点周围平坦了，但测点 A 所在的平面和基点相比仍高 h，亦即测点仍处在一个半径为 R（地改范围），厚度为 h，密度为 ρ 的圆盘上。这个圆盘（中间层）同样要产生影响，消除这个影响称中间层改正，如图 3－15 和图 3－16 所示。

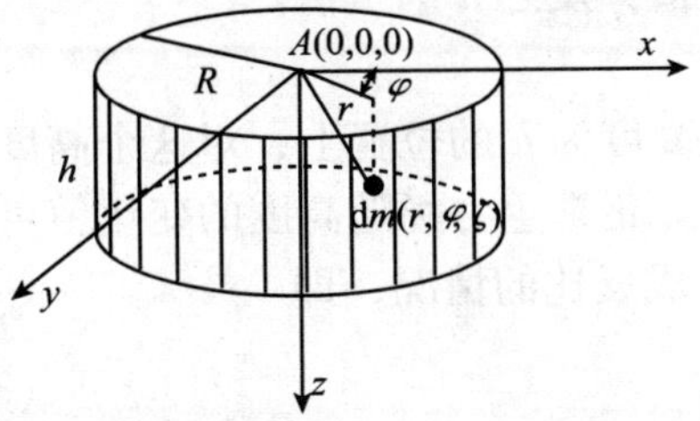

图 3－15　计算圆盘在 A 点产生的引力垂直分量图

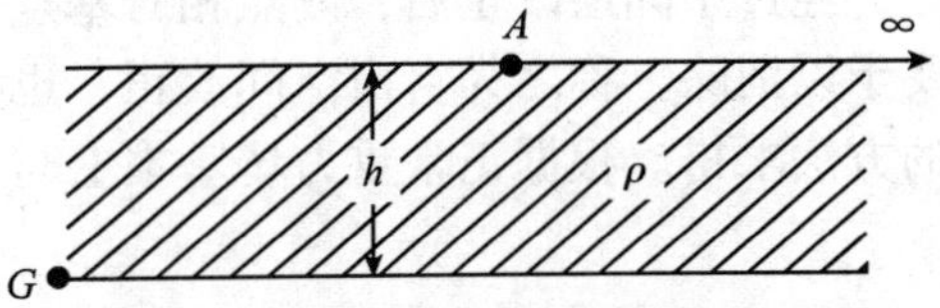

图 3－16　中间层影响示意图

下面介绍中间层影响及改正计算公式。

由（1－49）式的物理意义和图 3－15 中 A 点的坐标可知，中间层对 A 点产生的引力影响值 Δg_m 为

$$\Delta g_m = G\rho \iiint_V \frac{\zeta \mathrm{d}\xi \mathrm{d}\eta \mathrm{d}\zeta}{(\xi^2 + \eta^2 + \zeta^2)^{3/2}} = G\rho \iint_V \frac{\zeta r \mathrm{d}r \mathrm{d}\varphi \mathrm{d}\zeta}{(r^2 + \zeta^2)^{3/2}}$$

由于在柱坐标中有 $\xi = (0 \sim h)$，$r = (0 \sim R)$，$\varphi = (0 \sim 2\pi)$，故得

$$\begin{aligned}\Delta g_m &= G\rho \int_0^{2\pi} \mathrm{d}\varphi \int_0^R r\mathrm{d}r \int_0^h \frac{\zeta \mathrm{d}\zeta}{(r^2 + \zeta^2)^{3/2}} = 2\pi G\rho \int_0^R r\mathrm{d}r \left(\frac{1}{r} - \frac{1}{\sqrt{r^2 + h^2}} \right) \\ &= 2\pi G\rho \left[\int_0^R \mathrm{d}r - \int_0^R \frac{r\mathrm{d}r}{\sqrt{r^2 + h^2}} \right] = 2\pi G\rho \left[R - \sqrt{r^2 + h^2} \right]_0^R \\ &= 2\pi G\rho \left[R - \sqrt{R^2 + h^2} + h \right] \qquad (3-32)\end{aligned}$$

当 $R \gg h$，展开 $\sqrt{R^2 + r^2}$ 得

$$(R^2 + h^2)^{1/2} = R\left(1 + \frac{1}{2}\frac{h^2}{R^2} - \cdots\right)$$

只取前两项代入（3－32）式得

$$\Delta g_m = 2\pi G\rho \left(1 - \frac{h}{2R}\right) h \qquad (3-33)$$

当地改半径 $R \to \infty$ 时，上式成为

$$\Delta g_m = 2\pi G\rho h \qquad (3-34)$$

所以，中间层改正公式为

$$\Delta g_m = -\left(2\pi G\rho h - \frac{\pi G\rho h^2}{R}\right) \qquad (3-35)$$

或

$$\Delta g_m = -2\pi G\rho h \qquad (R \to \infty \text{时}) \qquad (3-36)$$

为计算方便起见，常对以上方程中各物理量选择特定的单位，而写出它们的数值间的关系式，称为数值方程。若 R 和 h 以 m 为单位，ρ 以 $\mathrm{g \cdot cm^{-3}}$ 为单位，Δg 以 g. u. 为单位

时，可得下列数值方程计算式：

$$\Delta g_m = -\left(0.419 - \frac{0.2095}{\{R\}_{\mathrm{m}}}\{h\}_{\mathrm{m}}\right)\{\rho\}_{\mathrm{g \cdot cm^{-3}}}\{h\}_{\mathrm{m}} \quad (\mathrm{g.\ u.}) \tag{3-37}$$

或

$$\Delta g_m = -0.419\{\rho\}_{\mathrm{g \cdot cm^{-3}}}\{h\}_{\mathrm{m}} \quad (\mathrm{g.\ u.}) \qquad (R \to \infty) \tag{3-38}$$

上式中等号右端下脚标表示该量选定的单位，{ } 中表示该量的数值。式中 h 为测点与总基点之间的高差，当测点高于基点时 h 为正值，反之 h 为负值。

5. 自由空间改正（高度改正）

经过中间层改正后，测点相对基点而言仍处在高度为 h 的位置上，对这个高度影响还要予以消除，称之为自由空间改正，也称高度改正。正常重力场随高度的变化值可由近似的方法求得。根据正常重力场基本上与地球半径 R 成反比的情况，即

$$g = C\frac{1}{R^2} \tag{3-39}$$

式中：C 为比例常数。将上式对 R 求导得到正常重力场随 R 的变化率为

$$\frac{\partial g}{\partial R} = -\frac{2C}{R^3} \tag{3-40}$$

利用（3－39）式消去 C 得

$$\frac{\partial g}{\partial R} = -\frac{2g}{R} \tag{3-41}$$

取地球半径 $R = 6370 \times 10^3\mathrm{m}$，$g$ 取 $9.8 \times 10^6\mathrm{g.\ u.}$，代入后有

$$\frac{\partial g}{\partial R} = -3.086(\mathrm{g.\ u.}) \tag{3-42}$$

也就是说，当测点每升高 1m 时，正常重力场将减小 3.086g. u.。所以，当测点比基点高 Δh 时，高度改正值 $\Delta g_{高}$ 应为

$$\Delta g_{高} = 3.086\{h\}_{\mathrm{m}}(\mathrm{g.\ u.}) \tag{4-43}$$

式中括号内 $h = \Delta h$。（3－43）式适合于测区范围较小而高差不大时的情况。对于更精确的计算，可利用理想大地水准面上的正常重力表达式对 R 求导而得到。其计算结果为

$$\Delta g_{高} = 3.086(1 + 0.007\cos 2\varphi)\{h\}_{\mathrm{m}} - 7.2 \times 10^{-7}\{h\}_{\mathrm{m}}^2(\mathrm{g.\ u.}) \tag{3-44}$$

对高度改正公式中 h 的符号规定为，测点高于基点时 h 为正值，否则为负值。

6. 布格改正及布格重力异常

由于中间层改正和高度改正表达式中均与 h 有关，所以，往往把这两项改正合并称为布格改正，并用 $\Delta g_{布}$ 表示，即

$$\begin{aligned}\Delta g_{布} = \Delta g_{中} + \Delta g_{高} = [&3.086(1 + 0.007\cos 2\varphi)\{h\}_{\mathrm{m}} - 7.2 \times 10^{-7}\{h\}_{\mathrm{m}}^2 \\ &- 0.419\{\rho\}_{\mathrm{g \cdot cm^{-3}}}\{h\}_{\mathrm{m}} + \frac{0.2095}{\{R\}_{\mathrm{m}}}\{\rho\}_{\mathrm{g \cdot cm^{-3}}}\{h\}_{\mathrm{m}}^2](\mathrm{g.\ u.})\end{aligned} \tag{3-45}$$

或

$$\Delta g_{布} = (3.086 - 0.419\{\rho\}_{\mathrm{g \cdot cm^{-3}}})\{h\}_{\mathrm{m}}(\mathrm{g.\ u.}) \tag{3-46}$$

混改后的实测重力差值，经过纬度改正、地形改正和布格改正后，所得到的异常称布格重力异常。

四、布格重力异常的质量评价

所谓质量评价是指异常精度的评价。首先，我们对野外观测数据要进行检查。用通过

检查观测后计算的均方差大小来衡量观测精度高低。另外，对各项改正也要进行质量估计。例如在改正中有的参数选择与实际不同，会引起一定误差而直接影响到总异常的精度，对这些情况都需要进行质量评价。

一般来说，精度越高所能解决的地质问题越多，但同时应考虑提高精度会使成本提高，工作效率降低。因此，应综合各方面情况，设计合理的工作精度。在重力勘探设计中，要根据地质条件事先合理设计重力勘探总精度。依据这个总精度，结合重力仪的技术指标、测地水平，合理分配各项改正精度。在保证总精度不变的前提下，各项改正精度可以相互平衡。例如当地改精度很难提高的情况下，可用适当提高其他改正精度来弥补。实际工作结果中发现其精度低于设计要求时，原则上要返工。下面对有关布格异常总精度及其单项精度的分配与计算介绍如下。

1. 布格重力异常总精度的确定和分配

布格异常的精度，是根据工区任务的要求、地质特点、探测对象与围岩的密度差异及可能产生的异常大小、各种干扰及仪器设备的条件等综合考虑确定。评价重力异常的质量，主要由野外重力测量和各项改正的精度来衡量。布格重力异常精度是由测点的重力值误差（包括基点误差和测点观测误差）、布格改正误差（主要是测点高程误差、中间层密度误差）、地形改正误差和纬度改正误差组成。

各项改正的误差在总精度中所占比例，可遵照相应的《规范》来进行。表3－3可供参考。分配误差时在保证总精度不变的条件下，可以适当提高某项的精度而降低另一项的精度。

表3－3　布格重力异常总精度分配表

布格重力异常总精度	测点观测重力值均方误差 g. u.	纬度改正均方误差 g. u.	地形改正均方误差 g. u.	布格改正均方误差 g. u.	测点高程均方误差 m	测点平面位置均方误差 m
0.25	0.15	0.05	0.17	0.10	0.050	5
0.50	0.30	0.10	0.35	0.15	0.075	10
1.00	0.60	0.15	0.70	0.30	0.150	15
2.00	0.80	0.30	1.10	1.40	0.700	30

其中重力异常的总均方误差用下式计算：

$$\varepsilon_{总} = \pm\sqrt{\varepsilon_{测}^2 + \varepsilon_{纬}^2 + \varepsilon_{地}^2 + \varepsilon_{布}^2} \tag{3-47}$$

式中：$\varepsilon_{测}^2$ 为测点观测值的均方误差；$\varepsilon_{纬}^2$ 为纬度改正的均方误差；$\varepsilon_{地}^2$ 为地形改正的均方误差；$\varepsilon_{布}^2$ 为布格改正的均方误差。

2. 测点观测值的均方误差

测点观测值的均方误差由各级重力基点网的传递误差和普通测点的观测误差组成，应用下式计算：

$$\varepsilon_{测} = \pm\sqrt{\varepsilon_{\mathrm{I}}^2 + \varepsilon_{\mathrm{II}}^2 + \varepsilon_{\mathrm{III}}^2 + \varepsilon_{g}^2} \tag{3-48}$$

式中：ε_{I} 为Ⅰ级基点网的精度；$\varepsilon_{\mathrm{II}}$ 为Ⅱ级基点网的精度；$\varepsilon_{\mathrm{III}}$ 为Ⅲ级基点网的精度；ε_{g} 为

普通测点的观测精度。

各级重力基点网平差后精度的确定方法，详见重力基点网的条件平差部分，而普通测点的精度通常由下式计算：

$$\varepsilon_{\mathrm{g}} = \pm \sqrt{\frac{\sum_{i=1}^{N}(\Delta g_{i1} - \Delta g_{i2})^2}{2N}} \tag{3-49}$$

式中：Δg_{i1}和Δg_{i2}分别为第i个点上原始观测和检查观测两次等精度观测的观测值；N为检查点数。

在普通重力勘探中，一般要求检查点数不少于总观测点数的5%，异常的检查点数不能少于总检查点数的5%，详查阶段为总检查点数的30%，个别的畸点可以删去，但删去的点数不能超过总检查点数的1%。

3. 正常场（纬度）改正均方误差

（3-24）式曾经给出了纬度改正的计算公式，但考虑到测点点位均方误差的影响，测点纬度改正的均方误差应由下式计算：

$$\varepsilon_{纬} = \pm 8.14\sin 2\varphi \cdot \varepsilon_{\mathrm{d}}(\mathrm{g.u.}) \tag{3-50}$$

式中：φ为测区中心的纬度；ε_{d}为测点点位均方误差，单位km。

4. 地形改正均方误差

地改精度是一个比较复杂的问题。因为地形改正是近似的，不同方法计算的结果也有差异，加上地改中选用均匀密度，这也与实际有差别，所以对某种方法地改的精度，常常是通过检查点算出均方误差。这些检查点应均匀分布于全测区，检查工作量一般应达到总地改点的3%～5%。

对于扇形域地改，一般采用以测点为中心，转动量板相对位置重新计算来完成。

对于方形域来说，地改精度主要取决于在地形图上高程取数精度。例如大比例尺地形图读取高程就比小比例尺精度高，可以通过对比来估计地改精度。

若用ε_{J}、ε_{Z}、ε_{Y}分别表示近、中、远区地改精度，总的地改精度用$\varepsilon_{地}$表示，则有

$$\varepsilon_{地} = \pm \sqrt{\varepsilon_{\mathrm{J}}^2 + \varepsilon_{\mathrm{Z}}^2 + \varepsilon_{\mathrm{Y}}^2} \tag{3-51}$$

各区的地形改正精度分别由相应的原始和检查两次等精度地改值按（3-49）式计算获得，然后按（3-51）式计算。各区的检查点数一般不应少于总点数的5%。

5. 布格改正均方误差

布格改正精度主要取决于中间层密度和高程的精度。若用ε_{ρ}表示密度精度，ε_h表示高程精度，而布格改正精度用$\varepsilon_{布}$表示时，则

$$\varepsilon_{布} = \pm\sqrt{[(3.086 - 0.419\{\rho\}_{\mathrm{g\cdot cm^{-3}}})\{\varepsilon_h\}]_{\mathrm{m}}^2 + (0.419\{\varepsilon_{\rho}\}_{\mathrm{g\cdot cm^{-3}}}\{h\}_{\mathrm{m}})^2} \tag{3-52}$$

下面举例说明布格改正精度的计算。

如果布格改正时密度值$\rho = 2\mathrm{g\cdot cm^{-3}}$，$\varepsilon_{\rho} = \pm 0.05\mathrm{g\cdot cm^{-3}}$，测点最大高差$h = 40\mathrm{m}$，$\varepsilon_h = 0.2\mathrm{m}$时，$\varepsilon_{布}$为多少？

由高程误差ε_h所引起的布格改正精度为

$$(3.086 - 0.419\times 2)\times(\pm 0.2)\approx \pm 0.45(\mathrm{g.u.})$$

而密度误差引起的布格改正精度为

$$0.419\times(\pm 0.05)\times 40\approx\pm 0.84(\text{g. u.})$$

由（3－52）式可得

$$\varepsilon_{布}=\pm\sqrt{0.45^2+0.84^2}\approx\pm 0.95(\text{g. u.})$$

由此中可见，欲提高 $\varepsilon_{布}$ 必须提高测点高程测量精度和密度确定的精度。

五、重力异常的图示

野外实测数据经过上述有关整理和改正之后，可以得到相应的重力异常值。为了使异常特征一目了然，需要把这些异常值用图件形式直观表示出来。异常图可有下列几种基本类型。

1. 重力异常剖面图

为了反映某一剖面（测线）异常变化的形态，有时须绘制剖面图。绘制方法是以剖面（线）上的测点位置为横坐标，以重力异常值为纵坐标，按照一定的纵、横比例尺把各测点数据点在图上，最后用直线段逐点连接起来，如图 3－17 所示。

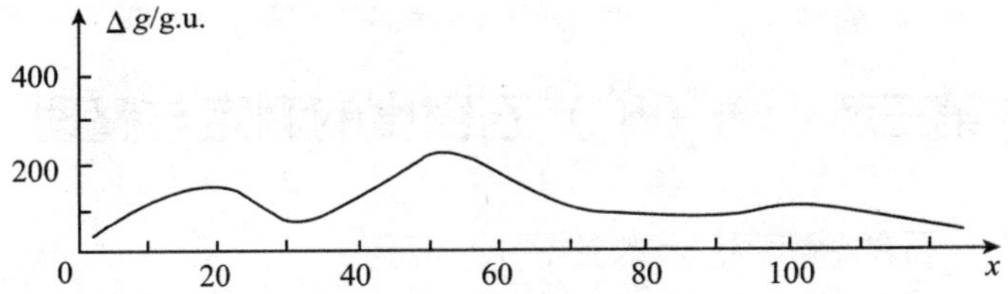

图 3－17　重力异常剖面图

剖面纵坐标的比例尺，一般以 1cm 代表异常均方差的 2.5 倍为宜，并尽量取整数。当异常的幅值过大时，为了美观可适当缩小纵比例尺。

2. 重力异常平面剖面图

若将各测线的剖面异常图依据线距大小拼绘在一起，就得到平面剖面图，如图 3－18 所示。绘制平面剖面图时，为了整体美观，纵坐标所代表的异常值曲线一般以不超过一条测线间距为宜。当遇到局部突出的异常峰值时，在异常曲线超过两条测线距以后可用锯齿线截断，同时在截断处标出异常值。

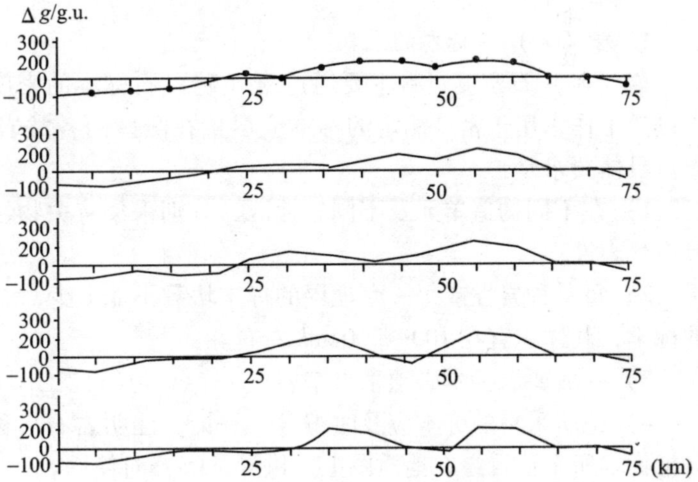

图 3－18　重力异常平面剖面图

3. 重力异常平面等值线图

为描述异常的平面变化特征，常绘制异常平面等值线图。这是按设计要求规定的比例尺将测网展布在图纸上，测点上方注明该点的异常值，然后把异常值相等的点用曲线连起来。等值线的间距一般为异常精度的 2～3 倍，并尽量取整数。

勾绘等值线可采用内插法，在满足精度要求时可以适当圆滑曲线形态，以保持等值线形状流畅，如图3－19所示，其中（a）为带有原始数据的图件；（b）为清绘以后的结果图件。在对异常进行分析解释时一般均采用（b）。

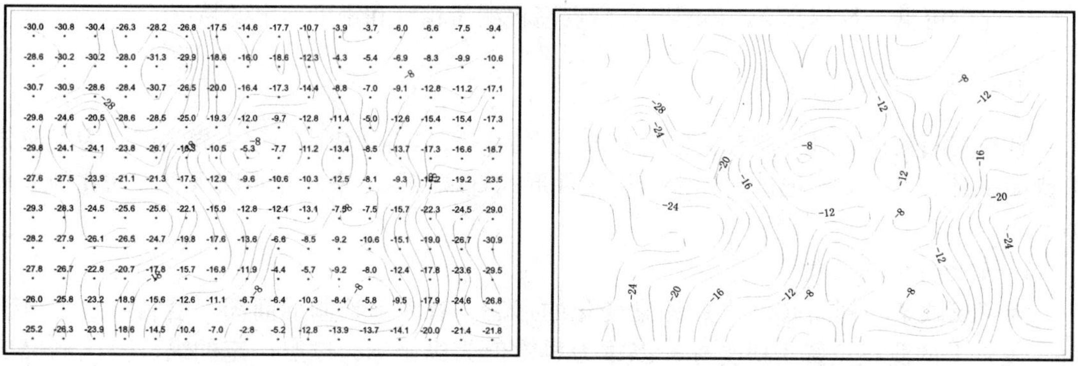

(a)平面等值线图底图　　(b)清绘以后的平面等值线图

图3－19　布格重力异常平面等值线图

第三节　岩（矿）石密度的测定与整理

一、岩（矿）石的密度及标本的密度测定

地壳中的有关地质体，如岩体、矿体与周围岩石存在密度差异，这是开展重力勘探工作的前提。测定和分析岩（矿）石的密度数据，研究它们的特征、成因及其变化规律，是对重力异常解释的主要依据。物性参数的测定和统计整理是重力勘探野外工作中一项必不可少的内容。

1. 岩（矿）石标本的采集

岩（矿）石密度资料主要通过岩（矿）石标本的密度测定获得。在某一地区开展重力勘探工作，用于密度测定的标本应尽量在测区内各类岩（矿）石的未风化的基岩上采集。具体要求是：

1）在不同构造单元及不同岩性区，分别采集有关物性测定时所用的标本，使之尽量具有代表性。

2）每一种岩性或每一套地层的标本块数不能太少，一般为30～50块。用于测量密度的标本，其体积宜在100～200cm^{3}左右。

3）一般要求标本必须采自基岩。

4）把所采集的标本应及时编号、登记，注明岩石名称、地点、地层年代等。有时还需把标本所采位置绘在地质图上，供异常解释时使用。

2. 岩（矿）石的密度测定

由密度定义可知，若质量用m表示，体积用V表示，密度用ρ表示，则密度表达式为

$$\rho = \frac{m}{V} \tag{3-53}$$

根据浮力原理，物体在水中所减少的重量，等于该物体排开同体积水的重量。用天平

对标本在空气中和水中分别称重，设标本在空气中的重量为 P_1，水中的重量为 P_2，水的密度以 ρ_0 表示，则

$$P_1 - P_2 = V\rho_0 g$$

由此式可得出标本体积为

$$V = \frac{P_1 - P_2}{g\rho_0} \tag{3-54}$$

将（3－54）式代入（3－53）式可得

$$\rho = \rho_0 \frac{mg}{P_1 - P_2} = \rho_0 \frac{P_1}{P_1 - P_2} \tag{3-55}$$

通常我们使用的天平和杆秤称出的是物体的质量 m（忽略空气的浮力），而标本在水中时称出的质量为 m'（因为水的浮力较大），所以，m'小于 m（为区别起见，不妨称 m' 为物体的视质量）。因此（3－55）式可写为

$$\rho = \rho_0 \frac{m}{m - m'} \tag{3-56}$$

（1）天平法测定密度

由以上讨论可知，只要利用天平称出标本在空气中和水中的质量，就可由（3－56）式计算出标本的密度值（已经4℃的净水密度为 1g/cm^3）。

下面我们将讨论天平法测定密度的精度问题。从（3－56）式可看知，计算密度的精度主要取决于 m 和 m'的测定误差。由误差传递理论可知，ρ 的最大绝对误差为

$$\Delta\rho = \rho_0 \frac{(m - m')\Delta m + m(\Delta m + \Delta m')}{(m - m')^2} \tag{3-57}$$

式中 Δm，$\Delta m'$分别为 m 和 m'的测定误差，对同一台天平而言，由于精度相同可以认为 $\Delta m = \Delta m'$。用（3－56）式除（3－57）式得

$$\frac{\Delta\rho}{\rho} = \frac{\Delta m}{m} + \frac{\Delta m + \Delta m'}{m - m'} = \frac{\Delta m}{m} + 2\frac{\Delta m}{m - m'} \tag{3-58}$$

由（3－56）式解出（$m - m'$）并将其代入上式得

$$\frac{\Delta\rho}{\rho} = \frac{\Delta m}{m} + \frac{2\rho\Delta m}{\rho_0 m} = \left(1 + 2\frac{\rho}{\rho_0}\right)\frac{\Delta m}{m}$$

即

$$\Delta\rho = \rho\left(1 + 2\frac{\rho}{\rho_0}\right)\frac{\Delta m}{m} \tag{3-59}$$

由（3－59）式可见，测定标本密度的误差（$\Delta\rho$）不仅与标本质量测量误差（Δm）有关，还与标本的质量（m）和密度（ρ）有关。当标本质量的测量误差相同时，若标本的质量越小，密度越大，则标本密度计算结果误差越大，反之质量越大，密度越小，其误差越小。所以，在不超过天平量程情况下，标本应尽量大些。

对多孔岩石标本，为了防止水浸入孔隙影响测定结果，在用天平测出标本重量 m 后，须将标本涂上一薄层防水石蜡，并测出封蜡后的质量 m_1，然后浸入水中测出视质量 m_1'。设石蜡的密度为 ρ_k（$\rho_k = 0.9\text{g/cm}^3$），则标本的密度用下式计算：

$$\rho = \frac{m}{\dfrac{m_1 - m_1'}{\rho_0} - \dfrac{m_1 - m}{\rho_k}} \tag{3-60}$$

(2) 利用机械式密度仪直接测定密度

根据前述的测量标本原理和方法，可制成以指针指示标本密度值的机械密度仪。其构造及工作原理见图 3-20，主体是一个折式秤臂 AOB，两臂 AO 与 BO 的长度 r 相等，AO 与 BO 之夹角为 $(180°-\varphi)$，秤臂上装有一个指针 R。秤臂的质心可集中在转轴 O 上，工作时须先调秤臂处于随遇平衡状态。此外，仪器还配有一个度盘，其上边有密度值指示刻度 ρ，与固定标志线 n 重合，见图 3-20 (a)。这时 AO 与水平线夹角为 α_1，A 端砝码质量为 m_1，而 B 端标本质量为 m，其平衡方程为

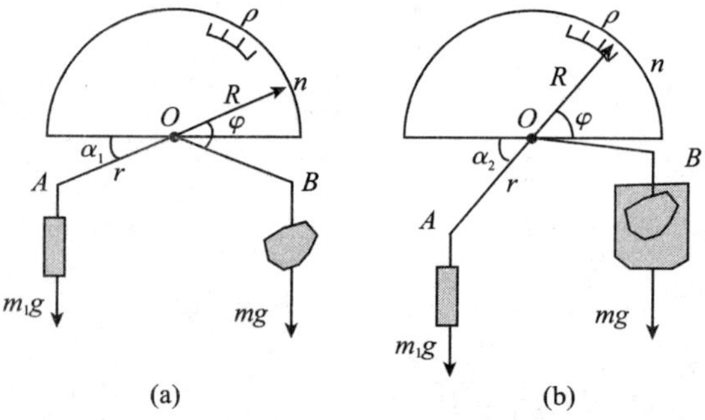

图 3-20　机械式密度仪工作原理示意图

$$m_1 gr\cos\alpha_1 = mgr\cos(\varphi - \alpha_1) \tag{3-61}$$

当标本浸没在水中时，见图 3-20 (b)，由于标本受到水的浮力后使 B 端上升，随之指针离开 n 线位置。重新平衡时 AO 与水平夹角为 α_2，则平衡方程应为

$$m_1 gr\cos\alpha_2 = m'gr\cos(\varphi - \alpha_2) \tag{3-62}$$

式中 m' 为标本在水中的质量。从 (3-61) 式和 (3-62) 式解出 m 和 m' 并将它们代入 (3-56) 式，简化后得

$$\rho = \rho_0 \frac{\cot\varphi + \tan\alpha_2}{\cot\alpha_2 - \tan\alpha_1} \tag{3-63}$$

由上式可解出

$$\alpha_2 = \arctan\left[\frac{\cot\varphi + \left(\frac{\rho}{\rho_0}\right)\tan\alpha_1}{\left(\frac{\rho}{\rho_0}\right) - 1}\right]\alpha \tag{3-64}$$

可见，α_2 与标本的质量无关，φ 是仪器的构造常数，α_1 是由标志线 n 确定的常数，因此，相对密度 ρ/ρ_0 与 α_2 有单一对应关系。给定一系列密度值，由 (3-64) 式可计算出一系列的 α_2 的值，将这些 α_2 的角度刻在度盘上并标上对应的密度值。

(3) 利用电子式密度仪直接测定密度

根据前述的测量标本密度的原理和方法，可制成以数字显示标本密度值的电子式密度仪。吉林大学于 1990 年开始独立研制生产电子式密度仪，DM-2 型岩（矿）石密度测定仪是第二代产品。

DM-2 型岩（矿）石密度测定仪具有智能化程度高，自动显示密度值，自动打印测试结果，测量速度快，测量精度高和操作简便等特点。可供室内或野外条件下测定不溶于水的岩（矿）石标本和其他固体物的密度和体积等参数，可用于各种岩（矿）石标本的密度测定。其面板功能如图 3-21 (a) 所示。

仪器主要由称重传感器、放大器、模数转换器、单片机系统、键盘、显示器、标本测量支架和打印机等部分组成。其结构框图如图 3-21 (b) 所示。

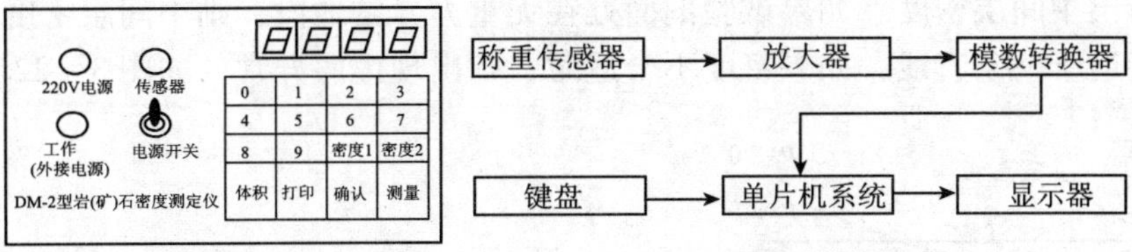

(a)面板　　　　(b)结构框图

图 3－21　DM－2 型岩（矿）石密度测定仪

称重传感器：它将岩（矿）石标本在空气中，封蜡后及其在水中的重量 P 转换为电压信号，送入放大器放大。本传感器最大称重为450g。

放大器和模数转换器；它们将传感器送来的电信号加以放大，并转换成与被测量成正比例的数字信息送至单片机系统。

单片机系统：它是仪器中枢部分，将模数转换器送来的数字信息，按测量不同参数的要求进行数据处理，通过键盘选择，将其结果送至显示器显示出测试结果。

仪器整个测量过程是通过键盘的各种功能，按测量参数要求，逐步键入所需按键来完成的。

该仪器为密度测量提供了一种效率高、测量误差小的专用仪器，使岩（矿）石标本密度测量工作向智能化迈进了一步。

二、密度测定结果的整理及地层平均密度

1. 密度测定结果的统计整理

同类均质岩（矿）石标本的密度参数测定结果，通常服从算数正态分布规律（有的服从对数正态分布规律），可直接计算统计量。

（1）算数平均值

同类标本密度的平均值$\bar{\rho}$为

$$\bar{\rho} = \frac{\sum_{i=1}^{N} \rho_i}{N} \tag{3-65}$$

式中：ρ_i 为第 i 块标本的测定值；N 为标本总数。

（2）均方差

所测得值的离散程度，可用标准离差 D 来量度，即

$$D = \pm \sqrt{\frac{\sum_{i=1}^{N} (\rho_i - \bar{\rho})^2}{N-1}} \tag{3-66}$$

D 值愈大，表示测定值愈分散；反之，集中在平均值附近。

2. 地层平均密度的确定

对于重力勘探来讲，除了可直接测定岩（矿）石标本的密度外，还可以用试验和计算的办法来确定有关岩层的平均密度。

（1）由重力试验剖面确定中间层的密度

先选择起伏地形进行剖面重力测量，然后用不同的密度进行中间层改正，最后从改正

结果中选择出中间层密度。如果试验剖面处在无重力异常地段，则中间层密度合适时，布格曲线应接近于一条直线，如果密度不合适时，则出现虚假异常，如图 3－22 所示。

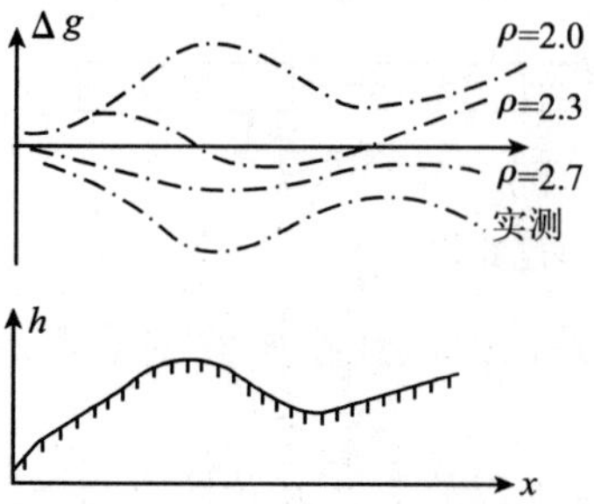

图 3－22　密度试验剖面

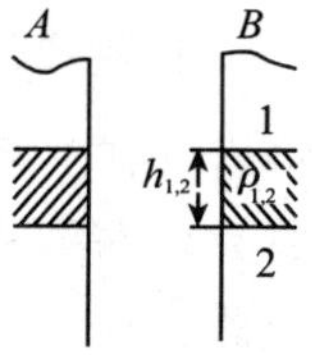

图 3－23　井中重力测量示意图

（2）利用井中重力测量结果计算地层的平均密度

在有竖井的矿区，可用重力测井资料研究有关岩层的密度或不同深度的岩层平均密度。

图 3－23 中，A、B 为井壁，1、2 点为井内上、下两个重力测点，两点的垂向距离为 $h_{1,2}$。若 g_1 和 g_2 分别为 1、2 点的重力值，$\rho_{1,2}$ 为两点之间的岩石密度。则在不考虑地表地形影响时，g_1 和 g_2 有如下关系：

$$g_2 + 2\pi G\rho_{1,2}h_{1,2} - \left(\frac{\partial g}{\partial z}\right)h_{1,2} = g_1 - 2\pi G\rho_{1,2}h_{1,2}$$

式中：$2\pi G\rho_{1,2}h_{1,2}$ 为对 1、2 点所产生的中间层影响；$\left(\frac{\partial g}{\partial z}\right)h_{1,2}$ 为第 2 点所受的高度影响，故

$$g_2 = g_1 + \left(\frac{\partial g}{\partial z}\right)h_{1,2} - 4\pi G\rho_{1,2}h_{1,2} \qquad (3-67)$$

由上式可解出

$$\rho_{1,2} = \frac{1}{4\pi Gh_{1,2}}\left[(g_1 - g_2) + \left(\frac{\partial g}{\partial z}\right)h_{1,2}\right] \qquad (3-68)$$

上式中 g_1、g_2 可用重力仪直接测定，重力垂向变化值（$\partial g/\partial z$）用正常重力梯度 3.086g.u.·m^{-1} 来代替，而高差 $h_{1,2}$ 可测量到，因此，$\rho_{1,2}$ 可由（3－68）式计算出来。

如果矿井比较深，则可以通过重力测井法分段求出不同深度的平均密度。

第四节　重力异常的地质－地球物理含义

一、地壳均衡理论

地球内部的物质处在一个高温、高压条件下的半熔融状态。那么地表的高山、峡谷、陆地和海洋的重力作用对地壳下面的物质有什么样的影响？它们会不会下沉或抬升？对于类似的问题，早在 1855 年就已经有了关于地壳均衡的两种假说，其中之一由普拉特（Pratt J H）提出，另一个由艾里（Airg G B）提出。20 世纪初，维宁·迈内兹（Vening Meinesz）等人又提出了第三种假说。

1. 普拉特假说

普拉特假说认为，地下存在一个等压面（也称均衡面），等压面以上的地壳是由若干个横截面积相等、密度不等而质量相等的岩石柱构成的。图3－24是普拉特假说的均衡模式，其中：AB 为大地水准面，EF 为均衡面，D 为均衡深度（即正常地壳厚度），h 为海拔高度，h_1 为海水深度，ρ_0 为正常地壳的密度（即地壳的平均密度），其值为 $2.67\mathrm{g/cm^3}$；ρ_1 为海水的密度，其值为 $1.03\mathrm{g/cm^3}$；ρ_m 为岩浆的密度，其值取 $3.27\mathrm{g/cm^3}$；ρ 为岩柱的密度。由图可知，大陆山区的均衡条件应是

$$\rho(D+h)=\rho_0 D \tag{3-69}$$

利用上式可求得岩柱的密度与地壳平均密度的差为

$$\Delta\rho=\rho-\rho_0=\rho_0\left(\frac{D}{D+h}-1\right) \tag{3-70}$$

此式表明，地壳在均衡状态下，大陆山区的地壳岩柱的密度小于地壳平均密度，并且山越高岩柱密度越小，也就是山体质量表现的“质量盈余”应由山底的质量“亏损”来补偿。

海洋区的均衡条件应为

$$\rho_1 h_1+\rho(D-h_1)=\rho_0 D \tag{3-71}$$

利用上式可求得岩柱的密度与地壳平均密度的差为

$$\Delta\rho=\rho-\rho_0=\frac{(\rho_0-\rho_1)h_1}{D-h_1} \tag{3-72}$$

由（3－72）式可知，地壳在均衡状态下，海水下的岩柱的密度大于地壳的平均密度，并且海越深海底岩柱的密度越大，也就是海水的质量“亏损”由海底的质量“盈余”来补偿。

2. 艾里假说

艾里假说认为，地下存在一个等压面（均衡面），等压面以上的地壳是由若干个横截面积相等、密度相等（皆为地壳平衡密度），而质量不等的岩石柱构成的，如图3－25所示。其中：E_1F_1 为正常地壳的下界面，T 为正常地壳下界面的深度，t 为正常地壳下界面到岩柱底的距离。其他符号的意义与图3－24相同。

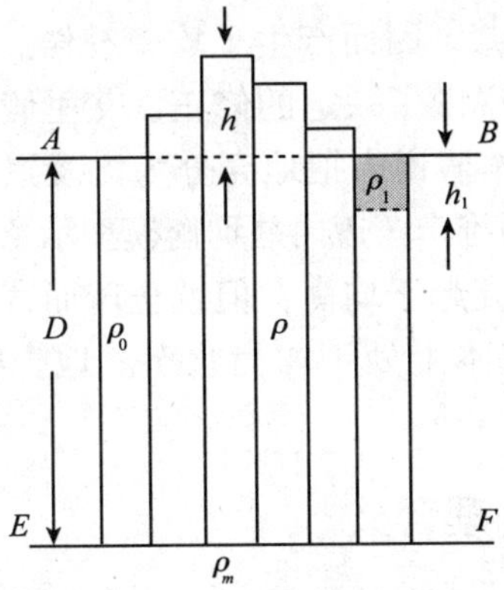

图3－24 普拉特地壳均衡模式

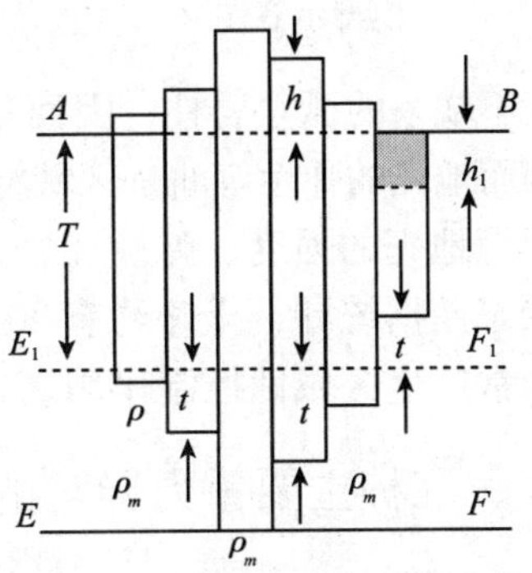

图3－25 艾里地壳均衡模式

按浮力原理，大陆山区的均衡条件为

$$\rho_0 h = t(\rho_m - \rho_0) \tag{3-73}$$

由上式可解出

$$t = \rho_0 \frac{h}{\rho_m - \rho_0} \tag{3-74}$$

（3－74）式说明，在地壳均衡状态下，山越高岩柱陷入越深（形成山根），也就是山体的“质量盈余”，由山根排开岩浆所引起的质量“亏损”来补偿。

大陆山区山根深度为

$$T + t = T + \rho_0 \frac{h}{\rho_m - \rho_0} \tag{3-75}$$

海洋地区的均衡条件为

$$h_1(\rho_0 - \rho_1) = t(\rho_m - \rho_0) \tag{3-76}$$

由上式可解出

$$t = h_1 \frac{\rho_0 - \rho_1}{\rho_m - \rho_0} \tag{3-77}$$

（3－77）式说明，在地壳均衡状态下，海越深岩柱底向上凸起越高（形成反山根），也就是海水的质量“亏损”由反山根的多余岩浆造成的质量“盈余”来补偿。

海洋地区反山根深度为

$$T - t = T - h_1 \frac{\rho_0 - \rho_1}{\rho_m - \rho_0} \tag{3-78}$$

从上述两种假说可知，地下存在着等压面，且都假设密度较小的地壳漂浮在密度较大的岩浆上。但不同之处是前者认为每个岩柱的密度不等而且补偿质量分布在整个岩柱中；后者的每个岩柱的密度相等，而补偿质量分布在山根和反山根中。

3. 维宁·迈内兹假说

该假说认为地壳是具有一定强度的弹性板，变化地形的质量是加在板上的负荷，它将弹性板压弯而不致破裂，使压弯部分陷入岩浆内（弯曲量与负荷重量成正比），一直达到流体静力平衡为止。由于压弯后的地壳排开了周围的岩浆，因而产生了均衡补偿。显然，这个假说是对艾里假说做了一定的修正。艾里假说是把地壳处理成互不联系的孤立岩柱，因而是局部补偿。而本假说未把地壳分为无凝聚作用的孤立岩柱，因而地壳的弹性弯曲是区域补偿。图3－26为维宁·迈内兹均衡模型示意图。

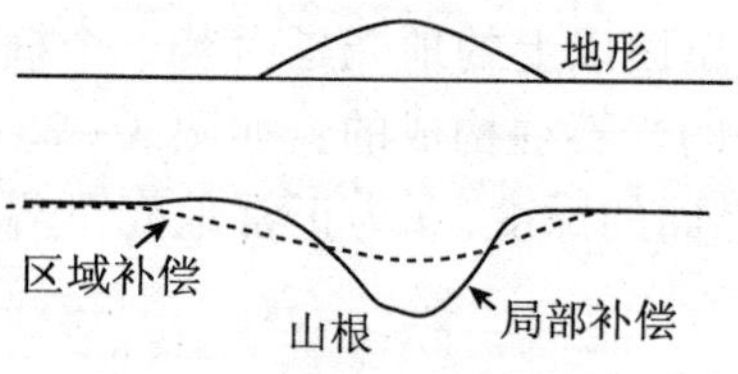

图3－26 维宁·迈内兹均衡模型示意图

尽管地壳的强度、弹性和岩浆活动等阻止地壳趋于均衡，但就全球而言它仍趋于静力平衡状态。据统计，全球约有90%的地区地壳基本上处于均衡状态。地壳的均衡状态对重力异常产生区域性控制作用。

二、几种主要重力异常的地质－地球物理含义

1. 计算方法

这里所说的几种主要的重力异常包括布格重力异常 $\Delta g_{布}$、自由空气重力异常 $\Delta g_{自}$ 和

均衡重力异常$\Delta g_{均}$。

经过混合零点改正所得的重力差值，再经过纬度改正，地形改正和布格改正后，所得到的异常称为布格重力异常 $\Delta g_{布}$。

$$\Delta g_{布} = \Delta g_{S} + \Delta g_{纬} + \Delta g_{地} + \Delta g_{布改} \tag{3-79}$$

式中：Δg_{S} 为经过混合零点改正和基点改正以后的观测值；$\Delta g_{纬}$ 为纬度改正；$\Delta g_{地}$ 为地形改正；$\Delta g_{布改}$ 为布格改正（包括高度改正 $\Delta g_{高}$ 和中间层改正 $\Delta g_{中}$）。

根据地壳假说和均衡模式，经过纬度、地形和布格改正的重力异常（布格重力异常）中，由于这些改正改变了地球的质量分布而使地壳均衡遭到破坏，因此，山区的布格重力异常应为负，海洋地区应为正（相对正常地壳而言）。

经过混合零点改正所得的重力差值，经过正常场改正（纬度改正）和自由空间改正（高度改正）后，所得到的重力异常称为自由空间（气）重力异常 $\Delta g_{自}$。

$$\Delta g_{自} = \Delta g_{S} + \Delta g_{纬} + \Delta g_{高} \tag{3-80}$$

将布格重力异常再加一项均衡改正后所得的异常称为均衡重力异常。

$$\Delta g_{均} = \Delta g_{布} + \Delta g_{均改} \tag{3-81}$$

式中 $\Delta g_{均改}$ 为均衡改正项。进行均衡改正，首先要选取地壳均衡模式和确定均衡面深度，然后将移走的大地水准面以上的全部地形质量填补到大地水准面以下，即将填补质量所产生的引力垂直分量加到布格重力异常上去，便得均衡重力异常。

由于均衡改正需要全球的山高和海深的数据，故计算均衡改正值很繁杂。考虑到均衡模式的不完善性和均衡改正的繁杂性，人们常用自由空间重力异常代替均衡重力异常。

2. 地质－地球物理含义

布格重力异常、自由空间重力异常和均衡重力异常所经过的外部改正不同，不同的改正，对地球质量作了不同的调整，因此，不同的重力异常的地质、地球物理含义亦不同。

从应用上看，布格重力异常可分为绝对异常（绝对重力值）和相对异常（相对重力值）。测点的绝对重力值 g_P，可由已知一个点的绝对重力值用相对测量的方式获得，布格改正中的高度为测点的海拔高程，密度统一用地壳的平均密度 2.67g/cm^3，正常场改正是从观测值中减去由正常重力公式计算出来的重力值。绝对布格重力异常多在中、小比例尺的大面积性重力测量中使用。测点的相对重力值 Δg_P 是用相对测量方式获得的相对于总基点的重力差值，布格改正中的高度为测点相对于总基点的高程，密度取地表岩石的平均密度，正常场改正使用（3－23）式或（3－24）式。相对布格重力异常多在大比例的小面积重力测量中使用。

下面我们以图 3－27 所示的地壳结构说明几种重力异常的地质－地球物理含义。其中（a）图为测点 P 附近的地壳结构，P'为测点 P 在大地水准面上的投影，g_P 为 P 点的绝对重力值；（b）图为推导正常重力公式时所假设的地壳结构，g_φ 为 P'点正常重力值。

P 点的正常场改正，即 $\Delta g_P = g_P - g_\varphi$。从地壳结构上看，正常场改正就是图 3－27（a）图减（b）图，如图 3－27（c）所示。由（c）图可见，AB 以上的质量分布与（a）图一样，而 AB 与 E_1F_1 间仅存在局部剩余质量，E_1F_1 与 MN 间出现了相对质量亏损。

自由空间重力异常 $\Delta g_{自}$及地下的质量分布如图 3－27(d) 所示，其质量分布与（c）图完全相同。但是，经正常重力的高度改正后，P 点的正常重力变成了 P'点的正常重力了。因此，自由空间重力异常反映的是实际地球的形状和质量分布与大地椭球体的偏差。大范围内负的自由空间重力异常，表明地壳深部存在着相对的质量亏损，反之，则有质量盈余。

布格重力异常 $\Delta g_{布}$ 及地下的质量分布如图 3－27（e）所示。$\Delta g_{自}$ 经地形改正和中间层改正后，*AB* 以上的正常地壳密度的质量去掉了，但局部剩余质量存在。因此，布格重力异常反映的是地壳内各种偏离正常地壳密度的地质体，既包含各种局部剩余质量的影响，也包含地壳下界面 *MN* 起伏而在横向上相对上地幔质量亏损（山区）或盈余（海洋区）的影响。从大范围来观察布格重力异常，在大陆山区应为大面积的负值区，且山愈高负值的绝对值愈大，而海洋区则反之。

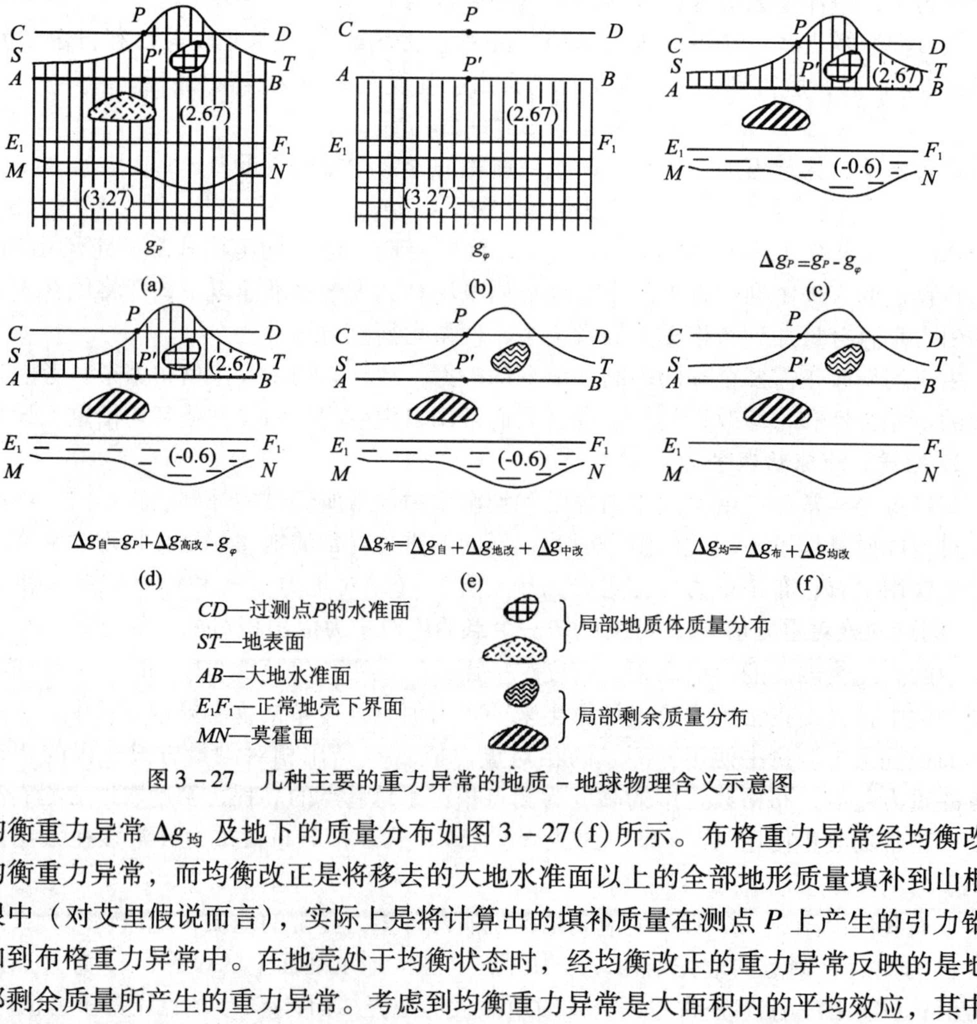

图 3－27　几种主要的重力异常的地质－地球物理含义示意图

均衡重力异常 $\Delta g_{均}$ 及地下的质量分布如图 3－27(f) 所示。布格重力异常经均衡改正就是均衡重力异常，而均衡改正是将移去的大地水准面以上的全部地形质量填补到山根或反山根中（对艾里假说而言），实际上是将计算出的填补质量在测点 *P* 上产生的引力铅直分量加到布格重力异常中。在地壳处于均衡状态时，经均衡改正的重力异常反映的是地壳内局部剩余质量所产生的重力异常。考虑到均衡重力异常是大面积内的平均效应，其中局部剩余质量的影响很小，因此，在地壳处于均衡状态时，均衡重力异常近于零值。如果大面积内的平均均衡重力异常为正值或负值，则表明该区的地壳未达到均衡状态，地壳将不断地进行质量调整（如地壳横向密度变化、上地幔横向密度变化和地壳厚度变化等）使它达到均衡。应指出，均衡深度以上存在质量盈余时引起正均衡重力异常，而存在质量亏损时引起负均衡重力异常。质量盈余说明山根（大陆山区）的厚度小于均衡时的厚度，所排开岩浆质量不足，故称为补偿不足（但由于所排开岩浆质量不足意味着山根底面至均衡深度之间的岩浆质量过剩，因此，也有人称之为区域补偿过剩）。质量亏损说明山根（大陆山区）的厚度大于均衡时的厚度，所排开岩浆质量过剩，故称为补偿过剩（但由于所排开岩浆过剩意味着山根底面至均衡深度之间的岩浆质量不足，因此，也有人称之为区域补偿不足）。

第五节 高精度重力测量简介

高精度重力测量又称为微重力测量。20 世纪 70、80 年代初期的重力学研究，是以重力学理论和方法来研究深部构造方面的问题，随着世界上最先进 L&R－D 型（Lacoste&Romberg D）微伽级精度重力仪的问世，加之计算机的高速发展，高精度重力勘探应用已比较普遍。

微重力测量的对象是小尺度、小范围的物质体产生很微小的重力异常（微伽级）。应用微重力测量可以探测到近地表的溶洞、地下河、孔穴、废矿坑基道以及规模较小的断裂等。因此，微重力测量在资源、能源工程的勘探、地震的监测及至地下古文物的探测方面有着广泛的应用前景。

目前世界各国的观测成果一般皆以 L&R 重力仪的测量结果为准，其精度高，零漂移小，性能稳定，使用方便。以下主要介绍我国高精度重力测量的一些情况。

一、方法技术上的更新

高精度重力测量的基本原理与常规意义上的重力测量没有根本上的区别，只不过需要在重力测量过程中对各个中间环节实施更严格的技术要求以及在改正计算中使用一些新的计算方法，最终提高重力资料的精度。

1. 技术规定

为了进一步提高实测重力资料的质量，我国不断研制、引进了多种地面高精度重力仪、水底重力仪、航空摄影解析制图技术、GPS 及电子计算机技术。国家主管部门还颁布了多种配套的技术规定，使野外重力数据采集精度有了大幅的提高。如在重力找矿中布格重力异常总精度可达 ±（0.3～0.8）g.u.。一般在平坦地区可达 ±0.3g.u. 或更高，在山区可达 ±（0.8～2）g.u.，高程坐标精度可达十余厘米。新颁布的技术规定主要有：《1∶5万比例尺重力调查技术规定》、《1km×1km 节点网地形高程数图技术规定》、《物化探航空摄影测量细则》、《气压测高方法技术手册》、《物化探 GPS 测量手册》等。

2. 标定场和基点网的建立

建立了 8 个国家级重力仪格值标定场，12 个省级（或自治区、直辖市）标定场。同时建立了国家重力基点网和 24 个省级（或自治区）重力 I 级基点网（478 个基点）。标定场和基点网的建立，统一了全国重力测量仪器的尺度、重力起算值和重力观测的精度控制。国家的基本重力点已与巴黎国际重力点进行了联测。

3. 地形改正的新方法

我国是多山国家，研制了球面远区地改，山区数字地形多种剖分体高精度地改和地改残差估算方法，对提高重力测量结果的精度，扩大重力资料的用途十分重要。山区高精度地改的实质是利用大比例尺地形图或航空照片做成数字地形图并用多种剖分体分割地形，使地改地形力争逼近实际地形，从而提高地形改正精度，达到能在山区有效地进行重力勘探工作的目的。不断提高数字地形的精度和剖分体的细致程度，则地改值曲线将逐渐趋近于某一渐近值，该值可以被近似看作“真值”。地改残差方法用归一化地改值渐近线进行估值，估算出地改残差。

4. 数据库的建立

目前，国土资源部已建立了全国的省（自治区、直辖市）和行业性的重力数据库、重力模型数据库和重力资料处理解释工作站。重力数据库已存储了大陆 $960\times10^4km^2$ 的节点网高程数据和一部分海域的海底高程数据，存贮了目前已完成的区域重力调查大部分数据。它除了具备一般数据库功能外，还建有重力资料处理计算程序子库，可为用户进行重力资料的常规改算和解释推断。重力模型数据库采用积木式结构，可组成模拟实际地质情况、简单或复杂的模型及引力位多阶导数的计算，用于试验重力资料处理和解释方法的准确性、适应性，同时还用于研究复杂异常规律，改进和探寻新方法。重力工作站集中了上百种经筛选优化的处理和解释推断方法，并编出了商品化的工作站 1.0 版本，以方便推广应用。

二、高精度重力测量技术的应用效果

高精度重力勘查技术的发展为我国近年来的重力勘查工作注入了新的活力。主要应用成果如下。

1. 在 1:1 万 ~1:5 万比例尺的矿区勘探工作中的应用

在一些已知矿区或成矿远景区开展重力测量，其精度一般在 ±（0.5 ~2）g. u.，这些资料在重新认识矿区地质构造，控矿因素和寻找高（低）密度体矿产方面取得了成效。如长江中下游某火山岩盆地，原认为火山岩较厚，经过重力勘探后，发现火山岩覆盖在沉积岩上面，为在覆盖层下寻找有关沉积岩扩大了工作范围。又如在湖南省用重力间接找矿，该区多金属矿一般出现在酸性岩体周围，因此，用重力低异常圈出花岗岩体即可在其周边寻找到多金属矿。再如在甘肃省用重力高异常验证见富铁矿，在云南地区用重力低异常找到低密度盐矿床。

2. 在国内各个油田新开辟远景区的应用效果

由于重力勘探精度较 60、70 年代提高了 1 ~2 个数量级，因此，在寻找局部圈闭的能力和发现深部构造信息上也有了很大的提高。国内各个油田近些年来几乎都开展了高精度重力测量，以配合油气勘查各个阶段的工作。尤其是在地震勘探得不到良好信息的地区。在山区、沿海潮间带及水深 5m 以内的浅海区以及工农业发达的居民密集区更有独特作用。在地形平坦有良好贮油前景区，可以直接用重力找到含油气圈闭，并能发现有工业意义的油流。高精度重力方法目前已成为油田非地震物探中的主要勘探方法，在具备密度差的前提下，可发现 3000m 左右的局部构造，推断埋深 4000 ~5000m 的密度截面。如在我国东部一油田中由重力资料推断构造圈闭后，钻孔验证 G－15 号异常的塘 20 井，在重力所定部位见到较好的工业油流；验证 GII 异常鞍部也见到工业油流。再如，我国西部的不少油田位于山区，有些油田在比高为 400 ~800m 的山区，经山区高精度地改后找到了较好的重力异常。另外在已知油田中用微重力进行油气藏检测试验，其结果与已知情况符合良好，但尚待今后继续试验和对未知区已发现异常的验证。

3. 在工程、考古方面的应用

高精度重力测量可用于天然，人工洞穴探测，大型工程基础稳定性评价，以及在喀斯特地区寻找地下溶洞，评价城市开发区、核电站的基础稳定性等。在探寻煤层采空区方面，由于上覆各岩层厚度密度已由邻近钻孔所控制，因此，用逐层消去法，把上覆岩层的异常一一消去，然后用剩余异常推断采空区效果比较理想。

习题三

1. 哪些因素影响重力测量的精度？哪些因素影响重力异常的精度？

2. 重力基点的作用是什么？如何保证基点的精度高于普通点？

3. 施工前为什么需要对仪器进行检查试验？必须进行哪些试验？

4. 野外工作中普通点的观测为什么必须起于基点又终止于基点？为什么要在规定时间间隔内到达下一个基点？

5. 什么条件下重力测量才能有好的地质效果？

6. 在计算重力异常过程中，有哪几项校正需要密度参数？并分析如果密度参数确定的不准会对异常有何影响？

7. 测定或确定岩（矿）石的密度有几种常用的方法？简单说明各种方法的测定过程。

8. 已知试验剖面上获得的高程和异常值如下表所列，请利用最小二乘法确定中间层密度的值。

高程/m	3.03	3.18	4.82	9.57	14.55	19.56	24.62	28.88	32.59	32.59
Δg/g.u.	-20.90	-21.16	-22.68	-32.31	-43.09	-53.17	-62.36	-70.62	-78.32	-79.49

9. 关于地形校正，请回答下列问题：

1）地形校正值为什么永远为正值（不考虑大地水准面的弯曲）？

2）为什么地形校正要分近、中、远三区进行？

3）示意绘出以下几种地形剖面上的地形影响值曲线。

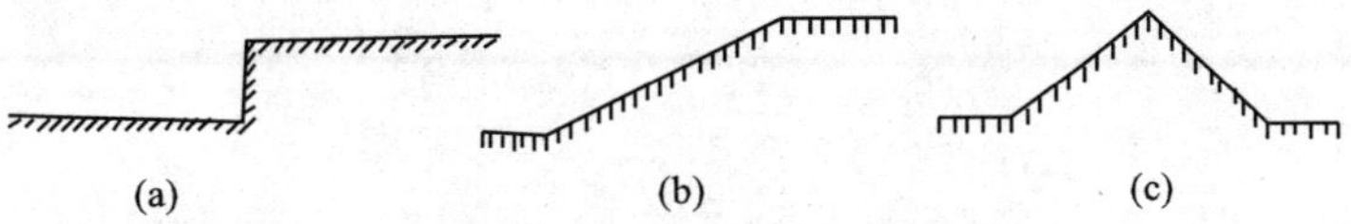

图 3－28

10. 关于纬度校正，请回答以下问题：

1）在北半球与南半球的校正公式中正负号的取法是否一样？

2）纬度校正的误差主要来源是什么量的测量？在北纬45°处，当 $\varepsilon_D \leq \pm 100$m 时，可能产生多大的误差？

3）正常重力值是纬度的函数，请问在何处正常重力值变化最快？在何处其变化率为零？

11. 关于布格校正，请回答以下问题：

1）中间层校正与高度校正的物理含义是什么？

2）给出比总基点所在水准面高出 h_1 和低了 h_2 的两个测点上的布格校正公式。

3）根据布格校正公式（3. 086 - 0. 419ρ）Δh 进行定性分析，由于中间层密度 ρ 选择得不准（小于或大于实际密度）时，或者测点高程测定不准确，各会给布格异常的计算结果带来何种影响？

4）设沿东西向 AB 剖面的自然地表进行重力测量，如果经过仔细的各项校正后，异常为 250g. u. 的常数（图 3 - 29），请分别讨论并绘出不作布格校正、不作高度校正和不作中间层校正时，异常曲线将会变成什么样子（设地表岩层平均密度为 2. 0g/cm^3）？

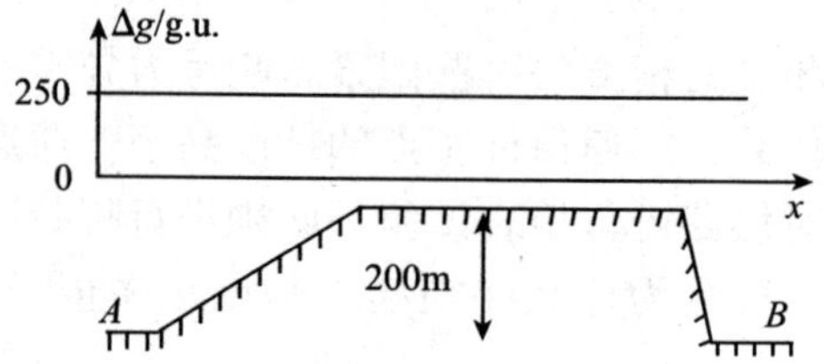

图 3 - 29

12. 已知北纬 45°处某测点上的正常重力值为 9806169. 11g. u. ，求离此点正南方 1km 处且比此点低 50m 的测点上正常重力值是多少 g. u. 。

13. 在有起伏的自然地表面进行重力测量，经各项校正后所获得的重力异常是大地水准面（或总基点所在水准面）上的异常还是原测点处的重力异常，为什么？

14. 若测点 O 四周为一圆环形水池，其内环半径为 10m，外环半径为 50m，，水深 10m，假设地表岩层平均密度为 2. 3g/cm^3，水的密度为 1. 0g/cm^3，试计算该地形对测点 O 的地形影响值是多大？

15. 试证明：圆锥体在其顶点处引起的重力异常为 $\Delta g_{max} = 2\pi G\rho h$（$1 - \cos\alpha$）。式中 h 为锥体高度，α 是锥体的半顶角，并由此式再证明锥体顶点处的地形校正值为 $\Delta g_T = 2\pi G\rho h\cos\alpha$。

16. 已知测点在大地水准面以下，Δh = - 50m，求中间层校正值 Δg 中和高度较正值 Δg 高。

第四章　重力异常的正演计算及分析

在重力异常解释理论中，由地质体的赋存状态（形状、产状、空间位置）和物性参数（密度）计算该地质体引起的重力异常的过程称为正演，也称为正问题，反之称为反演或反问题。研究不同形状的地质体在地面产生的重力异常及其特征，是对实测异常进行解释的基础。

第一节　正 演 概 述

自然界的地质情况是复杂的，如待研究的地质体形状不规则且物性参数不均匀、各地质体间互相穿插和重叠、观测面（或线）起伏不平等。对如此复杂的情况是难于用精确的数学物理方法计算场源的重力异常空间分布的。因此，在重力勘探中，如果计算地下某个地质体在地面上的重力异常，必须给出一些假定条件。例如：形状规则、密度均匀、有限分布等。对满足上述条件的、孤立的且可以用简单几何形体模拟的地质体被称之为单一规则形体。对这些规则形体，从第一章所介绍的异常基本计算公式（积分式）出发，通过积分运算可求解出重力异常正演公式，由之可计算出所需要的二度或三度重力异常的精确值。对于不满足上述假定条件的地质体，一般都笼统地称其为复杂条件下的地质体。对此类地质体的重力异常的计算也相对复杂，有时甚至难以通过积分运算求解，只能采用近似的方法求出异常的近似值。

本章将重点介绍一些常用的典型地质体模型的重力异常的正演计算方法，对复杂条件下不规则地质体的重力异常的计算仅有选择地做一些简单介绍。

第二节　简单条件下规则地质体的重力异常

本节主要介绍球体、水平圆柱体、台阶、板（脉）状体和长方体五种典型地质体的重力异常。

一、球体的重力异常

实际问题中，埋藏在一定深度的近等轴状的地质体，如巢状矿体、囊状矿体、岩株和穹隆构造等地质体，它们在地面所产生的重力异常可近似看作球体的异常。球体是一种常见的三度体模型。

1. 球体的重力异常公式

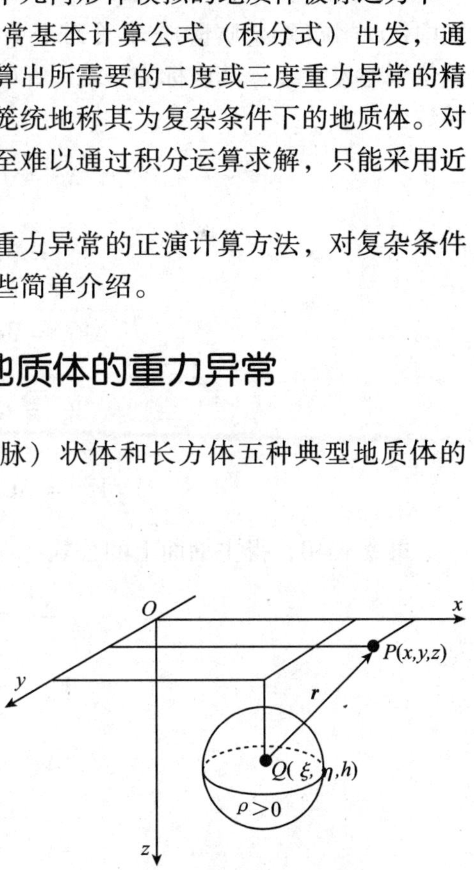

图 4－1　球体及坐标关系图

如图 4－1 所示的剩余密度为 ρ 且均匀的球体可看作剩余质量 m 集中于球心 Q（ξ，η，h）的质点。因此（1－49）式～（1－56）式中的被积函数可移至积分号外，而$\iiint_v \mathrm{d}\xi \mathrm{d}\eta \mathrm{d}h = \iiint_v \mathrm{d}v$（$v$ 为球体的体积），故球体在空间任意点 $P(x,y,z)$ 所引起的重力异常及引力位的高阶导数公式应为

$$\Delta g = Gm\frac{-(z-h)}{[(x-\xi)^2+(y-\eta)^2+(z-h)^2]^{3/2}} \tag{4-1}$$

$$V_{xy} = 3Gm\frac{(x-\xi)(y-\eta)}{[(x-\xi)^2+(y-\eta)^2+(z-h)^2]^{5/2}} \tag{4-2}$$

$$V_{xz} = 3Gm\frac{(x-\xi)(z-h)}{[(x-\xi)^2+(y-\eta)^2+(z-h)^2]^{5/2}} \tag{4-3}$$

$$V_{yz} = 3Gm\frac{(y-\eta)(z-h)}{[(x-\xi)^2+(y-\eta)^2+(z-h)^2]^{5/2}} \tag{4-4}$$

$$V_{xx} = Gm\frac{2(x-\xi)^2-(y-\eta)^2-(z-h)^2}{[(x-\xi)^2+(y-\eta)^2+(z-h)^2]^{5/2}} \tag{4-5}$$

$$V_{yy} = Gm\frac{2(y-\eta)^2-(x-\xi)^2-(z-h)^2}{[(x-\xi)^2+(y-\eta)^2+(z-h)^2]^{5/2}} \tag{4-6}$$

$$V_{zz} = Gm\frac{2(z-h)^2-(x-\xi)^2-(y-\eta)^2}{[(x-\xi)^2+(y-\eta)^2+(z-h)^2]^{5/2}} \tag{4-7}$$

$$V_{zzz} = 3Gm\frac{-2(z-h)^3+3(x-\xi)^2(z-h)+3(y-\eta)^2(z-h)}{[(x-\xi)^2+(y-\eta)^2+(z-h)^2]^{7/2}} \tag{4-8}$$

式中：$m=\rho v$（剩余质量）。若令球心 Q 位于坐标原点正下方，即 Q 的坐标为$(0,0,h)$，测点位于地表 P 点，其坐标为（x，y，0），则地表面（xoy 面）的重力异常及引力位的高阶导数公式为

$$\Delta g = Gm\frac{h}{(x^2+y^2+h^2)^{3/2}} \tag{4-9}$$

$$V_{xz} = 3Gm\frac{-hx}{(x^2+y^2+h^2)^{5/2}} \tag{4-10}$$

$$V_{yz} = 3Gm\frac{-hy}{(x^2+y^2+h^2)^{5/2}} \tag{4-11}$$

$$V_{zz} = Gm\frac{2h^2-x^2-y^2}{(x^2+y^2+h^2)^{5/2}} \tag{4-12}$$

$$V_{zzz} = 3Gm\frac{(2h^2-3x^2-3y^2)h}{(x^2+y^2+h^2)^{7/2}} \tag{4-13}$$

再令 $y=0$，得主剖面上的公式：

$$\Delta g = Gm\frac{h}{(x^2+h^2)^{3/2}} \tag{4-14}$$

$$V_{xz} = -3Gm\frac{hx}{(x^2+h^2)^{5/2}} \tag{4-15}$$

$$V_{zz} = Gm\frac{2h^2-x^2}{(x^2+h^2)^{5/2}} \tag{4-16}$$

$$V_{zzz} = 3Gm\frac{(2h^2-3x^2)h}{(x^2+h^2)^{7/2}} \tag{4-17}$$

顺便指出，关于由异常公式计算异常值的单位问题：当 Δg、V_{xz}（V_{zz}）、V_{zzz}的单位分

别为 g. u.、E 和 pMKS（V_{zzz}）为单位，而 ρ 以 g/cm^3 为单位（剩余质量 $m=\rho v$），其他量皆取 SI 单位时，若 G 以 6.67，其他量也都以不含单位的数值代入公式，则计算出的 Δg、V_{xz}（V_{zz}）、V_{zzz}的值再分别乘以 10^{-2}、10、10^4。

2. **球体的重力异常特征**

这里主要讨论 $\rho>0$ 情况下的重力异常分布特征。

（1）平面特征

将（4-9）式改写成

$$\Delta g = Gm\frac{h}{(r_0^2+h^2)^{3/2}} \tag{4-18}$$

式中：$r_0^2=x^2+y^2$；m 为球体的剩余质量。由上式可知，当 x、y 变化但 r_0^2 不变时，Δg 值相等。因此，Δg 的平面等值线是以球心在地面的投影点为圆心的一系列同心圆，极大值点在球心的正上方。从（4-9）式～（4-13）式还可以看出，Δg、V_{zz}、V_{zzz}是关于原点对称的 x、y 的偶函数。重力异常平面等值线图无明显的方向性，而 V_{xz}、V_{yz}则是关于 x 或 y 的奇函数，V_{xz}沿 x 轴方向有明显的方向性，V_{yz}则沿 y 轴方向性较明显。图 4-2（a）、（b）、（c）、（d）分别显示了球体各种异常的平面特征及立体特征。

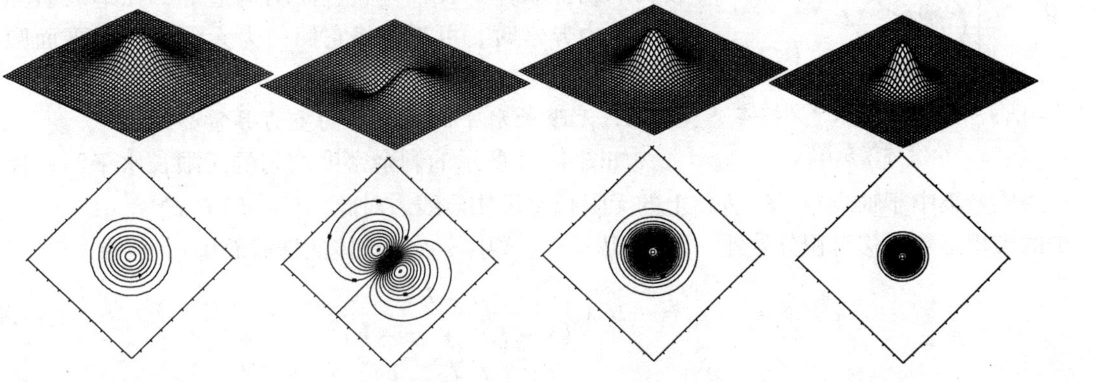

(a)Δg　　(b)V_{xz}　　(c) V_{zz}　　(d)V_{zzz}

图 4-2　球体重力异常立体和平面等值线图

（$R=50$m，$h=100$m，$\rho=1g/cm^3$）

（2）主剖面特征

图 4-3（a）、（b）、（c）分别是过坐标原点沿 x 轴方向的主剖面，从中可更明显地看出 Δg，V_{zz}和 V_{zzz}为轴对称曲线，V_{xz}为点对称曲线的情况。深入细致的观察还会发现许多有意义的特征：$x=0$ 时，$\Delta g=\Delta g_{max}=Gm/h^2$；$x\to\pm\infty$ 时，$\Delta g=\Delta g_{min}=0$；若令 $\Delta g(x)=\Delta g_{max}/n$，则可解得 $x_{1/n}=\pm(n^{2/3}-1)^{1/2}h$，取 $n=2$，有 $x_{1/2}=\pm0.766h$，而 $\Delta g(x)$曲线上等于 $\Delta g_{max}/2$ 的点间的距离应为 $d_{1/2}=1.532h$。显然，当剩余质量 m 不变时，重力异常的极大值与球体中心深度 h 的平方成反比，而等于极大值一半的两个点的距离 $d_{1/2}$与深度 h 成正比。当球体中心深度 h 不变时，Δg 与剩余质量 m 成正比。因此，随球体中心深度的增加，Δg 值减小，Δg 曲线变缓变低。

V_{xz}、V_{zz}和 V_{zzz}与剩余质量成正比，V_{xz}、V_{zz}的极大值与球体中心深度 h 的三次方成反比，而 V_{zzz}的极大值与球体中心深度的四次方成反比。随球体中心深度的增加，V_{xz}、V_{zz}和

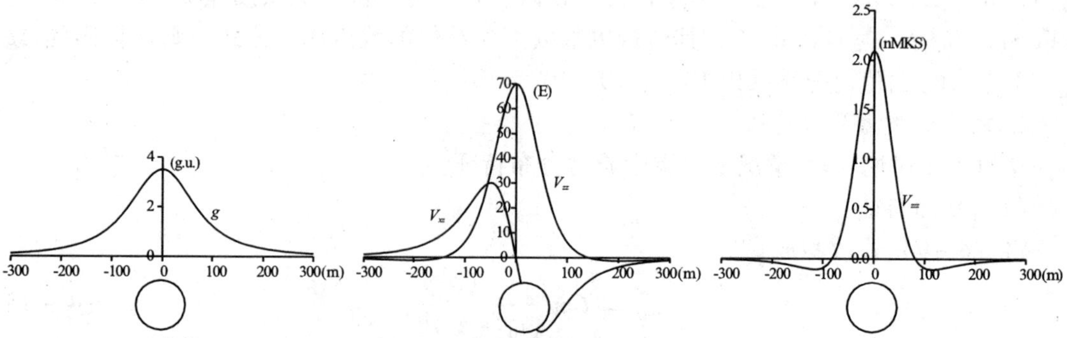

(a)Δg曲线　　(b)V_{xz}和V_{zz}曲线　　(c)V_{zzz}曲线

图4－3　球体重力异常主剖面图

V_{zzz}值减小，V_{xz}、V_{zz}和V_{zzz}曲线变缓变低。

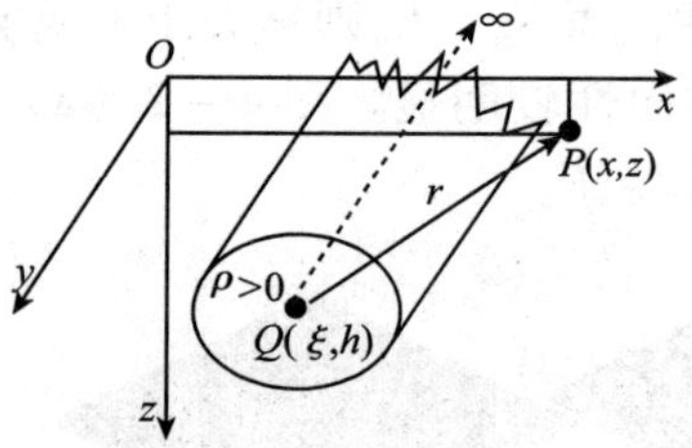

图4－4　无限长水平圆柱体及坐标关系图

二、无限长水平圆柱体的重力异常

埋藏在一定深度上的横截面近于等轴状、沿走向延伸较长的扁豆状体、长轴背斜、向斜构造等，在地表研究它们的重力异常时，可近似将它们视为无限长的水平面圆柱体，它是典型二度体之一。

1. 无限长水平面圆柱体的重力异常公式

如图4－4所示的剩余密度均匀的无限长水平圆柱体可视为质量集中于轴线Q（ξ，h）上的无限长水平物质线。对此，（1－57）式～（1－62）式中的被积函数可移至积分号外，而$\iint_S d\xi dh = S$（式中S为圆柱体的横截面积），故有

$$\Delta g = -2G\lambda \frac{z-h}{(x-\xi)^2+(z-h)^2} \tag{4-19}$$

$$V_{xz} = 4G\lambda \frac{(x-\xi)(z-h)}{[(x-\xi)^2+(z-h)^2]^2} \tag{4-20}$$

$$V_{zz} = 2G\lambda \frac{(z-h)^2-(x-\xi)^2}{[(x-\xi)^2+(z-h)^2]^2} \tag{4-21}$$

$$V_{xx} = 2G\lambda \frac{(x-\xi)^2-(z-h)^2}{[(x-\xi)^2+(z-h)^2]^2} = -V_{zz} \tag{4-22}$$

$$V_{zzz} = 4G\lambda \frac{3(x-\xi)^2(z-h)-(z-h)^3}{[(x-\xi)^2+(z-h)^2]^3} \tag{4-23}$$

其中线密度$\lambda=\rho S$。

令$\xi=0$，$z=0$，则得坐标原点在轴线正上方的剖面（x轴）上的公式：

$$\Delta g = 2G\lambda \frac{h}{x^2+h^2} \tag{4-24}$$

$$V_{xz} = -4G\lambda \frac{hx}{(x^2+h^2)^2} \tag{4-25}$$

$$V_{zz} = 2G\lambda \frac{h^2-x^2}{(x^2+h^2)^2} \tag{4-26}$$

$$V_{zzz} = 4G\lambda \frac{(h^2 - 3x^2)h}{(x^2 + h^2)^3} \tag{4-27}$$

2. 无限长水平圆柱体的重力异常特征

(1) 平面特征

长条带状异常乃是二度体的重力异常的基本特征。无限长水平圆柱体的 Δg、V_{xz}、V_{zz}、V_{zzz}异常平面等值线图形为一系列相互平行的直线，Δg、V_{zz}以及 V_{zzz}异常图每条直线所代表的异常值从中间向两侧呈对称状逐渐减小，而 V_{zz}、V_{zzz}异常图两侧等值线出现对称的负极值，如图 4－5 所示。

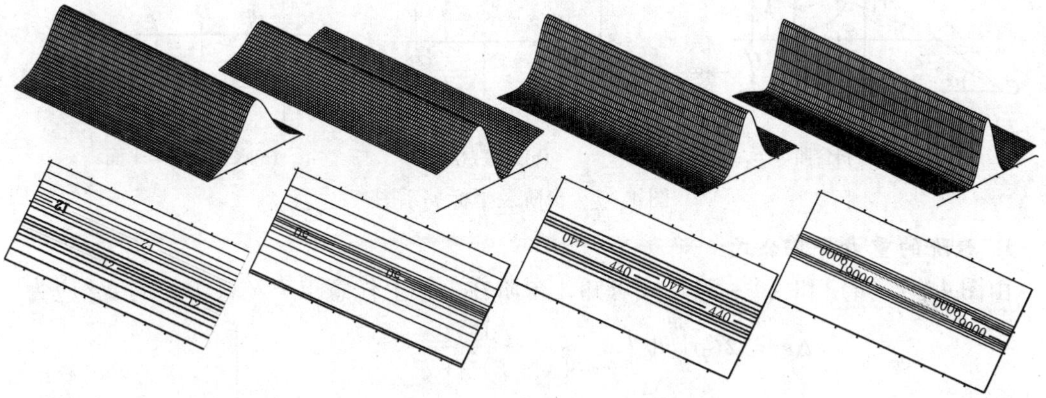

(a) Δg　(b) V_{xz}　(c) V_{zz}　(d) V_{zzz}

图 4－5　无限长水平圆柱体重力异常立体和平面等值线图

($R=50$m，$h=100$m，$\rho=1$g/cm^3)

(2) 剖面特征

(4－24) 式～(4－27) 式表示 Δg、V_{zz}和 V_{zzz}为 x 的偶函数，而 V_{xz}为 x 的奇函数，因此，Δg、V_{zz}和 V_{zzz}为轴对称曲线，而 V_{xz}为点对称曲线，如图 4－6 (a)、(b) 和 (c) 所示。

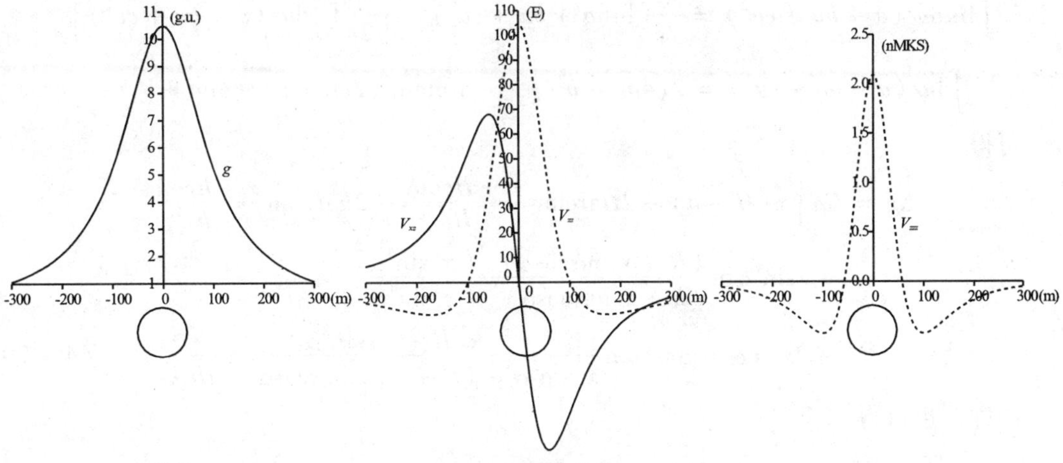

(a)Δg曲线　(b)V_{xz}和V_{zz}曲线　(c)V_{zzz}曲线

图 4－6　无限长水平圆柱体重力异常剖面图

($R=50$m，$h=100$m，$\rho=1$g/cm^3)

无限长水平圆柱体的重力异常与剩余密度成正比；Δg_{max}与轴线深度成反比，而V_{xz}、V_{zz}的极值与轴线深度的平方成反比。随深度的增加重力异常曲线变低变缓。

三、台阶的重力异常

台阶是常见的地质模型，如接触带、超覆岩层等，研究它们的地表异常时，可近似将它们视为如图4－7所示的台阶，台阶是典型二度体之一。

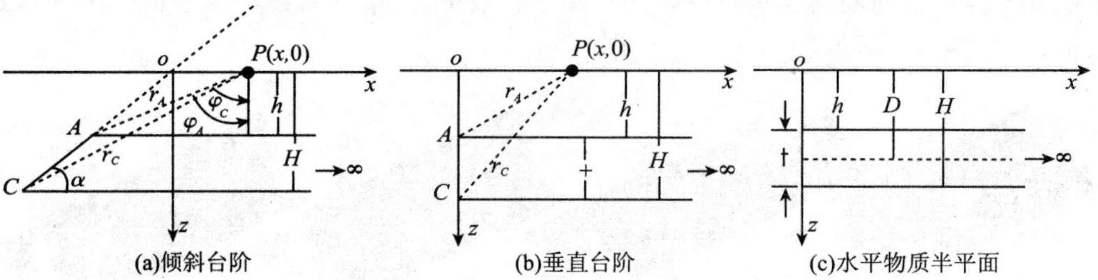

图4－7　台阶及坐标关系图

1. 台阶的重力异常公式

由图4－7（a）和（1－57）式可知，台阶在x轴上任意点P（x，0）的Δg应为

$$\left.\begin{aligned}\Delta g &= 2G\rho\int_h^H \mathrm{d}\zeta\int_{-\zeta\cot\alpha}^{\infty}\frac{\zeta\mathrm{d}\xi}{(x-\xi)^2+\zeta^2}\\ &= 2G\rho\left[\frac{\pi}{2}\int_h^H\mathrm{d}\zeta+\int_h^H\arctan\frac{\zeta\cot\alpha+x}{\zeta}\mathrm{d}\zeta\right]\\ &= 2G\rho\left[\frac{\pi}{2}(H-h)+\int_h^H\arctan\frac{\zeta\cot\alpha+x}{\zeta}\mathrm{d}\zeta\right]\end{aligned}\right\}\qquad(4-28)$$

式中：（h，H）为ζ的积分限，而h、H分别为台阶顶、底深度；（$-\zeta\cot\alpha$，∞）为ξ的积分限，而α为台阶倾角。对上式引用积分公式：

$$\int u\mathrm{d}v = uv-\int v\mathrm{d}u$$

$$\int M u\mathrm{d}v/(a+bu+cu^2) = \frac{M}{2c}[\ln(a+bu+cu^2)]-\frac{Mb}{2c}\left[\int\mathrm{d}u/(a+bu+cu^2)\right]$$

$$\int\mathrm{d}u/(a+bu+cu^2) = 2(4ac-b^2)^{-1/2}\cdot\arctan[(2cu+b)/(4ac-b^2)]$$

可得

$$\begin{aligned}\Delta g = G\rho\Bigg[&\pi(H-h)+2H\arctan\frac{x+H\cot\alpha}{H}-2h\arctan\frac{x+h\cot\alpha}{h}\\ &+x\sin^2\alpha\ln\frac{(H+x\sin\alpha\cos\alpha)^2+x^2\sin^4\alpha}{(h+x\sin\alpha\cos\alpha)^2+x^2\sin^4\alpha}\\ &-2x\sin\alpha\cos\alpha\arctan\frac{x(H-h)\sin^2\alpha}{x^2\sin^2\alpha+(H+h)x\sin\alpha\cos\alpha+hH}\Bigg]\end{aligned}\qquad(4-29)$$

同样，也可得

$$V_{xz} = 2G\rho\sin\alpha\left[\sin\alpha\ln\frac{r_C}{r_A}-\cos\alpha(\varphi_A-\varphi_C)\right]\qquad(4-30)$$

$$V_{zz} = 2G\rho\sin\alpha\left[\cos\alpha\ln\frac{r_C}{r_A} + \sin\alpha(\varphi_A - \varphi_C)\right] \tag{4-31}$$

$$V_{zzz} = 2G\rho\sin^2\alpha\left[\frac{x + 2h\cot\alpha}{r_A^2} - \frac{x + 2H\cot\alpha}{r_C^2}\right] \tag{4-32}$$

式中：$r_A = [(x + h\cot\alpha)^2 + h^2]^{1/2}$；$r_C = [(x + H\cot\alpha)^2 + H^2]^{1/2}$；$\varphi_A = \arctan[(x + h\cot\alpha)/h]$；$\varphi_C = \arctan[(x + H\cot\alpha)/H]$。

对垂直台阶（$\alpha = 90°$），如图4－7（b）所示，有

$$\Delta g = G\rho\left[\pi(H - h) + 2H\arctan\frac{x}{H} - 2h\arctan\frac{x}{h} + x\ln\frac{r_C^2}{r_A^2}\right] \tag{4-33}$$

$$V_{xz} = 2G\rho\ln\frac{r_C}{r_A} \tag{4-34}$$

$$V_{zz} = -V_{xx} = 2G\rho(\varphi_A - \varphi_C) \tag{4-35}$$

$$V_{zzz} = 2G\rho x\left(\frac{1}{r_A^2} - \frac{1}{r_C^2}\right) \tag{4-36}$$

式中：$r_A = (x^2 + h^2)^{1/2}$；$r_C = (x^2 + H^2)^{1/2}$；$\varphi_A = \arctan(x/h)$；$\varphi_C = \arctan(x/H)$。

对如图4－7（c）所示的水平物质半平面（上顶深度远大于直立台阶厚度 $t = H - h$），由（4－33）～（4－36）式可得

$$\Delta g = 2G\mu\left(\frac{\pi}{2} + \arctan\frac{x}{D}\right) \tag{4-37}$$

$$V_{xz} = 2G\mu\frac{D}{x^2 + D^2} \tag{4-38}$$

$$V_{zz} = -V_{xx} = 2G\mu\frac{x}{x^2 + D^2} \tag{4-39}$$

$$V_{zzz} = 4G\mu\frac{Dx}{(x^2 + D^2)^2} \tag{4-40}$$

式中：$\mu = \rho(H - h) = \rho t$ 为剩余面密度；$D = \frac{H + h}{2}$。

2. 台阶的重力异常特征

这里主要讨论向右无限延伸台阶的异常特征，顺便说明向左无限延伸台阶和断层的异常特征。

（1）平面特征

如图4－8所示的直立台阶 Δg、V_{xz}、V_{zz}以及 V_{zzz}平面等值线为一系列平行于台阶走向的直线。如果不注意每条等值线所代表的异常值，其中异常形状差别不大，且与水平圆柱体等值线形状有相似之处。图中给出的立体图显示，沿垂直走向方向上 Δg 异常在台阶的两侧自左向右升高（或自左向右降低呈梯度变化）；V_{xz}在 $x = 0$ 点处向两侧呈均匀递减趋势；V_{zz}与 V_{zzz}则在 $x = 0$ 两侧分别出现极值的函数值，其梯度带变化在 $x = 0$ 附近最明显。

倾斜台阶的平面等值线在条带状分布的特点上与直立台阶完全一样，但随着台阶倾斜度的变化，沿垂直走向方向上的等值线的梯度（等值线的疏密）会有变化。

（2）剖面特征

1）直立台阶：直立台阶的 Δg 为单调变化曲线，其剖面图由图4－9（a）给出，当

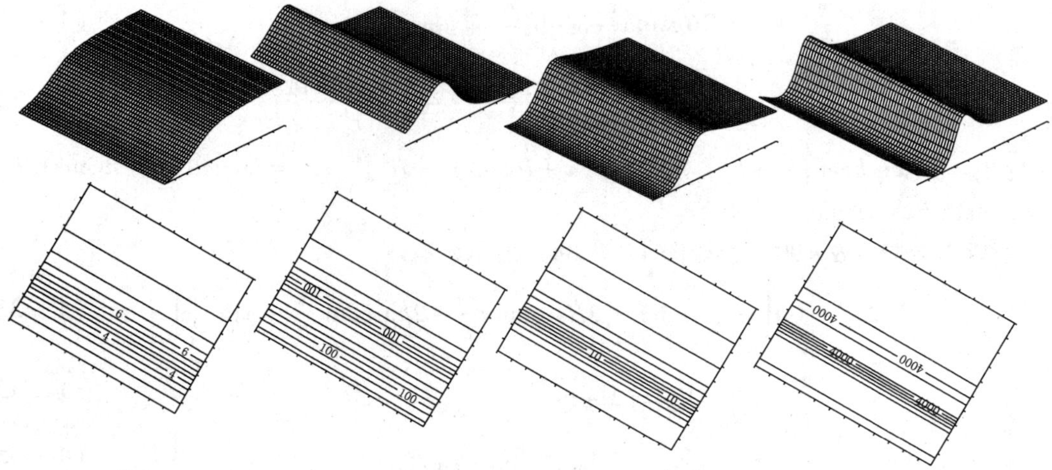

(a) Δg　　(b) V_{xz}　　(c) V_{zz}　　(d) V_{zzz}

图 4－8　直立台阶重力异常立体和平面等值线图

$x=0$ 时，Δg（0）$=\pi G\rho$（$H-h$）$=\pi G\rho t$；当 $x\rightarrow-\infty$ 时，Δg（$-\infty$）$=\Delta g_{\min}=0$；$x\rightarrow\infty$ 时，Δg（∞）$=\Delta g_{\max}=2\pi G\rho$（$H-h$）$=2\pi G\rho t$。可见，$\Delta g$（0）为 $\Delta g_{\max}$ 的一半，Δg（0）点为 Δg 曲线的拐点，Δg（0）、$\Delta g_{\max}$ 仅与直立台阶的厚度 t 有关，在直立台阶厚度不变时，随上顶深度增大，Δg（0）、$\Delta g_{\max}$ 不变，而 Δg 曲线变缓变低。

直立台阶的 V_{xz} 为轴对称曲线，V_{zz} 和 V_{zzz} 为点对称曲线，其剖面图见图 4－9(b)和(c)。

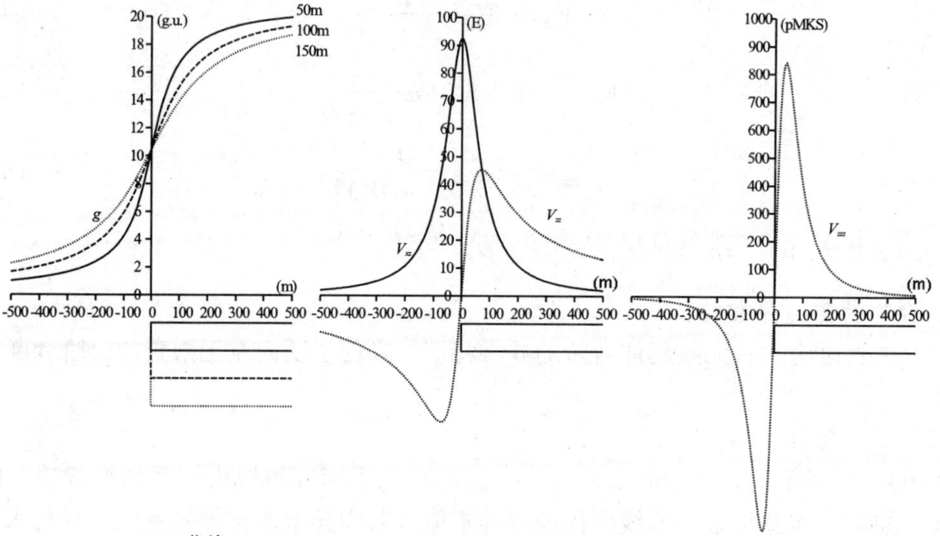

(a) Δg 曲线　　(b) V_{xz} 和 V_{zz} 曲线　　(c) V_{zzz} 曲线

图 4－9　直立台阶重力异常剖面图

（$h=50$，100，150m；$\rho=1.0\mathrm{g/cm^3}$；$t=H-h=50\mathrm{m}$）

2）倾斜台阶：倾斜台阶的 Δg 也是单调变化曲线，其剖面图见图 4－10（a），当 $x\rightarrow\infty$ 时 Δg（$-\infty$）$=\Delta g_{\min}=0$，$x\rightarrow\infty$ 时 Δg（∞）$=\Delta g_{\max}=2\pi G\rho$（$H-h$）$=2\pi G\rho t$。但是，$\Delta g$（0）$\neq\frac{1}{2}\Delta g_{\max}$，当 $\alpha<90°$ 时，Δg（0）$>\frac{1}{2}\Delta g_{\max}$，而当 $\alpha>90°$ 时，Δg（0）$<$

$\frac{1}{2}\Delta g_{\max}$，$\Delta g$（0）点也不是 Δg 曲线的拐点。

倾斜台阶的 V_{xz}、V_{zz} 和 V_{zzz} 曲线皆不对称，V_{xz} 的极大值点、V_{zz} 和 V_{zzz} 的零值点的位置向倾斜面的倾向一侧移动。在台阶上顶面深度 h 远小于台阶厚度 t 的情况下，倾向一侧 V_{xz} 曲线较缓，而 V_{zz}、V_{zzz} 的幅值较小，据此可判断倾斜面的倾向，如图 4－10（b）和（c）所示。

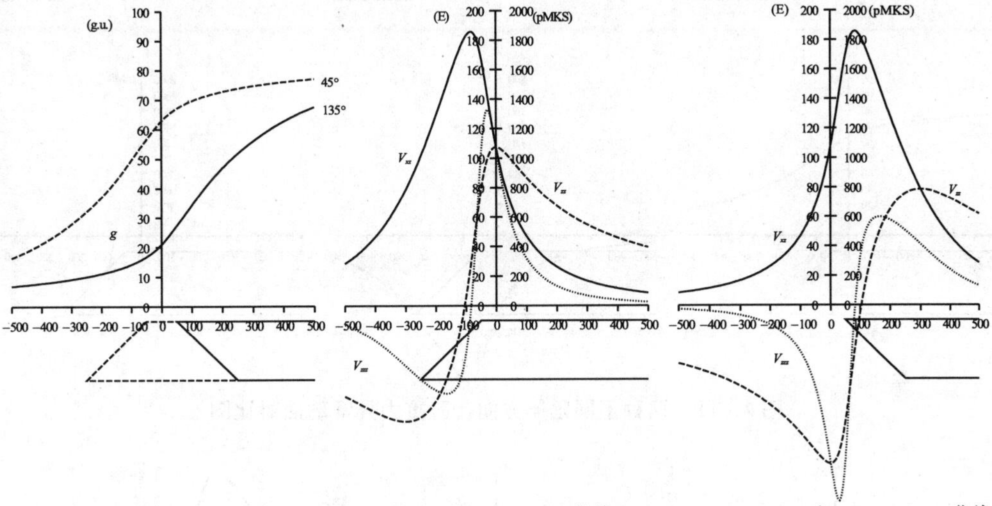

(a)$\Delta g(\alpha=45°,135°)$曲线　(b) V_{xz}、V_{zz}和V_{zzz}($\alpha=45°$)曲线　(c) V_{xz}、V_{zz}和V_{zzz}($\alpha=135°$)曲线

图 4－10　倾斜台阶重力异常剖面图

（$\rho=1.0\mathrm{g/cm^3}$，$t=200\mathrm{m}$，$h=50\mathrm{m}$）

由（4－30）式和（4－31）式可求得

$$\left.\begin{aligned}V_{xz}(x,180°-\alpha)&=V_{xz}(-x,\alpha)\\V_{zz}(x,180°-\alpha)&=-V_{zz}(-x,\alpha)\end{aligned}\right\}\qquad(4-41)$$

可见，将 $V_{xz}(x,\alpha)$ 曲线绕纵轴翻转 180°就是 $V_{xz}(x,180°-\alpha)$ 曲线。将 $V_{zz}(x,\alpha)$ 曲线绕纵轴翻转 180°后再绕横轴翻转 180°就是 V_{zz}（x，$180°-\alpha$）曲线。

3）向左无限延伸台阶的异常特征：（3－36）式为无限水平物质层所产生的引力垂直分量，从它减去向右无限延伸台阶的重力异常（4－29）式，便得向左无限延伸的重力异常公式。由于无限水平物质层在空间各点的引力垂直分量为常量，因此，$V_{xz}\left(\frac{\partial\Delta g}{\partial x}\right)$、$V_{zz}\left(\frac{\partial\Delta g}{\partial z}\right)$、$V_{zzz}\left(\frac{\partial^2\Delta g}{\partial z^2}\right)$都为零。故向左无限延伸台阶的 V_{xz}、V_{zz}、V_{zzz} 与向右无限延伸台阶的公式只差一个负号。图 4－11 为两种延伸台阶的重力异常剖面曲线对比图。

4）断层的重力异常特征：断层的重力异常应为厚度相等、上顶面深度不等而水平延伸方向相反的两个台阶的异常之和。

图 4－12 给出了三种不同性质断层的 Δg 重力异常剖面曲线，在 $x=0$ 和 $x\rightarrow\pm\infty$ 时断层的 $\Delta g=2\pi G\rho t$（常数），Δg 在 $2\pi G\rho t$（常数）上下变化。但是，常数 $2\pi G\rho t$ 在野外是测不出来的，图中纵轴右侧的数值是以常数 $2\pi G\rho t$ 为零而标记的。

在剩余密度 $\rho>0$ 的情况下，$\Delta g_{\max}$ 对应上升盘，$\Delta g_{\min}$ 对应下降盘。正断层 $\Delta g_{\min}$ 明显，

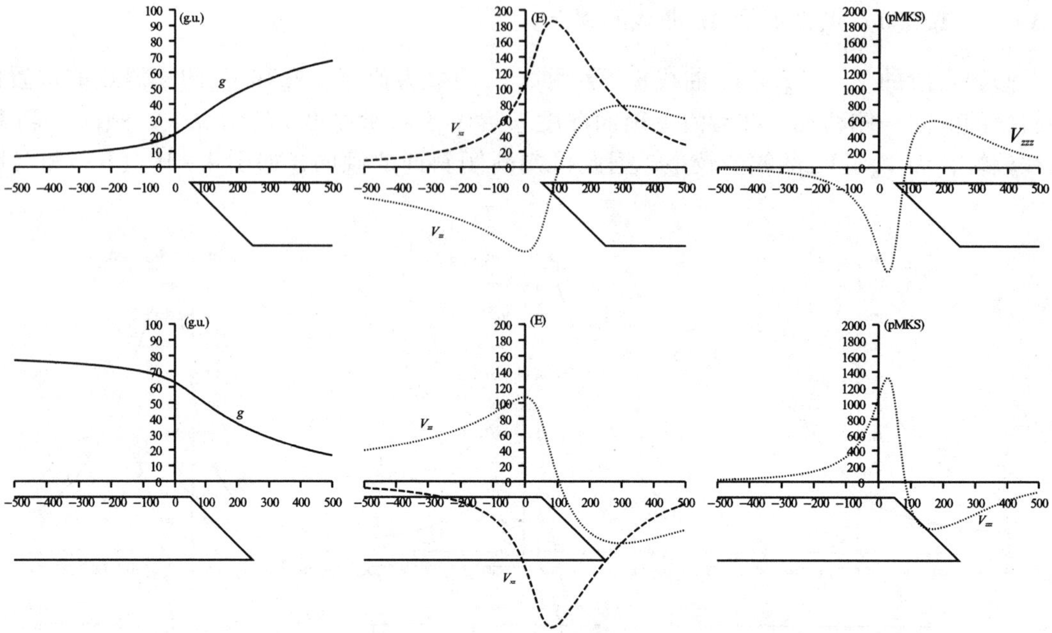

图 4－11　两种不同延伸方向台阶重力异常剖面对比图

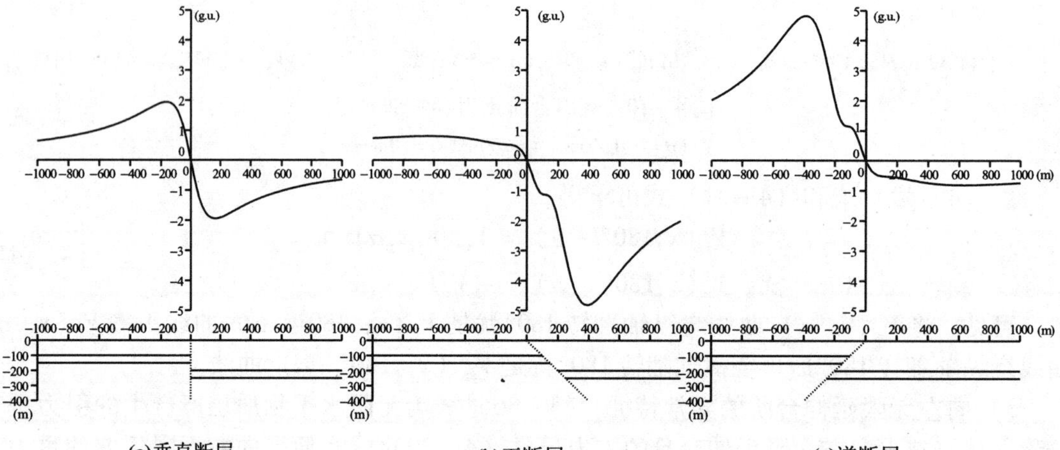

(a)垂直断层　(b)正断层　(c)逆断层

图 4－12　断层重力异常剖面图

逆断层 Δg_{max} 明显，垂直断层 $\Delta g_{max}=|\Delta g_{min}|$。故由断层 Δg 曲线的特征可判断断层性质。

四、板状体的重力异常

一些矿脉、岩脉、岩墙及基底变质岩系等，只要它们沿走向方向较长，研究它们在地表的异常时，可将它们近似地视为板（脉）状体。板（脉）状体是典型二度体之一。

1. 无限延深板状体的重力异常公式

如图 4－13（a）所示的有限延深板状体，其重力异常公式可利用两个台阶异常公式相减而得到。但是，前面所介绍的台阶异常公式的坐标原点是在倾斜面与水平线（x 轴）

的交点上。为此，在相减前应统一坐标原点，若以 O_{AB} 为统一原点，则以 CD 为倾斜面的台阶异常公式中的 x 须以 $x-2b$ 替代。习惯上，板状体的坐标原点取在板上顶面中心在 x 轴的投影点 O 处，因此以 CD 为倾斜面的台阶的公式中的 x 应换成 $x-(b+h\cot\alpha)$ 以 AB 为倾斜面的台阶的公式中的 x 应换成 $x+(b-h\cot\alpha)$。可以想象出，有限延深板状体的异常公式很冗长。

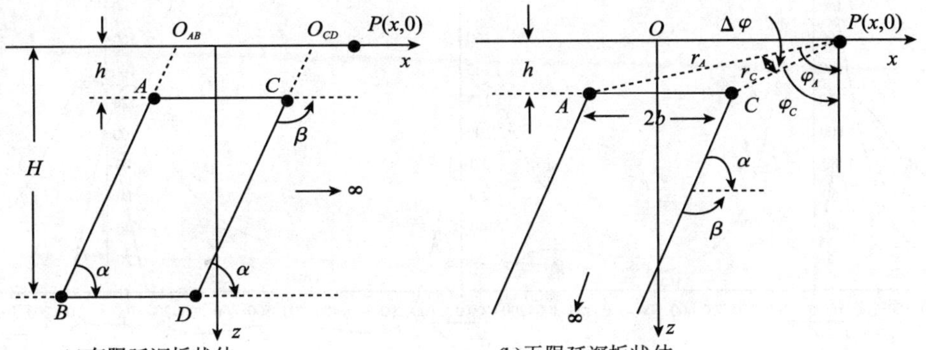

图 4-13　板状体及坐标关系图

这里，我们主要讨论如图 4-13（b）所示的无限延深板状体的异常，只要令有限延深板状体异常公式中 $H\to\infty$ 即可得无限延深板状体重力异常公式：

$$\Delta g \to \infty \tag{4-42}$$

$$V_{xz} = 2G\rho\sin\beta\left[\sin\beta\ln\frac{r_C}{r_A} + \cos\beta(\varphi_A - \varphi_C)\right] \tag{4-43}$$

$$V_{zz} = 2G\rho\sin\beta\left[\sin\beta(\varphi_A - \varphi_C) - \cos\beta\ln\frac{r_C}{r_A}\right] \tag{4-44}$$

式中：$\beta=180°-\alpha$；β 为板状体的倾角；$r_A=[(x+b)^2+h^2]^{1/2}$；$r_C=[(x-b)^2+h^2]^{1/2}$；$\varphi_A=\arctan[(x+b)/h]$；$\varphi_C=\arctan[(x-b)/h]$。

板状体可分为厚板和薄板，在重力以及磁法勘探中，厚板与薄板是一个相对的概念，当 $2b\ll h$ 时，称为薄板。反之为厚板。

对薄板，因 $\varphi_A-\varphi_C\approx 2bh/(x^2+h^2)$，$\ln(r_C/r_A)\approx -2bx/(x^2+h^2)$，有

$$V_{xz} = 2G\rho 2b\sin\beta\frac{h\cos\beta - x\sin\beta}{x^2+h^2} \tag{4-45}$$

$$V_{zz} = 2G\rho 2b\sin\beta\frac{h\sin\beta + x\cos\beta}{x^2+h^2} = -V_{xx} \tag{4-46}$$

若令（4-42）式～（4-44）式中 $\beta=90°$，则可得直立无限延深板状体的 V_{xz}、V_{zz} 和 V_{zzz} 的公式。

2. 板状体的重力异常特征

（1）无限延深板状体的剖面特征

直立板状体的 V_{xz} 为点对称曲线，而 V_{zz} 为轴对称曲线，其剖面异常如图 4-14（a）所示，倾斜板状体 V_{xz} 和 V_{zz} 皆为非对称曲线，剖面异常如图 4-14（b）、（c）所示。V_{xz} 的零点值和 V_{zz} 的极大值点向板状体的倾向一侧移动，倾向一侧 V_{zz} 曲线较缓，V_{xz} 幅值较小而 V_{zz} 幅值较大。因此，由板状体的 V_{xz} 和 V_{zz} 曲线可判断板状体的倾向。由（4-43）式和

(4-44)式可得

$$\left.\begin{aligned} V_{xz}(x,180^\circ-\beta) &= -V_{xz}(-x,\beta) \\ V_{zz}(x,180^\circ-\beta) &= V_{zz}(-x,\beta) \end{aligned}\right\} \tag{4-47}$$

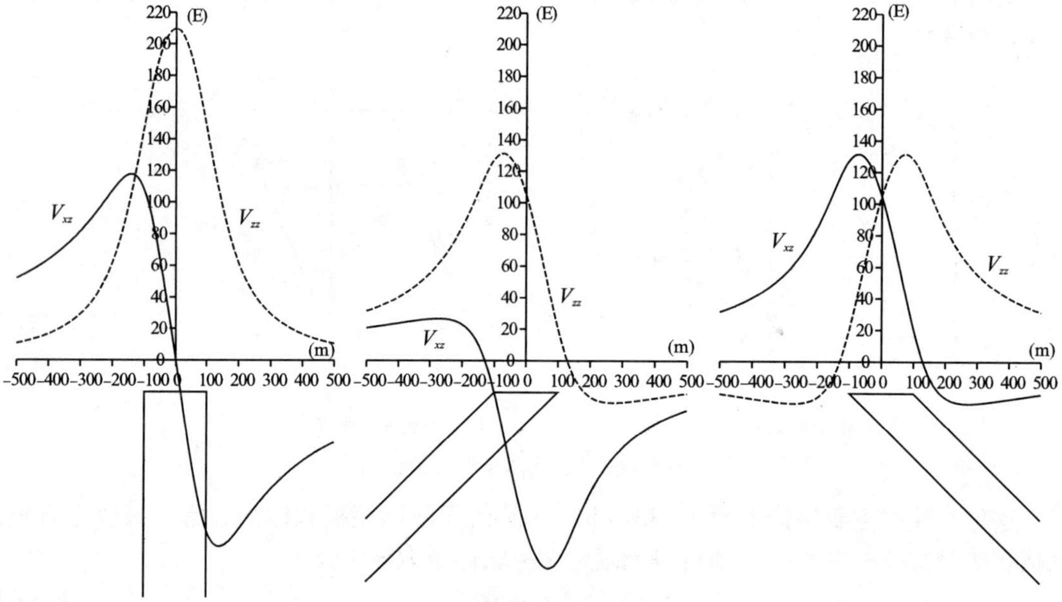

(a) β=90°的V_{zz}，V_{xz}曲线　(b) β=135°的V_{zz}，V_{xz}曲线　(c) β=45°的V_{zz}，V_{xz}曲线

图4-14　无限延深板状体重力异常剖面图

($\rho=0.5\mathrm{g/cm^3}$)

(2) 有限延深的板状体的剖面特征

有限延深的板状体也是一种常见的二度体模型，在图4-15中给出了其中Δg、V_{xz}、V_{zz}的剖面异常示意曲线。可见，有限延深板状体的倾向一侧，Δg、V_{zz}曲线较缓，而V_{xz}的幅值较小，而且V_{zz}的正值两侧均有负值，这是有限延深地质体异常的基本特征。

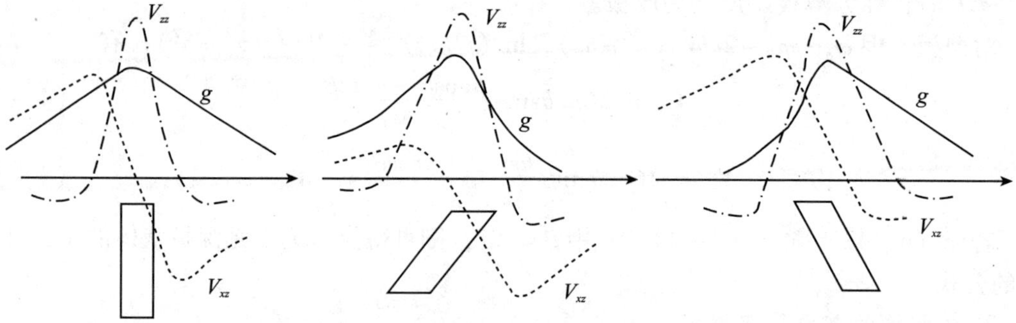

图4-15　不同倾向有限延深板状体Δg、V_{xz}、V_{zz}异常剖面示意图

五、长方体的重力异常

长方体（直角棱柱体）是一个很有实际意义的地质体模型，当底面很深时可代表侵入岩，当厚度较小时可表示岩床等。

由（1-49）式出发，引用分部积分法、变量置换法及其他基本积分公式，可求得如图4-16所示的有限延深长方体重力异常公式，即

$$\Delta g = G\rho\Big\{-(x-\xi)\ln[r+(y-\eta)] - (y-\eta)\ln[r+(x-\xi)] + (z-\zeta)\arctan\frac{(x-\xi)(y-\eta)}{(z-\zeta)r}\Big\}\Bigg|_{\xi_1}^{\xi_2}\Bigg|_{\eta_1}^{\eta_2}\Bigg|_{\zeta_1}^{\zeta_2} \quad (4-48)$$

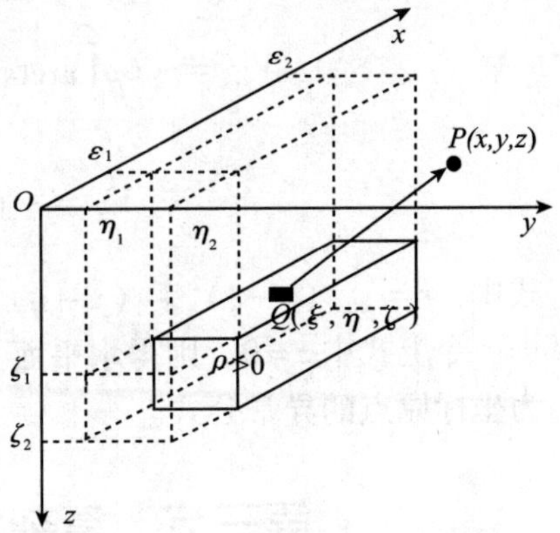

图4-16　长方体及其坐标关系

同理，由（1-50）式～（1-55）式求得

$$V_{xy} = -G\rho\ln[r+(z-\zeta)]\Bigg|_{\xi_1}^{\xi_2}\Bigg|_{\eta_1}^{\eta_2}\Bigg|_{\zeta_1}^{\zeta_2} \quad (4-49)$$

$$V_{xz} = -G\rho\ln[r+(y-\eta)]\Bigg|_{\xi_1}^{\xi_2}\Bigg|_{\eta_1}^{\eta_2}\Bigg|_{\zeta_1}^{\zeta_2} \quad (4-50)$$

$$V_{yz} = -G\rho\ln[r+(x-\xi)]\Bigg|_{\xi_1}^{\xi_2}\Bigg|_{\eta_1}^{\eta_2}\Bigg|_{\zeta_1}^{\zeta_2} \quad (4-51)$$

$$V_{xx} = G\rho\arctan\frac{(y-\eta)(z-\zeta)}{(x-\xi)r}\Bigg|_{\xi_1}^{\xi_2}\Bigg|_{\eta_1}^{\eta_2}\Bigg|_{\zeta_1}^{\zeta_2} \quad (4-52)$$

$$V_{yy} = G\rho\arctan\frac{(x-\xi)(z-\zeta)}{(y-\eta)r}\Bigg|_{\xi_1}^{\xi_2}\Bigg|_{\eta_1}^{\eta_2}\Bigg|_{\zeta_1}^{\zeta_2} \quad (4-53)$$

$$V_{zz} = G\rho\arctan\frac{(x-\xi)(y-\eta)}{(z-\zeta)r}\Bigg|_{\xi_1}^{\xi_2}\Bigg|_{\eta_1}^{\eta_2}\Bigg|_{\zeta_1}^{\zeta_2} \quad (4-54)$$

式中：$r=[(x-\xi)^2+(y-\eta)^2+(z-\zeta)^2]^{1/2}$。

对无限延深（$\zeta_2\to\infty$）直角棱柱体，由（1-50）式～（1-55）式可得

$$\Delta g = G\rho\Big\{(x-\xi)\ln[r+(y-\eta)] + (y-\eta)\ln[r+(x-\xi)] - (z-h)\arctan\frac{(x-\xi)(y-\eta)}{(z-h)r}\Big\}\Bigg|_{\xi_1}^{\xi_2}\Bigg|_{\eta_1}^{\eta_2} \quad (4-55)$$

$$V_{xy} = G\rho\ln[r+(z-h)]\Bigg|_{\xi_1}^{\xi_2}\Bigg|_{\eta_1}^{\eta_2} \quad (4-56)$$

$$V_{xz} = G\rho\ln[r+(y-\eta)]\Bigg|_{\xi_1}^{\xi_2}\Bigg|_{\eta_1}^{\eta_2} \quad (4-57)$$

$$V_{yz} = G\rho\ln[r+(x-\xi)]\Bigg|_{\xi_1}^{\xi_2}\Bigg|_{\eta_1}^{\eta_2} \quad (4-58)$$

$$V_{xx} = -G\rho\Big[\arctan\frac{(y-\eta)(z-h)}{(x-\xi)r} + \arctan\frac{(y-\eta)}{(x-\xi)}\Big]\Bigg|_{\xi_1}^{\xi_2}\Bigg|_{\eta_1}^{\eta_2} \quad (4-59)$$

$$V_{yy}=-G\rho\left[\arctan\frac{(x-\xi)(z-h)}{(y-\eta)r}+\arctan\frac{x-\xi}{y-\eta}\right]\Bigg|_{\xi_1}^{\xi_2}\Bigg|_{\eta_1}^{\eta_2} \tag{4-60}$$

$$V_{zz}=-G\rho\arctan\frac{(x-\xi)(y-\eta)}{(z-h)r}\Bigg|_{\xi_1}^{\xi_2}\Bigg|_{\eta_1}^{\eta_2} \tag{4-61}$$

式中：$r=\left[(x-\xi)^2+(y-\eta)^2+(z-\zeta)^2\right]^{1/2}$；$h$ 为上顶面深度。

令上式中 $z=0$，则得水平面（xoy 面）内的异常公式，令 $x=y=z=0$，则得以计算点为坐标原点的异常公式。

第三节 复杂条件下不规则地质体的重力异常

本节重点介绍单一物性界面的重力异常的近似计算方法，其次简要介绍多个规则地质体叠加异常的计算方法。

一、单一密度界面重力异常的计算

密度界面的正反演计算，在区域地质、深部地质构造的研究中应用较广泛，且多限于界面两侧的密度均匀的单一界面的情况，对界面两侧密度不均匀和多个界面条件下的正反演方法还处在探索阶段。

1. 关于密度分布的等效性问题

以图 4-17 所示的二度界面为例，说明密度分布的等效性。图中 S 为二维密度分界面，ρ_1，ρ_2 分别为界面上下物质层的密度，x 轴与界面走向垂直，界面与平行铅直向下的所有直线只有一个交点。

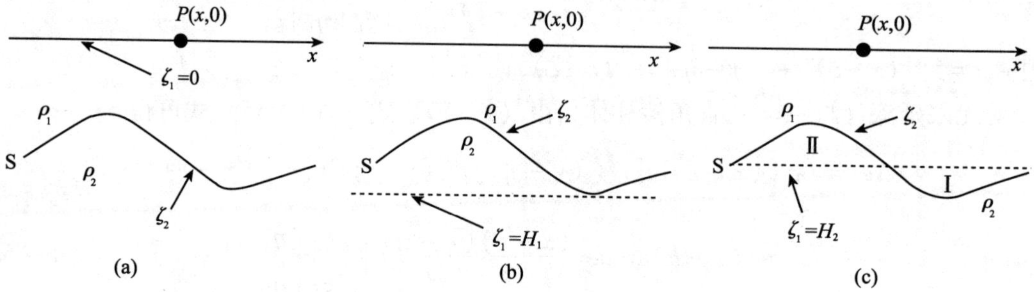

图 4-17 研究密度分界面时剩余密度的选取方式

计算界面在地表所产生的重力异常，可采用不同计算方案。

首先，取地面（$\zeta_1=0$）为起算平面，地面与界面间为剩余密度 $\rho=\rho_1-\rho_2$ 的物质层，如图 4-17（a）所示。由（1-57）式可知，该物质层在地面 P（x，0）点的重力异常为

$$\Delta g=2G\rho\int_{-\infty}^{\infty}\int_{0}^{\zeta_2}\frac{\zeta\mathrm{d}\xi\mathrm{d}\zeta}{(x-\xi)^2+\zeta^2}=G\rho\int_{-\infty}^{\infty}\ln\left[(x-\xi)^2+\zeta^2\right]\Bigg|_{0}^{\zeta_2}\mathrm{d}\xi \tag{4-62}$$

其次，取界面最深点以下某一水平面为起算平面（$\zeta_1=H_1$），起算平面与界面间剩余密度为 $\rho'=\rho_2-\rho_1$ 的物质层，如图 4-17（b）所示。该物质层在地面 P（x，0）点所产生的重力异常为

$$
\begin{aligned}
\Delta g &= G\rho'\int_{-\infty}^{\infty}\ln[(x-\xi)^2+\zeta^2]\Big|_{\zeta_2}^{\zeta_1=H_1}\mathrm{d}\xi \\
&= G\rho\int_{-\infty}^{\infty}\ln[(x-\xi)^2+\zeta^2]\Big|_{\zeta_1=H_1}^{\zeta_2}\mathrm{d}\xi
\end{aligned}
\tag{4-63}
$$

最后，取过界面上的某一点的水平面 $\zeta_1=H_2$ 为起算平面，起算平面将界面分为Ⅰ和Ⅱ两部分，如图4－17（c）所示。由前面的讨论可知，这两部分在地面 P（x，0）点所产生的重力异常应为

$$
\begin{aligned}
\Delta g &= G\rho\int_{\mathrm{I}}\ln[(x-\xi)^2+\zeta^2]\Big|_{\zeta_1=H_2}^{\zeta_2}\mathrm{d}\xi+G\rho'\int_{\mathrm{II}}\ln[(x-\xi)^2+\zeta^2]\Big|_{\zeta_2}^{\zeta_1=H_2}\mathrm{d}\xi \\
&= G\rho\int_{\mathrm{I}}\ln[(x-\xi)^2+\zeta^2\Big|_{\zeta_1=H_2}^{\zeta_2}\mathrm{d}\xi+G\rho\int_{\mathrm{II}}\ln(x-\xi)^2+\zeta^2]\Big|_{\zeta_1=H_2}^{\zeta_2}\mathrm{d}\xi \\
&= G\rho\int_{-\infty}^{\infty}\ln[(x-\xi)^2+\zeta^2]\Big|_{\zeta_1=H_2}^{\zeta_2}\mathrm{d}\xi
\end{aligned}
\tag{4-64}
$$

比较（4－62）式、（4－63）式可见，两者仅差一个厚度为 H_1 的无限大水平物质层的重力异常值，依（3－34）式可知此差值为 $2\pi G\rho H_1$，而（4－62）式与（4－64）式只差 $2\pi G\rho H_2$。

以上结果说明，在研究密度界面的正问题时，起算平面不同，剩余密度不同，但是重力异常的形态却相同，彼此仅差一个常数，称其为密度分布的等效性。

2. 单一密度界面的重力异常的正演计算方法

设密度界面S的起伏 Δh 远小于界面的平均深度 h_0，界面上下密度 ρ_1、ρ_2 均匀，取计算点为坐标原点，界面上任意点深度为 $h=h_0+\Delta h$，如图4－18（a）所示。引用(1－49)式，界面以上的剩余质量在计算点所产生的重力异常为

$$
\begin{aligned}
\Delta g &= G\rho\iiint\frac{\zeta\mathrm{d}\xi\mathrm{d}\eta\mathrm{d}\zeta}{(\xi^2+\eta^2+\zeta^2)^{3/2}}=G\rho\iint_{-\infty}^{\infty}\mathrm{d}\xi\mathrm{d}\eta\int_0^h\frac{\zeta\mathrm{d}\zeta}{(\xi^2+\eta^2+\zeta^2)^{3/2}} \\
&= G\rho\iint_{-\infty}^{\infty}\mathrm{d}\xi\mathrm{d}\eta\int_0^{h_0}\frac{\zeta\mathrm{d}\zeta}{(\xi^2+\eta^2+\zeta^2)^{3/2}}+G\rho\iint_{-\infty}^{\infty}\mathrm{d}\xi\mathrm{d}\eta\int_{h_0}^{h}\frac{\zeta\mathrm{d}\zeta}{(\xi^2+\eta^2+\zeta^2)^{3/2}}
\end{aligned}
\tag{4-65}
$$

按（3－34）式，有

$$
\Delta g = 2\pi G\rho h_0+u \tag{4-66}
$$

其中：

$$
\begin{aligned}
u &= G\rho\iint_{-\infty}^{\infty}\mathrm{d}\xi\mathrm{d}\eta\int_{h_0}^{h}\frac{\zeta\mathrm{d}\zeta}{(\xi^2+\eta^2+\zeta^2)^{3/2}} \\
&= G\rho\iint_{-\infty}^{\infty}\left[\frac{1}{(\xi^2+\eta^2+h_0^2)^{1/2}}-\frac{1}{(\xi^2+\eta^2+h^2)^{1/2}}\right]\mathrm{d}\xi\mathrm{d}\eta
\end{aligned}
\tag{4-67}
$$

将上式被积函数中的第二项，在 h_0 邻域内展成泰勒级数。考虑到 $\Delta h\ll h_0$，忽略二次以上的项得

$$
u \approx G\rho\iint_{-\infty}^{\infty}\frac{h_0\Delta h}{(\xi^2+\eta^2+h_0^2)^{3/2}}\mathrm{d}\xi\mathrm{d}\eta \tag{4-68}
$$

实际上，u 是相对于平均深度的界面起伏所产生的重力异常。式中：$\rho=\rho_1-\rho_2$。

若以图4－18（b）所示的点距（$\Delta\xi$）、线距（$\Delta\eta$），划分（4－68）式的积分区域，则界面起伏部分被分成若干个截面积为 $\Delta S=\Delta\xi\Delta\eta$ 的有限延深直角棱柱体，对第 i 行，第

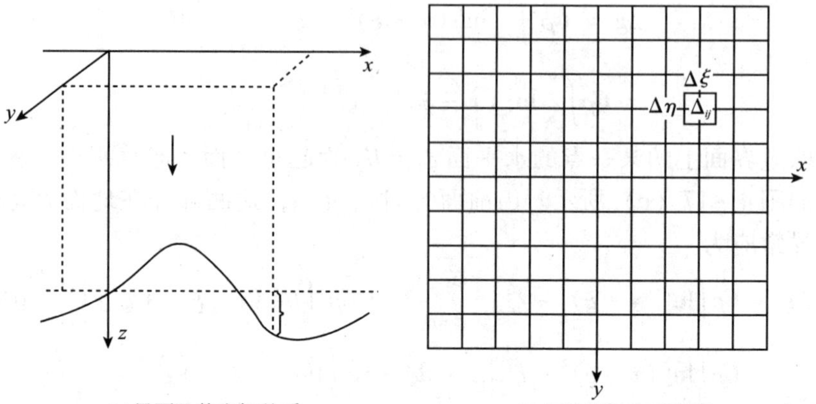

(a)界面及其坐标关系　　(b)方形域划分示意图

图 4－18　计算三度界面重力异常的参考图

i 列的任一棱柱体应有

$$\begin{aligned}\Delta u_{ij} &= G\rho\int_{(i-\frac{1}{2})\Delta\xi}^{(i+\frac{1}{2})\Delta\xi}\mathrm{d}\xi\int_{(j-\frac{1}{2})\Delta\eta}^{(j+\frac{1}{2})\Delta\eta}\frac{h_0\Delta h_{ij}}{(\xi^2+\eta^2+h_0^2)^{3/2}}\mathrm{d}\eta \\ &= G\rho\Delta h_{ij}\arctan\frac{\xi\eta}{h_0(\xi^2+\eta^2+h_0^2)^{1/2}}\Bigg|_{(i-\frac{1}{2})\Delta\xi}^{(i+\frac{1}{2})\Delta\xi}\Bigg|_{(j-\frac{1}{2})\Delta\eta}^{(j+\frac{1}{2})\Delta\eta}\end{aligned} \tag{4－69}$$

界面起伏所引起的重力异常为

$$u = G\rho\sum_{j=-m}^{m}\sum_{i=-n}^{n}\Delta h_{ij}\arctan\frac{\xi\eta}{(\xi^2+\eta^2+h_0^2)^{1/2}h_0}\Bigg|_{(i-\frac{1}{2})\Delta\xi}^{(i+\frac{1}{2})\Delta\xi}\Bigg|_{(j-\frac{1}{2})\Delta\eta}^{(j+\frac{1}{2})\Delta\eta} \tag{4－70}$$

式中：$2m\times 2n$ 为棱柱体的个数；Δh_{ij} 为任意棱柱体的厚度。

在应用（4－70）式时，界面起伏 Δh 是相对于界面平均深度 h_0 的，界面在 h_0 以上时 Δh 为负，反之 Δh 为正。

二、叠加场源重力异常的计算

对自然界中存在着的不同空间位置、不同形态以及不同物性参数的地质体相互穿插和相距较近的情况，据物理场的可加性质，多个地质体共同产生的异常等于各个地质体产生的异常之和，并称其为叠加异常。

叠加异常公式等于各个单一地质体异常公式相加，但先要统一坐标原点。例如，球体与无限长水平圆柱体（轴线与 y 轴平行）共同产生的重力异常公式为

$$\Delta g = Gm\frac{h_1}{[(x-\xi_1)^2+(y-\eta_1)^2+h_1^2]^{3/2}}+2G\lambda\frac{h_2}{(x-\xi_2)^2+h_2^2} \tag{4－71}$$

式中：（ξ_1，η_1，h_1）为球心坐标，（ξ_2，h_2）为无限长水平圆柱体轴线坐标。

图 4－19 给出了几种简单叠加异常，其中（a）是水平圆柱体与水平物质半平面的叠加重力异常剖面图；（b）是四个直立无限延深板状体的叠加重力异常剖面图；（c）是一个线性变化的重力异常与两个球体产生的叠加重力异常，上图为剖面图，下图为平面等值线图，左侧是高密度球体（剩余密度 $\rho>0$）使等值线向异常降低方向弯曲，右侧是低密度球体（$\rho<0$）使等值线向异常升高方向弯曲。

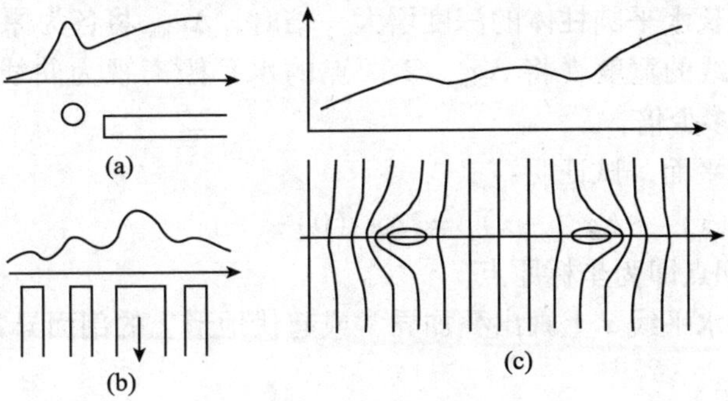

图 4－19　叠加重力异常示意图

由图可见，每个地质体的异常特征都发生了畸变。尽管如此，异常图形仍能显示出地质体的个数。在研究叠加异常时，通常将范围较小的异常称为局部异常，而将范围较大的异常称为区域异常。

叠加异常的复杂程度与地质体个数、地质体的赋存状态及其物性参数有关。实际的叠加异常往往更复杂，为了研究它们必须对实际异常进行一定的简化处理，第十一章将对有关内容做较详细的介绍。

习题四

1. 在广阔平坦地区的地下有一个半径为 6m、中心深度为 10m 的充满水的洞穴，洞穴周围表土的密度为 $2.3\mathrm{g/cm^3}$，试回答用一台观测精度为 ±1.0g. u. 的重力仪能否确定这个洞？

2. 在图 4－20 中的各剖面上画出重力异常 Δg、V_{xz}、V_{zz}、V_{zzz}示意曲线。

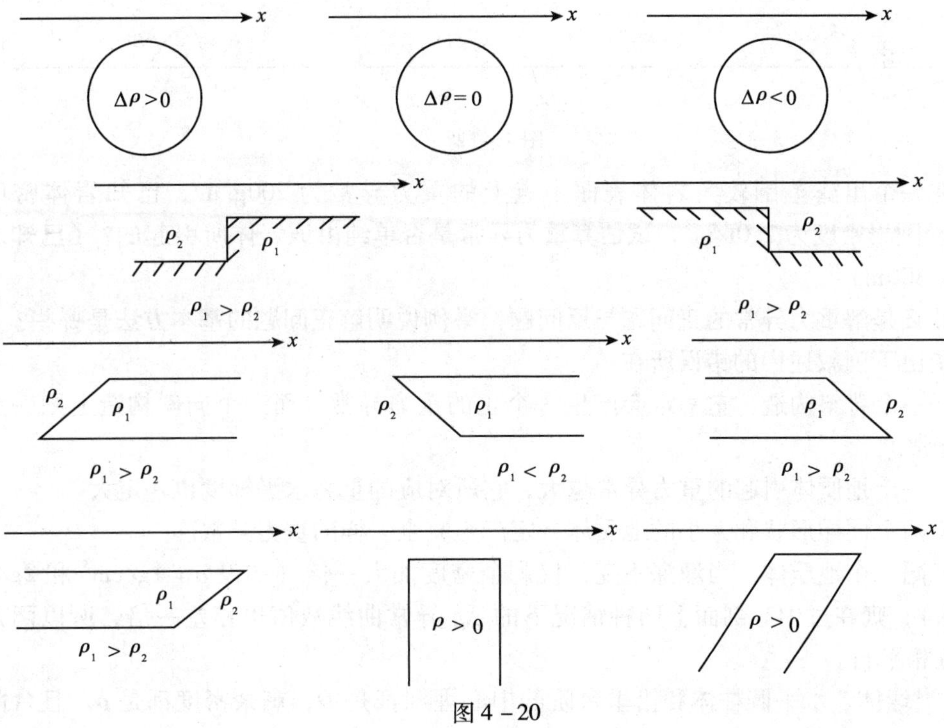

图 4－20

3. 当球体、无限长水平圆柱体的深度增大一倍时，Δg_{max}将各为原值的多少倍？Δg 的剖面（或主剖面）曲线的宽度（将 $\Delta g_{max}/2$ 两点的水平距离视为曲线的宽度）和最大水平变化率各为原值的多少倍？

4. 对水平物质半平面，试证明：

（1）$\Delta g_{max} = \Delta g(x) + \Delta g(-x) = 2\Delta g(0)$；

（2）Δg 曲线的拐点即为坐标原点。

5. 在图 4－21 的水平线 x 上画出叠加异常或起伏地形上的剖面异常曲线。

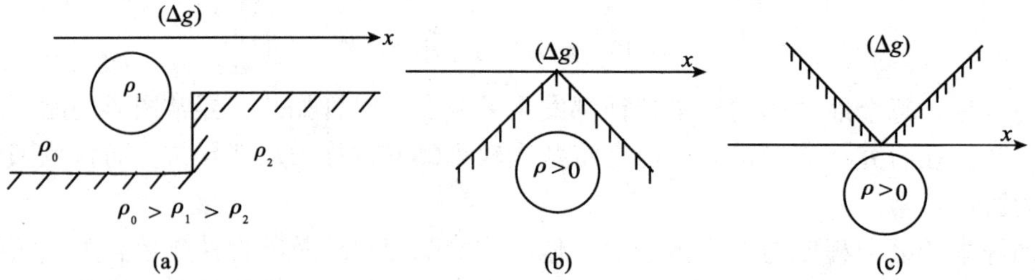

图 4－21

6. 依剖面异常曲线，在图 4－22 测线（x 轴）的下边画出地质体的推断断面图形。

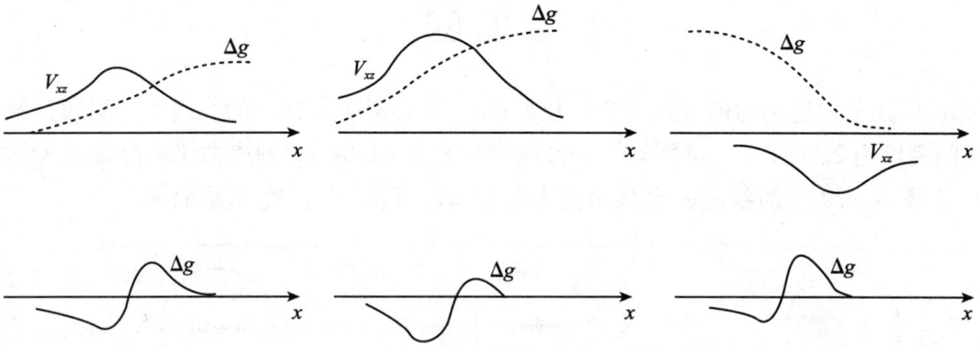

图 4－22

7. 在一个出露范围较大岩体表面中点上的重力异常为 200g. u.，已知岩体密度为 $3.0t/m^3$、围岩密度为 $2.0t/m^3$，试估算重力异常是否单纯由该岩体所引起的？（已知岩体的厚度为 300m）

8. 什么是解重力异常的正问题与反问题？举例说明解正问题的基本方法是哪些？

9. 指出下列叙述中的错误所在：

（1）一个背斜构造，它一定会产生一个正的重力异常；而一个向斜构造上则一定是一个负异常。

（2）一个地质体引起的重力异常越大，它所对应的重力水平梯度也一定大。

（3）两个同样形状和大小的地质体一定产生完全一样的重力异常。

（4）同一个地质体，当埋深不变，仅剩余密度加大一倍（如设 $\rho = 1g/cm^3$ 和 $2g/cm^3$ 两种情形），则在过中心剖面上两种情况下的 Δg 异常曲线数值也相差一倍，所以两条异常曲线互相平行。

10. 当球体、水平圆柱体和铅垂台阶的中心埋深都是 D，剩余密度都是 ρ，且台阶的

厚度正好是球体与水平圆柱体的半径 R 的两倍（$R \leqslant D$）时，求

$$\Delta g_{max}^{球} : \Delta g_{max}^{柱} : g_{max}^{台} = ? : ? : ?$$

11. 请抓住异常的基本特征，示意地绘出图 4－23 所示的台阶地形剖面上的 Δg 曲线（$\rho_1 < \rho_2$）。

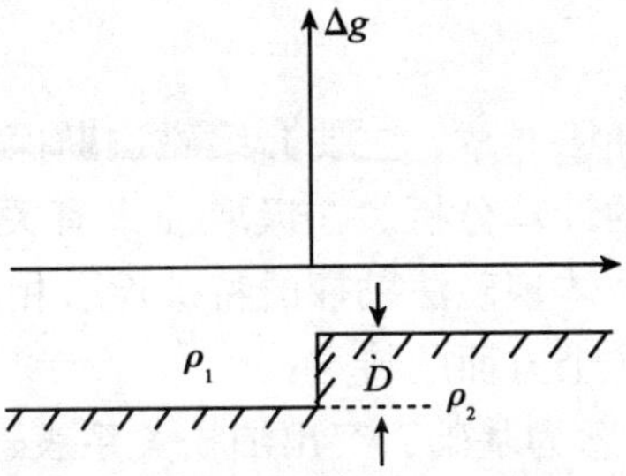

图 4－23

12. 已知计算铅垂物质线段的 Δg 正演公式为

$$\Delta g = G\lambda\left(\frac{1}{(x^2+h^2)^{1/2}} - \frac{1}{(x^2+H^2)^{1/2}}\right)$$

式中：h、H 为物质线段顶与底的深度；λ 为线密度。试导出当 $H \to \infty$ 时由 Δg 曲线反演求解 h 和 λ 的解析式。

13. 如果利用与无限长水平圆柱体走向斜交的观测剖面上测得的 Δg 异常曲线来反演该物体的参数，其结果会产生什么样的失真？

14. 应用平板公式 $\Delta g = 2\pi G\rho\ (H-h)$，在 ρ 已知时，请问：

（1）利用该式作正演估算由两测点下方密度界面相对起伏而引起的异常值时，是最大可能值还是最小可能值，为什么？

（2）利用该式作反演估算，是从两点间的异常差值来计算下方界面的深度差，这深度差是最大可能值还是最小可能值，为什么？

15. 图 4－24 是在一个盐丘上测得的重力异常曲线，已知围岩的平均密度为 2.4g/cm³，盐丘的密度为 2.1g/cm³。为计算方便，将盐丘看作球体，请利用 Δg 曲线求盐丘的中心埋深和顶部埋深。（提示：实测 Δg 曲线不够对称，计算 $x_1/2$ 处的 Δg 值时应取两边平均值）

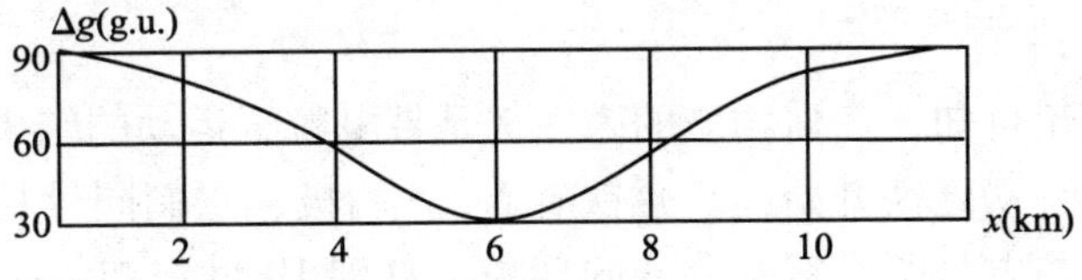

图 4－24

第二篇　磁法勘探基础

本篇包括第五、六、七章和第八章，主要介绍磁法勘探的基本理论、磁测仪器、野外工作方法以及规则形体磁异常的计算分析。在汲取前人有关磁法勘探教学经验的基础上，作者致力于阐明基本理论，努力体现磁法勘探的特殊性、相关知识的系统性以及对现代技术的前瞻性。本篇主要有以下几个方面的特点：

1）磁场基本理论以磁荷概念为基础，突出泊松关系表达式；

2）在介绍地磁场的相关知识中，给出最新的资料数据以利于实际工作需要；

3）磁法勘探仪器中以介绍电子式磁力仪为主，强调 ΔT 测量技术；

4）测量方法中增加了梯度测量、高精度测量以及航磁测量介绍等内容；

5）磁场正演计算中，借助于重、磁异常的对应关系，对规则形体的磁异常正演计算表达式以列表形式给出，简化了计算过程。

第五章　地球的磁场

地球的周围存在着磁场，在这个磁场的作用下，地壳中的岩层、岩体和矿体，都不同程度地被磁化而具有磁性。磁法勘探是以有关的地质学、地磁学、岩（矿）石的磁性理论以及数学理论为基础，研究地球磁场以及各种磁性体所引起的磁异常的空间分布特征，变化规律，从而达到找矿、工程勘测以及多种应用研究的目的。

第一节　物质的磁性

一、基础知识

由现代电磁学理论可知，任何物质的磁性都是带电粒子运动的结果。然而人类最早发现和研究物体的磁性是从磁铁开始的。磁铁有 N、S 两极，它们同号相斥，异号相吸。在历史上人们曾认为磁与电是两类截然分开的现象。直到 19 世纪初，一系列重要的发现才打破了这个界限，使人们开始认识到电与磁之间有着不可分割的联系。

磁铁有 N、S 两极，这一点同正、负电荷有很大的相似性，所以，人们最初假定，在一根磁棒的两极上有一种叫“磁荷”的东西，N 极上的叫正磁荷，S 极上的叫负磁荷，同号磁荷相斥，异号磁荷相吸，整个磁棒可以被看作一个磁偶极子。当磁极本身的几何线度远比它们之间的距离小得多时，人们就把其上的磁荷叫做点磁荷。在得到点电荷相互作用的规律之前，库仑就通过实验方法得到两个点磁荷之间相互作用的规律——磁库仑定律。

由于不同符号的不可分性，库仑又提出了所谓分子磁偶极子的假说，从而形成了磁场的磁荷理论。

1819~1820年间，丹麦科学家奥斯特发表了历史上著名的奥斯特实验结果。该结果表明：电流可以对磁铁施加作用力，反过来，磁铁也会给电流施加作用力。后来人们又认识到，磁场和电流在本源上是一致的。19世纪法国科学家安培提出了安培分子环流假说，即组成磁铁的最小单元（磁分子）就是环形电流。随着对物质原子结构的认识以及电磁场理论的发展，现在人们清楚地知道，一切稳定磁场（包括磁铁的磁场）都是电荷运动（电流）所产生的。

1. 磁场强度、磁感应强度及磁极化强度、磁化强度

电磁场理论所描述的磁场和电流的密切关系，揭示了物质磁性的微观本质。

历史上最初建立起来的所谓磁荷是一种虚构的概念，它不太符合磁介质的微观本质，但由于这种概念简单明确，其宏观规律表达式以及计算结果与分子电流理论所描述的磁场规律完全一样，实际运用很广。从计算方法上看，它不仅与静电场的规律一一对应，有关静电场的概念、定理，差不多都可以借用过来，而且较容易地将引力位与磁位联系在一起，在位场的概念、计算方法以及计算结果上互相引用。作为一种有效的工具，磁荷观点至今在许多领域都有重要的使用价值。磁法勘探中，除了用上述描述电子运动说明物质基本磁现象外，所有内容均以磁荷理论为基础，相关定义、定理也都建立在磁荷的概念上。

（1）磁场强度和磁感应强度

由磁库仑定律可知：真空中Q（ξ，η，ζ）处的点磁荷Q_m对P（x，y，z）点上的正点磁荷Q_{m0}的作用力$\boldsymbol{f}$为

$$\boldsymbol{f} = \frac{1}{4\pi\mu_0}\frac{Q_{m0}Q_m}{r^3}\boldsymbol{r} \tag{5-1}$$

式中：$\boldsymbol{r}$为Q_m指向Q_{m0}的矢径，也即源点Q（ξ，η，ζ）到场点P（x，y，z）的矢径，$r=[(x-\xi)^2+(y-\eta)^2+(z-\zeta)^2]^{1/2}$；$\mu_0$为真空中的导磁率。在SI单位中$\mu_0=4\pi\times10^{-7}NA^{-2}$或H/m（亨利每米），磁荷的SI单位为m·N/A或Wb。

磁场强度$\boldsymbol{H}$的定义是单位正磁荷所受的力，即

$$\boldsymbol{H} = \frac{\boldsymbol{f}}{Q_{m0}} = \frac{1}{4\pi\mu_0}\frac{Q_m}{r^3}\boldsymbol{r} \tag{5-2}$$

磁场强度的SI单位为A/m。

真空中磁感应强度$\boldsymbol{B}$的定义式为

$$\boldsymbol{B} = \mu_0\boldsymbol{H} \tag{5-3}$$

磁感应强度的SI单位是Wb/m^2或N/（A·m），称为特斯拉，记作T，磁法勘探中，常用nT，称为纳特，并有$1nT=10^{-9}T$。

应注意，磁场强度与磁感应强度是描述磁场性质的两个不同的物理量。

（2）磁极化强度和磁化强度

1）磁偶极矩$\boldsymbol{p}_m$和磁矩$\boldsymbol{m}$：

磁偶极子的磁偶极矩的定义式为

$$\boldsymbol{p}_m = Q_m\cdot2\boldsymbol{l} \tag{5-4}$$

式中：$2\boldsymbol{l}$为自$-Q_m$至$+Q_m$的矢径。磁偶极矩的SI单位为Wb·m或$T\cdot m^3$。

磁偶极子的磁矩的定义式为

$$\boldsymbol{m}=\frac{\boldsymbol{p}_{\mathrm{m}}}{\mu_0} \tag{5-5}$$

磁矩的SI的单位是A·m²。

2）磁极化强度$\boldsymbol{J}$：

由物理学可知，磁极化强度的定义是单位体积的磁偶极矩，即

$$\boldsymbol{J}=\frac{\sum\limits_{\Delta v}\boldsymbol{p}}{\Delta v} \tag{5-6}$$

式中：Δv为磁介质中任意体积元。磁极化强度的SI单位是T。

3）磁化强度$\boldsymbol{M}$：

磁化强度的定义是单位体积的磁矩，即

$$\boldsymbol{M}=\frac{\sum\limits_{\Delta v}\boldsymbol{m}}{\Delta v}=\frac{\sum\limits_{\Delta v}\boldsymbol{p}_{\mathrm{m}}}{\mu_0\Delta v}=\frac{\boldsymbol{J}}{\mu_0} \tag{5-7}$$

磁化强度的SI单位为A/m。

4）磁化率κ：

磁化率是描述介质被磁化难易程度的物理量，定义式为

$$\kappa=\frac{\boldsymbol{M}}{\boldsymbol{H}} \tag{5-8}$$

式中：$\boldsymbol{H}$为磁化介质的磁场强度。磁化率κ是量纲为一的量，用SI（κ）表示κ的SI单位的大小，1SI（κ）=1。

显然还有

$$\kappa=\frac{\boldsymbol{M}}{\boldsymbol{H}}=\frac{\boldsymbol{J}/\mu_0}{\boldsymbol{B}/\mu_0}=\frac{\boldsymbol{J}}{\boldsymbol{B}} \tag{5-9}$$

须指出，磁极化强度$\boldsymbol{J}$与磁化强度$\boldsymbol{M}$是描述介质被磁化程度的两个不同的物理量。磁法勘探中常用磁化强度，而磁极化强度几乎不用。

2. 基本磁现象

不同物质的分子和原子，由于电子壳层中电子的数量及其相互作用的不同，使其具有不同的磁性特征，显示出强弱不同的磁现象。我们知道，原子是由带正电的核和绕核做轨道运动的电子所组成。这些运动着的带电粒子形成了一个稳定的封闭圆形电流。每个圆电流产生的磁场与一磁偶极子等效，其磁矩为

$$\boldsymbol{m}=i\pi r^2\boldsymbol{n}_0 \tag{5-10}$$

式中：i为圆电流；πr^2为以r为半径的回路面积；$\boldsymbol{n}_0$是回路所包围面积法线方向的单位矢量，方向符合右手定则。

由于原子核的磁矩很小，一般可以忽略，所以原子的磁性首先取决于其电子壳层的磁性。实验表明，电子除绕核沿轨道运动外，还有自旋，电子因自旋产生的磁矩叫自旋磁矩。电子的自旋磁矩和轨道磁矩分别由电子的自旋动量矩和轨道动量矩引起，两者的比值用朗德因子g表示，g的值由1（纯轨道矩）到2（纯自旋矩）。因此，具有多个电子的原子磁矩由下式确定：

$$\boldsymbol{m}_j = g[j(j+1)]^{1/2}\boldsymbol{\mu}_{\mathrm{B}} \qquad (5-11)$$

式中：j 为总量子数；$\boldsymbol{\mu}_{\mathrm{B}}$ 为玻尔磁子，它是一个电子的轨道运动的最小磁矩元，

$$\mu_{\mathrm{B}} = \frac{eh}{4\pi m_e} = 0.9274 \times 10^{-23}(\mathrm{A \cdot m^2})$$

其中 e 为元电荷；h 为普朗克常数；m_e 为电子的静质量。

一般说来，原子的磁矩不是与电子自旋运动的磁矩有关，就是与电子轨道运动的磁矩有关，或两者兼有，所以，原子的磁矩就是这两部分磁矩的总和。由于原子的结构不同，不同的原子就有不同的磁矩。

所有的物质可按其磁化率的不同，划分为三大类，即：抗磁性、顺磁性和铁磁性，这三类物质的磁性随温度变化与受外磁场磁化作用等方面都有明显不同。

（1）抗磁性物质

抗磁性物质的磁化率 κ 与温度无关。

当施加均匀外磁场时，原子中运动的电子系统趋向于保持原来的运动特点，因此，以拉莫尔频率 $\omega_1 = \mu_0 eH/2m_C$ 绕外磁场强度矢量 H 旋进。电子转动角速度的改变导致出现附加的抗磁性磁矩，其方向与 H 相反。实际上 ω_1 比电子转动的角频率 ω_0 小得多，因此，只有在无外磁场且原子磁矩等于零的情况下才能呈现纯粹的抗磁性磁矩。任何物质都具有抗磁性，但在一般情况下，抗磁性都被强得多的顺磁效应所掩盖了。

物质的抗磁化率 κ' 可由下式计算：

$$\kappa' = \frac{-\mu_0 N e^2}{6m_e}\sum_{i=1}^{Z}\boldsymbol{r}_i^2 \qquad (5-12)$$

式中：N 为单位体积内的原子数；e 为元电荷；Z 为每个原子的电子数；$\boldsymbol{r}_i^2$ 为电子轨道半径平方的平均值。

抗磁性磁化率是量纲为一的负值。磁化率一般为 -10^{-5}SI（κ）。

（2）顺磁性物质

物质原子的电子壳层中含有非成对的电子，其自旋磁矩未被抵消，此时原子具有固定磁矩，在外部均匀磁场强度 H 的作用下，将使原子磁矩沿 H 方向整齐排列，这种特性叫顺磁性。在不存在外磁场时，整个磁介质的各个原子磁矩的取向是杂乱无章的，故在宏观上不显磁性。在外磁场的作用下，原子磁矩沿外磁场方向的取向作用是由原子间的碰撞作用而引起的。统计力学的计算结果得出，在原子磁矩给定时，碰撞的结果使磁轴的方向靠近外磁场方向的原子占优势，因而，使物体发生磁化，即产生顺磁效应。一般由于顺磁效应比较强，而通常掩盖了抗磁效应，顺磁性物质的磁化率 κ'' 可用下式表示：

$$\kappa'' = \frac{\mu_0 N \mu_{\mathrm{a}}^2}{3kT} = \frac{C}{T} \qquad (5-13)$$

式中：N 为单位体积内含有非成对电子的原子数；μ_{a} 为每个顺磁物质的原子磁矩；k 为玻尔兹曼常数；T 为热力学温度；C 为居里常数。由公式可见顺磁物质的磁化率与热力学温度成反比。此现象由居里所发现，故称之为居里定律。

研究表明纯顺磁性矿物的磁化率一般不超过（25～35）$\times 10^{-5}$SI（κ），但通常来说这些矿物具有混合的磁性，即其中含有铁磁性矿物的微包裹体，使磁化率值增大，这种现象与矿物结晶早期阶段或变质交代过程中的重新结晶有关。

（3）铁磁性物质

有些物质（如 Fe，Co，Ni）含有非成对电子，这些电子由于相邻原子间彼此互相发生交换力的作用，迫使其保持自旋平行。即使没有外磁场的作用，因交换能大于原子的热扰动能，而在局部“区域”内产生平行排列，这种磁化叫做自发磁化，这种包含自发磁化的小区域称为“磁畴”。在有外磁场作用时，其自发磁化的磁矩将转向与外磁场一致的方向。一般情况下，铁磁性物体内包含有多个磁畴，每个磁畴内的磁矩相互平行。磁畴的体积大约为 $10^{-6}mm^3$，每个磁畴内包含数百亿甚至数千亿个原子。在磁畴与磁畴之间存在着过渡层，其中的原子磁矩由一个磁畴方向逐渐转到相邻磁畴的方向，这种过渡层称之为畴壁。在没有外磁场时，所有的磁畴杂乱地排列，所以，整个物体不显宏观磁性。当施加外磁场时，它的磁畴结构将发生变化，这就是所谓的技术磁化过程。铁磁性物质与外磁场的关系是很复杂的，随着外磁场的增强，磁化过程可分为三个阶段：①开始阶段，磁化方向接近外磁场方向的那些磁畴壁向外移动，使得这些磁畴的体积增大，相邻的磁畴体积减小，称为壁移动过程，这个过程是可逆的，此时的磁化率称为起始磁化率；②外磁场继续增大，当外磁场的磁场强度 $H_{外} > H_C$（H_C 为矫顽磁力）时，起主要作用的是不可逆的壁移动过程，上面所提到的那一类磁畴的体积继续增大；③当外磁场很强（$H_{外} < H_C$）时，磁畴内的磁化强度转向外磁场方向，最后达到饱和磁化，称为畴转过程。如果减小外磁场直到零，磁化并不按原来的过程回溯，而落后于外磁场的变化，当外磁场为零时，仍有一部分磁畴滞留在原外磁场方向，并保持一定的强度，称之为剩余磁化强度。

在自然界中，铁磁性物质只有铁、镍、钴和它们的化合物、合金以及铬和锰的合金。在这一类物质中，由于存在磁畴这种特殊结构，所以，它们磁性特别强，其磁化率比顺磁性物质大得多。除此之外，铁磁性物质还有两个明显的磁性特征：

1）磁滞现象。如果用磁化曲线来表示磁性物质的磁化强度与磁化场强的关系，则顺磁性和抗磁性物质的磁化曲线均为直线，如图 5－1（a）所示，其磁化过程是可逆的。但铁磁性物质的磁化曲线却表现为复杂的磁滞回线，如图 5－1（b）所示。

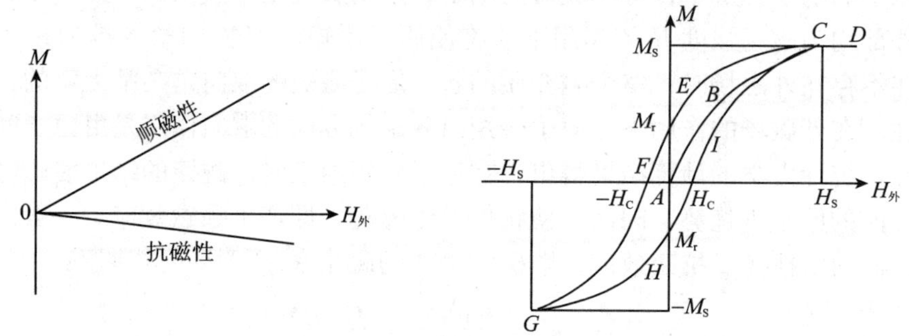

(a) 抗磁性和顺磁性物质的磁化强度与外磁场的关系　(b)铁磁性物质的磁滞回线

图 5－1　抗磁性物质、顺磁性物质和铁磁性物质的磁化特性

由图 5－1（b）可以看出，铁磁性物质的磁化曲线表现为：当磁场强度 $H_{外}$ 增加时，磁化强度 M 沿着 $A—B—C—D$ 曲线增加，在 C 点达到饱和值 M_S。随着 $H_{外}$ 的降低，M 沿着另一条曲线 $D—C—E$ 下降。$H_{外}=0$ 时，磁化强度保持定值 M_r。再继续往下，相反的磁场抵消了剩余磁性，在 F 点，$H_{外}=-H_C$ 时，M 等于零。以后随反向磁场增加到 G 时，M 达到饱和值 $-M_S$。相反的过程曲线沿 $G—H—I—C$ 变化。铁磁性物质的磁化是不可逆的，

称之为磁滞。其中 M_S 称为饱和磁化强度；M_r 称为剩余磁化强度；H_S 称为饱和磁化磁场；H_C 称为矫顽磁力。只有铁磁性物质才有磁滞现象。

2）铁磁性物质的磁性和温度的关系：抗磁性物质的磁化率不随温度变化，顺磁性物质的磁化率与热力学温度成反比。而铁磁性物质当温度升高时，磁化率逐渐增加，临近居里点时达到极大值，然后急剧下降趋于零，如图 5－2 所示。居里点为铁磁性物质的磁化率陡然降低，由铁磁性转变为顺磁性的温度。对于铁磁性物质，在磁化磁场增加时，加热或振动可使磁化率增加。在磁化磁场减弱时，加热或振动将使其提前去磁。

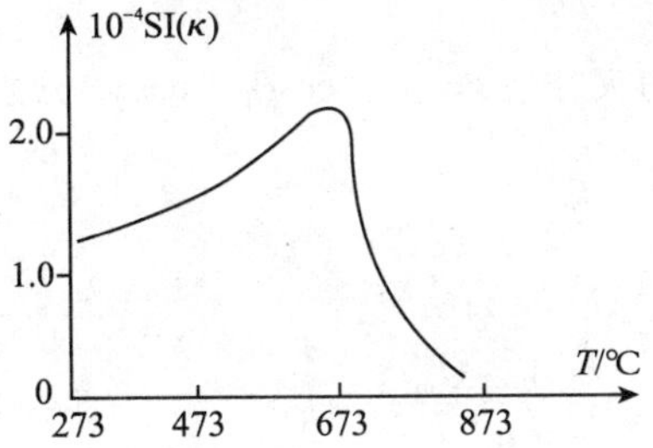

图 5－2　铁磁性物质磁化率随温度变化示意图

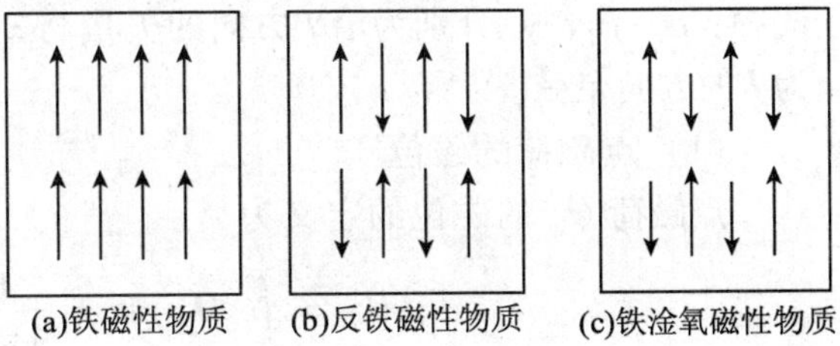

图 5－3　原子磁矩在磁畴中的排列示意图

根据原子磁矩在磁畴中排列的形式不同，铁磁性物质一般可分为三类：铁磁性物质、亚铁磁性（或称为铁淦氧磁性）物质和反铁磁性物质，如图 5－3 所示。

由图中可见：

①铁磁性物质：磁畴内原子间存在很强的正交换力，在磁畴内原子磁矩排列在同一方向上。②反铁磁性物质：磁畴内磁性离子间存在超交换作用力，磁畴内离子磁矩排列相反，故磁化率很小，但具有很大的矫顽磁力。③铁淦氧磁性物质：磁畴内离子间存在超交换作用力，磁畴内磁性离子反平行排列，且磁矩互不相等，故每一磁畴仍有自发磁矩，所以，具有较大的磁化率和剩余磁化强度。

二、磁位及其与引力位的关系——泊松公式

1. 磁（标）位

在磁荷概念的基础上，对磁场的分析认识可以引入磁（标）位 U_m。在磁性体的外部空间，与引力场一样，稳定磁场 $\boldsymbol{H}$ 也是保守场（即 $\nabla\times\boldsymbol{H}=0$），并且有

$$\boldsymbol{H} = -\nabla U_m \tag{5-14}$$

式中负号表示磁场强度的方向始终指向磁位减小最快的方向。磁场强度的分量为

$$H_x = -\frac{\partial U_m}{\partial x}, H_y = -\frac{\partial U_m}{\partial y}, H_z = -\frac{\partial U_m}{\partial z} \tag{5-15}$$

而磁感应强度的分量为

$$\left.\begin{aligned} B_x &= -\mu_0\frac{\partial U_m}{\partial x} = \mu_0 H_x \\ B_y &= -\mu_0\frac{\partial U_m}{\partial y} = \mu_0 H_y \\ B_z &= -\mu_0\frac{\partial U_m}{\partial z} = \mu_0 H_z \end{aligned}\right\} \tag{5-16}$$

磁场 $\boldsymbol{H}$ 和 $\boldsymbol{B}$ 在任意方向 $\boldsymbol{l}$ 上的分量分别为

$$\begin{aligned} H_l &= -\frac{\partial U_{\mathrm{m}}}{\partial l} = -\frac{\partial U_{\mathrm{m}}}{\partial x}\cos\alpha_l - \frac{\partial U_{\mathrm{m}}}{\partial y}\cos\beta_1 - \frac{\partial U_{\mathrm{m}}}{\partial z}\cos\gamma_l \\ &= H_x\cos\alpha_l + H_y\cos\beta_l + H_z\cos\gamma_l \end{aligned} \tag{5-17}$$

$$\begin{aligned} B_l &= \mu_0\frac{\partial U_{\mathrm{m}}}{\partial l} = -\mu_0\frac{\partial U_{\mathrm{m}}}{\partial x}\cos\alpha_l - \mu_0\frac{\partial U_{\mathrm{m}}}{\partial y}\cos\beta_l - \mu_0\frac{\partial U_{\mathrm{m}}}{\partial z}\cos\gamma_l \\ &= \mu_0 H_x\cos\alpha_l + \mu_0 H_y\cos\beta_l + \mu_0 H_z\cos\gamma_l \\ &= B_x\cos\alpha_l + B_y\cos\beta_l + B_z\cos\gamma_l \end{aligned} \tag{5-18}$$

式中：α_l、β_l、γ_l 分别为沿 $\boldsymbol{l}$ 方向的矢量与 x、y、z 轴的夹角；$\cos\alpha_l$、$\cos\beta_l$、$\cos\gamma_l$ 分别称为 $\boldsymbol{l}$ 的方向余弦。

（1）点磁荷的磁位

点磁荷 Q_{m} 的磁位的定义为

$$U_{\mathrm{m}} = \int_r^{\infty}\boldsymbol{H}\cdot \mathrm{d}\boldsymbol{r} = \frac{1}{4\pi\mu_0}\int_r^{\infty}\frac{Q_{\mathrm{m}}}{r^2}\mathrm{d}r = \frac{1}{4\pi\mu_0}\frac{Q_{\mathrm{m}}}{r} \tag{5-19}$$

磁位的 SI 单位是 A。它表示在磁场存在的空间单位正磁荷从 r 移向无穷远处所做的功。

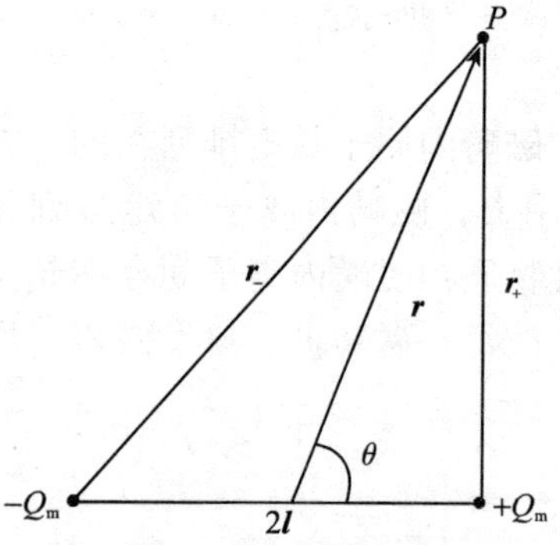

图 5－4　磁偶极子

（2）磁偶极子的磁位

图 5－4 所示的磁偶极子在 P 点的磁位应为

$$U_{\mathrm{m}} = \frac{Q_{\mathrm{m}}}{4\pi\mu_0}\left(\frac{1}{r_+} - \frac{1}{r_-}\right) = \frac{Q_{\mathrm{m}}}{4\pi\mu_0}\frac{r_- - r_+}{r_+\cdot r_-}$$

因为 $r \gg 2l$，所以 $r_+ r_- \approx r^2$，$r_- - r_+ \approx 2l\cos\theta$，故

$$\begin{aligned} U_{\mathrm{m}} &= \frac{Q_{\mathrm{m}}}{4\pi\mu_0}\frac{2l\cos\theta}{r^2} \\ &= \frac{1}{4\pi\mu_0}\frac{\boldsymbol{p}_{\mathrm{m}}\cdot\boldsymbol{r}}{r^3} = \frac{1}{4\pi}\frac{\boldsymbol{m}\cdot\boldsymbol{r}}{r^3} \end{aligned} \tag{5-20}$$

式中：$\boldsymbol{p}_{\mathrm{m}}$ 为磁偶极矩；$\boldsymbol{m}$ 为磁矩。将磁偶极子的磁位即（5－20）式代入（5－14）式便可求得磁场强度的公式

$$\begin{aligned} \boldsymbol{H} &= -\nabla U_{\mathrm{m}} = -\frac{1}{4\pi\mu_0}\nabla\left(\frac{\boldsymbol{p}_{\mathrm{m}}\cdot\boldsymbol{r}}{r^3}\right) \\ &= -\frac{1}{4\pi\mu_0}\left[(\boldsymbol{p}_{\mathrm{m}}\cdot\boldsymbol{r})\nabla\left(\frac{1}{r^3}\right) + \frac{1}{r^3}\nabla(\boldsymbol{p}_{\mathrm{m}}\cdot\boldsymbol{r})\right] \\ &= \frac{1}{4\pi\mu_0}\left[\frac{3(\boldsymbol{p}_{\mathrm{m}}\cdot\boldsymbol{r})\boldsymbol{r}}{r^5} - \frac{\boldsymbol{p}_{\mathrm{m}}}{r^3}\right] = \frac{1}{4\pi}\left[\frac{3(\boldsymbol{m}\cdot\boldsymbol{r})\boldsymbol{r}}{r^5} - \frac{\boldsymbol{m}}{r^3}\right] \end{aligned} \tag{5-21}$$

当考察点 P 在磁偶极子磁轴的延长线上（高斯第一位置）时，磁场强度 $\boldsymbol{H}$ 的大小为

$$H_1 = \frac{1}{4\pi}\frac{2m}{r^3} \tag{5-22}$$

当考察点 P 在磁偶极子磁轴的中垂线上（高斯第二位置）时，磁场强度 $\boldsymbol{H}$ 的大小为

$$H_2 = \frac{1}{4\pi}\frac{m}{r^3} \tag{5-23}$$

2. *磁位的微分方程*

已知磁介质中的稳定磁场 $\boldsymbol{B}$ 与 $\boldsymbol{H}$ 和 $\boldsymbol{M}$ 的关系为

$$\boldsymbol{B} = \mu_0\boldsymbol{H} + \mu_0\boldsymbol{M} = \mu_0\boldsymbol{H} + \mu_0(\boldsymbol{M}_i + \boldsymbol{M}_r)$$

式中：$\boldsymbol{M}_i$ 为感应磁化强度；$\boldsymbol{M}_r$ 为剩余磁化强度。因为 $\boldsymbol{M}_i = \kappa\boldsymbol{H}$，所以，上式变为

$$\boldsymbol{B} = \mu_0\boldsymbol{H} + \mu_0\kappa\boldsymbol{H} + \mu_0\boldsymbol{M}_r = \mu\boldsymbol{H} + \mu_0\boldsymbol{M}_r$$

式中：$\mu = (1+\kappa)\mu_0 = \mu_r\mu_0$；$\mu_r = 1+\kappa$；$\mu$、$\mu_r$ 分别为介质的磁导率和相对磁导率。稳定磁感应强度 $\boldsymbol{B}$ 是无散场，即

$$\nabla\cdot\boldsymbol{B} = \nabla\cdot(\mu_0\boldsymbol{H}) + \nabla\cdot(\mu_0\boldsymbol{M}) = 0$$

由上式可解得

$$\nabla\cdot\boldsymbol{H} = -\nabla\cdot\boldsymbol{M} = -\nabla\cdot\boldsymbol{M}_i - \nabla\cdot\boldsymbol{M}_r = \frac{\rho_m}{\mu_0} = \frac{\rho_m^0 + \rho'_m}{\mu_0} \quad (5-24)$$

式中：$\rho_m = -\mu_0\nabla\cdot\boldsymbol{M}$；$\rho_m^0 = -\mu_0\nabla\cdot\boldsymbol{M}_i$；$\rho'_m = -\mu_0\nabla\cdot\boldsymbol{M}_r$。它们分别为磁荷密度，感应磁荷密度和剩余磁荷密度。磁荷密度的 SI 单位是 N/（A · m^2）。

将（5－14）式代入（5－24）式可得

$$\nabla^2 U_m = \nabla\cdot\boldsymbol{M} = -\frac{\rho_m}{\mu_0} \quad (5-25)$$

上式为无传导电流的磁介质中稳定磁场的磁位微分方程，即泊松方程。

在磁介质之外或在均匀磁介质中，由于 $\nabla\cdot\boldsymbol{M}=0$（即 $\nabla\cdot\boldsymbol{H}=0$），磁位满足拉普拉斯方程：

$$\nabla^2 U_m = 0 \quad (5-26)$$

在无传导电流的磁介质中，稳定磁场 $\boldsymbol{B}$ 是有旋场，即

$$\nabla\times\boldsymbol{B} = \mu_0\nabla\times\boldsymbol{H} \quad (5-27)$$

在磁介质之外或在均匀磁介质中，由于 $\nabla\times\boldsymbol{H}=0$，故上式变为

$$\nabla\times\boldsymbol{B} = 0 \quad (5-28)$$

由以上讨论可知，在无传导电流的非磁性介质中（如空气或水中）或在均匀磁介质内，稳定磁场（$\boldsymbol{H}$ 和 $\boldsymbol{B}$）均是无旋无散场，这与质量分布区域以外的引力场 $\boldsymbol{F}$ 完全相同。该结论不仅是将稳定磁场 $\boldsymbol{H}$ 与 $\boldsymbol{B}$ 统一起来研究的基础，也是将稳定磁场 $\boldsymbol{H}$、$\boldsymbol{B}$ 与引力场 $\boldsymbol{F}$ 统一起来研究的基础。

传统的磁法勘探中采用高斯单位制，其中磁学量单位取自绝对电磁单位制（CGSM 制）。在 CGSM 制中，在真空条件下 $\mu_0=1$，$\boldsymbol{H}$ 的单位是 Oe（奥斯特），$\boldsymbol{B}$ 的单位是 Gs（高斯）。磁法勘探中曾用 $\boldsymbol{H}$ 描述磁场，且取 Oe 的分数单位 γ（伽马），而 $1\gamma=10^{-5}$Gs。由于 μ_0 为纯数 1，$\boldsymbol{H}$ 与 $\boldsymbol{B}$ 不仅量纲相同而且它们的单位 Oe 与 Gs 的大小也相等，因此，可以认为 $1\gamma=10^{-5}$Gs。然而，由于目前统一使用国际单位（SI 单位），必须注意它们的区别。在 SI 单位制中，$\mu_0=4\pi\times10^{-7}$H/m，$\boldsymbol{H}$ 的单位是 A/m，$\boldsymbol{B}$ 的单位是 T，$\boldsymbol{H}$ 与 $\boldsymbol{B}$ 的量纲不同、单位不等，因此，二者不能混淆。几个磁学量单位间的关系为

$$1\text{A/m} = 4\pi\times10^{-3}\text{Oe},\quad 1\text{T} = 10^4\text{Gs},\quad 1\text{nT} \triangleq 1\gamma,\quad 1\text{SI}(\kappa) = \frac{1}{4\pi}\text{CGSM}(\kappa)$$

需要提及的是，改用 SI 单位制以后，在两种单位制的磁感应强度之间存在有 1γ（CGSM 单位制的磁场强度单位）$\triangleq$ 1nT（SI 单位制中的磁感强度单位）的换算关系，但

为了便于应用过去的图件和资料，各种图件上的数值保持不变且习惯叫法不变。因此，须注意本书中除研究岩（矿）石磁性时需应用磁场强度概念以外，其他地方若没有特别注明，所提及的磁场强度或磁异常强度均系物理学里的磁感应强度。

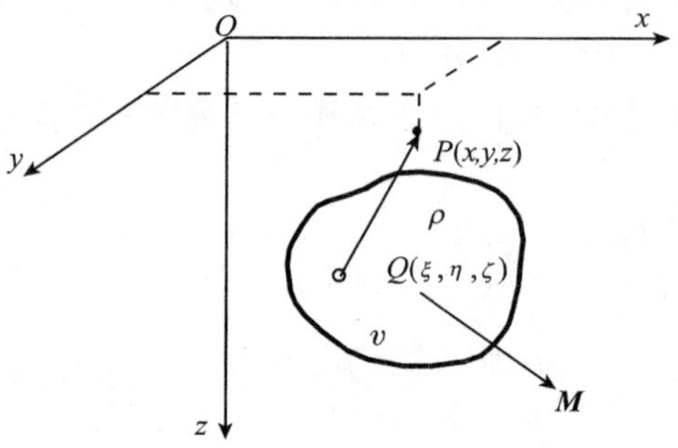

图 5－5　空间任意一点 P 相对于任意形体的位置示意图

3. 泊松公式

如图 5－5 所示，一个任意形状、体积为 v、密度为 ρ 而磁化强度为 $\boldsymbol{M}$ 的均质物体，取地面上 O 点为坐标原点，z 轴垂直向下（正常重力的方向），x、y、z 轴在水平面内。位于 Q（ξ，η，ζ）点的体积元（可视为磁偶极子）在空间任意点 P（x，y，z）的磁位，根据（5－20）式，整个物体的磁位应为

$$U_m = \iiint_v dU_m = \frac{1}{4\pi}\iiint_v \frac{\boldsymbol{M}\cdot\boldsymbol{r}}{r^3}dv = -\frac{1}{4\pi}\iiint_v \boldsymbol{M}\cdot\nabla\left(\frac{1}{r}\right)dv \qquad (5-29)$$

当 $\boldsymbol{M}$ 为常矢量（均匀磁化）时，$\boldsymbol{M}$ 可移至积分号之外。考虑到式中的梯度是对场点坐标运算的，而积分是对源点坐标运算的，故可互易次序。因此，上式可写为

$$U_m = -\frac{1}{4\pi}\boldsymbol{M}\cdot\nabla\iiint_v \frac{1}{r}dv \qquad (5-30)$$

根据（1－9）式知，P 点的引力位应为

$$V = G\rho\iiint_v \frac{1}{r}dv \qquad (5-31)$$

比较以上二式即得

$$U_m = -\frac{1}{4\pi G\rho}\boldsymbol{M}\cdot\nabla V \qquad (5-32)$$

因 $\boldsymbol{M}\cdot\nabla V = \boldsymbol{M}\frac{\partial V}{\partial S}$，而 ∂S 为 $\boldsymbol{M}$ 的方向长度元，$M = |\boldsymbol{M}|$ 故有

$$U_m = -\frac{M}{4\pi G\rho}(V_x\cos\alpha_s + V_y\cos\beta_s + V_z\cos\gamma_s) = -\frac{1}{4\pi G\rho}(M_xV_x + M_yV_y + M_zV_z) \qquad (5-33)$$

式中：$\cos\alpha_s$、$\cos\beta_s$、$\cos\gamma_s$ 为磁化强度 $\boldsymbol{M}$ 的方向余弦；$M_x = M\cos\alpha_s$、$M_y = M\cos\beta_s$、$M_z = M\cos\gamma_s$。可见 M_x、M_y 和 M_z 分别为磁化强度模量 M 的 x、y 和 z 轴分量。

（5－32）式和（5－33）式是磁化强度、密度均匀物体的磁位与引力位的关系式，亦称做泊松公式。将（5－33）式代入（5－16）中的各式，可得

$$B_x = \frac{\mu_0}{4\pi G\rho}(M_xV_{xx} + M_yV_{xy} + M_zV_{xz}) \qquad (5-34)$$

$$B_y = \frac{\mu_0}{4\pi G\rho}(M_xV_{xy} + M_yV_{yy} + M_zV_{yz}) \qquad (5-35)$$

$$B_z = \frac{\mu_0}{4\pi G\rho}(M_xV_{xz} + M_yV_{yz} + M_zV_{zz}) \qquad (5-36)$$

将（5－33）式代入（5－18）式，得

$$B_l = \frac{\mu_0}{4\pi G\rho}[(M_x V_{xx} + M_y V_{yx} + M_z V_{zx})\cos\alpha_l + (M_x V_{xy} + M_y V_{yy} + M_z V_{zy})\cos\beta_l + (M_x V_{xz} + M_y V_{yz} + M_z V_{zz})\cos\gamma_l] \quad (5-37)$$

第二节　基本磁场及磁异常

地球周围空间存在着地磁场。严格来说地磁场的强度和方向依观测点的位置而定，并且随时间变化而发生变化。地磁场的分布范围很广，从地核到地球外部数万千米的空间处处都有。在磁法勘探中，由于工作设计、野外施工、数据整理到磁测资料的推断解释的需要，必须对地磁场的分布特征和变化规律有一个简单的了解。

一、地磁场结构及其分布规律

1. 地磁场的结构

地磁场总强度 $\boldsymbol{T}$ 矢量，习惯上也称为地磁场，是近似于一个置于地心的偶极子的场。这个偶极子的磁轴 S－N 和地理南北轴方向相反且斜交一个角度。图5－6是地心偶极子磁场的磁力线分布情况。N_m 与 S_m 就是磁轴 S－N 延长到地面上与地表相交的两个交点，分别称做地磁北极 N_m 与地磁南极 S_m。应当指出，地磁北极 N_m 与地磁南极 S_m 是按地理位置说的。按磁性来说，地心偶极子的两极和地面上使用的罗盘的磁针两极极性正好相反。

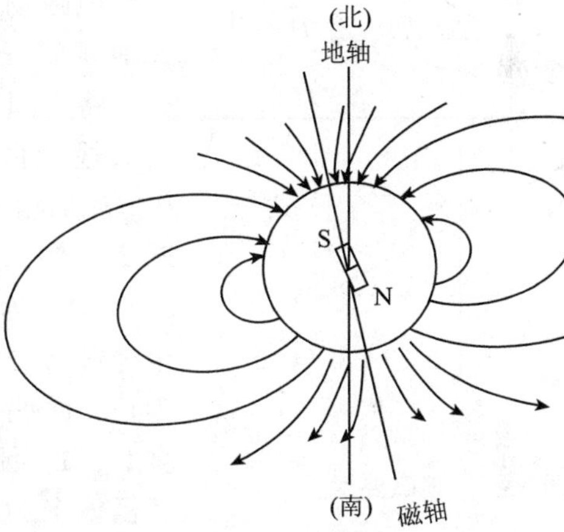

图5－6　地球磁力线分布示意图

地磁场是一个弱磁场，在地面上的平均强度约为50000nT。实际上在地面人们观测得到的地磁场 $\boldsymbol{T}$ 是各种不同成分的磁场之和。它们的场源分布有的在地球内部，有的在地面之上的大气层中。按照其来源和变化规律的不同可将地磁场分为两部分：一是主要来源于地球内部的稳定磁场 $\boldsymbol{T}_n$；二是主要起因于地球外部的变化磁场 $\delta\boldsymbol{T}$。因而，地磁场 $\boldsymbol{T}$ 可以表示为

$$\boldsymbol{T} = \boldsymbol{T}_n + \delta\boldsymbol{T}$$

按照地磁场的高斯数学分析法，可以把稳定磁场和变化磁场分解为起源于地球内、外的两部分：

$$\boldsymbol{T}_n = \boldsymbol{T}_{si} + \boldsymbol{T}_{se}, \quad \delta\boldsymbol{T} = \delta\boldsymbol{T}_i + \delta\boldsymbol{T}_e$$

式中：$\boldsymbol{T}_{si}$ 是起因于地球内部的稳定磁场，占稳定磁场总量的99%以上；$\boldsymbol{T}_{se}$ 是起源于地球外部的稳定磁场，仅占1%以下；$\delta\boldsymbol{T}_e$ 是变化磁场的外源场，约占变化磁场总量的2/3；$\delta\boldsymbol{T}_i$ 为变化磁场的内源场，约占其总量的1/3，它实际上也是由于外部电流感应而引起的。一般情况下，变化场为稳定场的万分之几到千分之几，偶尔可达到百分之几。故通常所指的

地球稳定磁场主要是内源稳定场，它由以下三部分组成：

$$\boldsymbol{T}_{si} = \boldsymbol{T}_{\varphi} + \boldsymbol{T}_{m} + \boldsymbol{T}_{a}$$

式中：$\boldsymbol{T}_{\varphi}$ 为中心偶极子磁场；$\boldsymbol{T}_{m}$ 为非偶极子磁场，也称为大陆磁场或世界磁场。这两部分的磁场和又称为地球基本磁场，编制的世界地磁图大多为地球基本磁场的分布图。其中 $\boldsymbol{T}_{\varphi}$ 几乎占 80% ~85%，故它代表了地磁场空间分布的主要特征。

内源稳定场的另一个组成部分，是地壳内的岩石矿物及地质体在基本磁场磁化作用下所产生的磁场，称为地壳磁场 $\boldsymbol{T}_{a}$，又称为总磁异常矢量或总磁异常。这部分磁异常对编制世界地磁图来说，均属全球地磁场的局部现象，应属于光滑滤波除掉的部分。而对于磁法勘探来说，测定和研究地壳磁场，则是解决地质构造和矿产资源调查的一个重要研究对象，后面我们还要对其做详细分析。

综上所述，地球磁场的构成可用下式表示：

$$\boldsymbol{T} = \boldsymbol{T}_{\varphi} + \boldsymbol{T}_{m} + \boldsymbol{T}_{se} + \boldsymbol{T}_{a} + \delta \boldsymbol{T} \tag{5-38}$$

式中的外源稳定磁场 $\boldsymbol{T}_{se}$，因数量级极小，通常可忽略。

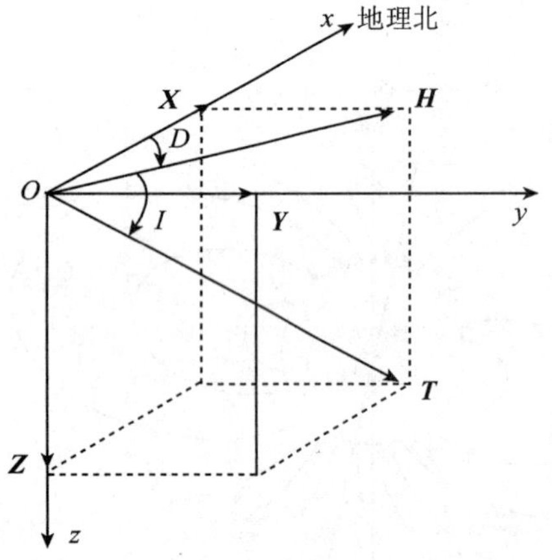

图 5－7　地磁要素图

2. 地磁要素

地磁场总强度 $\boldsymbol{T}$ 是矢量，为描述地磁场总强度 $\boldsymbol{T}$ 在地表某一点的状态，我们定义若干个地磁要素。

将空间直角坐标系的原点置于考察点，x 轴指地理北（或真北）N，z 轴铅直向下，如图 5－7 所示。图中，I 为地磁倾角，北半球 $\boldsymbol{T}$ 下倾，规定 I 为正，南半球 $\boldsymbol{T}$ 上倾，规定 I 为负；$\boldsymbol{Z}$ 为地磁场垂直分量，北半球 $Z = |\boldsymbol{Z}|$ 为正，南半球 Z 为负；$\boldsymbol{H}$ 为地磁场水平分量，全球皆指磁北；D 为地磁偏角，$\boldsymbol{H}$ 自地理北向东偏 D 为正，西偏 D 为负；$\boldsymbol{X}$ 为地磁场北向分量，全球皆指向真北，$\boldsymbol{Y}$ 为地磁场东向分量，$\boldsymbol{H}$ 东偏 $Y = |\boldsymbol{Y}|$ 为正，$\boldsymbol{H}$ 西偏 Y 为负。

$\boldsymbol{T}$、$\boldsymbol{X}$、$\boldsymbol{Y}$、$\boldsymbol{Z}$、$\boldsymbol{H}$、I 及 D 称为地磁七要素，由图 5－7 可知七个地磁要素间有如下关系：

$$\left.\begin{aligned} &H = T\cos I, \quad X = H\cos D, \quad Y = H\sin D \\ &Z = T\sin I, \quad \tan I = \frac{Z}{H}, \quad \tan D = \frac{Y}{X} \\ &X^2 + Y^2 = H^2, \quad T^2 = H^2 + Z^2 = X^2 + Y^2 + Z^2 \end{aligned}\right\} \tag{5-39}$$

式中：$X = |\boldsymbol{X}|$，$Y = |\boldsymbol{Y}|$，$Z = |\boldsymbol{Z}|$，$H = |\boldsymbol{H}|$，$T = |\boldsymbol{T}|$。根据所选用的坐标系不同，可将上述七个量分成三组：直角坐标系中有 $\boldsymbol{X}$、$\boldsymbol{Y}$ 和 $\boldsymbol{Z}$；球坐标系中有 $\boldsymbol{H}$、D 和 I；柱坐标系中有 $\boldsymbol{Z}$、$\boldsymbol{H}$ 和 D。知道其中一组就可以求出其他几个量。

3. 地磁场的图示

地磁场的分布用地磁图表示。在全世界或某个局部地区范围内，按照地磁要素 $\boldsymbol{T}$、$\boldsymbol{X}$、$\boldsymbol{Y}$、$\boldsymbol{Z}$、$\boldsymbol{H}$、I 及 D 以等值线图的形式绘制出地磁图，对于地面定向、航空、航海、资源勘探以及地磁学研究都非常需要。实际上自 1965 年起，全世界已统一采用高斯球谐分析模式计算国际地磁参考场（IGRF），世界上某个地区地磁图可采用计算结果编绘。

（1）世界地磁图的基本特征

图 5－8～图 5－12 分别是表示地磁要素 I、D、T、H、Z 的世界地磁图（IGRF）（计算日期为 2004 年 12 月 31 日）。图 5－8 为世界地磁倾角 I 等倾线图。由图可知，等倾线大致与纬度线平行，其中零度等倾线即磁赤道。由磁赤道向两磁极，I 由 0°逐渐变为 90°。$I=+90°$ 的点在 NW 处，称北磁极；$I=-90°$ 的点在 SE 处，称南磁极。两磁极在地球表面的位置不对称。

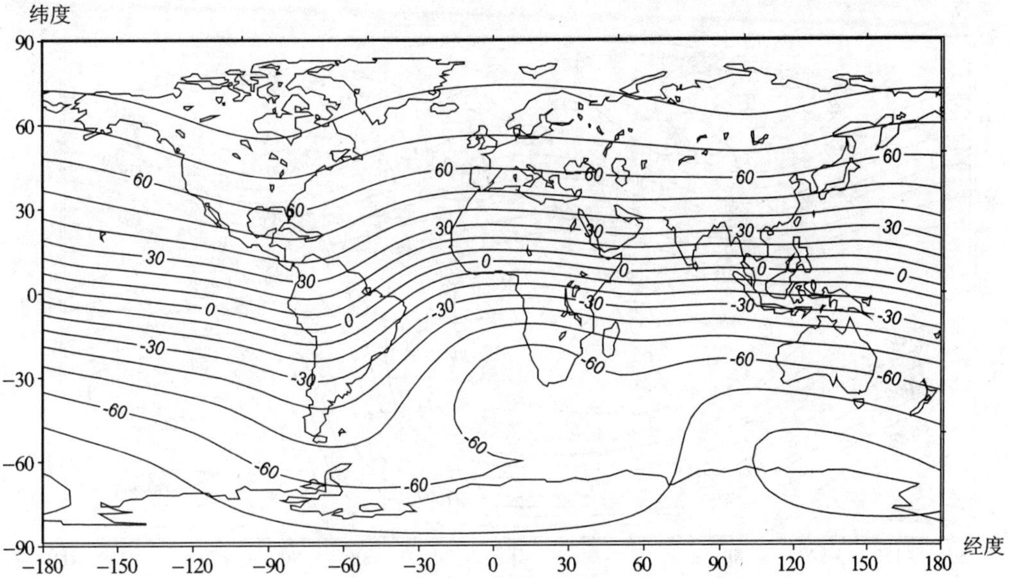

图 5－8　世界地磁倾角 I 等倾线图

（2004 年 12 月，等值线单位为（°））

图 5－9 为世界地磁偏角 D 的等偏线图。等偏线图为从一点出发汇聚于另一点的曲线

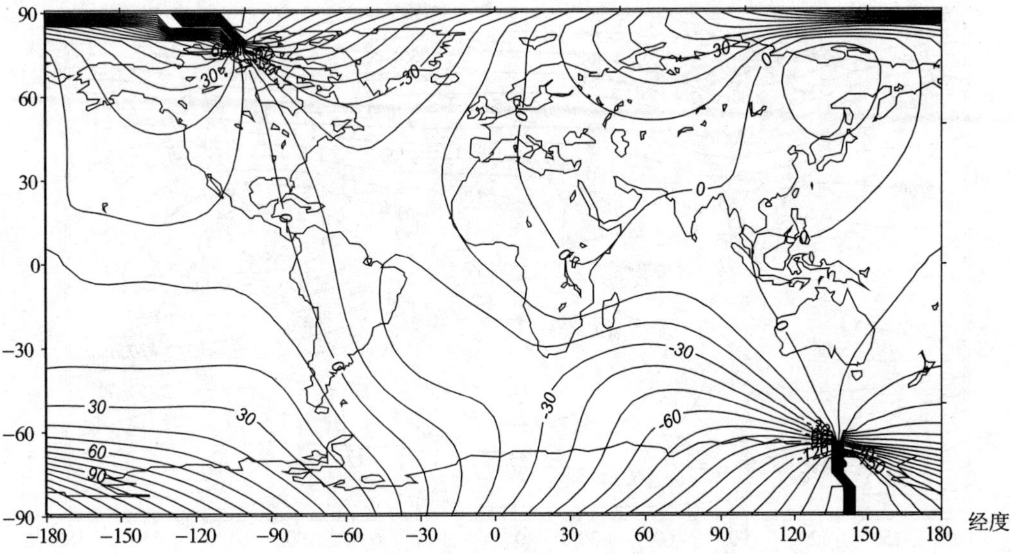

图 5－9　世界地磁偏角 D 等偏线图

（2004 年 12 月，等值线单位为（°））

簇，其中两条零度等偏线将全球划分为正、负两个区域。等偏线在南北半球各有两个汇聚点，它们是两个磁极和两个地理极，这是因为两个磁极处地理北方向是确定的，而磁北方向不确定，所以，两磁极处的磁偏角可为任意值。两地理极处的磁偏角也为任意值。

图 5 - 10 为世界地磁场总强度 T 的等值线图。在大部分地区，等值线与纬度接近于平行，其强度值在赤道附近约为 30000 ~ 40000nT，由此向两极逐渐增大，在南北两极处总强度值大约是 60000 ~ 70000nT。

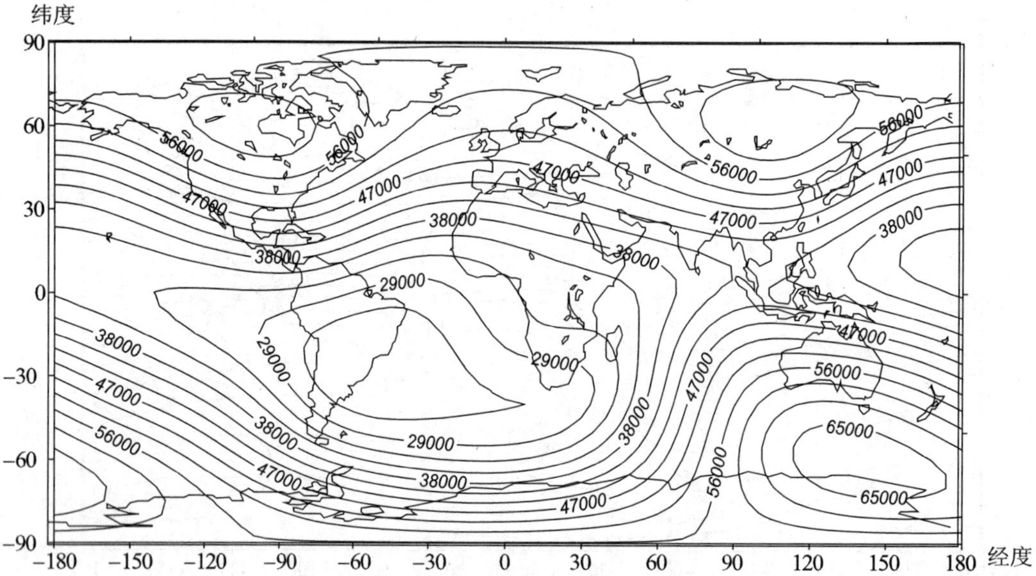

图 5 - 10　世界地磁场总强度 T 等值线图

（2004 年 12 月，等值线单位：nT）

图 5 - 11 为世界地磁场 H 分量等值线图。从图中可以看出，其等值线也是大致沿纬度线

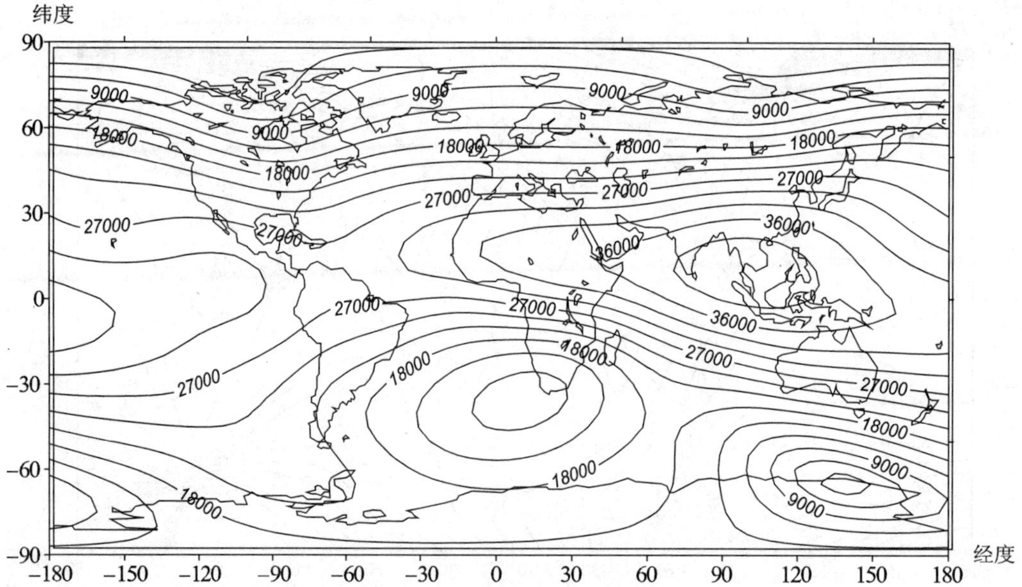

图 5 - 11　世界地磁场 H 分量等值线图

（2004 年 12 月，等值线单位：nT）

方向排列延展，在磁赤道附近最大，约为40000nT，随着纬度向两极升高，H 值逐渐减小最后趋于零，在南、北两磁极处 $H=0$。除了两磁极区以外，全球各点的 H 都指向磁北。

图5－12为世界地磁场 Z 分量等值线图。由图可见，其等值线排列大致与地磁倾角等值线分布相似，在赤道附近 $Z=0$，由此向两极绝对值逐渐增大，在磁极处达到 ±60000～70000nT，约为磁赤道附近水平强度值的两倍，在磁赤道以北 $Z>0$，表示垂直分量向下，在磁赤道以南 $Z<0$，表示垂直分量向上。

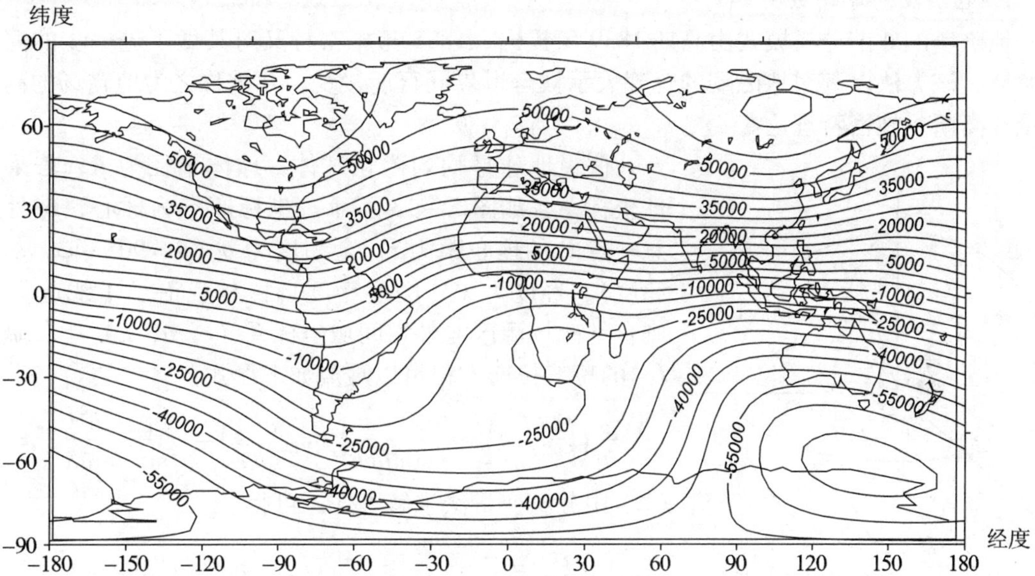

图5－12　世界地磁场 Z 分量等值线图

（2004年12月，等值线单位：nT）

根据地磁场的基本特征，如地球有两个磁极，磁极处的地磁场约等于磁赤道上的地磁场的两倍及地磁场的等强度线、等倾线大致与纬度线平行等，说明地磁场与一个磁偶极子的磁场相近。确切地说，现代地磁场用一个磁心位于地心、磁轴与地理轴夹角为11.5°、磁矩约等于 $7.9\times10^{22}\ \mathrm{A\cdot m^2}$ 的磁偶极子的磁场来拟合所得结果为最佳。通常称这个磁偶极子为地心偶极子。

应当指出的是，世界地磁图的等值线并不是均匀分布的，甚至在某些地区形成闭合圈。这表明地磁场中还含有非偶极子场成分，偶极子场与非偶极子场之和称作地球的主磁场（或基本磁场）。因此，世界地磁图实际上是地球的主磁场图，也就是正常地磁场图，从世界地磁场图中减去地心偶极子的磁场，便得到世界非偶极子磁场图。

（2）中国地磁图的基本特征

利用2000年国际地磁参考场的高斯系数计算的结果可以知道，在我国境内应用较多的几种地磁要素有以下分布特征：①地磁偏角 D 的零等值线由蒙古穿过我国中部偏西的甘肃省和西藏自治区延伸到尼泊尔、印度。零等值线以东为负，其变化由0°至－11°；零等值线以西为正，变化范围由0°至5°；②地磁倾角 I 自南向北由－10°增至70°；③地磁总场强度 T 由南到北，变化值为41000nT至60000nT。

二、地磁场的数学表达式

地磁场是时间和空间的复杂函数。对全球的地磁场采用一种系统、合理的数学表达式表示出来，不仅对于地球物理与空间物理的科学研究非常重要，而且也是航空、航海、通讯、找矿勘探等人们生产、生活中多个领域的需要。20 世纪中期，全世界有关的科学家在这方面形成了共识，即选用高斯球谐分析模式来计算并表示地球的正常地磁场。

1. 地磁场的球谐分析模式

地磁场的球谐分析模式由高斯 1839 年提出，1885 年施密特又对其做了进一步的完善和发展，该方法以其对地磁场的合理表示被全世界同行所接受，并被称之为地磁场的高斯理论或高斯－施密特理论。

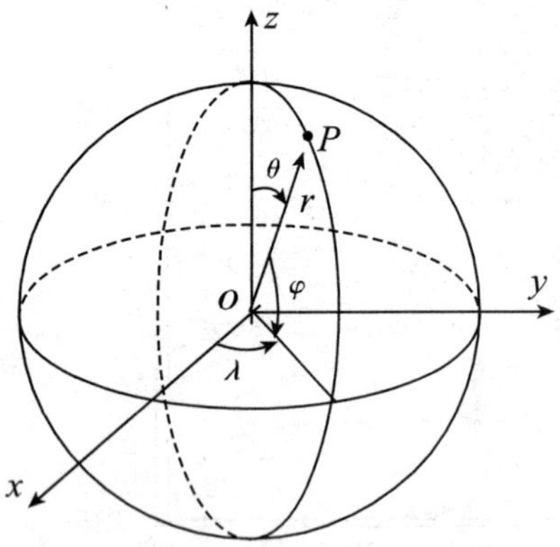

图 5－13　地球的球坐标系

假设地球是均匀磁化球体，球体半径为 R，若采用球坐标系，如图 5－13 所示。坐标原点为球心，球外任意一点 P 的地心距为 r，余纬度为 θ（$\theta=90^\circ-\varphi$，φ 为纬度），经度为 λ（经度零度自格林威治子午线起算）。则在地磁场源区之外空间域坐标系（r，θ，λ）中，磁位 U_m 的拉普拉斯方程可以写成如下形式：

$$\frac{1}{r^2}\frac{\partial}{\partial r}\left(r^2\frac{\partial U_m}{\partial r}\right)+\frac{1}{r^2\sin\theta}\frac{\partial}{\partial\theta}\left(\sin\theta\frac{\partial U_m}{\partial\theta}\right)+\frac{1}{r^2\sin^2\theta}\frac{\partial^2 U_m}{\partial\lambda^2}=0$$

用分离变量法求解上式，可得

$$U_m=\sum_{n=0}^{\infty}\sum_{m=0}^{n}\left[r^{-(n+1)}(a_n^m\cos m\lambda+b_n^m\sin m\lambda)+r^n(c_n^m\cos m\lambda+d_n^m\sin m\lambda)\right]\mathrm{P}_n^m(\cos\theta)\quad(5-40)$$

式中：a_n^m、b_n^m、c_n^m 和 d_n^m 为系数；P_n^m（$\cos\theta$）为 n 阶 m 次缔合（或伴随）勒让德多项式，即

$$\mathrm{P}_n^m(\cos\theta)=(\sin\theta)^m\frac{\mathrm{d}^m}{\mathrm{d}(\cos\theta)^m}\mathrm{P}_n(\cos\theta)$$

式中：P_n（$\cos\theta$）为勒让德多项式，而

$$\mathrm{P}_n(\cos\theta)=\sum_{k=0}^{M}(-1)^k\frac{(2n-2k)!(\cos\theta)^{n-2k}}{2^n k!(n-k)!(n-2k)!}$$

施密特定义：

$$\mathrm{P}_n^{(m)}(\cos\theta)=\left[\frac{2}{\delta_m}\frac{(n-m)!}{(n+m)!}\right]^{1/2}\mathrm{P}_n^m(\cos\theta)$$

$$=\left[\frac{2}{\delta_m}\frac{(n-m)!}{(n+m)!}\right]^{1/2}(\sin\theta)^m\sum_{k=0}^{M}(-1)^k\frac{(2n-2k)!(\cos\theta)^{n-2k-m}}{2^n k!(n-k)!(n-2k-m)!}$$

式中：

$$\delta_m=\begin{cases}2 & (m=0)\\ 1 & (m\geqslant 1)\end{cases},M=\begin{cases}(n-m)/2 & (n-m=\text{偶数})\\ (n-m-1)/2 & (n-m=\text{奇数})\end{cases}$$

$\mathrm{P}_n^{(m)}$（$\cos\theta$）为施密特形式的缔合勒让德多项式。计算表明，球谐系数中 g_1^0、g_1^1、h_1^1 的数值较大，引入施密特形式的缔合勒让德多项式可以避免 n 相同 m 不同的各系数数量

上相差过大。于是

$$U_m = \sum_{n=0}^{\infty}\sum_{m=0}^{n}[r^{-(n+1)}(A_n^m\cos m\lambda + B_n^m\sin m\lambda) + r^n(C_n^m\cos m\lambda + D_n^m\sin m\lambda)]P_n^{(m)}(\cos\theta) \tag{5-41}$$

式中：$A_n^m = a_n^m / \left[\frac{2(n-m)!}{\delta_m(n+m)!}\right]^{1/2}$；$B_n^m$ 与 b_n^m、C_n^m 与 c_n^m、D_n^m 与 d_n^m 的关系和 A_n^m 与 a_n^m 的形式相同。

当 $r\to\infty$ 时，（5－41）式中的第一项趋于零；当 $r\to 0$ 时，第二项趋于零。可见，第一项为内源磁位，而第二项为外源磁位。当 $n=m=0$ 时，内源磁位等于 A_0^0/r，显然，A_0^0/r 是单磁极的磁位。由于单磁极在地球内部是不存在的，因此，求和应从 $n=1$ 开始，且根据需要，求和仅至某一足够大的阶数 N，则内源磁位应为

$$U_m = \sum_{n=1}^{N}\sum_{m=0}^{n} r^{-(n+1)}(A_n^m\cos m\lambda + B_n^m\sin m\lambda)P_n^{(m)}(\cos\theta)$$

根据直角坐标系（x，y，z）与球坐标系（r，θ，λ）的导数的换算关系：

$$\left.\begin{aligned}\partial x &= -r\partial\theta\\ \partial y &= r\sin\theta\partial\lambda\\ \partial z &= -\partial r\end{aligned}\right\} \tag{5-42}$$

由上式可求得

$$\left.\begin{aligned}X &= \mu_0\frac{\partial U_m}{r\partial\theta} = \sum_{n=1}^{N}\sum_{m=0}^{n}\left(\frac{R}{r}\right)^{n+2}(g_n^m\cos m\lambda + h_n^m\sin m\lambda)\frac{d}{d\theta}P_n^{(m)}(\cos\theta)\\ Y &= -\mu_0\frac{\partial U_m}{r\sin\theta\partial\lambda} = \sum_{n=1}^{N}\sum_{m=0}^{n}m\left(\frac{R}{r}\right)^{n+2}(g_n^m\cos m\lambda - h_n^m\sin m\lambda)\frac{P_n^{(m)}(\cos\theta)}{\sin\theta}\\ Z &= \mu_0\frac{\partial U_m}{r\partial r} = -\sum_{n=1}^{N}\sum_{m=0}^{n}(n+1)\left(\frac{R}{r}\right)^{n+2}(g_n^m\cos m\lambda + h_n^m\sin m\lambda)P_n^{(m)}(\cos\theta)\end{aligned}\right\} \tag{5-43}$$

式中：$\frac{d}{d\theta}P_n^{(m)}(\cos\theta) = -\frac{1}{\sin\theta}[(n+m)P_{n-1}^{(m)}(\cos\theta) - n\cos\theta P_{n-1}^{(m)}(\cos\theta)]$；$R=6371.2\text{km}$ 为国际参考球半径，即地球的平均半径。引入 R 是为了使 g_n^m、h_n^m 具有磁感应强度单位；$\theta=90°-\varphi$，φ 为 P 点的地理纬度；λ 为以格林威治向东起算的 P 点地理经度；g_n^m、h_n^m 称之为 n 阶 m 次高斯球谐系数（以 nT 为单位），其关系式为 $g_n^m=R^{-(n+2)}A_n^m\mu_0$ 以及 $h_n^m=R^{-(n+2)}B_n^m\mu_0$；$N$ 为阶次（n）的截断阶值，则系数的总个数 $S=(N+3)N$。

（5－43）式即为地球磁场的高斯球谐表达式。利用该式对地磁场进行计算分两步进行。

第一步：利用（5－43）式求解系数 g_n^m 和 h_n^m。由已知通化后的场值（为研究并确定地磁要素随时空的变化，把不同时刻所观测的数值都归算到某一特定的日期，国际上将此日期一般选在 1 月 1 日零点零分，这个步骤称之为通化）建立远远多于 S 个数的方程，用最小二乘法解得高斯球谐系数 g_n^m 和 h_n^m（或称为高斯系数）。若有已知的地磁场的长期变化值，还可求得年变率球谐系数，记为 $\bar{g}_n^m$ 和 $\bar{h}_n^m$（单位 nT/a）。实际应用中，在 20 世纪 60 年代以前，由于利用的通化后的场值以及年代的不同，不同的计算者计算得出的高斯系数大体上相近，但又不尽相同，因而在 1964 年世界地磁测量会议上讨论了采用统一的国际

地磁参考场的必要性。国际地磁和高空物理学协会 IAGA（International Association of Geomagnetism and Aeronomy）在 1968 年 10 月召开的专门会议上通过了 1965.0 年的国际地磁参考场模式作为全世界通用的正常地磁场的标准，记为 IGRF。国际地磁参考场模式由一组高斯系数（g_n^m，h_n^m）和年变率系数（$\bar{g}_n^m$，$\bar{h}_n^m$）组成，为地球基本磁场和长期变化场的数学模型，该模型的求和阶次取 10，并由国际地磁和高空物理协会每五年发表一次高斯系数计算结果。各组高斯系数须注明年代，并自该系数发表的当年至以后五年内有效。例如 IGRF1980.0，表明该组系数适用期限为 1980 ~ 1985 年之间。如果以后发现有某组高斯系数第一次计算和发表时未利用的有意义的某测点上的磁测资料，国际地磁和高空物理协会负责重新计算修改，修改后的高斯系数记为 DGRF。例如 DGRF1980.0 即表示修改后并确定的适合于 1980 ~ 1985 年之间的高斯系数。

第二步：利用(5 - 43)式计算地磁场。利用由国际地磁和高空物理协会定期发布的高斯系数，在(5 - 43)式中代入计算点的地理经纬度，可计算出地球表面($r = R$)和它外部($r > R$)任意一点的地磁要素 X、Y 和 Z 三个分量，并由以下各式可求出其他地磁要素值：

$$\left.\begin{aligned} T &= (X^2 + Y^2 + Z^2)^{1/2} \\ H &= (X^2 + Y^2)^{1/2} \\ D &= \arctan\left(\frac{Y}{X}\right) \\ I &= \arctan\left(\frac{Z}{X}\right) \end{aligned}\right\} \qquad (5-44)$$

需要注意，球谐系数是由准球面平均半径计算获得，若要考虑地球形态为旋转椭球体时，可采用国际天文协会（IAU）的国际天体椭球坐标，取赤道半径为 6378.16km，扁率为 1/298.25。利用球谐系数经地心坐标转换可求得椭球体的参考场。这对大范围磁测是应予考虑的。

2. 球谐系数的分析

高斯球谐分析模式虽然仅是一种数学分析方法，但通过对比可以看到球谐级数的每一项都有一定的物理意义。据地磁场的构成可知其偶极子场是地球磁场的主要成分。而对地心偶极子场，可直接由球谐级数当 $N = 1$ 时导出，也可由磁偶极子磁位求得。

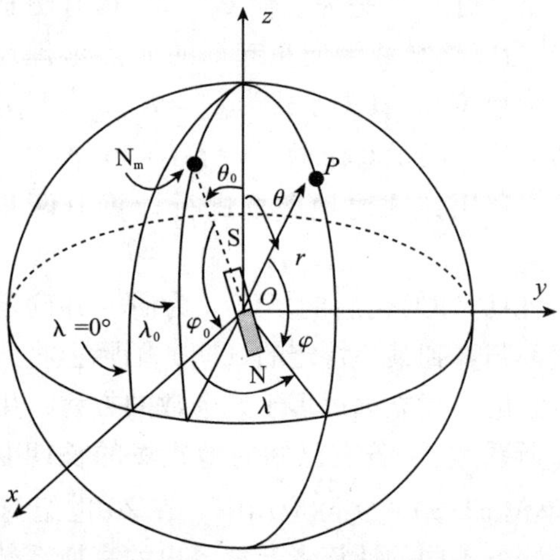

图 5 - 14　地磁坐标与地理坐标关系示意图

设地球磁场为均匀磁化球体，相当于地心处有一偶极子，若磁轴与地理轴之间有一夹角，磁轴延长线交于球面某一点而不是地理的南、北极。在地磁学中，将地心偶极子的磁轴定义为地磁轴，而将地磁轴与地面的交点定义为地磁极（注意地磁极与磁极不同），在北半球偶极子磁轴延长线交于球面的某一点就代表北地磁极，用 N_m 代替，并设北地磁极 N_m 的地理坐标为（λ_0，θ_0），如图 5 - 14所示。在图 5 - 14 中，根据地理坐标系的定义，已知空间任意一点 P 的地理坐标为 P（r，θ，λ）。则可以分别计算地心偶极子在不同条件下的磁场。

（1）地理坐标的地心偶极子场表示

考虑到地心偶极子延长方向与地理南北轴不一致的情况，由（5－20）式和图5－14可知磁矩为 $\boldsymbol{M}$ 的地心偶极子的磁位为

$$
\begin{aligned}
U_{\mathrm{m}} &= \frac{1}{4\pi}\frac{\boldsymbol{M}\cdot\boldsymbol{r}}{r^3} = \frac{1}{4\pi}\frac{m_z z + m_x x + m_y y}{r^3} \\
&= \frac{m}{4\pi}\frac{A_0\cos\theta + B_0\sin\theta\cos\lambda + C_0\sin\theta\sin\lambda}{r^2}
\end{aligned}
\tag{5-45}
$$

式中：$A_0=\cos\theta_0$，$B_0=\sin\theta_0\cos\lambda_0$，$C_0=\sin\theta_0\sin\lambda_0$。由

$$
\left.
\begin{aligned}
X_0 &= -\mu_0\frac{\partial U_{\mathrm{m}}}{\partial x} = \mu_0\frac{\partial U_{\mathrm{m}}}{r\partial\theta} \\
Y_0 &= -\mu_0\frac{\partial U_{\mathrm{m}}}{\partial y} = -\mu_0\frac{\partial U_{\mathrm{m}}}{r\sin\theta\partial\lambda} \\
Z_0 &= -\mu_0\frac{\partial U_{\mathrm{m}}}{\partial z} = \mu_0\frac{\partial U_{\mathrm{m}}}{\partial r}
\end{aligned}
\right\}
$$

可得到

$$
\left.
\begin{aligned}
X_0 &= \frac{\mu_0 m}{4\pi r^3}[-A_0\sin\theta + (B_0\cos\lambda + C_0\sin\lambda)\cos\theta] \\
Y_0 &= \frac{\mu_0 m}{4\pi r^3}(B_0\sin\lambda - C_0\cos\lambda) \\
Z_0 &= -\frac{2\mu_0 m}{4\pi r^3}[A_0\cos\theta + (B_0\cos\lambda + C_0\sin\lambda)\sin\theta]
\end{aligned}
\right\}
\tag{5-46}
$$

引入下列符号：

$$
\left.
\begin{aligned}
g_1^0 &= \frac{\mu_0 m}{4\pi R^3}\cos\theta_0 \\
g_1^1 &= \frac{\mu_0 m}{4\pi R^3}\sin\theta_0\cos\lambda_0 \\
h_1^1 &= \frac{\mu_0 m}{4\pi R^3}\sin\theta_0\sin\lambda_0
\end{aligned}
\right\}
\tag{5-47}
$$

则（5－46）式变为

$$
\left.
\begin{aligned}
X_0 &= \left(\frac{R}{r}\right)^3[-g_1^0\sin\theta + (g_1^1\cos\lambda + h_1^1\sin\lambda)\cos\theta] \\
Y_0 &= \left(\frac{R}{r}\right)^3(g_1^1\sin\lambda - h_1^1\cos\lambda) \\
Z_0 &= -2\left(\frac{R}{r}\right)^3[g_1^0\cos\theta + (g_1^1\cos\lambda + h_1^1\sin\lambda)\sin\theta]
\end{aligned}
\right\}
\tag{5-48}
$$

这与（5－43）式当 $N=1$（$m=0$，1）时的形式完全相同，故 $N=1$（$m=0$，1）时的高斯球谐表达式的物理意义为地心偶极子场。

由（5－48）式与（5－43）式的对应关系，再结合（5－45）式及（5－47）式知，g_1^0，g_1^1 和 h_1^1 可以分别代表地心偶极子磁矩的 z 分量，x 分量与 y 分量。故利用 g_1^0，g_1^1 和

h_1^1 可以直接计算地心偶极子的磁矩和北地磁极的坐标：

$$\left.\begin{aligned} m &= \frac{4\pi R^3}{\mu_0}[(g_1^0)+(g_1^1)^2+(h_1^1)^2]^{1/2} \\ \tan\lambda_0 &= \frac{h_1^1}{g_1^1} \\ \tan\theta_0 &= [(g_1^1)^2+(h_1^1)^2]^{1/2}/|g_1^0| \end{aligned}\right\} \tag{5-49}$$

（2）地磁坐标的地心偶极子场表达式

当磁轴与地理旋转轴重合时，以地心偶极子轴向为径向 r 的坐标系与地理坐标系一致，可以完全利用地理坐标描述地心偶极子的磁场，这里所说的地磁坐标下的地心偶极子场主要为了突出地心偶极子方向与地理南北轴向一致的情况。由图 5－14 可知 $\theta_0=0°$，所以，有 $g_1^1=0$，$h_1^1=0$，这时地心偶极子磁场三分量可用地理纬度 φ 表示（与经度无关）。故有

$$\left.\begin{aligned} X_0 &= H_0 = -g_1^0\sin\theta = \frac{\mu_0 m}{4\pi R^3}\cos\varphi \\ Y_0 &= 0 \\ Z_0 &= -2g_1^0\cos\theta = \frac{2\mu_0 m}{4\pi R^3}\sin\varphi \\ T_0 &= (H_0^2+Z_0^2)^{1/2} = \frac{\mu_0 m}{4\pi R^3}(1+3\cos^2\theta)^{1/2} = \frac{\mu_0 m}{4\pi R^3}(1+3\sin^2\varphi)^{1/2} \\ \tan I_0 &= \frac{Z_0}{H_0} = 2\cot\theta = 2\tan\varphi \end{aligned}\right\} \tag{5-50}$$

所以，在赤道（$\varphi=0°$）时

$$X_0 = H_0 = \frac{\mu_0 m}{4\pi R^3},\quad Z_0 = 0 \tag{5-51}$$

在两极（$\varphi=\pm 90°$）时

$$X_0 = H_0 = 0,\quad Z_0 = \pm\frac{2\mu_0 m}{4\pi R^3} \tag{5-52}$$

可见，在两极处垂直场强是赤道处水平场强的两倍，此特征与前述地球磁场随地理分布的基本特征是一致的。而且从球谐系数表中可以看到 g_1^0 和 h_1^1 系数值也是最大，这也说明地磁场中偶极子场占绝对优势，这与地磁场的构成也是一致的。所以，当 $N=1$ 时偶极子场的假设是正确的。并可以将地球磁场视为一级近似的均匀磁化球体偶极子场。

3. 地磁场的正常梯度

有了地磁场高斯球谐表达式，还可直接由（5－43）式导出地磁场三分量相对于球坐标沿地磁子午线方向、沿经度方向以及铅垂方向的正常梯度场，以垂直分量为例有 $\frac{1}{r}\frac{\partial Z}{\partial\theta}$，$\frac{1}{r\sin\theta}\frac{\partial Z}{\partial\lambda}$ 与 $\frac{\partial Z}{\partial r}$，并由已知球谐系数和该点坐标求得梯度值。

对地磁坐标的地心磁偶极子的正常梯度场，沿子午线方向为

$$
\left.\begin{aligned}
\left.\frac{\partial H_0}{r\partial\theta}\right|_{r=R} &= \frac{-\mu_0 m}{4\pi R^4}\sin\phi = -\frac{Z_0}{2R} \\
\left.\frac{\partial Z_0}{r\partial\theta}\right|_{r=R} &= \frac{2\mu_0 m}{4\pi R^4}\cos\phi = \frac{2H_0}{R} \\
\left.\frac{\partial T_0}{r\partial\theta}\right|_{r=R} &= 2\sin I_0\frac{H_0}{\pi R} - \cos I_0\frac{Z_0}{2R}
\end{aligned}\right\} \tag{5-53}
$$

沿垂向方向为

$$
\left.\begin{aligned}
\left.\frac{\partial H_0}{\partial r}\right|_{r=R} &= -\frac{3\mu_0 m}{4\pi R^4}\cos\phi = -\frac{3H_0}{R} \\
\left.\frac{\partial Z_0}{\partial r}\right|_{r=R} &= -\frac{6\mu_0 m}{4\pi R^4}\sin\phi = -\frac{3Z_0}{R} \\
\left.\frac{\partial T_0}{\partial r}\right|_{r=R} &= -\frac{3\mu_0 m}{4\pi R^4}(1+\sin^2\phi)^{1/2} = -\frac{3T_0}{R}
\end{aligned}\right\} \tag{5-54}
$$

由上述分析可知，正常梯度值是随着地理坐标及高度变化而变化的。因而，在较大区域内进行航空或地面高精度磁测时，必须消除随地理坐标及高度变化的影响，这种影响的校正称为正常梯度校正。

三、地磁场的变化

地磁场随时间在不断地变化，这种变化总体上可以分为两大类，一类主要是由地球内部场源引起的缓慢的长期变化；另一类主要是来源于地球外部的场源引起的短期变化。

1. 长期变化

地磁场长期变化总的特征是随时间缓慢变化，周期长。这种变化有两个显著特征。

第一个特征是地磁极的西向漂移。图 5－15 为近四百年来在伦敦观测台观测到的磁偏角和磁倾角变化的曲线。从中可以看出，1600～1700 年的一百年间磁偏角自 9°E 一直向

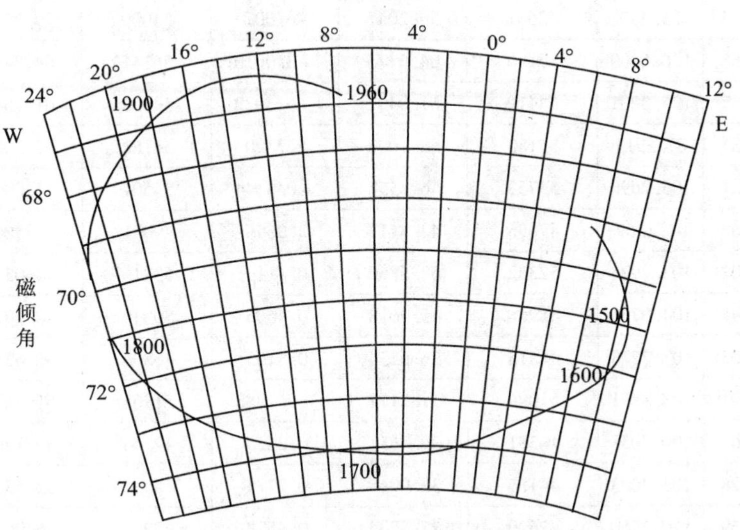

图 5－15　伦敦的磁偏角和磁倾角长期变化图

西偏移到 -4°W，共向西偏移了 13°；磁倾角共增大约 2°。尔后的一百年间磁偏角继续向西漂移，但磁倾角减小。图中曲线还显示出这种变化具有周期性。

第二个特征是不同年代计算出地球磁矩的衰减变化。1835 年高斯计算该值为 $8.5\times10^{22}\mathrm{A\cdot m^2}$，而 1960 年计算该值为 $8.0\times10^{22}\mathrm{A\cdot m^2}$。在这期间内地球磁矩以每年 0.05% 的速率递减。如按照这种速率递减，在 2000 多年以后，地球磁矩将变得很小，但目前的地球磁矩并未小到如此程度，可见地球磁矩的衰减速率也在变化。

古地磁研究发现，在地质历史年代中，地球磁极已多次发生倒转现象，这种倒转具有明显的波动特征，即在磁极倒转之前地球磁场递减到零再反向，而且可以分成若干个不同的时期。当然，地磁场的变化规律不是一个简单的正向或逆向过程，对这种规律的认识需要长时间的，多方面的观测以及研究结果的积累，并不断总结和修改。表 5-1 列出了我国二十余个主要城市 1900 年和 2004 年的地磁场总强度、地磁倾角与地磁偏角等项参数，其数值为利用国际地磁和高层大气物理联合会（IAGA）2000 年公布的高斯球谐系数计算得到。

表 5-1　我国主要城市 1900 年和 2004 年部分地磁要素对比表

城市名	纬度（°）	经度（°）	1900 年			2004 年 12 月 31 日		
			总场强度/nT	磁倾角（°）	磁偏角（°）	总场强度/nT	磁倾角（°）	磁偏角（°）
北京	39.9101	116.3947	53784	57.9061	-3.7005	54314	58.0738	-5.7955
石家庄	38.0445	114.4939	52928	55.8591	-2.8235	53564	56.0162	-4.8354
郑州	34.7620	113.6472	51023	51.7662	-2.0830	51793	51.8096	-3.9707
武汉	30.5790	114.2529	48354	45.9181	-1.5596	49244	45.6978	-3.3366
南昌	28.6785	115.9103	46999	43.0232	-1.5593	47905	42.5782	-3.2969
广州	23.1008	113.2989	44018	33.7289	-0.2452	45132	32.9725	-1.8834
福州	26.0747	119.3092	45019	38.8242	-1.6248	45900	37.9356	-3.3028
上海	31.2411	121.4864	47727	46.4991	-3.1317	48440	45.9436	-4.8711
沈阳	41.8057	123.3907	53681	59.2047	-6.0073	54000	59.2387	-8.1490
哈尔滨	45.7588	126.6300	56186	64.6777	-8.0010	56141	64.8249	-10.6401
长春	43.8847	125.3201	54419	61.0491	-6.8922	54624	61.1547	-9.1763
乌鲁木齐	43.7881	87.5913	55180	62.1009	5.7720	56168	63.3082	3.1690
银川	38.4721	106.2690	53753	56.6558	-0.3344	54507	57.0915	-2.4121
拉萨	29.6562	91.1369	47696	43.8117	2.0696	49051	44.5068	0.1500
兰州	36.0602	103.7975	52332	53.5866	0.4116	53216	54.0317	-1.5683
成都	30.6747	104.0765	48968	45.9658	0.4606	50040	46.2014	-1.3232
昆明	25.0605	102.7218	45515	36.6534	0.8105	46804	36.6285	-0.8298
西安	34.2701	108.8891	51096	51.2172	-0.7988	51963	51.4231	-2.6831
贵阳	26.5763	106.7058	46381	39.4654	0.2655	47544	39.3908	1&4138
南宁	22.8428	108.3003	44166	33.0045	0.3775	45412	32.5321	-1.2284
海口	20.0269	110.3550	42620	27.8235	0.4528	43901	26.9607	-1.1024

从表中可以看出，105 年中这些城市除哈尔滨外的地磁场总强度普遍增高，其中拉萨增高了 1255nT，我国东北地区的几个主要城市增高较少，其中沈阳偏高 319nT，长春增高 205nT，而哈尔滨则降低了 45nT；地磁倾角变化中长江以南的城市除成都以外普遍减小，长江以北的城市普遍增大；磁偏角变化中除乌鲁木齐和拉萨以外的其他城市普遍呈西偏增大，其中哈尔滨向西偏移增大了 2.64°；乌鲁木齐和拉萨则显示东偏增大，其中乌鲁木齐向东偏移增大了 2.60°。可以看出，我国 100 多年来正常地磁场的变化情况与有关资料报道的规律相比有一些特殊之处。

地磁场长期变化是由地球内部因素所引起，具体机理尚不清楚，推测可能与核、幔间的旋转角速度的差异及液态外核中电流体系的基本振荡有关。

2. 短期变化

短期变化是一类复杂的地磁现象，包括各种各样的变化成分，形状各异、时空特征不同，并且常常相互叠加。依其出现的规律又可分为两类，一类是有一定的周期且连续出现，称平静变化，另一类是偶然发生且持续一定时间即消失，称扰动变化。两类短期变化虽都起源于固体地球外部的电流体系，但它们却是不同原因产生的。

（1）平静变化

平静变化是一种周期性的连续变化，变化平缓而有规律，类型较少，仅分太阳日变化（S_q）和太阴日变化（L）两种。

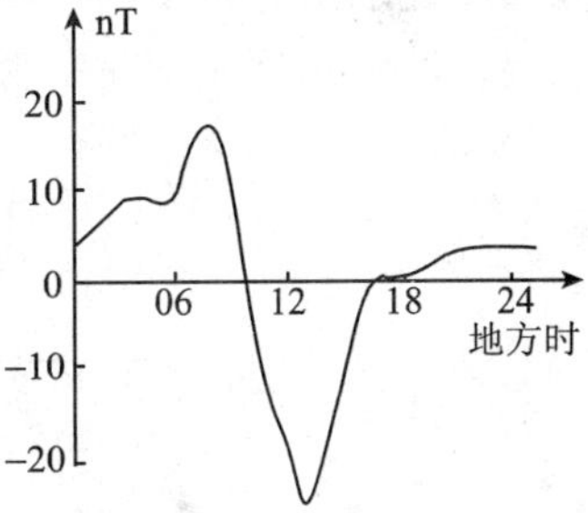

图 5－16　上海佘山 S_q 曲线

1）太阳日变化 S_q 的一般特征：

S_q 的最显著特征有两个：第一，周期为一个太阳日（24h）；第二，依赖于地方太阳时，白天变化大（中午变化最大），夜间变化小，图 5－16 为上海佘山的地磁场垂直分量 S_q 曲线。通常，以极大值出现的时间来描述 S_q 的相位，以最大值与最小值之差表示 S_q 的幅度。S_q 的幅度和相位都有不规则的逐日变化，幅度一般为几到几十纳特。

其次，S_q 的第三个特征是以年为周期的季节变化和以 11 年为周期的太阳周变化。夏季 S_q 的幅度最大，冬季最小，春秋两季居中，太阳活动强时（太阳黑子数目多时），S_q 幅度大，太阳活动弱时（太阳黑子数目少时），S_q 幅度小。太阳活动强弱约以 11 年为周期。

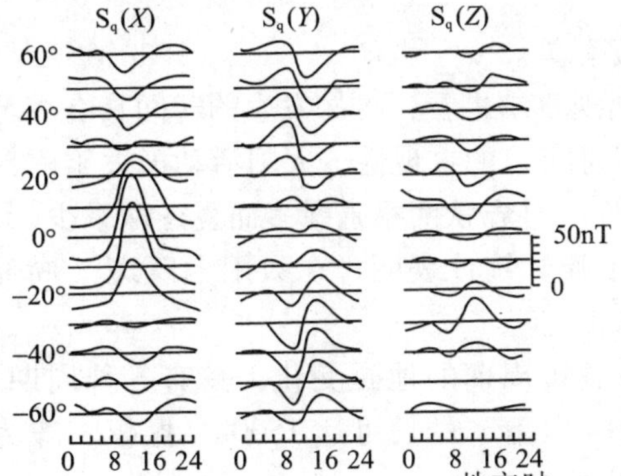

图 5－17　春分、秋分期间 S_q 曲线随纬度的变化

S_q 的第四个特征是随纬度分布有一定的规律，如图 5－17 所示，可见，春分、秋分期间 S_q 的北向分量午前有一个明显极值，磁赤道幅度最大，磁纬度 ±30°附近幅度近于零，S_q 的东向分量早晨和午后各有一个互相反号的极值，磁纬度 ±30°附近幅度最大，纬度降低幅度减小较快，而磁赤道附近幅度近于零，S_q 的垂直分量中午附近有一个明显的极值，在磁纬度 ±30°附近幅度最大，纬度升高幅度减小较快，纬度降低幅度减小较慢，磁赤道附近幅度近于零。夏至和冬至期间 S_q 随纬度的分布特征与上述无

本质的改变。

S_q是由电离层中的电流系产生的。大气在太阳紫外线、X射线的作用下发生电离而形成电离层，该电离层在地磁场中运动产生涡旋电流系。由于这个电流系相对于太阳的位置不变而地球在不停地自转，因此，地面上任意点的地磁场必然经历一个以太阳日为周期的变化过程。

2）太阴日变化L的一般特征：

L的基本特征是以半个太阴日（12h 25min）为周期且依赖于地方太阴时。L的幅度较小，一般仅有1~2nT。

太阴日变化是由月球对地球的引力变化使地球的电离层产生潮汐现象和对流运动所引起的。

（2）扰动变化

地磁场的扰动变化也称磁扰，它是一类暂短而复杂的变化，类型较多，可分为磁暴、极光区磁扰、地磁脉动和钩扰等。由于极光区磁扰主要发生在极光带（$\varphi_m=67°$左右），而钩扰不常见，我们只介绍磁暴和地磁脉动。

1）磁暴：磁暴是全球同时发生的强烈磁扰。不同磁暴间的形态差异很大，同一磁暴不同纬度处的形态也不同。磁暴可分为急始磁暴（Sc）和缓始磁暴（Gc），前者一开始变化急促，后者一开始变化平缓，如图5－18所示。

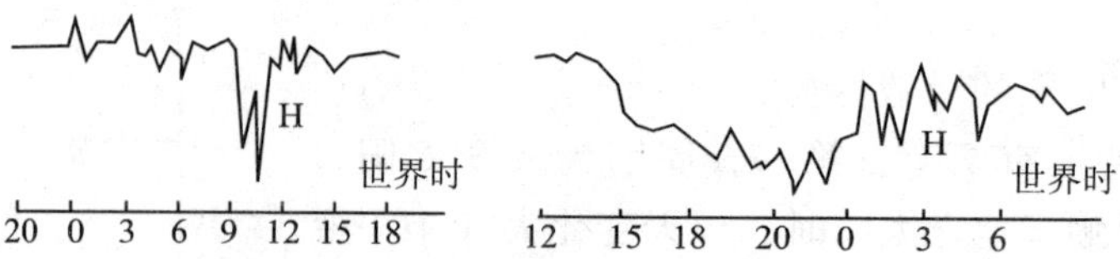

(a) 夏威夷檀香山　(b) 科罗尔

图5－18　磁暴曲线

（美，$\varphi_m=21.0°N$）1959.11.27 Sc曲线　（美，$\varphi_m=3.2°N$）1958.09.04 Gc曲线

Sc和Gc的共同特点是：开始几个小时内，水平分量主要是增大，称初相；接着迅速减小，经几个或十几个小时达极小，称主相。然后水平分量开始回升，约经一天或几天恢复到正常S_q的形态，称恢复相。具有初相、主相和恢复相形态是磁暴的典型形态，这种特殊形态的地磁变化称为磁暴时变化（D_{st}）。在中低纬度区，初相一般约为几到几十纳特，主相一般约为几十到几百纳特。

磁暴形态间的差异与急始、缓始及主相的幅度有关。

虽然磁暴发生的具体时间不确定，但是从长期观察结果看，磁暴发生的时间具有一定的统计规律。部分磁暴具有27d（太阳自转一周的时间）的重现性，太阳活动极大年磁暴多而极小年少，磁暴数目的变化具有11年的周期性，且春秋两季磁暴多而夏冬两季少。

磁暴起源于太阳活动区喷发出来的等离子粒子流。统计表明，在太阳大跃斑（局部亮度突然增强）出现后1~3d内，往往发生磁暴。

2）地磁脉动：地磁脉动也称磁微扰。它是一类短周期的地磁变化，具有各种周期，振幅和形态，周期一般为0.2~1000s。最短在0.1s以下，最长可达1500s。振幅一般为10^{-2}~10nT，最小不足10^{-2}nT，最大可达10^2nT以上。

地磁脉动的起因很复杂。太阳不断地向外发射等离子体（主要是电子和质子），约以

300～600km/s 的速度射向地球，俗称太阳风，太阳风短暂而复杂的变化在磁层和电离层中产生相应的电流系，该电流系所引起的地面上地磁场的变化就是地磁脉动。

地磁场的短期变化对地磁测量影响较大，发生磁暴时，野外磁测应停止，其他短期变化，如日变和地磁脉动，应从磁测结果中去掉。

四、磁异常及其表示

1. 磁异常的划分

已知地磁场的构成可用（5－38）式表示，即

$$\boldsymbol{T} = \boldsymbol{T}_{\varphi} + \boldsymbol{T}_{\mathrm{m}} + \boldsymbol{T}_{\mathrm{se}} + \boldsymbol{T}_{\mathrm{a}} + \delta \boldsymbol{T}$$

式中：$\boldsymbol{T}_{\mathrm{a}}$ 为地壳磁场，称为总磁异常矢量，是磁法勘探的重要测量和研究对象。且根据对某一地区磁场研究的目的不同，对 $\boldsymbol{T}_{\mathrm{a}}$ 又可划分成正常地磁场（相对正常场）和磁异常（相对异常场）两部分。

在地磁学的研究中，也涉及正常地磁场和磁异常的划分，这种划分中其概念和含义均比较明确，如研究大陆磁异常，将中心偶极子场作为正常地磁场；研究地壳磁场时，则以中心偶极子场和大陆磁场之和为其正常场。但在磁法勘探中，因解决各种地质问题的对象不同、测区大小不同以及对于不同深度场源性质的研究，正常地磁场和磁异常的划分就更加灵活。例如，在弱磁性或非磁性地层中要圈定强磁性岩体或矿体，通常将前者所引起的磁场作为正常背景场，而后者产生的磁场为磁异常。有时要在磁性岩石中圈定非磁性地层，这时可把磁性岩层的磁场作为正常场，而非磁性地层中的磁场相对变化为异常场。一般情况下将（5－38）式中的 $\boldsymbol{T}_{\varphi}$、$\boldsymbol{T}_{\mathrm{m}}$ 及 $\boldsymbol{T}_{\mathrm{se}}$ 的总和看作地磁正常场，记为 $\boldsymbol{T}_0$，即

$$\boldsymbol{T}_0 = \boldsymbol{T}_{\varphi} + \boldsymbol{T}_{\mathrm{m}} + \boldsymbol{T}_{\mathrm{se}}$$

而对总磁异常矢量 $\boldsymbol{T}_{\mathrm{a}}$，在消除掉变化磁场 $\delta \boldsymbol{T}$ 的情况下有

$$\boldsymbol{T}_{\mathrm{a}} = \boldsymbol{T} - \boldsymbol{T}_0 \qquad (5-55)$$

对正常场和磁异常划分的灵活性表明，磁法勘探中有效地提取磁异常是一个具体细致的过程。

2. 磁异常要素及其物理意义

设在 P 点附近的地下有一个球形地质体，该地质体的磁矩 m 铅直向下，则其在 P 点引起的总磁异常矢量 $\boldsymbol{T}_{\mathrm{a}}$ 的方向为过该点的磁感应线（在过球心的铅直面 $ABCD$ 内）的切线方向，如图 5－19 所示。

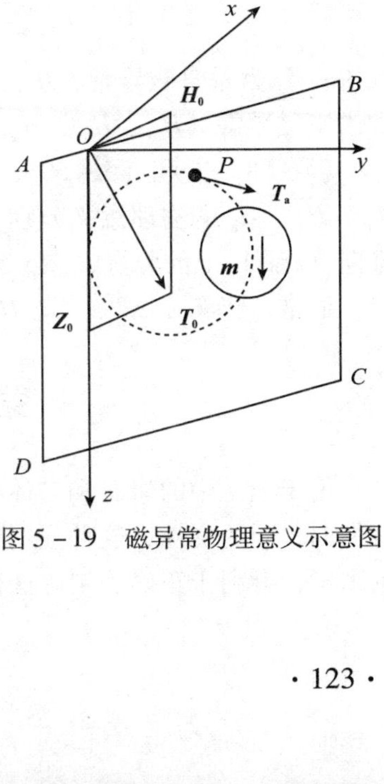

图 5－19　磁异常物理意义示意图

已知正常地磁场矢量为 $\boldsymbol{T}_0$，P 点的实际地磁场总强度矢量 $\boldsymbol{T}$ 由（5－55）式知应为正常地磁场矢量 $\boldsymbol{T}_0$ 与总磁异常矢量 $\boldsymbol{T}_{\mathrm{a}}$ 的矢量和，显然 $\boldsymbol{T}$ 与 $\boldsymbol{T}_0$ 的方向是不一致的。

P 点的地磁场总强度矢量 $\boldsymbol{T}$ 与正常地磁场矢量 $\boldsymbol{T}_0$ 的模量差定义为 $\Delta \boldsymbol{T}$，称其为总强度磁异常（也称总磁异常），有

$$\Delta T = |\boldsymbol{T}| - |\boldsymbol{T}_0| = T - T_0 \qquad (5-56)$$

ΔT 既不是 $\boldsymbol{T}_{\mathrm{a}}$ 的模量，也不是 $\boldsymbol{T}_{\mathrm{a}}$ 在 $\boldsymbol{T}_0$ 方向的投影，如图 5－20 所示。

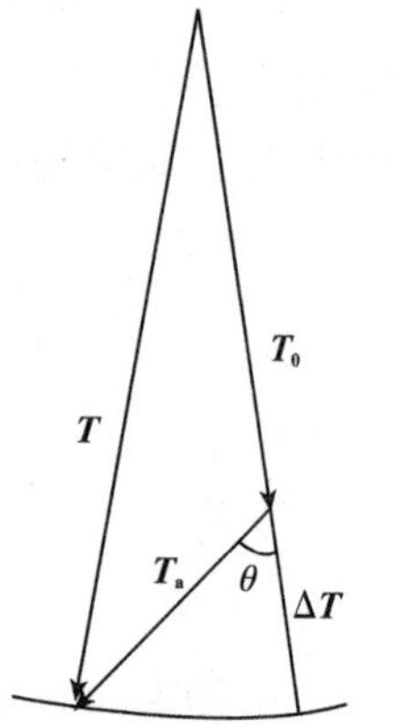

图 5－20　ΔT 与 T_a 的关系

根据三角形余弦定理：

$$T = \sqrt{T_0^2 + T_a^2 + 2T_0T_a\cos\theta}$$

式中：θ 是 $\boldsymbol{T}_a$ 与 $\boldsymbol{T}_0$ 之间的夹角。根据（5－56）式，上式可写为

$$T_0 + \Delta T = \sqrt{T_0^2 + T_a^2 + 2T_0T_a\cos\theta}$$

对上式两端取平方，并除以 T_0^2，则得

$$\left(\frac{\Delta T}{T_0}\right)^2 + 2\left(\frac{\Delta T}{T_0}\right) = \left(\frac{T_a}{T_0}\right)^2 + 2\left(\frac{T_a}{T_0}\right)\cos\theta \qquad (5-57)$$

由于 $\Delta T < T_a \ll T_0$，上式中的平方项 $\left(\frac{\Delta T}{T_0}\right)^2$ 和 $\left(\frac{T_a}{T_0}\right)^2$ 可以略去。因此，（5－57）式可简化为

$$\Delta T \approx T_a\cos\theta = T_a\cos(T_a, T_0) \qquad (5-58)$$

上式表明在一般情况下，当总磁异常矢量 $\boldsymbol{T}_a$ 不十分强时（为 T_0 的数十分之一以下时），可近似把 ΔT 看作是 $\boldsymbol{T}_a$ 在 $\boldsymbol{T}_0$ 方向的分量（$\boldsymbol{T}_0$ 方向在相当大区域内可以认为是不变的（10000km^2 内变化 1°左右）），这样 ΔT 的物理意义与 Z_a、H_a 类似。在航空磁测中，磁异常通常在数百至1000nT之间，以上关系的近似程度比较高。

当磁异常强度很大时，ΔT 仍应以（5－57）式表示。

根据（5－55）式，总磁异常矢量的定义为

$$\boldsymbol{T}_a = \boldsymbol{T} - \boldsymbol{T}_0 \qquad (5-59)$$

上式在空间直角坐标系（z 轴垂直向下）中的分量形式为

$$\left.\begin{aligned} Z_a &= Z - Z_0 \\ H_{ax} &= H_x - H_{0x} \\ H_{ay} &= H_y - H_{0y} \\ H_a &= (H_{ax}^2 + H_{ay}^2)^{1/2} \end{aligned}\right\} \qquad (5-60)$$

而

$$T_a = (Z_a^2 + H_a^2)^{1/2} \qquad (5-61)$$

式中：Z_a 为垂直磁异常，H_{ax}、H_{ay}、H_a 为水平磁异常，（5－60）式是垂直磁异常（Z_a）和水平磁异常（H_{ax}、H_{ay}、H_a）的定义式。

（5－58）式和（5－60）式表明，总强度磁异常 ΔT、垂直磁异常 Z_a、水平磁异常 H_{ax}、H_{ay}、H_a 的物理意义分别为总磁异常矢量 $\boldsymbol{T}_a$ 在正常地磁场 $\boldsymbol{T}_0$ 方向上的分量，在垂直方向（z 轴）上的分量，在 x 轴和 y 轴上的分量以及在水平面（XOY 面）内的分量。

通常，将 $\boldsymbol{T}_a$、ΔT、Z_a、H_{ax}、H_{ay} 及 H_a 统称为磁异常要素。

第三节　岩（矿）石磁性

位于地壳中的岩石和矿体处在地球磁场中，从它们形成时起，就受地磁场磁化而且具有强弱不同的磁性，这种强弱差异在地表引起磁异常。了解矿物与岩石的磁性特征及其影响因素，有利于正确确定磁法勘探能够解决的地质任务。

一、岩（矿）石的磁性特性

1. 描述岩（矿）石磁性的物理量

在磁法勘探中，岩石（包括矿石）的磁性常用磁化率、感应磁化强度及剩余磁化强度来表示。

（1）磁化率和感应磁化强度

岩（矿）石被现在的地磁场磁化而具有感应磁化强度，可表示为

$$\boldsymbol{M}_{\mathrm{i}} = \kappa(\boldsymbol{T}_0/\mu_0) \qquad (5-62)$$

式中：$\boldsymbol{T}_0$ 为地磁场的磁感应强度，$\boldsymbol{M}_{\mathrm{i}}$ 为感应磁化强度，κ 为岩（矿）石的磁化率。

（2）剩余磁化强度和总磁化强度

剩余磁化强度 $\boldsymbol{M}_{\mathrm{r}}$ 与当代地磁场无关，它是岩（矿）石在形成时，处于一定的条件下，受当时地磁场磁化所保留下来的磁性。由前述铁磁性物质的讨论可知，只要岩（矿）石中含有铁磁性矿物，它就可能具有一定的剩余磁化强度（简称剩磁）。

总磁化强度用 $\boldsymbol{M}$ 表示，它代表岩（矿）石总的磁性，其与 $\boldsymbol{M}_{\mathrm{i}}$ 和 $\boldsymbol{M}_{\mathrm{r}}$ 的关系为

$$\boldsymbol{M} = \boldsymbol{M}_{\mathrm{i}} + \boldsymbol{M}_{\mathrm{r}} = \kappa(\boldsymbol{T}_0/\mu_0) + \boldsymbol{M}_{\mathrm{r}} \qquad (5-63)$$

式中：$\boldsymbol{M}_{\mathrm{r}}$ 的方向可能与 $\boldsymbol{M}_{\mathrm{i}}$ 的方向一致，也可能是不一致的，甚至与 $\boldsymbol{M}_{\mathrm{i}}$ 的方向相反。

2. 影响岩（矿）石磁性的主要因素及岩（矿）石的磁性概述

（1）矿物的磁性

自然界中绝大部分矿物属抗磁性和顺磁性，只有少数矿物属铁磁性。

1）抗磁性矿物：岩盐、石膏、方解石、石英、石油、石墨、金刚石及某些长石等，其 κ 值的数量级为 $-10\times4\pi\times10^{-6}$SI（$\kappa$）。在磁法勘探中基本上可视为零。但有时在某些较简单的地质条件下，如某些盐丘和石英脉上能观测到微弱的负磁异常。

2）顺磁性矿物：如黑云母、辉石、角闪石、蛇纹石、石榴子石、堇青石、褐铁矿等，磁化率变化范围为（0～60000）$\times4\pi\times10^{-6}$SI（κ）。有时，由于矿物中掺有磁铁矿而出现较高的磁化率。表 5－2 给出了几种常见矿物的磁化率。

表 5－2　几种常见矿物的磁化率

抗磁性矿物［$4\pi\times10^{-6}$SI（κ）］				顺磁性矿物［$4\pi\times10^{-6}$SI（κ）］			
名称	κ	名称	κ	名称	κ	名称	κ
石英	－13	方铅矿	－26	橄榄石	20	绿泥石	200～900
正长石	－5	闪锌矿	－48	角闪石	100～800	金云母	500
锆石	－8	石墨	－4	黑云母	150～650	斜长石	10
方解石	－10	磷灰石	－81	辉石	400～900	尖晶石	30
岩盐	－10	重晶石	－14	铁黑云母	7500	白云母	40～200

3）铁磁性矿物：自然界中并不存在纯铁磁性矿物，主要是铁淦氧磁性的矿物，如铁的氧化物和硫化物及其他金属元素的固熔体等。这些矿物虽然不多，但它们磁性却很强，对岩石的磁性起着决定性的作用。表 5－3 给出了一些主要的铁磁性矿物的磁化率。主要矿物有：磁铁矿（$FeO\cdot Fe_2O_3$），磁赤铁矿（γFe_2O_3）、赤铁矿（αFe_2O_3）、钛铁矿

($TiFe_2O_2$)和磁黄铁矿($FeO_{(1-x)}$)等。其中赤铁矿有一个重要特性，当其从高温冷却下来时，会得到很强的温差剩磁，比感应磁化强度大数千倍。

表 5-3　主要铁磁性矿物的磁化率

矿物	分子式	κSI(κ)
磁铁矿	Fe_3O_4	0.07~0.2
钛磁铁矿	xFe_3O_4 $(1-x)$ $T_iFe_2O_4$	$10^{-7}\sim10^{-2}$
磁赤铁矿	γFe_2O_3	0.03~0.2
赤铁矿	αFe_2O_3	$10^{-7}\sim10^{-2}$
磁黄铁矿	$FeS_{(1+x)}$	$10^{-7}\sim10^{-2}$
铁镍矿	$NiFe_2O_4$	0.05
锰尖晶石	$MnFe_2O_3$	2.0
镁铁矿	$MgFe_2O_4$	0.08
针铁矿	αFeOOH	$(0.02\sim80)\times10^{-4}$
纤铁矿	γFeOOH	$(0.9\sim2.5)\times10^{-4}$
菱铁矿	$FeCO_3$	$(20\sim60)\times10^{-4}$

(2) 影响岩(矿)石磁性的主要因素

1) 铁磁性矿物的含量对磁性的影响：岩(矿)石是由矿物组成的，逆磁性矿物的磁化率 κ 可近似看作为零，顺磁性矿物最大的 κ 值也只有 $60000\times4\pi\times10^{-6}$SI($\kappa$)，而铁磁性矿物特别是磁铁矿 κ 值竟达到 $1.22\times4\pi$ SI(κ)。因此，岩(矿)石中铁磁性矿物的含量是影响磁性的主要因素。一般说来，铁磁性矿物含量越高，其 κ 值就越大，但两者之间并不是简单的正比关系，而是服从于某种统计相关的关系。

另外，前面叙述过，只有铁磁性矿物能够形成剩磁。因此，岩(矿)石中是否含有铁磁性矿物也就决定了它是否具有剩余磁化强度。

2) 岩(矿)石的结构及铁磁性矿物颗粒大小的影响：一般说来，岩(矿)石颗粒越小，磁化率越小，但矫顽磁力增强。此外，颗粒的形状对岩(矿)石的磁性也有一定的影响，如果颗粒为长轴状且整齐排列，例如成片理状或条带状构造，则沿片理或条带方向的磁化率较垂直此方向者为强，使岩(矿)石的磁化呈各向异性。

3) 岩(矿)石形成过程中温度和机械力的影响：岩石在地壳中从高温状态冷却时快慢不一致也会引起磁性差异。喷出岩冷却很快，能保留较大的剩余磁化强度。此外，当岩(矿)石受到机械力作用时产生内应力，其矫顽磁力与内应力成正比，而矫顽磁力越大，往往剩余磁化强度也越强。

上述这些影响因素主要是在实验室中发现的，用来解释自然界一些岩(矿)石的磁性特点时，尚须结合具体地质条件来综合考虑。

(3) 各类岩石磁性的一般规律

一般说来，火成岩磁性最强，沉积岩磁性最弱，变质岩则介于二者之间，其磁性取决于原岩的磁性。从表 5-4 中可大致看出不同类型岩石磁性的大概情况：

表 5－4　几种基本类型岩石的磁性

岩石类型	$4\pi\times10^{-6}$SI（κ）	M_r/（10^{-2}A/m）	岩石类型	$4\pi\times10^{-6}$/SI（κ）	M_r/（10^{-2}A/m）
超基性岩	$10^1\sim10^3$	$10^2\sim10^4$	变质岩	$10^{-1}\sim10^2$	$10^0\sim10^2$
基性岩	$10^0\sim10^3$	$10^0\sim10^4$	沉积岩	$10^{-1}\sim10^1$	$10^0\sim10^2$
酸性岩	$10^0\sim10^2$	$10^0\sim10^4$			

1）火成岩的磁性：依据火成岩的产出状态，又可分为侵入岩和喷出岩。

①侵入岩的不同种类中，其 κ 值的平均值随岩石基性增强而增大。它们的磁化率，均具有数值分布范围宽的相同特征。②超基性岩是火成岩中磁性最强的岩石。超基性岩在经受蛇纹石化时，辉石被分解形成蛇纹石和磁铁矿，使磁化率急剧增大，可达几个 SI（κ）单位。③基性、中性岩，一般说来其磁性较超基性岩弱。④花岗岩建造的侵入岩，普遍是铁磁－顺磁性的，磁化率不高。⑤喷发岩在化学和矿物成分上与同类侵入岩相近，其磁化率一般特征相同。由于喷发岩迅速且不均匀的冷却，结晶速度快，使磁化率离散性大。⑥火成岩具有明显的天然剩余磁性，其 $Q=\boldsymbol{M}_r/\boldsymbol{M}_i$ 称作柯尼希斯贝格比。不同岩石群组的 Q 值范围，可从 0～10 或更大。

2）沉积岩的磁性：沉积岩如果不含铁质，其磁化率可以认为接近于零。在含有少量铁质时，κ 值有所增高。剥蚀地区的沉积岩，通常具有较高的 κ 值。一般认为，砾岩和砂岩因颗粒较粗，形成时又靠近剥蚀地区，磁化率具有稍高的数值。而泥灰岩、石灰岩等的磁化率则可忽略不计。

沉积岩的 $\boldsymbol{M}_i$ 值一般很小，而且 $\boldsymbol{M}_r$ 值更小，在磁法勘探中作用不大，但对古地磁研究具有一定的价值。

3）变质岩的磁性：变质岩的磁性取决于原岩的磁性。如正片麻岩的磁性接近于花岗岩的磁性，负片麻岩的磁性则接近于泥砂质岩石的磁性。纯的大理岩和石英岩的磁性很弱，千枚岩磁性稍强。某些变质岩中含有大量铁质时，磁性特别强，如含铁石英岩、磁铁石英片麻岩等，无论感应磁化强度还是剩余磁化强度都很强。蛇纹岩及角闪岩等有时也具有较强磁性。

（4）各类矿石磁性的一般规律

矿石与矿物的磁性特征有很大差异，不同矿石含矿比例以及所含矿物的铁磁性特征，再加上原岩铁磁性矿物的含量决定了矿石磁性的强弱。

二、岩（矿）石的剩余磁性及其特征

1. 岩（矿）石剩余磁性成因类型及其特点

（1）热剩磁（TRM）

在地磁场中，岩（矿）石由炽热的岩浆通过它的居里点冷却到正常地表温度所获得的磁性，称为热剩磁。热剩磁不仅很强，而且特别稳定。如果在常温下，在磁场中获得等温剩磁，只要环境温度略有增加，或使用一定强度的交变磁场，就可以使剩磁消失。但在磁场中经高温冷却所获得的热剩磁，就是用很强的交变磁场，往往也不能完全退掉剩磁。火成岩的剩余磁性主要是属于热剩磁，比较稳定。

（2）沉积剩磁（DRM）

在形成沉积岩的缓慢沉积过程中，微细的岩石颗粒按当时地磁场方向呈定向排列，这种颗粒的排列经沉积、压实、脱水后长期保存在沉积岩中。这样显示出的磁性称为沉积剩磁。这类剩磁一般也比较稳定。

（3）化学剩磁（CRM）

在居里点以下的某一温度条件下，因化学作用（如氧化等），使得磁性颗粒直径增大或把原来的矿物变为新矿物，在此过程中，受当时地磁场作用获得的剩磁称为化学剩磁。沉积岩和变质岩的剩余磁性的形成常与这种过程有关，它是一种比较稳定的剩磁。

（4）等温剩磁（IRM）

在温度为常温时，因外磁场作用而获得的剩余磁性叫等温剩磁。如闪电能使地面小范围的岩石产生剩余磁性，这种剩磁是不稳定的，它的大小和方向随着施加外磁场的大小和方向发生变化。作为次生剩磁的一种类型，它将给古地磁研究带来干扰。

（5）黏滞剩磁（VRM）

岩石长期受地磁场作用获得的剩磁，称为黏滞剩磁。由于热骚动，原来已定向排列的磁畴，将弛豫到后来的地磁场的方向，形成黏滞剩磁，它的强度与时间的对数成正比。因为地磁场强度处在不断变化之中，所以，黏滞剩磁的方向可能与原生剩磁不同。某些岩石中，原生剩磁可能大部分衰减掉，次生的黏滞剩磁可能成为主要部分。由于它是次生剩磁的又一种类型，因此，也是古地磁研究中的一种干扰因素。

2. 岩（矿）石的反向磁化

所谓反向磁化，就是指剩磁 $\boldsymbol{M}_r$ 比感磁 $\boldsymbol{M}_i$ 强度大得多，且方向相反。在磁场测量中反映在磁异常图上负值的绝对值比正值大。人们通过定向标本的测量发现，岩（矿）石的剩余磁化强度的方向，既可能与当今地磁场的方向一致或相近，也可能不一致，甚至相反。航空和海洋磁力测量的结果显示，在全球范围内，尤其在广阔的大洋上磁异常呈正负交替出现的条带状。这些都说明存在着局部的、区域的、乃至全球性的岩（矿）石反转磁化现象。

形成反转磁化的原因主要有两个：

1）在过去地质年代中地磁极性的周期性改变。这一现象已被近代喷发熔岩、海底沉积物和海洋条带状磁异常三种独立的自然现象定量地、一致地证实。因为地磁极性反转是全球范围的现象，所以同一时代的岩石无论岩性如何，就应具有相同的极性。如果以当今地磁场的极性为正向，那么在地磁场反向期形成的岩石就具有与当今地磁场方向相反的剩磁 $\boldsymbol{M}_r$。

2）岩（矿）石的自反向磁化。法国理论物理学家夸耳曾在理论上预言，岩（矿）石通过其内在过程，例如不同居里点的两种铁磁性物质 *A*、*B* 的相互静磁作用，有可能获得反向磁化。假定岩（矿）石在地磁场中从高温冷却下来，居里点较高的物质 *A* 首先在地磁场方向获得热剩磁。随着进一步冷却，热剩磁增强。当温度降至物质 *B* 的居里点时，物质 *B* 获得磁化。然而，*B* 不仅受到地磁场 $\boldsymbol{T}_0$ 的作用，还受到已经变成永久磁性物质的 *A* 的磁场 $\boldsymbol{H}_i$ 的作用。如果物质 *A*、*B* 如图 5－21 排列，则在 *B* 内 $\boldsymbol{H}_i$ 正好和 $\boldsymbol{T}_0$ 相反。在一定条件下，如 $\boldsymbol{H}_i$ 的影响比 $\boldsymbol{T}_0$ 大，物质 *B* 将受到反向磁化。整个岩（矿）石的合成磁化强度是 *A*、*B* 的磁化强度之和。如果在常温下 *B* 的热剩磁大于 *A* 的热剩磁，整个岩体或矿体将呈反向磁化。

此外，由于构造运动使地层翻转，也能造成反向剩余磁化。

3. 研究岩（矿）石剩磁的意义

岩石中因含铁磁性矿物，在成岩过程中受到当时地磁场的磁化而获得剩余磁性。如果在岩石形成后这种天然剩磁未遭破坏而被原样保留下来，则它的方向也就是岩石形成时该处地磁场的方向，因此，根据岩石剩磁的倾角和偏角资料就可确定出当时地磁极的位置。古地磁学就是根据岩石的原生剩磁，研究地球各个地质发展阶段地磁场的变化发展历史、大地构造和古地理演化史的一门边缘学科。

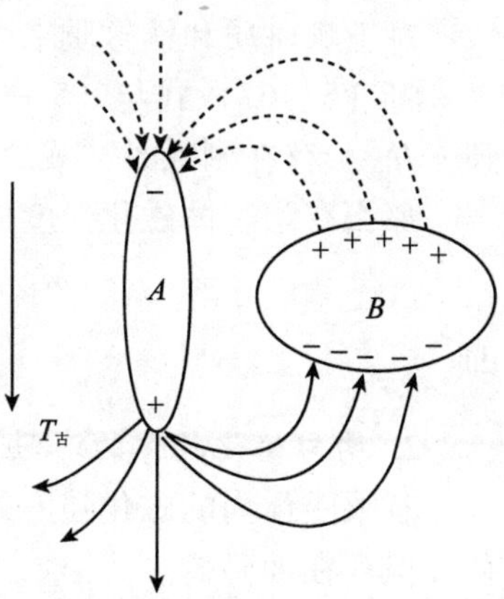

图 5－21　反向磁化示意图

在应用研究中，为使磁测结果得到正确的解释，有必要对岩体或矿体的剩余磁化强度进行研究。尤其当 $\boldsymbol{M}_r$ 较强且与当今地磁场方向不一致时，如果只考虑 $\boldsymbol{M}_i$ 可能导致错误的结论，例如可能使矿体的倾向和倾角的计算出现错误。另外，为研究在强磁性火成岩地区区分矿与非矿问题，人们定义剩磁与感磁之比：$Q=\boldsymbol{M}_r/\boldsymbol{M}_i=\boldsymbol{\mu}_0\boldsymbol{M}_r/(\kappa\boldsymbol{T}_0)$，利用 Q 值的大小在某些地区可以圈定火成岩中的铁矿体。

三、有限物体的磁化强度与物体形状的关系

在磁场关系的研究中，我们知道，充满整个空间的磁介质（物质）的磁化强度的分量形式为

$$\boldsymbol{M}_k=\boldsymbol{M}_{ik}+\boldsymbol{M}_{rk} \tag{5－64}$$

而

$$\boldsymbol{M}_{ik}=\kappa\boldsymbol{H}_{0k} \tag{5－65}$$

式中：k 为坐标数（x，y，z）；$\boldsymbol{H}_0$ 为磁化场的磁场强度。

1. 消磁作用及视磁化率

一均匀有限物体，受到均匀外磁场 $\boldsymbol{H}_0$ 磁化后，物体表面将有磁荷分布，因而在物体内部产生一个与 $\boldsymbol{H}_0$ 方向相反的磁场 $\boldsymbol{H}_d$，使物体内部磁场强度 $\boldsymbol{H}_i=\boldsymbol{H}_0+\boldsymbol{H}_d$ 比外磁场 $\boldsymbol{H}_0$ 小，把物体内部这个与外磁场方向相反的磁场 $\boldsymbol{H}_d$ 称为消磁磁场（或退磁磁场）。由物理学可知：

$$H_d=-NM$$

式中：N 为消磁系数，与物体形状有关。或

$$H_{dk}=-N_k(M_{ik}+M_{rk}) \tag{5－66}$$

对于有限物体有

$$M_{ik}=\kappa H_{ik}=\kappa[H_{0k}-N_k(M_{ik}+M_{rk})]$$

解上式得

$$M_{ik}=\frac{\kappa}{1+N_k\kappa}H_{0k}-\frac{\kappa}{1+N_k\kappa}N_kM_{rk}=\kappa'H_{0k}-\kappa'N_kM_{rk} \tag{5－67}$$

式中：$\kappa'=\dfrac{\kappa}{1+N_k\kappa}$；$\kappa'$为有限物体的视磁化率。

对于顺磁质和铁磁质来说，由于 $\kappa>0$，而 N 恒为正数，故 $\kappa'<\kappa$。

将（5－67）式与（5－65）式比较可知，与无限大物体相比，有限物体的感磁减小到 $\kappa' H_{0k}$，存在剩磁时又减少了 $\kappa' N_k M_{rk}$，这就是有限物体的消磁作用。

那么有限物体磁化强度的分量形式为

$$M_k = M_{ik} + M_{rk} = \kappa' H_{0k} - \kappa' N_k M_{rk} + M_{rk}$$

即

$$M_k = \frac{\kappa}{1+N_k\kappa} H_{0k} + \frac{1}{1+N_k\kappa} M_{rk} \tag{5-68}$$

2. 均匀磁化物体的消磁系数

有限磁体内的磁化强度处处为常矢量时，称该物体为均匀磁化。均匀磁化时，无体磁荷，但存在面磁荷。

（1）均匀磁化条件

由以上的讨论可见，对有限物体来说，均匀磁化除要求均质和磁化磁场均匀外，还要求消磁场均匀。位场理论中已证明，只有由二次曲面所圈成的均匀物体在均匀磁场中才是均匀磁化的。我们对这个结论说明如下。

首先假设物体是均匀磁化的，然后说明该物体是由二次曲面围成的。

根据假设可知（5－33）式也适用于物体内部，即

$$U_{md} = -\frac{1}{4\pi G\rho}(M_x V_{ix} + M_y V_{iy} + M_z V_{iz}) \tag{5-69}$$

式中：V_i 为均匀磁化体内的引力位；U_{md} 为表面磁荷在磁体内的磁位（即消磁场的磁位）。将上式代入（5－15）式可得消磁场的三个分量，即

$$H_{dx} = \frac{1}{4\pi G\rho}(M_x V_{ixx} + M_y V_{ixy} + M_z V_{ixz}) \tag{5-70}$$

$$H_{dy} = \frac{1}{4\pi G\rho}(M_x V_{iyx} + M_y V_{iyy} + M_z V_{iyz}) \tag{5-71}$$

$$H_{dz} = \frac{1}{4\pi G\rho}(M_x V_{izx} + M_y V_{izy} + M_z V_{izz}) \tag{5-72}$$

图形	磁化方向		
	沿1	沿2	沿3
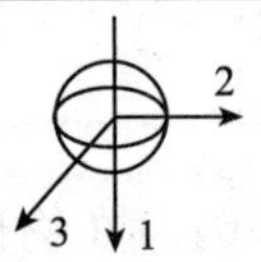	$\frac{1}{3}$	$\frac{1}{3}$	$\frac{1}{3}$
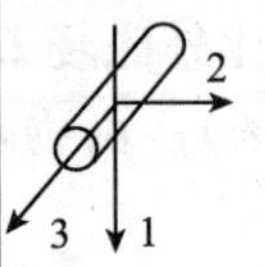	$\frac{1}{2}$	$\frac{1}{2}$	0
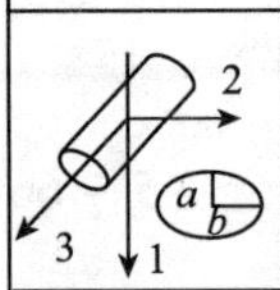	$\frac{b}{a+b}$	$\frac{a}{a+b}$	0
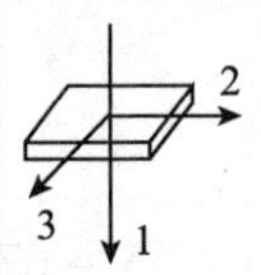	1	0	0

图 5－22　几种形体不同方向的消磁系数

以上三式表明，为使消磁场 $\boldsymbol{H}_d$ 为常矢量，必须要求有限体内的引力位的二阶偏导数为常数，即要求有限体内的引力位为坐标的二次函数，只有由二次曲面围成的物体（如椭球体）内部的引力位才为二次函数，下面将举例说明。

（2）几种均匀磁性体的消磁系数

我们知道，球体、无限长圆柱体、无限长椭圆柱体等均是椭球体的特例。现以球体为例，球体内部的引力位（坐标原点取在球心）应为

$$\begin{aligned} V &= (-2/3)\pi G\rho r^2 + 2\pi G\rho R^2 \\ &= (-2/3)\pi G\rho(x^2+y^2+z^2) + 2\pi G\rho R^2 \end{aligned}$$

式中：R 为球体半径。

将上式代入（5－70）式～（5－72）式可得

$$H_{dx} = -(1/3)M_x$$
$$H_{dy} = -(1/3)M_y$$

$$H_{dz} = -(1/3)M_z$$

可知球体各方向上的消磁系数为1/3。其他形体的消磁系数如图5-22所示。

3. 消磁作用对磁化强度的影响

由图5-22可见，对于不等轴的物体，沿不同方向的消磁系数是不同的。因此，消磁作用不仅影响磁化强度的大小，还会影响磁化强度的方向。

在正常地磁场 $\boldsymbol{T}_0$ 的倾角 $I_0=45°$ 的地区，有一走向沿磁南北方向的无限长水平圆柱体（真磁化率为1.0SI（κ））。由图5-23和（5-67）式可得（不考虑剩磁影响）

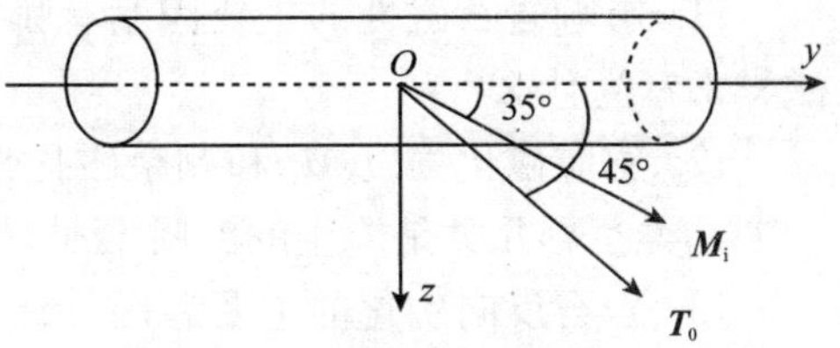

图5-23 消磁作用对感应磁化强度方向的影响

$$M'_{iy} = \frac{\kappa}{1+N_y\kappa}T_{0y}/\mu_0, \quad M'_{iz} = \frac{\kappa}{1+N_z\kappa}T_{0z}/\mu_0$$

因 $N_y=0$，$N_z=1/2$，而

$$\tan\alpha = \frac{M'_{iz}}{M'_{iy}} = \frac{1}{1+\frac{1}{2}\times 1.0}\tan 45° = 0.67$$

得 $\alpha=34°$

由本例看出，消磁作用使磁化强度偏离磁化场 $\boldsymbol{T}_0$ 的方向达11°。磁化率越大，偏离越多，并且总是偏向磁性体的长轴方向。应说明的是，消磁作用只对强磁体有明显影响，对弱磁体（$\kappa<0.1$SI（κ））的影响可忽略。

习题五

1. 解释下列名词：磁极、磁偶极子、地磁极、IGRF、DGRF。

2. 绘图说明地磁要素及它们相互间的关系。

3. 按照图5-24所标出的地球表面各个点的位置，示意绘出各点的正常地磁场 T_0 的方向。并简要说明如何定义正常地磁场和磁异常？

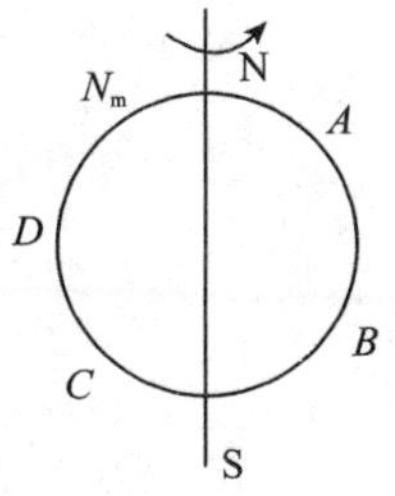

图5-24

4. 简述地磁场球谐分析的步骤。说明 $n=1$ 的地磁场球谐级数的物理意义，已知1980年球谐系数 $g_1^0=-29992$nT，$g_1^1=-1956$nT，$h_1^1=5604$nT，试估算地球的总磁矩和北地磁极的地理位置。

5. 分别说明近代和古代地磁场长期变化的基本特征；地磁场的短期变化可分为哪两类？说明两类短期变化的基本特征和种类，长、短期变化的起因有何不同？两类短期变化的起因有何不同？

6. 磁（标）位对某一坐标轴和某一方向的负偏导数的物理意义是什么？

7. 已知北京地区正常地磁场 $Z_0=46194$nT，$H_0=29884$nT，试计算北京地区的 Z_0、H_0、T_0 的水平和垂直变化率。（已知地球的平均半径为6370.8km）

8. 设 Q 点有某一物体，其剩余密度为 ρ，磁化强度为 $\boldsymbol{M}$，它在 P 点产生的引力位为 V，磁位为 U_m。写出磁位与引力位之间的泊松关系式，并就系数部分给出说明。

9. 设笛卡尔坐标系的 z 轴向下，在 $z=d$ 处放置一单一的磁偶极子，现沿 x 轴方向的剖面上以水平距离 d 计算该偶极子的磁场：

1）对一垂直偶极子：①计算 Z_a 在两个零值点间的值；②计算 Z_a 在两个最大的梯度值之间的值；③计算 H_{ax} 在极大值和极小值之间的值。

2）对一水平偶极子，假定其指向为 x 轴正方向：①计算 H_{ax} 在两个零值点间的值；②计算 H_{ax} 在两个最大的梯度值之间的值；③ 计算 Z_a 在极大值和极小值之间的值。

10. 磁介质可以分成哪几类？它们各自的磁性特征有何不同？

11. 影响岩石磁性的主要因素有哪些？如某种岩石中不含任何磁性矿物，是否会引起磁异常？为什么？

12. 感应磁化强度 $\boldsymbol{M}_i$ 和剩余磁化强度 $\boldsymbol{M}_r$ 在成因方面有何不同？岩石的剩余磁性可分为哪几类？哪几类是原生的？哪几类是次生的？研究剩余磁化强度有何意义？

13. 岩石反向磁化的主要原因是什么？

14. 何为消磁作用？磁介质的磁化率 κ 与磁性体视磁化率 κ' 有何关系？有限物体均匀磁化条件有哪几个？图示说明均匀磁化球体、无限长水平圆柱体、薄板状体的消磁系数。

15. 某地（$T_0 = 0.53 \times 10^{-4}$ T，$I_0 = 60°$）有一走向磁方位角为30°NE 的无限长、向下无限延深的直立薄板状矿体，其真磁化率为 1.0SI（κ），剩磁大小为 40A/m，剩磁倾角为 −30°，剩磁磁方位角为60°NE。请回答：①考虑消磁作用，计算有效磁化强度的大小和倾角；②若不考虑消磁作用，计算有效磁化强度的大小和倾角；③比较两种计算结果，说明有何不同之处，为什么？

16. 按图 5 − 25 和图 5 − 26 所示的剖面地质条件，分别说明沿地面能否观测到磁异常，为什么？

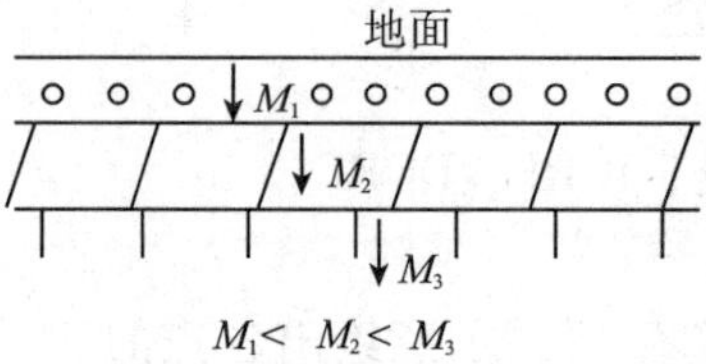

图 5 − 25

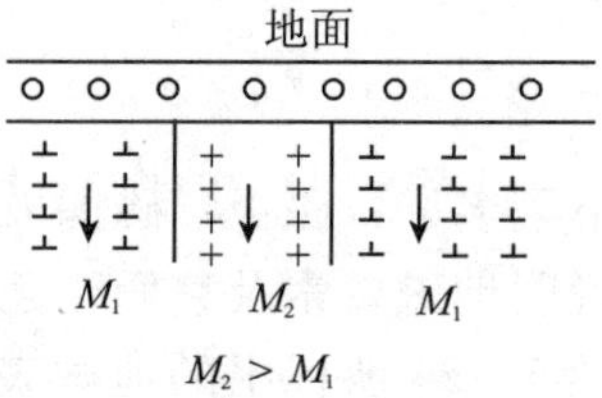

图 5 − 26

第六章　磁法勘探仪器

磁法勘探中，进行磁异常数据采集及测定岩（矿）石磁参数的仪器，统称为磁力仪。目前的磁力仪种类很多，应用领域既有陆地测量，也有海上与空中测量。本章将主要介绍我国目前陆地磁法勘探广泛应用的主要类型的磁力仪的工作原理和基本性能。

第一节　概　　述

一、磁场的绝对测量和相对测量

无论利用磁测资料研究地质构造还是直接找矿，都要首先测量以获取磁感应强度值。测量磁场强度值分两种方法，即绝对测量和相对测量。

绝对测量较多的用于地磁学研究。多数电子式磁力仪都可用于地磁场的绝对测量。

相对测量主要用于磁法勘探中。应用机械式磁力仪和电子式磁力仪均可实现相对测量。相对测量主要测量地磁场总强度 $\boldsymbol{T}$ 矢量的模量以及地磁场的垂直分量 $\boldsymbol{Z}$ 与水平分量 $\boldsymbol{H}$ 的模量，并计算它们与正常地磁场 $\boldsymbol{T}_0$、$\boldsymbol{Z}_0$、$\boldsymbol{H}_0$ 模量的差值 ΔT、Z_a 及 H_a。总强度磁异常 ΔT 与总磁异常矢量 $\boldsymbol{T}_a$ 的关系，以及 $\boldsymbol{Z}$ 及 $\boldsymbol{H}$ 与 $\boldsymbol{Z}_0$、$\boldsymbol{H}_0$ 的关系在（5-56）式～（5-61）式中已分别给出了说明。

以解决地质问题的效果来讲，测量磁异常的任一分量，在理论上解决地质问题的可能性是相近的。目前野外磁法勘探中已广泛使用电子式磁力仪，对 ΔT 的应用研究已比较普遍。

二、磁力仪的主要技术指标

技术指标是反映仪器总体性能的技术数据，通常包括：灵敏度、精度、准确度、测程与温度环境要求等。

灵敏度：系指磁力仪反映地磁场强度最小变化的能力（敏感程度），有时也称做分辨率。

精度：是衡量仪器重复性的指标，系指仪器自身测定磁场所能达到的最小可靠值。由一组测定值与平均值的偏差来表示。有时也称作定点重复观测误差。

准确度：系指仪器测定磁场真值的能力，表示出单台仪器测量结果与真值相比的误差。

测程：指仪器在测量过程中所能够显示出的最弱磁场或最强磁场的强度值。测程越大，仪器的适应性越强。此项指标主要适用于机械式磁力仪。

温度环境：主要表示该类仪器在恶劣条件下的适应性，性能优越的仪器应具备在 -30～50℃温度条件下正常工作的能力。

以上为对包括机械式磁力仪在内的仪器指标的传统提法，对电子式磁力仪，很多仪器已经增加了包括采样频率，自动化程度等多种功能。

采样频率即自动记录的速度。目前使用的电子式磁力仪大多具备自动记录的功能，采样频率可实现每秒1~20次自选。采样频率越高，对磁场变化记录的准确度越高。但采样频率过高有时会影响精度。

自动化程度：是磁场测量技术与信息技术结合的体现。主要显示为仪器的存储量、自动记录的设置、日变自动改正、资料的输出与打印、剖面图像的随时显示以及与GPS对接应用的功能等。

第二节　机械式磁力仪

机械式磁力仪都是相对测量仪器。其直接反映磁场变化的部分叫磁系，其对磁场的测量类似于秤的原理，故又名磁秤。

对机械式磁力仪，因磁系旋转轴的不同，有悬丝式和刃口式磁力仪之分，因其测量地磁要素的不同，又有垂直磁力仪与水平磁力仪的差别。其测量原理基本是相同的。

一、悬丝式磁力仪

1. 悬丝式垂直磁力仪

悬丝式垂直磁力仪用于地磁场垂直分量的相对测量，即垂直磁异常 ΔZ 的测量。仪器灵敏系统（磁系）结构如图6-1所示。用于北半球的仪器，其磁系中的磁棒（磁偶极子）S极一端较长，磁棒位于悬丝之下。因此，磁系的质量中心在悬丝（旋转轴）之下且偏于S极一方，磁系结构可简化为图6-2。其中 O_1 为质量中心，O 为悬丝通过的位置，m_1 为磁系的质量，Q_m 为磁荷量。为测量地磁场垂直分量的变化量，应使磁系旋转轴水平地置于磁南北方位，即令磁棒只能在磁东西方位的铅垂面内摆动。在此情况下，地磁场水平分量产生的力矩为零。于是，力矩的平衡方程为

$$mZ\cos i = m_l g d\cos(\beta - i) + 2\tau i \qquad (6-1)$$

式中：$m = 2Q_m l/\mu_0$ 为磁棒（磁偶极子）的磁矩；Z 为地磁场垂直分量；d 为 OO_1 的长度；β 为 OO_1 与磁轴的夹角；i 为磁棒倾角；τ 为悬丝的扭力系数。

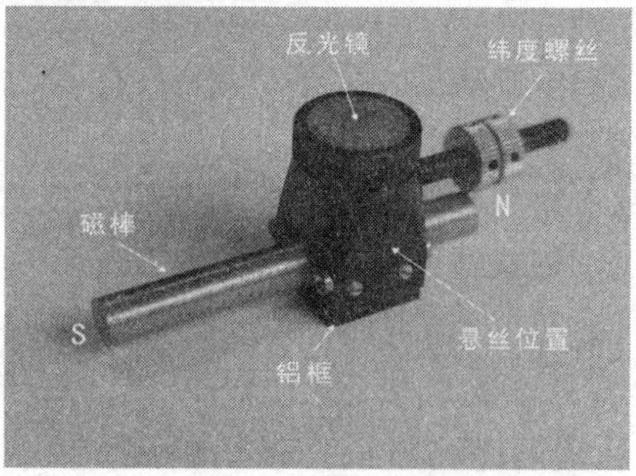

图6-1　CS_2-61型悬丝式垂直磁力仪磁系图

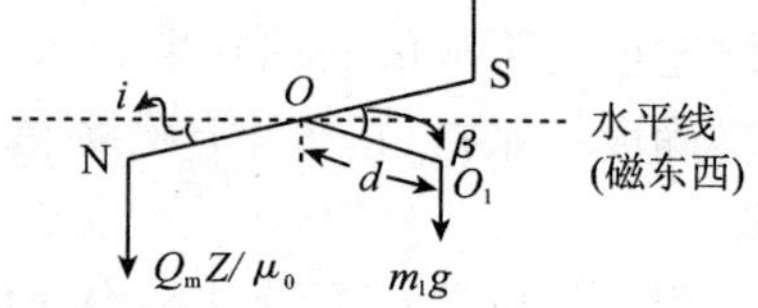

图6-2　悬丝式垂直磁力仪工作原理图

仪器的灵敏系统在不同地点受不同磁场力大小的作用，磁棒将绕悬丝扭动。故悬丝式磁力仪是通过测量磁棒倾角的变化来测量磁场垂直分量的大小。当磁场变化范围较大时，还需要采用一些辅助的办法保证测量能够顺利进行。另外，受仪器结构及材料的限制，对测量结

果还需要进行温度改正、零点漂移改正等，以提高测量精度。

20 世纪 80 年代我国设计生产的 CS_2 – 61 型悬丝式垂直磁力仪的读数方式为倾角读数。也可设计成水平零点读数的方式，如我国同期生产的 CSC – 3 型悬丝式垂直磁力仪。

2. 悬丝式水平磁力仪

悬丝式水平磁力仪可实现水平磁异常 ΔH 的相对测量。该仪器的磁系结构与悬丝式垂直磁力仪相似，但磁棒近于直立放置，在北半球使用的仪器磁棒 N 极一端朝下。利用水平磁力仪进行水平磁测时，要求仪器严格定向，因此，有的水平磁力仪上同时安装有经纬仪，20 世纪我国生产的 CSS – 1 型悬丝式水平磁力仪，该仪器的工作原理如图 6 – 3 所示。

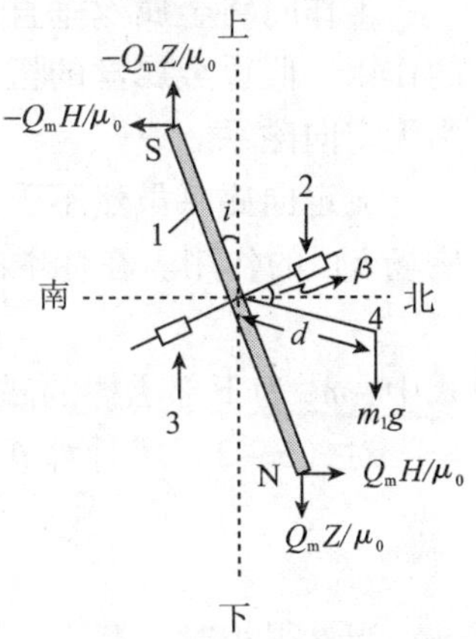

图 6 – 3　CCS – 1 型悬丝式水平磁力仪工作原理图

二、其他机械式磁力仪

1. 刃口式垂直磁力仪

刃口式垂直磁力仪与悬丝式垂直磁力仪工作原理相近，仅在磁系结构上有所不同。刃口式磁力仪磁系中心贯穿了一个石英磨制的三棱柱（称此为刃口），该三棱柱替代了悬丝的作用。该仪器主要是用于垂直磁异常 ΔZ 的相对测量。刃口式垂直磁力仪磁系结构如图 6 – 4 及图 6 – 5 所示。

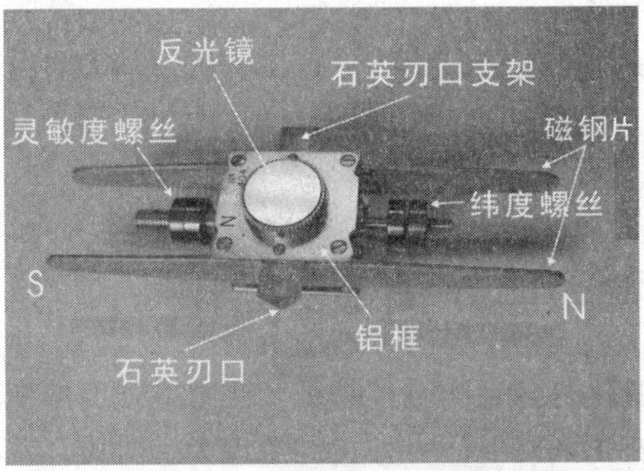

图 6 – 4　刃口式垂直磁力仪磁系结构

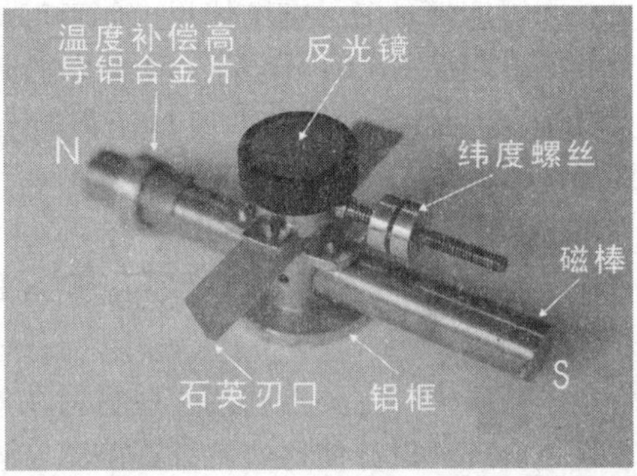

图 6 – 5　CR_2 – 69 型刃口式垂直磁力仪磁系结构

由于石英刃口性能稳定，不受温度影响，因此，刃口式磁力仪零点漂移值小，与悬丝式垂直磁力仪相比精度较高，但石英质脆，易破损。在机械式磁力仪大量用于野外生产时期此类仪器多用于测定地磁日变或岩石标本的磁性。

2. 无定向磁力仪

无定向磁力仪是专门测定岩（矿）石标本磁性的高灵敏度磁力仪。它的灵敏系统是由磁矩相等、方向相反、相隔一定距离固定在无磁性的金属杆上的两个磁棒组成。金属杆的一端与一条扭力系数小而张力大的金属丝相连，如图 6 – 6 所示。

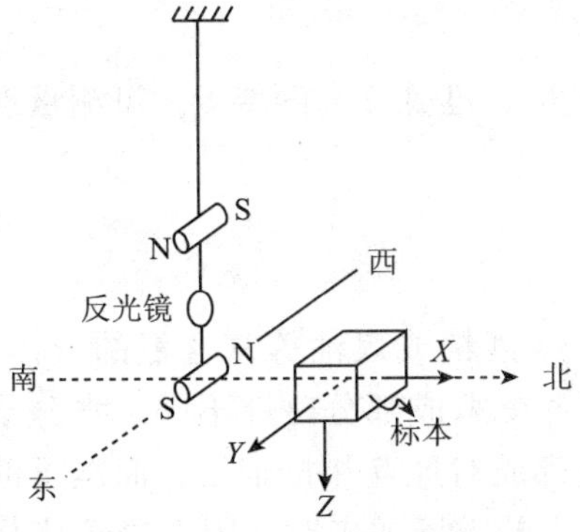

图 6 – 6　无定向磁力仪磁系图

工作时将金属丝垂直吊起来。不难理解，上述灵敏系统的总磁矩为零，不受均匀磁场的作用。假设金属丝的扭力系数为零，则它可在任意方位上静止。因此，称这种灵敏系统为无定向磁系。

无定向磁系虽然不受均匀场的作用，但是却受非均匀磁场（如磁性标本产生的水平磁场 h）的作用。在标本的水平磁场作用下其平衡方程式为

$$m_2 h\cos\theta = \tau\theta \tag{6-2}$$

式中：m_2 为下部磁棒的磁矩；τ 为金属丝的扭力系数；θ 为磁系的偏转角度。

对（6－2）式计算 θ 的全微分可得

$$\frac{d\theta}{dh} = \frac{m_2\cos\theta}{m_2 h\sin\theta + \tau}$$

当 θ 很小时，有

$$\frac{d\theta}{dh} \approx \frac{m_2}{\tau} \tag{6-3}$$

通常，m_2 较大，τ 很小，故灵敏度很高。对单一磁棒来说，其力矩平衡方程为

$$hm_2\cos\theta = H_0 m_2\sin\theta + \tau\theta$$

式中：H_0 为地磁场水平分量。对上式计算 h、θ 的全微分，在 θ 很小时可求得

$$\frac{d\theta}{dh} = \frac{m_2}{H_0 m_2 + \tau}$$

可见，无定向磁系的灵敏度比单一磁棒的磁系高得多。

我国早期曾生产的 WCW_1-63 型无定向磁力仪，可测定磁化率的范围 $(200 \sim 50000) \times 10^{-6}SI(\kappa)$ 的磁性标本；WSW－1 型无定向磁力仪可测量剩余磁化强度（$10^{-3} \sim 10^{-4}$）A/m 的弱磁性标本。

第三节　电子式磁力仪

电子式磁力仪主要指利用一些材料在外磁场变化时微观的磁性特征或磁感应强度的变化，通过合理的设计使这些特征或磁感应强度的变化激发电信号，再经过放大、对比，并转换成数字信号输出，从而达到磁场测量目的的磁法勘探仪器。

一、质子旋进磁力仪

质子磁力仪于20世纪50年代中期问世，它具有灵敏度、准确度高的特点。可测量地磁场总强度 $\boldsymbol{T}$ 的模量或梯度值等。

1. 质子旋进及测量原理

（1）质子（核子）的旋进

质子磁力仪使用的工作物质（探头中）有蒸馏水，或酒精或煤油等富含氢的液体。就水分子 H_2O 而言，宏观上看它是逆磁性物质，但是其各个组成部分磁性不同。水分子中的氧原子核，不具磁性。它的10个电子，其自旋磁矩都成对地互相抵消了，而电子的运动轨道又由于水分子间的相互作用被“封固”。当有外界磁场加来时，因电磁感应作用，各轨道电子的速度略有改变，因而显示出水的逆磁性。此外，水分子中的氢原子核

(质子)，由自旋产生的磁矩，将在外加磁场的影响下，逐渐地转到外磁场方向。这就是逆磁性介质中的“核子顺磁性”。

当没有外界磁场作用于含氢液体的样品时，其中质子磁矩无规则地任意指向，不显现宏观磁矩。若在垂直地磁场 $\boldsymbol{T}$ 的方向上加一个强人工磁场 $\boldsymbol{H}_0$，则样品中的质子磁矩，将按 $\boldsymbol{H}_0$ 方向排列起来，如图 6－7（a）所示，此过程称为极化。然后，切断磁场 $\boldsymbol{H}_0$，则地磁场对质子有 $\boldsymbol{\mu}_p \times \boldsymbol{T}$ 的力矩作用，试图将质子拉回到地磁场方向。由于质子自旋，因而在力矩作用下，质子磁矩 $\boldsymbol{\mu}_p$ 将绕着地磁场 $\boldsymbol{T}$ 的方向做旋进运动（叫做拉莫尔旋进），如图 6－7（b）所示。它好像地面上倾斜旋转着的陀螺，在重力作用下并不立刻倒下，而绕着铅垂方向做旋进运动的情景一样。

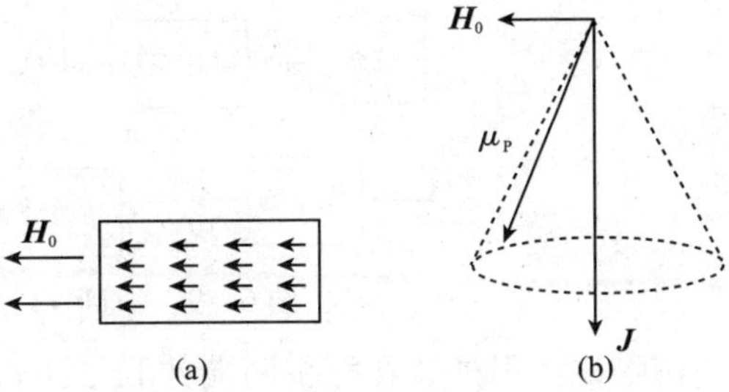

图 6－7　质子旋进示意图

（2）测量原理

理论物理分析研究表明，氢质子旋进的角速度 ω 与地磁场 $\boldsymbol{T}$ 的大小成正比，即

$$\omega = \gamma_p T \qquad (6-4)$$

式中：γ_p 为质子的自旋磁矩与角动量之比，叫做质子磁旋比（或回旋磁比率），它是一个常数。根据我国国家标准局 1982 年颁布的质子磁旋比数值是

$$\gamma_p = (2.6751987 \pm 0.0000075) \times 10^8 \mathrm{T}^{-1}\mathrm{S}^{-1}$$

又因 $\omega = 2\pi f$，则有

$$T = \frac{2\pi}{\gamma_p} f = 23.4874 f \qquad (6-5)$$

式中：T 以 nT 为单位。由该式可见，只要能准确测量出质子旋进频率 f，再将其乘以一常数，就是地磁场 $\boldsymbol{T}$ 的模值了。

2. CZM－2 型质子磁力仪

CZM－2 型质子磁力仪采用集成电路制造，简单程序控制，数字显示测量结果，为我国 20 世纪 80 年代中期的产品，可供地面磁测、日变站、地震预报中地磁台站的磁场测量使用。

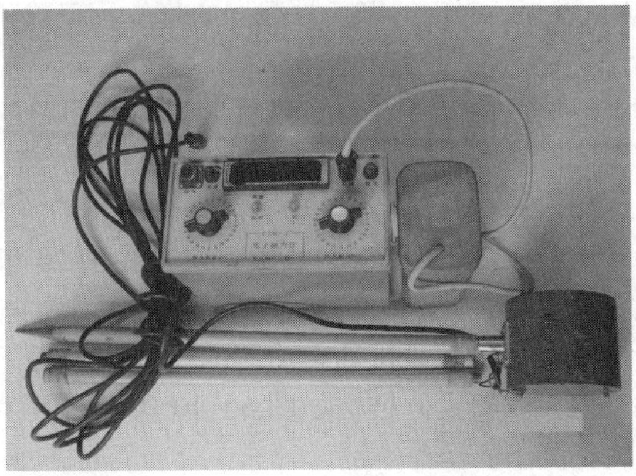
图 6－8　CZM－2 型质子磁力仪外貌

如图 6－8 所示，CZM－2 型质子磁力仪是由仪器主机、探头及电源三部分组成。主机采用半密封结构，探头为全密封结构，采用防磁材料。

该磁力仪工作原理框图如图 6－9 所示，每部分的作用如下。

1）探头：在一个圆柱型容器内，装有煤油。容器外有一螺线管，它由两个参数完全相同的长管状多层线圈反向串联而成，这个线圈用来产生人工磁化磁场和接收质子旋进频率的信号。当外来干扰场同时作用两个线圈时，干扰电动势在输出端刚好抵消，因此提高

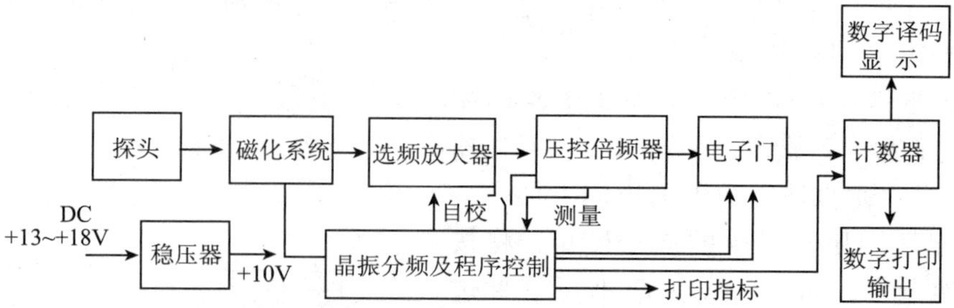

图 6－9　CZM－2 型质子磁力仪工作原理方框图

了信噪比。另外，在探头两端并联了可以换挡的调谐电容（共 24 挡），通过改变配谐电容来实现调谐提高信号幅度的目的。调谐电容的可调谐范围为 1360～3040Hz，对应的地磁场为 31942～71401nT。

2）放大器：由前置放大器及选频放大器组成，放大由探头输出的质子旋进信号，可将微弱信号放大几十万倍，选频放大器可提高信噪比。

3）测频器：由倍频器、晶体振荡器、二分频器、电子门和计数器等组成，其作用是精确地测定频率并使计数器的记数直接表示地磁场总强度的绝对值（以 nT 为单位）。将计数器所记录的脉冲数对等地转换成地磁场总强度绝对值的实现过程如下：

由于在 t 时间内所记下的经倍频的脉冲数为 $N=Kft$，即 $f=N/(Kt)$，将此式代入（6－5）式得

$$T=\frac{23.4874N}{Kt}=SN \tag{6-6}$$

式中：K 为倍频数；t 为开闭电子门时间；$S=23.4874/(Kt)$，表示一个脉冲或一个记数所相当的地磁场值（读数能力）。显而易见，选 $K=64$，$t=0.36699\text{s}$ 时，$S=1$，$T=N$。就是说，一个记数表示 1nT，因此，读数 N 直接表示了以 nT 为单位的地磁场总强度绝对值。

4）程序控制器：按一定时间顺序自动完成切断极化电流、控制选频放大器之继电器的通断、分频器电路的复位、时间常数的转换、控制门时间通断、计数器的复位、记数和显示等。

该仪器定点重复测量误差 ±2.0nT，测量均方误差 ±1.5nT，测程由探头调谐回路的可调谐范围所限定，为 31942～71401nT。

3. IGS－2/MP－4 型质子磁力仪

IGS－2/MP－4 型质子磁力仪是我国 20 世纪 80 年代引进加拿大 Scintrex 公司的技术并批量生产，一种带微机处理功能的高分辨率质子磁力仪。仪器主体结构如图 6－10 所示。其主要特征如下：

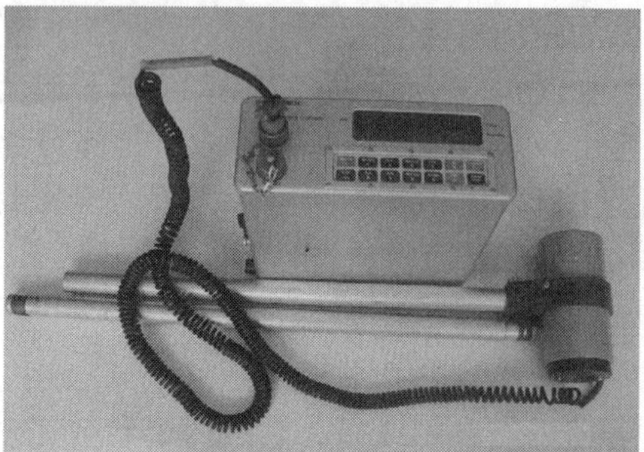
图 6－10　ICS－2/MP－4 型质子磁力仪外貌

1）仪器配置有可扩到 192K 的随机存取内存。在对地磁场总场的测量中，台站测量可记录 9.6 万个数据，野外测量（包括输入工区号、测线号与点号）可记录 1.62 万个数据。数据采集具有手动与自动两种选择方式可设

置，记录结果可长时间保存。

2）在利用调谐电容提高信号幅度方面，仪器有手动和自动两种调谐方式。使用手动调谐时，可直接输入当地地磁场的数值，仪器在已输入地磁场的 ±2000nT 变化范围内获得准确读数。使用自动调谐时，仪器可自动地对调谐做校正，但如果配谐相差幅度过大仍须做人为调整。

3）此类仪器除可用于测量地磁场总强度绝对值外，还可进行场的垂直梯度测量。测量垂直梯度时使用两个探头，利用两个探头的读数差除以探头的间距，可得垂直梯度。

4）用于日变站观测的仪器可通过设定循环时间实现自动记录，循环时间在 2 ~ 999s 之间可选。将日变站观测仪器与测点观测仪器连机，注意基点观测与测点观测时间同步，可自动完成日变改正。

5）仪器可连接 PC 机以及普通打印机完成简单数据处理、打印数据表格和剖面图等。

该仪器的读数分辨率为 0.1nT，测程 20000 ~ 100000nT，在 50000nT 时准确度为 ±1nT，在全部测程内及温度变化 -40 ~ 50℃ 范围内准确度为 ±2nT，噪声水平为 0.2 ~ 0.3nT。

4. ENVI MAG 质子磁力仪

ENVI MAG 质子磁力仪是加拿大 Scintrex 公司 20 世纪末所生产的 IGS -2/MP -4 型质子磁力仪的换代产品。仪器主体结构如图 6 -11 所示。

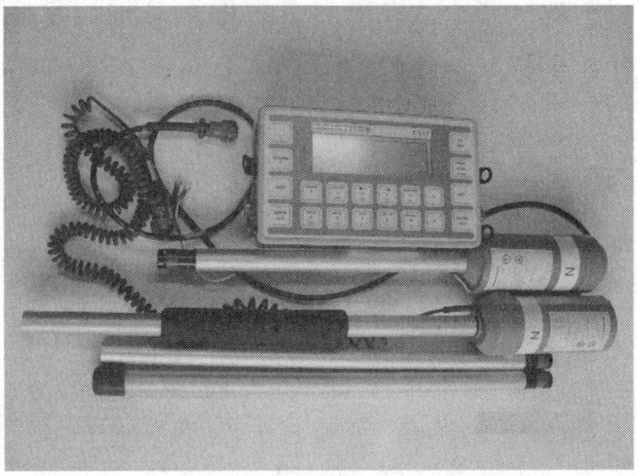

图 6 -11　ENVI MAG 型质子磁力仪外貌

ENVI 是一套环境地球物理观测系统，整个系统为一套积木化设计，包括磁场测量（ENVI MAG）、磁场和磁场梯度测量（ENVI MAG/GRAD）、甚低频电磁场测量（ENVI VLF）以及在同一台仪器中具备磁场与甚低频电磁场测量（ENVI MAG/VLF）多种功能的不同配置，使用者可根据需要确定不同的选项。

与 IGS -2/MP -4 型质子磁力仪相比较，该仪器在磁场以及磁场梯度测量的基本功能以及测量精度方面没有明显改善，但在自动化操作方面功能有所加强。主要包括：

1）自动化采样的最小时间间隔由原来的 2s 提高到 0.5s。

2）存储器容量增大。扩展后的存储量，对总场测量的标注数据存储量为 140000 个，对基站总场测量的标注数据存储量可达 750000 个。其他形式测量存储量也都相应增大。

3）由于增加了保温装置，工作温度为 -40 ~ 60℃。

4）控制面板操作采用 LCD 配置，全屏显示为 8 行 ×40 列字符，为 64 ×240 点位。通过显示屏，除可以通过人机交互输入测量过程中所需要的参数外，还可以对已有的测量结果以剖面图、数据表等形式回放检查。

5）进一步优化了自动化控制程序设计。

除了对天然磁场的测量之外，ENVI 系统配置有性能良好的 VLF 测量功能。用于 VLF 测量的探头由 3 个照准不同方向的线圈传感器组成。野外工作中仪器可自动搜索基于15 ~

30kHz 之间的最佳可选发射台的全部 VLF 频率，同时采集三个 VLF 发射台的甚低频信号所激发的异常，不必考虑观测网格相对于异常的方位。这样不仅简化了 VLF 的野外测量过程，节约了大量的勘探时间，而且对三个频率的观测可获得良导体信号的最佳耦合。测量得到的感应磁场以及视电阻率参数，使得磁法勘探从一种磁性目标物扩大到磁性和导电性两种目标物。

二、光泵磁力仪

光泵磁力仪是利用光泵技术制成的高性能磁力仪，用于地磁场总强度矢量 T 的模量的测量。与质子旋进磁力仪相比，光泵磁力仪灵敏度高，采样频率高，除了可用于宇宙磁探测、国防磁探测、地磁绝对测量以及矿产勘探外，由于其对磁场环境要求不严，在城市磁干扰比较大的条件下也能实施地面磁法勘探。

1. 原子能级、磁次能级与塞曼分裂

、 原子内部，轨道电子与原子核之间、电子与电子之间有着相互作用。电子自身也在运动，使得电子具有一定的能量，称为原子的内能或总能量。原子的内能不能连续地变化，只能取一些不连续的分立数值。这种现象称为原子能量的量子化。每一个分立值称为一个原子能级。

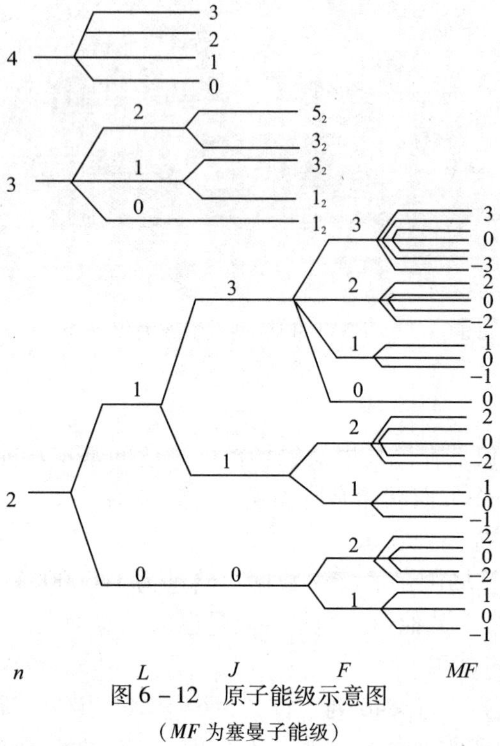

图 6－12　原子能级示意图

（MF 为塞曼子能级）

按照量子力学的概念，原子能级依次由主量子数 n（与电子的总能量有关），角量子数 L（与电子做轨道运动时的角动量矩有关），内量子数 J（与 L 及电子自旋量子数 S 有关，S 与电子自旋动量矩有关，$J=L+S$，$L+S-1$，$L+S-2$，…，$|L-S|$），以及总量子数 F（与 J 及核自旋量子数 I 有关，I 与原子核自旋动量矩有关，$F=J+I$，$J+I-1$，…，$|J-I|$）来决定。

电子轨道运动，电子自旋及原子核自旋都具有一定的磁矩，原子的磁矩即它们的综合反映。原子物理学研究证明，原子磁矩大小与原子的总量子数 F 有关。原子磁矩在磁场的作用下，产生了新的能量，使得同一个 F 值的能级可分裂为 $2F+1$ 个磁次能级。这种分裂称为塞曼分裂。塞曼分裂与磁场强度有关，相邻磁次能级间的能量差 ΔE 与外磁场 T 成正比，如图 6－12。

2. 光泵作用

光泵作用是指经过一定条件的光照射，使原子的轨道电子吸收能量，按选择定则跃迁（轨道电子吸收能量后须按照一定的选择定则跃迁，满足此定则时可以跃迁，否则不能跃迁），使得各原子的外层电子都处在某同一能级上的过程。现以正氦（He^4）元素为例说明：

正氦（^4He）在磁场中发生塞曼分裂，根据塞曼分裂原则，正氦（He^4）原子各种能级 2^3S_1、2^3P_1、2^3P_2 与 2^3P_0 的末端量子将对应地分裂为3、3、5、1 等个磁次能级。图6－13 给出了正氦（He^4）能级示意图。图中还标明了磁次能级中的电子由最低状态 2^3P_1 向上一能级跃迁所需满足的不同的辐射光波的波长（或称玻尔频率）。自 2^3S_1 能级向 2^3P_1 能级跃迁需要的辐射光波的波长 $\lambda = 10830.75Å$（Å 称埃，$1Å = 10^{-8}cm$），称其为 D_1 线，向 2^3P_2 能级跃迁需要的波长 $\lambda = 10830.84Å$，称其为 D_2 线，向 2^3P_0 能级跃迁需要的波长 $\lambda = 10829.08Å$，称其为 D_0 线。

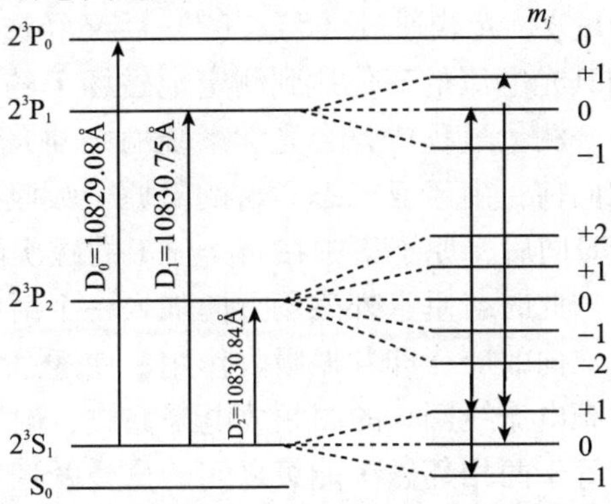

图6－13　正氦（^4He）能级及光学取向示意图

氦虽然是光泵磁力仪常用的一种元素。但氦是惰性气体，氦原子两个电子的轨道磁矩之和、自旋磁矩之和皆为零，原子整体显示无磁性，所以，无法利用。为利用氦原子磁次能级跃迁的性质实现光泵过程，必须采用高频放电技术使氦处于亚稳态正氦（He^4）之后才可以利用。在此之后，利用波长 $\lambda = 10830.75Å$（相当于电子从 2^3S_1 能级向 2^3P_1 能级跃迁所需辐射波的波长）的右旋偏振光对其照射，使之激发跃迁。此时 2^3S_1 中不满足跃迁选择定则的磁次能级（$m_j = +1$）上的电子不能吸收此偏振光激发到 2^3P_1 的任何能级上去，而 2^3S_1 的其他磁次能级（$m_j = 0, \ -1$）的电子则可激发跃迁到 2^3P_1 的能级上。需要强调的是，在能级跃迁过程中，在光波范围内（$f = 10^{13} \sim 10^{15}Hz$）无论何种方式激发到高能级的电子都很快返回初始状态，故跃迁至 2^3P_1 能级上的电子仅停留 $10^{-8}s$ 后，又以等几率（按 $\Delta m_j = 0, \ \pm 1$ 选择定则）跃回 2^3S_1 的各磁次能级（包括 2^3S_1 的 $m_j = +1$ 的能级）。经过很短时间 τ_p，2^3S_1 中的电子可能全部集中于 $m_j = +1$ 的磁次能级上，相当于原子磁矩在光的作用下定向排列，如图6－13 所示，此时即完成了光泵作用，也称光学取向的过程。

3. 光泵磁力仪

光泵磁力仪又可分为跟踪式光泵磁力仪与自激式光泵磁力仪。跟踪式光泵磁力仪对测量介质（如正氦（He^4））沿磁场方向观察塞曼分裂，自激式光泵磁力仪对测量介质（如铯 C_S^{133}，钾 K^{39} 等）沿垂直磁场方向观察塞曼分裂，二者基本原理一致。

（1）测量原理

这里仅以跟踪式光泵磁力仪为例做以介绍。跟踪式光泵磁力仪探头装置如图6－14 所示。

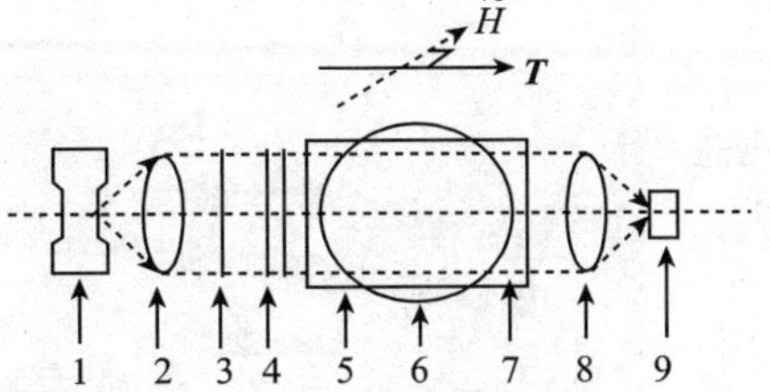

图6－14　跟踪式光泵磁力仪探头光学系统工作原理图

1—氦灯；2—透镜；3—干涉滤波器；4—1/4 波长片；5—吸收室；6—射频线圈；7—氦（He^4）气室；8—透镜；9—光敏元件

从氦灯（1）发出的 $\lambda = 10830.75Å$ 的单色光，经透镜（2）变成平行光，再经干涉滤波器（3）变成 $\lambda = 10830.75Å$ 的偏振光，又经1/4 波长片（4）变成右旋偏振光，射向吸收室（5），其内充有氦气，氦气经过（6）的高频电场激发在（7）达到亚稳态正氦（He^4），光线通过（5）、（7）后又经透镜（8）聚焦于光敏元件（9）上，再经放大器检测其光电流的变化达到测定地磁场 T 的目的。

测量过程中整个光学系统的光轴大致平行于被测磁场方向。在正氦（He^4）达到光学取向前，由于亚稳态 2^3S_1 的氦原子吸收 D_1 线向 2^3P_1 态跃迁，通过吸收室的光就弱。经过 τ_P 时间后，原子集中在 $m_j = +1$ 的磁次能级上，不再吸收 D_1 线，则透过吸收室的光最强。

此时若垂直外磁场方向加入一个射频电磁场，与已取向的原子磁矩间相互作用，产生去取向效应，即共振吸收作用，使透过吸收室的光强减弱。此项功能由在吸收室上环绕的射频电流线圈 6 的高频放电来完成，射频电流线圈的轴向与 T 垂直。当外加交变磁场的频率等于两相邻磁次能级之间的塞曼跃迁频率时，它的去取向作用最强，之后的瞬间，亚稳态 2^3S_1 的氦原子为实现跃迁将最大限量吸收 D_1 线，透过吸收室的光最弱。此时的塞曼跃迁频率实际上是原子在磁场中的进动频率。根据氦元素相邻磁次能级间的能量差 ΔE 与外磁场 T 成正比的表达式：

$$\Delta E = g_1 \mu_B T$$

式中：g_L 为朗德因子；μ_B 为玻尔磁子。再根据辐射跃迁时电磁波的频率 f_0 应满足的玻尔频率条件，有

$$f_0 = \frac{\Delta E}{h} = \frac{g_L \mu_B}{h} T = \gamma_P \frac{T}{2\pi} \qquad (6-7)$$

式中：h 为普朗克常数；$\gamma_P = 2\pi g_1 \mu_B / h$ 为原子总磁矩与总动量矩的比值，称为原子磁旋比率。对正氦（^4He）来说有

$$f_0 = \gamma_P \frac{T}{2\pi}(28.02356 \pm 0.0003)T \qquad (6-8)$$

这样可以通过测量光敏元件上光强度最弱时的射频 f_0 来测定外磁场 T，即

$$T = 0.035684 f_0 \qquad (6-9)$$

当磁场变化时，改变射频场的频率，使之始终维持透过吸收室的光线最弱，即使射频场的频率自动跟踪外磁场 $\boldsymbol{T}$ 的变化而变化，并保证一定的跟随速度。采用一套自动跟踪系统，能实现自动连续测量。

（2）HC95 便携式氦光泵磁力仪

HC95 氦光泵磁力仪由国土资源部北京航空物探遥感中心 20 世纪末自主研制制造的便携式地面磁场测量仪器。图 6－15 为仪器外貌。

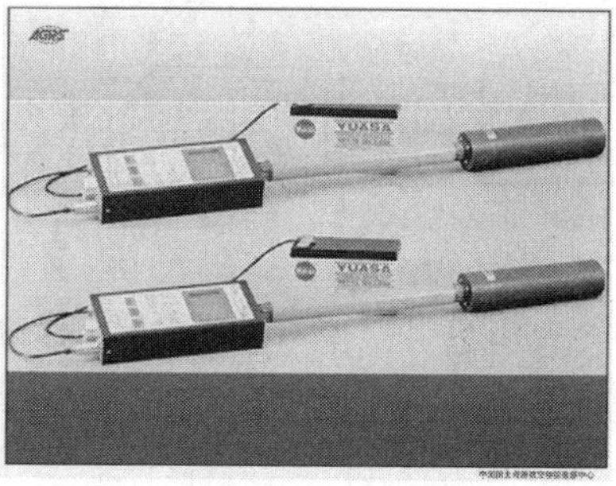

图 6－15　HC95 便携式氦光泵磁力仪外貌

该仪器由控制器、探头和电源三部分组成，探头和控制器用连接杆连接成一个整体。除应用于矿产勘探之外，该仪器还可应用于工程地质测量、管道及掩埋的磁性体的寻找以及考古测量等。HC95 的设计制造在数据采集、自动记录以及结果的随机图形显示方面都融入了较多的自动化技术。与前面介绍的质子旋进磁力仪相同年代的产品性能相比较，除了具备相同的功能外，在以下几个方面更显优越性：

1）定点重复观测误差小于0.05nT。

2）对局部异常的快速测量过程中，该仪器可以每秒3次的速度连续测量并在LCD上显示测量结果。

3）设置有声响提示功能，在进行磁场梯度测量时，仪器可根据被测磁场梯度大小，以不同的声调及时发出声响，提示异常的变化。

4）具备自我诊断功能，可及时报告仪器的工作状态。当仪器失锁、内存溢出以及电池电压过低等，仪器都会用声响报警并显示错误提示。

（3）铯（^{133}Cs）光泵、钾（^{39}K）光泵磁力仪简介

美国、加拿大等国家一些地球物理仪器制造商在20世纪90年代推出了一些利用铯（^{133}Cs）光泵和钾（^{39}K）光泵技术制造的地面高精度便携式磁力仪。下面举例简单介绍其中几种，这些仪器具有很多优越的性能。

1）SMARDMAG/GRAD铯（^{133}Cs）光泵磁力、磁梯度仪。加拿大Scintrex公司生产。灵敏度为0.01nT，采样率每秒1，2，5，10次可选，可根据需要配置磁力仪或磁梯度仪，工作温度为-30～50℃，可与GPS设备对接使用。图6-16给出了SMARDMAG/GRAD铯光泵磁力仪的梯度测量探头装置示意图。

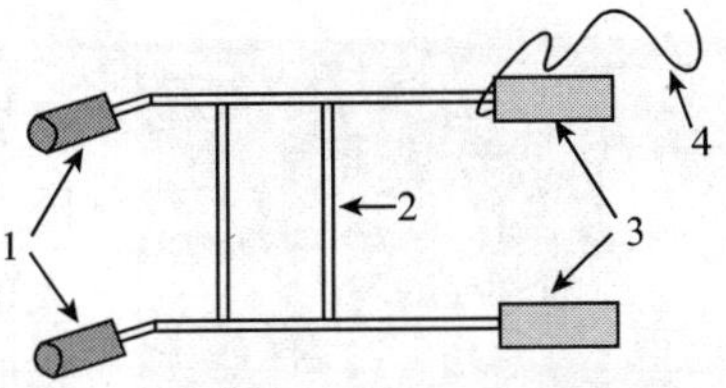

图6-16　SMARDMAG/GRAD铯光泵磁力仪梯度测量探头装置示意图

1—探头；2—支架；3—电子组件盒；4—主机连接导线

值得提出的是，SMARDMAG/GRAD铯光泵磁力仪与GSMP-30 MAG/GRAD钾光泵磁力仪的梯度测量探头不仅可以纵向组装，而且可以水平组装。这意味着这类仪器具有可以测量磁场的垂向梯度与水平梯度两种功能。根据磁异常的矢量特性，在获得了磁异常T_a的x、y、z三个方向的梯度以后，可以计算得到T_a沿任意方向的梯度。

2）GSMP-30MAG/GRAD钾（^{39}K）光泵磁力、磁梯度仪。加拿大GEM System公司生产。灵敏度为0.001nT，采样率每秒1～20次，可根据需要配置磁力仪或磁力/磁梯度仪；工作温度为-40～55℃。

3）G-858 MAG/GRAD铯（^{133}Cs）光泵磁力、磁梯度仪。美国Geometrics公司生产。灵敏度为0.01～0.05nT，采样率每秒1，2，5，10次可选，工作温度为-25～50℃，可与GPS设备对接使用。20世纪末，利用该型号的仪器并兼容相关技术研制的MTADS（Multi-sensor Towed Array Detection System）系统，配有16个G-858铯（^{133}Cs）光泵磁力仪探头，灵敏度达0.0001nT；采样率达每秒100次。

三、磁通门磁力仪与超导磁力仪简介

1. 磁通门磁力仪

磁通门磁力仪又称饱和式磁力仪。它是利用具有高导磁率的软磁铁芯在外磁场作用下的电磁感应现象测定外磁场的仪器，可以应用于地磁场垂直分量的相对测量。

磁通门磁力仪的探头是用高磁导率的坡莫合金材料（软磁性材料）制成。坡莫合金与一般的铁磁性物质相比具有很高的导磁率，而矫顽磁力Hc和饱和磁场Hs均很小。因此，坡莫合金的磁滞回线窄而陡，与一般铁磁性物质宽而缓的磁滞回线有明显的差别，如图6-17所示。分析坡莫合金的磁性特征可知，当外磁场有微弱变化时，就会引起磁感应

强度 B 的显著变化，可以说磁感应强度 B 对外磁场 H 的变化有放大作用。

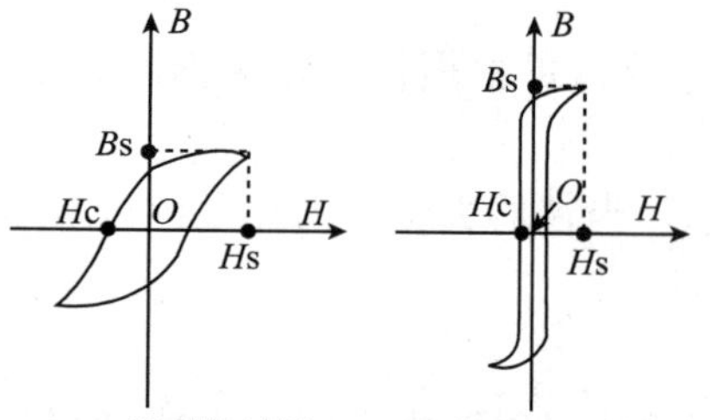

图 6－17　不同材料的磁滞回线示意图

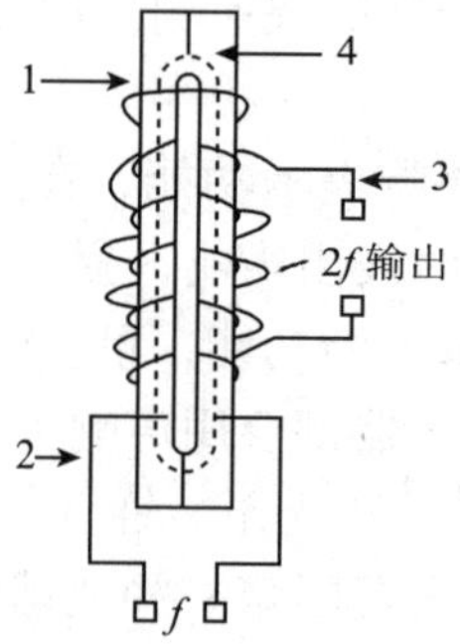

图 6－18　磁通门磁力仪探头结构示意图

1—灵敏元件架；2—激励线圈；3—输出线圈；4—坡莫合金环

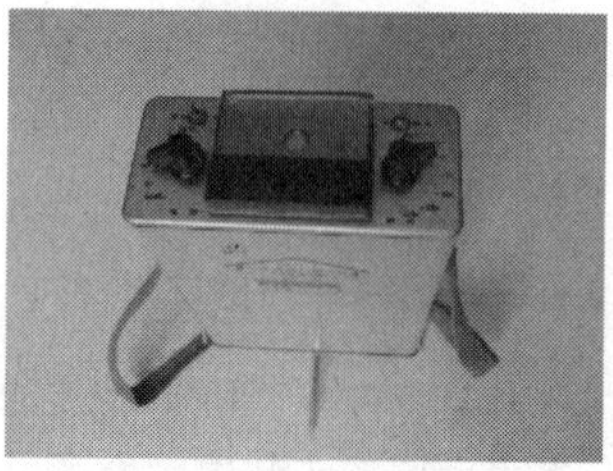
图 6－19　CCM－4 型磁通门磁力仪外貌

图 6－18 所示的磁通门磁力仪的探头是由环状玻莫合金做磁心，在其两边绕以匝数相等、绕向相反的两个激励线圈，其外绕以输出线圈组合而成。对激励线圈提供幅度相当大的交变电流，可使坡莫合金环达饱和磁化。当待测磁场为零时，在激励线圈外边的输出线圈中不产生感应电讯号；若待测磁场不为零，则输出线圈中产生与待测磁场成正比的等于激励频率两倍的感应电讯号；当待测磁场方向改变时，讯号相位反转 180°。因此，可利用二次谐波电压振幅的变化来确定两点间磁场的变化。

北京地质仪器厂探测仪器公司 2000 年研制出了 CCM－4 型磁通门磁力仪。该仪器传感器部分（在 ±1°范围内）采用硅油阻尼的自动调平系统，做 360°旋转时转向差≤ ±10nT，测量结果采用 LCD 直读，分辨率 1nT，量程为 ±19999nT，工作温度 －10 ~ ＋50℃。此种型号仪器可进行地磁场垂直分量的相对测量，适用于矿产勘察以及以探测铁器埋设物为主的工程物探，如图 6－19 所示。

2. 超导磁力仪

超导磁力仪是利用超导技术于 20 世纪 60 年代中期研制成的一种高灵敏度磁力仪。其灵敏度高出其他种类磁力仪几个数量级，可达 10^{-6}nT，能测出 10^{-3}nT 级磁场，可用于地磁场总强度矢量 $\boldsymbol{T}$ 的模量的测量。

超导材料的有关性质，在第二章介绍超导重力仪部分已做了简单说明。某些金属如铌、锡、铅等可作为超导材料制作成超导隧道结。超导隧道结又称约瑟夫逊结，是超导磁力仪工作的核心部分。它是两块超导体中间隔着一厚度只有（10 ~ 30） $\times 10^{-8}$ cm 的绝缘介质层。形成“超导体－绝缘体－超导体”的结构，如图 6－20 所示，中间的薄层区域称为结区。隧道结的绝缘层只有（10 ~ 30） $\times 10^{-8}$ cm 厚时，在超导条件下，超导电子能通过绝缘介质层，表现为电流能够无阻地流过，在介质层两端没有电压。绝缘介质层能够承受的超导电流一般是几十微安到

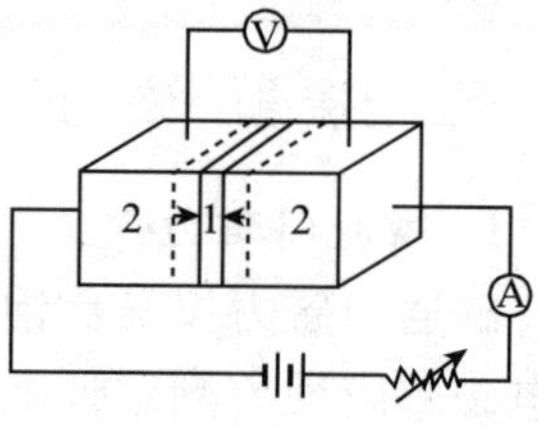

图 6－20　超导隧道结构图

1—绝缘介质；2—超导体

几十毫安，超过了就会出现电压。约瑟夫逊结能通过很小的超导电流现象，称为超导隧道结的约瑟夫逊效应，所能承受的最大超导电流，称为超导结的临界电流 $\boldsymbol{I}_C$。

临界电流 $\boldsymbol{I}_C$ 对磁场很敏感。如图 6－20 所示，在超导条件下，超导结两端连接电源，电压计 V 无显示时，电流计 A 显示的电流为超导电流；电压计开始有电压显示时，电流表所显示的电流为临界电流 $\boldsymbol{I}_C$。当加入磁场时，临界电流将有周期性起伏，并且极大值逐渐衰减。理论研究表明，临界电流 $\boldsymbol{I}_C$ 是透入超导结的磁通量 Φ 的周期函数，Φ 与外磁场 $\boldsymbol{H}$ 成正比，所以，对通过超导结的临界电流 $\boldsymbol{I}_C$ 的测量即可测定出 Φ，进一步可计算出周围磁场 $\boldsymbol{H}$ 的大小，其 I_C-H 曲线如图 6－21 所示。

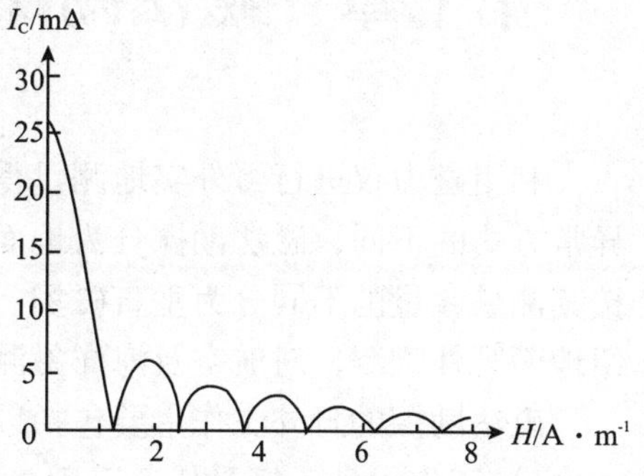

图 6－21　超导隧道结的 I_C-H 曲线

超导磁力仪具有灵敏度高，测程大和观测读数稳定可靠等优点。在地磁学领域，超导技术可用于研究测量地磁场的微扰。在磁大地电流法与电磁法中，它可用于测量微弱的磁场变化等。但需要说明的是，由于这种仪器的探头需要低温条件，装备复杂，费用较高。目前此项磁测技术只是较多地应用于磁场定点观测。

通过以上各种仪器的比较可以看出，磁力仪种类繁多，技术指标也各不相同。选用时一定要对勘探对象、工作环境、使用维护以及价格等多种因素做综合考虑，不可过分强调仪器分辨率、观测精度等单项指标。

习题六

1. 解释与磁法勘探仪器技术指标有关的下列名词：灵敏度、精度、准确度、测程。

2. 当悬丝式磁力仪磁系的磁棒 s 极向下偏 α 角时，画出磁系的示意图并写出磁系的平衡方程。

3. 说明质子旋进磁力仪测量外磁场的基本原理。

4. 比较 CZM－2 型磁力仪、IGS－2/MP－4 型磁力仪、ENVIMAG 型磁力仪三种质子旋进磁力仪的定点重复观测精度、定点重复测量速度、工作环境温度、野外数据存储以及自动记录等多项功能的差别，为了能够进一步提高野外工作质量和效率，依据自己的设想，对仪器本身的性能还有哪些要求？

5. 野外磁法勘探中，若使用磁场相对测量的仪器，则工作中基点的确定和测量很重要，若使用测量地磁场总强度矢量 $\boldsymbol{T}$ 的模量的仪器，基点的确定和测量还有必要吗？请说明有或没有必要的理由。

6. 说明光泵磁力仪测量外磁场的基本原理。

7. 说明磁通门磁力仪的基本工作原理，目前我国自主研制生产的磁通门磁力仪的性能指标如何？

8. 在城市工程勘探中，由于各种用电设施在周围形成有多种成分的电磁干扰场，假定探测对象具有较强的感应磁场强度并足以能够显示出它与干扰场大小的差别，在选择磁法测量仪器时，针对质子旋进磁力仪与光泵磁力仪两种仪器，哪种仪器更适合这种应用环境？

第七章　磁法勘探的野外工作方法及资料整理

利用磁力仪进行野外实地测量得到磁异常资料，是磁法勘探的基础工作。按照观测磁异常方式的不同，磁法勘探分为地面磁测、航空磁测、海洋磁测、卫星磁测及井中磁测，按其测量参量的不同分为垂直磁场、水平磁场、总场及各种梯度异常测量等。本章重点介绍地面野外磁测，对航空及海洋磁测仪做简要说明。

磁法勘探的野外工作主要包括以下五个部分。

1）工作设计：接受任务以后，首先收集与工作区有关的地质、地球物理等资料，并组织现场踏勘，在此基础上编写磁测工作设计书。

2）前期准备：对仪器设备的性能进行测定；确定基点或基点网并进行基点联测；选择并确定日变站地点。

3）工作区磁测：完成测点磁测、质量检查以及物性标本采集与测定。

4）资料整理：本部分工作在当天野外磁测完成后进行，主要包括日变改正、基点改正以及质量检查结果的计算，同时将数据回放保存。

5）磁测结果的初步解释：包括磁异常图的绘制以及结果的初步推断解释。

成果报告的编写一般在野外施工结束后在室内完成。

第一节　磁法勘探的野外测量

一、磁法勘探的野外工作技术设计

野外磁法测量过程中，利用磁力仪在测区内逐点进行观测并保证获得准确的磁异常资料，工作过程与重力勘探相似。为了避免重复，这里对其野外工作技术设计中测网的布设、比例尺的选择及野外测量结果均方误差的计算等不再详细阐述，可参阅第三章的重力勘探野外工作设计部分，并掌握其基本内容。但需要强调磁法勘探所承担的地质任务的不同，其寻找对象是磁性地质体，要注意磁场测量的特殊性，如磁场测量容易受周围环境的干扰，测区和测点的选择要注意避开具有较强电磁场干扰的高压线、工厂、居民密集区等。再由于地质体磁性变化频繁且起伏较大，选用的比例尺一般比重力勘探要大，测网布设密度也比较大。磁法测量均方误差的计算参照（3－1）式～（3－4）式进行，计算的同时要注意磁法测量精度确定的原则。在掌握了这些基本知识的基础上，野外磁法勘探实际工作设计的详细内容还需参照“磁法勘探野外工作规范”执行。

1. 磁测精度的确定

根据目前我国用于磁法勘探中电子式磁力仪的应用现状，磁测精度可分为如下三个等级：高精度，均方误差≤±5nT；中精度，均方误差±5～±15nT；低精度，均方误差≥±15nT。

设计中选择的磁测精度不同，其测量结果的质量以及地质效果亦不同。磁测精度一般依据磁测比例尺的选择而定。小比例尺、大面积测量一般采用中、低精度，大比例尺的详细勘察采用高精度。除此之外，还应该注意到，磁测的目的在于发现磁异常，磁测精度的选择要使得测量结果能够确定最低强度的有意义的异常，而不至于受低精度测量误差的影响。由误差理论可知，一般将大于3倍均方误差的观测值视为可信值。观测异常的均方误差（m）应低于或等于最低有意义异常极值（$\Delta T_{\min}$）的1/6～1/5。有意义的最低异常极值则可根据已知资料大致估计确定。

一般说来，磁测精度越高，测量结果质量越好，但精度提高的同时会降低效率，提高成本，故盲目提高精度常常会造成浪费，应结合勘察对象的实际情况做具体分析，选择合适的精度。

2. 影响磁测精度的因素

磁测的这些主要环节都是独立进行的。由误差理论可知，磁测总均方误差 m_δ 的平方等于各独立环节均方误差平方的总和（参照（3－1）式）。为了保证总的磁测精度要求，则应有

$$m_1^2 + m_2^2 + m_3^2 + m_4^2 + m_5^2 + m_6^2 \leqslant m_\delta^2 \tag{7-1}$$

式中：m_1 为仪器一致性均方差；m_2 为基点的选择及基点网联测的均方差；m_3 为野外观测的均方差；m_4 为各项改正的均方差；m_5 为整理计算的均方差；m_6 为其他原因的均方差。

磁测总精度要求确定之后，各中间环节的精度要满足上述公式要求。确定磁测各主要环节的精度则应按公式作适当的分配，保证最终结果能够达到设计要求。

二、仪器的准备及野外观测

1. 仪器的准备

（1）磁力仪的选择

磁力仪的选择与磁测结果的精度要求有关。在高精度磁测中，必须选择较高精度的仪器，反之对仪器精度的要求可以放宽。事实上电子式磁力仪的读数分辨率一般为1nT或更小，这种分辨率对高精度测量已基本满足。在特高精度测量要求下（参看本章第二节的高精度磁测部分），应选用读数分辨率小于或等于0.1nT的仪器。另外，还应注意在一个地区完成同一任务时，应尽量选择同类型、同精度的仪器。

（2）磁力仪相关技术指标的检测

如第六章第一节所述，磁力仪的主要技术指标是明确的，但在正式施工之前，对投入使用的仪器还须重新检测，以确认仪器性能及其相关指标能满足本次施工精度的要求。其中有两项指标须强调说明，其一为定点重复观测误差，即在同一测点上短时间内2～4次重复读数的差，性能稳定的仪器一般不能大于2倍的读数分辨率；其二指仪器在持续工作状态下测量结果中出现的误差，即间隔2h左右到固定点重复观测，性能稳定的仪器的误差不应大于磁测总均方误差的一半。

（3）磁力仪噪声水平的测定

质子磁力仪与光泵磁力仪等电子式磁力仪，本身具有一定噪声，所以，这些磁力仪的读数分辨率尽管等于或优于0.1nT，但接上电缆和探头后仪器的噪声水平却往往达到0.2～0.3nT，因此，在使用这类仪器进行高精度磁测时，必须仔细测定实际工作时仪器的噪声水平，仪器的噪声水平低，表明该仪器抗干扰的能力强，反之则较差。

1）当有三台以上的磁力仪同时工作时，可选择一个磁场平稳而又不受人为干扰场影响的地区，将这些仪器的探头置于本区的某一片开阔地上，并使探头之间距离保持在20m以上，以免探头磁化时互相影响。之后使这些仪器同时做日变测量，观测时要达到秒一级同步。此时地磁场变化对这些仪器观测值的影响是同时的，而这些仪器各自的噪声对观测值的影响则是无定向的。并且仪器数量愈多，噪声对这些仪器观测值的平均值的影响将趋于零，就可把此平均值视作地磁场的"真值"。因此，可取100个左右的观测值按下式计算每台仪器的噪声均方根值S，有

$$S = \sqrt{\frac{\sum_{i=1}^{n}(\Delta X_i - \Delta\overline{X}_i)^2}{n-1}} \tag{7-2}$$

式中：ΔX_i 为第 i 次的观测值 X_i 与起始观测值 X_0 的差值，即 $\Delta X_i = X_i - X_0$（所有仪器的起始时间应相同）；$\Delta\overline{X}_i$ 为这些仪器同一时间观测差值 ΔX_i 的平均值；n 为总观测次数。

2）当仪器不足三台时，可用单台仪器在上述磁场平稳地区做日变连续观测百余次。若读数间隔为5～10s时，按七点滑动取平均值，则$\Delta\widetilde{X}_i$为

$$\Delta\widetilde{X}_i = \frac{1}{7}(X_{i-3} + X_{i-2} + X_{i-1} + X_i + X_{i+1} + X_{i+2} + X_{i+3})$$

若读数间隔为0.5～1min时，则按五点滑动取平均值：

$$\Delta\widetilde{X}_i = \frac{1}{5}(X_{i-2} + X_{i-1} + X_i + X_{i+1} + X_{i+2})$$

之后按下式计算仪器的噪声均方根值S：

$$S = \sqrt{\frac{\sum_{i=1}^{n}(X_i - \Delta\widetilde{X}_i)^2}{n-1}} \tag{7-3}$$

式中：X_i 为第 i 次的观测值，$i=1, 2, \cdots, n$；$\Delta\widetilde{X}_i$为第 i 次的滑动平均值；n 为总观测次数（一般要求 $n>100$）。

（4）仪器的一致性测定

需要多台仪器同时施工时，为减少各仪器观测结果间的系统误差，在施工前，对所有投入使用的仪器要进行一致性测定。该项工作的进行，首先要选择某个磁场大约有200nT变化的直线地段，并确定间隔大致相等的20～30个测点（所选择的地段内磁场变化较小时，可适当增加测点数），然后将所有需要检测的仪器依次在各个测点上进行往返观测（各仪器在一个测点上要同一点位，且高度相同），并将观测值进行日变改正。之后将各台仪器的观测结果代入（7－4）式，可以求出每台仪器自身的均方差 m_i（$i=1, 2, \cdots, K$；K 为参加测定的仪器的台数）。一般要求 m_i 不得超过整个磁测总均方差的一半。将均方差符合要求的仪器的观测值代入下式计算多台仪器间的均方误差 ε（参阅（3－3）式）：

$$\varepsilon = \pm\sqrt{\frac{\sum_{i=1}^{n} V_i}{m-n}} \tag{7-4}$$

式中：V_i 为某次观测值（包括参与计算平均值的所有观测值）与该点各次观测值平均数

之差；n 为测点数；m 为总观测次数，即各测点上全部观测次数之和。

ε 为衡量仪器一致性的指标，当 ε 不超过磁测总均方差的1/2时，表明仪器的一致性测定合格。

2. 野外观测

（1）基点和基点网的确定

磁法勘探中，无论观测到的是总磁场 T 还是垂直分量 Z，都要去掉工作区的正常地磁场 T_0 或 Z_0，获得总磁异常 ΔT 或磁异常垂直分量 Z_a。

基点的作用之一就是为整个工作区设立一个正常地磁场的起算点 T_0 或 Z_0。由于磁场变化频繁，国家对在小区域内以地质勘探或工程勘探为主的地面磁法勘探的地磁正常场没有统一要求。实际工作中，可以在工作区内或附近选定磁场平稳的地点的磁场值 T_0 或 Z_0 暂时作为正常场，至于该磁场值作为正常场是否合适，需要看野外测量结束后绘出的整个工作区的磁异常图是否合理，即在一个较大的工作区内，所有的正磁异常与负磁异常的和为零。如果选择的正常场 T_0 或 Z_0 偏高或偏低，可对 T_0 或 Z_0 做简单的加减处理。对于以研究区域、深部地壳结构为主的地面磁测或测量面积比较大的航空磁法勘探，其均采用国际地磁参考场（IGRF）作为正常场，其计算和作用可参考第五章的基本磁场及磁异常部分。

基点的另一个作用是为控制和校正野外磁测中随时出现的误差提供方便。在小区域的磁法勘探中，使用电子类磁力仪进行测量，虽然不需要像使用机械式磁力仪那样对基点的核对要求非常严格，但在一个闭合观测单元内（如一个工作日）观测，必须始于基点，终于基点。它有如下作用：①用于检查一天或一段工作时间内仪器性能是否正常；②确认混合改正参照值或当天的测量结果是否需要零点漂移改正（对机械式磁力仪）；③确定合适的当天日变改正计算的起算时间。基点的设置，要注意避开可移动的磁性干扰物，并尽量选择在驻地附近或其他便于使用的地方。

由此可见，磁法勘探野外工作中也需要设立基点，但对基点磁场值确定的要求与重力勘探有所不同，没有统一的某一个总基点及磁异常值。野外工作中若使用观测地磁场总场强度 T 绝对值的仪器进行测量，可以在保证结果成图合理的条件下确定出某个“基点异常值”，基点仅为当天校对仪器和做零点漂移改正计算所用。如使用相对测量仪器，且在某一个工作区内需要设立统一的起算点以及分基点时，基点或基点网的测定可参照重力基点测定的部分，但要依照与磁场测量有关的误差传递指标进行。

（2）日变观测

在进行较高精度的磁测时，须设立日变观测站进行日变观测。日变观测站必须设在磁场平稳、无外界电磁场干扰并且环境稳定的地方。日变观测的起始时间一般要在日出之前，且必须早于所有工区磁测仪器每一天工作的起始时间，而日变观测的结束时间必须晚于所有工区磁测仪器每一天工作的结束时间。利用机械式磁力仪或不具有自动记录功能的电子式磁力仪进行日变观测时，需要每隔5min记录一次读数以及时间、温度等；若日变观测仪器具有自动记录功能，可设置自动记录方式，记录间隔时间不应大于0.5min。无论日变观测仪器有无自动记录功能，都需注意日变观测仪器与测点观测仪器的时间记录或设置必须同步。

日变站的有效范围与磁测精度有关，做一般精度测量时，在半径50~100km范围内，可以认为日变规律及变化幅度基本相同，在此范围内采用同一个日变站观测结果做改正就能够达到精度要求；做高精度测量时，日变站的有效半径要变小。

（3）野外基点、测点观测

野外基点观测是指每天做测点观测时必须进行的早基点和晚基点的测量。早晨在进入工区测点测量之前，在确认日变观测已经开始的情况下，在基点上读数并记录，称为早基点观测。当天的野外测点测量结束以后，回到基点上采用同样的方式再读数并记录，称为晚基点观测（时间不一定必须在晚上，只要在当天野外施工结束后即可），所有用于野外测量的仪器晚基点观测完毕后，即可通知日变站结束日变观测。早、晚基点观测不能缺少，需要认真记录时间、温度以及观测结果，测量精度要高于测点的观测精度。

测点观测是磁法勘探施工的主体。此项工作单调且耗费时间，但同样需要认真对待。对具有自动记录功能的电子式磁力仪，测点观测中须保证测量点位、记录时间以及记录设置的正确无误；对机械式磁力仪，观测中则须保证点位、时间、温度以及磁测结果多项内容的正确记录。除此之外，操作人员应注意观察沿测线的各种现象，如遇到地形特殊或有磁干扰物体存在等特殊情况要随时记录，为测量结果的解释推断积累资料。观测到有意义的磁异常时，要注意适当加密测线或测点，以便准确地确定异常的形态。

（4）质量检查

磁测结果的质量检查是通过重复观测（或称检查观测），并计算观测误差的办法完成。

质量检查中，在磁场平静处一般应抽出3%～5%的测点进行重复观测。测点较少时检查观测点不能少于30个，磁测精度要求较高时，检查点要多一些。进行剖面磁测时，检查观测数量一般必须大于总观测量的10%，其最少的绝对点数不限。

检查观测的测点应比较均匀地分布在整个测区才具有代表性。检查观测应与原始观测工作精度要求相同。检查观测一般要符合“一同三不同”的原则，即检查观测与原始观测必须在不同时间、由不同操作员，用不同仪器，在同一点位进行。当然只有一台仪器工作时例外。检查工作一般应该在磁测工作开始后随时进行。

磁法勘探所观测的地磁场相对于任何近距离的铁器或其他含铁磁性物品所引起的磁场而言均为弱磁场。因此，野外磁测中不仅要求测量人员认真细致，而且绝对不能随身携带磁性物品，并在观测时要随时避开机动车、工业建筑、矿石堆等各种干扰。

三、数据整理计算及结果图示

1. 磁测数据的整理计算

野外工作必须在每天测量结束后进行各种改正计算，以获得准确的磁异常资料，同时在野外工作进行一段时间以及结束时，还要根据检查观测结果及时进行检查计算并统计，以确保施工质量。

目前磁法勘探中一些电子式磁力仪具有多项自动改正功能。所以，磁测数据整理计算的内容与以前相比可以大大简化。但考虑到专业学习中对磁法勘探过程的系统性了解的需要，这里我们还对有关内容予以介绍。

（1）日变改正

日变改正的目的主要是消除掉太阳日磁场变化的干扰。如果磁测过程中用于测点观测和日变观测的仪器均具备自动记录以及自动进行日变改正的功能时，可在每天野外磁测时将两台仪器的时间设置为同步，测量完成后将两台仪器对接，再启动日变改正程序即可完成日变改正。

如果使用的磁测仪器不具备上述功能，则首先须将日变观测结果以时间为横坐标，磁场日变化值为纵坐标绘出日变曲线，并对日变曲线做五点或七点的滑动平均以消除偶然误差，然后以测点观测仪器做早基点观测时间的日变值作为标准值 A_0，再将测点磁场观测时间与日变曲线图的时间坐标对应，根据时间对应关系，对测点逐点进行日变改正计算。当每个测点的观测时间与日变曲线图的横坐标时间轴对应时，纵坐标磁场日变化值大于 A_0，则将大于的部分从测点磁场观测值中减去；反之，则小于部分应当给测点磁场观测值加上。

对于使用电子式磁力仪做总场绝对测量的情况，对日变站（或每个日变站）测量结果可先假定一个 T'_0（此 T'_0 相当于前面的标准值 A_0），在日变改正中，大于 T'_0 的减去，反之加上。此 T'_0 一经选定不应变动直到与总基点联测确定 T'_0 的绝对值后，再对各测点进行基点改正。

（2）基点改正

对于具有自动基点改正功能的仪器，只须将选定的基点改正值依照程序要求输入仪器并计算即可。否则，需要对测点磁场观测值逐点进行计算。

对于利用机械式磁力仪进行观测，其测量结果需要进行基点改正的情况下，如果工区只设置有一个基点，基点改正时只须将测点观测值减去基点磁场值；如果工区面积较大，施工中不仅设立了总基点，而且还有下一个等级的主基点、分基点时，作基点改正则需要逐级计算。若次一级基点的磁场值比上一级基点磁场值高，则基点改正时需将高出的部分加上，否则需减去，且要一级一级完成直到总基点为止。

（3）正常梯度改正

当测区面积较大时，需要做正常梯度改正。

进行正常梯度改正，可以利用 IGRF 的计算公式，代入相应年代系数及经纬度计算得到正常梯度分布值（nT/km）后，即可进行改正计算。改正计算中以工作区的总基点为零点，向北减掉梯度变化的影响，向南加上其影响。

（4）混合改正

混合改正适合于低精度的测量，在仅有一台磁力仪可用的情况下，不设立专门的日变观测，仍然可正常实施磁测。它的作用在于可以消除日变、温度及零点漂移的综合影响，利用混合改正代替上述三项改正。混合改正的前提认为，在某一段时间（2～4h）内，上述各项所引起的磁场变化为线性变化。如在这段时间内至少两次以上到基点或分基点上观测读数，则两次基点磁场读数的差值去掉基差（基点之间已知的固有差别）便是混合改正部分。

混合改正计算需要首先作出混合改正曲线图。作图时以时间为横坐标，以磁场值为纵坐标。以当天第一次基点磁场值读数为零点 O，以两次基点磁场读数差值去掉基差后的部分在对应第二次基点读数的时间位置上标出并记为 D，作直线连接 O、D，这样就得到第一段时间内混合改正的一条斜线。在一个工作日内仿照上面的做法标出以后各时间段的不同的斜线，注意第二时间段第一次基点观测值与上一时间段第二次基点观测值合并，最终会在一个坐标系内绘出当天的混合改正曲线（折线）图。混合改正曲线图作出后，将各测点观测时间与曲线图时间一一对应，查出纵坐标上对应的混合改正量，在原观测值上加上或减去即可。

混合改正的精度取决于对基点做重复观测的时间间隔，间隔越短，混合改正的精度越高。

（5）温度改正及零点漂移改正

温度改正及零点漂移改正主要是针对机械式磁力仪测量结果的整理计算。

温度影响的改正，可根据每台仪器测定的温度系数 α 和起始温度来决定。以读早基时的温度 t_0 为标准，则改正值为 $-\alpha\ (t-t_0)$。若某台仪器温度系数为正，测点温度比基点高时，改正值为负值；测点温度低于基点温度时，改正值为正值。当温度系数为负时，则相反。

早晚两次基点读数差去掉日变影响，再去掉温度影响，剩下的就是仪器零点漂移的影响。零点漂移大致是呈线性变化。作出零点改正曲线，各测点的零点改正值，可按相应的观测时间在改正曲线中查得。

（6）磁异常的整理计算

以上各改正项可根据每一项的增减变化加上正、负号作为改正值列出，最后由各测点的实测磁场值 $T_{测}$ 加上这些改正值，即得到总强度磁异常值 ΔT。例如：日变为 ΔT_1，混合改正为 ΔT_2，基点改正为 ΔT_3，正常梯度改正为 ΔT_4，则测点上的磁异常值应为

对设立日变站做日变改正情况：

$$\Delta T = T_{测} + \Delta T_1 + \Delta T_3 + \Delta T_4 \tag{7-5}$$

对作混合改正情况：

$$\Delta T = T_{测} + \Delta T_2 + \Delta T_3 + \Delta T_4 \tag{7-6}$$

野外磁测工作中，测量结果均记录在专用的野外磁测记录本上，整理计算中的各改正项在记录本中都有对应的栏目，实际工作中可根据需要选择使用。若使用具有自动记录等多项附加功能的磁力仪进行测量，各种要求可根据仪器的功能灵活变通，变通的原则是充分开发利用现代仪器的优越性能，提高工作效率，同时又便于原始测量结果的保存与检查。

（7）质量检查结果的统计计算

对质量检查观测结果的统计计算，一般将平稳磁场区与异常区分开进行。

对平稳磁场区，一般同一个观测点只做两次观测，即第一次为正常测量，第二次为检查测量。此种情况下可采用（3-2）式进行均方误差的计算，当同一观测点的观测次数多于两次时，可利用贝塞尔公式计算均方误差，即

$$\delta = \pm\sqrt{\frac{\sum_{i=1}^{n}\sum_{j=1}^{k}(\Delta T_{ij} - \Delta \overline{T}_{ij})^2}{m-n}} \tag{7-7}$$

式中：$i=1, 2, 3, \cdots, n$，表示检查点的序号；$j=1, 2, 3, \cdots, k$，表示某检查点多次观测的序号，ΔT_{ij}表示第 i 个观测点上第 j 次观测值；$\Delta\overline{T}_{ij}$表示第 i 个观测点上 k 次观测值的平均值；m 为全部检查点的总观测次数；n 为检查点数。

对异常区进行检查观测时，因为异常区磁场变化梯度较大，原始观测与检查观测前后

两次因定点稍有变化而造成的磁场差别就会很大，所以，均方误差一般采用求平均相对误差的公式计算，即

$$\bar{\eta} = \frac{1}{n}\sum_{i=1}^{n}\eta_i \tag{7-8}$$

式中：$\bar{\eta}$为平均相对误差；n 为异常区检查点数；η_i 为异常区某检查点的相对误差，其表达式为

$$\eta_i = \frac{|\Delta T_i' - \Delta T_i|}{|\Delta T_i' + \Delta T_i|} \tag{7-9}$$

式中：ΔT_i 和 $\Delta T_i'$ 分别为异常区某检查点的原始观测值和检查观测值。

显然，对异常区磁测精确度要求的标准比对平稳磁场区的标准稍微低一些。实际生产过程中，磁测均方误差标准一般参照（3-2）式的计算由设计书给出，（7-7）式的计算结果应与（3-2）式相同。但对（7-8）式的计算结果标准的掌握更灵活一些，一般以小于主要异常极大值的几分之一为准。

2. 结果图件的绘制

磁测工作中，反映工作区磁异常特征的基本图件有三种：磁异常剖面图、磁异常平面剖面图以及磁异常平面等值线图。这几种图件绘制的要求与布格重力异常图的做法基本相同，可参阅第三章的布格重力异常图示部分。磁异常剖面图的绘制如图3-17所示，但要注意图中纵向坐标的定义、比例尺的选择等。在图3-17中把纵向坐标的定义换成nT，并按照磁异常大小的不同确定出对应的纵向比例尺，将与横轴标注的点号对应的磁异常标记在图中的位置上，用连线连接这些标记点就完成了磁异常剖面图的绘制。在相同比例尺条件下，磁异常比重力异常跳跃幅度大且短距离内变化较频繁，剖面图上能够很明显的反映它们的这些特征。

磁异常平面剖面图如图3-18所示，但此时图中的各个重力异常剖面应换成磁异常剖面。

磁异常平面等值线图的绘制如图3-19所示。与布格重力异常图稍有不同的是：磁异常值的数量级比重力异常值要高，图中各点位标注数值代表磁异常并且一般全部采用整数；等值线的间隔（以nT为单位划分）可按照图幅中极大值与极小值的差值合理确定；等值线不能太密或太稀，要力求图形效果美观且能够明确反映磁异常的分布特征。相同比例尺情况下，磁异常图比重力异常图的等值线密度大且较复杂。

第二节　其他磁测方法

一、高精度磁测

在本章第一节已经就磁测精度的划分做了说明。一般说来，磁测均方误差小于±5nT的标准即为高精度测量。从磁场测量的过程而言，高精度磁测与一般意义上的磁法测量的区别仅在于磁测总均方误差标准的提高。我国原地质矿产部于20世纪80年代末发布了《地面高精度磁测技术规定》，根据规定，高精度磁测的总精度又被细划为两级：

高精度　磁场总均方误差在2～5nT之间；

特高精度　磁场总均方误差小于2nT。

实际工作中，为了能够保障达到这样的精度要求，对相应的中间步骤都做出了特殊规定，需要特别提及的有以下三个方面。

1. 误差分配标准

高精度磁测总均方差的误差分配由表7－1给出。实际工作中针对不同的磁测总均方差的要求，测量结果各分项的均方差的确定应小于或等于表中所列的数值。

对于表7－1中给出的分配标准，在不同的技术条件下也可以做适当调整，但须保证总精度满足要求。例如可以降低某一项的均方差，但同时必须提高另外一项的均方差。除上述对观测结果的要求外，高精度磁测对各项计算误差也有严格的限制。

表7－1　高精度磁测总均方差的误差分配

磁测总均方差 nT	仪器噪声均方差 nT	仪器一致性均方差 nT	测点观测均方差 nT	基点联测均方差 nT	各项改正误差/nT			
					总计	日变改正	正常场改正	高度改正
±5	±1.2	±1.5	±3.8	±1.5	±2.1	±1.5	±1.0	±1.0
±2	±0.5	±0.7	±1.1	±0.7	±1.21	±0.7	±0.7	±0.7
±1	±0.3	±0.3	±0.7	±0.3	±0.52	±0.3	±0.3	±0.3

2. 日变站的设置及日变观测

对于日变站的选定问题，特高精度磁测中，在地电结构相同的情况下，日变测量的有效范围不应超过30km，当地电结构显著不同时，由于地磁场短周期变化受地磁感应场的影响特别明显（各种电流系统形成的地球空间磁场中，约占30%的感应场），要增设日变站，其有效范围要经实验确定。对日变观测，高精度磁测需使用具有自动记录的高精度磁力仪做日变观测，计时准确性要达到秒级，读数间隔为3～10s，日变站与测点观测的同步性要尽量接近秒级。日变改正计算过程与前述的日变改正相同。

3. 测地工作及高程改正

测地工作中测线与测点布设的精度要求与常规的磁法勘探不同之处在于，高精度磁测要求确定每一个测点的高程，一般高程误差不大于30m。对特高精度磁测，高程误差由高度改正允许误差决定。高度改正参考（5－54）式进行计算，即选用地磁坐标下的地心偶极子场总场垂向梯度计算公式：

$$\frac{\partial T_0}{\partial r} = -3\frac{T_0}{R} \tag{7-10}$$

式中：T_0为所在地区正常地磁场总强度；r代表自地表向地心的垂向方向；R为地球的平均半径，取$R=6371000$m。高度改正从总基点高程起算（在没有总基点T_0的情况下，可以从日变站高程起算），以$T_0=50000$nT为例，约每42m高差改正1nT，比总基点高42m时加1nT，比总基点低42m时减去1nT。

由上面计算可以看出，高程改正相对于高差变化而言，对计算结果的影响并不很大。须注意此项改正仅是针对地球地心偶极子场的情况而进行的。在总磁异常T_a的测量中，局部埋藏较浅的强磁性体的磁场随着埋深的变化比地心偶极子场的垂向梯度变化要大得多。具体地说，假定在地下300m深处有一球形地质体，其在地表引起的磁异常为

3000nT，由（7－10）式可以计算得到其梯度变化为－30nT/m，因此，对高程测量误差的要求在实际情况中针对研究对象的不同随时调整。如果主要勘探对象是较浅的地质体，仅用（7－10）式，计算的地心偶极子磁场做高程校正是不够的，此时对高程变化影响的计算可参照第八章的起伏地形下磁性体磁场部分。

二、磁场梯度测量

随着磁场梯度测量仪器与梯度异常解释理论水平的不断提高，磁场梯度被列为一项重要的观测参量。

1. *磁场梯度测量的基本原理*

磁场总场（或磁场的某一分量）在某一点的梯度即为在该点磁场沿某个方向变化的速度，如果测量其沿垂向的变化率，测得的结果就是磁场的垂向梯度，同样也可以得到沿水平 x 或 y 方向的水平梯度。就磁场空间分布而言，对于一确定的磁异常源，磁场的梯度是空间坐标的函数，它随着空间位置的变化而变化。但实际的磁场梯度测量中，无论哪个类型的梯度仪，均是采用两个探头的同步系统，在同一时间、同一地点的不同位置上测出磁场的差值，我们用 Z_{ah} 和 Z_{ax} 为例分别表示磁场垂直分量的实测垂直梯度和水平梯度，则有

$$\left.\begin{aligned} Z_{ah} &= \frac{Z_a(h_2)-Z_a(h_1)}{\Delta h} = \frac{\Delta Z_a(h)}{\Delta h} \\ Z_{ax} &= \frac{Z_a(x_2)-Z_a(x_1)}{\Delta x} = \frac{\Delta Z_a(x)}{\Delta x} \end{aligned}\right\} \tag{7-11}$$

式中：$\Delta Z_a(h)=Z_a(h_2)-Z_a(h_1)$；$\Delta Z_a(x)=Z_a(x_2)-Z_a(x_1)$。对垂直梯度，$Z_a(h_1)$ 和 $Z_a(h_2)$ 分别代表两个不同高度的探头所测得的磁场垂直分量（$h_2>h_1$）；对水平梯度，$Z_a(x_1)$ 和 $Z_a(x_2)$ 分别代表两个不同水平位置上的探头所测得的磁场垂直分量（$x_2>x_1$）；Δh 和 Δx 为两个探头之间的距离，$\Delta h=h_2-h_1$，$\Delta x=x_2-x_1$。

（7－11）式即为一般磁力梯度仪的实际测量结果。

（7－11）式中，当 Δh 与 Δx 趋于零时，则实测梯度异常逼近于梯度异常的理论值 Z_h 与 Z_x，即

$$\left.\begin{aligned} Z_h &= \lim_{\Delta h\to 0}\frac{\Delta Z_a(h)}{\Delta h} = \frac{\partial Z_a}{\partial h} \\ Z_x &= \lim_{\Delta x\to 0}\frac{\Delta Z_a(x)}{\Delta x} = \frac{\partial Z_a}{\partial x} \end{aligned}\right\} \tag{7-12}$$

所以，当 Δh 与 Δx 愈小时，Z_{ah} 愈接近于 Z_h，Z_{ax} 愈接近于 Z_x；反之，Δh 与 Δx 愈大，实测梯度异常与理论梯度值的差异愈大。以一个埋深为 h 的垂直磁化直立无限延深薄板状体而言，其磁异常垂直分量 Z_a 为（详见第八章（8－43）式）

$$Z_a = \frac{\mu_0}{2\pi}\left(\frac{2m_S h}{x^2+h^2}\right)$$

则 Z_h、Z_{ah}、Z_x 与 Z_{ax} 分别由下式给出：

$$\left.\begin{aligned} Z_h &= \frac{-\mu_0}{2\pi}\frac{2m_s(h^2-x^2)}{(x^2+h^2)^2} \\ Z_x &= \frac{-\mu_0}{2\pi}\frac{4m_s hx}{(x^2+h^2)^2} \end{aligned}\right\} \tag{7-13}$$

$$\left.\begin{aligned} Z_{ah} &= \frac{\mu_0}{2\pi}\frac{2m_s}{\Delta h}\left(\frac{h}{x^2+h^2}-\frac{h+\Delta h}{x^2+(h+\Delta h)^2}\right) \\ Z_{ax} &= \frac{\mu_0}{2\pi}\frac{2m_s}{\Delta x}\left(\frac{h}{x^2+h^2}-\frac{h}{(x+\Delta x)^2+h^2}\right) \end{aligned}\right\} \tag{7-14}$$

计算表明，为使 Z_h 与 Z_{ah} 以及 Z_x 与 Z_{ax} 的差异的相对误差小于 20%，则应满足 $\Delta h=\Delta x\leqslant 0.1h$，相对误差若要小于 2%，则应满足 $\Delta h=\Delta x\leqslant 0.01h$。

由磁梯度异常的理论公式出发分析解释实测梯度异常，则两个探头距 Δh（Δx）愈小愈好，但实际上受仪器精度和测量误差的限制，Δh（Δx）不可能太小，所以，实测梯度值与理论梯度值总是存在程度不同的差异，而且在磁场变化急陡处，两者差异就大，反之则两者差异就小。

2. 磁场梯度在反映场源信息方面的特点

由磁库仑定律可知，单位正磁荷在磁场中所受的力（磁场强度）与它离开场源的距离的平方成反比。后面我们还会看到，很多种规则形状磁性体的总强度磁异常 T_a（或磁异常的某个分量）可以简化成一种通式表示，即

$$T_a=\frac{A}{r^n} \tag{7-15}$$

式中：n 为与磁性体形状有关的参数（例如对球体 $n=3$，对水平圆柱体 $n=2$ 等）；r 为观测点到场源的距离；A 为与磁性体的磁性、几何尺度以及磁化方向有关的常数。对(7－15)式求其径向梯度并令其用 T_r 表示，有

$$T_r=-\frac{\partial T_a}{\partial r}=\frac{An}{r^{n+1}}=\frac{n}{r}T_a \tag{7-16}$$

由上式可见，磁梯度异常与磁异常相比，多乘了一个形状参数 n，说明磁梯度异常与磁性体形状的关系比磁异常更为密切。梯度异常与观测点到场源的距离 r 的反比关系比磁异常高一个阶次，说明磁梯度异常随距离 r 的增加衰减得比磁异常更快，同时也说明磁梯度异常更取决于浅部磁性体。由此可见磁梯度异常分辨磁性体迭加异常的能力更强。

磁场梯度异常可以从不同的侧面帮助人们认识和解释磁异常。根据（7－12）式可以看出，磁场梯度与磁场导数的定义是一致的，其进一步的讨论可参阅第九章的重磁异常导数计算部分。

3. 磁场梯度测量的技术规定

已知多种电子式磁力仪，如 IGS－2/MP－4 型质子磁力仪、ENVIMAG 质子磁力仪、SMARDMAG/GRAD 铯光泵磁力仪等，都具有磁场梯度测量功能，使用这些仪器可以获得磁场梯度测量结果。

由于磁场的梯度测量需要投入更多的工作量，该项技术更多地被应用于高精度磁测任务中，与磁异常测量同步进行，且测量中应与磁异常测量的点位、高度等严格对应，以便与磁场测量结果进行综合解释。除此之外，高精度测量中对梯度测量还有如下规定：

1）对高精度磁测，梯度均方误差在 2～5nT 之间；对特高精度，梯度均方误差小于 2nT。

2）总场梯度观测时，无论进行垂向或水平梯度测量，两探头的位置不能偏离沿铅垂线或水平线 10°；在浅层有磁性干扰物时，应尽量提高探头高度，并用两种不同高度的观

测值来检验测量结果受干扰的程度。

3）为保证一个闭合观测单元内梯度测量的可靠性，与磁场测量相同，梯度测量在出工和收工时，必须到校正点进行观测并记录。用作磁场测量的校正点，都可用作磁场梯度测量的校正点。

4）在一个工区内应设置统一的磁场梯度起算值，最后将全测区的测量结果归算到该起算值上。梯度观测值的计算精度要准确到0.1nT/m。

三、航空磁测

航空物探方法有航空磁法、航空电法、航空放射性以及航空重力法多种测量技术，其中以航空磁法最为完善，应用也最广泛。航空物探不受水域、水系、森林、沼泽以及高山等交通条件限制，测量速度快，工作效率和勘探质量都有明显提高。在航空磁测中，由于飞行与地面有一定的高度，减弱了地表磁性不均匀的影响，所以，能够更清楚地反映深部地质体的磁场。同时航空磁测还可以进行不同高度的测量飞行，了解此异常的空间分布特征，显示出航空磁测在获取多种信息方面的优越性。航空磁测的主要应用领域有以下五个方面：

1）以配合地质填图，研究地质构造和普查找矿为主的综合性航空磁测；

2）以研究大地构造、深部构造、区域地质构造为主的区域性航空磁测；

3）以勘查某种矿产或与某种矿产有关的地质体、地质构造、地层、蚀变带等为主的专属性矿产航空磁测；

4）以研究沉积盆地内的磁性基地深度及其构造特征、岩浆岩体分布、局部构造及油气远景地段等为主的油气航空磁测；

5）为其他目的，如配合研究水文地质、工程地质和环境地质等而进行的航空磁测。

航空磁测有许多工作环节与地面磁测有相似之处，如日变观测及日变改正、纬度改正及正常场改正等，但它又是一项专业性很强的勘探技术。这里仅就航空磁测的一些基础知识作简单介绍，实际应用中可根据工作需要做进一步了解。

1. 测量比例尺的选择及飞行高度、测线的布设和采样率的确定

测量比例尺根据勘探任务的性质而定。一般情况下，综合性航空磁测的最大比例尺为1:5万，最小为1:10万；区域性航空磁测最大比例尺为1:20万，最小比例尺为1:100万；专属性矿产航空磁测最大比例尺为1:1万，最小为1:10万；以勘探油气为主的航空磁测最大比例尺为1:5万，最小为1:20万。

1）比例尺与飞行高度的关系：由于飞行高度直接影响着磁场测量的精度，故在航空磁测中对比例尺选择、地形条件以及飞行高度等规定了明确的关系，具体内容由表7-2给出。

表7-2　航空磁测中地形条件、飞行高度和比例尺的关系

地形 / 飞行高度/m / 比例尺	平坦地区	丘陵地区	低山区	山区	高山区
	高差＜100m	高差＜200m	高差＜400m	高差＜600m	高差＞600m
≥1:2.5万	70~90	90~110	100~125		
1:5万	70~100	90~120	100~180	150~250	
1:10万	80~120	100~160	120~200	180~300	

续表

比例尺 \ 地形 / 飞行高度/m	平坦地区	丘陵地区	低山区	山区	高山区
	高差 < 100m	高差 < 200m	高差 < 400m	高差 < 600m	高差 > 600m
1:20 万	100 ~ 200	150 ~ 300	200 ~ 400	300 ~ 700	500 ~ 800
1:50 万	150 ~ 300	200 ~ 400	300 ~ 500	400 ~ 800	700 ~ 1000
1:100 万	250 ~ 400	300 ~ 500	400 ~ 700	600 ~ 1000	900 ~ 1500

考虑到飞行安全，当测区内平均离地飞行高度不能低于250m时，不宜进行大于1:5万的航空磁测；高差大于600m时，不宜进行大于1:20万的航空磁测。

在水域上空测量飞行时，按实际允许的安全高度飞行。当使用探头软吊系统时，其离地飞行高度为探头的离地高度。

进行区域性航空磁测时，一个测区尽量采用一个海拔高度进行平飞。在测区内地形切割厉害、海拔高度相差较大时，可按地形分区飞行，而每个分区应保持同一海拔高度。但这种分区应尽量少，一般不应多于三个分区。

2）主测线方向的确定：在航磁空白区首次进行航空磁测时，主测线方向应垂直于或基本垂直于测区内的主要地质构造走向。当航空磁测比例尺小于1:10万时，一个测区尽量使用一个折中的主测线方向。当大于1:10万时，在一个测区的不同区段由于异常走向（或地质构造走向或多数已知矿带走向）改变时，主测线方向也要相应改变。在山区地形高差较大，且地质走向（或异常走向）与山系走向一致时，主测线方向允许与山系走向斜交，但其交角不得小于45°。

3）飞行速度与采样率的确定：在测线上做磁测飞行时，数据采集的密度要尽可能详细地反映磁异常的变化细节。数据采集密度主要受航磁仪器系统的时间常数、采样率和比例尺的制约。可按（7－17）式计算最低采样率 n（次/s）：

$$n = \frac{vP}{S} \tag{7-17}$$

式中：v 为所用飞机的平均速度（m/s）；S 为拟探测的异常宽度（m）；P 为要求在异常上最少采样点数（次）。

航空磁测应尽量选择低空性能好的飞机。当未装备高速率采样器时，应尽量采用低速飞行。当装备高速率采样器时，采样率选用每秒5次较合适。原则上，采样间距应小于按测量比例尺制图时图上1mm代表的距离数，但最低采样率不应小于每秒1次 。

2. 航磁测量总精度（总误差）的衡量和误差分配

与地面磁测相同，在实施航空磁测之前，在设计中会按照任务要求规定航磁测量应达到的总精度，测量飞行之后，再计算统计出实际达到的总精度。

航磁总精度 σ 由使用的航磁仪器动态噪声 σ_1、因导航定位误差而引入的地磁正常场校正的误差 σ_2、探头转向差和探头处飞机磁场的综合补偿及方向差校正误差 σ_3、因海拔高度测量误差而引入的地磁正常场垂向梯度校正的误差 σ_4、磁日变及校正误差 σ_5、测量绝对磁场值及其校正误差 σ_6、磁场水平调整误差 σ_7 等项组成。在进行设计时，根据航磁测量参数的选择（航磁绝对测量 T 或相对测量 ΔT）和实际情况来分配和估计各因素引起的误差。在保证达到设计总精度的前提下，可以提高某项的精度而降低另一项的精度。

1）当进行航磁绝对测量 T 时，总误差 σ_T 由七项因素引起的误差组成，通过(7－18)式估计设计的总误差：

$$\sigma_T = \sqrt{\sigma_1^2 + \sigma_2^2 + \sigma_3^2 + \sigma_4^2 + \sigma_5^2 + \sigma_6^2 + \sigma_7^2} \qquad (7-18)$$

设计航磁绝对测量 T 的总精度时，各种因素的影响可参照表（7－3）分配。

2）当进行航磁相对测量 ΔT 时，总误差 $\sigma_{\Delta T}$ 由六项因素引起的误差组成，通过(7－19)式估算设计的总精度：

$$\sigma_{\Delta T} = \sqrt{\sigma_1^2 + \sigma_2^2 + \sigma_3^2 + \sigma_4^2 + \sigma_5^2 + \sigma_7^2} \qquad (7-19)$$

设计进行航磁相对测量 ΔT 时，各种因素的影响也可参照表 7－3 分配。

表 7－3　航磁绝对测量 T（或相对测量 ΔT）的总精度设计时，各种因素的影响分配参照表

σ	σ_1	σ_2	σ_3	σ_4	σ_5	σ_6	σ_7
≤1.0	0.06	0.20（70m）	0.20	0.50（20m）	0.50（0.75）	0.60	0.30
2.0	0.10	0.40（140m）	0.30	1.00（40m）	1.40（1.60）	0.70	0.40
3.0	0.15	0.60（200m）	0.50	1.25（50m）	2.40（2.55）	0.85	0.50
≥4.0	0.2	0.75（300m）	0.70	1.50（60m）	3.30（3.5）	1.0	0.70

注：①表中 σ_2、σ_4 栏内括号中的米数，相应于引起磁场误差的距离数；

②σ_6 内包含用航磁仪测量地磁场模量值的误差（准确性）和测量探头处飞机－航磁系统本身磁场值测定误差。当进行相对测量 ΔT 时，不含有此项误差；

③σ_5 栏内非括号中的数值为进行航磁绝对测量 T 时的误差分配参考值；括号中的数值为进行航磁相对测量 ΔT 时的误差分配参考值。其他各栏内的数值（除 σ_6 一栏外）为不同参量测量时公用。

3. 航空磁测资料的整理和图示

对航磁测量结果在完成各项改正以及误差计算合格之后，可绘制出各种成果图件，较常用的图件有“航磁 ΔT 异常平面剖面图”以及“航磁 ΔT 异常平面等值线图”等。在提交基本图件的同时，生产部门现在还通常提供一些解释性结果图件，以便使用单位参考。

4. 航磁异常的地面查证

航磁异常的地面查证简称航检。其任务是查明引起航磁异常的地质原因，提出进一步的工作建议，从而达到快速找矿的目的。航磁异常的地面查证分为三级：

踏勘探察，也称三级查证。查证工作通过在待查航磁异常区布置检查剖面来实现。在一个异常上要布置 3～5 条剖面，并且要有十字剖面，以便圈定异常范围。

踏勘探察工作的目的有三个：一是确定异常位置，二是圈定异常范围，三是通过岩矿石标本的物性测定，在资料整理成图以及分析异常的基础上对引起异常的原因做出初步的判断。

详细检查，也称二级查证。是在踏勘检查的基础上，对成矿有利地区开展面积性的地面磁测工作。其任务是准确地圈定异常范围，了解异常的形态特征，进而判断异常的性质及确定其找矿的意义。

工程验证，也称一级查证。其任务是在二级查证的基础上对认为有意义的隐伏磁性体进行揭露，查明异常性质。要求用钻探或其他探矿工程验证，在验证中及时测定钻孔岩心的磁性，重新解释和研究引起异常的地质原因。

四、海洋磁测简介

海洋磁测作为海洋综合地球物理调查的一个组成部分，能够较详细地提供海区磁场图像，结合其他物探与地质资料，可进行海底构造分区、确定断裂分布以及进行矿产勘探。20 世纪 80 年代，我国原地质矿产部曾派出海洋 4 号远洋调查船多次赴东太平洋进行远洋综合勘探考察，通过进行重力、磁力和单道地震等地球物理工作，在联合国划分给我国的“开辟区”内探明了多金属结核的地质储量，圈出富矿区段，作出了初步评价，为我国开发和利用海洋矿产资源取得了丰富的第一手资料。

海洋磁测分为路线测量和面积测量两种。路线测量是沿布设的剖面进行。面积测量比例尺一般采用 1:50 万或 1:100 万两种。近些年来，用于海洋磁测的磁力仪也在不断更新换代，目前加拿大制造的 SeaSPY 拖曳式磁力仪，采用模块设计，全向性探头，无指向误差，无温度漂移，分辨率 0.001nT，灵敏度 0.015nT，绝对精度达 0.2nT，测量范围 18000～120000nT，采样率 0.1～4Hz，配有 RS－232 通讯口。再加上先进的 GPS 导航设备，使得海洋磁测可以在任何海域内准确定位，不受气候和风浪影响，能昼夜连续施工。

海洋磁测与航空磁测有许多相似之处。但因磁测环境不同，海洋磁测需要进行一些特有的实验测量并有严格的技术规定，其专业性较强，这里不再赘述。

第三节　岩石磁性参数的测定和统计

岩石的磁性参数是确定勘探对象性质的一个重要参数，而通过对采集的岩石标本测量是最直接、可靠的获得磁性参数的途径。本节主要介绍利用磁力仪测定标本磁性参数的方法。这种测量对弱磁性标本而言精度较低，但对于野外及时地认识工作区内磁异常源的性质，合理安排后续工作非常有意义。

一、岩（矿）石标本的采集

磁性标本可采自野外天然或人工露头、勘探工程场地或钻井的岩心等。一般在可能的条件下，标本都应采自基岩。为了防止一些地区受雷电电击影响岩石的天然磁性，一般不在地形制高点采集标本。在钻井或勘探场地采集标本时，应将可能带有磁性物质的污染物（如泥浆铁屑、钻砂等）清洗干净。

每种岩（矿）石标本采集的数量应满足测定数据统计计算的要求。一般不能低于 30 块。进行大面积磁测的工作可按地质体磁性变化情况适当增加采集标本的数量。标本应加工成等轴状或立方体形状。弱磁性标本的体积应为 $1000cm^3$ 左右，磁性较强时也不应低于 $400cm^3$。

为了测定剩磁方向，在将标本采集离开母岩采集地之前，必须将标本确定方向并画上标记。而且注意这种标本的母岩一定要选择在未经移动过的新鲜基岩上，以确保剩磁方向的准确性。对标本的定向标志没有统一规定，一般包括三种标记：水平线（标本表面与某一水平面的交线）；上下标志（用符号表示标本的哪一部分在水平线以上）；北方位线（磁南北标记）。图 7－1 为定向标本定向标记的示意图。

采集的标本应准确定名，标本应贴上标签，注明岩（矿）石名称、标本编号及采集地点等。采集标本时应有标本采集记录。标本的采集位置也应标绘在相应的地质或地理图件上，以供磁测结果推断解释时使用。

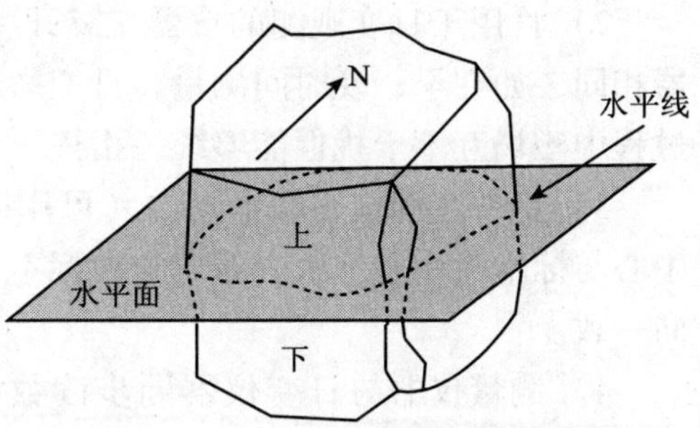

图 7－1　定向标本定向标记示意图

二、标本磁性参数的测定

利用磁场测量仪器测定岩（矿）石标本测磁性参数，既可以用机械式磁力仪，也可以用电子式磁力仪。这里主要介绍利用质子旋进磁力仪进行测量的方法。

利用质子旋进磁力仪测量岩（矿）石标本磁参数，可以将标本放在高斯第一位置，也可以放在高斯第二位置测量。与传统上利用机械式磁力仪进行测量的方法不同的是，利用质子旋进磁力仪测量得到的是磁场总强度 T，故标本相对于仪器探头放置的位置和角度都要有所变化，因此，需要特制的标本架和标本盒。除此之外，为了提高测量的精度，在标本测量过程中要设置另外一台磁力仪做同步（同步时间尽量达到秒级）的日变观测。

在测定工作进行之前，首先制作标本架与标本盒。

1）标本架。标本架全部选用无磁性材料制作，并在标本架上放置两块活动的（带无磁合页）平板，一块水平放置并固定在架上，另一块倾斜可调，使用时调节交角与当地地磁场倾角相等。板上装有挡板，防止标本盒在斜面上放置时下滑，如图（7－2）所示。

2）标本盒。标本盒为利用无磁性材料制作边长为 10cm 左右的正方形木盒，按照左螺旋系统规定 x 轴向东，y 轴向北，z 轴向下；在三个轴的正方向盒面上分别标以 3、5、1，负方向盒面上分别标以 4、6、2，当将这标本盒置于标本架倾斜面上时，z 轴与地磁场 $\boldsymbol{T}_0$ 方向一致。

1. 第一位置测定法

（1）测量步骤

1）选择一处磁场平稳且无人为干扰磁场的地点，并用罗盘确定出准确的磁南北方位，把用于测量标本的仪器依照测量的方式固定，同时将特制的标本架置于仪器探头的正磁北方向，如图 7－2 所示。

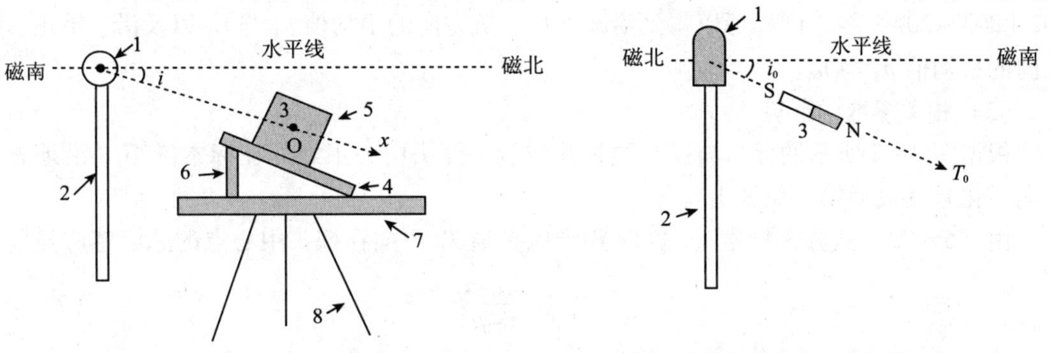

（a）标本摆放位置示意图　　（b）仪器探头位于标本偶极子的高斯第一位置

1—磁力仪探头；2—探头杆；3—标本盒；4—倾斜板；5—标本盒挡板；6—螺杆；7—水平板；8—标本架脚柱

1—磁力仪探头；2—探头杆；3—标本偶极子

图 7－2　第一位置测定法测定标本

2）将用于日变观测的仪器在离开一定距离远的地点安放好（磁场环境要求与测量仪器相同，如在早、晚时间测量，日变影响不大时可以不设日变观测），使两台仪器在测量过程中磁场互不干扰但能够统一指挥。

3）将标本固定在标本盒内（可用碎布、泡沫塑料等无磁性杂物塞紧），并注意标本中心与标本盒中心一致。对于定向标本，应使其东、北、下方向分别与标本盒 x、y、z 方向一致。

4）测量仪器与日变仪器同步读数，将未放置标本前测量仪器读数计作 n_0，此时的 n_0，即测量地点的 T_0，然后按照图 7－2 在标本架上放置充填后的标本盒，第一次放置时使标本盒 z 轴正方向与地磁场正方向一致（标注 1 字样的一面背向探头），z 轴负方向的延长线对准探头中心，量出标本中心到探头中心之间的距离（准确到 2mm）并记录，之后测量仪器读数并记为 101。接下来使标本盒绕 z 轴旋转 90°放置再测量，得到读数 102，如此每次旋转 90°，共测量获得四个读数 101，102，103，104，百位数的 1 代表 z 轴正方向，个位数的 1，2，3，4 分别代表 4 次翻转测量，后面将计算四个读数的平均值，目的是为了消除标本形状的不均匀性。

5）将标本盒沿 z 轴方向转 180°（标本盒标注 2 字样的一面背向探头），z 轴正方向延长线对准探头中心，仿照上面的过程测量得到另外 4 个读数 201，202，203，204。

6）转动标本盒，使标本盒 x 轴方向与地磁场方向一致（即 x 轴方向取代原来的 z 轴方向），按照第 4 步、第 5 步的做法，分别测得 x 轴正方向读数 301，302，303，304 与负方向读数 401，402，403，404。同样还可以得到 y 轴正方向的读数 501，502，503，504 与负方向读数 601，602，603，604。

7）注意在对标本 x、y、z 三个坐标轴方向测量做每次读数的同时，日变测量必须同步进行。测量完成后，将标本盒拿开放置较远处，使标本的磁场不再影响测量仪器并重新读数，将该读数结果与日变测量仪器结果核对以保证测量过程中磁场环境未发生变化。如核对无误，则此块标本测量结束。

8）所有标本测量结束以后，对每一块标本，将测得的 24 次读数做日变改正（如在早、晚时间测量，日变变化不超过 0.1nT 时可不做日变改正），并按照下式计算得到 z 坐标轴正、负方向的平均值 n_1、n_2，有 $n_1 = (101 + 102 + 103 + 104)/4$，$n_2 = (201 + 202 + 203 + 204)/4$。同样可以得到沿 x 轴正、负方向的平均值 n_3 与 n_4 以及沿 y 轴正、负方向的平均值 n_5 与 n_6。

（2）相关参数的计算

根据图 7－2 所示的标本与探头的相互位置，探头中心正好处在标本磁矩（沿地磁场方向磁化）的高斯第一位置上。

由（5－22）式知，标本（z 方向）沿地磁场 $\boldsymbol{T}_0$ 方向在探头中心点的总磁感应强度为

$$T_{\mathrm{a}} = \frac{2\mu_0 m_z}{4\pi R^3} \tag{7-20}$$

式中：m_z 为标本 z 方向的总磁矩；$m = (M_{\mathrm{iz}} + M_{\mathrm{rz}})V$，$M_{\mathrm{iz}}$、$M_{\mathrm{rz}}$ 分别为标本感应磁化强度和剩余磁化强度，V 为标本的体积；R 为标本中心到探头中心的距离。

已知标本放置前仪器读数为 n_0，放标本后 z 轴正向朝下时读数为 n_1，则应有

$$n_1 - n_0 = \frac{\mu_0 2(M_{iz} + M_{rz})V}{4\pi R^3} \tag{7-21}$$

整理得

$$M_{iz} + M_{rz} = \frac{(n_1 - n_0)4\pi R^3}{\mu_0 2V} \tag{7-22}$$

已知标本盒沿地磁场方向倒转180°后测得的读数平均值为 n_2，可得

$$M_{iz} - M_{rz} = \frac{(n_2 - n_0)4\pi R^3}{\mu_0 2V} \tag{7-23}$$

将（7－22）式与（7－23）式相加，并考虑 $M_{iz} = \kappa'_z T_0/\mu_0$，$T_0$ 为当地地磁场强度，可解得

$$\kappa'_z = \frac{4\pi R^3\left(\frac{n_1 + n_2}{2} - n_0\right)}{2T_0 V} \quad \text{SI}(\kappa) \tag{7-24}$$

将（7－22）式与（7－23）式相减，可解得

$$M_{rz} = \frac{4\pi R^3\left(\frac{n_1 - n_2}{2}\right)}{2\mu_0 V} \quad \text{A/m} \tag{7-25}$$

注意这里使用的是SI单位制，（7－24）式的 T_0 一定按照SI单位制代入计算才能够得到正确结果。

同样，已知标本 x 轴正、反两个方向上的读数分别为 n_3、n_4；y 轴两个方向上的读数分别为 n_5、n_6，则可求得 κ'_x、M_{rx}和 κ'_y、M_{ry}。从而 κ'的平均值为

$$\kappa' = \frac{\kappa'_x + \kappa'_y + \kappa'_z}{3} \tag{7-26}$$

标本的剩余磁化强度 M_r 的大小为

$$M_r = \sqrt{M_{rx}^2 + M_{ry}^2 + M_{rz}^2} \tag{7-27}$$

M_r 的方位角 φ 和倾角 θ 分别为

$$\varphi = \arctan\left(\frac{M_{ry}}{M_{rx}}\right) \tag{7-28}$$

$$\theta = \arctan\left(\frac{M_{rz}}{(M_{rx}^2 + M_{ry}^2)^{1/2}}\right) \tag{7-29}$$

2. 第二位置测定法

（1）测量步骤

图7－3给出的是高斯第二位置测定法仪器和标本摆放位置示意图。从图中可以看出，标本盒仍然在标本架上倾斜放置（当不要求测量标本的剩余磁化强度时，不强调将标本盒与当地地磁场倾斜方向一致的倾斜放置），标本架放在磁力仪探头的正东方向或正西方向，且标本盒中心与探头中心在磁东西方向的一条水平线上。这样摆放的目的是要保证探头处于受地磁场总场 T 磁化的标本偶极子磁场的高斯第二位置上。测量过程中，首先将测量仪器摆放平稳，在未放置待测标本前，先测量并记录当地地磁正常场的读数 n_0，标本架及标本摆放稳妥以后，准确地测量出标本盒中心与探头中心的距离，然后仿照高斯第一位置测量的过程，分别沿三个坐标轴测量出24个读数，接下来便可计算出 n_1，n_2，n_3，

n_4，n_5，n_6（日变观测也要同步进行并在计算中做必要的日变改正）。

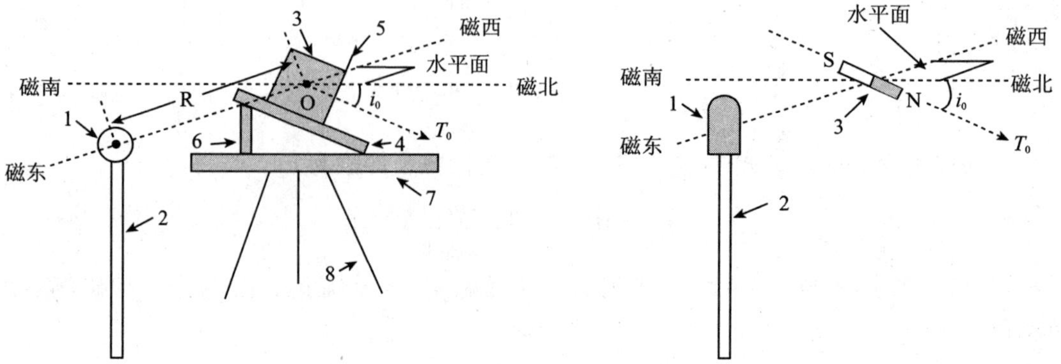

（a）标本摆放位置示意图
1—磁力仪探头；2—探头杆；3—标本盒；4—倾斜板；
5—标本盒挡板；6—螺杆；7—水平板；8—标本架脚柱

（b）仪器探头位于标本偶极子的高斯第二位置
1—磁力仪探头；2—探头杆；3—标本偶极子

图 7－3　第二位置测定法测定标本

（2）相关参数的计算

由（5－23）式知，探头中心点总磁感应强度为

$$T_a = \frac{\mu_0 m}{4\pi R^3} \tag{7-30}$$

与第一位置测定法相比，（7－20）式只是比（7－30）式多了个 2 倍的因子，其他各项均相同，因此，可以完全仿照在第一位置的做法测定并计算出类似与（7－24）式、(7－25)式的结果。需要注意的是，在第二位置上，标本的偶极子磁场在探头处产生的磁场为负值，未放标本前磁系的读数应大于放置标本以后的读数，为了与第一位置的计算一致，在类似于（7－21）式的计算中，需将（n_1-n_0）变换为（n_0-n_1），其他各式也都做对应的变换，便可得到

$$\kappa_z' = \frac{4\pi R^3\left(n_0 - \dfrac{n_1+n_2}{2}\right)}{T_0 V} \qquad \mathrm{SI}(\kappa) \tag{7-31}$$

$$M_{rz} = \frac{4\pi R^3\left(\dfrac{n_2-n_1}{2}\right)}{\mu_0 V} \qquad \mathrm{A/m} \tag{7-32}$$

（7－31）式与（7－32）式为采用第二位置测定法测定时视磁化率与剩余磁化强度 z 轴分量的计算结果。类似地还可以得到 x、y 轴分量的结果以及（7－28）式、(7－29）式的计算结果。

由（7－26）式计算的结果为视磁化率，为计算出标本的真磁化率，可利用近似球形标本的换算公式求出真磁化率 κ，即有

$$\kappa = \frac{\kappa'}{1-\dfrac{4}{3}\pi\kappa'} \tag{7-33}$$

最后应该指出，以上介绍的各种方法均系简单条件下对标本磁性参数的测定。如果磁异常的解释过程需要更精确的参数，须在实验室将标本精密加工，之后利用专门的磁参数

测量仪器测定。

三、磁性参数的统计整理

磁参数是受标本所含铁磁性矿物成分制约的一个随机变量，一般满足算术正态分布或对数正态分布规律。磁参数进行统计的目的是以每一类岩（矿）石标本所测得的一批不同参数的随机变量中找出它们的常见值和常见变化范围。对这些参数的统计整理一般采用两种方法，即统计计算和统计图示。

1. 平均值

（1）算术平均值

$$\bar{\kappa}_m = \frac{1}{n}\sum_{i=1}^{n}\kappa_i \tag{7-34}$$

（2）几何平均值

$$\bar{\kappa}_g = \left(\prod_{i=1}^{n}\kappa_i\right)^{1/2} \tag{7-35}$$

式中：$\prod_{i=1}^{n}\kappa_i$ 表示从 κ_1 到 κ_n 的连乘；κ_i 为第 i 块标本的磁化率；n 为标本块数。

（3）加权平均值

若为算术正态分布，在多组数据参加平均时，其均值为

$$\bar{\kappa} = \frac{\sum_{i=1}^{n} m_i\kappa_i'}{\sum_{i=1}^{n} m_i} \tag{7-36}$$

式中：m_i（$i=1$，2，…，n）为参加平均的各组数据的个数，作权系数；κ_1'，κ_2'，…，κ_n' 分别为各组数据的平均值；n 为标本实测数据个数。m_i 值最大的一组数据中的中值，称为该批数据的常见值。当数据满足正态分布规律，数据量很大时，平均值和常见值相等，此时可以用平均值代替常见值。

2. 离散特征值

（1）均方差

一批数据中各个数据 κ_i 与平均值 $\bar{\kappa}$（或常见值 K_c）之差平方和的均方根称为均方差（方差），按所用平均值不同，可分为算术均方差和几何均方差。

（2）算术均方差

$$\delta_s = \pm\left[\frac{1}{n-1}\sum_{i=1}^{n}(\kappa_i - \bar{k})^2\right]^{1/2} \tag{7-37}$$

（3）几何均方差

$$\lg\delta_g = \left[\frac{1}{n-1}\sum(\lg\kappa_i - \overline{\lg\kappa_g})^2\right]^{1/2} \tag{7-38}$$

式中：$\overline{\lg\kappa_g}$ 为 $\lg\kappa_i$ 的平均值。均方差越大，说明测定的数据越离散；均方差越小，则数据越集中于平均值附近。

（4）常见变化范围

一般以常见值加减 0.5～2 倍均方差作为参数的常见变化范围，即 $\kappa_c \pm (0.5\sim2)\,\delta_s$

（或 δ_g）。更多情况常以 $\kappa_c \pm \delta_s$（或 δ_g）确定，κ_c 为常见值。

习题七

1. 如何确定磁测工作的比例尺及测网密度？

2. 怎样选择并确定磁测工作的精度？衡量磁测精度的标准是什么？

3. 高精度磁测为什么要进行高度改正？某测点的正常地磁场 $T_0=53000\text{nT}$，与起算点的相对高差为 +200m，计算该测点的高度改正值（注意高精度磁测高度改正计算时的计算精度要求）。

4. 若一台磁力仪的测量读数不受温度、零点漂移等因素的影响，当其早、中、晚在同一个测点上观测的读数相同时，能说明该仪器没有测量误差吗？为什么？

5. 磁测工作的总精度由多少个方面的因素决定？对于特高精度测量（均方误差≤2nT），仅依靠选用定点重复观测误差小的仪器能有效地保证完成磁测任务吗？结合表 7－1说明各个步骤的误差分配情况。

6. 用梯度仪测得的某点的地磁场梯度与该点的地磁场梯度的理论值是否一致？对垂直磁化无限延伸板状体的垂直分量 Z_a 的梯度异常，可选用什么形体的 Z_a 磁异常表达式进行分析计算。

7. 磁场的梯度异常与磁异常相比较，可以看出梯度异常与磁性体形状关系更密切，与浅部磁性体的关系更密切，为什么？

8. 确定航空磁测飞行高度唯一的原则是什么？在无法降低飞行高度时，布置更大比例尺的磁测工作合理吗？

9. 采集岩（矿）石物性标本时应注意哪些具体要求？

10. 磁秤法测定岩（矿）石标本磁性的第一位置、第二位置的工作原理是什么？推导给出磁秤法第一位置测量时计算标本磁性参数的公式。

11. 高斯第一位置、第二位置测定标本磁参数时，读数应满足什么条件？不满足条件的可能因素有哪些？

第八章 磁性体的磁场计算及分析

磁法勘探中研究的磁异常，多数为地壳中的局部磁异常。产生这种磁异常的场源被称之为磁性体或磁性地质体。本章将详细说明如何计算它们的磁异常，并分析磁异常与场源的对应关系。

第一节 磁异常的基本计算公式

对磁性体磁场的表达式，可利用磁位与引力位之间的泊松公式较方便地计算。

一、三度体磁异常计算的基本表达式

由（5－34）式～（5－37）式可知，均匀磁化三度体在空气（$\mu=\mu_0$）中所产生的磁异常应为

$$\begin{aligned}H_{ax}&=\frac{\mu_0}{4\pi G\rho}(M_xV_{xx}+M_yV_{xy}+M_zV_{xz})\\&=\frac{\mu_0 M}{4\pi G\rho}(V_{xx}\cos\alpha_S+V_{xy}\cos\beta_S+V_{xz}\cos\gamma_S)\end{aligned}\qquad(8-1)$$

$$\begin{aligned}H_{ay}&=\frac{\mu_0}{4\pi G\rho}(M_xV_{xy}+M_yV_{yy}+M_zV_{yz})\\&=\frac{\mu_0 M}{4\pi G\rho}(V_{xy}\cos\alpha_S+V_{yy}\cos\beta_S+V_{yz}\cos\gamma_S)\end{aligned}\qquad(8-2)$$

$$\begin{aligned}Z_a&=\frac{\mu_0}{4\pi G\rho}(M_xV_{xz}+M_yV_{yz}+M_zV_{zz})\\&=\frac{\mu_0 M}{4\pi G\rho}(V_{xz}\cos\alpha_S+V_{yz}\cos\beta_S+V_{zz}\cos\gamma_S)\end{aligned}\qquad(8-3)$$

$$\begin{aligned}\Delta T&=\frac{\mu_0 M}{4\pi G\rho}[(V_{xx}\cos\alpha_S+V_{xy}\cos\beta_S+V_{xz}\cos\gamma_S)\cos\alpha_t\\&\quad+(V_{xy}\cos\alpha_S+V_{yy}\cos\beta_S+V_{yz}\cos\gamma_S)\cos\beta_t\\&\quad+(V_{xz}\cos\alpha_S+V_{yz}\cos\beta_S+V_{zz}\cos\gamma_S)\cos\gamma_t]\\&=H_{ax}\cos\alpha_t+H_{ay}\cos\beta_t+Z_a\cos\gamma_t\end{aligned}\qquad(8-4)$$

式中：$\cos\alpha_S$、$\cos\beta_S$、$\cos\gamma_S$ 为磁化强度 $\boldsymbol{M}$ 的方向余弦，$\cos\alpha_t$、$\cos\beta_t$、$\cos\gamma_t$ 为正常地磁场的方向余弦。

垂直磁化情况下（即 $i=90°$，或 $\alpha_S=\beta_S=90°$、$\gamma_S=0°$时，（8－1）式～（8－3）式变为

$$\left.\begin{aligned}H_{ax}^{\perp} &= \frac{\mu_0 M}{4\pi G\rho}V_{xz} = \frac{\mu_0 M}{4\pi G\rho}\frac{\partial}{\partial x}(\Delta g)\\ H_{ay}^{\perp} &= \frac{\mu_0 M}{4\pi G\rho}V_{yz} = \frac{\mu_0 M}{4\pi G\rho}\frac{\partial}{\partial y}(\Delta g)\\ Z_{a}^{\perp} &= \frac{\mu_0 M}{4\pi G\rho}V_{zz} = \frac{\mu_0 M}{4\pi G\rho}\frac{\partial}{\partial z}(\Delta g)\end{aligned}\right\} \tag{8-5}$$

由上式可知，垂直磁化时的 $H_{ax}^{\perp}$、$H_{ay}^{\perp}$、$Z_{a}^{\perp}$ 分别与同源的重力异常的一阶偏导数 $\partial(\Delta g)/\partial x$、$\partial(\Delta g)/\partial y$、$\partial(\Delta g)/\partial z$ 成线性关系。它们的函数形式相同，异常特征相似。了解和熟悉这种联系对于重力与磁异常关系的理论分析以及实际应用都很重要。

二、二度体磁异常计算的基本表达式

二度体磁异常是指沿走向方向无限延深的磁性体所引起的异常，假设其沿 y 方向无限延深，则其磁位或磁异常沿 y 方向均为常数，容易理解由该二度体所引起的重力位和重力异常沿 y 方向也均为常数。所以，由二度体情况下的拉普拉斯方程可得

$$V_{xx} = -V_{zz}$$

注意二度体的 V_{xx}、V_{xz}、V_{zz} 与三度体 V_{xx}、V_{xz}、V_{zz} 的差别（见第一章的重力异常及其计算表达式部分）。

再根据（8－1）式～（8－4）式，在 x 轴方向可得到二度体剖面磁异常表达式：

$$\left.\begin{aligned}H_{ax} &= \frac{\mu_0}{4\pi G\rho}(-M_x V_{zz} + M_z V_{xz}) = \frac{\mu_0 M}{4\pi G\rho}(-V_{zz}\cos\alpha_S + V_{xz}\cos\gamma_S)\\ Z_a &= \frac{\mu_0}{4\pi G\rho}(M_x V_{xz} + M_z V_{zz}) = \frac{\mu_0 M}{4\pi G\rho}(V_{xz}\cos\alpha_S + V_{zz}\cos\gamma_S)\\ \Delta T &= \frac{\mu_0 M}{4\pi G\rho}[(-V_{zz}\cos\alpha_S + V_{xz}\cos\gamma_S)\cos\alpha_t + (V_{xz}\cos\alpha_S +\\ &\quad V_{zz}\cos\gamma_S)\cos\gamma_t] = H_{ax}\cos\alpha_t + Z_a\cos\gamma_t\end{aligned}\right\} \tag{8-6}$$

式中各量的意义与（8－1）式～（8－4）式相同。参照（8－5）式可以看出，在垂直磁化条件下，二度体剖面磁异常的水平分量 $H_{ax}^{\perp}$，垂直分量 $Z_{a}^{\perp}$ 也分别与同源的二度体重力异常的一阶偏导数 $\frac{\partial}{\partial x}(\Delta g)$ 和 $\frac{\partial}{\partial z}(\Delta g)$ 成线性关系。

三、有效磁化强度和有效地磁场

图8－1（b）详细地给出了磁化强度 $\boldsymbol{M}$ 与各个分量的关系；图8－1（c）为正常地磁场 $\boldsymbol{T}_0$ 与各个分量的关系。由图8－1（b）可知：

$$M_x = M\cos\alpha_S = M\cos i\cos\delta$$
$$M_y = M\cos\beta_S = M\cos i\sin\delta$$
$$M_z = M\cos\gamma_S = M\sin i$$

可见

$$\left.\begin{aligned}\cos\alpha_S &= \cos i\cos\delta\\ \cos\beta_S &= \cos i\sin\delta\\ \cos\gamma_S &= \sin i\end{aligned}\right\} \tag{8-7}$$

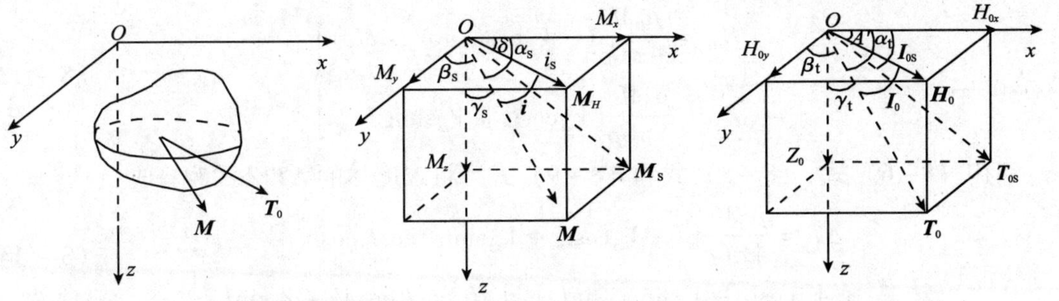

（a）物体被磁化时，具有与正常地磁场方向 T_0 不同（也可相同）的磁化强度矢量 M　（b）磁化强度矢量图　（c）正常地磁场矢量图

图 8－1　磁化强度和正常地磁场矢量图

其中：i 为磁化强度 $\boldsymbol{M}$ 的倾角；δ 为 x 轴与 $\boldsymbol{M}$ 的水平分量的夹角。图 8－1（c）表示出了正常地磁场与其水平分量 H_{0x}、H_{0y} 及 Z_0 的关系，由图可知

$$H_{0x} = T_0\cos\alpha_t = T_0\cos I_0\cos A'$$
$$H_{0y} = T_0\cos\beta_t = T_0\cos I_0\sin A'$$
$$Z_0 = T_0\cos\gamma_t = T_0\sin I_0$$

可见

$$\left.\begin{aligned}\cos\alpha_t &= \cos I_0\cos A'\\ \cos\beta_t &= \cos I_0\sin A'\\ \cos\gamma_t &= \sin I_0\end{aligned}\right\}\quad(8-8)$$

式中：I_0 为地磁场 $\boldsymbol{T}_0$ 的倾角；A'为 x 轴与磁北的夹角。磁化强度 $\boldsymbol{M}$ 的方向与正常地磁场 $\boldsymbol{T}_0$ 的方向不一致（也可以一致）。若两者一致，则有 $\alpha_S=\alpha_t$，$\beta_S=\beta_t$，$\gamma_S=\gamma_t$，$i=I_0$，$\delta=A'$，且（8－7）式与（8－8）式全等。

在研究地质体的磁异常时，将磁化强度 $\boldsymbol{M}$、正常地磁场 $\boldsymbol{T}_0$ 在观测剖面（xoz 面）内的分量 $\boldsymbol{M}_S$、$\boldsymbol{T}_{0S}$定义为有效磁化强度和有效地磁场，见图 8－1（b）和（c），i_s 为 $\boldsymbol{M}_S$ 的倾角，I_{0S}为 $\boldsymbol{T}_{0S}$的倾角。因为

$$\left.\begin{aligned}M_x &= M\cos i\cos\delta = M_S\cos i_S\\ M_z &= M\sin i = M_S\sin i_S\end{aligned}\right\}\quad(8-9)$$

所以

$$\left.\begin{aligned}M_S &= (M_x^2+M_z^2)^{1/2} = M(\cos^2 i\cos^2\delta+\sin^2 i)\\ \tan i_S &= M_z/M_x = \tan i\sec\delta\end{aligned}\right\}\quad(8-10)$$

因为

$$\left.\begin{aligned}T_{0x} &= H_{0x} = T_0\cos I_0\cos A' = T_{0S}\cos I_{0S}\\ T_{0z} &= Z_0 = T_0\sin I_0 = T_{0S}\sin I_{0S}\end{aligned}\right\}\quad(8-11)$$

所以

$$\left.\begin{aligned}T_{0S} &= (H_{0x}^2+Z_0^2)^{1/2} = T_0(\cos^2 I_0\cos^2 A'+\sin^2 I_0)^{1/2}\\ \tan I_{0S} &= Z_0/H_{0x} = \tan I_0\sec A'\end{aligned}\right\}\quad(8-12)$$

引用（8－6）式和（8－9）式可将二度体的 H_{ax}、Z_a 公式改写成

$$
\left.\begin{aligned}
H_{ax} &= \frac{\mu_0 M_S}{4\pi G\rho}(-V_{zz}\cos i_S + V_{xz}\sin i_S) \\
Z_a &= \frac{\mu_0 M_S}{4\pi G\rho}(V_{xz}\cos i_S + V_{zz}\sin i_S)
\end{aligned}\right\} \quad (8-13)
$$

引用（8－6）式、（8－8）式和（8－9）式可将二度体的 ΔT 公式改写成

$$
\begin{aligned}
\Delta T &= \frac{\mu_0 M_S}{4\pi G\rho}[(-V_{zz}\cos i_S + V_{xz}\sin i_S)\cos I_0 \cos A' + \\
&(V_{xz}\cos i_S + V_{zz}\sin i_S)\sin I_0] = H_{ax}\cos I_0\cos A' + Z_a \sin I_0
\end{aligned} \quad (8-14)
$$

利用（8－12）式，上式可变为

$$
\Delta T = \frac{\mu_0 M_S}{4\pi G\rho}\frac{\cos I_0 \cos A'}{\cos I_{0S}}[V_{xz}\cos(i_S + I_{0S} - 90°) + V_{zz}\sin(i_S + I_{0S} - 90°)] \quad (8-15)
$$

在磁化强度 $\boldsymbol{M}$ 与地磁场 $\boldsymbol{T}_0$ 方向一致的情况下，由（8－9）式和（8－11）式可知

$$
\frac{\cos I_0 \cos A'}{\cos I_{0S}} = \frac{\sin I_0}{\sin I_{0S}} = \frac{M_S}{M} \quad (8-16)
$$

故

$$
\begin{aligned}
\Delta T &= \frac{\mu_0 M_S}{4\pi G\rho}\frac{M_S}{M}[V_{xz}\cos(2I_{0S} - 90°) + V_{zz}\sin(2I_{0S} - 90°)] \\
&= \frac{\mu_0 M_S}{4\pi G\rho}\frac{\sin I_0}{\sin I_{0S}}[V_{xz}\cos(2I_{0S} - 90°) + V_{zz}\sin(2I_{0S} - 90°)]
\end{aligned} \quad (8-17)
$$

应注意，（8－15）式在 I_0、I_{0S}和 A'中若有一个等于90°时则无意义，此时须用通式（8－14）式。

第二节　简单条件下规则形体的磁场

由于引力位与磁位之间的密切关系，重力异常与磁异常两者在正演理论中可以互相借鉴。

一、磁异常的计算

1. 与磁异常正演计算相关的假定条件

由于磁性体受磁化方向等因素影响的特殊性，在给出模型体的正演计算表达式之前，须提出磁场计算中相关的假定条件，这些条件如下：①场源为单一规则几何形体；②场源被均匀磁化；③观测面水平；④不考虑剩磁影响。

参照前面各章磁场计算的过程，本章讨论各种场源的磁场时，统一选用右手直角坐标系。xoy 平面为观测平面，y 轴沿场源走向方向，x 轴垂直走向，为测线方向，z 轴垂直向下；坐标原点选在地质体中心或其顶面中心在地面上的投影点。同时明确地质体以外的计算点以 P 表示，该点坐标为（x，y，z）；地质体内的体元点以 Q 表示，其坐标为(ξ，η，ζ)。

2. 磁异常计算表达式

参照第四章简单形体重力异常的正演计算，再由本章第一节的介绍，可以参照给出球体、无限长水平圆柱体、台阶、板（脉）状体以及长方体等五种典型场源模型的磁异常

计算公式。

将（4－2）式～（4－7）式代入到（8－1）式～（8－4）式，令$\xi=0$、$\eta=0$、$\zeta=h$和$z=0$，并给出球体的体积及与磁化强度及方向相关的参量，可以得到坐标原点在球体中心上方的磁异常表达式。

将（4－25）式与（4－26）式代入到（8－13）式与（8－14）式，同时给出圆柱体横截面积及与有效磁化强度和方向等相关的参量，可以得到无限长水平圆柱体横截面上的磁异常表达式（坐标原点在水平圆柱体中轴线上方）。

将（4－30）式与（4－31）式代入到（8－13）式与（8－14）式，同时给出与有效磁化强度和方向等相关的参量，可以得到台阶的磁异常表达式（坐标原点选择与重力异常计算相同）。

利用台阶的磁异常表达式，将形状和埋深相同，走向相同，沿垂直走向的方向上有$2b$位移的两个台阶的磁异常公式相减，统一原点后（坐标原点在板状体横截面中心上方），就可以得到水平宽度为$2b$、向下有限延深的厚板状体的磁异常表达式。

将（4－49）式～（4－54）式代入到（8－1）式～（8－4）式，并给出与磁化强度及方向相关的参量，可以得到长方体的磁异常的表达式（坐标原点在长方体上方）。

为了便于对比，将以上五种典型场源模型的磁异常公式统一由表8－1给出。

表8－1　典型场源模型的磁异常公式

场源模型	磁异常表达式
球体 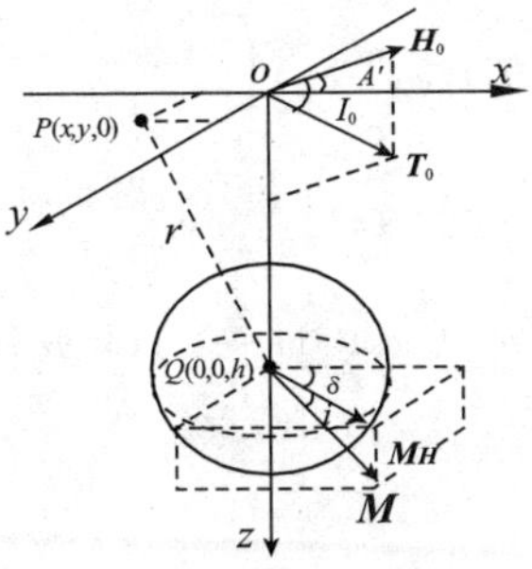 图中： μ_0：真空中的导磁率； h：球体中心埋深； m：球体的磁矩，且有$m=MV$； M：球体磁化强度； V：球体体积； i：磁化倾角； δ：为x轴正方向与磁化方向水平分量的夹角； I_0：地磁场倾角； A'：为x轴正方向与地磁场北方向的夹角，若x轴与真北方向一致时，A'为地磁场的偏角	$H_{ax}=\frac{\mu_0 m}{4\pi(x^2+y^2+h^2)^{5/2}}[(2x^2-y^2-h^2)\cos i\cos\delta+3xy\cos i\sin\delta-3xh\sin i]$ $H_{ay}=\frac{\mu_0 m}{4\pi(x^2+y^2+h^2)^{5/2}}[(2y^2-x^2-h^2)\cos i\sin\delta+3xy\cos i\cos\delta-3yh\sin i]$ $Z_a=\frac{\mu_0 m}{4\pi(x^2+y^2+h^2)^{5/2}}[(2h^2-x^2-y^2)\sin i-3xh\cos i\cos\delta-3yh\cos i\sin\delta]$ $\Delta T=\frac{\mu_0 m}{4\pi(x^2+y^2+h^2)^{5/2}}(Ax^2+By^2+Cxy+Dx+Ey+F)$ 式中： $A=2\cos i\cos\delta\cos I_0\cos A'-\cos i\sin\delta\cos I_0\sin A'-\sin i\sin I_0$； $B=2\cos i\sin\delta\cos I_0\sin A'-\cos i\cos\delta\cos I_0\cos A'-\sin i\sin I_0$； $C=3(\cos i\sin\delta\cos I_0\cos A'+\cos i\cos\delta\cos I_0\sin A')$； $D=-3(\sin i\cos I_0\cos A'+\cos i\cos\delta\sin I_0)h$； $E=-3(\sin i\cos I_0\sin A'+\cos i\sin\delta\sin I_0)h$； $F=(2\sin i\sin I_0-\cos i\cos\delta\cos I_0\cos A'-\cos i\sin\delta\cos I_0\cos A')h^2$

场源模型	磁异常表达式
无限长水平圆柱体 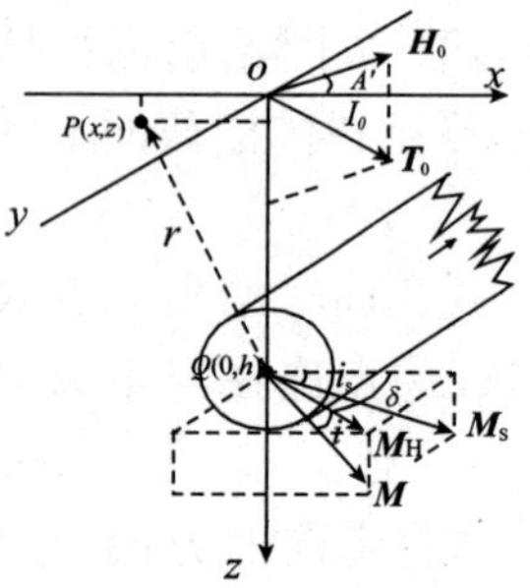 图中： h：圆柱体中心埋深； m_S：有效线磁化强度，且 $m_S = M_S S$； M_S：有效磁化强度； S：圆柱体横截面积； i_S：有效磁化倾角； 其他磁化方向参量与球体同	$H_{ax} = \frac{\mu_0}{4\pi}\frac{2m_S}{(x^2+h^2)^2}[-(h^2-x^2)\cos i_S - 2hx\sin i_S]$ $Z_a = \frac{\mu_0}{4\pi}\frac{2m_S}{(x^2+h^2)^2}[(h^2-x^2)\sin i_S - 2hx\cos i_S]$ $\Delta T = \frac{\mu_0}{4\pi}\frac{2m_S}{(x^2+h^2)^2}[(h^2-x^2)(\sin i_S\sin I_0 - \cos i_S\cos I_0\cos A') - 2hx(\cos i_S\sin I_0 + \sin i_S\cos I_0\cos A')]$
台阶 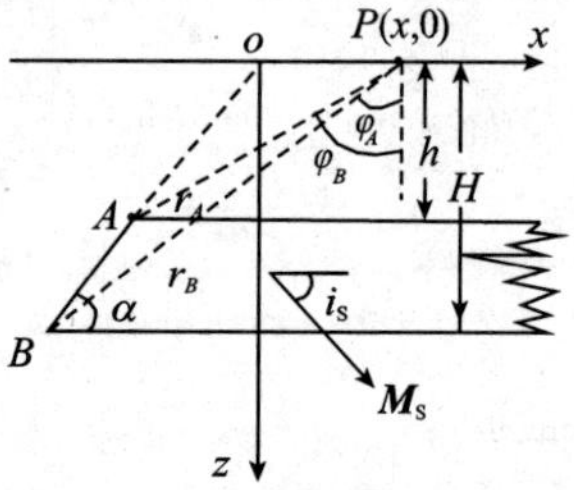 图中： h：台阶顶部埋深； H：台阶底部埋深； M_S：有效磁化强度； i_S：有效磁化倾角； α：台阶倾斜面与下底水平面的夹角； 其他磁化方向参量与球体同	$H_{ax} = \frac{2\mu_0 M_S}{4\pi}\sin\alpha\left[-\cos(\alpha+i_S)\ln\frac{r_B}{r_A} - \sin(\alpha+i_S)(\varphi_A-\varphi_B)\right]$ $Z_a = \frac{2\mu_0 M_S}{4\pi}\sin\alpha\left[\sin(\alpha+i_S)\ln\frac{r_B}{r_A} - \cos(\alpha+i_S)(\varphi_A-\varphi_B)\right]$ $\Delta T = \frac{2\mu_0 M_S}{4\pi}\sin\alpha\{[\sin(\alpha+i_S)\sin I_0 - \cos(\alpha+i_S)\cos I_0\cos A']\ln\frac{r_B}{r_A} - [\cos(\alpha+i_S)\sin I_0 + \sin(\alpha+i_S)\cos I_0\cos A'](\varphi_A-\varphi_B)\}$ 式中： $r_A = [(x+h\cot\alpha)^2+h^2]^{1/2}, \varphi_A = \arctan[(x+h\cot\alpha)/h]$； $r_B = [(x+H\cot\alpha)^2+H^2]^{1/2}, \varphi_B = \arctan[(x+H\cot\alpha)/H]$

<table>
<tr><th>场源模型</th><th>磁异常表达式</th></tr>
<tr><td>

有限延深板状体

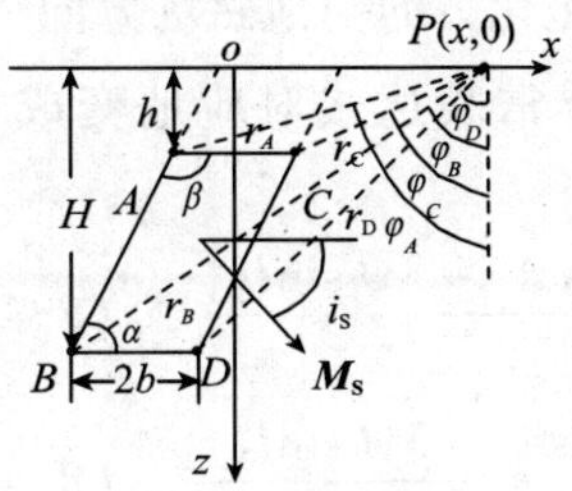

图中：
h：上顶面埋深；
H：下底面埋深；
M_S：截面面磁化强度；
γ：有效磁化方向与板状体倾向间的夹角，且有 $\gamma=\beta-i_S$；
β：板状体的倾角，且 $\beta=180°-\alpha$；
α：台阶倾斜面与下底面水平线的夹角；
其他磁化方向参量与球体同

</td><td>

$H_{ax}=\frac{2\mu_0 M_S}{4\pi}\sin\beta\left\{\cos\gamma\ln\frac{r_B r_C}{r_A r_D}-\sin\gamma[(\varphi_A-\varphi_B)-(\varphi_C-\varphi_D)]\right\}$

$Z_a=\frac{2\mu_0 M_S}{4\pi}\sin\beta\left\{\sin\gamma\ln\frac{r_B r_C}{r_A r_D}+\cos\gamma[(\varphi_A-\varphi_B)-(\varphi_C-\varphi_D)]\right\}$

$\Delta T=\frac{2\mu_0 M_S}{4\pi}\sin\beta\{[(\sin\gamma\sin I_0+\cos\gamma\cos I_0\cos A')\ln\frac{r_B r_C}{r_A r_D}+(\cos\gamma\sin I_0-\sin\gamma\cos I_0\cos A')[(\varphi_A-\varphi_B)-(\varphi_C-\varphi_D)]$

式中：
$r_A=[(x+b)^2+h^2]^{1/2}$
$r_B=\{[x+b+(H-h)\cot\alpha]^2+H^2\}^{1/2}$;
$r_C=[(x-b)^2+h^2]^{1/2}$;
$r_D=\{[x-b+(H-h)\cot\alpha]^2+H^2\}^{1/2}$;
$\varphi_A=\arctan[(x+b)/h]$
$\varphi_B=\arctan\left[\frac{x+b+(H-h)\cot\alpha}{H}\right]$;
$\varphi_C=\arctan[(x-b)/h]$
$\varphi_D=\arctan\left[\frac{x-b+(H-h)\cot\alpha}{H}\right]$

</td></tr>
<tr><td>

长方体

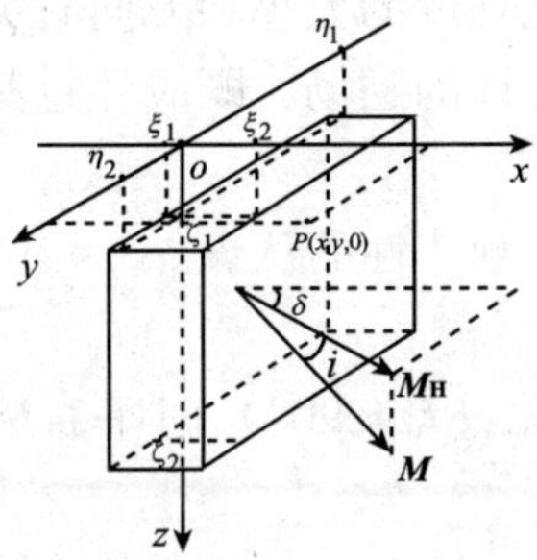

图中：
ξ_1、ξ_2 分别为长方体沿 x 方向的两个端点的坐标，且 $\xi_1<\xi_2$；
η_1、η_2 分别为长方体沿 y 方向的两个端点的坐标，且 $\eta_1<\eta_2$；
ζ_1、ζ_2 分别为长方体沿 z 方向的两个端点的坐标，且 $\zeta_1<\zeta_2$；
i：磁化倾角；
δ：磁化偏角；
M：磁化强度；
其他磁化方向参量与球体同

</td><td>

$H_{ax}=\frac{\mu_0 M}{4\pi}\left\{\cos\alpha_S\left.\left.\left.\arctan\frac{(y-\eta)(z-\zeta)}{(x-\xi)r}\right|_{\xi_1}^{\xi_2}\right|_{\eta_1}^{\eta_2}\right|_{\zeta_1}^{\zeta_2}-\cos\beta_S\left.\left.\left.\ln[r+(z-\zeta)]\right|_{\xi_1}^{\xi_2}\right|_{\eta_1}^{\eta_2}\right|_{\zeta_1}^{\zeta_2}-\cos\gamma_S\left.\left.\left.\ln[r+(y-\eta)]\right|_{\xi_1}^{\xi_2}\right|_{\eta_1}^{\eta_2}\right|_{\zeta_1}^{\zeta_2}\right\}$

$H_{ay}=\frac{\mu_0 M}{4\pi}\left\{-\cos\alpha_S\left.\left.\left.\ln[r+(z-\zeta)]\right|_{\xi_1}^{\xi_2}\right|_{\eta_1}^{\eta_2}\right|_{\zeta_1}^{\zeta_2}+\cos\beta_S\left.\left.\left.\arctan\frac{(x-\xi\eta)(z-\zeta)}{(y-\eta)r}\right|_{\xi_1}^{\xi_2}\right|_{\eta_1}^{\eta_2}\right|_{\zeta_1}^{\zeta_2}-\cos\gamma_S\left.\left.\left.\ln[r+(x-\xi)]\right|_{\xi_1}^{\xi_2}\right|_{\eta_1}^{\eta_2}\right|_{\zeta_1}^{\zeta_2}\right\}$

$Z_a=\frac{\mu_0 M}{4\pi}\left\{-\cos\alpha_S\left.\left.\left.\ln[r+(y-\eta)]\right|_{\xi_1}^{\xi_2}\right|_{\eta_1}^{\eta_2}\right|_{\zeta_1}^{\zeta_2}-\cos\beta_S\left.\left.\left.\ln[r+(x-\xi)]\right|_{\xi_1}^{\xi_2}\right|_{\eta_1}^{\eta_2}\right|_{\zeta_1}^{\zeta_2}+\cos\gamma_S\left.\left.\left.\arctan\frac{(x-\xi)(y-\eta)}{(z-\zeta)r}\right|_{\xi_1}^{\xi_2}\right|_{\eta_1}^{\eta_2}\right|_{\zeta_1}^{\zeta_2}\right\}$

式中：
$\cos\alpha_S=\cos i\cos\delta;\cos\beta_S=\cos i\sin\delta;\cos\gamma_S=\sin i$;
$r=[(x-\xi)^2+(y-\eta)^2+(z-\zeta)^2]^{1/2}$;
ΔT 表达式可参照(8－4)式进行计算

</td></tr>
</table>

二、磁异常的特征分析

1. 球体的磁异常

一般情况下，可假定磁异常源是在地磁场 $\boldsymbol{T}_0$ 中被磁化，磁化方向与地磁场方向一致。已知 $\boldsymbol{T}_0$ 的倾角为 I_0，偏角为 A'，则由表 8－1 中球体的磁异常表达式对应地变成如下形式：

$$H_{ax} = \frac{\mu_0 m[(2x^2 - y^2 - h^2)\cos I_0 \cos A' + 3xy\cos I_0 \sin A' - 3xh\sin I_0]}{4\pi(x^2 + y^2 + h^2)^{5/2}} \quad (8-18)$$

$$H_{ay} = \frac{\mu_0 m[(2y^2 - x^2 - h^2)\cos I_0 \sin A' + 3xy\cos I_0 \cos A' - 3yh\sin I_0]}{4\pi(x^2 + y^2 + h^2)^{5/2}} \quad (8-19)$$

$$Z_a = \frac{\mu_0 m[(2h^2 - x^2 - y^2)\sin I_0 - 3xh\cos I_0 \cos A' - 3yh\cos I_0 \sin A']}{4\pi(x^2 + y^2 + h^2)^{5/2}} \quad (8-20)$$

$$\begin{aligned}\Delta T = &\frac{\mu_0 m}{4\pi(x^2 + y^2 + h^2)^{5/2}}[(2h^2 - x^2 - y^2)\sin^2 I_0 \\ &+ (2x^2 - y^2 - h^2)\cos^2 I_0 \cos^2 A' + (2y^2 - x^2 - h^2)\cos^2 I_0 \sin^2 A' \\ &- 3xh\sin 2I_0 \cos A' + 3xy\cos^2 I_0 \sin 2A' - 3yh\sin 2I_0 \sin A']\end{aligned} \quad (8-21)$$

顺便指出，当 H_{ax}、H_{ay}、Z_a、ΔT 以 nT 为单位，其他量皆取 SI 单位时，若 μ_0 取 4π，其他量也都以不含单位的数值代入，则计算出的 H_{ax}、H_{ay}、Z_a、ΔT 的数值乘以 10^2 即为 nT 单位。

从（8－18）式～（8－21）式可以看出，均匀磁化球体虽然是一个简单模型，但它的异常计算公式却很复杂。球体的磁场不仅与其位置、体积、磁化强度的大小和方向有关系，而且与计算剖面的方向和位置、计算点的坐标有关系。对磁性体的磁场，既应注意其平面特征，也应注意其剖面特征和空间特征。

在分析这些表达式时，还需将一些条件简化，以便从中总结出规律性的认识。

（1）平面特征

1）垂直磁化垂直磁异常 $Z_a^{\perp}$：由（8－20）式可知，垂直磁化（$I_0 = 90°$）时垂直磁异常公式为

$$Z_a^{\perp} = \frac{\mu_0 m}{4\pi(x^2 + y^2 + h^2)^{5/2}}(2h^2 - x^2 - y^2) = \frac{\mu_0 m}{4\pi(r_0^2 + h^2)^{5/2}}(2h^2 - r_0^2) \quad (8-22)$$

式中：$r_0^2 = x^2 + y^2$；m 为球体的磁矩。

上式表明，$Z_a^{\perp}$ 的平面等值线是以球心在地面的投影点为圆心的一系列同心圆，极大值点在球心的正上方。$2h^2 > r_0^2$ 时为正等值线；$2h^2 < r_0^2$ 时为负等值线；$2h^2 = r_0^2$ 时为零等值线，如图 8－2（a）所示。

2）斜磁化垂直磁异常 Z_a 与总磁异常 ΔT：由（8－18）式、（8－21）式可知，斜磁化（$0° < i < 90°$）时，Z_a 与 ΔT 都不是 x，y 的简单函数，可见它们的平面等值线也都不是简单曲线。图 8－2（b）和（c）分别是斜磁化条件下 Z_a 与 ΔT 的平面等值线图。从图中可以看出，垂直磁化条件下 Z_a 等值线呈等轴状，负异常几乎将正异常包围；而斜磁化条件下，异常极大值与极小值的连线（即异常的极轴）对应磁化强度矢量 $\boldsymbol{M}$ 在地表平面

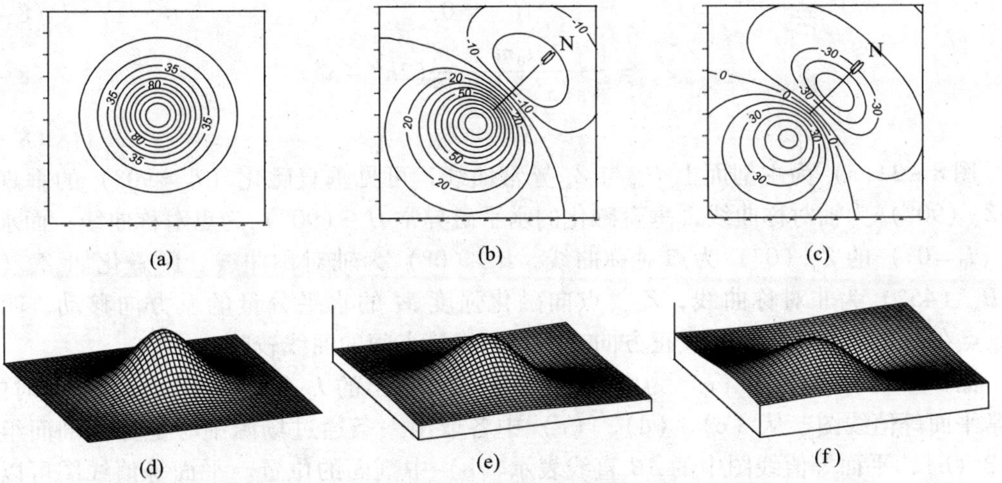

图 8-2　球体磁异常平面等值线图及立体图

(a) 垂直磁化 $Z_a^{\perp}$ 异常；(b) 斜磁化 Z_a 异常（$A'=i=45°$）；(c) 斜磁化 ΔT 异常（$A'=i=45°$）；
(d)、(e)、(f) 分别为与 (a)、(b)、(c) 对应的立体效果图（在 $\Delta T=0$ 的观测平面上）

上的投影方向；极小值位于正异常的北侧，极大值位于坐标原点之南侧。比较（b）和（c）可以看出，ΔT 的等值线基本形态与 Z_a 类似，只是其负值较大。图 8-2（d）、（e）、（f）分别为与（a）、（b）、（c）对应的立体效果图，从中可以更直观地看出不同磁化方向条件下异常的变化特征。

（2）主剖面特征

在（8-18）式～（8-21）式中，假定坐标系 x 轴取向为磁南北方向，即有 $A'=0$，再令 $y=0$，即得到沿 x 轴主剖面上磁异常表达式：

$$H_{ax} = \frac{\mu_0 m}{4\pi(x^2+h^2)^{5/2}}[(2x^2-h^2)\cos I_0 - 3xh\sin I_0] \tag{8-23}$$

$$H_{ay} = 0 \tag{8-24}$$

$$Z_a = \frac{\mu_0 m}{4\pi(x^2+h^2)^{5/2}}[(2h^2-x^2)\sin I_0 - 3xh\cos I_0] \tag{8-25}$$

$$\Delta T = \frac{\mu_0 m}{4\pi(x^2+h^2)^{5/2}}[(2h^2-x^2)\sin^2 I_0 + (2x^2-h^2)\cos^2 I_0 - 3xh\sin 2I_0] \tag{8-26}$$

此处我们重点讨论 ΔT 与 Z_a 的表达式。由上式可以看出，由于总磁异常加入了 H_{ax} 的影响，ΔT 比 Z_a 受磁化倾角的影响较大，表达式 ΔT 也较 Z_a 更烦琐。但从磁场表达式的结构看，二者类同，均由三部分组成，即常数部分、分子部分和分母部分。常数部分只影响场的强弱，即剖面曲线的幅度；分母部分主要影响曲线随 x 衰减特征，分母方次越高，曲线衰减越快；而分子部分则决定曲线的正负、对称性变化等特征。

在（8-23）式～（8-26）式中令 $I_0=90°$，即得到垂直磁化条件下主剖面上磁异常的表达式：

$$H_{ax} = \frac{-3xh\mu_0 m}{4\pi(x^2+h^2)^{5/2}} \tag{8-27}$$

$$H_{ay} = 0 \tag{8-28}$$

$$Z_a = \frac{\mu_0 m}{4\pi(x^2 + h^2)^{5/2}}(2h^2 - x^2) \tag{8-29}$$

$$\Delta T = Z_a \tag{8-30}$$

图8－3（a）为主剖面上 H_{ax} 与 Z_a 异常曲线，可见垂直磁化（$I_0=90°$）的垂直磁异常 Z_a（90°）为轴对称曲线，垂直磁化的水平磁异常 H_{ax}（90°）为点对称曲线；而水平磁化（$I_0=0°$）的 Z_a（0°）为点对称曲线，H_{ax}（0°）为轴对称曲线。斜磁化如 Z_a（45°）和 H_{ax}（45°）为非对称曲线，Z_{amax} 点向磁化强度 $\boldsymbol{M}$ 的水平分量的反方向移动，明显的 Z_{amin} 点在磁化强度的水平分量正方向一侧，两极值点间的曲线较陡。

图8－3（c）、（d）、（e）为由（8－26）式计算出的 I_0 分别为0°、45°、90°时的 ΔT 异常平面等值线图，从（c）、（d）、（e）中各取出一条通过场源中心上方的剖面组成图8－3（b），平面等值线图中的 AB 直线表示（b）中剖面的位置。平面等值线图可以帮助认识异常的平面分布情况，而从剖面图中可以更明显地看出等值线形状随磁化倾角变化时的特征。显然，当 $I_0=90°$ 时 ΔT 与 Z_a 曲线形状是相同的。

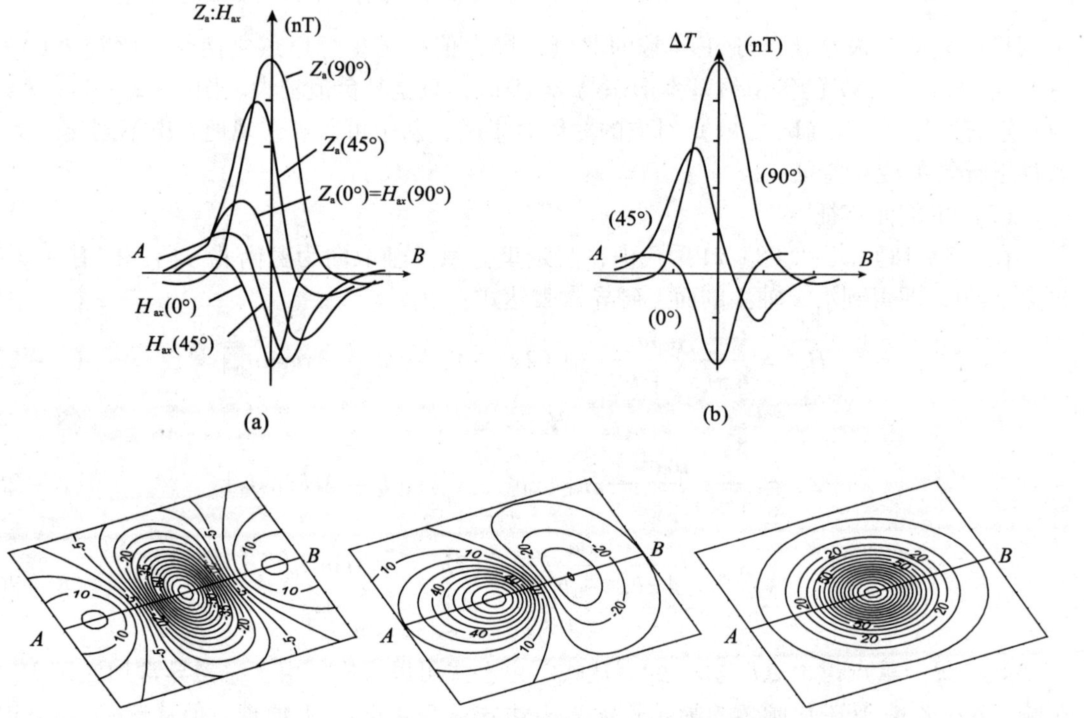

图8－3 不同磁化方向球体的磁异常主剖面曲线图

（a）不同磁化方向的 Z_a、H_{ax} 异常主剖面曲线图；（b）不同磁化方向的 ΔT 异常主剖面曲线图；（c）、（d）、（e）为磁化倾角 i 分别为0°、45°、90°时的 ΔT 异常平面等值线图，其中 AB 直线表示（b）中剖面在平面等值线图中的位置

当球体被垂直磁化时，主剖面上 Z_a 表达式变得非常简单。由（8－29）式令 $x=0$，即得到 Z_{amax} 在原点处的值

$$Z_{\mathrm{amax}} = \frac{\mu_0 m}{2\pi h^3}$$

可以看出，Z_{amax} 与球体中心深度 h 的三次方成反比，随深度的增加磁异常曲线变低变缓；当 $Z_a = 0$ 时，$x_0 = \pm\sqrt{2}h$，由此可根据 x_0 大致计算球体的中心埋深。

2. 无限长水平圆柱体的磁异常

埋藏在一定深度上的横截面近于等轴状、沿走向延伸较长的地质体，可以将它们视为无限长的水平圆柱体，其磁异常是典型的二度异常。

（1）平面特征

将（4－26）式和（4－27）式代入到（8－17）式，可得 $\boldsymbol{M}$ 与 $\boldsymbol{T}_0$ 方向一致时的公式

$$\begin{aligned}\Delta T &= \frac{\mu_0}{4\pi}\frac{2m_S}{(x^2+h^2)^2}\frac{m_S}{m}[(h^2-x^2)\sin\varepsilon_1 - 2hx\cos\varepsilon_1] \\ &= \frac{\mu_0}{4\pi}\frac{2m_S}{(x^2+h^2)^2}\frac{\sin I_0}{\sin I_{0S}}[(h^2-x^2)\sin\varepsilon_1 - 2hx\cos\varepsilon_1]\end{aligned} \tag{8-31}$$

其中：$\varepsilon_1 = 2I_{0S} - 90°$。

图 8－4（c）、（d）、（e）给出了水平圆柱体 ΔT 磁异常沿 x 坐标方向变化立体阴影图，它可以帮助理解 ΔT 磁异常的强弱变化以及平面分布情况。如果绘制平面等值线图，其图形应为一系列相互平行、数值不等的直线，这种图形是二度体磁异常的基本特征。

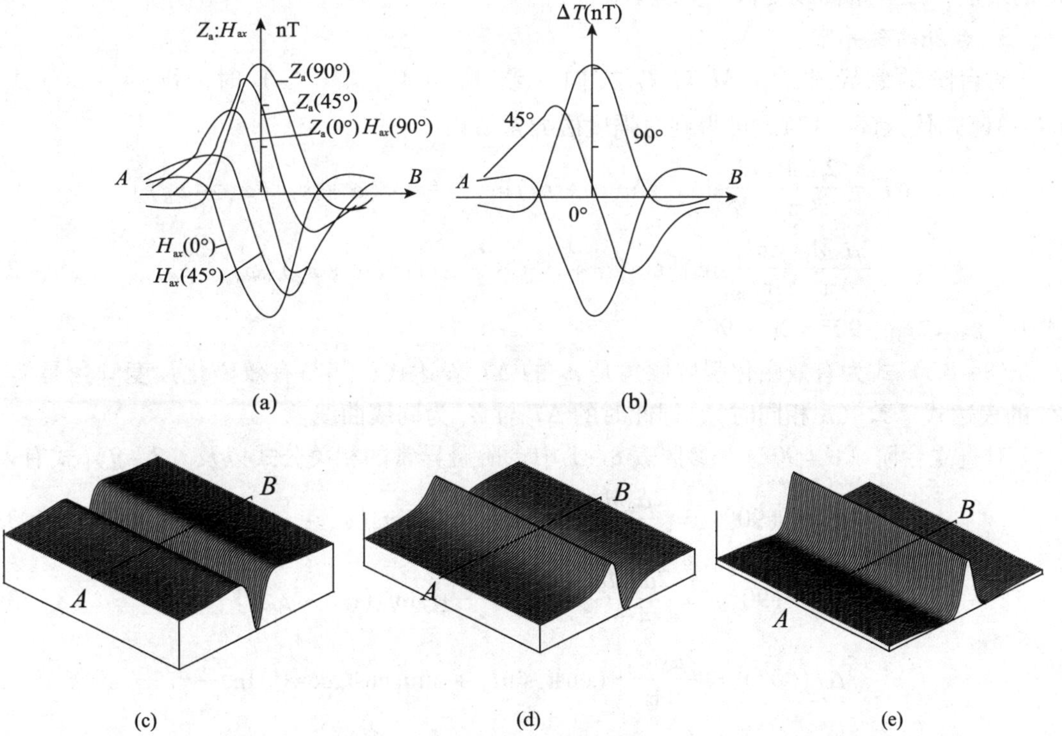

图 8－4　无限长水平圆柱体磁异常剖面图与异常分布图

（a）Z_a、H_{ax} 异常曲线；　（b）ΔT_a 异常曲线，i_S 分别为 0°、45°和 90°；

（c）、（d）、（e）分别为 $i_S = 0°$、45°和 90°三种情况下 ΔT 异常的立体阴影图（在 $Z = 0$ 的观测平面上）

（2）剖面特征

图8－4（a）为水平圆柱体磁异常的 Z_a、H_{ax} 曲线，垂直磁化的垂直磁异常 Z_a（90°）为轴对称曲线、水平磁异常 H_{ax}（90°）为点对称曲线；水平磁化（$i=0°$）的垂直磁异常 Z_a（0°）为点对称曲线，水平磁异常 H_{ax}（0°）为轴对称曲线；斜磁化如 $i=45°$ 的 Z_a（45°）和 H_{ax}（45°）为非对称曲线，Z_{amax} 点向磁化强度 **M** 水平分量的反方向一侧移动，较明显的 Z_{amin} 点在磁化强度水平分量正向一侧，Z_{amax} 点与较明显的 Z_{amin} 点间的曲线较陡。

对水平圆柱体还有

$$Z_a(x,180-i_S)=Z_a(-x,i_S)$$
$$H_{ax}(x,180-i_S)=-H_{ax}(-x,i_S)$$

图8－4（b）为磁化倾角 $i_S=0°$、45°和90°时的 ΔT 异常曲线。图8－4（c）、（d）、（e）为水平圆柱体磁化倾角 $i_S=0°$、45°和90°时 ΔT 异常曲线在平面的分布情况，从（c）、（d）、（e）中沿 AB 方向各取出一条剖面即组成（b）。

比较表8－1中的水平圆柱体的 Z_a 分量表达式与（8－31）式表示的总强度磁异常 ΔT，可知水平圆柱体的 Z_a 与 ΔT 函数形式一致，曲线为同簇曲线，即有效磁化强度倾角为 i_S 的 Z_a 曲线与有效磁化强度倾角为 ε_1 的 ΔT 曲线相似。

由表8－1中的水平圆柱体的公式以及（8－31）式的分析还可以看出：磁异常与磁化强度成正比。H_{ax}、Z_a 和 ΔT 的极值与轴线深度的平方成反比，随着水平圆柱体轴线深度的增加，磁异常曲线变低、变缓。

3. 台阶的磁异常

对台阶的磁异常，在 **M** 与 $\boldsymbol{T}_0$ 方向一致（$\delta=A'$、$i_S=I_{0S}$）时，将（4－30）式与（4－31）式代入（8－17）式可得到总强度磁异常 ΔT：

$$\Delta T=\frac{2\mu_0 M_S}{4\pi}\frac{M_S}{M}\sin\alpha\left[\sin(\alpha+\varepsilon_2)\ln\frac{r_B}{r_A}-\cos(\alpha+\varepsilon_2)(\varphi_A-\varphi_B)\right]$$
$$=\frac{2\mu_0 M_S}{4\pi}\frac{\sin I_0}{\sin I_{0S}}\sin\alpha\left[\sin(\alpha+\varepsilon_2)\ln\frac{r_B}{r_A}-\cos(\alpha+\varepsilon_2)(\varphi_A-\varphi_B)\right] \quad (8-32)$$

式中：$\varepsilon_2=2I_{0S}-90°=2i_S-90°$。

（8－32）式为有效磁化强度倾角是 ε_2 的 ΔT 表达式，其与有效磁化强度倾角是 i_S 的 Z_a 的表达式一致（α 相同时），即此时的 ΔT 与 Z_a 为同簇曲线。

对直立台阶（$\alpha=90°$），参照表8－1中台阶磁异常的相关公式以及（8－9）式有

$$H_{ax}(90°)=\frac{2\mu_0 M_S}{4\pi}\left[\sin i_S\ln\frac{r_B}{r_A}-\cos i_S(\varphi_A-\varphi_B)\right] \quad (8-33)$$

$$Z_a(90°)=\frac{2\mu_0 M_S}{4\pi}\left[\cos i_S\ln\frac{r_B}{r_A}+\sin i_S(\varphi_A-\varphi_B)\right] \quad (8-34)$$

$$\begin{aligned}\Delta T(90°)&=\frac{2\mu_0 M_S}{4\pi}\Big[(\cos i_S\sin I_0+\sin i_S\cos I_0\cos A')\ln\frac{r_B}{r_A}\\&\quad+(\sin i_S\sin I_0-\cos i_S\cos I_0\cos A')(\varphi_A-\varphi_B)\Big]\\&=\frac{2\mu_0 M_S}{4\pi}\Big[(\sin I_0\cos I_0\cos A')\ln\frac{r_B}{r_A}\\&\quad+(\sin^2 I_0-\cos^2 I_0\cos^2 A')(\varphi_A-\varphi_B)\Big]\end{aligned} \quad (8-35)$$

式中：$r_A = (x^2+h^2)^{1/2}$；$r_B = (x^2+H^2)^{1/2}$；$\varphi_A = \arctan(x/h)$；$\varphi_B = \arctan(x/H)$。

对垂直磁化台阶，根据表 8－1 有

$$H_{\mathrm{ax}}^{\perp} = \frac{2\mu_0 M_{\mathrm{S}}}{4\pi}\sin\alpha\left[\sin\alpha\ln\frac{r_B}{r_A} - \cos\alpha(\varphi_A - \varphi_B)\right] \tag{8-36}$$

$$Z_{\mathrm{a}}^{\perp} = \frac{2\mu_0 M_{\mathrm{S}}}{4\pi}\sin\alpha\left[\cos\alpha\ln\frac{r_B}{r_A} + \sin\alpha(\varphi_A - \varphi_B)\right] \tag{8-37}$$

由（8－32）式可知，当 $\boldsymbol{M}$ 与 $\boldsymbol{T}_0$ 方向一致时，垂直磁化台阶的总磁异常 ΔT 与垂直磁异常分量 Z_{a} 表达式相同。

（8－36）式与（8－37）式中，r_A、r_B、φ_A、φ_B 各量的意义与表 8－1 中台阶磁异常表达式各量的意义相同。

（1）平面特征

从以上表达式可以看出，台阶的各个磁异常随着磁化强度和方向以及截面形状而变化，其在空间上只是 x 坐标的函数，沿走向方向不变，如图 8－5（a）、（b）、（c）所示。

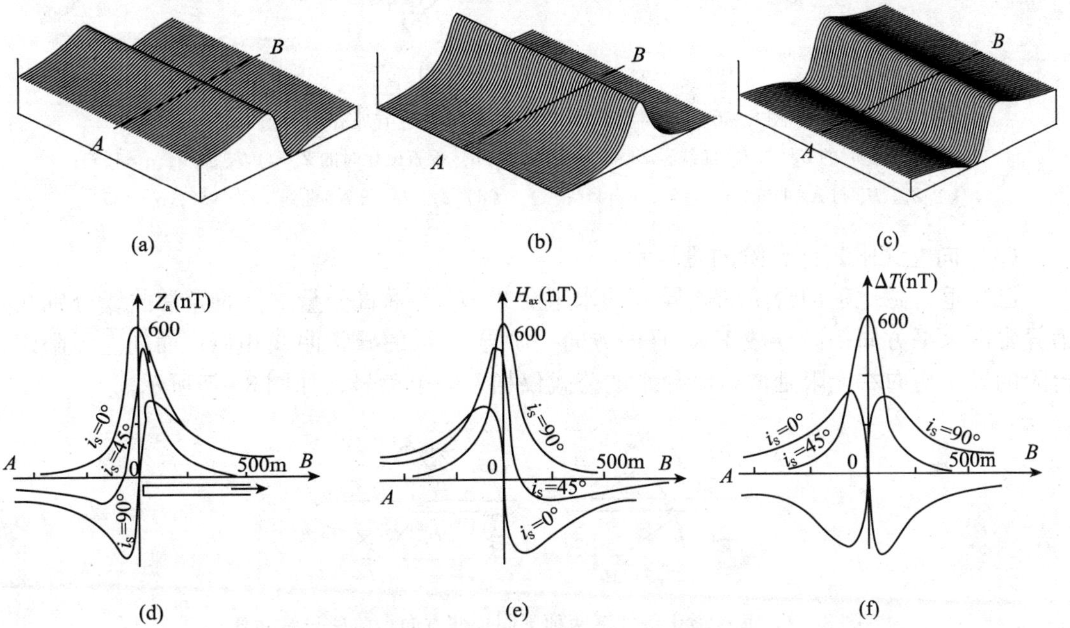

图 8－5　直立台阶的磁异常剖面

（a）、（b）、（c）分别为 $i_{\mathrm{S}}=0°$、45°和 90°三种情况下 ΔT 异常的立体阴影图（在 $Z=0$ 的观测平面上）；（d）Z_{a} 曲线 $i_{\mathrm{S}}=0°$、45°和 90°；（e）H_{ax} 曲线 $i_{\mathrm{S}}=0°$、45°和 90°；（f）ΔT 曲线 $i_{\mathrm{S}}=0°$、45°和 90°

（2）剖面特征

1）直立台阶：直立台阶的 H_{ax}、Z_{a} 与 i_{S} 有关，当 i_{S} 由 0°变化到 90°时，Z_{a} 曲线轴对称逐渐变为原点对称，如图 8－5（d）所示；而 H_{ax} 由原点对称逐渐变为轴对称，如图 8－5（e）所示；直立台阶的 ΔT 还与 $I_{0\mathrm{S}}$（或 I_0、A'）有关，图 8－5（f）为 $\delta = A' = 0°$、$i_{\mathrm{S}} = I_{0\mathrm{S}} = 0°$、45°和 90°的 ΔT 曲线。图 8－5（a）、（b）、（c）为垂直台阶磁化倾角 $i_{\mathrm{S}}=0°$、45°和 90°时 ΔT 异常曲线的立体阴影情况，从（a）、（b）、（c）中沿 AB 方向各取出一条剖面即组成（f）。

2）倾斜台阶：垂直磁化的倾斜台阶的 $H_{ax}^{\perp}$、$Z_{a}^{\perp}$ 分别与倾斜台阶的重力异常的水平方向一阶导数 V_{xz}、垂向一阶导数 V_{zz} 曲线相类似。在台阶厚度远远大于上顶面深度 h 时，台阶的倾斜面倾向于 $H_{ax}^{\perp}$ 曲线较缓及 $Z_{a}^{\perp}$ 曲线幅值较小的一侧，如图 8－6（a）、（b）所示。

斜磁化的倾斜台阶的 $H_{ax}^{\perp}$、$Z_{a}^{\perp}$ 与 α、i_S 有关，ΔT 还与 I_0、A' 有关，图 8－6（c）、（d）给出了 $\delta=A'=0°$、$i_S=I_0=0°$、45°，而 $\alpha=45°$、135°时的 $H_{ax}^{\perp}$、$Z_{a}^{\perp}$、ΔT 曲线。

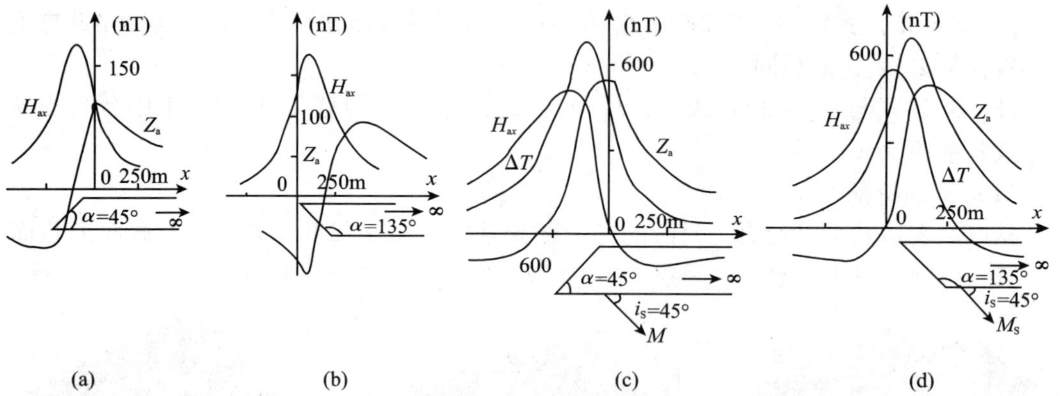

图 8－6　倾斜台阶不同磁化方向的磁异常剖面图

（a）垂直磁化时的 $Z_{a}^{\perp}$ 与 $H_{ax}^{\perp}$ 曲线，$\alpha=45°$；（b）垂直磁化时的 $Z_{a}^{\perp}$ 与 $H_{ax}^{\perp}$ 曲线，$\alpha=135°$；（c）Z_a、H_{ax} 与 ΔT 曲线，$i_S=45°$，$\alpha=45°$；（d）Z_a、H_{ax} 与 ΔT 曲线，$i_S=45°$，$\alpha=135°$

（3）向左无限延伸台阶的磁异常

已知垂直磁化延伸台阶的磁异常的水平分量 $H_{ax}^{\perp}$、垂直分量 $Z_{a}^{\perp}$ 的异常曲线分别与重力异常沿水平方向一阶导数 V_{xz}、垂向方向一阶导数 V_{zz} 的异常曲线相似，而向左无限延伸台阶的异常与向右无限延伸台阶异常的公式仅相差一个负号，如图 8－7 所示。

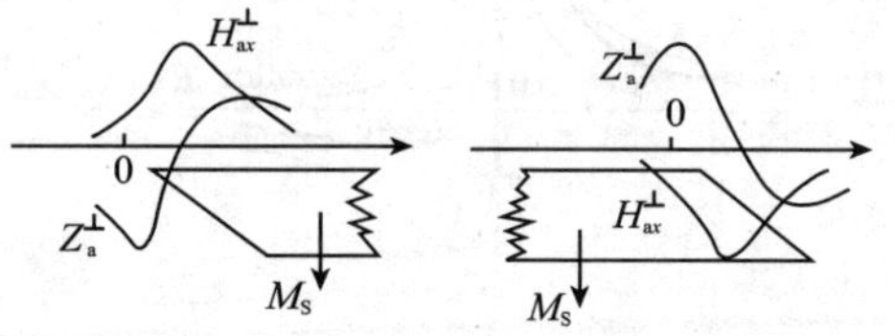

图 8－7　垂直磁化条件下两种不同延伸方向台阶磁异常对比图

4. 板状体的磁异常

磁性板状体主要指一些矿脉、岩脉及岩墙等磁性地质体。

当板状体的磁化方向与地磁场方向一致时，将表 8－1 中有限延深板状体的 ΔT 异常表达式参照（8－14）式和（8－17）式进行化简，可得到磁化方向与地磁场方向相同时的有限延深板状体总磁异常 ΔT 的表达式：

$$\Delta T=\frac{2\mu_0 M_S}{4\pi}\frac{M_S}{M}\sin\beta\left\{\sin\varepsilon_3\ln\frac{r_B r_C}{r_A r_D}+\cos\varepsilon_3\left[(\varphi_A-\varphi_B)-(\varphi_C-\varphi_D)\right]\right\} \quad (8-38)$$

式中：$\varepsilon_3=90°+\gamma-I_{0S}=90°+\beta-2I_{0S}$，其他各量与表 8－1 中有限延深板状体 ΔT 异常表达式的意义相同。

作为板状体的一种，即下部延深 $H\to\infty$ 时情况的无限延深板状体可由（4－43）式与

(4-44)式代入到(8-13)式与(8-14)式计算得到:

$$\left.\begin{aligned}H_{ax} &= \frac{2\mu_0 M_S}{4\pi}\sin\beta\left[\cos\gamma\ln\frac{r_C}{r_A} - \sin\gamma(\varphi_A - \varphi_C)\right]\\ Z_a &= \frac{2\mu_0 M_S}{4\pi}\sin\beta\left[\sin\gamma\ln\frac{r_C}{r_A} + \cos\gamma(\varphi_A - \varphi_C)\right]\end{aligned}\right\} \quad (8-39)$$

$$\Delta T = \frac{2\mu_0 M_S}{4\pi}\sin\beta\left[(\sin\gamma\sin I_0 + \cos\gamma\cos I_0\cos A')\ln\frac{r_C}{r_A} + (\cos\gamma\sin I_0 - \sin\gamma\cos I_0\cos A')(\varphi_A - \varphi_C)\right] \quad (8-40)$$

式中各量的意义与表8-1中有限延深板状体磁异常表达式各量的意义相同。

参照(8-17)式,在 $\boldsymbol{M}$ 与 $\boldsymbol{T}_0$ 方向一致时($\delta = A'$,$i_S = I_{0S}$),有

$$\begin{aligned}\Delta T &= \frac{2\mu_0 M_S}{4\pi}\frac{\sin I_0}{\sin I_{0S}}\sin\beta\left[\sin\varepsilon_3\ln\frac{r_C}{r_A} + \cos\varepsilon_3(\varphi_A - \varphi_C)\right]\\ &= \frac{2\mu_0 M_S}{4\pi}\frac{M_S}{M}\sin\beta\left[\sin\varepsilon_3\ln\frac{r_C}{r_A} + \cos\varepsilon_3(\varphi_A - \varphi_C)\right]\end{aligned} \quad (8-41)$$

式中各量的意义与(8-38)式的意义相同。

当 $2b \ll h$ 时,也就是在薄板条件下,$\varphi_A - \varphi_B \approx \dfrac{2bh}{(x^2+h^2)}$、$\ln\dfrac{r_C}{r_A} \approx \dfrac{-4bx}{x^2+h^2}$,则根据(4-38)式与(4-39)式及(8-13)式与(8-14)式有

$$H_{ax} = \frac{2\mu_0 M_S}{4\pi}2b\sin\beta\frac{-h\sin\gamma - x\cos\gamma}{x^2+h^2} \quad (8-42)$$

$$Z_a = \frac{2\mu_0 M_S}{4\pi}2b\sin\beta\frac{h\cos\gamma - x\sin\gamma}{x^2+h^2} \quad (8-43)$$

$$\Delta T = \frac{2\mu_0 M_S}{4\pi}\frac{2b\sin\beta}{x^2+h^2}\frac{\cos I_0\cos A'}{\cos I_{0S}}\left[h\cos\varepsilon_3 - x\sin\varepsilon_3\right] \quad (8-44)$$

若分别令上述公式中 $\beta = 90°$、$I_0 = 90°$、$\gamma = 0°$、$\gamma = 90°$,则分别可得到直立板状体、垂直磁化板状体、顺层磁化板状体和有效磁化强度与层面垂直的板状体的磁异常公式。

(1)有限延深板状体磁异常特征分析

有限延深板状体磁异常表达式冗长复杂,异常形态的变化受多种因素的影响,其规律不太便于把握。下面仅就垂直磁化条件下 $Z_a^{\perp}$、$H_{ax}^{\perp}$ 异常的剖面进行分析。

图8-8(a)、(b)、(c)中分别给出了板状体沿不同方向倾斜时 $Z_a^{\perp}$、$H_{ax}^{\perp}$ 曲线示意图。可见,有限延深板状体的倾向一侧,$Z_a^{\perp}$ 曲线较缓,而 $H_{ax}^{\perp}$ 曲线幅值较小;另外因有限延深板状体深部负磁荷的影响,$Z_a^{\perp}$ 正异常两侧均有负异常。

图8-8(d)、(e)为有限延深板倾角 $\beta = 45°$ 时的板状体的 $H_{ax}^{\perp}$、$Z_a^{\perp}$ 异常立体阴影图,从(d)、(e)中沿 AB 各取出一条剖面可组成图8-8(c)。沿板状体的垂直走向方向任意取一条剖面,其形态都是一样的。

有限延深板状体异常公式对 h 求一次导数,还可得到水平薄板的磁场表达式,此处对公式不做详细介绍,在图8-9给出了水平薄板磁异常 Z_a、H_{ax}、ΔT 异常剖面示意图。

为了更好地认识其异常随场源形态以及磁化方向变化的特征,下面重点介绍无限延深板状体在不同条件下的异常曲线,而对有限延深板状体磁异常更详细的认识,可以从与无

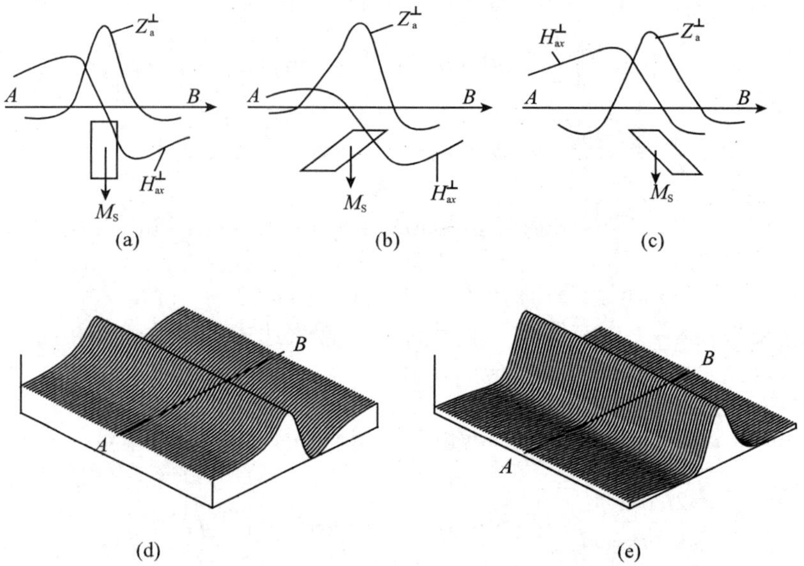

图 8-8　垂直磁化有限延深板状体磁异常剖面及异常分布图

(a)、(b)、(c) 分别为有限延深板沿不同方向倾斜时的 $H_{ax}^\perp$、$Z_a^\perp$ 异常曲线；

(d)、(e) 为有限延深板倾角 $\beta=45°$ 时的板状体（与 (c) 情况相同）的 $H_{ax}^\perp$、$Z_a^\perp$ 异常立体图

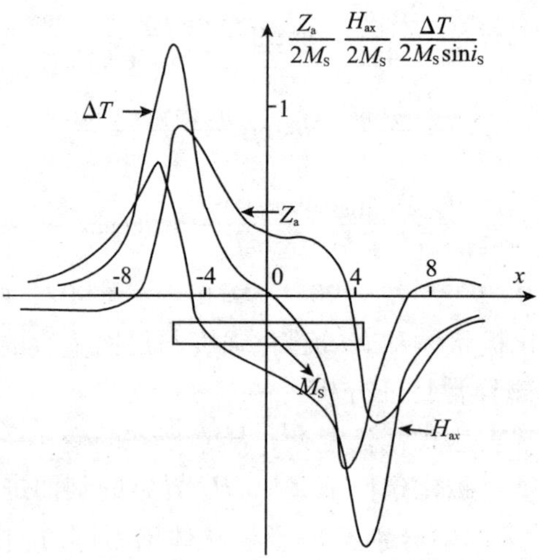

图 8-9　水平薄板磁异常 Z_a、H_{ax}、ΔT 异常剖面示意图

限延深板状体磁异常的分析中体会。

（2）无限延深板状体磁异常特征分析

无限延深板状体磁异常其平面分布也只是横坐标 x 的函数。这里重点讨论其剖面异常特征。

根据（8-5）式知，$Z_a^\perp$、$H_{ax}^\perp$ 曲线特征与对应地质体的 V_{zz}、V_{xz} 曲线相似，这里不再重复。

非垂直磁化情况下，其磁异常变化与板状体的倾斜方向有关，顺层磁化（$\gamma=\beta-i_S=0°$）时，Z_a 为轴对称曲线，而 H_{ax} 为点对称曲线；有效磁化强度与板的层面垂直（$\gamma=\beta-i_S=$

90°）时，Z_a 为点对称曲线，而 H_{ax} 为轴对称曲线；斜磁化（$0° < \gamma < 90°$）时，Z_a 和 H_{ax} 皆为非对称曲线，如图 8－10（d）、（e）和（f）所示。

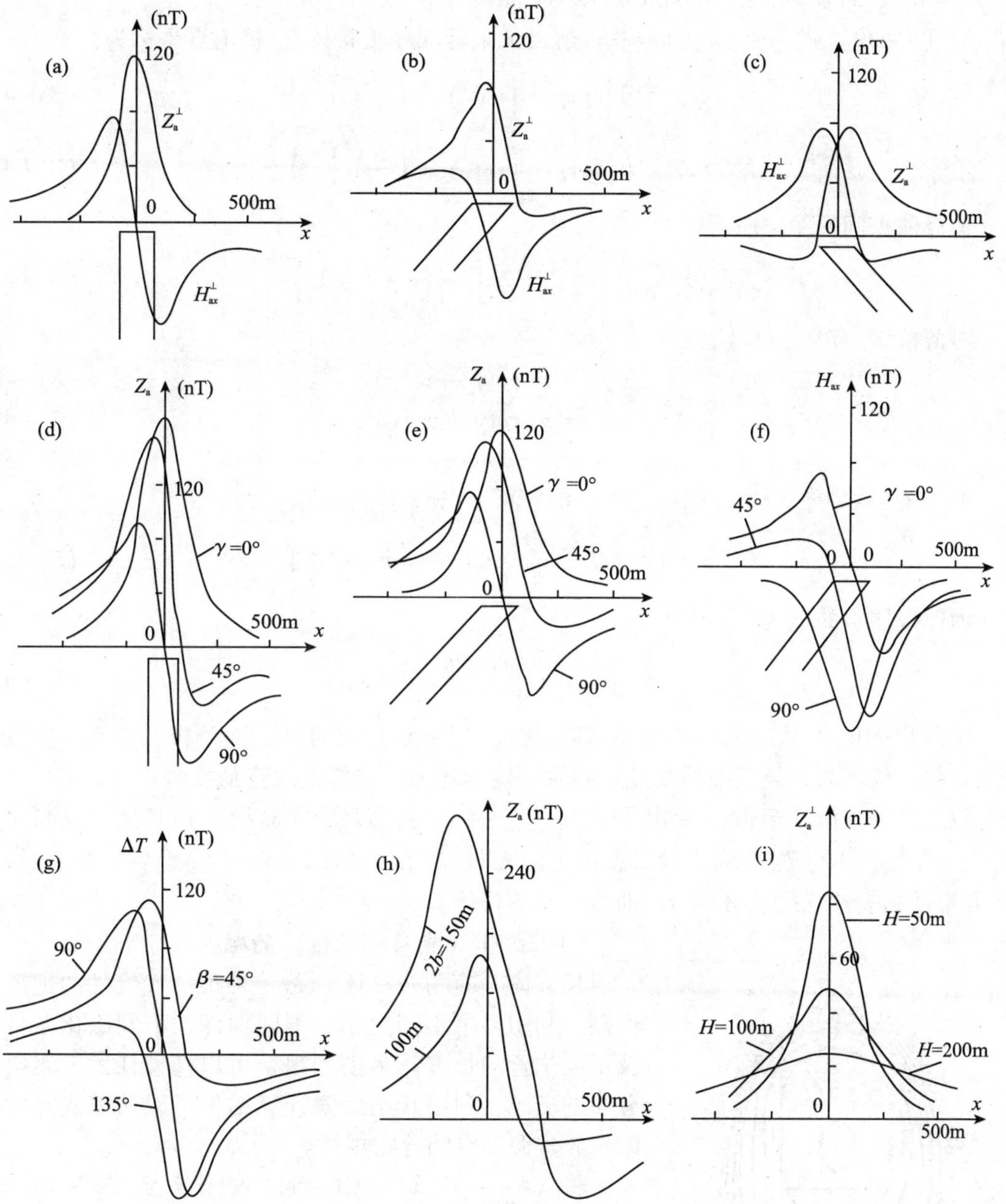

图 8－10　无限延深板状体磁异常剖面图

（a）、（b）、（c）分别为垂直磁化条件下 $\beta=90°$、135°、45°时的 $Z_a^{\perp}$ 和 $H_{ax}^{\perp}$ 异常曲线；

（d）$\beta=90°$时不同 γ 的 Z_a 曲线；（e）$\beta=135°$时不同 γ 的 Z_a 曲线；（f）$\beta=135°$时不同 γ 的 H_{ax} 曲线；

（g）$\delta=A'=0°$，$i_S=I_{0S}=45°$时不同 β 的 ΔT 曲线；

（h）Z_a 随宽度 b 变化的曲线；（i）Z_a 随板状体埋深 h 变化的曲线

比较（8－39）式、（8－41）式可知，无限延深板状体的 ΔT 与 Z_a 曲线为同簇曲线，即有效磁化强度与层面夹角为 γ 的 Z_a 曲线和有效磁化强度与层面夹角为 ε_3 的 ΔT 曲线相似。ΔT 除与 γ 有关外，还与 I_{0S}（或 I_0、A'）有关。图 8－10（g）为 $\delta = A' = 0°$、$i_S = I_{0S} = 45°$、而 $\beta = 45°$、90°和135°的 ΔT 曲线。

对（8－39）式，令 $\partial Z_a/\partial x = 0$ 可解出无限延深厚板状体 Z_a 极值点坐标为

$$x_{max} = h\left\{\cot\gamma - \left[\csc^2\gamma + \left(\frac{b}{h}\right)^2\right]^{1/2}\right\} \tag{8-45}$$

$$x_{min} = h\left\{\cot\gamma + \left[\csc^2\gamma + \left(\frac{b}{h}\right)^2\right]^{1/2}\right\} \tag{8-46}$$

两极值点间的距离应为

$$d_m = x_{min} - x_{max} = 2h\left[\csc^2\gamma + \left(\frac{b}{h}\right)^2\right]^{1/2} \tag{8-47}$$

对薄板 Z_a 有

$$x_{max} = h(\cot\gamma - \csc\gamma) \tag{8-48}$$

$$x_{min} = h(\cot\gamma + \csc\gamma) \tag{8-49}$$

$$d_m = 2h\csc\gamma \tag{8-50}$$

在（8－39）式中令 $x=0$，则得无限延深厚板 Z_a 异常原点的值：

$$Z_a(0) = 2\frac{2\mu_0 M_S}{4\pi}\sin\beta\cos\gamma\arctan\left(\frac{b}{h}\right) \tag{8-51}$$

而薄板原点的值为

$$Z_a(0) = \frac{2\mu_0 M_S}{4\pi}\frac{2b}{h}\sin\beta\cos\gamma \tag{8-52}$$

由图8－10（h）、（i）和（8－47）式及（8－51）式可知，随着板状体水平宽度的增大，异常值增大，异常曲线变宽；随着深度的增大，异常曲线变低变缓。

以上各种模型大多数只给出了 $Z_a^{\perp}$、$H_{ax}^{\perp}$ 曲线，对 ΔT 异常曲线，其变化不仅与 $Z_a^{\perp}$、$H_{ax}^{\perp}$ 分量有关，还与 $\boldsymbol{T}_0$ 方向以及二度体走向方向有关，影响因素较多。读者可参照对应的 ΔT 异常计算表达式以及 $Z_a^{\perp}$、$H_{ax}^{\perp}$ 曲线形态逐步体会。

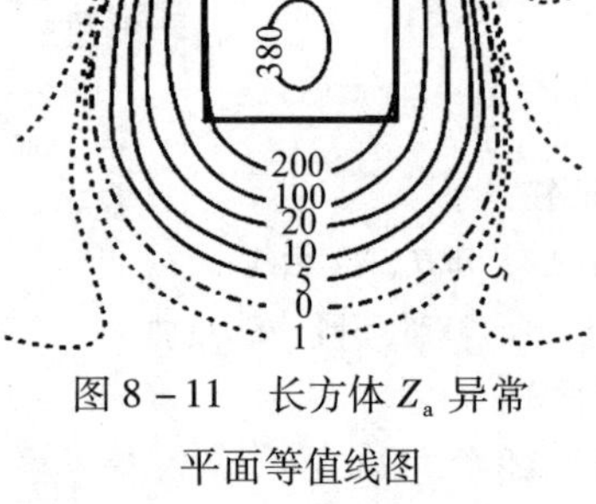

图8－11　长方体 Z_a 异常平面等值线图

5. 长方体（直角棱柱体）的磁异常

长方体（直角棱柱体）是一种很有代表性的地质体模型。利用多个不同大小、不同埋深、不同磁化条件以及不同位置的长方体多模型组合可以模拟任意三维空间分布的场源，利用其正反演计算结果可以认识或确定三维磁异常源的空间分布规律。

将（4－49）式～（4－54）式代入到（8－4）式，并假定 $i = I_0$、$\delta = A'$，则可以得到磁化方向与地磁场方向一致时的长方体的总强度磁异常 ΔT。

在表8－1所给出的长方体异常表达式中，令式中的 $z=0$，则得水平面（xoy 面）内的异常公式；令 $x=y=z=0$，则可以计算坐标原点的异常公式。图8－11为长、宽、厚分别等于上顶面深度3、2和0.2倍的长方体的 Z_a 平面等值线图。可见，等值线形

状近似于椭圆形，且正值外围为负值。

沿 x 或 y 方向在长方体中心上方取剖面异常，由长方体场源的断面形状，可以理解其剖面异常与有限延深直立板状体的剖面异常形态相似，见图 8－8 。当长方体下部延深较大时，其剖面异常特征与无限延深直立板状体剖面异常特征相似，见图 8－10。

第三节　复杂条件下磁性体的磁场

在前面的讨论中，作了许多假设使异常的计算和异常特征的讨论简化。但在实际问题中，有些假定条件不能满足，本节重点介绍起伏地形下磁性体的磁场、多个磁性体的磁场以及非均匀磁性体的磁场计算。

一、起伏地形下磁性体的磁场

起伏地形在实际勘探测量中是常见的。在起伏地形条件下，通常采用以直线段代替曲线段的方法，并称以直代曲的地形为简化地形，常见的简化地形如图 8－12 所示。

1. 坐标关系的分析

取地质体中心或地质体上顶面中心在简化地形剖面上投影点为坐标原点 o，过原点 o 作一参考水平线 x。设原点到地质体中心或到地质体顶面的距离为 h；地形线上任意点 P 的坐标为（x，h_x），其中 h_x 是 x 的函数。为推导 h_x 与 x 的关系，令 α_j（$j=1$，2，3，…）为各斜坡段的倾角；令 x_i（$i=1$，2，3，…）为地形直线段或其延长线与水平线 x 交点的横坐标或不同直线段交点的横坐标。由图 8－12 可知，任意地形直线段上任意点 P 的纵坐标应为

$$h_x = h + (x - x_i)\tan\alpha_j \qquad (8-53)$$

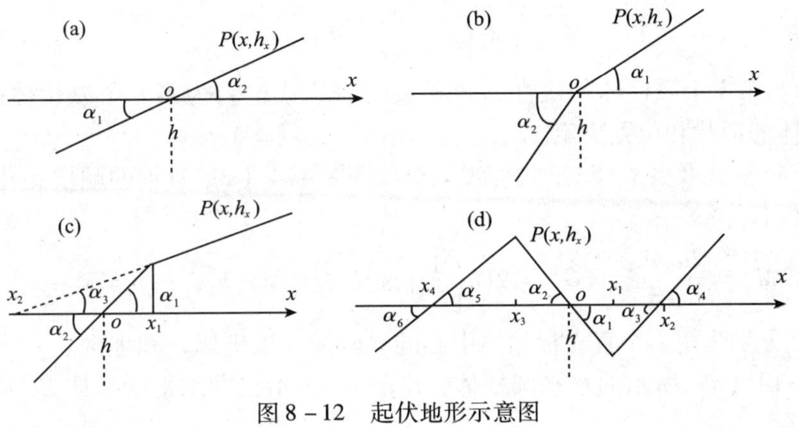

图 8－12　起伏地形示意图

地形起伏的情况有多种，在图 8－12（a）、（b）、（c）中我们可以规定，当 P 点所在的直线段处于平面直角坐标系的一、三象限时，α_j（$j=1$，2，3，…，6）为正；二、四象限时，α_j 为负。用（8－53）式可直接计算 h_x；以较复杂的情况为例（图 8－12（d）），已知图中所示的剖面上有六个倾角 α_j（$j=1$，2，3，…，6）和五个交点的横坐标 x_i（$i=0$，1，…，4），则三个直线段上任意点的纵坐标的具体关系式为

$$h_x = \begin{cases} h + x\tan\alpha_j & (x_3 \leqslant x \leqslant x_1, \alpha_1 = \alpha_2 < 0°) \\ h + (x - x_2)\tan\alpha_j & (x_1 < x, \alpha_3 = \alpha_4 > 0°) \\ h + (x - x_4)\tan\alpha_j & (x_3 > x, \alpha_5 = \alpha_6 > 0°) \end{cases}$$

2. 起伏地形的异常公式

（8－53）式是简化地形剖面上任意点纵坐标的一般公式。只要用 h_x 代替水平面或水平线上的异常公式上的 h，便可得起伏地形上的异常公式，例如起伏地形上的无限延深薄板的垂直磁异常公式为

$$Z_a = \frac{\mu_0}{4\pi} 2M_S 2b\sin\beta \frac{[h + (x - x_i)\tan\alpha_j]\cos\gamma - x\sin\gamma}{x^2 + [h + (x - x_i)\tan\alpha_j]^2} \tag{8－54}$$

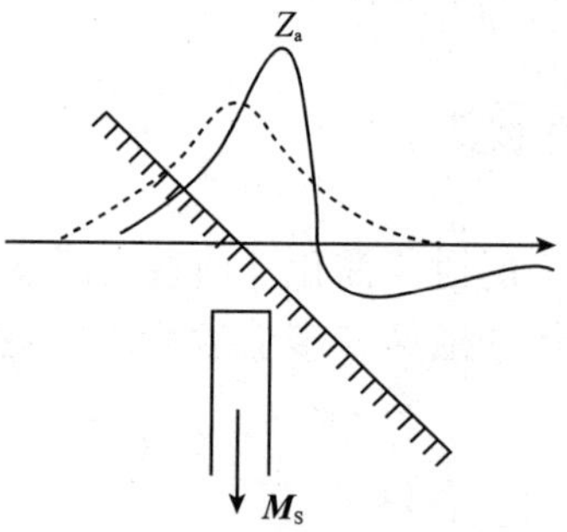

图 8－13　起伏地形剖面上的 Z_a 异常示意图

图 8－13 中实线为起伏地形线上的异常曲线，虚线为水平线上的异常曲线。两种情况相比较，可见同一类型地质体在起伏地形上的异常与水平线上的异常特征差别很大。

二、多个磁性体的磁场

自然界中大量存在着多个地质体相距较近且磁异常互相影响的情况，磁性体的形状也可能完全不同，磁化方向也许有变化等。这里仅就磁性体呈旁侧排列情况下的 Z_a 异常为例进行分析讨论。

根据位场的可叠加性质，多个地质体共同产生的异常等于各个地质体产生的异常之和，并称其为叠加异常。在对多个磁性地质体统一坐标原点的情况下，叠加异常公式等于各个单一地质体异常公式相加，它们在 j 点的磁场值 Z_a（j）可表示为

$$Z_a(j) = \sum_{k=1}^{n} M_k G_{jk} \tag{8－55}$$

式中：M_k 为与第 k 个磁性体的磁性参数相关的表达式；G_{jk} 为第 k 个磁性体的几何参量，其值由磁性体的形状和位置决定。

由（8－43）式及（8－55）式可知，对如图 8－14（a）所示的顺层磁化向下无限延深的直立薄板状体：

$$M_k = \frac{2\mu_0 M_{Sk}}{4\pi},\quad G_{jk} = 2bh\left(\frac{1}{L_{jk}^2}\right),\quad L_{jk}^2 = x_{jk}^2 + h_k^2,\quad x_{jk} = x_j - x_k$$

式中 x_k 和 h_k 分别为第 k 个直立板状体中心的 x 坐标（横坐标）和埋深。

对图 8－14（c）所示的水平圆柱体，由表 8－1 给出的水平圆柱体 Z_a 异常表达式及（8－55）式有

$$M_k = \frac{2\mu_0 m_{Sk}}{4\pi}$$

$$G_{jk} = \frac{1}{L_{jk}}[A_1(h_k^2 - x_{jk}^2) - 2A_2 x_{jk} h_k]$$

式中：$x_{jk} = x_j - x_k$，x_j 为第 j 个测点的 x 坐标，x_k 为第 k 个圆柱体中心的 x 坐标；$A_1 = \sin i_S$；$A_2 = \cos i_S$；$L_{jk}^2 = x_{jk}^2 + h_k^2$；$h_k$ 为第 k 个圆柱体中心的埋深。

由以上关系式可以看出，当我们给定了磁性体的个数、参量值等参数，对二度体而言，就可以计算出沿剖面方向上多个磁性体产生的磁场值。由多个磁性体的磁场表达式不易分析其磁场特征，但根据叠加异常与磁性体的对应关系，仍可发现一些规律。

就两个形状和埋深都相同的磁性体而言，其叠加异常的特征与二度体的中心间距 Δx_c 和埋深 h 之比值及磁化方向有关。当 $\Delta x_c < h$ 时，两磁性体之磁异常为单峰形态。如图 8－14（a)所示；当 $\Delta x_c > h$ 时，异常呈双峰对称形态，如图 8－14（b）所示；对两个水平圆柱体而言，当 $\Delta x_c \geqslant R$ 时，异常表现为两峰叠加的特征，如图 8－14（c）所示。

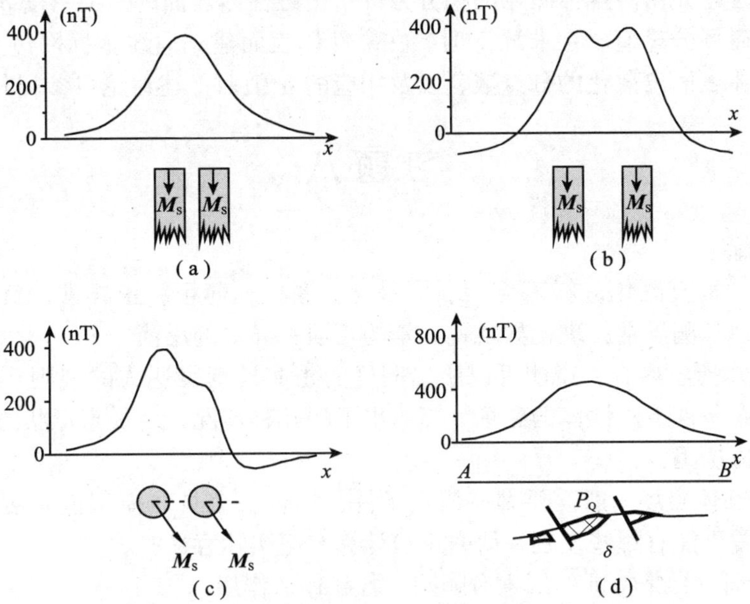

图 8－14　两个磁性体的叠加异常

（a）两个顺层磁化无限延深薄板异常；（b）两个顺层磁化无限延深薄板异常；
（c）两个水平圆柱体异常；（d）山东某地垂直于 XXII 号矿体走向的主剖面综合图

图 8－14（d）为一矿区的一条主剖面综合图。

从图（8－14）中可以看出，在简单的横向叠加情况下，每个磁性地质体的异常都发生了变化，即使场源受垂直磁化，异常峰值并不与磁性体的位置垂直对应，倘若考虑更多的影响因素，磁异常就会更加复杂，故在磁异常的处理和解释中，必须注意分析磁性体在空间排列上的等效作用。

上述对二度体条件下多个磁性体磁场的分析，同样适用于三度体的磁场。

三、非均匀磁化磁性体的磁场

以上的讨论都假设磁性体为均匀磁化。一般情况下，当观测点或计算点远离磁性体时，各种磁化条件的地质体均可被近似看作是均匀磁化。另外，因考虑形体自身的消磁作用，故对于非强磁性体，同样也可近似看作均匀磁化磁性体。

非均匀磁化磁性体磁场的计算，是对那种因观测面（或点）距磁性体较近的磁异常的解释而提出的。

实际上，在观测面（或点）距磁性体较近的情况下，以非二次曲面为边界的磁性体，即使其磁化率均匀，外磁场均匀，由于磁性体自身的消磁作用，其磁化强度也不会是均匀的。因此，有必要研究非均匀磁化磁性体的磁场计算问题。

为计算非均匀磁化磁性体的磁场，许多地球物理工作者已提出了一些不同的算法。一种方法是把磁性体所占据的空间分割成 n 个体积元，若 n 足够大，每个体积元的直径足够小，则每一个体积元可以被看作是均匀磁化的磁性体，因此，可以取其中的任意点处的参数代表整个体积元，可用矩形求积公式把磁性体磁场的积分方程化为线性方程组，而后通过求解方程组来计算磁性体的磁场；另一种方法是计算多个任意形状三度体表面的磁异常方法。这种方法是先由磁性体磁场的积分方程求出磁性体表面的磁荷密度 σ，而后由位场关系式求得其磁场分量值。在求解 σ 时，在磁性体表面建立曲线坐标网包围整个磁性体，以此确定磁性体表面离散化的分点数，以及相应的 σ 值。上述讨论可参阅其他相关资料。

习题八

1. 名词解释：

水平磁化；垂直磁化；斜磁化；顺层磁化；厚板；薄板；正异常；负异常；异常极值；异常幅值；实测异常；理论异常；异常的正演；异常的反演

2. 结合本章所学内容，说明可以给出明确的正演计算表达式的规则几何形体有哪几种；书中对复杂条件下磁性体的磁场计算给出了哪几种情况，对任意形状的磁性体，你还有更好的模拟方法吗？

3. 计算磁性体磁场一般需要哪些假定条件，结合一个具体模型说明磁异常正演计算结果与实际异常可能有哪些差别，研究正演计算有何实际意义？

4. 决定剖面磁异常特征的因素有哪些，各起什么作用？

5. 一个均匀垂直磁化的球体，当其磁化强度增大 1 倍时，其 ΔT 异常平面等值线与原来相比是否平行？主剖面曲线与原来相比是否平行？

6. 一个受地磁场磁化、向下有限延深的厚板状体，假设其位于磁化倾角 $I_0=60°$ 的地区，且板状体走向分别为①磁东西走向；②磁北东 45°走向；③磁南北走向三种情况，画图并分析说明其有效磁化倾角在这三种情况下的变化；若该厚板位于 $I_0=0°$ 的地区时，有效磁化倾角又有什么变化？

7. 对顺层磁化无限延深板状体，请回答：

（1）假定在板上顶面深度等于宽度 1/4 的情况下，计算出该板状体 $Z_{\text{amax}}=A$；当深度增大一倍时，Z_{amax} 将为原值的多少倍？Z_{a} 剖面曲线的宽度（将 1/2 Z_{amax} 与 1/2 Z_{amin} 两点水平距离视为曲线的宽度）将为原值的多少倍？

（2）在板上顶面深度等于宽度 4 倍情况下，Z_{a} 剖面曲线的宽度将为原值的多少倍？

8. 在图 8－15 中的各剖面上画出磁异常 Z_{a} 和 H_{ax} 分量示意曲线。

9. 依照下列说明，画出总强度磁异常 ΔT 剖面曲线：

（1）在地磁倾角 $I_0=45°$ 的地区有两个无剩磁的弱磁性无限长水平圆柱体；

（2）在地磁倾角 $I_0=60°$ 的地区有两个无剩磁的弱磁性无限延深的板状体，如图8－16 所示。

10. 画出叠加异常 Z_{a} 的剖面曲线，如图 8－17 所示。

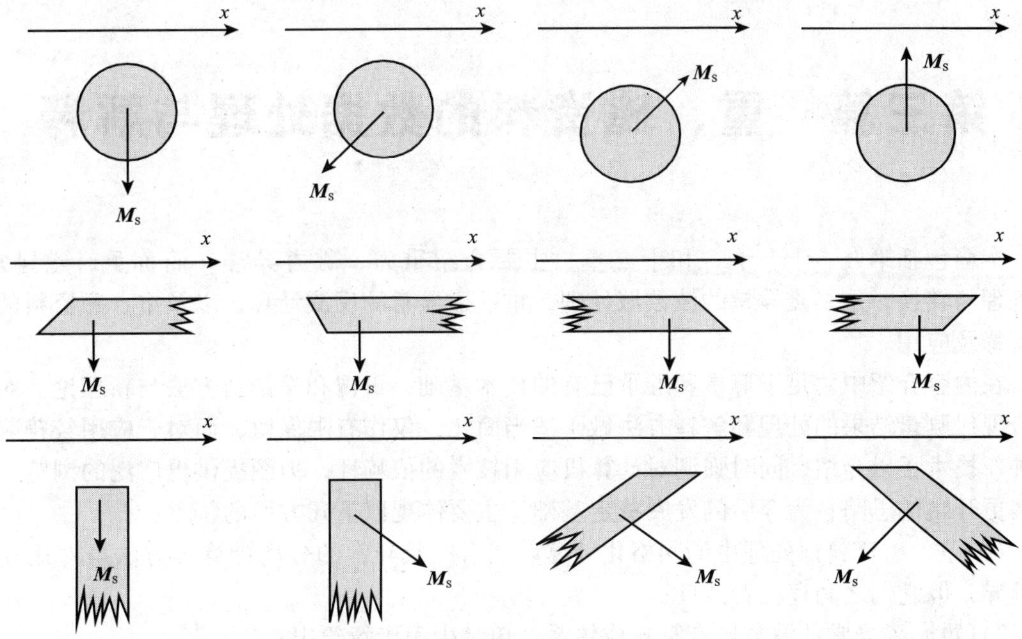

图 8－15

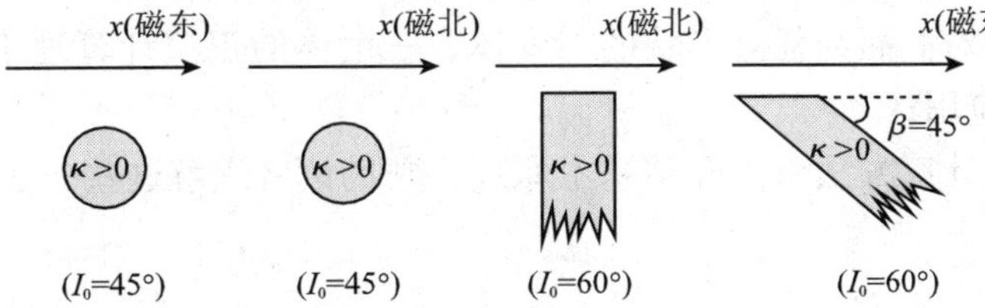

图 8－16

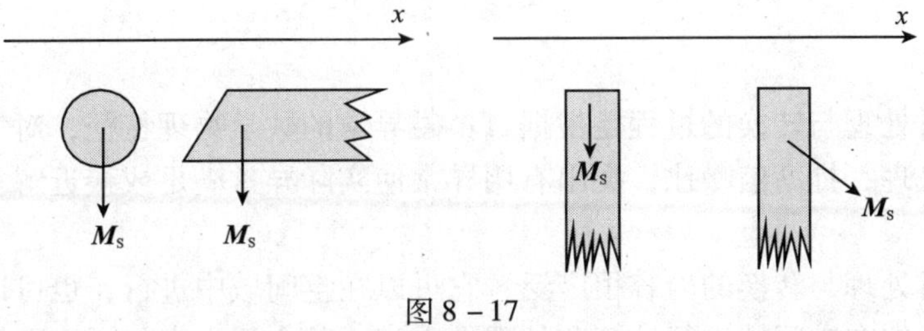

图 8－17

11. 在水平线 x 轴上画出起伏地形上的异常曲线，如图 8－18 所示。

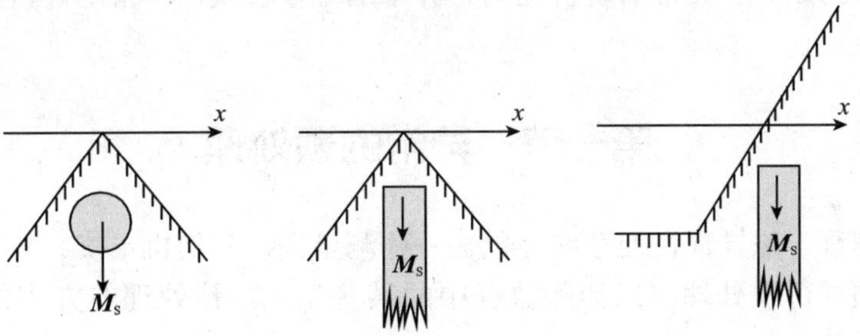

图 8－18

第三篇　重、磁资料的数据处理与解释

本篇包括第九、十、十一和十二章，主要介绍重力、磁力异常（简称重、磁异常）的处理与转换，重、磁异常的波数域处理，重、磁异常的反演计算，以及重、磁资料的地质解释及应用。

在内容介绍中立足于尊重和继承已有的技术基础，重视和发扬新方法与新理论。对不适合现代测量结果的处理和解释方法做了适当简化，仅作有限保留，而对于应用较普遍的多种新技术予以介绍，同时强调对计算机应用技术的依赖性，力图提供更广泛的浏览，以拓展更开阔的思路，为今后的发展奠定基础。主要体现以下几方面的特点：

1）重、磁资料预处理中的网格化计算、圆滑以及异常的分离计算等方法虽然用途各有差异，但它们之间存在着共性；

2）重、磁异常的波数域计算自成体系，单独由第十章给出；

3）磁法反演计算中偏重于介绍对总强度磁异常 ΔT 的计算方法；

4）详细介绍了对截面为任意形状的二度体、三度体的正演计算理论以及在人机联作模拟反演计算中的应用；

5）对不同反演计算方法重点介绍基本原理，帮助读者理解这些方法的实质内容。

第九章　重、磁异常的空间域处理与转换

重、磁异常处理与转换的过程是根据重、磁异常的数学物理特征，对实测异常进行必要的数学加工处理，提高信噪比，突出有用异常使实际异常满足或接近解释理论所要求的条件。

重、磁异常处理与转换的内容很广泛，它可以在空间域中进行，也可以在波数域中进行。本章主要介绍在空间域进行计算和处理的内容。其主要内容包括：数据的网格化、异常的圆滑、异常的划分、异常的解析延拓、异常的分量转换、异常的导数计算、磁化方向的转换等。

第一节　异常的预处理

原始的实测重、磁异常在处理前会包含一些测量误差和随机干扰，甚至某些局部的缺失，在解释前须进行预处理，以消除数据中的某些误差。预处理的方法包括数据的网格化、异常的圆滑等。

一、数据的网格化

进行重、磁测量的野外工作时，由于某些客观原因，有时某些点位上无法进行测量，结果会出现漏点或造成实测点分布不均匀；另外，如果利用某些原始的重、磁异常图件进行有用信息的再开发，必要时需要用数字化仪重新取数，这样的取样点也可能呈不规则分布。当对重、磁异常进行反演计算时，一般要求数据必须均匀地规则分布，因此，必须将不规则的实测数据或数字化仪取出的数据换算成规则网格节点上的数据，这个过程就是数据的网格化。数据网格化的实质问题就是对不规则的数据点进行插值。插值的方法很多，有拉格朗日多项式法、克里格法（Kriging）、最小二乘拟合法（多项式回归法）和加权平均法（近邻法）等，这里介绍几种简单常用的方法。

1. 拉格朗日多项式法

拉格朗日多项式法是利用拉格朗日插值多项式进行计算的一种较精确的方法。拉格朗日插值多项式的形式为

$$f(x,y) = \sum_{j=0}^{n}\sum_{i=0}^{m} f(x_i,y_j)\left[\prod_{\substack{l=0\\ l\neq j}}^{n}\prod_{\substack{k=0\\ k\neq i}}^{n}\left(\frac{x-x_k}{x_i-x_k}\right)\left(\frac{y-y_l}{y_j-y_l}\right)\right] \tag{9-1}$$

式中：x_i、x_k、y_j、y_l 为插值节点的坐标；f（x_i，y_j）为各插值节点上的重、磁场值；x、y 为计算点的坐标，f（x，y）为计算点上的重、磁场值。

对于剖面异常，用一元拉格朗日插值多项式，即

$$f(x) = \sum_{i=0}^{m} f(x_i)\left[\prod_{\substack{k=0\\ k\neq i}}^{m}\frac{x-x_k}{x_i-x_k}\right] \tag{9-2}$$

用拉格朗日插值多项式进行计算时，节点不应选择过多，即插值多项式的阶次不宜过高。一般选4~6个插值节点。当插值区间比较大，节点较多时，为了改善插值效果，可以采用三次样条（或双三次样条）函数进行插值。

2. 最小二乘拟合法

最小二乘拟合法的计算首先需选用下面的抛物面（或抛物线）方程：

$$f(x_i,y_j) = a_0 + a_1x_i + a_2y_j + a_3x_iy_l + a_4x_i^2 + a_5y_j^2 \tag{9-3}$$

式中：x_i、y_j 为计算点的坐标；f（x_i，y_j）（$i=1$，2，…，m；$j=1$，2，…，n；m、n 为测点序号）为计算点异常值；a_k（$k=0$，1，…，5）为待定系数。

令计算点 f（x_i，y_j）与已知点 Q（x_i，y_j）的偏差平方和最小，即

$$\delta = \sum_{i=1}^{m}\sum_{j=1}^{n}\left[Q(x_i,y_j) - f(x_i,y_j)\right]^2 = \min \tag{9-4}$$

将（9-3）式代入上式，然后对 a_k 求偏微分并令其等于零，选择与待插点最近的六个以上观测点的 Q（x_i，y_j）值代入偏微分计算结果可以得到一个方程组，求解该方程组；可以计算出系数 a_0，a_1，…，a_5，将其代入（9-3）式并去掉 x，y 的角标，就可以计算任意插值点 P（x，y）上的异常值。

二、异常的圆滑

对原始重、磁异常做圆滑处理是为了去掉数据中的误差或随机干扰。异常的圆滑包括

剖面圆滑和平面圆滑，其实质就是数学拟合。

1. 徒手圆滑法

徒手圆滑法适合于对剖面异常的处理，人们依据剖面异常上的变化规律，手工修改（圆滑）掉某些明显的突变点，甚至直接画出平滑曲线来代替原来的剖面曲线。这种做法就是徒手圆滑法。它的基本要求是：

1）圆滑前后各相应点的重、磁异常值的偏差不应超过实测异常的均方误差；

2）尽可能使圆滑前后剖面曲线所围成的面积相等，重心不变。

2. 平均圆滑法

平均圆滑法就是以计算点为中心，取该计算点周围距离相等的点做平均并作为圆滑计算结果。对剖面异常的平均圆滑法的计算公式为

$$f(x_i) = \frac{1}{2m+1}\sum_{k=-m}^{m} f(x_{i+m}) \tag{9-5}$$

式中：$f(x_i)$ 为计算点的异常值；$f(x_{i+m})$ 为周围参与计算的各点上的异常值；$2m+1$ 为参与计算的已知点的个数。

对平面异常平均圆滑法的计算公式为

$$f(x_i, y_j) = \frac{1}{(2m+1)(2n+1)}\sum_{k=-m}^{m}\sum_{l=-n}^{n} f(x_{i+m}, y_{j+l}) \tag{9-6}$$

式中：$f(x_i, y_j)$ 为计算点的异常值；$f(x_{i+m}, y_{j+l})$ 为周围参与计算的各点上的异常值；$(2m+1)(2n+1)$ 为参与计算的已知点的个数，m 或 n 的大小参考干扰异常的宽度确定，异常宽度越大，m 或 n 就越大。

3. 最小二乘圆滑法

最小二乘圆滑与最小二乘拟合的原理一样，求解拟合多项式的方法也基本相同，不同之处只是应用中略有差别。最小二乘拟合计算出的多项式用于计算缺失的网格点上的异常值，根据局部有限个点拟合求系数，很多情况下是对局部有限个缺失点计算异常值。而最小二乘圆滑计算出的多项式，虽然也根据局部有限个点拟合求系数，但必须要用于圆滑计算结果取代所有测点上的异常值。

以二度异常为例，我们选择一个一元多项式 $f_i(x)$，并希望用它代替各测点上的异常值，有

$$f_i(x) = \sum_{j=0}^{m} a_j x^j \tag{9-7}$$

式中：m 为多项式的阶数，与（9－3）式相比，多项式的阶数是变化的，它可以根据需要保留的异常的复杂程度决定，即 m 是待定的，一般异常越复杂，m 值越大，a_j 为系数，共 $m+1$ 个。令 f_i 与各测点的实测值 Q_i 偏差平方和最小（仿照（9－4）式的做法），然后经过对 a_j 求偏导并令其等于零，再代入实测异常值建立方程组，最后求解方程组得到多项式的系数 a_j。

计算中，原点取在被圆滑的点上。由（9－7）式知 $f_i(0) = a_0$。当 m 选为 2，取五个点（－2，－1，0，1，2）时，利用前述最小二乘法可以解出

$$f'(0) = \frac{1}{35}[17f_0 + 12(f_{-1} + f_1) - 3(f_{-2} + f_2)] \tag{9-8}$$

式中：$f'(0)$ 为圆滑以后的异常值。该式即为二阶五点圆滑公式。同理可得二阶七点圆

滑公式：

$$f'(0) = \frac{1}{21}[7f_0 + 6(f_{-1} + f_1) + 3(f_{-2} + f_2) - 2(f_{-3} + f_3)] \tag{9-9}$$

由（9－8）式、（9－9）式可见，二度圆滑通式为

$$f'(0) = C_0 f_0 + \sum_{i=1}^{l} C_i(f_{-i} + f_i) \tag{9-10}$$

式中：C_i 为圆滑系数，也称权系数；$(-l, l)$ 表示拟合区间，也称计算窗口。

选择不同的阶数和点数，可得到不同的加权系数组 C_i，每组系数的代数和均为1，其意义为加权计算平均值。逐点移动计算窗口，便可求得每一个测点的圆滑值。

对平面异常需采用二元多项式拟合，用最小二乘法可得到三度异常的圆滑公式。其计算过程与上述过程基本相同，由于公式冗长，这里不再详细介绍。图9－1（a）和（b）分别给出了二阶9点和二阶25点的第一象限的圆滑系数。依系数对称于原点的规律，其他象限的系数亦可得到。

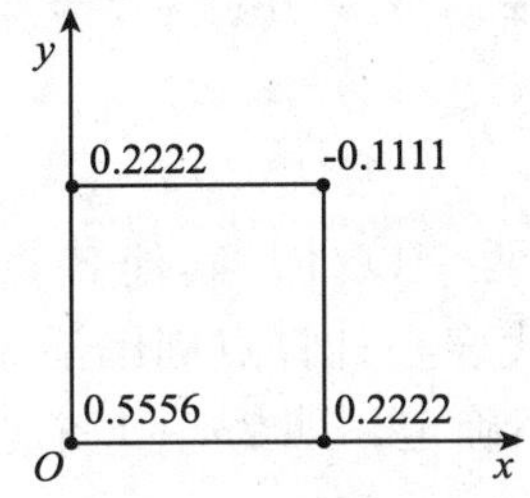

（a）二阶9点圆滑系数

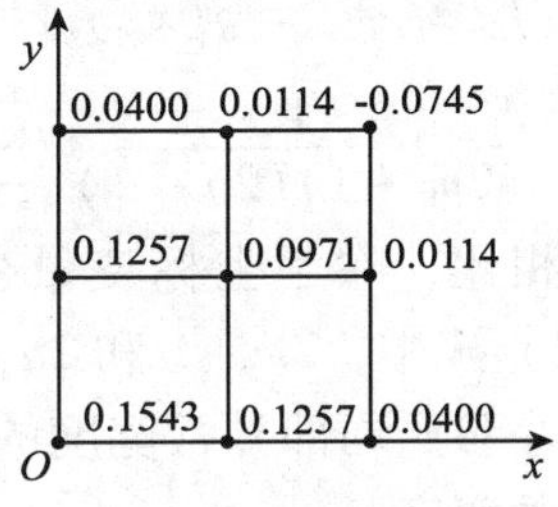

（b）二阶25点圆滑系数

图9－1　平面圆滑系数以及参与圆滑计算点的位置示意图（四象限中的第一象限图）

实践表明，点数一定，阶数越高，拟合越好，圆滑越差；阶数一定，点数越多，圆滑越好，拟合越差；点数和阶数一定，采样间隔越大，圆滑越好而边缘损失越大，异常失真也越大。可见，点数与阶数的作用恰好相反，低阶少点数的圆滑公式与高阶多点数的圆滑公式会有相同的效果。

三、区域异常与局部异常的划分

区域异常是叠加异常中的一部分，主要是由分布较广的中、深部地质因素所引起的异常。这种异常特征是异常幅值较大，异常范围也较大，但异常梯度小。

局部异常也是叠加异常中的一部分，主要是指相对区域因素而言范围有限的研究对象，引起的范围和幅度较小的异常，但异常梯度相对较大。

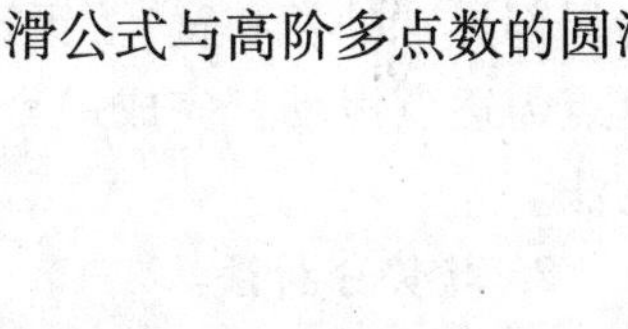

图9－2　区域异常与局部异常的相对性示意图

区域异常和局部异常是相对而言的，没有绝对的划分标准。如图9－2所示，相对于异常 A 或 A' 而言，B 和 C 皆是区域场，相对于 C 而言，A'、A 和 B 又皆是局部异常。区域场较局部场范围大得多。通常，区域场为深部地质因素所引起，局部场为浅部地质因素所引起，但也可能有相反的情况。为单独研究区域场或局部场，必须将它们从实测的叠加场中划分出来。

异常划分中的许多计算都类似于异常圆滑中的计算，一般将圆滑后的结果称为区域

场，将原始异常与圆滑后异常的差称做局部场。

1. 平均场法

平均场法的基本原理是：在一定范围内（剖面上）或一定面积内（平面上）的区域异常可视为线性变化的，因而其平均异常值可视为该范围或该面积的中心点处的区域异常值，而对局部异常来说，它的范围应等于或小于求平均异常时所选用的范围才行。很显然，用（9－5）式或（9－6）式的计算结果就可以代表剖面或平面上的区域场，而计算出的原始异常与圆滑后的异常的差值就是局部异常。对二度体平均场法的计算公式可以表示为

$$f_S(x_i) = f(x_i) - f'(x_i) = f(x_i) - \frac{1}{2m+1}\sum_{k=-m}^{m} f(x_{i+m}) \tag{9-11}$$

式中：f_S（x_i）为剩余异常，或称作局部异常；f（x_i）为原始异常；f'（x_i）为圆滑以后的异常，或称作区域异常。

对三度体平均场法的计算公式为

$$f_S(x_i, y_i) = f(x_i, y_i) - f'(x_i, y_i) = f(x_i, y_i) - \frac{1}{(2m+1)(2n+1)}\sum_{k=-m}^{m}\sum_{l=-n}^{n} f(x_{i+m}, y_{j+l}) \tag{9-12}$$

上式与（9－11）式相比，除了坐标变量变成两个以外，其他各量的意义均相同。在(9－11)式与（9－12）式中，$2m+1$ 和 $2n+1$ 代表在计算点周围沿不同坐标方向上的取样点数，m 和 n 的大小参照局部异常宽度的大小确定，即 $2m+1$ 个点距或 $2n+1$ 个线距的宽度等于局部异常的宽度。

平均场法中依计算平均值方法的不同而又分为①圆周法：它以计算点为圆心，以 R 为半径的圆周上数个均匀分布点的异常值计算平均值；②网格法：以计算点为中心，计算该点周围以一定面积内的方形网格诸节点上异常值的平均值（相应半径 $R=\sqrt{ab}$，a、b 为局部异常的长和宽）。无论采用哪种方法，如欲完成一定面积上的资料的计算，作为计算点需逐点滑动，完成一个点的计算后再进行到下一个点。因此，平均场法又称滑动平均法。

2. 趋势分析法

趋势分析法的实质是用一个多项式拟合区域场。当以二阶多项式（二次曲面）拟合区域场时，则称为二阶趋势面或二阶趋势分析；而以高阶多项式拟合区域场时，即为高阶趋势分析。显然，趋势分析方法的实质与异常圆滑计算中的最小二乘圆滑是一样的，它们都属于函数拟合。当然这里也要强调趋势分析法的拟合计算与前面最小二乘圆滑计算的不同之处。即趋势分析要一次性地利用全测区（或整条测线）中所有测点的异常数据，异常圆滑则是多次利用计算点附近一定范围内的数据。也就是前者是整体拟合，后者是局部拟合。正因为如此，圆滑计算时需要取计算点为坐标原点，计算点变化移动时坐标原点以及周围参与计算的已知点的异常值都随着变化，多次移动计算出多组多项式系数；而趋势分析计算时坐标原点必须固定且一次性求解出多项式的全部系数。

利用趋势分析方法应注意以下几个方面的问题：

1）效果好坏取决于所选数学模型与实际区域异常的逼近程度，因而经常用不同阶次的方程作试验，从中选取最能代表区域异常和剩余异常成果的阶次。当测区范围较大，地

质情况又比较复杂时，一般不宜应用此法，因为很难用一个多项式来表示该区的区域异常，应分区用不同阶次的多项式来进行划分。

2）多项式阶次的选择，原则上应视区域异常的复杂程度来决定。阶次太高，会造成趋势值受局部异常的影响较大，因而会削弱局部异常的成分，同时，也使趋势面畸变。因为阶次增加时，方程组解的误差会急剧增加，致使趋势面面目全非。一般说选用2~3阶即可，较复杂地区也只取4~5阶。

3）利用趋势分析也同样会在分区计算时出现虚假异常问题。必要时可采用多次迭代的办法予以消除。

以上仅介绍了两种简单的计算方法。实际上，以后有关章节介绍的异常的延拓、导数以及波数域的滤波计算都与异常划分有关。

第二节　异常的转换

重、磁异常转换包括不同高度的异常值的换算（延拓）、磁异常的分量间的转换、导数的计算等。我们这里首先从空间域的处理和转换方法入手进行讨论。实际上，近些年来，对重、磁异常的处理与解释中人们普遍采用波数域异常转换的方法，本章介绍的延拓、导数以及分量转换各种计算中列表所给出的相关系数以及量板等，在实际工作中已经很少应用，但鉴于以下两方面的原因，空间域位场转换的内容仍然很重要：一方面空间域计算是波数域计算的基础；另一方面是它的数学过程直观，通过空间域计算的学习，可以看到所有转换计算都可以归结为一种数学上的加权平均，理解了这种加权平均的数学过程，对各种转换计算的效果就会很好地认识和把握。

一、位场空间转换的理论基础

在场源之外的空间，引力位、磁位及其在各个方向的偏导数都是调和函数，都满足拉普拉斯方程。在位论中已知对拉普拉斯方程有如下的边值问题。

1. 狄里希莱（Dirichlet）问题（第一边值问题）的解

$$\begin{cases}\nabla^2 u = 0 \\ u|_R = f(M)\end{cases} \tag{9-13}$$

式中：位场U定义在区域Ω内，R为Ω的边界，且在边界上$u|_R = f(M)$。

设重力或磁异常场源在$z=0$的水平面以下，则在$z<0$的上半空间中的重力或磁异常$f(x, y, z)$都是调和函数。已知$z=0$的水平面上的函数值$f(\xi, \eta, 0)$，求$z<0$的上半空间的重力或磁异常的函数值$f(x, y, z)$，如图9-3所示。这种数学提法即为（9-13）式所描述的第一边值问题。利用格林函数可求得上半空间解的积分表达式，对三度问题有

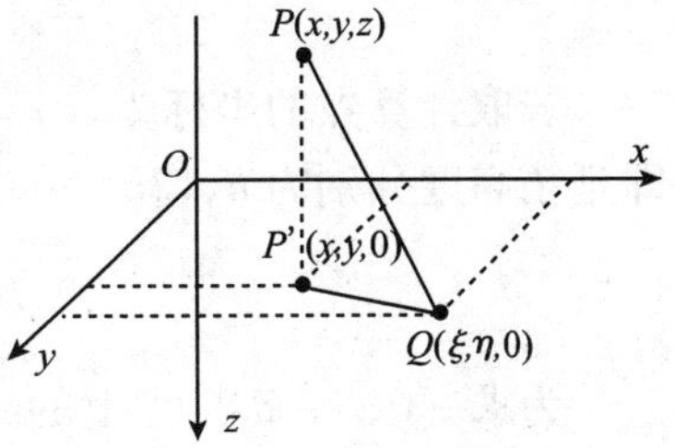

图9-3　边值问题参考图

$$f(x,y,z) = -\frac{z}{2\pi}\int_{-\infty}^{\infty}\int_{-\infty}^{\infty}\frac{f(\xi,\eta,0)\,d\xi d\eta}{[(x-\xi)^2+(y-\eta)^2+z^2]^{3/2}} \tag{9-14}$$

对二度问题有

$$f(x,z) = -\frac{z}{\pi}\int_{-\infty}^{\infty}\frac{f(\xi,0)\mathrm{d}\xi}{(x-\xi)^2+z^2} \tag{9-15}$$

2. 诺依曼（Neumann）问题（第二边值问题）的解

$$\begin{cases}\nabla^2 u = 0 \\ \left.\dfrac{\partial u}{\partial n}\right|_R = \varphi(M)\end{cases} \tag{9-16}$$

式中各量意义与（9-13）相同，但在边界 R 上 $\left.\dfrac{\partial u}{\partial n}\right|_R = \varphi(M)$。

对 $z<0$ 的上半空间中的重力或磁异常 $f(x, y, z)$，若已知 $z=0$ 的水平面上的函数的导数 $\dfrac{\partial f(\xi, \eta, 0)}{\partial \zeta}$，求 $z<0$ 的上半空间的重力或磁异常的函数值 $f(x, y, z)$ 的问题即为（9-16）式所描述的第二边值问题。类似地利用格林函数可求得上半空间解的积分表达式，对三度问题有

$$f(x,y,z) = \frac{1}{2\pi}\int_{-\infty}^{\infty}\int_{-\infty}^{\infty}\frac{\dfrac{\partial f(\xi,\eta,0)}{\partial \zeta}}{[(x-\xi)^2+(y-\eta)^2+z^2]^{1/2}}\mathrm{d}\xi\mathrm{d}\eta \tag{9-17}$$

对二度问题有

$$f(x,z) = -\frac{1}{\pi}\int_{-\infty}^{\infty}\frac{\partial f(\xi,0)}{\partial \zeta}\ln[(x-\xi)^2+z^2]^{1/2}\mathrm{d}\xi \tag{9-18}$$

位场空间转换的绝大部分讨论均建立在上述边值问题中解的积分表达式上。

二、重、磁异常的延拓

根据某观测平面上（或水平线）上的观测异常计算出场源以外其他空间位置的重、磁异常的过程称为重、磁异常的解析延拓。换算平面（测线）位于实测平面（测线）之上，就称为向上延拓，反之称为向下延拓。显然，向上延拓问题属于狄里希莱问题。

1. 向上延拓

（1）二度异常向上延拓的计算

由前述（9-15）式已知，对二度重、磁异常的向上延拓的解的积分表达式为

$$f(x,z) = -\frac{z}{\pi}\int_{-\infty}^{\infty}\frac{f(\xi,0)\mathrm{d}\xi}{(x-\xi)^2+z^2} \tag{9-19}$$

若取计算点的坐标为（$x=0$，$z=-kh$，h 通常等于取样间隔）$k=1, 2, \cdots, h>0$，即延拓高度分别为 $h, 2h, 3h, \cdots, kh$，则（9-19）式变为

$$f(0, -kh) = \frac{kh}{\pi}\int_{-\infty}^{\infty}\frac{f(\xi,0)}{\xi^2+k^2h^2}\mathrm{d}\xi \tag{9-20}$$

为求（0，$-kh$）点上的异常值，必须计算上式的数值积分。现在向上延拓的问题就成为如何计算上述积分的问题了。采用不同数值积分方法，可得到不同的向上延拓公式。例如，可以按点距把上述积分区间划分为许多长度为 h 的小区间，即将测线划分成以 $[(i-1/2)h, (i+1/2)h]$ 为间隔的若干子区间，则（9-20）式的近似值为

$$f(0,-kh)=\frac{kh}{\pi}\sum_{i=-N}^{N}\int_{(i-\frac{1}{2})h}^{(i+\frac{1}{2})h}\frac{f(\xi,0)\mathrm{d}\xi}{\xi^2+k^2h^2}$$

$$=\frac{1}{\pi}\sum_{i=-N}^{N}f(ih,0)\arctan\frac{4k}{4(k^2+i^2)-1} \tag{9-21}$$

当 $N=9$，$k=1$ 时，(9-21) 式变为

$$\begin{aligned}f(0,-h)&=0.2951f(0,0)+0.1653[f(h,0)+f(-h,0)]\\&+0.066[f(2h,0)+f(-2h,0)]+0.0325[f(3h,0)+f(-3h,0)]\\&+0.019[f(4h,0)+f(-4h,0)]+0.0124[f(5h,0)+f(-5h,0)]\\&+0.0087[f(6h,0)+f(-6h,0)]+0.0064[f(7h,0)+f(-7h,0)]\\&+0.0049[f(8h,0)+f(-8h,0)]+0.0030[f(9h,0)+f(-9h,0)]\end{aligned} \tag{9-22}$$

式中：$f(0,-h)$ 为向上延拓 h 高度上的异常值；$f(ih,0)$ 为距计算点 ih 点上的异常值，$i=0$，±1，±2，…，±9。同理也可计算 $N=9$，$k=2$，3，4 时的多组系数，使用时可根据 (9-21) 式计算。可见，一次取样，可用不同系数计算出不同高度上的多组向上延拓值。当然，k 值不宜取得太大，一般 k 取 1~6 为宜。

二度异常上延拓的通式为

$$f(0,-kh)=C_0f(0,0)+\sum_{i=1}^{N}C_i(k)[f(ih,0)+f(-ih,0)] \tag{9-23}$$

式中：$f(0,-kh)$ 为向上延拓 kh 高度上的异常值；$C_i(k)$ 为延拓系数；$i=0$，1，2，…，9；$k=1$，2，…；$f(\pm ih,0)$ 为距计算点 ih 点上的异常值。

(2) 三度异常向上延拓的计算

由 (9-14) 式可知，对三度重、磁异常的向上延拓的解的积分表达式为

$$f(x,y,z)=-\frac{z}{2\pi}\int_{-\infty}^{\infty}\int_{-\infty}^{\infty}\frac{f(\xi,\eta,0)\mathrm{d}\xi\mathrm{d}\eta}{[(x-\xi)^2+(y-\eta)^2+z^2]^{3/2}}$$

如取计算点的坐标为 $x=y=0$，$z=-kh$，上式变为

$$f(0,0,-kh)=\frac{kh}{2\pi}\int_{-\infty}^{\infty}\int_{-\infty}^{\infty}\frac{f(\xi,\eta,0)\mathrm{d}\xi\mathrm{d}\eta}{[\xi^2+\eta^2+(kh)^2]^{3/2}} \tag{9-24}$$

上式的柱坐标形式为

$$f(0,0,-kh)=\frac{kh}{2\pi}\int_0^{\infty}\int_0^{2\pi}\frac{f(r,\alpha)r\mathrm{d}r\mathrm{d}\alpha}{(r^2+k^2h^2)^{3/2}} \tag{9-25}$$

利用近似计算，上式可表示为

$$f(0,0,-kh)=\sum_{i=0}^{N-1}\int_{r_i}^{r_{i+1}}\frac{kh\bar{f}(r)r\mathrm{d}r}{(r^2+k^2h^2)^{3/2}} \tag{9-26}$$

式中：$$\bar{f}(r)=\frac{1}{2\pi}\int_0^{2\pi}f(r,\alpha)\mathrm{d}\alpha。$$

完成 (9-26) 式的积分得

$$f(0,0,-kh)=\sum_{i=0}^{N-1}kh\{[r_i^2+(kh)^2]^{-1/2}-$$

$$[r_{i+1}^2+(kh)^2]^{-1/2}\}\bar{f}(r_i<r<r_{i+1}) \tag{9-27}$$

式中 $\bar{f}(r_i<r<r_{i+1})$ 可用下式替代：

$$\bar{f}(r_i < r < r_{i+1}) = \frac{1}{r_{i+1} - r_i}\int_{r_i}^{r_{i+1}} \bar{f}(r)\,\mathrm{d}r \qquad (9-28)$$

用二阶拉格朗日插值多项式拟合上式中的$\bar{f}(r)$，再用辛普生积分公式计算$\int_{r_i}^{r_{i+1}} \bar{f}(r)\,\mathrm{d}r$的近似值，经整理可得

$$f(0,0,-kh) = \sum_{i=1}^{N} K_i(r_i,kh)\,\bar{f}(r_i) \qquad (9-29)$$

式中：$K_i(r_i, kh)$为向上延拓系数；$\bar{f}(r_i)$是半径为r_i的圆周上异常的平均值。表9－1为将r划分成10环，即$r_1 \sim r_{10}$，分别取$k=1$，2，3，4（延拓高度分别为h，$2h$，$3h$，$4h$）的计算系数。其中环半径的最大值为$\sqrt{136}h$，即$r_N = r_{10} = \sqrt{136}h$。其他环半径选取的原则是，离计算点较近时，圆环间隔较密，反之间隔放稀。圆环上用于计算平均值的点要尽量取在实测数据点上以减少误差，表9－1中$r_2=0.5$环上的点不在网格节点上，还必须用插值公式计算出这个环上的异常值。

若将r分成11环，即$r_0 \sim r_{10}$，则最大环半径有$r_{10}=25h$，取$k=1$，2，3，4，5，可以计算出另一组向上延拓的计算系数。很明显，这样的系数取值半径要增大，较适合于突出深部异常的延拓计算。其形式与表9－1大致相同，这里不再详细列举。

表9－1　将r划分成10环，延拓高度分别为h，$2h$，$3h$，$4h$时的向上延拓系数

i	r_i	n_i	$k_i(r_i, h)$	$k_i(r_i, 2h)$	$k_i(r_i, 3h)$	$k_i(r_i, 4h)$
1	0	1	0.0439886702	0.0124406248	0.0056691984	0.0032175512
2	0.5	4	0.1469672558	0.0508609750	0.0244885926	0.0141980638
3	1	4	0.1801796566	0.0852150798	0.0449171192	0.0270176016
4	$\sqrt{2}$	8	0.1233390162	0.0975833596	0.0630569308	0.0417219910
5	$\sqrt{5}$	12	0.1520580686	0.1455869648	0.1056331322	0.0744949112
6	$\sqrt{8}$	8	0.0533458722	0.0765063512	0.0714576388	0.0584120960
7	$\sqrt{13}$	12	0.0658577580	0.0990192116	0.1022636406	0.0917306046
8	5	12	0.0525993624	0.0847442302	0.0932036754	0.0864008444
9	$\sqrt{50}$	12	0.0765135788	0.1416096996	0.1885989834	0.2167815600
10	$\sqrt{136}$	8	0.0197149942	0.0374026514	0.0515746480	0.0615819332

注：n_i为第i个圆周上取值点的个数。

应说明的是，重、磁异常的向上延拓从（9－14）式和（9－15）式来看是精确的。但为计算上部空间一个点的场值需要积分区间无限大，这是不实际的。实际计算时总是用有限项的和来近似无限积分。因此，向上延拓换算的准确度主要决定于参与计算的剖面长度或面积。剖面越长或面积越大，点数越多，计算精度越高。但从而造成边缘的损失也越大。延拓的高度越高，为保证必要的准确性，就要求参与计算的点数也越多，因而带来的边缘损失也越大。其次，还与数值计算方法有关。

（3）向上延拓的作用

向上延拓的主要作用是削弱局部干扰异常，突出深部较大地质体的异常，压抑浅部较小地质体的异常。我们知道，磁场或重力场随距离的衰减速度与场源体积有关。体积大，

重、磁场衰减慢。体积小，重、磁场衰减快。对于同样大小的地质体，场值随距离衰减的速度与场源体埋深有关。这样就可以通过向上延拓来压制局部异常的干扰，反映出深部大的磁性体或具有剩余密度的地质体。此外，向上延拓结果可用来计算地质体的形状参数和勾绘异常垂直断面等值线图等。

2. 向下延拓

重、磁异常的向下延拓与向上延拓是建立在不同的数学求解过程上的。对一个数学物理方程，如果存在一个惟一稳定的解，称之为适定问题。否则，称为不适定问题。位场的向下延拓是不适定问题，现简略地说明如下。

设 f_0（x，y，z）为边值问题的解：

$$\begin{cases}\nabla^2 f(x,y,z) = 0 \\ f(x,y,z)\mid_{z=0} = f(x,y,0)\end{cases} \quad (0 < z < h, h\text{ 为场源深度}) \tag{9-30}$$

实际上，边界条件就是测量所得到的异常，其中含有一定的误差。因此，边界条件应为

$$f_1(x,y,0) = f(x,y,0) + \varepsilon\cos(Mx)\cos(Ny) \tag{9-31}$$

式中：f_1（x，y，0）为实测异常；$\varepsilon\cos$（Mx）cos（Ny）为测量误差，ε 是一个很小的数，M 和 N 为任意正数。以 f_1（x，y，0）为边界条件的解应为

$$f(x,y,z) = f_0(x,y,z) + \varepsilon e^{i(M^2+N^2)^{1/2}}\cos(Mx)\cos(Ny) \tag{9-32}$$

可见，在 $0<z<h$ 范围内，尽管 ε 很小，只要 M 和 N 取得充分大，f（x，y，z）与 f_0（x，y，z）的差就可任意大。因此，由这一数学求解方法来做向下延拓是不适定问题，实际计算是很困难的。要想有效地进行位场向下延拓，必须建立新的数学模型，本书主要介绍拉格朗日插值多项式延拓。它的实质是利用调和函数在域内的已知异常值，建立插值多项式，利用插值多项式外推出观测面以下的重、磁异常值。

（1）二度异常向下延拓的计算

若令 u（x，y）为调和函数，v（x，y）为 u（x，y）的共轭调和函数，则 w（z）= u（x，y）+iv（x，y）为解析函数。

设 w（z）为复磁位，可得复磁感应强度 $\overline{T}(z) = -\mu_0\dfrac{\partial w}{\partial z} = H_{ax} - \mathrm{i}(Z_a)$。

设 w（z）为复引力位，可得复引力场强度 $\overline{g}(z) = \dfrac{\partial w}{\partial z} = V_x - i(\Delta g)$。

两种复场强的统一形式为

$$\overline{\phi}(z) = e - \mathrm{i}f \tag{9-33}$$

依（9-2）式可以写出复数形式的拉格朗日差值多项式如下：

$$\overline{\varphi}(z) = \sum_{i=0}^{m}\overline{\varphi}(z_i)\left(\prod_{\substack{k=0\\k\neq i}}^{m}\frac{z-z_k}{z_i-z_k}\right) \tag{9-34}$$

（9-34）式中的 m 取不同值时，可得到不同的下延公式。如果令 $f(x,y) = \sum_{j=0}^{n}\sum_{i=0}^{m}f(x_i,y_j)\left[\prod_{\substack{l=0\\l\neq j}}^{n}\prod_{\substack{k=0\\k\neq i}}^{m}\left(\dfrac{x-x_k}{x_i-x_k}\right)\left(\dfrac{y-y_l}{y_j-y_l}\right)\right]$，在复平面内取 8 个插值节点，其坐标为：$z_0 = 0, z_1 = -ih, z_2 = h, z_3 = -h, z_4 = 2h, z_5 = -2h, z_6 = 3h, z_7 = -3h$，被插值点坐标 $z = ih$，如图 9-4(a)。将各节点的坐标和复场强值代入(9-34) 式，并分出实部、虚部，由虚部可得

$$f(0,h) = \frac{50}{9}f(0,0) - \frac{25}{12}[f(h,0) + f(-h,0)] + \frac{1}{3}[f(2h,0) + f(-2h,0)] - \frac{1}{36}[f(3h,0) + f(-3h,0)] - f(0,-h) \tag{9-35}$$

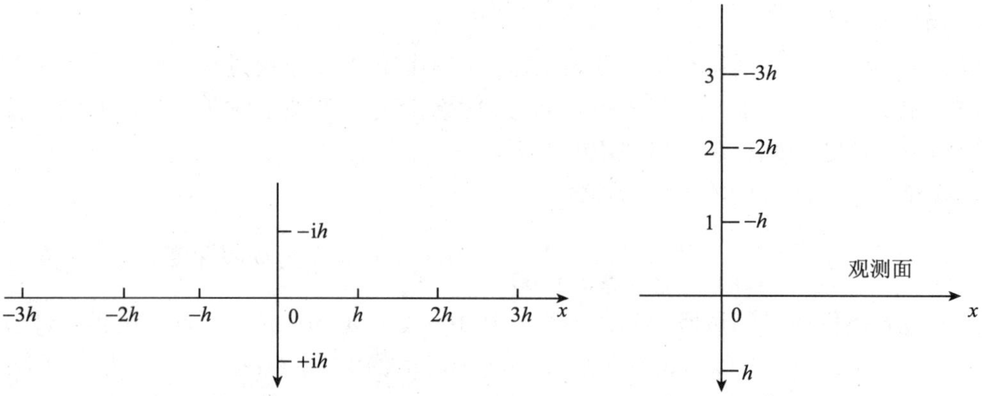

(a) 剖面点位坐标　　　(b) 平面点位坐标

图 9－4　向下延拓点位坐标图

以（9－22）式代替上式中 f（0，$-h$），便可得向下延拓公式：

$$\begin{aligned} f(0,h) = {} & 0.52605f(0,0) - 2.2486[f(h,0) + f(-h,0)] \\ & + 0.2673[f(2h,0) + f(-2h,0)] - 0.0604[f(3h,0) + f(-3h,0)] \\ & - 0.0190[f(4h,0) + f(-4h,0)] - 0.0124[f(5h,0) + f(-5h,0)] \\ & - 0.0087[f(6h,0) + f(-6h,0)] \end{aligned} \tag{9-36}$$

同理，也可得到向下延拓深度为 $2h$，$3h$，$4h$ 时的系数，详见表 9－2。

表 9－2　向下延拓深度分别为 h、$2h$、$3h$、$4h$ 时，与不同插值点相关的系数

h \ c_n	c_0	c_1	c_2	c_3	c_4	c_5	c_6
h	5.2604	－2.2485	0.2673	－0.0603	－0.0190	－0.0124	－0.0087
$2h$	28.7329	－17.4602	4.2529	－0.4940	－0.0321	－0.0221	－0.0160
$3h$	129.8949	－87.8450	26.9264	－3.3033	－0.0384	－0.0282	－0.0213
$4h$	427.1431	－333.4060	113.2697	－15.1621	－0.0399	－0.0311	－0.0246

计算时可按解析延拓的通式计算，其通式为

$$f(0,kh) = C_0 f(0,0) + \sum_{i=1}^{N} C_i(k)[f(ih,0) + f(-ih,0)] \tag{9-37}$$

式中：C_i（k）（其中 $i=1$，2，3，…，7）为向下延拓系数；f（$\pm ih$，0）为 $z=0$ 的平面上距计算点 ih 的点上的异常值。

（2）三度异常向下延拓的计算

仿照二度异常的计算过程，三度异常的延拓计算值可取图 9－4（b）中 1，2，3 点上的异常，用（9－29）式由观测平面上的异常计算得到。假设沿垂直方向异常的变化可用三阶拉格朗日插值多项式描述，则可外推出下延公式：

$$f(0,0,kh) = \sum_{i=1}^{N} D_i(r_i,kh)\bar{f}(r_i) \qquad (9-38)$$

式中：D_i (r_i, kh) 为下延系数，见表9－3；$\bar{f}$ (r_i) 为半径 r_i 的圆周上异常的平均值。

表9－3　对三度异常利用不同阶次插值多项式做向下延拓的计算的相关系数

序号	r_i	n_i	三次插值				四次插值			
			$D_i(r_i,h)$	$D_i(r_i,2h)$	$D_i(r_i,3h)$	$D_i(r_i,4h)$	$D_i(r_i,h)$	$D_i(r_i,2h)$	$D_i(r_i,3h)$	$D_i(r_i,4h)$
1	0	1	3.7802	9.28416	18.412	32.0624	4.6594	13.6800	31.6001	62.8355
2	0.5	4	－0.7030	－2.2738	－5.0274	－9.2748	－1.0690	－4.1067	－10.5240	－22.1010
3	1	4	－0.7850	－2.505	－5.4895	－10.068	－1.1470	－4.3154	－10.9210	－22.7410
4	$\sqrt{2}$	8	－0.4130	－1.2553	－2.6678	－4.7908	－0.5310	－1.8471	－4.4433	－8.9334
5	$\sqrt{5}$	12	－0.4360	－1E＋06	－2.6578	－4.6945	－0.5180	－1.6936	－3.8990	－7.5906
6	$\sqrt{8}$	8	－0.0860	－0.2052	－0.3609	－0.5548	－0.0670	－0.1140	－0.0847	－0.0835
7	$\sqrt{13}$	12	－0.1010	－0.2409	－0.4215	－0.646	－0.0880	－0.1741	－0.2211	－0.1784
8	5	12	－0.0700	－0.1536	－0.2482	－0.3503	－0.0580	－0.0954	－0.0734	－0.0576
9	$\sqrt{50}$	12	－0.0810	－0.1605	－0.2312	－0.2866	－0.0750	－0.1306	－0.1431	－0.7681
10	$\sqrt{136}$	8	－0.0200	－0.0396	－0.0564	－0.0694	－0.0190	－0.0354	－0.0438	－0.0400

注：n_i 为第 i 个圆周上取值点的个数。

(3) 向下延拓的作用

向下延拓的主要作用是突出局部异常。它的应用主要在以下两个方面：

1) 划分水平叠加异常。在埋深较大的情况下，水平叠加异常将成为一个宽而缓的异常。随下延深度的增加，异常范围变窄且接近地质体的边界。因此，向下延拓在划分水平叠加异常方面有一定的效果。

2) 评价低缓异常。低缓异常的某些特征经常是不明显的，对它直接解释推断有一定困难。向下延拓一方面可以突出叠加在区域背景上的局部异常，使之尽量少受区域场的影响。另一方面可以"放大"某些在低缓异常中不够明显的异常特征（如拐点、极值点、零值点等)，有利于进一步的解释推断。

此外，利用延拓到不同高度上的异常数据可以估算重、磁场源的形状参数，判断场源形态，了解场源以上场的空间分布等，以增加推断解释的信息。

需要注意的是，向下延拓较向上延拓的误差大得多。一方面是因为下延所使用的数学模型是近似的，它不可能确切地刻画计算点附近的异常变化规律。另一方面，测量误差，浅部随机干扰也被放大，使下延异常曲线发生强烈跳动，为此应采取逐次圆滑、逐次下延的方法做计算。

三、重、磁异常分量间的转换

重力异常的分量转换包括由重力异常计算 x 或 y 方向分量，磁异常的分量转换包括由 ΔT 计算 Z_a、H_{ax}、H_{ay} 等各个分量，或者做反向计算以及由 Z_a 计算 H_{ax}、H_{ay}，不同磁化方向异常的相互转换等。下面以二度异常为例，说明异常分量间转换的原理和方法。

1. 同平面上的 Z_a 与 H_{ax}（Δg 与 V_x）间的转换

为解决这个问题，需要利用（9－16）式给出的拉普拉斯方程诺依曼问题的解。对于二度体来说，其解的形式称为半平面诺依曼问题。其基本解为（9－18）式，即

$$f(x,z) = -\frac{1}{\pi}\int_{-\infty}^{\infty}\frac{\partial f(\xi,0)}{\partial z}\ln[(x-\xi)^2+z^2]^{1/2}d\xi \qquad (9-39)$$

令上式中的 $f(x,z)$ 分别为磁位 U_m 或引力位 V，因为有

$$Z_a(\xi,0) = -\mu_0\frac{\partial U_m}{\partial z}$$

$$H_{ax} = -\mu_0\frac{\partial U_m}{\partial x}$$

$$\Delta g(\xi,0) = \frac{\partial V}{\partial z}$$

$$V_x = \frac{\partial V}{\partial x}$$

故

$$H_{ax}(x,z) = -\frac{1}{\pi}\int_{-\infty}^{\infty}\frac{Z_a(\xi,0)(x-\xi)}{(x-\xi)^2+z^2}d\xi \qquad (9-40)$$

$$V_x(x,z) = -\frac{1}{\pi}\int_{-\infty}^{\infty}\frac{\Delta g(\xi,0)(x-\xi)d\xi}{(x-\xi)^2+z^2} \qquad (9-41)$$

在同一平面上，通常取计算点为坐标原点（$x=0$），当进行分量转换（$z=0$）时，有

$$H_{ax}(0,0) = \frac{1}{\pi}\int_{-\infty}^{\infty}\frac{Z_a(\xi,0)d\xi}{\xi} \qquad (9-42)$$

$$V_x(0,0) = \frac{1}{\pi}\int_{-\infty}^{\infty}\frac{\Delta g(\xi,0)d\xi}{\xi} \qquad (9-43)$$

可见，实现同平面分量间转换的问题，就变成求前二式的数值积分问题（能够证明上式的积分是奇异积分，且在主值范围内是收敛的）。为计算上述积分，我们把积分区间 $(-\infty,+\infty)$ 分为：$(-\infty,-\xi_N)$、$(-\xi_N,-\xi_1)$、$(-\xi_1,\xi_1)$、(ξ_1,ξ_N) 和 (ξ_N,∞)，并分别计算它们的积分近似值。下面以由 Z_a 计算 H_{ax} 为例。

在 $(-\xi_1,\xi_1)$ 内，将 $Z_a(\xi,0)$ 展成麦克劳林级数，且只取前两项，即 $Z_a(\xi,0) = Z_a(0,0)+\frac{Z'_a(0,0)}{1!}\xi$，有

$$\begin{aligned}\int_{-\xi_1}^{\xi_1}\frac{Z_a(\xi,0)}{\xi}d\xi &= \int_{-\xi_1}^{\xi_1}Z_a(0,0)\frac{d\xi}{\xi}+\int_{-\xi_1}^{\xi_1}Z'_a(0,0)\frac{\xi d\xi}{\xi}\\ &= \int_{-\xi_1}^{-\varepsilon}Z_a(0,0)\frac{d\xi}{\xi}+\int_{\varepsilon}^{\xi_1}Z_a(0,0)\frac{d\xi}{\xi}+\int_{-\xi_1}^{\xi_1}Z'_a(0,0)d\xi\\ &= Z_a(0,0)\ln\xi\,\Big|_{-\xi_1}^{-\varepsilon}+Z_a(0,0)\ln\xi\,\Big|_{\varepsilon}^{\xi_1}+Z'_a(0,0)\xi\,\Big|_{-\xi_1}^{\xi_1}\\ &= Z_a(\xi_1,0)-Z_a(-\xi_1,0)\end{aligned}$$

将 (ξ_1,ξ_N) 分为数个子区间，并对各个子区间运用中值定理，对于 (ξ_1,ξ_2)，有

$$\int_{\xi_1}^{\xi_2}\frac{Z_a(\xi,0)}{\xi}d\xi = \frac{Z_a(\xi_2,0)+Z_a(\xi_1,0)}{2}\ln\frac{\xi_2}{\xi_1}$$

故

$$\int_{\xi_1}^{\xi_N}\frac{Z_a(\xi,0)}{\xi}d\xi = \frac{1}{2}\Big[Z_a(\xi_1,0)\ln\frac{\xi_2}{\xi_1} + Z_a(\xi_2,0)\ln\frac{\xi_3}{\xi_1} + Z_a(\xi_3,0)\ln\frac{\xi_4}{\xi_3} + \cdots + Z_a(\xi_{N-2},0)\ln\frac{\xi_{N-1}}{\xi_{N-2}} + Z_a(\xi_{N-1},0)\ln\frac{\xi_N}{\xi_{N-1}}\Big] \tag{9-44}$$

在（ξ_N，∞）区间内，设 Z_a 随距离平方反比衰减，即

$$Z_a(\xi,0) = Z_a(\xi_N,0)\frac{\xi_N^2}{\xi^2}$$

故有 $$\int_{\xi_N}^{\infty}\frac{Z_a(\xi,0)}{\xi}d\xi = \frac{1}{2}Z_a(\xi_N,0)$$

对（$-\infty$，$-\xi_N$）和（$-\xi_N$，$-\xi_1$）两个区间变换积分限，再取负值，所得的积分结果与（ξ_N，∞）和（ξ_1，ξ_N）区间结果相同。将这五个区间的积分结果累加后，其和为

$$H_{ax}(0,0) = \sum_{i=1}^{N}a_i[Z_a(\xi_i,0) - Z_a(-\xi_i,0)] \tag{9-45}$$

式中：$a_1 = \frac{1}{\pi}\left(1+\frac{1}{2}\ln\frac{\xi_2}{\xi_1}\right),\cdots,a_i = \frac{1}{2\pi}\ln\frac{\xi_{i+1}}{\xi_{i-1}},a_N = \frac{1}{2\pi}\left(1+\ln\frac{\xi_N}{\xi_{N-1}}\right),(i=2,3,\cdots N-1)$。

当 $N=10$，以点距为单位划分区间时，系数 a_1，a_2，…，a_N 的值见表 9-4。

表 9-4　由 Z_a 转换计算 H_{ax} 时的相关系数

$\xi_{\pm i}$	ξ_1	ξ_2	ξ_3	ξ_4	ξ_5	ξ_6	ξ_7	ξ_8	ξ_9	ξ_{10}
α_i	0.4268	0.1749	0.1103	0.0813	0.0645	0.0536	0.0458	0.0400	0.0355	0.1759

用（9-45）式计算时，应注意没有 $\xi_i=0$ 项，或计算点 Z_a（0，0）的异常值不在其内。另外，最后一个点的系数很大，因为它考虑了由这个点一直到无穷远的影响。

当由重力异常 Δg 计算 V_x 时，只需要将（9-45）式中的 Z_a 换为 Δg、H_{ax} 换成 V_x 即可。将（9-45）式右端乘以 -1，且 Z_a 和 H_{ax} 互换后，可用其由 H_{ax} 计算 Z_a，或由 V_x 计算 Δg。

利用几个分量同时进行解释，可提高结果的可靠性，或可使问题容易解决。如，利用 $H_{ax}\sim Z_a$ 参量图，可判断地质体的形状和确定磁化特征角；由 H_{ax} 和 Z_a 可求得总磁异常矢量 $\boldsymbol{T}_a$，便于推断某些地质体的倾向。此外，利用 V_x 与 Δg 或 H_{ax} 与 Z_a 间的转换可进行磁场正常场改正。

2. 不同磁化方向异常间的转换

我们知道，磁化方向对磁异常曲线的特点有很大的影响。如果将实测异常换算成垂直磁化或顺层磁化的异常，则可以使推断解释工作变得更加方便。

（1）将 Z_a 转换成垂直磁化的 $Z_a^{\perp}$、$H_{ax}^{\perp}$ 异常

前面已指出，在垂直磁化的条件下，水平圆柱体、直立板状体的 $Z_a^{\perp}$ 异常是对称的，解释比较简单，再如由 $Z_a^{\perp}$ 的分布特征可推断倾斜台阶或倾斜板的倾向。此外，垂直磁化异常的反演也较斜磁化简单易行。可见将实测的任意磁化方向的 Z_a 异常换算成垂直方向上的异常对解释工作是有利的。

令斜磁化二度体磁异常公式（8-13）式中的有效磁化强度倾角 $i_S=90°$，可得有效磁

化强度 M_S，垂直向下的磁异常公式为

$$H_{ax}^{\perp} = \frac{\mu_0 M_S}{4\pi G\rho} V_{xz}$$

$$Z_a^{\perp} = \frac{\mu_0 M_S}{4\pi G\rho} V_{zz}$$

于是，二度体的异常公式即可写成

$$\left.\begin{aligned} H_{ax} &= \frac{\mu_0 M_S}{4\pi G\rho}(-V_{zz}\cos i_S + V_{xz}\sin i_S) = H_{ax}^{\perp}\sin i_S - Z_a^{\perp}\cos i_S \\ Z_a &= \frac{\mu_0 M_S}{4\pi G\rho}(V_{xz}\cos i_S + V_{zz}\sin i_S) = H_{ax}^{\perp}\cos i_S + Z_a^{\perp}\sin i_S \end{aligned}\right\} \quad (9-46)$$

在总磁化强度 $\boldsymbol{M}$ 与正常地磁场 $\boldsymbol{T}_0$ 方向一致时，（9－46）式变为

$$\left.\begin{aligned} H_{ax} &= \frac{\mu_0 M}{4\pi G\rho}(-V_{zz}\cos I_0\cos A' + V_{xz}\sin I_0) = H_{ax}^{\perp}\sin I_0 - Z_a^{\perp}\cos I_0\cos A' \\ Z_a &= \frac{\mu_0 M}{4\pi G\rho}(V_{xz}\cos I_0\cos A' + V_{zz}\sin I_0) = H_{ax}^{\perp}\cos I_0\cos A' + Z_a\sin I_0 \end{aligned}\right\} \quad (9-47)$$

式中：$Z_a^{\perp}$ 和 $H_{ax}^{\perp}$ 分别为总磁化强度 M 垂直向下（$i=90°$）的水平和垂直磁异常，即

$$H_{ax}^{\perp} = \frac{\mu_0 M}{4\pi G\rho} V_{xz}$$

$$Z_a^{\perp} = \frac{\mu_0 M}{4\pi G\rho} V_{zz}$$

由（9－47）式中两式联立可解出

$$\left.\begin{aligned} H_{ax}^{\perp} &= \frac{1}{\cos^2 I_0\cos^2 A' + \sin^2 I_0}(Z_a\cos I_0\cos A' + H_{ax}\sin I_0) \\ Z_a^{\perp} &= \frac{1}{\cos^2 I_0\cos^2 A' + \sin^2 I_0}(Z_a\sin I_0 - H_{ax}\cos I_0\cos A') \end{aligned}\right\} \quad (9-48)$$

当用（9－42）式代替上式中的 H_{ax} 时，则有

$$\left.\begin{aligned} H_{ax}^{\perp}(0,0) &= \frac{1}{\cos^2 I_0\cos^2 A' + \sin^2 I_0}\Big(Z_a(0,0)\cos I_0\cos A' \\ &\quad + \frac{\sin I_0}{\pi}\int_{-\infty}^{\infty}\frac{Z_a(\xi,0)\,d\xi}{\xi}\Big) \\ Z_a^{\perp}(0,0) &= \frac{1}{\cos^2 I_0\cos^2 A' + \sin^2 I_0}\Big(Z_a(0,0)\sin I_0 \\ &\quad - \frac{\cos I_0\cos A'}{\pi}\int_{-\infty}^{\infty}\frac{Z_a(\xi,0)\,d\xi}{\xi}\Big) \end{aligned}\right\} \quad (9-49)$$

该公式就是将斜磁化二度体垂直磁异常 Z_a 转换成垂直磁化（总磁化强度方向转到垂直向下方向，而总磁化强度的大小不变）的磁异常公式。

（2）将 Z_a 转换成顺层磁化的 Z''_a、H''_{ax}

磁化特征角 γ（$\gamma=\beta-i_S$）对板状体磁异常的分布特征影响很大。顺层磁化时，无限延深的板状体的 Z_a 曲线呈对称分布，对有限延深顺层磁化板状体，虽 Z''_a 的曲线是不对称的（除直立者外），但是 Z''_a 曲线在拐点之内近于对称，Z_{amax} 在原点附近，板状体的倾向

一侧有明显负值。而斜磁化下没有这些特征。因此，将 Z_a 转换成 Z''_a 和 H''_{ax}，对异常解释是有益的。

若令（8－39）式中 $\gamma=0°$，根据板状体的磁异常公式即可得顺层磁化板状体 H''_{ax} 和 Z''_a 的公式，将 H''_{ax} 和 Z''_a 再代回（8－39）式有

$$\left.\begin{aligned} H_{ax} &= H''_{ax}\cos\gamma - Z''_a\sin\gamma \\ Z_a &= H''_{ax}\sin\gamma + Z''_a\cos\gamma \end{aligned}\right\} \tag{9－50}$$

由上式可解出

$$\left.\begin{aligned} Z''_a(0,0) &= Z_a(0,0)\cos\gamma - \frac{\sin\gamma}{\pi}\int_{-\infty}^{\infty}\frac{Z_a(\xi,0)\,d\xi}{\xi} \\ H''_{ax}(0,0) &= Z_a(0,0)\sin\gamma + \frac{\cos\gamma}{\pi}\int_{-\infty}^{\infty}\frac{Z_a(\xi,0)\,d\xi}{\xi} \end{aligned}\right\} \tag{9－51}$$

上式表明，将 Z_a 转换成顺层磁化的 Z''_a、H''_{ax} 必须已知磁化特征角 γ。

3. 将 ΔT 转换成 Z_a、H_{ax}、$Z_a^{\perp}$ 和 $H_{ax}^{\perp}$

前面已指出，总磁异常强度 ΔT 除与磁化强度倾角 i 有关之外，还与地磁场倾角 I_0、测线磁方位角 A' 有关。因此，ΔT 的分布特征较 Z_a 要复杂些。对二度体而言，ΔT 与另一种磁化方向的 Z_a 曲线相似，于是可将 ΔT 转换成 Z_a、$Z_a^{\perp}$，看作是不同磁化方向的转换。这种转换有利于航空磁测与地面磁测结果的对比（在地面磁测结果是 Z_a 分量的情况下）。也可使 ΔT 的解释工作简单易行。

引用（8－14）式，即

$$\Delta T = Z_a\sin I_0 + H_{ax}\cos I_0\cos A' \tag{9－52}$$

假设一个与 ΔT 正交的 ΔT_l，仿照（9－47）式，可以写出

$$\Delta T_l = H_{ax}\sin I_0 - Z_a\cos I_0\cos A' \tag{9－53}$$

以上二式联立后可解得

$$\left.\begin{aligned} Z_a(0,0) &= \frac{1}{\sin^2 I_0 + \cos^2 I_0\cos^2 A'}\Big[\Delta T(0,0)\sin I_0 \\ &\quad - \frac{\cos I_0\cos A'}{\pi}\int_{-\infty}^{\infty}\frac{\Delta T(\xi,0)\,d\xi}{\xi}\Big] \\ H_{ax}(0,0) &= \frac{1}{\sin^2 I_0 + \cos^2 I_0\cos^2 A'}\Big[\Delta T(0,0)\cos I_0\cos A' \\ &\quad + \frac{\sin I_0}{\pi}\int_{-\infty}^{\infty}\frac{\Delta T(\xi,0)\,d\xi}{\xi}\Big] \end{aligned}\right\} \tag{9－54}$$

对（9－54）式引用（9－47）式，可解出

$$\left.\begin{aligned} Z_a^{\perp} &= \frac{1}{(\sin^2 I_0 + \cos^2 I_0\cos^2 A')^2}\Big[\Delta T(0,0)(\sin^2 I_0 - \cos^2 I_0\cos^2 A') \\ &\quad - \frac{\sin 2I_0\cos A'}{\pi}\int_{-\infty}^{\infty}\frac{\Delta T(\xi,0)}{\xi}d\xi\Big] \\ H_{ax}^{\perp}(0,0) &= \frac{1}{(\sin^2 I_0 + \cos^2 I_0\cos^2 A')^2}\Big[\Delta T(0,0)\sin 2I_0\cos A' \\ &\quad + \frac{\sin^2 I_0 - \cos^2 I_0\cos^2 A'}{\pi}\int_{-\infty}^{\infty}\frac{\Delta T(\xi,0)}{\xi}d\xi\Big] \end{aligned}\right\} \tag{9－55}$$

由（9－52）式可直接得到

$$
\left.\begin{aligned}
\Delta T(0,0) &= Z_a(0,0)\sin I_0 + \frac{\cos I_0\cos A'}{\pi}\int_{-\infty}^{\infty}\frac{Z_a(\xi,0)}{\xi}d\xi \\
\Delta T(0,0) &= H_{ax}(0,0)\cos I_0\cos A' - \frac{\sin I_0}{\pi}\int_{-\infty}^{\infty}\frac{H_{ax}(\xi,0)}{\xi}d\xi
\end{aligned}\right\} \tag{9－56}
$$

在以上所介绍的不同磁化方向异常转换公式中，都含有与（9－42）式右端类似的广义积分式，因此，这些换算公式的具体计算方法可以用一个通式表示，若以 φ 表示换算的结果，f 表示实测的分量，C 及 C_i 表示换算系数，则这个通式可以表示为

$$
\varphi(0,0) = C_0 f(0,0) + \sum_{i=1}^{N} C_i[f(\xi_i,0) - f(-\xi_i,0)] \tag{9－57}
$$

通常，将斜磁化 Z_a、ΔT 转换成垂直磁化（总磁化强度方向垂直向下，而磁化强度的数值不变）的垂直磁异常称为化到磁极。

对于不同的磁化方向间的换算，系数 C_i 由表9－5所示。

表9－5　分量转换系数表

换算类型	φ	f	C_0	C_i（i=1，2，…，10）
$Z_a \to Z_a^{\perp}$	$Z_a^{\perp}$	Z_a	$\dfrac{\sin I_0}{E}$	$\dfrac{\cos I_0\cos A'}{E}a_i$
$Z_a \to H_a^{\perp}$	$H_a^{\perp}$	Z_a	$\dfrac{\cos I_0\cos A'}{E}$	$\dfrac{\sin I_0}{E}a_i$
$Z_a \to Z_a''$	Z_a''	Z_a	$\cos\gamma$	$\sin\gamma a_i$
$Z_a \to H_a''$	H_a''	Z_a	$\sin\gamma$	$\cos\gamma a_i$
$\Delta T \to Z_a$	Z_a	ΔT	$\dfrac{\sin I_0}{E}$	$\dfrac{\cos I_0\cos A'}{E}a_i$
$\Delta T \to H_a$	H_a	ΔT	$\dfrac{\cos I_0\cos A'}{E}$	$\dfrac{\sin I_0}{E}a_i$
$\Delta T \to Z_a^{\perp}$	$Z_a^{\perp}$	ΔT	$\dfrac{\sin^2 I_0 - \cos^2 I_0\cos^2 A'}{E^2}$	$\dfrac{\sin 2I_0\cos A'}{E^2}a_i$
$\Delta T \to H_a^{\perp}$	$H_a^{\perp}$	ΔT	$\dfrac{\sin 2I_0\cos A'}{E^2}$	$\dfrac{\sin^2 I_0 - \cos^2 I_0\cos^2 A'}{E^2}a_i$
$Z_a \to \Delta T$	ΔT	Z_a	$\sin I_0$	$\cos I_0\cos A' a_i$
$H_a \to \Delta T$	ΔT	H_a	$\cos I_0\cos A'$	$\sin I_0 a_i$

注：表中 $E=\sin^2 I_0+\cos^2 I_0\cos^2 A'$；系数 a_i 的值即为表9－4所示。

四、重、磁异常导数的计算

重、磁异常导数已广泛用于异常解释。它是突出浅源异常、区分叠加异常、确定异常体的边界以及消除或削弱背景异常的常用方法。从导数异常的物理意义就很容易看到它的这些特点。

以磁异常为例，当 Δx，Δz 很小时，磁异常的一阶导数可近似地写成

$$
\begin{cases}
\dfrac{\partial \Delta T}{\partial x} = \dfrac{\Delta T(x+\Delta x) - \Delta T(x)}{\Delta x} \\
\dfrac{\partial \Delta T}{\partial z} = \dfrac{\Delta T(z+\Delta z) - \Delta T(z)}{\Delta z}
\end{cases} \tag{9－58}
$$

由于 Δx 和 Δz 是常数，因此，$\frac{\partial \Delta T}{\partial x}$和$\frac{\partial \Delta T}{\partial z}$曲线的形态与 $\Delta T(x+\Delta x)-\Delta T(x)$ 和 $\Delta T(z+\Delta z)-\Delta T(z)$ 的形态是一样的。而后者的物理意义由图 9－5 可以说明。由图中（a）可知，$\frac{\partial \Delta T}{\partial x}$曲线相当于两旁厚度为 Δx 的两个薄板所产生的磁场；而（b）表示$\frac{\partial \Delta T}{\partial z}$曲线相当于将一个薄板异常变成一个水平圆柱体的异常。根据这一分析不难理解对一个厚板状磁性体而言，$\frac{\partial^2 \Delta T}{\partial x \partial z}$曲线就相当于分布于厚板角点上的水平圆柱体的异常，如图 9－5（c）所示。另外由于区域场一般表现为比较平缓的磁场特征，因而区域场的导数异常将会很小。

导数计算结果对重力异常也具有同样的作用。计算表明，对于半径和剩余密度相等，中心埋深分别为 0.5h、h、2h 球体，若以埋深为 2h 的球体的重力异常为 1，则依照埋深由浅到深变化的顺序，三个球体重力异常 Δg 的极大值的比例为 16∶4∶1，垂向一阶导数$\frac{\partial \Delta g}{\partial z}$的极大值的比例为 64∶8∶1，而垂向二阶导数$\frac{\partial^2 \Delta g}{\partial z^2}$的极大值的比例为 256∶64∶1 。

将导数计算与第七章中磁场梯度测量结果相比较，很显然，（9－58）式与（7－11）式是完全一致的，因此，如果说磁场梯度异常是野外直接测量所得到的结果，而导数异常则是与之对应的理论计算结果，二者在反映场源信息方面是等同的。对导数异常的分析与解释完全适用于磁场梯度（或重力场梯度）的测量结果。

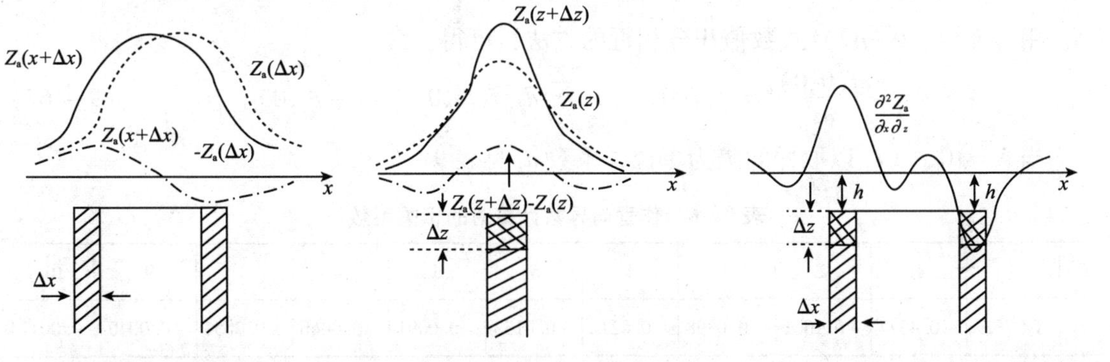

(a)水平导数突出场源边部特征　(b)垂向一阶导数突出场源浅部特征　(c)垂向二阶导数突出场源边部、浅部的局部特征

图 9－5　导数异常的物理意义示意图

下面讨论重、磁异常一阶水平、垂直导数和二阶垂直导数的计算方法及其应用。

1. 一阶导数的计算

（1）水平导数

由（9－58）式已知，对重力异常或磁异常可以用差商近似地代替微商（导数），即

$$\frac{\partial f}{\partial x}=\frac{f(x+\Delta x)-f(x)}{\Delta x} \tag{9-59}$$

由于观测值中不可避免地存在误差和浅部随机干扰，因此，直接利用上式计算异常导数误差较大。若用形为 $Q_m(x)=\sum_{j=0}^{m} a_j x^j$ 的多项式拟合实测异常时，则对该式求导可得一阶导数：

$$f'(x) = \sum_{j=0}^{m} j a_j x^{j-1}$$

取计算点为坐标原点，给定阶数 $m=2$，点数 $n=5$，仿照（9－4）式中微分求极值的方法可求得

$$a_1 = f'(0) = \frac{1}{10\Delta x}[f(\Delta x) - f(-\Delta x)] + \frac{1}{5\Delta x}[f(2\Delta x) - f(-2\Delta x)] \quad (9-60)$$

对 $m=2$，$n=7$ 有

$$f'(0) = \frac{3}{28\Delta x}[f(3\Delta x) - f(-3\Delta x)] + \frac{1}{14\Delta x}[f(2\Delta x) - f(-2\Delta x)] + \frac{1}{28\Delta x}[f(\Delta x) - f(-\Delta x)] \quad (9-61)$$

式中：Δx 为点距。

（2）垂直导数

由（9－15）式可得

$$\frac{\partial f(x,z)}{\partial z} = -\frac{1}{\pi}\int_{-\infty}^{\infty} \frac{(x-\xi)^2 - z^2}{[(x-\xi)^2 + z^2]^2} f(\xi,0)\,\mathrm{d}\xi$$

如令式中 $x=0$，$z=0$，有

$$\frac{\partial f(0,0)}{\partial z} = -\frac{1}{\pi}\int_{-\infty}^{\infty} \frac{f(\xi,0)}{\xi^2}\mathrm{d}\xi$$

用与推导（9－42）式数值积分相近的方法，可得

$$\frac{\partial f(0,0)}{\partial z} = d_0 f(0,0) + \sum_{i=1}^{N} d_i[f(\xi_i,0) + f(-\xi_i,0)] \quad (9-62)$$

当 $N=10$，$\pm\xi_i$ 以取样间隔为单位，系数 d_i 见表 9－6。

表 9－6　作垂向导数计算时的相关系数

ξ_i	0	1	2	3	4	5	6	7	8	9	10
d_i	1.2732	－0.4377	－0.1061	－0.0398	－0.0212	－0.0133	－0.0091	－0.0066	－0.0051	－0.0040	－0.00124

2. 二阶垂直导数的计算

在重、磁异常解释中二阶垂直导数使用较广泛。至今推导出的二阶垂直导数的公式较多。

对二度异常，有

$$\frac{\partial^2 f}{\partial z^2} = -\frac{\partial^2 f}{\partial x^2}$$

对三度异常，有

$$\frac{\partial^2 f}{\partial z^2} = -\left(\frac{\partial^2 f}{\partial x^2} + \frac{\partial^2 f}{\partial y^2}\right)$$

以上二式表示垂直二阶导数与水平二阶导数的关系。实际上，很多二阶垂直导数的公式就是利用这种关系推导出来的。

二阶垂直导数公式可分为单环法和多环法两类。

（1）单环法

将图 9-6 所示半径为 r 的圆周上四个点的异常，对圆心点做泰勒展开，忽略二次以上的项，有

$$f(r,0)=f(0)+\frac{\partial f}{\partial x}r+\frac{1}{2!}\frac{\partial^2 f}{\partial x^2}r^2$$

$$f(0,r)=f(0)+\frac{\partial f}{\partial y}r+\frac{1}{2!}\frac{\partial^2 f}{\partial y^2}r^2$$

$$f(-r,0)=f(0)-\frac{\partial f}{\partial x}r+\frac{1}{2!}\frac{\partial^2 f}{\partial x^2}r^2$$

$$f(0,-r)=f(0)-\frac{\partial f}{\partial y}r+\frac{1}{2!}\frac{\partial^2 f}{\partial y^2}r^2$$

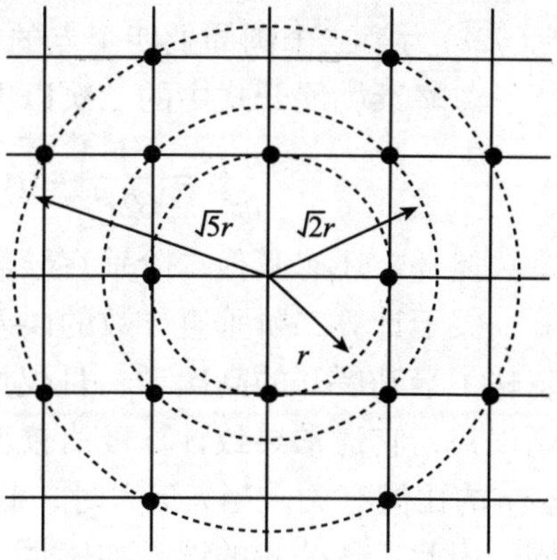

图 9-6 计算异常二阶垂向导数的取数模板

故有

$$f(r,0)+f(0,r)+f(-r,0)+f(0,-r)=4f(0)+\left(\frac{\partial^2 f}{\partial x^2}+\frac{\partial^2 f}{\partial y^2}\right)r^2$$

即 $4\bar{f}(r)=4f(0)-\frac{\partial^2 f}{\partial z^2}r^2$，由此式解出

$$\frac{\partial^2 f}{\partial z^2}=\frac{4}{r^2}\left[f(0)-\bar{f}(r)\right] \qquad (9-63)$$

（9-63）式称为哈克公式，其中 $\bar{f}(r)$ 为圆周上四个点异常的平均值。

（2）多环法

分别将半径为 r、$\sqrt{2}r$、$\sqrt{5}r$ 的圆周上的点对圆心点进行泰勒展开，忽略四次以上的项，得

$$4\bar{f}(r)=4f(0)-\frac{\partial^2 f}{\partial z^2}r^2+\frac{1}{12}\left(\frac{\partial^4 f}{\partial x^4}+\frac{\partial^4 f}{\partial y^4}\right)r^4$$

$$4\bar{f}(\sqrt{2}r)=4f(0)-2\frac{\partial^2 f}{\partial z^2}r^2+\frac{1}{6}\left(\frac{\partial^4 f}{\partial x^4}+\frac{\partial^4 f}{\partial y^4}\right)r^4+\frac{\partial^2 f}{\partial x^2\partial y^2}r^4$$

$$8\bar{f}(\sqrt{5}r)=8f(0)-10\frac{\partial^2 f}{\partial z^2}r^2+\frac{17}{6}\left(\frac{\partial^4 f}{\partial x^4}+\frac{\partial^4 f}{\partial y^4}\right)r^4+8\frac{\partial^4 f}{\partial x^2\partial y^2}r^4$$

为利用克莱姆法则解出 $\frac{\partial^2 f}{\partial z^2}$，首先要计算出

$$\Delta=\begin{vmatrix}-r^2 & \frac{1}{12}r^4 & 0\\ -2r^2 & \frac{1}{6}r^4 & r^4\\ -10r^2 & \frac{17}{6}r^4 & 8r^4\end{vmatrix},\quad \Delta_i=\begin{vmatrix}4\bar{f}(r)-4f(0) & \frac{1}{12}r^4 & 0\\ 4\bar{f}(\sqrt{2}r)-4f(0) & \frac{1}{6}r^4 & r^4\\ 8\bar{f}(\sqrt{5}r)-8f(0) & \frac{17}{6}r^4 & 8r^4\end{vmatrix}$$

然后由 $\frac{\Delta_i}{\Delta}$ 解得

$$\frac{\partial^2 f}{\partial z^2}=\frac{1}{24r^2}\left[96f(0)-72\bar{f}(r)-32\bar{f}(\sqrt{2}r)+8\bar{f}(\sqrt{5}r)\right] \qquad (9-64)$$

（9-64）式称为罗森巴赫公式，其中 $\bar{f}(r)$ 为第一个圆周上四个点异常的平均值；

$\bar{f}(\sqrt{2}r)$ 为第二个圆周上四个点的平均值；$\bar{f}(\sqrt{5}r)$ 为第三个圆周上八个点异常的平均值。

忽略泰勒展开式中的二次以上项，并用最小二乘法可求得艾尔金斯公式：

$$\frac{\partial^2 f}{\partial z^2} = \frac{1}{62r^2}[44f(0) + 16\bar{f}(r) - 12\bar{f}(\sqrt{2}r) - 48\bar{f}(\sqrt{5}r)] \tag{9-65}$$

此外，还有其他二阶垂直导数公式，在此就不一一介绍了。

关于计算二阶垂直导数的误差问题，理论分析与实际计算表明，在各公式的推导中均忽略了泰勒展开的高次项，且仅用有限个圆周（环）上的异常值，因此，必然会产生截断误差，它通常导致计算极值较真值小，曲线变缓。截断误差的大小与场源深度同计算半径 r 的比值有关。当 h/r 大时，截断误差小。由于各公式忽略的高次项不同，计算半径不同，因此，各公式的误差亦不同。此外，重、磁异常本身的误差一定会传递到计算结果中，不同公式传递误差的大小不同。

习题九

1. 为什么要进行数据网格化？网格化的数学实质是什么？

2. 对异常进行圆滑的目的是什么？徒手圆滑法、平均圆滑法以及最小二乘圆滑法中，哪一种方法更适合于保留二次曲面形状的异常？

3. 结合最小二乘拟合法、最小二乘圆滑法以及趋势面法的计算，说明它们在应用中的不同之处。

4. 解释区域场与局部场的概念。说明为什么要进行区域场与局部场的划分，本书中介绍了哪几种划分方法？

5. 重、磁异常空间换算包括哪两项内容？各有哪些应用？写出三度体向上延拓及向下延拓的计算表达式。

6. 有人说“已经知道重力随高度的变化率是 3.086g.u./m，要根据实测布格异常求不同高度（或深度）的重力异常值，只需用这个变化率进行换算即可，没有必要采用解析延拓方法。”这话对吗？你的见解如何？

7. 重力异常与磁异常的分量转换各自包括了哪些内容？各自的数学基础是什么？各有哪些应用？

8. 何为化极？为什么要对磁异常进行化极处理？

9. 计算重力或磁异常的导数包括哪些内容？重、磁异常的导数有哪些应用？

10. 一般说来，延拓计算与导数计算都有区分叠加异常的作用。以磁异常为例，比较向上延拓和垂向一阶导数的计算方法，说明它们各自从哪方面实现了区分叠加异常的目的。

第十章　重、磁异常的波数域处理

把重、磁异常的空间变化视为周期无限大的周期函数，对其作傅里叶变换，变换后的重、磁异常被分解成各种波数的简谐波，这些简谐波的自变量不是时间，而是空间距离，变换后的函数空间被称为波数域（如果用于变换的原函数的自变量是时间，则变换后的函数空间被称作频率域）。它们的振幅和相位是波数的函数，被分别称为振幅谱和相位谱，又被统称为波谱（或频谱）。我们将重、磁异常转换成波谱来进行计算和解释的方法称为波谱分析法，习惯上称其为波数域处理。

第一节　重、磁异常波谱分析的基础知识

在波数域研究重、磁异常，不仅可以使得异常的波谱表达式变的直观简洁，而且在分析计算中，对磁异常的诸多处理转换又可直接应用于重力异常。

一、重、磁异常波谱换算的基本原理

假设在一条长为 $2L$ 的剖面上测得磁异常（也可以是重力异常，本章以下均相同）为 $T(x)$，$T(x)$ 是以 $2L$ 为周期的周期函数。可以证明，对 $T(x)$，当 $L\to\infty$ 时与下面的傅里叶变换相对应：

$$
\left.\begin{aligned}
S(\omega) &= \int_{-\infty}^{\infty} T(x)\mathrm{e}^{-\mathrm{i}\omega x}\mathrm{d}x \\
T(x) &= \frac{1}{2\pi}\int_{-\infty}^{\infty} S(\omega)\mathrm{e}^{\mathrm{i}\omega x}\mathrm{d}\omega
\end{aligned}\right\} \qquad (10-1)
$$

其中：$S(\omega)$ 为磁异常 $T(x)$ 的连续谱（或复谱）；ω 为圆波数，$\omega=2\pi f$；f 为波数（与频率相当），$f=1/2L$，$2L$ 为波长（与周期相当）。（10－1）式第一式的意义就是已知 $T(x)$ 求谱 $S(\omega)$，也称为傅里叶正变换；（10－1）式第二式则为由 $S(\omega)$ 求 $T(x)$，称为傅里叶反变换。所以傅里叶变换还可以写成：

$$
\left.\begin{aligned}
S(f) &= \int_{-\infty}^{\infty} T(x)\mathrm{e}^{-\mathrm{i}2\pi fx}\mathrm{d}x \\
T(x) &= \int_{-\infty}^{\infty} S(f)\mathrm{e}^{\mathrm{i}2\pi fx}\mathrm{d}f
\end{aligned}\right\} \qquad (10-2)
$$

显然 $S(f)$ 也是复函数，它的模称为振幅谱 $A(f)$，它的幅角称为相位谱 $\varphi(f)$，即

$$
\left.\begin{aligned}
A(f) &= |S(f)| = \{[\mathrm{Re}S(f)]^2+[\mathrm{Im}S(f)]^2\}^{1/2} \\
\varphi(f) &= \arctan\left[\frac{\mathrm{Im}S(f)}{\mathrm{Re}S(f)}\right]
\end{aligned}\right\} \qquad (10-3)
$$

人们还将振幅谱的平方称为能谱（或功率谱），把振幅谱、能谱的自然对数分别称为对数振幅谱和对数能谱。

实际的磁异常，是在等间距测点上测出的离散数据序列，即 $T(j\Delta x)$（$-N<j<N$），

这时剖面的长度为 $L_x = (2N+1)\cdot\Delta x$。$2N+1$ 为采样点，Δx 为采样间隔，对（10－2）式可以改写为离散傅里叶变换的公式：

$$\left.\begin{aligned} S\left(\frac{n}{L_x}\right) &= \Delta x\sum_{j=-N}^{N} T(j\Delta x)\exp\left(-\mathrm{i}2\pi\frac{jn}{2N+1}\right) \\ T(x) &= \frac{1}{L_x}\sum_{n=-N}^{N} S\left(\frac{n}{L_x}\right)\exp\left(\mathrm{i}2\pi\frac{n}{L_x}x\right) \end{aligned}\right\} \qquad (10-4)$$

式中：j 和 n 分别代表空间域和波数域取样点的序号；Δx 为空间域的采样间隔；$1/L_x$ 为波数域采样间隔（或称为基波长度）。

（10－4）式的第一式称为离散数据的离散傅里叶正变换，$S\left(\frac{n}{L_x}\right)$ 被称为离散谱，第二式称为离散傅里叶逆变换。

上面简单说明了一维情况下磁异常（二度异常）与其连续谱以及离散谱互相换算的基本表达式，对有两个坐标变量 x，y 的三度异常，相应的二维傅里叶变换为

$$\left.\begin{aligned} S(u,v) &= \int_{-\infty}^{\infty}\int_{-\infty}^{\infty} T(x,y)\mathrm{e}^{-\mathrm{i}(ux+vy)}\mathrm{d}x\mathrm{d}y \\ T(x,y) &= \int_{-\infty}^{\infty}\int_{-\infty}^{\infty} S(u,v)\mathrm{e}^{\mathrm{i}(ux+vy)}\mathrm{d}u\mathrm{d}y \end{aligned}\right\} \qquad (10-5)$$

式中：u，v 分别为沿 x 和 y 方向的波数。这时磁异常的振幅谱和相位谱分别为

$$\left.\begin{aligned} A(u,v) &= |S(u,v)| = \{[\mathrm{Re}S(u,v)]^2 + [\mathrm{Im}S(u,v)]^2\}^{1/2} \\ \varphi(u,v) &= \arctan\left[\frac{\mathrm{Im}S(u,v)}{\mathrm{Re}S(u,v)}\right] \end{aligned}\right\} \qquad (10-6)$$

离散的傅里叶变换表达式为

$$\left.\begin{aligned} S\left(\frac{m}{L_x},\frac{n}{L_y}\right) &= \Delta x\Delta y\sum_{j=-M}^{M}\sum_{k=-N}^{N} T(j\Delta x,k\Delta y)\exp\left[-\mathrm{i}2\pi\left(\frac{mj}{2M+1}+\frac{nk}{2N+1}\right)\right] \\ T(x,y) &= \frac{1}{L_xL_y}\sum_{m=-M}^{M}\sum_{n=-N}^{N} S\left(\frac{M}{L_x},\frac{n}{L_y}\right)\exp\left[\mathrm{i}2\pi\left(\frac{mx}{L_x}+\frac{ny}{L_y}\right)\right] \end{aligned}\right\} \qquad (10-7)$$

式中：$2M+1$、Δx 和 $2N+1$、Δy 分别为在空间域沿 x 和 y 方向上的采样点数、采样点距；j、k 分别为空间域沿 x 和 y 方向上的采样点的序号；m、n 分别为波数域中沿 u、v 方向上的采样点的序号；$1/L_x$ 和 $1/L_y$ 分别为波数域 u、v 方向上的采样间隔。

由上述讨论可见，利用离散傅里叶变换可由重力或磁异常求出异常的波谱，并能进而算出其振幅谱和相位谱。利用傅里叶反变换可由重力异常或磁异常的谱计算出空间分布的异常。后续部分还将介绍如何利用傅里叶变换的性质（如叠加性质、微分性质、褶积性质、巴什瓦公式等），进行重、磁异常的多种变换运算。这些计算往往比空间域的计算简单。

二、重、磁异常的波谱分析

1. 采样定理与混叠效应

用于进行计算的实测重、磁数据都是离散的，它实际上是对连续信号的离散化。那么离散信号能否反映连续信号就是第一重要问题。

设连续信号为 $T(x)$，其波谱为 $S(f)$，如图 10－1（a）所示。

若对 $T(x)$ 进行采样，采样间隔为 Δ（相当于实际重、磁资料中的 Δx 或 Δy），设采样函数 $h(x) = \sum_{n=-\infty}^{\infty} \delta(x - n\Delta)$，则采样函数的波谱 $\widetilde{H}(f) = \sum_{n=-\infty}^{\infty} \delta\left(f - \frac{n}{\Delta}\right)$，如图 10－1（b）所示。采样后的离散数值相当于函数 $T(x)$ 与 $h(x)$ 的乘积，其傅里叶变换结果相当于 $S(f)$ 与 $H(f)$ 的褶积，即

$$T(x)h(x) = T(x) \sum_{n=-\infty}^{\infty} \delta(x - n\Delta) \leftrightarrow \widetilde{S}(f) * \widetilde{H}(f)$$

$$= \widetilde{S}(f) * \sum_{n=-\infty}^{\infty} \delta(f - n/\Delta) \tag{10-8}$$

式中：↔代表傅里叶变换关系（以下均同）；＊代表褶积计算（以下均同）。（10－8）式的效果如图 10－1（c）所示。

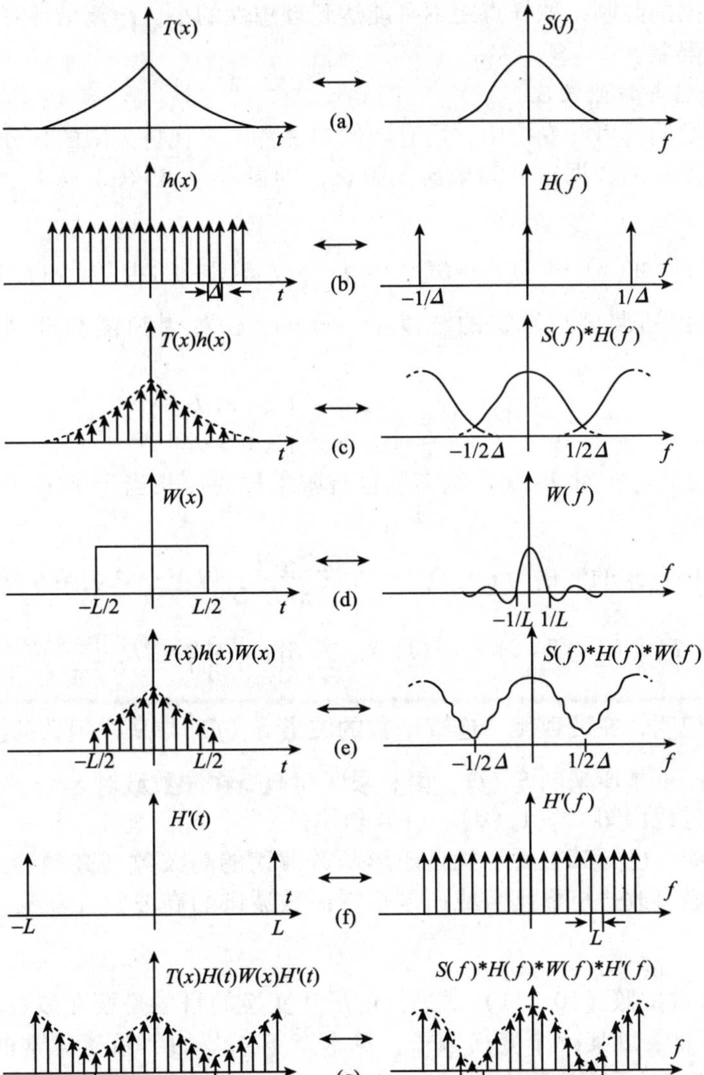

图 10－1　离散傅里叶变换与连续傅里叶变换关系图

采样定理表明：设以抽样间隔为 Δ 抽样得到的空间域的离散信号为 $T(n\Delta)$，那么如果 $S(f)$ 有截止频率 f_c，即当 $|f| \geqslant f_c$ 时 $S(f)=0$，而且 $\Delta \leqslant 1/2f_c$ 时，则由 $T(n\Delta)$ 可以完全确定波谱 $S(f)$，且由 $T(n\Delta)$ 可以确定 $T(x)$。

如果把离散信号 $T(n\Delta)$ 确定的波谱 $S(f)$ 展开，可以看到它是一个周期为 $1/\Delta$ 的周期函数，并且存在一个截止频率 $f_c=1/2\Delta$，这一频率称为尼奎斯特频率。当连续信号的波数谱有大于尼奎斯特频率的高频成分时，离散后这些高频成分就要加到低于尼奎斯特频率的范围（$-1/2\Delta \sim 1/2\Delta$）上去。此时的高频成分被称为假频，这种不同波数成分混叠的现象称为混叠效应（或混叠现象），如图 10－1（c）所示的虚线部分。在抽样中，如果发生假频现象，则抽样后所得的信号就不能准确反映原始信号的性质。因此，在对实测重、磁异常进行离散取样时，减少混叠效应（或去假频）的工作十分重要。

减少混叠效应的唯一的办法是尽可能的缩小取样点距以增大波谱函数的周期。但由于受到野外实测数据的限制，取样点距不可能达到理想性的小，故离散计算中要随时注意混叠效应所引起的误差。

2. 有限数据窗与皱波效应

在重、磁异常的傅里叶变换中，用有限的测区范围来代替无限的积分区间，实际上相当于加了一个有限长的数据窗。如果窗无限长，即窗函数 $W(x)=1$，它的波谱是 δ 函数，因此

$$T(x)W(x) \leftrightarrow \tilde{S}(f) * \tilde{\delta}(f) = \int_{-\infty}^{\infty} S(f)\delta(f-f')\mathrm{d}f' = S(f') \qquad (10-9)$$

这说明所得到的波谱与真实的波谱是一样的，但如果窗函数 $W(x)$ 为一矩形函数，即

$$W(x) = \begin{cases} 1, & |x| \leqslant L \\ 0, & |x| > L \end{cases} \qquad (10-10)$$

式中：L 为测区边界。在对 $T(x)$ 做离散且有限采样时，相当于 $T(x)\,h(x)\,W(x)$，采样点个数变为 N。

已知（10－10）式的波谱为 $\tilde{w}(f)=2L\dfrac{\sin 2\pi f L}{2\pi f L}$，以上运算关系在傅里叶变换中有

$$T(x)h(x)W(x) \leftrightarrow \tilde{S}(f) * \sum_{n=-\infty}^{\infty}\delta\left(f-\frac{n}{\Delta}\right) * 2L\frac{\sin 2\pi f L}{2\pi f L} \qquad (10-11)$$

上式的计算说明，在波数域，连续函数的波谱 $\tilde{S}(f)$ 与采样函数的波谱以及窗函数波谱褶积的结果已不是原来的 $\tilde{S}(f)$，由有限区间截断在波数域对 $\tilde{S}(f)$ 引起的影响称作皱波效应。以上过程由图 10－1（d）、（e）所示。

对于皱波效应，已知其主要干扰是矩形函数波谱的高波数（高频）边波瓣成分，克服的办法则可以通过改造矩形函数或压制矩形函数波谱的高波数（高频）边波瓣成分来实现。

将 $T(x)$ 函数按照（10－11）式进行傅里叶变换的目的是要在波数域对波谱 $\tilde{S}(f)$ 进行各种运算（如乘以某一个变换因子，见本章第二节的“重磁异常的滤波技术”部分），然后将运算结果再变换到空间域中，因此，仍然需要做离散计算，这相当于在波数域将 $\tilde{S}(f)$ 乘以离散采样函数 $H'(f)=H(m\Delta')=\Delta'\sum_{m=-\infty}^{\infty}\delta(f-m\Delta')$（$\Delta'=1/L$，$\Delta'$ 的

大小由离散傅里叶变换关系确定，证明从略），已知：

$$\sum_{n=-\infty}^{\infty}\delta(x-nL)\leftrightarrow\Delta'\sum_{m=-\infty}^{\infty}\delta(f-m\Delta')\qquad(10-12)$$

如图 10－1（f）所示，波数域的采样函数变换到空间域则等于周期为 L 的周期函数。因此，将 $\tilde{S}(f)$ 乘以 $H(m\Delta')$ 再变换到空间域则相当于 $T(n\Delta)$ 与 $\sum_{n=-\infty}^{\infty}\delta(x-nL)$ 进行了褶积计算，最终空间域的结果变成了以 L 为周期的周期函数，每个周期内的采样点个数为 N，如图 10－1（g）所示。

3. 吉布斯现象

吉布斯现象的数学定义为：以 2π 为周期的函数 $f(x)$ 具有第一类间断点 ξ，令 $f(\xi)=\dfrac{f(\xi+0)+f(\xi-0)}{2}$，在 ξ 点函数的跳跃为 $D=f(\xi+0)-f(\xi-0)$，假定函数 $f(x)$ 在 ξ 点的某邻域 $(\xi+\delta,\ \xi-\delta)$ 内没有其他间断点，且有有界变差。令函数 $f(x)$ 在 ξ 点的傅里叶级数部分和为 $S_m(x)$。那么函数 $f(x)$ 的傅里叶级数在 ξ 点处是收敛的，但在该邻域内不一致收敛。这时有一种奇怪的现象（称吉布斯现象）出现：

存在点列 $\{\xi\}\to\xi+0$ 和 $\{\xi'_m\}\to\xi-0$，使得

$$\begin{cases}\lim\limits_{m\to\infty}S_m(\xi_m)=f(\xi+0)+\mu D\\ \lim\limits_{m\to\infty}S_m(\xi'_m)=f(\xi-0)-\mu D\end{cases}\qquad(10-13)$$

$$\mu=\frac{1}{\pi}\int_0^{\pi}\frac{\sin t}{t}\mathrm{d}t-\frac{1}{2}=0.08948987\cdots\qquad(10-14)$$

因此，$S_m(x)$ 在间断点 ξ 的邻域内振幅的极限为

$$\lim_{n\to\infty}[S_m(\xi_m)-S_m(\xi'_m)]=D+2\mu D\qquad(10-15)$$

它比函数 $f(x)$ 在点 ξ 的跳跃量 $|D|$ 大 $2\mu|D|$（约 18%），或者是 $|D|$ 的 $1+2\mu\approx1.17897975$ 倍，如图 10－2 所示。

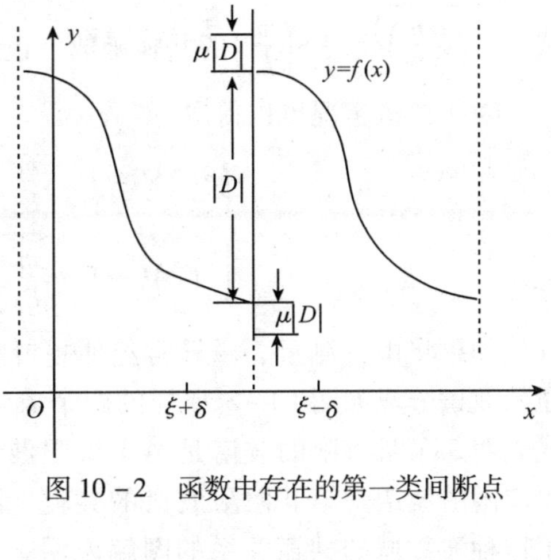

图 10－2　函数中存在的第一类间断点

吉布斯现象是存在于傅里叶级数中的一种固有现象。可以证明：傅里叶级数是傅里叶积分的一种特例，而傅里叶变换又可以说是傅里叶积分的一种分解形式。傅里叶级数中存在的问题必然会反映到傅里叶变换中来。引起吉布斯现象的主要原因是空间域函数中存在的第一类间断点（即实际数据中测点相距很近但又差别很大，以及空间域函数中有限截断可能形成的边部不对称）的情况。这些情况的存在，在利用多种不同频率的谐波组合成空间域原函数时，在第一类间断点附近会产生震荡。

克服吉布斯现象的办法是消除掉第一类间断点。实测数据中在遇到重、磁异常梯度变化较大的地段，可通过适当增大取样点密度，减小取样点距来改善。对于空间域函数中有限截断可能形成的边部不对称的情况，可在空间域取样过程中加上边部余弦尖灭函数使边部均匀趋于零即可。

4. 重、磁异常波谱的周期性和共轭性

（1）周期性

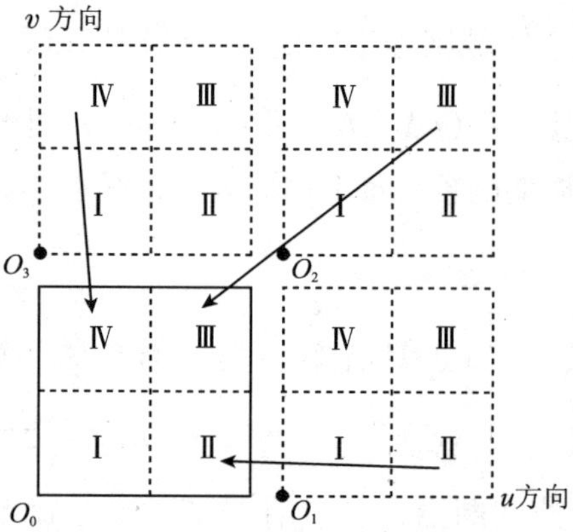

图 10－3　实测资料波谱的周期性

重、磁异常的波谱作为离散傅里叶变换的结果，同样具有周期性。图 10－3 是说明波谱周期性的示意图。图中实线框是原始波谱范围。在这范围以外，波谱呈周期性拓展，如虚线框所示。图中 O_1，O_2，O_3等价于 O_0。在 O_i（$i=0$，1，2，3）所代表波谱图中分Ⅰ、Ⅱ、Ⅲ、Ⅳ四个象限，对第Ⅰ象限来说，在 x 方向波数 u 的最高值为 $1/2\Delta x$，在 y 方向波数 v 的最高值为 $1/2\Delta y$。这是以 Δx 和 Δy 为取样间隔的离散数据的最高频率。在其他象限，波数的起算点不能再从原点 O 开始。由于周期性，在第Ⅱ象限的波数值应以 O_1 为原点计算，因此，在这一象限 $u<0$，$v>0$；在第Ⅲ象限，以 O_2 为原点进行计算，$u<0$，$v<0$；在第Ⅳ象限，以 O_3 为原点计算，$u>0$，$v<0$。

（2）共轭性

作为实函数的重、磁资料的离散傅里叶变换具有共轭特性。

根据（10－4）式的定义，已知 n 为空间域取样点的序号，若式中 $n=2N+1-n$，则有

$$S\left(\frac{2N+1-n}{L_x}\right)=\Delta x\sum_{j=-N}^{N}T(j\Delta x)\exp\left(-\mathrm{i}2\pi\frac{j(2N+1-n)}{2N+1}\right)$$

$$=\Delta x\sum_{j=-N}^{N}T(j\Delta x)\exp\left(\mathrm{i}2\pi\frac{jn}{2N+1}\right)=\overline{S\left(\frac{n}{L_x}\right)} \qquad (10-16)$$

式中：$\overline{S\left(\frac{n}{L_x}\right)}$代表 $S\left(\frac{n}{L_x}\right)$的共轭函数，也表明了波谱的共轭特性。

对于二维情况可以得出

$$\begin{cases}S\left(2M+1-\dfrac{m}{L_x},2N+1-\dfrac{n}{L_y}\right)=\overline{S\left(\dfrac{m}{L_x},\dfrac{n}{L_y}\right)}\\ S\left(2M+1-\dfrac{m}{L_x},\dfrac{n}{L_y}\right)=\overline{S\left(\dfrac{m}{L_x},2N+1-\dfrac{n}{L_y}\right)}\end{cases} \qquad (10-17)$$

如果将由实测重、磁异常经傅里叶变换后得到的原始波谱分成如图 10－3 那样的四个象限，（10－17）式表明，第Ⅲ象限的波谱是第Ⅰ象限波谱的共轭；第Ⅳ象限的波谱是第Ⅱ象限波谱的共轭。图 10－4 给出了这种波数域的共轭关系的图解说明。图中Ⅰ、Ⅲ象限和Ⅱ、Ⅳ象限中对应符号的波谱互为共轭。这一特性告诉我们，在重、磁资料的数据处理过程中，只需对波谱的Ⅰ、Ⅱ象限的值进行计算，对Ⅲ、Ⅳ象限内的波谱只需求Ⅰ、Ⅱ象限波谱的共轭就能够得到整个

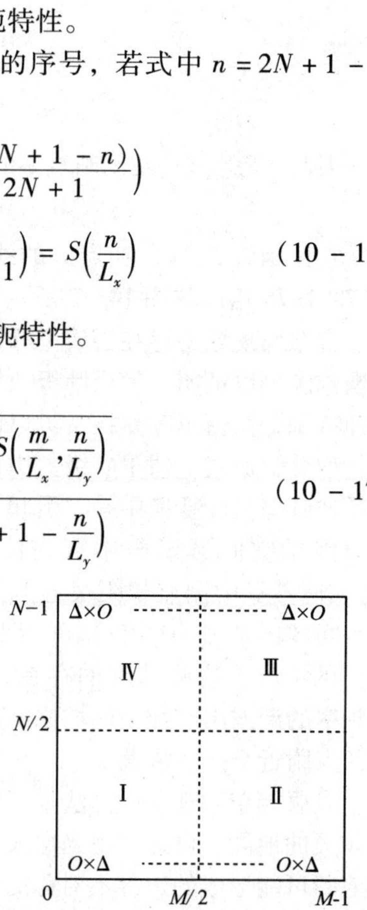

图 10－4　实测资料波谱的共轭关系图

区域上的波谱计算结果。

三、规则形体重、磁异常波谱的计算

1. 重、磁异常波谱的基本关系式

(1) 波数域的泊松关系式

根据 (1－21) 式和 (1－53) ～ (1－55) 式，已知任意具有剩余密度ρ的地质体的引力位都满足拉普拉斯方程，即有

$$V_{zz} = -(V_{xx} + V_{yy})$$

参照 (10－5) 式对上式两端做傅氏变换，用$V(x, y)$代替 (10－5) 式中的$T(x, y)$，并利用傅氏变换的导数性质可得

$$\begin{aligned}\widetilde{V}_{zz}(u,v) &= -[\widetilde{V}_{xx}(u,v) + \widetilde{V}_{yy}(u,v)] \\ &= (u^2+v^2)\widetilde{V}(u,v) = \sqrt{u^2+v^2}\,\widetilde{V}_z(u,v) \end{aligned} \tag{10-18}$$

$$\widetilde{V}_{xx}(u,v) = -u^2\widetilde{V}(u,v) = -\frac{u^2}{\sqrt{u^2+v^2}}\widetilde{V}_z(u,v) \tag{10-19}$$

$$\widetilde{V}_{yy}(u,v) = -v^2\widetilde{V}(u,v) = -\frac{v^2}{\sqrt{u^2+v^2}}\widetilde{V}z(u,v) \tag{10-20}$$

$$\widetilde{V}_{xy}(u,v) = -uv\widetilde{V}(u,v) = -\frac{uv}{\sqrt{u^2+v^2}}\widetilde{V}_z(u,v) \tag{10-21}$$

$$\widetilde{V}xz(u,v) = \mathrm{i}u\,\widetilde{V}_z(u,v) \tag{10-22}$$

$$\widetilde{V}_{yz}(u,v) = \mathrm{i}v\,\widetilde{V}_z(u,v) \tag{10-23}$$

以上各式中的$\widetilde{V}_z(u, v)$就是重力异常的波谱$\Delta\widetilde{g}(u, v)$。

已知场源的磁化强度倾角为i，偏角为δ，并令$l=\cos i\cos\delta$，$m=\sin i\sin\delta$，$n=\sin i$，则有

$$M_x = M\cos i\cos\delta = Ml,\quad M_y = M\cos i\cos\delta = Mm,\quad M_z = M\sin i = Mn$$

考虑以上各式，再由 (5－34) 式～ (5－36) 式，可得波数域的泊松公式（即磁异常各个分量的波谱与重力异常波谱的关系式）为

$$\left.\begin{aligned}\widetilde{H}_{ax}(u,v) &= \frac{\mu_0 M}{4\pi G\rho}\left[-\frac{lu^2+muv}{\sqrt{u^2+v^2}} + \mathrm{i}un\right]\widetilde{V}_z(u,v) \\ \widetilde{H}_{ay}(u,v) &= \frac{\mu_0 M}{4\pi G\rho}\left[-\frac{luv+mv^2}{\sqrt{u^2+v^2}} + \mathrm{i}vn\right]\widetilde{V}_z(u,v) \\ \widetilde{Z}_a(u,v) &= \frac{\mu_0 M}{4\pi G\rho}[\mathrm{i}ul + \mathrm{i}vm + n\sqrt{u^2+v^2}]\,\widetilde{V}_z(u,v)\end{aligned}\right\} \tag{10-24}$$

上式$\widetilde{H}_{ax}(u, v)$，$\widetilde{H}_{ay}(u, v)$，$\widetilde{Z}_a(u, v)$分别为磁异常的x，y，z三个分量的波谱。

用同样的方法可以得到二度体波数域的泊松关系式为

$$\left.\begin{aligned}\widetilde{H}_{ax}(u) &= \frac{\mu_0 M}{4\pi G\rho}[-lu + \mathrm{i}vn]\,\widetilde{V}_z(u) \\ \widetilde{Z}_a(u) &= \frac{\mu_0 M}{4\pi G\rho}[\mathrm{i}lu + un]\,\widetilde{V}_z(u)\end{aligned}\right\} \tag{10-25}$$

在（10－24）式中令 $v=0$，即可得出与（10－25）式相同的关系式。这是很重要的一个特点，它不仅说明波数域中由三度体变换为二度体比空间域简便得多，且可以方便地引用二度体的解释方法来解释三度体异常。

（2）磁场分量波谱的关系式

由（10－24）式可以得出各轴向分量波谱之间的关系为

$$\widetilde{H}_{ax}(u,v)=\frac{\mathrm{i}u}{\sqrt{u^2+v^2}}\widetilde{Z}_a(u,v) \tag{10-26}$$

$$\widetilde{H}_{ay}(u,v)=\frac{\mathrm{i}v}{\sqrt{u^2+v^2}}\widetilde{Z}_a(u,v) \tag{10-27}$$

令 $v=0$ 得

$$\widetilde{H}_{ax}(u,0)=\mathrm{i}u\,\widetilde{Z}_a(u,0) \tag{10-28}$$

由此可以看出，在 $v=0$（或 $u=0$）的条件下，即沿 u 轴（或 v 轴），三度体 Z_a 与 H_{ax}（或 H_{ay}）振幅谱相等，而相位谱恒差 $\pi/2$。显然，这也是二度体磁异常具有的特征。

设正常地磁场向量的方向余弦为 l'，m'，n'，则总强度磁场异常 ΔT 为

$$\Delta T=l'H_x+m'H_y+n'Z_a$$

由（10－26）式、（10－27）式可得总强度磁场异常 ΔT 的波谱为

$$\Delta\widetilde{T}(u,v)=\left[\frac{\mathrm{i}(l'u+m'v)}{\sqrt{u^2+v^2}}+n'\right]\widetilde{Z}_a(u,v) \tag{10-29}$$

令 $v=0$ 可得与二度体类似的关系式

$$\Delta\widetilde{T}(u)=[\mathrm{i}l'+n']\,\widetilde{Z}_a(u) \tag{10-30}$$

（3）垂直磁化与斜磁化的关系

令 $l=m=0$，$n=1$ 由（10－24）式可得垂直磁化时的波谱

$$\left.\begin{aligned}\widetilde{H}_{ax\perp}(u,v)&=\frac{\mu_0M}{4\pi G\rho}\mathrm{i}u\,\widetilde{V}_z(u,v)\\ \widetilde{H}_{ay\perp}(u,v)&=\frac{\mu_0M}{4\pi G\rho}\mathrm{i}v\,\widetilde{V}_z(u,v)\\ \widetilde{Z}_{a\perp}(u,v)&=\frac{\mu_0M}{4\pi G\rho}\sqrt{u^2+v^2}\,\widetilde{V}_z(u,v)\end{aligned}\right\} \tag{10-31}$$

比较（10－24）式与（10－31）式可得到垂直磁化与斜磁化波谱的关系，即

$$\left.\begin{aligned}\widetilde{H}_{ax\perp}(u,v)&=\frac{\mathrm{i}u\sqrt{u^2+v^2}}{\mathrm{i}un\sqrt{u^2+v^2}-lu^2-muv}\widetilde{H}_{ax}(u,v)\\ \widetilde{H}_{ay\perp}(u,v)&=\frac{\mathrm{i}v\sqrt{u^2+v^2}}{\mathrm{i}vn\sqrt{u^2+v^2}-luv-mv^2}\widetilde{H}_{ay}(u,v)\\ \widetilde{Z}_{a\perp}(u,v)&=\frac{\sqrt{u^2+v^2}}{\mathrm{i}ul+\mathrm{i}vm+n\sqrt{u^2+v^2}}\widetilde{Z}_a(u,v)\end{aligned}\right\} \tag{10-32}$$

令 $v=0$，同样可以得到二度体的类似关系式，即

$$\left.\begin{aligned}\widetilde{H}_{ax\perp}(u) &= \frac{\mu_0 M}{4\pi G\rho}\mathrm{i}u\,\widetilde{V}_z(u)\\ \widetilde{Z}_{a\perp}(u) &= \frac{\mu_0 M}{4\pi G\rho}u\,\widetilde{V}_z(u)\end{aligned}\right\} \tag{10-33}$$

$$\left.\begin{aligned}\widetilde{H}_{ax\perp}(u) &= \frac{1}{\mathrm{i}l+n}\widetilde{H}_{ax}(u)\\ \widetilde{Z}_{a\perp}(u) &= \frac{1}{\mathrm{i}l+n}\widetilde{Z}_{a}(u)\end{aligned}\right\} \tag{10-34}$$

式中：$l=\cos i_S$，$m=\sin i_S$，i_S 为有效磁化强度的倾角。(10－34) 式又可写成

$$\left.\begin{aligned}\widetilde{H}_{ax}(u) &= \widetilde{H}_{ax\perp}(u)\mathrm{e}^{\mathrm{i}(\frac{\pi}{2}-i_S)}\\ \widetilde{Z}_{a}(u) &= \widetilde{Z}_{a\perp}(u)\mathrm{e}^{\mathrm{i}(\frac{\pi}{2}-i_S)}\end{aligned}\right\} \tag{10-35}$$

2. 二度规则形体重、磁异常的波谱

(1) 无限延深薄板

如图 10－5 所示的任意磁化无限延深薄板，其 Z_a 分量的正演公式由 (8－43) 式给出，直接计算其傅里叶变换可得其波谱 $\widetilde{Z}_a(u)$ 为

$$\widetilde{Z}_a(u) = \frac{2\mu_0 M_S}{4\pi}2b\sin\beta\int_{-\infty}^{\infty}\frac{h\cos\gamma - x\sin\gamma}{x^2+h^2}\mathrm{e}^{-\mathrm{i}ux}\mathrm{d}x \tag{10-36}$$

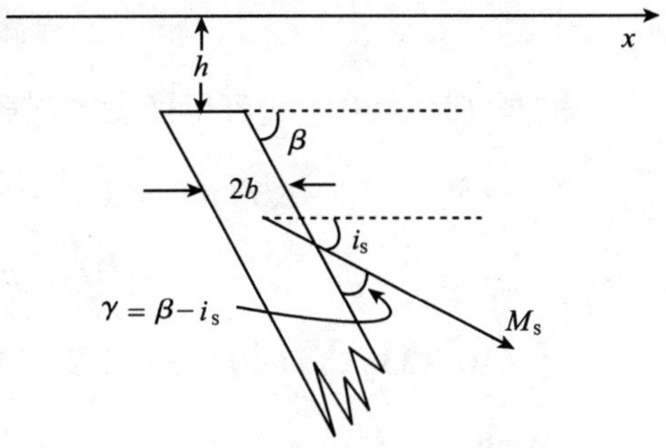

图 10－5 任意磁化向下无限延深板状体

式中：β 为薄板倾角；$\gamma=\beta-i_S$，i_S 为磁化倾角；$2b$ 为板状体水平宽度；M_S 为有效磁化强度；h 为薄板顶部埋藏深度。坐标原点为薄板顶部中心在地面的投影。

已知有傅里叶变换表达式：

$$\left\{\begin{aligned}\int_{-\infty}^{\infty}\frac{h}{x^2+h^2}\mathrm{e}^{-\mathrm{i}ux}\mathrm{d}x &= \pi\mathrm{e}^{-uh}\\ \int_{-\infty}^{\infty}\frac{x}{x^2+h^2}\mathrm{e}^{-\mathrm{i}ux}\mathrm{d}x &= -\mathrm{i}\pi\mathrm{e}^{-uh}\end{aligned}\right. \tag{10-37}$$

由 (10－36) 式可得

$$\widetilde{Z}_a(u) = \frac{2\mu_0 M_S}{4\pi}2b\sin\beta\mathrm{e}^{-uh}\pi(\cos\gamma+\mathrm{i}\sin\gamma) = \frac{\mu_0}{2}\tau\mathrm{e}^{-uh}\mathrm{e}^{\mathrm{i}\gamma} \tag{10-38}$$

式中：$\tau=2bM_S\sin\beta$ 为有效面磁化强度。在实际工作中，原点通常是任意选定的。设投影点的坐标为 x_0，应用傅氏变换的位移公式 (10－38) 式变成

$$\widetilde{Z}_a(u) = \frac{\mu_0}{2}\tau\mathrm{e}^{-hu}\mathrm{e}^{\mathrm{i}\gamma}\mathrm{e}^{-\mathrm{i}ux_0} \tag{10-39}$$

令 $i_S=\pi/2$，可得其垂直磁化时的波谱。令 $\gamma=0$，可得其顺层磁化时的波谱。

由 (10－33) 式，可得 $\widetilde{V}_z(u)=\Delta\widetilde{g}(u)$，即重力异常得波谱，因无限延深板状体的重力异常无意义，这里暂不考虑。

由（10－30）式可得斜磁化无限延深薄板总磁异常 $\Delta T(x)$ 的波谱 $\Delta\tilde{T}(u)$：

$$\Delta\tilde{T}(u)=(\mathrm{i}l'+n')\tilde{Z}_{\mathrm{a}}(u)=\frac{\mu_0\tau}{2}(\mathrm{i}l'+n')\mathrm{e}^{-hu}\mathrm{e}^{\mathrm{i}\gamma}\tag{10-40}$$

（2）有限延深薄板

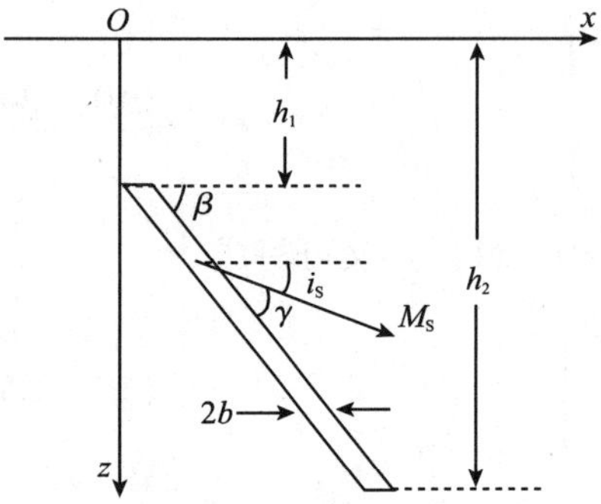

图 10－6　有限延深薄板

有限延深薄板可以看作是两个埋深不同的无限延深薄板的叠加，如图 10－6 所示，由（10－39）可得出其 $\tilde{Z}_{\mathrm{a}}(u)$ 为

$$\tilde{Z}_{\mathrm{a}}(u)=\frac{\mu_0}{2}\tau(\mathrm{e}^{-h_1u}-\mathrm{e}^{-h_2u}\mathrm{e}^{-\mathrm{i}u(h_2-h_1)\cot\beta})\mathrm{e}^{\mathrm{i}\gamma}\tag{10-41}$$

式中：h_1 为薄板上顶埋深；h_2 为其下底埋深；坐标原点以埋深为 h_1 的薄板为准。仿照（10－39）式不难得出垂直磁化及顺层磁化情况下的波谱公式，这里不再列举。

根据（10－30）式可得任意倾斜磁化情况下的总磁异常 $\Delta T(x)$ 的波谱 $\Delta\tilde{T}(u)$

$$\begin{aligned}\Delta\tilde{T}(u)&=(\mathrm{i}l'+n')\tilde{Z}_{\mathrm{a}}(u)\\&=\frac{\mu_0}{2}\tau(\mathrm{i}l'+n')(\mathrm{e}^{-h_1u}-\mathrm{e}^{-h_2u}\mathrm{e}^{-\mathrm{i}u(h_2-h_1)\cot\beta})\mathrm{e}^{\mathrm{i}(\beta-\frac{\pi}{2})}\end{aligned}\tag{10-42}$$

由（10－33）、（10－35）及（10－41）式可得出有限延深薄板的重力异常波谱 $\tilde{V}_z(u)$，即

$$\begin{aligned}\tilde{V}_z(u)&=\Delta\tilde{g}(u)=\frac{4\pi G\rho b\sin\beta}{u}(\mathrm{e}^{-h_1u}-\mathrm{e}^{-h_2u}\mathrm{e}^{-\mathrm{i}u(h_2-h_1)\cot\beta})\mathrm{e}^{\mathrm{i}(\beta-\frac{\pi}{2})}\\&=\frac{2\pi G\mu}{u}(\mathrm{e}^{-h_1u}-\mathrm{e}^{-h_2u}\mathrm{e}^{-\mathrm{i}ux_2})\mathrm{e}^{\mathrm{i}(\beta-\frac{\pi}{2})}\end{aligned}\tag{10-43}$$

式中：$x_2=(h_2-h_1)\cot\beta$；$\mu=\rho 2b\sin\beta$ 为薄板的面密度。

（3）水平圆柱体

垂直磁化水平圆柱体的 $Z_{\mathrm{a}}^{\perp}$ 可由磁单极线的 Z_{a} 沿垂直方向求导数得出，即

$$Z_{\mathrm{a}(\text{圆柱})}^{\perp}=\frac{\partial Z_{\mathrm{a}(\text{单极线})}}{\partial h}\cdot\Delta$$

式中：Δ 为垂直方向微小增量。

根据傅氏变换的微分性质可由（10－38）式可求出倾斜磁化水平圆柱体的 $\tilde{Z}_{\mathrm{a}}(u)$ 磁异常波谱：

$$\tilde{Z}_{\mathrm{a}}(u)=\frac{\mu_0}{2}M_\tau u\mathrm{e}^{-Ru}\mathrm{e}^{\mathrm{i}(\frac{\pi}{2}-i_S)}\tag{10-44}$$

式中：R 为水平圆柱体的轴线深度；$M_\tau=\tau\Delta=2bM_S\Delta\sin\beta$，为水平圆柱体有效线磁化强度。根据（10－30）式，可得倾斜磁化水平圆柱体的总磁异常 $\Delta T(x)$ 的波谱 $\Delta\tilde{T}(u)$：

$$\Delta\tilde{T}(u)=(\mathrm{i}l'+n')\tilde{Z}_{\mathrm{a}}(u)=\frac{\mu_0}{2}M_\tau u(\mathrm{i}l'+n')\mathrm{e}^{-Ru}\mathrm{e}^{\mathrm{i}(\frac{\pi}{2}-i_S)}\tag{10-45}$$

在（10－44）式中令 $i_S=90°$，可得垂直磁化水平圆柱体的谱，再由（10－33）式可得水平圆柱体的重力异常波谱：

$$\tilde{V}_z(u) = \Delta\tilde{g}(u) = 2\pi G\lambda e^{-hu} \tag{10-46}$$

式中：$\lambda=\rho 2b\approx\rho s$，为水平圆柱体单位长度的质量，即沿走向的线密度，$s$ 为水平圆柱体的横截面积。

（4）台阶

以上几种简单形体的重、磁异常波谱的计算均利用波数域的泊松关系式由磁异常的波谱计算得出重力异常的波谱，反过来也可以由重力异常的波谱计算得出磁异常的波谱。下面我们以图 10－7 的水平台阶为例给予说明。

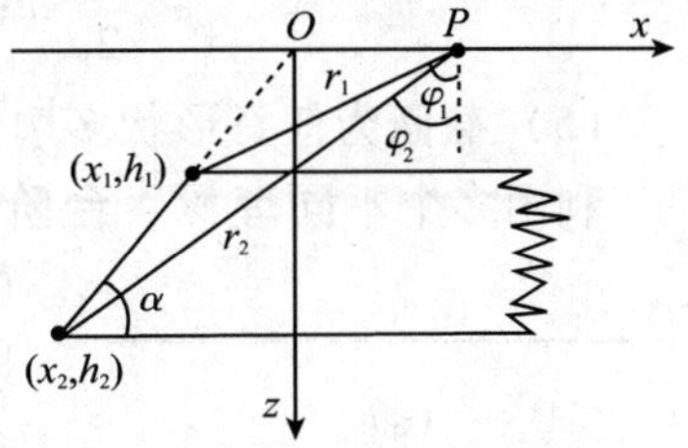

图 10－7　水平台阶横截面

由（4－30）式知，倾斜台阶重力位的二阶导数 $V_{zx}(x)$ 为

$$V_{zx}(x) = \Delta g_x(x) = 2G\rho\sin\alpha\left[\sin\alpha\ln\frac{r_2}{r_1} - \cos\alpha(\varphi_1-\varphi_2)\right] \tag{10-47}$$

式中：$\alpha=\arctan\dfrac{h_2-h_1}{x_2-x_1}$，$x_i$ 和 h_i（$i=1$，2）分别为台阶角点的横坐标和纵坐标；$r_1=\sqrt{(x-x_1)^2+h_1^2}$；$r_2=\sqrt{(x-x_2)^2+h_2^2}$；$\varphi_1=\arctan\dfrac{x-x_1}{h_1}$；$\varphi_2=\arctan\dfrac{x-x_2}{h_2}$。注意，（10－47）式与（4－30）式相比较，所参照的图形中已知条件有所变化。

对（10－47）式再对 x 求偏导数有

$$\begin{aligned}V_{zxx}(x) &= \Delta g_{xx}(x)\\ &= 2G\rho\sin\alpha\left\{\sin\alpha\left[\frac{x-x_2}{(x-x_2)^2+h_2^2} - \frac{x-x_1}{(x-x_1)^2+h_1^2}\right]\right.\\ &\quad\left.-\cos\alpha\left[\frac{h_1}{(x-x_1)^2+h_1^2} - \frac{h_2}{(x-x_2)^2+h_2^2}\right]\right\}\end{aligned} \tag{10-48}$$

参照（10－37）式及傅里叶变换位移定理，由上式可得 V_{zxx}（x）的波谱 $\tilde{V}_{zxx}$（u）

$$\begin{aligned}\tilde{V}_{zxx}(u) &= \Delta\tilde{g}_{xx}(u)\\ &= -2\pi G\rho\sin\alpha e^{-i\alpha}\left[e^{-u(h_1+ix_1)} - e^{-u(h_2+ix_2)}\right]\end{aligned} \tag{10-49}$$

再利用傅里叶变换的微分定理，可得重力异常 Δg（x）的波谱 $\Delta\tilde{g}$（u）：

$$\begin{aligned}\tilde{V}_z(u) &= \Delta\tilde{g}(u)\\ &= \frac{2\pi G\rho\sin\alpha e^{-i\alpha}}{u^2}\left[e^{-u(h_1+ix_1)} - e^{-u(h_2+ix_2)}\right]\end{aligned} \tag{10-50}$$

利用（10－25）式可得倾斜台阶磁异常垂直分量 Z_a（x）的波谱 $\tilde{Z}_a$（u）：

$$\begin{aligned}\tilde{Z}_a(u) &= \frac{\mu_0 M}{4\pi G\rho}u(il+n)\tilde{V}_z(u)\\ &= \frac{\mu_0 M}{2u}(il+n)\sin\alpha e^{-i\alpha}\left[e^{-u(h_1+ix_1)} - e^{-u(h_2+ix_2)}\right]\end{aligned} \tag{10-51}$$

式中：M 为磁化强度。再利用（10－30）式可以得到倾斜台阶总磁异常 $\Delta T(x)$ 的波谱 $\Delta\widetilde{T}(u)$：

$$\begin{aligned}\Delta\widetilde{T}(u) &= (\mathrm{i}l' + n')\widetilde{Z}_{\mathrm{a}}(u)\\ &= \frac{\mu_0 M}{2u}(\mathrm{i}l' + n')(\mathrm{i}l + n)\sin\alpha\,\mathrm{e}^{-\mathrm{i}\alpha}\left[\mathrm{e}^{-u(h_1+\mathrm{i}x_1)} - \mathrm{e}^{-u(h_2+\mathrm{i}x_2)}\right]\end{aligned} \quad (10-52)$$

（5）截面为任意形状多边形的水平棱柱体

利用多个不同埋深、台阶斜面倾角以及水平位置等参量变化时的倾斜台阶的组合（假定它们的密度 ρ、磁化强度 M 以及磁化方向相同），可以得到有限延深板状体、无限延深板状体、截面为任意形状多边形的水平棱柱体等多种不同形状场源的重力或磁异常的波谱。下面仅以图 10－8 所示的截面为任意形状多边形的水平棱柱体予以说明。

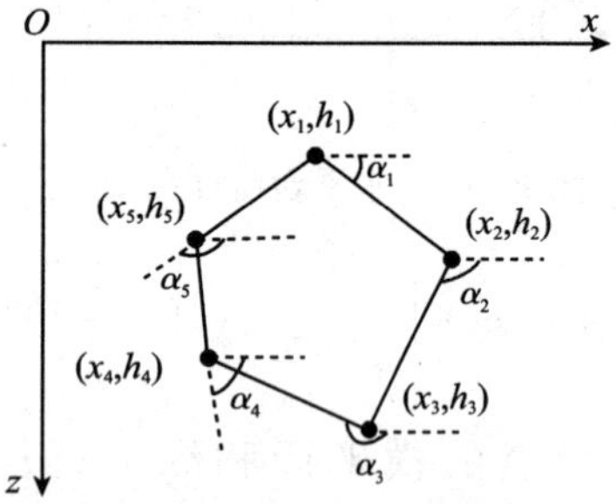

图 10－8　截面为任意形状多边形的水平棱柱体

如图 10－8 所示，(x_i, h_i)（$i=1, 2, \cdots, n$）为水平棱柱体截面角点的坐标，n 为交点个数，交点序号由小到大按顺时针方向排列；α_i 为在各斜边沿顺时针方向与角点所引出的水平线的夹角。由（10－50）式～（10－52）式，通过倾斜台阶的组合，可以得到水平棱柱体重力与磁异常的波谱表达式：

重力异常的波谱为

$$\begin{aligned}\widetilde{V}_z(u) &= \Delta\widetilde{g}(u)\\ &= \frac{2\pi G\rho}{u^2}\sum_{k=1}^{n}(\sin\alpha_{k+1}\mathrm{e}^{\mathrm{i}\alpha_{k+1}} - \sin\alpha_k\mathrm{e}^{\mathrm{i}\alpha_k})\mathrm{e}^{-u(h_k+\mathrm{i}x_k)}\end{aligned} \quad (10-53)$$

垂直磁异常的波谱为

$$\widetilde{Z}_{\mathrm{a}}(u) = \frac{\mu_0 M}{2u}(\mathrm{i}l + n)\sum_{k=1}^{n}(\sin\alpha_{k+1}\mathrm{e}^{\mathrm{i}\alpha_{k+1}} - \sin\alpha_k\mathrm{e}^{\mathrm{i}\alpha_k})\mathrm{e}^{-u(h_k+\mathrm{i}x_k)} \quad (10-54)$$

总强度磁异常的波谱为

$$\Delta\widetilde{T}(u) = \frac{\mu_0 M}{2u}(\mathrm{i}l' + n')(\mathrm{i}l + n)\sum_{k=1}^{n}(\sin\alpha_{k+1}\mathrm{e}^{\mathrm{i}\alpha_{k+1}} - \sin\alpha_k\mathrm{e}^{\mathrm{i}\alpha_k})\mathrm{e}^{-u(h_k+\mathrm{i}x_k)} \quad (10-55)$$

3. 三度规则物体重、磁异常的波谱

（1）球体

利用（1－48）式做积分计算，假定坐标原点在球体中心正上方，可得球体的引力位 $V(x, y)$ 为

$$V(x,y) = \frac{Gm}{(x^2 + y^2 + h^2)^{1/2}} \quad (10-56)$$

式中：$m=\rho V$ 为剩余质量，ρ 为剩余密度，V 为球体体积；h 为球心深度。利用已知的积分变换关系（Erdelyi，1954），可知 $1/(x^2+y^2+h^2)^{1/2}$ 的傅里叶变换结果为 $2\pi\mathrm{e}^{-h\sqrt{u^2+v^2}}/\sqrt{u^2+v^2}$（$u$，$v$ 分别为波数域沿 x，y 方向的波数），则对上式作傅氏变换有

$$\tilde{V}(u,v) = \int_{-\infty}^{\infty}\int_{-\infty}^{\infty} \frac{Gm}{(x^2+y^2+h^2)^{1/2}} \mathrm{e}^{-\mathrm{i}(ux+vy)} \mathrm{d}x\mathrm{d}y$$

$$= 2\pi Gm \frac{\mathrm{e}^{-h\sqrt{u^2+v^2}}}{\sqrt{u^2+v^2}} \qquad (10-57)$$

由（10－18）式有

$$\tilde{V}_z(u,v) = \Delta\tilde{g}(u,v) = \sqrt{u^2+v^2}\,\tilde{V}(u,v) = 2\pi Gm\mathrm{e}^{-h\sqrt{u^2+v^2}} \qquad (10-58)$$

由（10－24）式可以求得斜磁化球体的波谱：

$$\tilde{Z}_{\mathrm{a}}(u,v) = \frac{\mu_0}{2} m_v [\mathrm{i}(lu+mv) + n\sqrt{u^2+v^2}]\mathrm{e}^{-h\sqrt{u^2+v^2}} \qquad (10-59)$$

上式中 $m_v = MV$ 为球体的总磁矩，M 为球体的磁化强度，V 为球体的体积。

由（10－29）式及（10－59）式可计算得到

$$\Delta\tilde{T}(u,v) = \frac{\mu_0 m_v}{2s}[\mathrm{i}(ul'+vm') + n's][\mathrm{i}(ul+vm) + ns]\mathrm{e}^{-hs}$$

$$= \frac{\mu_0 m_v}{2s} J \mathrm{e}^{-hs} \qquad (10-60)$$

式中：

$$J = [\mathrm{i}(l'u+m'v) + n's][\mathrm{i}(lu+vm) + ns]\mathrm{e}^{-hs}$$
$$= -ll'u - mm'v + nn's - \alpha_{12}uv + \mathrm{i}s(\alpha_{13}u + \alpha_{23}v)$$

其中：$\alpha_{12} = lm' + ml$，$\alpha_{13} = ln' + nl'$，$\alpha_{23} = mn' + nm'$，$s = (u^2+v^2)^{1/2}$

（2）长方体（直角棱柱体）

设地下有一体积为 V_0，密度为 ρ 的直立直角棱柱体，如图 10－9 所示。根据（1－49）式知，其在地表某一点（x，y，0）上的重力异常为

$$V_z(x,y,0) = \Delta g(x,y,0)$$
$$= G\rho\int_{V_0} \frac{\zeta}{[(x-\xi)^2 + (y-\eta)^2 + \zeta^2]^{3/2}} \mathrm{d}V_0 \qquad (10-61)$$

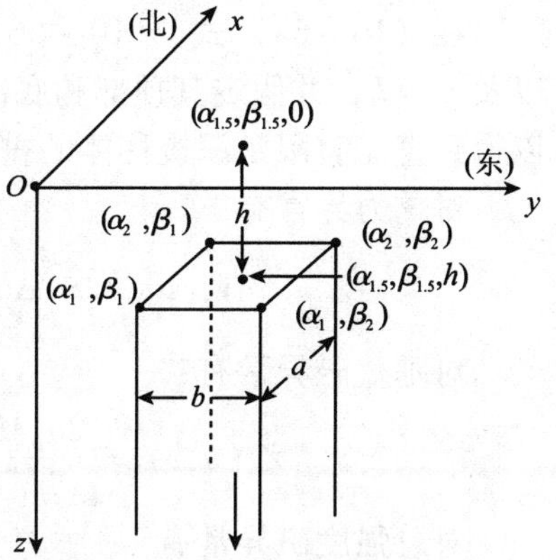

图 10－9　垂直无限延深棱柱体

式中：ξ，η，ζ 为棱柱体内体积元的坐标。

由傅里叶变换的定义（10－8）式，再利用已知的傅里叶变换关系式（Erdelyi，1954），可以得到

$$\int_{-\infty}^{\infty}\int_{-\infty}^{\infty} \frac{-h}{(x^2+y^2+h^2)^{3/2}} \mathrm{e}^{-\mathrm{i}(ux+vy)} \mathrm{d}x\mathrm{d}y = 2\pi\mathrm{e}^{hs} \qquad (10-62)$$

式中：$s^2 = u^2 + v^2$。

由（10－61）式可以得到

$$\tilde{V}_z(u,v) = \Delta\tilde{g}(u,v) = 2\pi G\rho\iiint_{V_0} \mathrm{e}^{-[s\zeta + \mathrm{i}(u\xi+v\eta)]}\mathrm{d}\xi\mathrm{d}\eta\mathrm{d}\zeta \qquad (10-63)$$

对于图 10－9 给定的棱柱体，（10－63）式的计算结果为

$$\Delta\tilde{g}(u,v) = \frac{-2\pi G\rho}{uvs}\mathrm{e}^{-sh}[\mathrm{e}^{-\mathrm{i}(ux_1+vy_1)} - \mathrm{e}^{-\mathrm{i}(ux_1+vy_2)} - \mathrm{e}^{-\mathrm{i}(ux_2+vy_1)} + \mathrm{e}^{-\mathrm{i}(ux_2+vy_2)}] \qquad (10-64)$$

再假定图 10－9 为一个具有磁化强度 M，其方向余弦分别为 l、m、n，体积为 V_0的均匀磁化直角棱柱体。考虑其在点（x，y，0）处引起的总磁异常，且假定总磁异常是在沿地磁场方向上测定的，地磁场的方向余弦为 l'、m'、n'。则根据（10－24）式与（10－29）式以及（10－30）式，可以得到垂直磁异常的 $Z_a(x, y, 0)$ 以及总磁异常 ΔT（x，y，0）的波谱的积分表达式。

对垂直磁异常有

$$\widetilde{Z}_a(u,v) = \frac{\mu_0 M}{2}[\mathrm{i}(lu + mv) + ns]\iiint_{V_0} \mathrm{e}^{-[s\zeta+\mathrm{i}(u\xi+v\eta)]}\mathrm{d}\xi\mathrm{d}\eta\mathrm{d}\zeta \qquad (10-65)$$

仿照（10－64）式其积分计算结果为

$$\widetilde{Z}_a(u,v) = \frac{-\mu_0 M}{2uvs}[\mathrm{i}(lu + mv) + ns]\mathrm{e}^{-sh}[\mathrm{e}^{-\mathrm{i}(ux_1+vy_1)} - \mathrm{e}^{-\mathrm{i}(ux_1+vy_2)} - \mathrm{e}^{-\mathrm{i}(ux_2+vy_1)} + \mathrm{e}^{-\mathrm{i}(ux_2+vy_2)}] \qquad (10-66)$$

对总强度磁异常有

$$\Delta\widetilde{T}(u,v) = \frac{\mu_0 MJ}{2s}\iiint_{V_0} \mathrm{e}^{-[s\zeta+\mathrm{i}(u\xi+v\eta)]}\mathrm{d}\xi\mathrm{d}\eta\mathrm{d}\zeta \qquad (10-67)$$

以及积分计算结果

$$\Delta\widetilde{T}(u,v) = -\frac{\mu_0 MJ}{2uvs^2}\mathrm{e}^{-sh}[\mathrm{e}^{-\mathrm{i}(ux_1+vy_1)} - \mathrm{e}^{-\mathrm{i}(ux_1+vy_2)} - \mathrm{e}^{-\mathrm{i}(ux_2+vy_1)} + \mathrm{e}^{-\mathrm{i}(ux_2+vy^2)}] \qquad (10-68)$$

式中 J 与（10－60）式的意义相同。

在（10－64）式、（10－66）式以及（10－68）式中，令 $x_1 = -b$，$x_2 = b$，$y_1 = -L$ 以及 $y_2 = L$，并假定其顶部和底部埋深分别为 h_1和 h_2，再将它们分别代入各式并相减，可以得到直立有限延深棱柱体的重力和磁异常的波谱表达式。

对重力异常有

$$\widetilde{V}_z(u,v) = \Delta\widetilde{g}(u,v) = \frac{8\pi G\rho\sin ub\sin vL}{uvs}(\mathrm{e}^{-h_1 s} - \mathrm{e}^{-h_2 s}) \qquad (10-69)$$

对垂直磁异常有

$$\widetilde{Z}_a(u,v) = \frac{2\mu_0 M\sin ub\sin vL}{uvs}[\mathrm{i}(lu + mv) + ns](\mathrm{e}^{-h_1 s} - \mathrm{e}^{-h_2 s}) \qquad (10-70)$$

对总强度磁异常有

$$\Delta\widetilde{T}(u,v) = \frac{2\mu_0 M\sin ub\sin vL}{uvs^2}J(\mathrm{e}^{-h_1 s} - \mathrm{e}^{-h_2 s}) \qquad (10-71)$$

式中 J 与（10－60）式的意义相同。

4. 重、磁异常波谱的基本特征

（1）重磁异常波谱的因子特征

总结以上波谱公式可以看出，所有规则形状物体的重、磁异常波谱都可以表示成为几个因子的乘积。

$$S(u,v) = CA(ub,uL)B(l,m,n,l',m',n',u,v)D(h,ux,vy)E(u,v) \qquad (10-72)$$

上式中：S（u，v）表示重、磁异常的波谱；C 为常数因子；A 为水平尺寸因子；B 为方向因子；D 为深度因子；E 为波数因子。

C 为与物性差异和物体形状有关的常数因子，其一般形式为

$$C = 2\pi W \tag{10-73}$$

W 的含义以物体形状而定。对于二度体，W 表示面磁化强度 M_S（磁异常）或面密度 m_ρ（重力异常）；对于三度体，W 表示体磁化强度 M（磁异常）或体密度 ρ（重力异常）。

A 为水平尺寸项，其一般形式为

$$A = \frac{\sin ub \sin vl}{uv} \tag{10-74}$$

对于水平圆柱体、球体、柱体等 $A=1$。

B 为方向因子，对于磁异常的一般形式为

$$B = [\mathrm{i}(l'u + m'v') + n'\sqrt{u^2 + v^2}][\mathrm{i}(lu + mv) + n\sqrt{u^2 + v^2}] \tag{10-75}$$

式中：l、m、n 为磁化强度 M 的方向余弦；l'、m'、n'为地磁场的方向余弦。对于重力异常，B 显然与 l、m、n 无关，即 $B=1$。

D 因子与物体上、下界面的深度及界面中心的位置有关。其一般形式为

$$D = \mathrm{e}^{-(h_1\sqrt{u^2+v^2}+\mathrm{i}ux_1+\mathrm{i}vy_1)} - \mathrm{e}^{-(h_2\sqrt{u^2+v^2}+\mathrm{i}ux_2+\mathrm{i}vy_2)} \tag{10-76}$$

E 因子为波数项：

$$E = s^k = (u^2 + v^2)^{k/2} \tag{10-77}$$

式中：k 与物体的形状有关，且对重力异常或磁异常也取不同的值。

倾斜阶梯的重力或磁异常的波谱，即（10－50）式与（10－51）式，以及由此导出的水平棱柱体的重力或磁异常的波谱属于例外情况，它们的 C 为 $2\pi G\rho\sin\alpha$ 或 $\mu_0 M\sin\alpha$，而波数因子为 $1/\mathrm{i}u$ 或 $1/\mathrm{i}v$。

由以上讨论可以看出，相位谱仅与方向因子 B 及深度因子 D 有关，而振幅谱则与所有因子有关。

（2）直立棱柱体重、磁异常振幅谱的图形特征

图 10－10 是不同边长的直立棱柱体的径向平均振幅谱（所谓径向平均振幅谱，是指对直立棱柱体波谱在极坐标表达式下沿径向 r 相同位置上的谱取平均值的结果）。图中给出的三种类型的振幅谱虽然显示出连续衰减状（a）、单峰状（b）与周期脉动状（c），但实质上它们仅仅是反映了边长的大小变化。由周期脉动形状振幅谱可知，每一个脉动周期之间的波数差为 π/b（或 π/L），当 b（或 L）逐渐减小时，脉动周期逐渐加大，振幅谱形状由脉动状转化为单峰状，直到单调递减状。

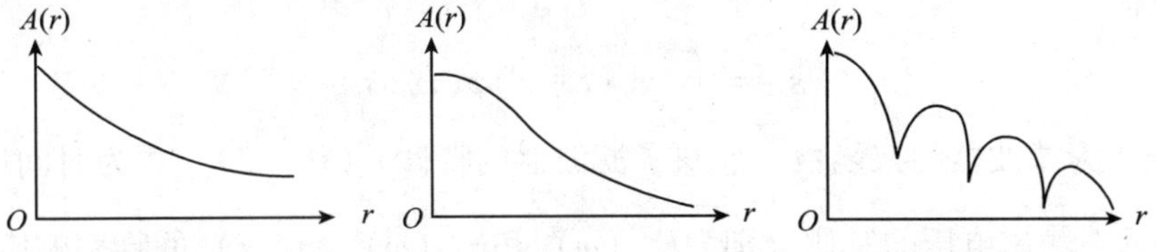

图 10－10　棱柱体的径向平均振幅谱

振幅谱的递减特性受两个因素影响。一个是在水平尺寸因子中有 $1/u$ 和 $1/v$，这两个值随着 u 和 v 的增大而减小，导致振幅谱的衰减；另一个重要因素是受深度因子 $\mathrm{e}^{-h\sqrt{u+v^2}}$

的影响。从这里可以看出，振幅谱的衰减特性既反映了场源的埋深，同时在分析时又必须考虑水平尺寸的影响。另外，总磁异常波谱中增加了一项$1/\sqrt{u^2+v^2}$，显然这一因子将加速振幅谱的衰减。

如果直立棱柱体的水平中心不对应于坐标原点，（10－69）式～（10－71）式中还会增加位移因子$D=e^{-i(x_0u+y_0v)}$项，x_0与y_0分别为棱柱体中心的x、y坐标。D因子只影响波数谱的相位特性而并不影响振幅。因此，我们可以利用谱的相位特征来确定场源的水平位置，即计算x_0和y_0的值。

（3）三度异常与二度异常波数谱的互相换算

对于一个三度体异常，当坐标轴与场源的走向一致时，如前面所述，$u=0$或$v=0$时的$\widetilde{S}(0,v)$或$\widetilde{S}(u,0)$与相应的二度异常波数谱公式形式相同，只是C因子中的W有所不同。这不难从相应的公式中得到证实，例如令（10－59）式中的$v=0$可得

$$\widetilde{Z}_a(u,v)=\frac{\mu_0}{2}M_v(iul+nu)e^{-hu}=\frac{\mu_0}{2}M_vue^{-hu}e^{i\frac{\pi}{2}}(l-in)$$

$$=\frac{\mu_0}{2}M_vue^{-hu}e^{i\left(\frac{\pi}{2}-is\right)} \tag{10－78}$$

与二度水平圆柱体的（10－44）式比较，只有M_v与M_τ的差别。因此，对于三度体异常的波数谱，可以选取沿x轴或沿y轴的波数谱曲线按照二度体的方法进行解释，这比在空间域中将三度异常化为二度异常来解释要简便得多。

第二节　重、磁异常的滤波技术

本节仅对重、磁异常的数字滤波的相关问题进行初步的讨论，以便对数字滤波的概念及在重、磁异常转换、处理应用中常常遇到的问题及解决问题可取的途径有一个概略的了解。

一、重、磁异常数字滤波概述

1. 重、磁异常的转换与电滤波的相似性

对无线电技术中的滤波来讲，线性滤波器的输入和输出是随时间t而变化的电压。若设滤波器的输入电压为$\varepsilon_a(t)$，输出电压为$\varepsilon_b(t)$，它们之间的关系可用一个褶积积分来表示，则有

$$\varepsilon_b=\int_{-\infty}^{\infty}\varepsilon_a(t-\tau)\varphi(\tau)d\tau \tag{10－79}$$

式中：$\varphi(\tau)$为滤波器的权函数，反映了滤波器的特性。（10－79）式为时间域电滤波方程。若设输入、输出电压的频谱分别为$\widetilde{E}_a(\omega)$和$\widetilde{E}_b(\omega)$，$\varphi(\tau)$的频率响应为$\widetilde{\varphi}(\omega)$，则在频率域内相应有

$$\widetilde{E}_b(\omega)=\widetilde{E}_a(\omega)\widetilde{\varphi}(\omega) \tag{10－80}$$

式中：ω为圆频率，$\omega=2\pi f$，该式为频率域的电滤波方程。

下面我们来考察重、磁异常的转换。由第九章（9－39）式可知，对二度体情况，观

测剖面上的磁异常和经过转换后的磁异常之间的关系为

$$f_b(x,h) = \int_{-\infty}^{\infty} f_a(x-\xi)\varphi(\xi)\mathrm{d}\xi \tag{10-81}$$

因磁异常为空间域自变量 x 的函数，变换到波数域后相应的有

$$\widetilde{S}_b(\omega) = \widetilde{S}_a(\omega)\widetilde{\varphi}(\omega) \tag{10-82}$$

式中：$\widetilde{S}_a(\omega)$，$\widetilde{S}_b(\omega)$ 为观测面上磁异常（或重力异常）换算后异常的波谱；$\widetilde{\varphi}(\omega)$ 为权函数 $\varphi(\tau)$ 的波数响应函数。

重、磁异常的换算在许多方面都和电滤波相似，换算前后的异常对应着输入、输出电压，函数 $\varphi(\xi)$ 对应着滤波器的权函数。所不同的是电压是时间 t 的函数，经傅里叶变换后通常称其为频率域的函数，频率域自变量 f、ω 被称做频率或圆频率；而重、磁异常则是空间坐标的函数，经傅里叶变换后称其为波数域的函数，波数域自变量 f、ω 被称作波数或圆波数。由于重、磁异常转换和电滤波的相似性，因此，人们常把重、磁异常的转换也称作重、磁异常的滤波，并把无线电技术中有关滤波的概念用于重、磁异常的转换，这对说明重、磁异常换算的实质及讨论有关重、磁异常转换的问题相当方便。

应当指出，电滤波所用的滤波器，是由线性元件电阻 R、电容 C、电感 L 等组成的无源四端网络，而重、磁异常的滤波是通过函数公式进行数值计算来实现的。所以又可称之为数字滤波，将权函数 $\varphi(\tau)$ 的波数响应 $\widetilde{\varphi}(\omega)$ 称之为滤波因子或滤波器。以后我们还会看到，重、磁异常的圆滑、复杂异常的分离等许多计算的换算因子都可以统称为滤波器。将重力或磁异常变换到波数域，与不同的滤波器相乘之后再变换到空间域，就可以方便地得到不同的计算结果。

2. 圆滑滤波

进行重、磁异常滤波的目的是为了压制干扰信号，突出有用信息。在实测重、磁异常中有测量误差和其他不属于勘探对象的局部重、磁场的干扰，它们的特点是范围窄、梯度大，从频率角度考虑为高频成分，当进行滤波运算时，必须对其进行压制。可见，在重、磁异常的转换及处理中，对换算前后的异常均应加以圆滑处理。对异常的圆滑方式有两种，一种是将出现在个别点上的干扰分配到更多的点上去，而并不从实测异常中消除干扰成分；另一种是用一个特殊的截断函数乘以异常的波谱，把高于某个波数或频率（截断频率）的成分剔除。

由于实测异常一般是由两部分叠加组成的，一部分是有用信号，记为 $s(x)$，其相应的波谱为 $\widetilde{S}(\omega)$；另一部分是无用信号，又常称作干扰信号，记为 $n(x)$，其相应的波谱记为 $\widetilde{N}(\omega)$。若设实测异常及其波谱成分分别为 $f_a(x)$ 和 $\widetilde{F}_a(\omega)$，则

$$\left.\begin{aligned} f_a(x) &= s(x) + n(x) \\ \widetilde{F}_a(\omega) &= \widetilde{S}(\omega) + \widetilde{N}(\omega) \end{aligned}\right\} \tag{10-83}$$

设理想的圆滑滤波的波数响应（或称滤波器）为 $\widetilde{D}_0(\omega)$，其形式为

$$\widetilde{D}_0(\omega) = \begin{cases} 1 & |\omega| \leqslant \omega_c \\ 0 & |\omega| > \omega_c \end{cases} \tag{10-84}$$

式中：ω_c 为截断频率，它和采样间隔的关系为 $\omega_c = 2\pi / N\Delta x$；根据对异常进行圆滑滤波的要求，通过对（10－83）式计算希望得到的结果是

$$\widetilde{F}_b(\omega) = \widetilde{F}_a(\omega)\widetilde{D}_0(\omega) = \widetilde{S}(\omega)\widetilde{D}_0(\omega) + \widetilde{N}(\omega)\widetilde{D}_0(\omega) = \widetilde{S}(\omega) \quad (10-85)$$

可见理想滤波是将有用信号从和干扰信号叠加的状态下区分出来。但是由于种种原因，这种理想滤波器是不存在的，并不能将干扰信号全部消除。

上面的低通滤波对高频有明显的压制，这是我们所希望的，与此同时，也会使有用信号受到不希望有的压制。为了减小在圆滑滤波中异常中、低频的损失，使有用信号的畸变尽可能的小，人们又提出了其他的一些圆滑方法。

方法之一是构造一个类似汉宁窗函数的圆滑因子（滤波器），在离散计算中，对三度异常的波谱的计算通常采用的形式为

$$\widetilde{D}\left(\frac{m}{L_x}, \frac{n}{L_y}\right) = \frac{1}{2}\left[1 + \cos\left(\pi\sqrt{\frac{\left(\frac{m}{L_x}\right)^2 + \left(\frac{n}{L_y}\right)^2}{\left(\frac{M}{2L_x}\right)^2 + \left(\frac{N}{2L_y}\right)^2}}\right)\right] \quad (10-86)$$

式中：$2M+1$、$2N+1$ 分别为沿 u、v 方向总的采样点数；m、n 分别为 u、v 方向取样点的序号；$L_x = (2M+1)\Delta x$；$L_y = (2N+1)\Delta y$；Δx、Δy 分别为空间域取样时沿 x、y 方向的取样间隔。这个滤波器的特点是当 $m = \pm M/2$、$n = \pm N/2$ 时，$\widetilde{D}_0\left(\frac{m}{L_x}, \frac{n}{L_y}\right) = 0$，当 $m = 0$、$n = 0$ 时，$\widetilde{D}_0\left(\frac{m}{L_x}, \frac{n}{L_y}\right) = 1$。也就是说，其对高频成分圆滑结果为零，对低频成分为 1。从而起到了抑制高频同时又对低频无影响的作用。

需要强调，（10－86）式与上一节介绍的汉宁窗（10－13）式不同的地方在于（10－13）式用在空间域进行计算，而（10－86）式则是用在波数域进行计算，是针对压制高频干扰而引进的。当然它同样会在空间域对有用信号有圆滑作用，只是相对而言其作用比（10－13）式有所改善，但仍然不能达到理想的效果。

另一种方法是补偿圆滑滤波。补偿圆滑滤波也是一种低通滤波。它的基本思想是：首先由原始异常值 $f_a(x, y)$ 减去经用 $\widetilde{D}_0(u, v)$ 进行圆滑滤波后的异常值 $f_{D_0}(x, y)$，得二者之差 $\Delta f(x, y)$。此时的 $\Delta f(x, y)$ 可以被认为由三部分组成，一是高频干扰成分，二是有用信号的高频成分，三是有用信号中的中、低频成分。然后，对 $\Delta f(x, y)$ 再使用 $\widetilde{D}_0(u, v)$ 进行圆滑滤波，得 $f_{D_0}(x, y)$，其主要成分为 $\Delta f(x, y)$ 中的第三种成分，可以看成是由圆滑滤波所造成的有用信号中的中、低频成分的损失部分。最后将 $f_{D_0}(x, y)$ 加到 $f_{D_0}(x, y)$ 中，便得到了经补偿圆滑滤波后的异常值 $f_c(x, y)$。

根据上述思路，我们容易推导出补偿圆滑滤波的波数响应函数为

$$\widetilde{D}_1(u,v) = [2 - \widetilde{D}_0(u,v)]\widetilde{D}_0(u,v) \quad (10-87)$$

式中：$\widetilde{D}_1(u, v)$ 为一次补偿圆滑因子；$\widetilde{D}_0(u, v)$ 为初始圆滑因子。若进行 n 次补偿圆滑滤波，则

$$\widetilde{D}_n(u,v) = [2 - \widetilde{D}_{n-1}(u,v)\widetilde{D}_{n-1}(u,v)] \quad (10-88)$$

初始圆滑因子一般可选用指数低通滤波器的波数响应函数，即

$$\widetilde{D}_0(u,v) = e^{-\lambda(u^2+v^2)^{1/P}} \tag{10-89}$$

式中：λ、P 均为根据滤波效果自行确定的常数。

3. 最小平方滤波——维纳滤波

维纳滤波或称匹配滤波，可用来划分区域异常和局部异常。一般说来，区域异常一般是由规模较大的深场源所引起，它的梯度小，其相应的波谱主要是低频（波数较小）成分，而局部异常的波谱则主要是高频（波数较大）成分。在区域异常分布范围足够大并且又具有一定强度的条件下，可以认为它们是彼此独立互不相干的，因此，可以设计一个低通（或高通）滤波器，对实测的叠加异常进行滤波分离，以便达到划分区域异常和局部异常的目的。

维纳滤波的基本思想是：设计一个滤波器，使其输出与希望输出之间的均方差最小，以此达到区分区域异常与局部异常的目的。

设 $T_a(x)$ 为输入，$T_b(x)$ 为输出，$T(x)$ 为希望输出，ε 为输出与希望输出之间的均方差，则

$$\varepsilon = \int_{-\infty}^{\infty}[T_b(x) - T(x)]^2 dx = \min \tag{10-90}$$

输入函数 $T_a(x)$ 是由有用信号和干扰信号叠加构成。应用这样一种滤波器的目的，通常是为了从叠加信号中提取区域场的信息而把局部场当作干扰滤除掉，或从叠加信号中提取局部异常而把区域异常的信息滤去。现假设有用信号为区域场，它由深部场源所引起，埋深为 H，而干扰信号为局部异常，系埋深为 h 的浅部场源所引起。由巴什瓦能量公式，(10－90) 式在波数域可改写为

$$\varepsilon = \int_{-\infty}^{\infty}[\widetilde{\Phi}_q(\omega)\widetilde{S}_a(\omega) - \widetilde{S}(\omega)]^2 d\omega = \min \tag{10-91}$$

式中：$\widetilde{S}_a(\omega)$、$\widetilde{S}(\omega)$ 分别为 $T_a(x)$、$T(x)$ 的波谱；$\widetilde{\Phi}_q(\omega)$ 为滤波器的频率响应。

首先计算提取区域异常的波数响应。为从叠加异常中提取区域异常，可假设浅源异常振幅谱为 $Be^{-\omega h}$，其中 h 为浅部场源的埋深而深部场源的波谱可令其满足关系

$$|\widetilde{S}(\omega)| \leqslant Ae^{-\omega H}$$

其中：H 为深部场源。则 (10－91) 式可表示为

$$\varepsilon = \int_{-\infty}^{\infty}\{\widetilde{\varphi}_q(\omega)[Ae^{-\omega H} + Be^{-\omega h}] - Ae^{-\omega H}\}^2 d\omega = \min \tag{10-92}$$

为了求出维纳滤波的波数响应函数 $\widetilde{\varphi}_q(\omega)$，可采用变分法对上式求解，即以 $[\widetilde{\varphi}(\omega) + \lambda\widetilde{G}(\omega)]$ 替代上式中的 $\widetilde{\varphi}_q(\omega)$，$\lambda$ 为任意数，$\widetilde{G}(\omega)$ 为具有和 $\widetilde{\varphi}(\omega)$ 同样特性且不为零的圆波数的函数，令 $\left.\dfrac{\partial\varepsilon}{\partial\lambda}\right|_{\lambda=0} = 0$，有

$$\left.\frac{\partial\varepsilon}{\partial\lambda}\right|_{\lambda=0} = \int_{-\infty}^{\infty}\{\widetilde{\varphi}_q(\omega)[Ae^{-\omega H} + Be^{-\omega h}] - Ae^{-\omega H}\}\widetilde{G}(\omega)[Ae^{-\omega H} + Be^{-\omega h}]d\omega = 0 \tag{10-93}$$

由于$\widetilde{G}(\omega)$的任意性，则

$$\widetilde{\varphi}_q(\omega)[Ae^{-\omega H}+Be^{-\omega h}]-Ae^{-\omega H}=0$$

故

$$\widetilde{\varphi}_q(\omega)=\frac{Ae^{-\omega H}}{Ae^{-\omega H}+Be^{-\omega h}}=\frac{1}{1+(B/A)e^{-\omega(h-H)}} \quad (10-94)$$

在本章第三节我们将会看到，利用实测异常的对数振幅谱（功率谱）很容易就能够求出H、h、A和B，进一步可得出维纳滤波的频率响应函数$\widetilde{\varphi}_q(\omega)$，显然$\widetilde{\varphi}_q(\omega)$是一种低通滤波因子。

同样地，可以导出提取局部异常时的维纳滤波的频率响应函数为

$$\widetilde{\varphi}_j(\omega)=\frac{Be^{-\omega h}}{Ae^{-\omega H}+Be^{-\omega h}}=\frac{1}{1+\frac{A}{B}e^{-\omega(H-h)}}=1-\widetilde{\varphi}_q(\omega) \quad (10-95)$$

二、波数域重、磁异常处理与转换

在波数域我们把重、磁异常的处理与转换也看做是滤波，是因为这里所有的计算都可以归结为原始异常的波谱与响应函数乘积运算的结果。

由（9－15）式、（9－14）式及其讨论已知，空间域重、磁异常的处理、转换的基本公式可以写成如下的褶积形式：

$$f_b(x,z)=\int_{-\infty}^{\infty}f_a(x-\xi,0)\varphi(x,z)d\xi \quad (10-96)$$

或

$$f_b(x,y,z)=\int_{-\infty}^{\infty}\int_{-\infty}^{\infty}f_a(x-\xi,y-\eta,0)\varphi(x,y,z)d\xi d\eta \quad (10-97)$$

式中：f_a、f_b分别表示原始异常和处理转换后的异常；φ为权函数。

重力异常与磁异常各自分别有多种不同的转换形式，但不同的处理、转换之间只是权函数不同而已。

对（10－96）式、（10－97）式分别作它们的傅里叶变换得到

$$\widetilde{F}_b(u,z)=\widetilde{F}_a(u,0)\,\widetilde{\varphi}(u,z) \quad (10-98)$$

$$\widetilde{F}_b(u,v,z)=\widetilde{F}_a(u,v,0)\,\widetilde{\varphi}(u,v,z) \quad (10-99)$$

式中：$\widetilde{F}_a$、$\widetilde{F}_b$分别为原始异常和处理转换后异常的波谱；$\widetilde{\varphi}(u,v,z)$为权函数$\varphi$的波谱。显然，$\widetilde{\varphi}(u,z)$与（10－82）式中的波数响应函数相对应。这里也通常称其为波数域的转换因子。为实现波数域的处理与转换，必须已知或设计出这种因子。

1. 延拓因子

对于重、磁异常的向上延拓计算，由狄里希莱问题解的积分表达式（9－14）式和（9－15）可知，对于三度体问题，延拓积分表达式为

$$f(x,y,z)=-\frac{z}{2\pi}\int_{-\infty}^{\infty}\int_{-\infty}^{\infty}\frac{f(\xi,\eta,0)}{[(x-\xi)^2+(y-\eta)^2+z^2]^{3/2}}d\xi d\eta \quad (10-100)$$

由褶积积分公式可知，上式为$f(x,y,z)$与$\frac{1}{2\pi}\frac{-z}{[(x-\xi)^2+(y-\eta)^2+z^2]^{3/2}}$关于变量$x$、$y$的二维褶积。已知空间域的褶积与波数域的乘积相对应，对（10－100）求傅里叶变换，并令$f(x,y,z)$的傅里叶变换为$\widetilde{F}(u,v,z)$，$f(x,y,0)$的傅里叶变换为$\widetilde{F}(u,v,0)$，参照（10－66）式有

$$\frac{1}{2\pi}\frac{-z}{[(x-\xi)^2+(y-\eta)^2+z^2]^{3/2}}\overset{FT}{\longleftrightarrow}e^{z\sqrt{u^2+v^2}} \tag{10-101}$$

最后可以得到

$$\widetilde{F}(u,v,z)=F(u,v,0)e^{z\sqrt{u^2+v^2}} \tag{10-102}$$

上式对于$z\leqslant0$成立。对上式求逆傅里叶变换有

$$f(x,y,z)=\int_{-\infty}^{\infty}\int_{-\infty}^{\infty}\widetilde{F}(u,v,0)e^{z\sqrt{u^2+v^2}}e^{i(ux+vy)}dudv \tag{10-103}$$

因此有

$$\widetilde{\varphi}_z=e^{z\sqrt{u^2+v^2}} \tag{10-104}$$

称为向上延拓因子。

上式表明，由$z=0$平面上的磁异常或重力异常值，求出它的傅里叶变换$\widetilde{F}(u,v,0)$并乘以延拓因子，然后经过逆傅里叶变换，即可求出上半空间某一高度上的磁异常或重力异常。

还可以证明，（10－102）式与（10－103）式可以推广到$0<z<H$的情形（H为场源埋深），即在$z=0$平面上重力或磁异常已知的情况下，将$\widetilde{F}(u,v,0)$乘以延拓因子（10－104）式，并注意此时$0<z<H$，然后对乘积结果求逆傅里叶变换，即可得到$0<z<H$空间上的向下延拓计算结果。在这种情况下，也可以称（10－104）式为向下延拓因子。

令（10－102）式～（10－104）式中$u=0$或$v=0$，则它们均适用于二度体重力或磁异常的延拓计算。

2. 异常导数因子

应用微分定理对（10－103）式积分号下求微分（对x或y或z）的计算，即可求出重力或磁异常导数的波谱表达式：

$$\left\{\begin{matrix}\frac{\partial^n}{\partial x^n}\\ \frac{\partial^n}{\partial y^n}\\ \frac{\partial^n}{\partial z^n}\end{matrix}\right. f(x,y,z)=\int_{-\infty}^{\infty}\int_{-\infty}^{\infty}\widetilde{F}(u,v,0)\begin{bmatrix}(iu)^n\\(iv)^n\\(\sqrt{u^2+v^2})^n\end{bmatrix}e^{z\sqrt{u^2+v^2}}e^{i(ux+vy)}dudy \tag{10-105}$$

式中：$n=1,2,\cdots$代表对异常$f(x,y,z)$求n阶导数，对导数因子单独写出有

$$\widetilde{\varphi}_d = \begin{cases} (\mathrm{i}u)^n \\ (\mathrm{i}v)^n \\ (\sqrt{u^2+v^2})^n \end{cases} \tag{10-106}$$

式中：$(\mathrm{i}u)^n$、$(\mathrm{i}v)^n$、$(\sqrt{u^2+v^2})^2$ 分别为沿 x、y、z 不同方向求 n 阶导数的因子。

我们知道，对异常 f（x，y，z）沿任意水平方向 l 的导数为 $\left|\frac{\partial f}{\partial l}\right| = \frac{\partial f}{\partial x}\cos\alpha + \frac{\partial f}{\partial y}\sin\alpha$（其中，$\alpha$ 为 l 与 x 轴的夹角）。依傅里叶变换的微分性质可得异常沿任意方向的导数因子：

$$\widetilde{\varphi} = \mathrm{i}(u\cos\alpha + v\sin\alpha) \tag{10-107}$$

异常的水平导数可突出某一方向上的异常（或构造线）特征，如 $\alpha = 45°$时，能够突出 135°方向上的构造线。

图 10－11 给出了二度异常的几种处理、转换计算的波数响应曲线。由图可知，向上延拓可压制高波数成分（即突出低波数成分），属于低通滤波；向下延拓可放大高波数成分（即突出高波数成分），属于高通滤波，但对低波数成分无压制作用。

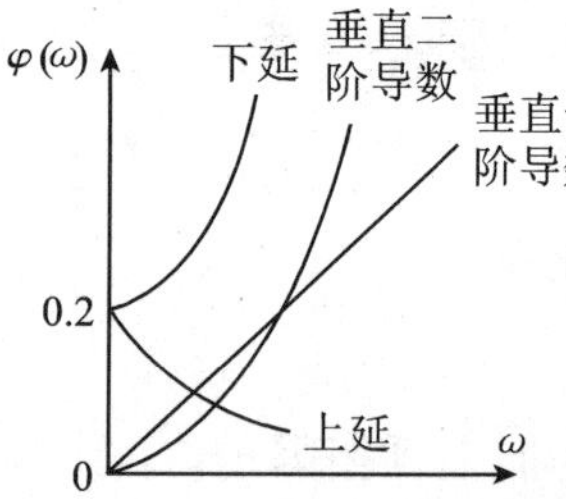

图 10－11　二度异常几种处理、转换计算的波数响应曲线

3. 分量转换、化极及求磁源重力异常的因子

本章第一节中关于重、磁异常波谱基本关系式讨论的内容，已经就磁异常的分量转换、化极以及重、磁异常之间的转换问题做了详细的介绍。这里仅将它们做以归纳，可以看出，波数域中重、磁异常的诸多计算都可以统一为异常波谱与不同因子相乘的简洁形式。

（1）磁异常分量转换因子

根据（10－26）、（10－27）式可知由 $\widetilde{Z}_\mathrm{a}$（u，v）计算 $\widetilde{H}_{\mathrm{a}x}$（$u$，$v$）、$\widetilde{H}_{\mathrm{a}y}$（$u$，$v$）的转换因子 $\widetilde{\varphi}_{Z_\mathrm{a}\to H_{\mathrm{a}x}}$（$u$，$v$）与 $\widetilde{\varphi}_{Z_\mathrm{a}\to H_{\mathrm{a}y}}$（$u$，$v$）：

$$\left.\begin{aligned} \widetilde{\varphi}_{Z_\mathrm{a}\to H_{\mathrm{a}x}}(u,v) &= \frac{\mathrm{i}u}{s} \\ \widetilde{\varphi}_{Z_\mathrm{a}\to H_{\mathrm{a}y}}(u,v) &= \frac{\mathrm{i}v}{s} \end{aligned}\right\} \tag{10-108}$$

根据（10－26）式、（10－27）式并结合（10－29）式，可分别得到由 $\Delta\widetilde{T}$（u，v）计算 $\widetilde{H}_{\mathrm{a}x}(u, v)$、$\widetilde{H}_{\mathrm{a}y}(u, v)$ 以及 $\widetilde{Z}_\mathrm{a}$（u，v）的转换因子 $\widetilde{\varphi}_{\Delta T\to H_{\mathrm{a}x}}$（$u$，$v$）、$\widetilde{\varphi}_{\Delta T\to H_{\mathrm{a}y}}$（$u$，$v$）与 $\widetilde{\varphi}_{\Delta T\to Z_\mathrm{a}}$（$u$，$v$）：

$$\left.\begin{aligned} \widetilde{\varphi}_{\Delta T\to H_{\mathrm{a}x}}(u,v) &= \frac{\mathrm{i}u}{\mathrm{i}(l'u + m'v) + n's} \\ \widetilde{\varphi}_{\Delta T\to H_{\mathrm{a}y}}(u,v) &= \frac{\mathrm{i}v}{\mathrm{i}(l'u + m'v) + n's} \\ \widetilde{\varphi}_{\Delta T\to Z_\mathrm{a}}(u,v) &= \frac{s}{\mathrm{i}(l'u + m'v) + n's} \end{aligned}\right\} \tag{10-109}$$

（2）化极转换因子

根据（10－29）式及（10－32）式可得到由 $\Delta\tilde{T}(u, v)$ 计算 $\tilde{Z}_{a\perp}(u, v)$ 的转换因子 $\tilde{\varphi}_{\Delta T\to Z_{a\perp}}(u, v)$ 与由 $\tilde{Z}_a(u, v)$ 计算 $\tilde{Z}_{a\perp}(u, v)$ 的转换因子 $\tilde{\varphi}_{Z_a\to Z_{a\perp}}(u, v)$：

$$\tilde{\varphi}_{\Delta T\to Z_{a\perp}}(u,v) = \frac{s^2}{[\mathrm{i}(lu+mv)+ns][\mathrm{i}(l'u+m'v)+n's]} \tag{10-110}$$

$$\tilde{\varphi}_{Z_a\to Z_{a\perp}}(u,v) = \frac{s}{\mathrm{i}(lu+mv)+ns}$$

（3）磁源重力异常转换因子

通常，将由磁异常转换计算出来的重力异常称为磁源重力异常。其转换因子 $\tilde{\varphi}_{Z_a\to\Delta g}(u,v)$ 为由 $\tilde{Z}_a(u, v)$ 计算得到 $\tilde{V}_z(u, v)$ 的因子 [$\tilde{V}_z(u, v)$ 即 $\Delta\tilde{g}(u, v)$]；$\tilde{\varphi}_{\Delta T\to\Delta g}(u, v)$ 为由 $\Delta\tilde{T}(u, v)$ 计算得到 $\tilde{V}_z(u, v)$ 的因子。利用（10－24）式与（10－29）式经过简单计算便可得到

$$\left.\begin{aligned}\tilde{\varphi}_{Z_a\to\Delta g}(u,v) &= \frac{4\pi G\rho}{\mu_0 M}\frac{1}{\mathrm{i}(lu+mv)+ns}\\ \tilde{\varphi}_{\Delta T\to\Delta g}(u,v) &= \frac{4\pi G\rho}{\mu_0 M}\frac{s}{[\mathrm{i}(lu+mv)+ns][\mathrm{i}(l'u+m'v)+n's]}\end{aligned}\right\} \tag{10-111}$$

第三节　波数域重、磁异常反演

本节将根据不同形状场源的波谱特点，采用不同的计算方法给出定量的反演计算结果。近些年来，重、磁异常波数域反演在不断发展，许多新的计算方法相继出现。本节所介绍的方法可作为这方面学习的基础，为读者在这方面的深入研究提供帮助。

一、径向对数功率谱及磁性体埋深的计算

1. 径向对数功率谱及简单几何形体埋深的计算

根据本章第一节中给出的规则形体重、磁异常波谱的计算结果可以看到，对于各种形状的场源，其深度因子基本上可以简单地划分为两种情况。

1）下界面无限延深：

$$\tilde{H}(u,v) = \mathrm{e}^{-hs} \tag{10-112}$$

式中：h 为场源中心埋深。

2）下界面有限延深：

$$\tilde{H}(u,v) = \mathrm{e}^{-h_1 s} - \mathrm{e}^{-h_2 s} \tag{10-113}$$

式中：h_1 为上界面埋深；h_2 为下界面埋深。

考虑最简单情况下的球体的重力异常或顺层磁化向下无限延深柱体的垂直磁异常的波谱，则有

$$\tilde{S}(u,v) = A\mathrm{e}^{-hs} \tag{10-114}$$

式中：A 为与球体体积、剩余密度等参量有关的常数。

将其转换成极坐标，并取功率谱的表达式，$r^2=u^2+v^2$，有

$$\widetilde{E}(r)=|\widetilde{S}(u,v)|^2=A^2e^{-2hr} \tag{10-115}$$

式中：r 为极坐标径向变量，数值与 s 相同。再对两边取对数，有

$$\ln\widetilde{E}(r)=2\ln A-2hr \tag{10-116}$$

$\ln\widetilde{E}(r)$ 被称为（10－114）式的对数径向功率谱。由此可见径向对数功率谱与径向频率成线性关系，其直线斜率为 $-2h$，因此，从径向对数功率谱可以得到一条拟合直线，如图 10－12 所示，根据这条直线的斜率可以求出场源的埋深为

$$h=\frac{\ln\widetilde{E}(r_1)-\ln\widetilde{E}(r_2)}{2(r_1-r_2)} \tag{10-117}$$

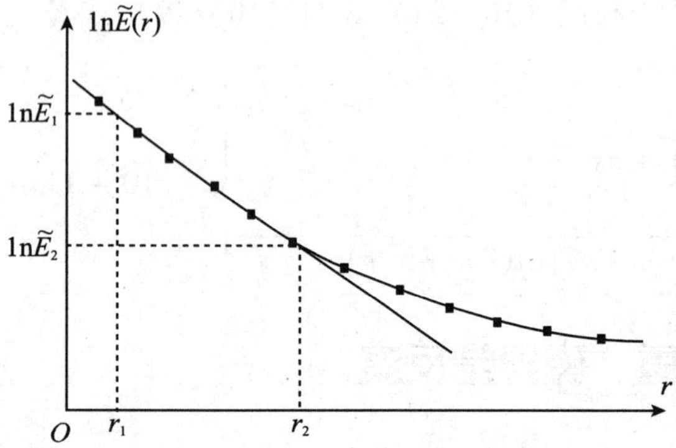

图 10－12　径向对数功率谱

式中：r 为径向圆频率或圆波数。r 以 $\frac{1}{(2N+1)\Delta}$（Δ 为空间域点距或线距，$2N+1$为空间域取样点数）为单位，计算所得的 h 以 Δ 为单位。

令（10－116）式中的 $r=0$，可根据图 10－12 求出 $\ln\widetilde{E}(r)$，再利用（10－117）式计算出的 h，可以计算得到常数 A。

考虑区域场与局部场叠加的情况，则（10－114）式变成

$$\widetilde{S}(u,v)=Ae^{-hs}+Be^{-Hs} \tag{10-118}$$

若 $h\ll H$，则在图 10－12 中仿照在低频段的做法，在高频段可以画出另一条拟合直线，利用上面类似的做法可以计算出 H 和 B。

在（10－117）式的实际应用中，对不同形体的重力异常或磁异常应根据异常波谱特征进行适当的处理，使其满足（10－114）式或（10－118）式的形式。

2. 场源下界面对埋深计算的影响

由（10－113）式知，当下界面埋深有限时其功率谱表达式为

$$\widetilde{E}(r)=|A(e^{-h_1r}-e^{-h_2r})|^2=A^2e^{-2h_1r}(l-e^{-(h_2-h_1)r})^2 \tag{10-119}$$

式中：$l=h_2-h_1$。

$$\ln\widetilde{E}(r)=\ln A^2-2h_1r+2\ln(l-e^{-(h_2-h_1)r}) \tag{10-120}$$

将（10－120）式与（10－116）式做比较可以看到，当场源下界面为有限延深时，影响径向对数功率谱斜率的部分为 $2\ln(l-e^{-(h_2-h_1)r})$，其中 l 起着主要作用。图 10－13 显示了 $\ln\widetilde{E}(r)$ 曲线特征随着上界面 h_1 和 l/h_1 比值不同时的变化。图中（a）显示固定 h_1，令 l/h_1变化情况；（b）为固定 l/h_1，令 h_1变化情况。由图可知，在（a）、（b）两种情况下，其低频段都呈非线性变化，而在高频段却都趋近于一条直线。随着 h_1 或 h_2（l/h_1）

的增大，这些曲线在高频段的斜率愈来愈接近于 $-2h_1$，即可以在（10-120）式中忽略右端的第三项。所以，当 $h_1>0.5$，$l/h_1\geqslant 1$ 时，在 $\ln\widetilde{E}(r)$ 的高频段的拟合直线基本上可以用来计算场源的上界面埋深。

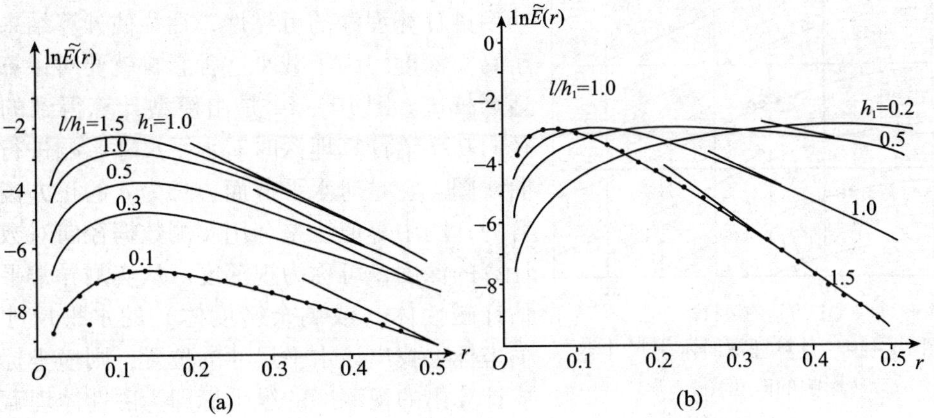

图 10-13　场源上、下界面变化对对数径向功率谱的影响

当场源下界面无限靠近上界面时，此时相当于磁偶极子情况，其波谱表达式如球体的（10-60）式所示。若令其为垂直磁化，则其对数功率谱为

$$\ln\widetilde{E}(r) = \ln A^2 - 2h_0 r + \ln r^2 \tag{10-121}$$

式中：h_0 为球体中心埋深；A 为与球体体积及磁化强度等参数有关的常数。这时 $\ln\widetilde{E}(r)$ 与 r 的关系也是非线性的。

若令

$$\frac{\partial \ln\widetilde{E}(r)}{\partial r} = 0$$

得

$$r = \frac{1}{h_0} \tag{10-122}$$

这表明，该对数功率谱曲线在频率为 $r=1/h_0$ 处出现极大值，即功率谱成分在这个部位最集中。由（10-122）式就可以计算出场源的中心埋深。

3. 场源水平尺寸变化对计算埋深的影响

当场源有一定的水平宽度时，在其异常波谱表达式中将增加一项水平尺寸因子 A，即第一节（10-118）式所给出的情况，为了不造成混淆，将（10-118）式中的 A 改写为 A'，则有

$$A' = \frac{\sin ub \sin vl}{uv}$$

写成极坐标的形式为

$$A' = \frac{\sin(br\cos\theta)\sin(lr\sin\theta)}{r^2\sin\theta\cos\theta}$$

$$A'^2 = \frac{\sin^2(br\cos\theta)^2\sin^2(lr\sin\theta)}{r^4\sin^2\theta\cos^2\theta} \tag{10-123}$$

这时在对场源径向功率谱取对数以后其结果会多出 $\ln A'^2$ 项：

$$\ln E(r) = \ln A^2 - 2hr + \ln A'^2$$

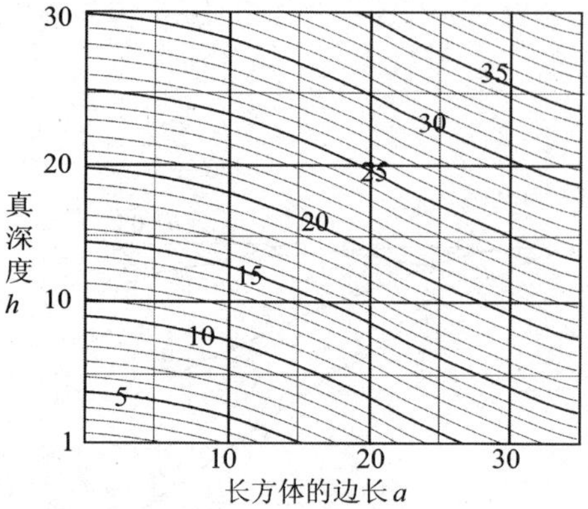

图 10－14　计算埋深时水平尺寸影响的改正图

由于 A'^2 与 r 的四次方成反比，因此，它对对数功率谱随 r 衰减有很大影响，从而影响了用对数功率谱计算埋深的可靠性，往往使计算结果远远大于真实深度。为了减小这种影响就要对计算结果作适当校正。图 10－14 是由模型计算得到的用对数径向功率谱计算埋深时对水平尺寸影响进行校正的曲线图。它是对水平截面边长为 a 的正方棱柱体而言的，图中等值线是利用实测数据径向对数功率谱计算的深度，可称为视深度。从实测异常平面图上估计磁性体（或剩余密度体）的水平尺寸，再在横坐标上找出该水平尺寸的位置，则横坐标上方对应计算出的视深度的纵坐标即为磁性体埋藏的真实深度。当实际场源的水平界面不是正方形而是边长分别为 b 和 L 的长方形时，其影响等价于边长为 $d=(b+L)/2$ 的正方棱柱体，故用上图仍然可以进行校正。

另外还有一种校正方法，即对场源的径向功率谱沿径向取平均值，相当于对（10－123）式中的 θ 求平均，因此，有

$$A'^2(r) = \frac{1}{2\pi}\int_0^{2\pi} \frac{\sin^2(br\cos\theta)\sin^2(lr\sin\theta)}{r^4\sin^2\theta\cos^2\theta}\mathrm{d}\theta \qquad (10-124)$$

再对上式的结果取对数，就得到径向平均对数功率谱。利用径向平均对数功率谱仿照图 10－12 作图，再利用（10－117）式做计算，也能够达到减小水平尺寸因子造成的误差的作用。

二、界面重、磁异常的迭代反演

具有一定密度差异或磁性差异的地质分界面无论在岩土工程勘探、找矿勘探还是地质基础科学研究许多方面都是经常遇到的地质现象。确定界面的起伏变化是地球物理反演计算的一项重要内容。利用实测的重、磁异常进行界面反演计算已有多种不同的方法，这里仅依据帕克（Parker，1972）和奥登伯格（Oldenburg，1974）等人提出的波数域界面重、磁异常的正、反演计算作以介绍。

1. 界面重、磁异常的正演计算

界面重、磁异常的计算属于复杂条件下的重、磁异常的计算。同时，它也是界面反演计算的基础。

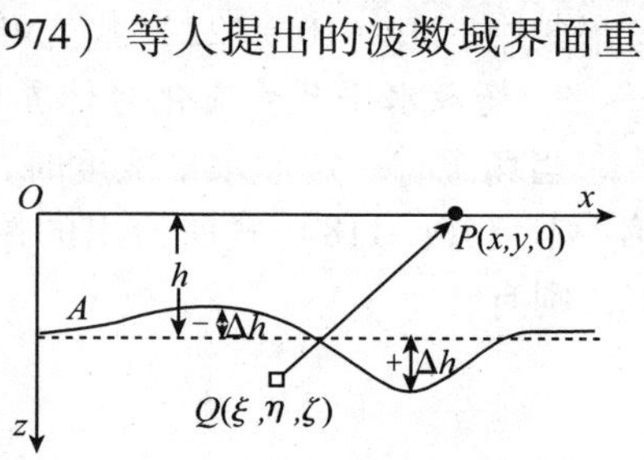

图 10－15　单一物质界面

设地下有一物质界面 A，其形状如图 10－15 所示。假定其上部物质的剩余密度 ρ 或磁化强度 M 为零，下部的剩余密度 ρ 或磁化强度 M 不为零，还假定 M 的方向垂直向下（也可以假定为斜磁化，但这样计算要稍微复杂一些）。A 面下某点 Q（ξ，η，ζ）处体积元 $\mathrm{d}V$ 对地表观测点 P（x，y，0）所产生的引力场及垂直磁化情况下的垂直磁异常分量分别为 $\mathrm{d}\Delta g$ 及 $\mathrm{d}\Delta Z_a^{\perp}$。设直角坐标系 z 轴垂直向下，（参考(1－35)式、(5－29）式及

(5-36)式）有

$$\left.\begin{aligned} d\Delta g &= GK\rho dV \\ d\Delta Z_a^{\perp} &= \frac{\mu_0}{4\pi} MT dV \end{aligned}\right\} \tag{10-125}$$

上式中 G 为引力常数，K、T 分别为

$$\left.\begin{aligned} K &= \frac{\zeta}{[(x-\xi)^2+(y-\eta)^2+\zeta^2]^{3/2}} \\ T &= -\frac{\partial K}{\partial \zeta} \end{aligned}\right\} \tag{10-126}$$

设 A 面的平均深度为 h，将函数 K 在 $\zeta=h$ 处用泰勒级数展开，有

$$K(x-\xi,y-\eta,\zeta) = \sum_{n=0}^{\infty} \frac{K^{(n)}(x-\xi,y-\eta,h)}{n!}(\zeta-h)^n \tag{10-127}$$

式中：$K^{(n)}$（$x-\xi$，$y-\eta$，h）是在 $\zeta=h$ 处 K 对 ζ 的 n 阶导数，利用上式将 K 对 ζ 从 $(h+\Delta h)$ 到 h 积分，其中 Δh 是 A 面相对于 h 的距离，在 $\zeta=h$ 以上的 Δh 为负，其下者为正，且 Δh 是（ξ，η）的函数，有

$$\begin{aligned} \int_{h+\Delta h}^{h} K(x-\xi,y-\eta,\zeta)d\zeta &= \sum_{n=0}^{\infty}\int_{h+\Delta h}^{h}\frac{K^{(n)}(x-\xi,y-\eta,h)}{n!}(\zeta-h)^n d\zeta \\ &= \sum_{n=0}^{\infty}\frac{K^{(n)}(x-\xi,y-\eta,h)}{(n+1)!}(\zeta-h)^{n+1}\bigg|_{h+\Delta h}^{h} \\ &= -\sum_{n=1}^{\infty}\frac{K^{(n-1)}(x-\xi,y-\eta,h)}{n!}\Delta h^n(\xi,\eta) \end{aligned} \tag{10-128}$$

对磁异常，由（10-126）式、（10-127）式，并参照（10-128）式，可以得到

$$\int_{h+\Delta h}^{h} T(x-\xi,y-\eta,\zeta)d\zeta = -\sum_{n=1}^{\infty}\frac{K^{(n)}(x-\xi,y-\eta,h)}{n!}\Delta h^n(\xi,\eta) \tag{10-129}$$

设 ρ 或 M 在 A 以下只是（ξ，η）的函数，则 A 以下全部剩余物质对 P 点产生的重力异常 Δg 或磁异常 $Z_a^{\perp}$ 分别为

$$\begin{aligned} \Delta g(x,y,0) &= \int_{-\infty}^{\infty}\int_{-\infty}^{\infty} G\rho(\xi,\eta)d\xi d\eta \int_{h+\Delta h}^{h}\int_{h}^{\infty} K(x-\xi,y-\eta,h)d\zeta \\ &= -G\int_{-\infty}^{\infty}\int_{-\infty}^{\infty}\sum_{n=1}^{\infty}\frac{K^{(n-1)}(x-\xi,y-\eta,h)}{n!}\Delta h^n(\xi,\eta)\rho(\xi,\eta)d\xi d\eta \end{aligned} \tag{10-130}$$

以及

$$\begin{aligned} \Delta Z_a^{\perp}(x,y,0) &= \frac{\mu_0}{4\pi}\iint M(\xi,\eta)d\xi d\eta \int_{h+\Delta h}^{h} T(x-\xi,y-\eta,\zeta)d\zeta \\ &= \frac{\mu_0}{4\pi}\int_{-\infty}^{\infty}\int_{-\infty}^{\infty}\sum_{n=1}^{\infty}\frac{K^{(n)}(x-\xi,y-\eta,h)}{n!}\Delta h^n(\xi,\eta)M(\xi,\eta)d\xi d\eta \end{aligned} \tag{10-131}$$

由（10-130）式、（10-131）式可知，Δg 成为函数 K 及其在 $\zeta=h$ 处的各阶垂向导数和一次垂向积分等函数与 Δh^n（ξ，η）ρ（ξ，η）（$n=1$，2，…，∞）在 $\xi-\eta$ 平面内的相应的褶积式之和；$\Delta Z_a^{\perp}$ 成为函数 K 及其在 $\zeta=h$ 处的各阶垂向导数等函数与 Δh^n（ξ，η）M（ξ，η）（$n=1$，2，…，∞）在 $\xi-\eta$ 平面内的相应的褶积式之和。按照

傅里叶变换的理论和褶积定理，可以容易地导出 Δg 及 $\Delta Z_a^\perp$ 的波谱 $\Delta\tilde{g}$ 及 $\Delta\tilde{Z}_a^\perp$。为此，参照（10－126）式先求出函数 K 的傅里叶变换式：

$$K(x,y,\zeta)\leftrightarrow\tilde{K}(u,v)=2\pi\mathrm{e}^{-hs} \tag{10－132}$$

式中各变量的意义与以前相同。对上式两端求 n 阶垂向导数，并根据傅里叶变换理论（对上式求垂向导数，即相当于对 h 求导）有

$$K^{(n)}(x,y,\zeta)\leftrightarrow\tilde{K}^{(n)}(u,v)=(-s)^n 2\pi\mathrm{e}^{-hs} \tag{10－133}$$

利用以上各式，令 ρ（ξ，η）和 M（ξ，η）为常数，可求得 $\Delta\tilde{g}$及 $\Delta\tilde{Z}_a^\perp$ 的表达式为

$$\Delta\tilde{g}(u,v)=-2\pi G\mathrm{e}^{-hs}\sum_{n=1}^{\infty}(\rho\Delta\tilde{h}^n)\frac{(-s)^{n-1}}{n!} \tag{10－134}$$

$$\Delta\tilde{Z}_a^\perp(u,v)=\frac{\mu_0}{2}\mathrm{e}^{-hs}\sum_{n=1}^{\infty}(M\Delta\tilde{h}^n)\frac{(-s)^n}{n!} \tag{10－135}$$

根据（10－29）式，（10－32）式及（10－135）式，对总磁异常 ΔT 的谱有

$$\Delta\tilde{T}(u,v)=\frac{\mu_0}{2}\frac{q_1q_2}{s^2}\mathrm{e}^{-hs}\sum_{n=1}^{\infty}(M\Delta\tilde{h}^n)\frac{(-s)^n}{n!} \tag{10－136}$$

式中：$q_1=\mathrm{i}(lu+mv)+ns$；$q_2=\mathrm{i}(l'u+m'v)+n's$；$s=\sqrt{u^2+v^2}$。

（10－134）式～（10－136）式即为波数域中物质界面的重、磁异常正演公式。其中 $\rho\Delta\tilde{h}^n$ 及 $M\Delta\tilde{h}^n$ 为界面 A 以下物性参数 ρ（ξ，η）及 M（ξ，η）与 Δh^n（ξ，η）函数（Δh^n（ξ，η）为界面 A 以下或以上点（ξ，η）处的 Δh 值的 n 次幂）乘积的傅里叶变换。

如果 A 界面下还有另一界面 A'存在，界面 $A\sim A'$之间的物质与界面外面的物质存在密度差，而 A'下的 ρ、M 为零，如图 10－16 所示，则 A 为物质 ρ、M 的顶界面，A'为底界面。设 A'的平均深度为 H，底界面相对于 H 的起伏为 ΔH，则由（10－134）式及（10－135）式可以写出表示 A 及 A' 界面共同产生的 $\Delta\tilde{g}$及 $\Delta\tilde{Z}_a^\perp$ 的表达式：

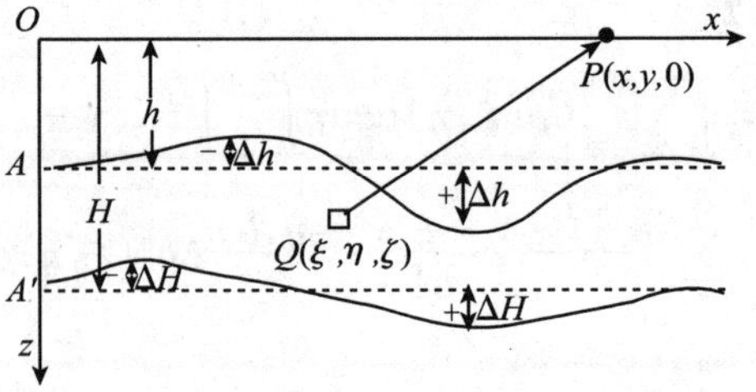

图 10－16　双界面 A、A'（具有密度或磁性差异的物质带的顶、底界面）示意图

$$\Delta\tilde{g}(u,v)=-2\pi G\left[\mathrm{e}^{-hs}\sum_{n=1}^{\infty}(\rho\Delta\tilde{h}^n)\frac{(-s)^{n-1}}{n!}-\mathrm{e}^{-Hs}\sum_{n=1}^{\infty}(\rho\Delta\tilde{H}^n)\frac{(-s)^{n-1}}{n!}\right] \tag{10－137}$$

$$\tilde{Z}_a^\perp(u,v)=\frac{\mu_0}{2}\left[\mathrm{e}^{-hs}\sum_{n=1}^{\infty}(M\Delta\tilde{h}^n)\frac{(-s)^n}{n!}-\mathrm{e}^{-Hs}\sum_{n=1}^{\infty}(M\Delta\tilde{H}^n)\frac{(-s)^n}{n!}\right] \tag{10－138}$$

$$\Delta \widetilde{T}(u,v) = -\frac{\mu_0}{2}\frac{q_1 q_2}{s^2}\left[e^{-hs}\sum_{n=1}^{\infty}(M\Delta \widetilde{h}^n)\frac{(-s)^n}{n!} - e^{-Hs}\sum_{n=1}^{\infty}(M\Delta \widetilde{H}^n)\frac{(-s)^n}{n!}\right] \tag{10-139}$$

如果还有其他的物性层界面存在则可仿照以上（10－137）式与（10－138）式进行叠加，以求多重界面的$\Delta\widetilde{g}$及$\widetilde{Z}_a^{\perp}$的表达式。求$\Delta\widetilde{g}$或$\widetilde{Z}_a^{\perp}$傅里叶逆变换，便得到空间域的ΔG（x，y，0）及$Z_a^{\perp}$（x，y，0），即完成了界面异常的正演计算。

如果$H \gg h$，即A'面的影响可以忽略，此时仍可以看作单界面的情况，（10－137）式～（10－139）式就蜕变为（10－134）式～（10－136）式。

（10－134）式～（10－136）式为比较常用的界面重、磁异常正演计算表达式。

2. 界面重、磁异常的反演计算

界面重、磁异常的反演计算是通过（10－134）式、（10－135）式或（10－136）式实现的。以前两个公式为例，将（10－134）式和（10－135）式移项，则对密度界面表达式为

$$\Delta\widetilde{h}(u,v) = \frac{-e^{hs}}{2\pi G\rho}\Delta\widetilde{g}(u,v) - \sum_{n=2}^{\infty}\Delta\widetilde{h}^n\frac{(-s)^{n-1}}{n!} \tag{10-140}$$

对磁性界面有

$$\Delta\widetilde{h}(u,v) = \frac{-2e^{hs}}{\mu_0 Ms}\widetilde{Z}_a^{\perp}(u,v) - \sum_{n=2}^{\infty}\Delta\widetilde{h}^n\frac{(-s)^n}{n!} \tag{10-141}$$

若令（10－140）式或（10－141）式右端的$\Delta\widetilde{h}$为第j次近似值，而等式左端的$\Delta\widetilde{h}$为第$j+1$次近似值。这就是帕克－奥登伯格（Parker－Oldenburg）提出的波数域的界面迭代反演计算公式，再将公式左端的$\Delta\widetilde{h}$（u，v）经傅里叶逆变换以后，就得到空间域的Δh（ξ，η）。

应当指出的是，上述迭代每次求得都是Δh（ξ，η）的值，而非其修正量，不易保证迭代收敛。这里提出一种逐次逼近迭代法。计算中$\Delta h \ll h$是必要条件，否则正演计算也会发散。根据该方法推导计算中应用的泰勒级数展开式的做法，式中的一阶项是一次近似项，可先在（10－140）式或（10－141）式中略去高次项，有

$$\Delta\widetilde{h}_1(u,v) = \frac{-e^{hs}}{2\pi G\rho}\Delta\widetilde{g}(u,v) \tag{10-142}$$

或

$$\Delta\widetilde{h}_1(u,v) = \frac{-2e^{hs}}{\mu_0 Ms}\widetilde{Z}_a^{\perp}(u,v) \tag{10-143}$$

式中：$\Delta\widetilde{h}_1$（u，v）代表Δh（ξ，η）的一级近似值Δh_1（ξ，η）的波谱。上式的含义可以理解为：因为对Δh（ξ，η）的分布无先验信息，令其初值为零，因而（10－140）式变成（10－142）式，（10－143）式变成（10－143）式。

由（10－142）式或（10－143）式求得$\Delta\widetilde{h}$（u，v）的一级近似$\Delta\widetilde{h}_1$（u，v）以后，将$\Delta\widetilde{h}_1$（u，v）代替$\Delta\widetilde{h}$（u，v）代入（10－134）式或（10－135）式，求得$\Delta\widetilde{g}$（u，v）或$\widetilde{Z}_a^{\perp}$（u，v）的近似值$\Delta\widetilde{g}_1$（u，v）或$\widetilde{Z}_{a_1}^{\perp}$（$u$，$v$），即

$$\Delta \tilde{g}_1(u,v) = -2\pi G\rho e^{-hs} \sum_{n=1}^{\infty} \Delta \tilde{h}_1^n \frac{(-s)^{n-1}}{n!} \quad (10-144)$$

或

$$\tilde{Z}_{a_1}^{\perp}(u,v) = \frac{\mu_0}{2} M e^{-hs} \sum_{n=1}^{\infty} \Delta \tilde{h}_1^n \frac{(-s)^n}{n!} \quad (10-145)$$

得到$\Delta \tilde{g}_1$（u，v）或$\tilde{Z}_{a_1}^{\perp}$（u，v）后，可计算其与原始异常波谱的偏差，同时将偏差结果代入（10－142）式或（10－143）式，此时相当于计算Δh（ξ，η）与Δh_1（ξ，η）偏差的一级近似：

$$\Delta \tilde{h}_2(u,v) = \frac{-e^{hs}}{2\pi G\rho}[\Delta \tilde{g}(u,v) - \Delta \tilde{g}_1(u,v)] \quad (10-146)$$

或

$$\Delta \tilde{h}_2(u,v) = \frac{-2^{hs}}{\mu_0 Ms}[\tilde{Z}_a^{\perp}(u,v) - \tilde{Z}_a^{\perp}(u,v)] \quad (10-147)$$

经傅里叶逆变换求得Δh_2（ξ，η），则此时可将［Δh_1（ξ，$\eta+\Delta h_2$（ξ，η）］看作Δh（ξ，η）的二级近似值，再将$[\Delta \tilde{H}_1(u,v) + \Delta \tilde{h}_2(u,v)]$代替$\Delta \tilde{h}$（$u$，$v$）代入（10－134）式或（10－135）式，求得$\Delta \tilde{g}$（u，v）或$\tilde{Z}_a^{\perp}$（u，v）的二级近似值$\Delta \tilde{g}_2$（u，v）或$\tilde{Z}_{a_2}^{\perp}$（u，v）。

仿照（10－146）式或（10－147）式的做法，可求得$\Delta \tilde{h}_3$（u，v），即

$$\Delta \tilde{h}_3(u,v) = \frac{-e^{hs}}{2\pi G\rho}[\Delta \tilde{g}(u,v) - \Delta \tilde{g}_2(u,v)] \quad (10-148)$$

或

$$\Delta \tilde{h}_3(u,v) = \frac{-2e^{hs}}{\mu_0 Ms}[\tilde{Z}_a^{\perp}(u,v) - \tilde{Z}_{a_2}^{\perp}(u,v)] \quad (10-149)$$

对$\Delta \tilde{h}_3$（u，v）再一次利用傅里叶逆变换求得Δh_3（u，v），则［Δh_1（ξ，η）$+\Delta h_2$（ξ，η）$+\Delta h_3$（ξ，η）］为Δh（ξ，η）的三级近似值，再继续求$\Delta \tilde{g}_3$（u，v）或$\tilde{Z}_{a_3}^{\perp}$（u，v）……如此继续下去，直到Δh（ξ，η）的n次近似值与前一次近似值的偏差足够小并满足所要求的迭代精度为止。此时的Δh（ξ，η）值为

$$\Delta h(\xi,\eta) = \sum_{i=1}^{n} \Delta h_i(\xi,\eta) \quad (10-150)$$

上述迭代所计算的Δg（ξ，η）或$Z_a^{\perp}$（ξ，η）与实测的Δg（ξ，η）或$Z_a^{\perp}$（ξ，η）相差越来越小，能够保证计算结果收敛。

以上计算中，需要事先知道A界面的平均深度h以及界面以下的物性参数ρ或M。如果存在双界面，则还需知道H及ΔH（ξ，η），才能够利用（10－147）式与（10－148）式计算$\Delta \tilde{g}_n$（u，v）或$\tilde{Z}_{an}^{\perp}$（u，v），即$\Delta \tilde{g}$（u，v）或$\tilde{Z}_a^{\perp}$（u，v）的各次逼近值。如果h、H及Δh为已知，也可以仿照上述相似的步骤，求下部界面A'的起伏函数ΔH（ξ，η）。

三、重、磁异常场源质心及下延深度的计算

在前面相关章节的讨论中可以看出，对于场源的顶部埋深的计算较容易实现，对球体或走向无限延深的水平圆柱体等能够直接计算出其中心位置的坐标，但对于场源下部延深的计算均未做讨论。

与场源上部物质的作用相比，场源下部或下界面对于地表重力或磁异常的“贡献”较小，而且容易受上部场源物质所引起的异常场的干扰。实验表明，磁性体下界面对地表磁异常的影响主要表现在异常极小值的位置以及极小值趋于零值的速率上。可见直接计算场源的下延深度显得相对困难。本部分内容根据直立棱柱体重、磁异常波谱特征以及异常矩谱的定义，介绍了场源质心的计算方法。假设场源顶部埋深 h_1 已知，则根据质心埋深 h_0 的计算结果可以方便地求得场源的下延深度 h_2，即 $h_2=2h_0-h_1$。实践证明此方法是可行的。

1. 矩及其波谱

(1) 矩谱的定义

一个单变量函数 $f(x)$ 的 n 阶矩定义为 $M_n=x^nf(x)$。同样，也可以定义两个变量的函数 $f(x, y)$ 的 n 阶 x 矩和 n 阶 y 矩为

$$\begin{cases} M_n^x(x,y)=x^nf(x,y) \\ M_n^y(x,y)=y^nf(x,y) \end{cases} \tag{10-151}$$

$M_n^x(x, y)$ 与 $M_n^y(x, y)$ 的傅里叶变换为

$$\begin{cases} \widetilde{R}_n^x(u,v)=\int_{-\infty}^{\infty}\int_{-\infty}^{\infty}x^nf(x,y)\mathrm{e}^{-\mathrm{i}(ux+vy)}\mathrm{d}x\mathrm{d}y \\ \widetilde{R}_n^y(u,v)=\int_{-\infty}^{\infty}\int_{-\infty}^{\infty}y^nf(x,y)\mathrm{e}^{-\mathrm{i}(ux+vy)}\mathrm{d}x\mathrm{d}y \end{cases} \tag{10-152}$$

显然，各阶矩之间的变换迭代关系可以写作如下形式：

$$\begin{cases} \widetilde{R}_{n+1}^x(u,v)=\mathrm{i}\dfrac{\partial}{\partial u}\widetilde{R}_n^x(u,v) \\ \widetilde{R}_{n+1}^y(u,v)=\mathrm{i}\dfrac{\partial}{\partial v}\widetilde{R}_n^y(u,v) \end{cases} \tag{10-153}$$

利用（10－64）式和（10－153）式，可以写出重力异常的一次 x 与 y 方向矩的波谱如下：

$$\begin{cases} \Delta\widetilde{g}_1^x(u,v)=-\mathrm{i}\dfrac{2\pi G\rho}{uvs}\mathrm{e}^{-sh}\{A_1(u)[\mathrm{e}^{-\mathrm{i}(u\alpha_1+v\beta_1)}-\mathrm{e}^{-\mathrm{i}(u\alpha_1+v\beta_2)}] \\ \qquad +A_2(u)[\mathrm{e}^{-\mathrm{i}(u\alpha_2+v\beta_2)}-\mathrm{e}^{-\mathrm{i}(u\alpha_2+v\beta_1)}]\} \\ \Delta\widetilde{g}_1^y(u,v)=-\mathrm{i}\dfrac{2\pi G\rho}{uvs}\mathrm{e}^{-sh}\{B_1(u)[\mathrm{e}^{-\mathrm{i}(u\alpha_1+v\beta_1)}-\mathrm{e}^{-\mathrm{i}(u\alpha_1+v\beta_2)}] \\ \qquad +B_2(u)[\mathrm{e}^{-\mathrm{i}(u\alpha_2+v\beta_2)}-\mathrm{e}^{-\mathrm{i}(u\alpha_2+v\beta_1)}]\} \end{cases} \tag{10-154}$$

式中：

$$A_1(u)=\frac{uh}{s}+\frac{u}{s^2}+\frac{1}{u}+\mathrm{i}\alpha_1$$

$$A_2(u) = \frac{uh}{s} + \frac{u}{s^2} + \frac{1}{u} + \mathrm{i}\alpha_2$$

$$B_1(u) = \frac{vh}{s} + \frac{v}{s^2} + \frac{1}{v} + \mathrm{i}\beta_1$$

$$B_2(u) = \frac{vh}{s} + \frac{v}{s^2} + \frac{1}{v} + \mathrm{i}\beta_2$$

同样，由（10－68）式与（10－153）式可以给出总磁异常的一次 x 及 y 方向矩的波谱：

$$\begin{cases} \Delta\widetilde{T}_{1x}(u,v) = -\mathrm{i}\dfrac{\mu_0 MJ}{2uvs^2}\mathrm{e}^{-sh}\{(G_1+\mathrm{i}\alpha_1)[\mathrm{e}^{-\mathrm{i}(u\alpha_1+v\beta_1)} - \mathrm{e}^{-\mathrm{i}(u\alpha_1+v\beta_2)}] \\ \qquad + (G_1+\mathrm{i}\alpha_2)[\mathrm{e}^{-\mathrm{i}(u\alpha_2+v\beta_2)} - \mathrm{e}^{-\mathrm{i}(u\alpha_2+v\beta_1)}]\} \\ \Delta\widetilde{T}_{1y}(u,v) = -\mathrm{i}\dfrac{\mu_0 MJ}{2uvs^2}\mathrm{e}^{-sh}\{(K_1+\mathrm{i}\beta_1)[\mathrm{e}^{-\mathrm{i}(u\alpha_1+v\beta_1)} - \mathrm{e}^{-\mathrm{i}(u\alpha_1+v\beta_2)}] \\ \qquad + (K_1+\mathrm{i}\beta_2)[\mathrm{e}^{-\mathrm{i}(u\alpha_2+v\beta_2)} - \mathrm{e}^{-\mathrm{i}(u\alpha_2+v\beta_1)}]\} \end{cases} \tag{10－155}$$

式中：

$$G_1(u) = \frac{uh}{s} + \frac{2u}{s^2} + \frac{1}{u} - \frac{H}{J}$$

$$K_1(u) = \frac{vh}{s} + \frac{2v}{s^2} + \frac{1}{v} - \frac{I}{J}$$

$$H = -2u(lL - nN) - \alpha_{12}v + \mathrm{i}\left(\alpha_{23}\frac{uv}{s} + \alpha_{13}\frac{u^2+s^2}{s}\right)$$

$$I = -2v(mM - nN) - \alpha_{12}u + \mathrm{i}\left(\alpha_{13}\frac{uv}{s} + \alpha_{23}\frac{u^2+s^2}{s}\right)$$

（2）矩谱的计算

虽然（10－154）式与（10－155）式给出了重、磁异常矩谱计算的完整公式，但是实际应用中它仅能作为计算原理的分析参考表达式。由于离散计算的特殊性，巴塔恰亚（Bhattacharyya，1975）提出了一种替代（10－154）式与（10－155）式的计算方法。

该方法依据（10－153）式进行计算。即首先利用傅里叶变换求出原始异常的波谱，然后用分段双三次样条函数拟合波谱值以计算波谱对 u 和 v 的水平导数，再将水平导数代入到（10－153）式，最后计算出重力或磁异常沿 x 或 y 方向的一阶矩谱。

根据（10－151）式对函数矩的定义，随着 x 或 y 的增大，函数矩放大了原函数边部的数值，即更加突出了重、磁异常边部的信息，再根据前面提到的场源底部物质影响地表异常的特点，利用重、磁异常矩谱计算场源质心更加合理；另一方面，由于矩对函数边部的放大作用，使得函数矩的波长发生了变化，直接对矩函数作离散傅里叶变换会增大矩谱的混叠效应，影响矩谱的准确性。巴塔恰亚提出的方法避开（10－152）式而采用（10－153）式进行直接计算，减小了这方面的误差，实践证明该方法的计算结果是准确可靠的。

2. 计算物体的质心

应用方程（10－67）式和（10－153）式，我们能够写出重力异常沿 x 和 y 方向矩谱的积分表达式：

$$\begin{cases}\Delta \widetilde{g}_1^x(u,v) = 2\pi G\rho\iiint_{V_0}\left(\dfrac{\xi - \mathrm{i}u\zeta}{s}\right)\mathrm{e}^{-[s\zeta+\mathrm{i}(u\xi+v\eta)]}\mathrm{d}\xi\mathrm{d}\eta\mathrm{d}\zeta \\ \Delta \widetilde{g}_1^y(u,v) = 2\pi G\rho\iiint_{V_0}\left(\dfrac{\eta - \mathrm{i}v\zeta}{s}\right)\mathrm{e}^{-[s\zeta+\mathrm{i}(u\xi+v\eta)]}\mathrm{d}\xi\mathrm{d}\eta\mathrm{d}\zeta\end{cases} \tag{10-156}$$

比较（10－67）式与（10－153）式，可以得到计算重力场源质心的近似表达式：

$$\begin{cases}\dfrac{\Delta \widetilde{g}_1^x(u,v)}{\Delta\widetilde{g}(u,v)} \approx \xi_0 - \dfrac{\mathrm{i}u\zeta_0}{s} \\ \dfrac{\Delta \widetilde{g}_1^y(u,v)}{\Delta\widetilde{g}(u,v)} \approx \eta_0 - \dfrac{\mathrm{i}v\zeta_0}{s}\end{cases} \tag{10-157}$$

式中：ξ_0、η_0、ζ_0 分别代表质心 x、y、z 方向上的坐标。方程（10－157）式所建立的关系在低频段是准确的。

同样，利用方程（10－71）式和（10－153）式，可得到总磁异常 T（x，y，0）沿 x 和 y 方向矩谱的表达式：

$$\begin{cases}\Delta \widetilde{T}_1^x(u,v) = -\dfrac{\mathrm{i}\mu_0 MJ}{2s}\iiint_{V_0}\left[\dfrac{u\zeta}{s} + \dfrac{u}{s^2} - \dfrac{H}{J} + \mathrm{i}\xi\right]\mathrm{e}^{-[s\zeta+\mathrm{i}(u\xi+v\eta)]}\mathrm{d}\xi\mathrm{d}\eta\mathrm{d}\zeta \\ \Delta \widetilde{T}_1^y(u,v) = -\dfrac{\mathrm{i}\mu_0 MJ}{2s}\iiint_{V_0}\left[\dfrac{v\zeta}{s} + \dfrac{v}{s^2} - \dfrac{H}{J} + \mathrm{i}\eta\right]\mathrm{e}^{-[s\zeta+\mathrm{i}(u\xi+v\eta)]}\mathrm{d}\xi\mathrm{d}\eta\mathrm{d}\zeta\end{cases} \tag{10-158}$$

由（10－71）式和（10－148）式，可以得到计算磁异常场源质心的近似表达式：

$$\begin{cases}\dfrac{\Delta \widetilde{T}_1^x(u,v)}{\Delta \widetilde{T}(u,v)} + \mathrm{i}\left(\dfrac{u}{s^2} - \dfrac{H}{J}\right) = \xi_0 - \mathrm{i}\dfrac{u\zeta_0}{s} \\ \dfrac{\Delta \widetilde{T}_1^y(u,v)}{\Delta \widetilde{T}(u,v)} + \mathrm{i}\left(\dfrac{v}{s^2} - \dfrac{H}{J}\right) = \eta_0 - \mathrm{i}\dfrac{v\zeta_0}{s}\end{cases} \tag{10-159}$$

与（10－157）式相同，ξ_0、η_0、ζ_0 分别为棱柱体质心沿 x、y、z 方向的坐标。习惯上质心的纵向深度用 h_0 表示，则有 $h_0=\zeta_0$。

因为对一个垂直有限延深的棱柱体，当 $u=v=0$ 时 $\Delta\widetilde{T}(u,v)$ 等于零，在方程（10－158）式给出的关系中，当 u 和 v 同时等于零时不成立。实践证明，方程（10－157）式或（10－159）式在不超过几次谐波的低频段被应用时，计算结果是准确可靠的。将在低频段多个相继频率点上的计算结果取平均，质心的计算精度会更高。

四、视密度、视磁化率的计算

密度和磁化率是反映岩石成分、结构构造的物理量。岩石的密度或磁化率可以通过野外采集的露头标本测定得到，也可以由实测的重力或磁异常计算得到。在浅覆盖地区，由重、磁异常的实测结果计算出工作区内岩石的密度或磁化率，无疑对地质填图、了解区域构造和矿产预测等均具有一定的实际意义。当然，由实测异常计算的密度或磁化率还与所选定的计算方法以及计算精确度有关，因此，称其为视密度或视磁化率。这里所介绍的视密度或视磁化率的计算均在波数域进行。它的基本思想是首先把场源看作是密度或磁化率

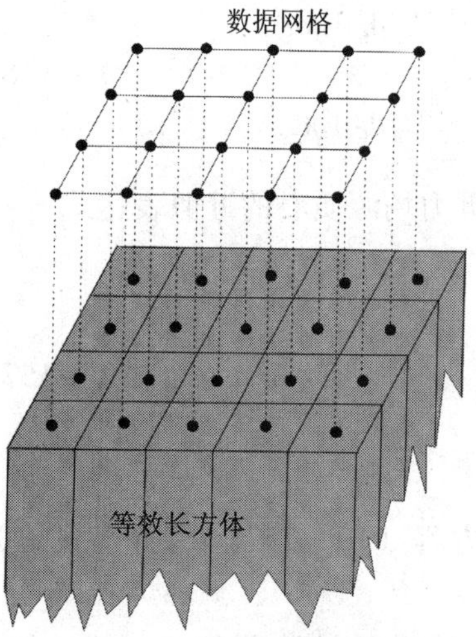

图 10－17　等效棱柱体划分示意图

不均匀分布的平面物体。其次是把实测重力场或磁场看成由许多等效直立棱柱体所产生的异常场叠加而成，并附加其他一些假定条件，通过换算得到计算结果。根据实测的重、磁异常计算出每个等效棱柱体的视密度或视磁化率就可以得到整个研究区的视密度或视磁化率分布图。

1. 视密度的计算

将工作区内的地质体按照点、线距分割成许多相等的直立小棱柱体，每个小棱柱体的中心位于网格点下方，如图 10－17 所示，设每个小棱柱体在测量平面上任意一点（x，y）处所产生的重力异常为 Δg_j（x，y），则该点的实测场值可写为

$$\Delta g(x,y) = \sum_{j=1}^{N} \Delta g_j(x,y) \qquad (10-160)$$

式中：N 为小棱柱体的个数，也就是工作区网格的节点数。记 $\Delta g(x,y)$ 的波谱为 $\Delta\tilde{g}$（u，v），Δg_j（x，y）的波谱为 $\Delta\tilde{g}_j$（x，y），在波数域有

$$\Delta\tilde{g}(u,v) = \sum_{j=1}^{N} \Delta\tilde{g}_j(u,v) \qquad (10-161)$$

参照（10－69）式，设每个小棱柱体剩余密度为 ρ_j，沿 x、y 方向的边长分别为 $2b$ 与 $2L$，顶部埋深相同并令其为 h，底部埋深 $h_2\to\infty$，可以得到单一直立棱柱体的波谱表达式：

$$\Delta\tilde{g}_j(u,v) = 8\pi G\rho_j \frac{1}{uvs}\sin ub\sin vL\mathrm{e}^{-hs}\mathrm{e}^{-\mathrm{i}(ux_j+vy_j)} \qquad (10-162)$$

式中各相关因子中，常数因子 $C=8\pi G\rho_j$，水平尺寸因子 A（u，v）$=\frac{1}{uv}\sin ub\sin vL$，深度因子 D（u，v）$=\exp$（$-hs$）与波数因子 E（u，v）$=\frac{1}{s}$。（10－162）式中还增加了位移因子 F_j（u，v）$=\exp$（$-\mathrm{i}ux_j-\mathrm{i}vy_j$），$x_j$、$y_j$ 分别为小棱柱体中心相对于坐标原点的位移。由此（10－161）式变为

$$\Delta\tilde{g}(u,v) = \sum_{j=1}^{N} 8\pi G\rho_j A(u,v)D(u,v)E(u,v)F_j(u,v) \qquad (10-163)$$

由于假设所有小棱柱体为同一深度，且沿 x、y 方向的水平宽度仅与重、磁异常测网的点、线距对应相等，（10－163）式中 A（u，v），D（u，v）与 E（u，v）三项可以通过水平尺寸改正、深度因子改正以及波数因子改正等化为单位常量，则（10－163）式变成

$$\Delta\tilde{g}(u,v) = 8\pi G\sum_{j=1}^{N} \rho_j F_j(u,v) \qquad (10-164)$$

对上式作向下延拓计算，并延拓到 h 深度。此深度被认为是等效棱柱体所在的平面，即对每一个测点（x，y）来说，其重力异常的波谱可视为只是由它所在处的那个棱柱体产生的，其周围棱柱体的影响可忽略不计，即

$$\Delta\tilde{g}(u,v) = 8\pi G\rho_j F_j(u,v) \tag{10-165}$$

对（10－165）式作逆傅里叶变换，令变换后的结果为 $\Delta g^*(x,y)$，$F(u,v)$ 的逆傅立叶变换结果也可以忽略不计，移项后可得到

$$\rho_j(x,y) = \frac{\Delta g^*(x,y)}{8\pi G} \tag{10-166}$$

$\rho_j(x,y)$ 即为工作区内各个测点上的视密度值。

2. 视磁化率计算

视磁化率计算的过程与视密度计算的过程基本相同。不同的地方在于工作区内各小棱柱体的重力异常须用磁异常来代替。根据（10－71）式，并令棱柱体底部埋深 $h_2 \to \infty$，则类似于（10－162）式所描述的无限延深直立棱柱体的总磁异常的波谱表达式为

$$\Delta\tilde{T}_j(u,v) = 2\mu_0 M_j \frac{1}{uvs^2}\sin ub\sin vL[\mathrm{i}(lu+mv)+ns][\mathrm{i}(l'u+m'v)+n's]\mathrm{e}^{-hs}\mathrm{e}^{-\mathrm{i}(ux_i+vy_j)} \tag{10-167}$$

上式与（10－162）相比，多出了磁化方向因子 $B=[\mathrm{i}(lu+mv)+ns][\mathrm{i}(l'u+m'v)+n's]$，另外除常数 $C=2\mu_0 M_j$，波数因子 $E=\dfrac{1}{uvs^2}$外，其他各项均相同。此时（10－167）式为

$$\Delta\tilde{T}(u,v) = \sum_{j=1}^{N} 2\mu_0 M_j A(u,v)B(u,v)D(u,v)E(u,v)F_j(u,v) \tag{10-168}$$

仿照对（10－163）式的做法，$A(u,v)$、$B(u,v)$、$D(u,v)$ 与 $E(u,v)$ 各项可化简为单位常量，依照（5－12）式，有 $M_J=\kappa_j T_0$（κ_j 为第 j 个棱柱体的磁化率，T_0 为当地的地磁场强度），则（10－168）式变为

$$\Delta\tilde{T}(u,v) = 2\sum_{j=1}^{N}\kappa_j T_0 F_j(u,v) \tag{10-169}$$

仿照对（10－164）式的做法，将（10－169）式向下延拓到 h 深度，并认为在该深度上其磁异常的波谱只是由它所在处的那个棱柱体产生的，其周围棱柱体的影响可忽略不计，即有

$$\Delta\tilde{T}(u,v) = 2\kappa_j T_0 F_j(u,v) \tag{10-170}$$

同样，对（10－170）式作逆傅里叶变换，令变换后的结果为 $\Delta T^*(x,y)$，同样对 $F_j(u,v)$的逆傅立叶变换结果忽略不计，移项后可得到

$$\kappa_j(x,y) = \frac{\Delta T^*(x,y)}{2\mu_0} \tag{10-171}$$

$\kappa_j(x,y)$ 即为工作区内各个测点上的视磁化率值。

3. 计算中的误差讨论

由上述介绍可以看出，对视密度以及对视磁化率的计算过程简单明确，但是实际应用中应注意该计算所依据的假定条件。这些假定条件包括：

1）场源顶部埋深 h 为已知且工作区内 h 为一水平面，场源向下无限延深；

2）棱柱体的密度或磁化率因实测异常点、线距的不同而变化；

3）对磁异常，其磁化方向以及磁场测量方向为已知且不考虑消磁作用；

4）在 h 深度上相邻棱柱体的重、磁异常互相无影响。

在这些条件不满足时，计算结果就会存在偏差。例如场源顶部埋深不在同一平面或为一倾斜面、顶部深度 h 的计算有误差等，都可能使计算结果不准确。应用中一定要慎重对待。

习题十

1. 写出离散傅里叶变换中空间域取样点距与波数域取样点距的关系。

2. 分别说明离散傅里叶变换中混迭效应、皱波效应以及吉布斯效应引起的原因以及克服的办法。

3. 画图并说明重、磁资料离散波谱的共轭关系。

4. 分别写出二度体、三度体在波数域中磁异常波谱与重力异常波谱的泊松关系式。

5. 写出矩形棱柱体磁异常垂直分量的波谱表达式，同时分别标明常数因子、水平尺寸因子、方向因子、深度因子以及波数因子，并将深度因子与其他各种规则形体磁异常垂直分量波谱的深度因子相对照，比较它们的异同。

6. 写出空间域数字滤波的表达式以及对应于波数域滤波的表达式，指出波数响应函数（波数域）与权函数（空间域）的关系。

7. 补偿圆滑滤波属于高通滤波还是低通滤波？阐述补偿圆滑滤波的基本思想。

8. 为什么在波数域中把重、磁异常的转换也称为滤波计算？分别就重、磁异常写出延拓计算、垂直与水平导数计算、磁异常分量转换化极以及求磁源重力异常计算的波数响应函数。

9. 在什么条件下利用平均径向功率谱计算场源顶部埋深比直接利用功率谱作计算结果更准确？

10. 总结并简单说明界面重、磁异常的波数域正演计算步骤与反演迭代计算过程。

11. 写出异常矩谱的计算表达式，说明为什么重、磁异常的矩谱比原始异常谱包含了更多的场源底部埋深的信息？

12. 在波数域计算场源的视密度或视磁化率计算时的假定条件是什么？计算结果与实际情况有误差时其可能的原因是什么？

第十一章　重、磁异常的反演方法

由重、磁异常求解场源的赋存状态和物性参数的问题，即重、磁异常的反演（或反问题），是重、磁异常解释理论的重要组成部分。20 世纪 60 年代以前，反演理论和方法主要解决简单条件下规则地质体计算和解释问题，许多方法简单易行，至今仍具有较高的实用价值。随着计算机技术的广泛普及以及各种计算理论和方法的应用，复杂条件下不规则地质体异常的反演理论和方法迅速发展，使重、磁异常的反演理论与方法更加丰富多样。

重、磁异常反演方法繁多，本章主要依据传统的空间域计算，介绍一些常用的反演方法。

第一节　反演概述

一、反演计算的基本过程

重、磁异常的反演方法是建立在正演计算的基础上。

重、磁异常的反演方法，习惯上分为定性、半定量和定量反演。定性反演主要依据异常的形态、变化规律以及相邻异常间的关系，参照已知的不同形体、不同物性条件地质体的异常特征对实测资料给出解释或说明。

半定量和定量反演则需要针对不同的异常，选用合理的方法，通过计算最后明确给出场源的位置、物性参数以及地质含义等解释。整个过程也可以用一个数学表达式来概括：若已知重、磁异常 $f(x, y, z)$，则对待求的场源几何参数、空间位置和物性参数 b_1，b_1，…，b_n，首先确立已知量与待求量之间如下的函数表达式：

$$f(x,y,z) = \varphi(x,y,z,b_1,b_2,\cdots,b_n) \tag{11-1}$$

对简单条件下的规则地质体模型，（11－1）式为简单多元非线性函数，由其可求解得到已知量与待求量之间简单的关系式，进而直接对具体的规则异常场源进行反演计算；对复杂条件下的不规则地质体，（11－1）式是一较复杂的非线性函数，往往无法直接求出已知量与待求量之间的简单关系式，因此，对复杂条件下的不规则异常往往要给出更多的限定条件，或者用近似的方法进行反演，其计算过程也相对复杂。后面将对一些常用的方法给以简单介绍。

二、反演解释中遇到的问题

实测重力异常和磁异常的复杂性决定了重、磁异常反演中存在的诸多不利因素，概括起来主要有以下四个方面的问题。

1. 叠加异常的相互影响

多个场源的叠加是实测异常反演计算中经常遇到的情况。虽然异常的正演模拟计算已经基本上解决了这方面的问题，但是很多情况下，叠加异常掩盖了各孤立场源的异常形态，使人们难以对孤立场源作出初步的判断并进行下一步的工作。一些以特征点为参照进行反演的方法，对叠加异常的计算更是无能为力。

2. 场源物性参数的不均匀性问题

由于地质和地球物理条件的差异，不仅不同地质体的物性参数不同，而且同一地质体的不同部分物性参数也可能不同。所谓物性参数的不均匀性系指后者。对于物性参数不均匀的地质体，因其剩余密度 ρ 或磁化强度 $\boldsymbol{M}$ 是空间坐标的函数，即 ρ（ξ，η，ζ）或 $\boldsymbol{M}$（ξ,η，ζ）。在重、磁异常表达式的积分计算中，函数 ρ 和函数 $\boldsymbol{M}$ 都属于被积函数，因此，物性参数不均匀条件下的地质体的重、磁异常是一个复杂得多的积分计算。目前，这类复杂重、磁异常的反演有两个途径，一是将实际异常视为由物性参数均匀的地质体所产生；二是将物性参数不均匀的地质体分割（或剖分）成为数个体积单元，将每个地质单元的物性参数视为均匀的。

3. 测量误差与数值计算的影响

实测的重、磁异常都有一定的观测误差和整理计算误差，这些误差也会造成反演计算的多解。很多反演计算方法都是在理论上严格成立的，但有些方法计算过程较长，测量误差、离散计算误差以及累积计算误差都会对最终结果的准确性造成影响。

4. 反演的多解性问题

位场理论中，对重力位的等效性是这样描述的：如果不改变引力等位面内物体的总质量，而重新分配其密度，只要保持等位面的形状和数值不变，则密度的重新分配不改变等位面上及其外部引力场的分布。重力位场的等效性，决定了位场反演的非惟一性或多解性，且不仅重力异常如此，磁异常也存在同样的问题。具体地说，重、磁异常是多个变量的函数，其中有些变量是以组合形式出现的，如球体的剩余质量 ρv 和磁矩 $\boldsymbol{M}v$，无限延深板状体的磁化特征角 $\beta-i_S$ 等，无论 ρ（或 $\boldsymbol{M}$）和 v、β 和 i_S 各取何值，只要组合值 ρv（或 $\boldsymbol{M}v$）、$\beta-i_S$ 不变，则异常值或异常特征不变。从后面的计算方法中读者将会看到，由球体的重、磁异常能够惟一地确定球体的剩余质量或磁矩，当剩余密度或磁化强度未知时，球体的体积或半径可有多个解。另外，由无限延深板状体的磁异常可惟一确定磁化特征角 $\gamma=\beta-i_S$，在磁化强度 $\boldsymbol{M}$ 未知时，板状体的倾角可有多个解。

有的反演方法，例如最优化选择法，当采用的计算方法不同时，反演结果也会不同，对同一种计算方法，选取的模型不同、参量个数不同或参量的初值不同，反演结果也可能不同。

重、磁异常反演的多解性是客观存在的，避免或减少反演的多解性有多种不同的途径。实践表明，充分搜集和利用已知的地质、钻探和物性资料，反演的多解性就会大大减小，甚至可以得到惟一的解；另外，利用多种地球物理资料的反演解释结果彼此补充，互相约束也能够有效地减少反演的多解性。

第二节　简单条件下地质体异常的反演计算及解释

一、地质体与异常的对应关系

根据第四章与第八章给出的规则形体重力、磁异常空间域表达式，对简单条件下规则地质体的异常特征进行对比分析，分辨不同地质体异常特征的差别，总结地质体与异常特征的对应关系，这对掌握地质体的异常特征、理解和掌握反演计算方法技术原理以及提高解释实际异常的能力是有益的。

1. 地质体与异常平面图形的对应关系

简单条件下的规则地质体的重、磁异常平面等值线形状大致可分为三类，即等轴形、长条带形和椭圆形。

球体、正方体的重力异常与垂直磁化条件下的磁异常是等轴形的，水平圆柱体、板（脉）状体、台阶、断层的重力与磁异常平面等值线是长条形的，有限长水平圆柱体、有限长板（脉）状体、长方体的重力与磁异常平面等值线是椭圆形的。可见，重、磁异常的平面等值线分布的形状是地质体水平展布情况的反映，异常等值线的长轴方向反映地质体的走向。

2. 地质体与异常剖面图形的对应关系

（1）地质体与重力异常 Δg 剖面图形的对应关系

剩余密度大于零的简单条件下的规则地质体重力异常 Δg 剖面曲线大致可分为以下四种类型：

1）对称曲线。球体、水平圆柱体、直立有限延深板状体、正方体、长方体、水平薄板状体等地质体的 Δg 剖面为自正的极大值点向两侧对称减小的曲线。

2）非对称曲线。有限延深倾斜板状体以及倾斜长方体的 Δg 剖面为自正的极大值点向两侧非对称减小的曲线。

3）单调变化曲线。台阶的 Δg 剖面为沿某一方向逐渐增大或减小的单调变化曲线。

4）一侧有负值的曲线。断层的 Δg 剖面为一侧有正值，另一侧有负值的曲线。

（2）地质体与总强度磁异常 ΔT 以及其垂直磁异常 Z_a 剖面图形的关系

磁化方向向下倾斜的简单条件下的规则地质体 ΔT（在高纬度地区，可认为 ΔT 的方向接近 Z_a 的方向，对 Z_a 曲线的分析认识也可仿照 ΔT 曲线进行）剖面曲线大致可分为以下三种类型：

1）两侧无负值对称曲线。顺层磁化无限延深板状体的 ΔT 剖面为两侧无负值的对称曲线。

2）一侧有负值的非对称曲线。斜磁化无限延深板状体、台阶的 ΔT 剖面为一侧有负值的非对称曲线。

3）两侧有负值的曲线。球体、水平圆柱体、有限延深板状体、正方体、长方体、水平薄板状体的 ΔT 剖面为两侧有负值的曲线。这类曲线又分为对称和非对称两种。垂直磁化条件下的 ΔT 剖面为对称曲线，斜磁化条件下的 ΔT 剖面为非对称曲线。

另外，不同地质体的异常垂直断面等值线图形的特征也各不相同，这方面有关内容在第四章与第八章已经作了讨论，这里不再说明。

二、地质体形状和产状的判断

由重、磁异常的分析计算，给出地质体的形状和产状的判断，是重、磁异常解释的重要步骤和内容。

1. **地质体形状的判断**

由重、磁异常特征判断地质体的形状，不仅是正确选择反演方法的前提，而且也有利于确定引起异常的地质原因。

依据重、磁异常的平面、剖面和垂直断面图直观地判断地质体形状，在前一节已作了简单归纳，这里再结合磁异常的进一步分析，介绍利用 $H_{ax}-Z_a$ 参量图判断地质体形状的方法。

(1) $H_{ax}-Z_a$ 参量图的制作方法

以剖面（或主剖面）上的同一点的 H_{ax}、Z_a 分别为横坐标和纵坐标，在平面直角坐标系中可以根据该剖面的 $H_{ax}-Z_a$ 值确定出一系列的点位置，将这些点连成圆滑曲线，就称其为 $H_{ax}-Z_a$ 参量图。

对利用参量图确定地质体形状的问题可以从理论上给予证明，现以无限长水平圆柱体为例证明如下。

利用表 8－1 中水平圆柱体磁异常的 H_{ax}、Z_a 两个分量表达式之比，可解出 x 与 H_{ax}、Z_a、h 及 i_S 的关系式，取两式的平方和再开方求出 $(H_{ax}^2+Z_a^2)^{1/2}$ 与 m_S、x 及 h 的关系式，将前一个关系式代入后一个关系式，并令 $Z_a=R\sin\varphi$,、$H_{ax}=R\cos\varphi$，整理得

$$R=({H_{ax}}^2+{Z_a}^2)^{1/2}=\frac{\mu_0 m_S}{4\pi}[1\pm\cos(\varphi+i_S)]/h^2$$

$$=\frac{\mu_0 m_S}{4\pi}[1\mp\sin(\varphi-\beta)]/h^2 \qquad (11-2)$$

式中：$\beta=90°-i_S$，β 为有效磁化强度倾角 i_S 的余角，上式为等轴状心形线方程，表明无限长水平圆柱体的参量图形是等轴心形线。

(2) 几种简单条件下的规则地质体参量图形的讨论

图 11－1 给出了几种简单条件下的规则地质体 $H_{ax}-Z_a$ 参量图形，可见不同地质体参量图形的差别：①球体为沿对称方向拉长的心形线；②无限长水平圆柱体为等轴状心形线；③无限延深薄板为圆形；④无限延深厚板为压扁的椭圆形；⑤有限延深薄板为心形线；⑥有限延深厚板为椭圆形心形线。

由图 11－1 给出的参量图有以下几个明显的特征：①图形只与地质体的形状有关，而与磁化强度无关；②呈心形线者为有限延深地质体，而呈圆形或椭圆形者为无限延深地质体；③呈压扁形者地质体的宽度大，为厚板，而呈等轴形状者地质体的宽度小，为薄板；④沿对称轴方向拉长者为三度体，压扁者或等轴状者为二度体；⑤对称轴与纵轴的夹角为 β，$\beta=90°-i_S$ 称为有效磁化倾角 i_S 的余角。

由以上总结可以看出，应用 $H_{ax}-Z_a$ 参量图的特征可以对磁异常源的形状和磁化特征做出判断。

(3) 利用参量图形进行正常场改正

磁异常的反演计算中，正常场的选择是一个重要的问题。有多种不同的方法可以判断正常场选择是否合适，利用参量图形进行正常场的改正是其中的方法之一。

当 H_{ax}、Z_a 存在正常场影响的情况下，其参量图的原点相当于平移了一个位置，但图形形状不变。可从参量图对称轴的顶点确定原点，由该原点与坐标原点的距离确定 H_{ax}、Z_a 两个分量的坐标位移值，从而将正常场影响校正过来。但是，这种校正正常场的方法

对于无限延深的薄板状体是不适用的，因为其参量图是不通过原点的圆，无明显的图根点。在这种情况下利用它只能发现正常场选择是否有误差，而无法进行改正。

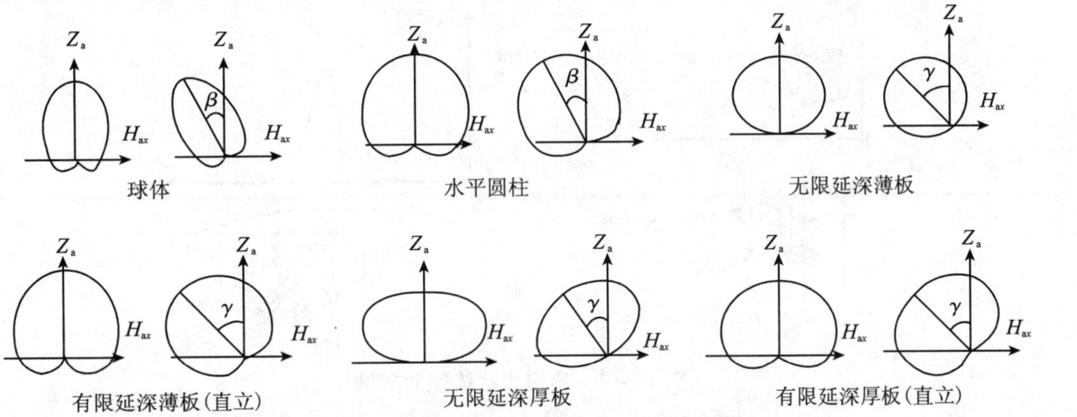

图 11－1　简单条件下的规则地质体参量图

应该说明的是，虽然该方法的理论和应用从传统意义上讲都是合理的，但由于其同时需要 H_{ax} 和 Z_a 两个参量，这样就加大了实测工作的难度。在磁场测量以观测 ΔT 为主的条件下，需由实测的 ΔT 换算出 H_{ax} 和 Z_a 后，再利用该方法才能得到希望的计算结果。

2. 地质体倾向的判断

（1）由重力异常判断地质体的倾向

若已经确定重力异常是由有限延深板状体引起的，则板状体倾向于 Δg、V_{zz} 极大值附近曲线较缓的一侧及 V_{zx} 幅值较小的一侧，见图 4－15 及图 11－2（a）。

若已经确定重力异常由台阶引起时，则台阶倾斜面倾向于 V_{xz} 极大值附近曲线较缓的一侧以及 V_{zz} 幅值较小的一侧，见图 4－10。

（2）由磁异常判断地质体的倾向

在磁化强度已知时，可以由磁异常估计板状体的倾向。但是，在剩余磁化强度较大且与地磁场方向不一致或磁性体的消磁作用明显的情况下，磁化强度的方向往往难以确定，板状体的倾向无法判断。

1）利用磁异常垂直分量 Z_a 判断板状体的倾向：假设板状体受地磁场磁化且消磁作用可以忽略（即 $\delta = A$，$i = I_0$）。

①南北走向的板状体。对于南北走向的板状体，剖面方向是东西向的（$A' = 90°$），由（8－10）式或(8－12)式可知，就 Z_a 分量而言，板状体是垂直磁化的。Z_a 极大值附近曲线较缓的一侧就是板状体倾斜的方向，如图 11－2（b）所示。②东西走向延深较大的板状体。对于东西走向的板状体，剖面是南北向的（$A' = 0°$），由（8－10）式或（8－12）式可知，板状体有效磁化强度的倾角 $i_S = I_{0S} = I_0$。若 Z_a 曲线是对称的，则板状体的倾角 $\beta = I_0$。若 Z_a 曲线不对称且极大值附近南侧下降较快，则板状体向北倾且倾角小于 I_{0S}。若 Z_a 曲线极大值附近北侧下降较快且存在明显负值，则大致有两种情况，当北侧急剧下降，曲线明显不对称且负值幅度较大时，则板向南倾。当 Z_a 曲线北侧仅较南侧下降稍微快一些时，则板向北倾且倾角大于 I_0。③任意走向延深较大的板状体。对任意走向延深较大的板状体，须经定量计算才能够判断出板的倾向，其计算步骤为：首先将剖面的磁方位角

A'代入（8－10）式或（8－12）式计算 I_0（或 i_S）；其次由 Z_a 曲线计算出磁化特征角 γ；再者由 $\gamma=\beta-i_S$ 计算板状体的倾角 β。

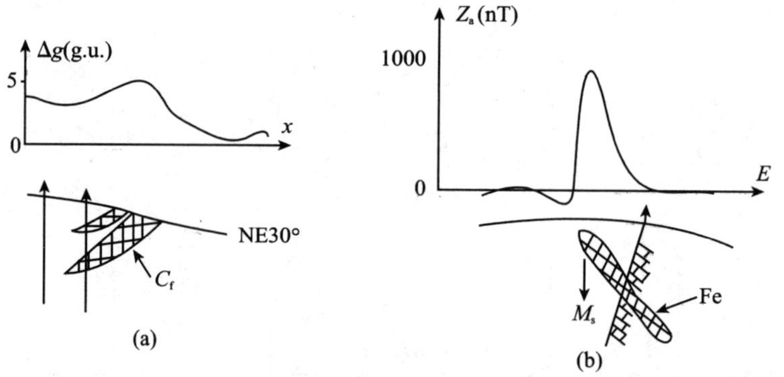

图 11－2　确定板状体倾向实例

2）利用 ΔT 曲线判断有限延深薄板的倾向：由 ΔT 曲线判断有限延深薄板的倾向，可不考虑磁化方向。显然这是很有实际意义的，如图 11－3（a）所示的有限延深薄板的 H_{ax}、Z_a 计算公式为

$$H_{ax}=C\left[\frac{(-h\sin\gamma-x\cos\gamma)}{x^2+h^2}-\frac{-(h+2l\sin\beta)\sin\gamma+(x-2l\cos\beta)\cos\gamma}{(x-2l\cos\beta)^2+(h+2l\sin\beta)^2}\right] \quad (11-3)$$

$$Z_a=C\left[\frac{(h\cos\gamma-x\sin\gamma)}{x^2+h^2}-\frac{(h+2l\sin\beta)\cos\gamma-(x-2l\cos\beta)\sin\gamma}{(x-2l\cos\beta)^2+(h+2l\sin\beta)^2}\right] \quad (11-4)$$

式中：$C=\frac{2\mu_0 M_S 2b\sin\beta}{4\pi}$；$2l$ 是板的延深；$2b$ 是板的厚度。对顺层磁化薄板有

$$H''_{ax}=C\left[\frac{-x}{x^2+h^2}+\frac{(x-2l\cos\beta)}{(x-2l\cos\beta)^2+(h+2l\sin\beta)^2}\right]=C\left(\frac{-\cos\alpha_1}{r_A}+\frac{\cos\alpha_2}{r_B}\right) \quad (11-5)$$

$$Z''_a=C\left[\frac{h}{x^2+h^2}+\frac{(h+2l\sin\beta)}{(x-2l\cos\beta)^2+(h+2l\sin\beta)^2}\right]=C\left(\frac{\sin\alpha_1}{r_A}-\frac{\sin\alpha_2}{r_B}\right) \quad (11-6)$$

利用（11－5）式和（11－6）式可将（11－3）式和（11－4）式简写为

$$H_{ax}=H''_{ax}\cos\gamma-Z''_a\sin\gamma \quad (11-7)$$

$$Z_a=H''_{ax}\sin\gamma-Z''_a\cos\gamma \quad (11-8)$$

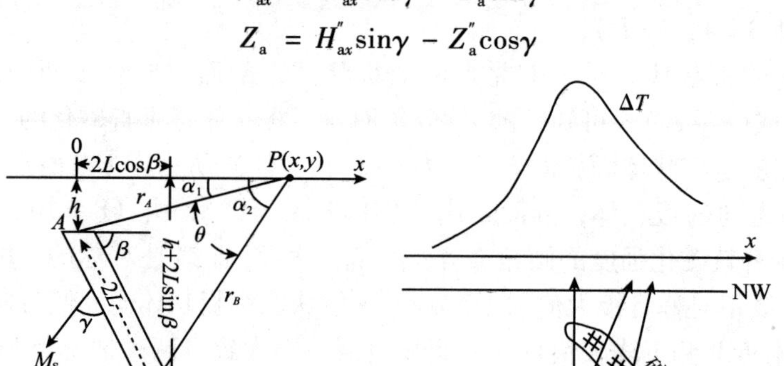

（a）有限延深薄板及其坐标　　（b）山东某铁矿的 ΔT 剖面曲线

图 11－3　确定有限延深薄板状体倾向示意图

可见，斜磁化板状体总磁异常矢量 $\boldsymbol{T}_a$ 的模为

$$|\boldsymbol{T}_a| = (H_{ax}^2 + Z_a^2)^{1/2} = [(H''_{ax})_2 + (Z''_a)^2]^{1/2} = T''_a$$

$$= C\frac{(r_A^2 + r_B^2 - 2r_Ar_B\cos\theta)^{1/2}}{r_Ar_B} = C\frac{2l}{r_Ar_B} \tag{11-9}$$

（11－9）式说明，斜磁化有限延深板状体 $\boldsymbol{T}_a$ 与其顺层磁化的 T''_a 相同，亦即 $\boldsymbol{T}_a$ 与磁化强度的方向无关；有限延深直立薄板的 $\boldsymbol{T}_a$ 曲线为轴对称；有限延深倾斜薄板 $\boldsymbol{T}_a$ 曲线不对称，且板的倾向一侧曲线下降较慢。图 11－3（b）给出了由 $\boldsymbol{T}_a$ 曲线判断矿体倾向的实例，该图中矿体倾向北西，与上面推导的结果是一致的。

3. 关于将走向有限地质体异常视为二度体异常条件的讨论

这里我们以图 11－4 所示的走向长为 $2L$、剩余密度大于零、垂直磁化水平圆柱体为例，说明将走向有限地质体异常视为二度体异常的条件。根据重力异常 Δg 与重力异常的垂向导数 V_{zz} 的积分表达式（见第一章（1－57）式与（1－61）式）能够求得走向长 $2L$、剩余线密度为 λ 的水平圆柱体的 Δg_{2L} 和 $(V_{zz})_{2L}$ 的剖面异常表达式为

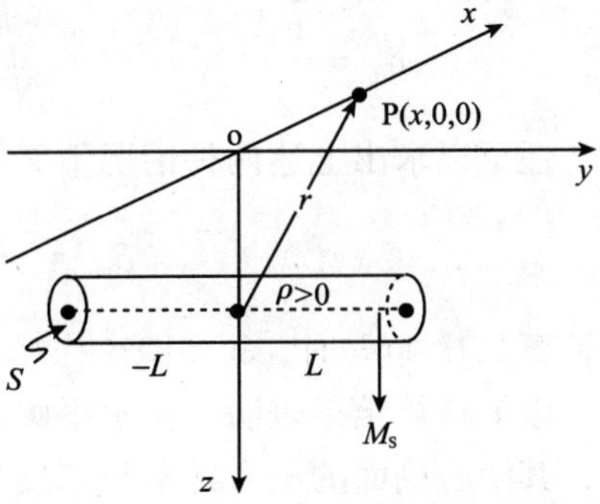

图 11－4　有限长水平圆柱体及其坐标

$$\begin{cases}\Delta g_{2L} = \dfrac{2G\lambda hL}{r^2(r^2+L^2)^{1/2}} \\ (V_{zz})_{2L} = \dfrac{2G\lambda L[(h^2-x^2)L^2 + r^2(2h^2-x^2)]}{r^4(r^2+L^2)^{3/2}}\end{cases} \tag{11-10}$$

根据引力位与磁位之间的泊松关系以及第八章（8－5）式的推导，将 $(V_{zz})_{2L}$ 代入到（8－5）式相关的算式可得

$$(Z_a^{\perp})_{2L} = \frac{2\mu_0 m_S L(h^2-x^2)L^2 + r^2(2h^2-x^2)}{4\pi r^4(r^2+L^2)^{3/2}}$$

式中：$r^2 = x^2 + h^2$；m_S 为有效线磁化强度（$m_S = M_S S$）。

由（4－25）式与表 8－1 中无限长水平圆柱体磁异常 Z_a 分量表达式（在该式中令 $i_S = \pi/2 i_S = \pi/2$），知无限长水平圆柱体的 Δg_∞ 和 $(Z_a^{\perp})_\infty$ 为

$$\begin{cases}\Delta g_\infty = \dfrac{2G\lambda h}{x^2+h^2} = \dfrac{2G\lambda h}{r^2} \\ (Z_a^{\perp})_\infty = \dfrac{2\mu_0 m_S(h^2-x^2)}{4\pi(x^2+h^2)^2} = \dfrac{2\mu_0 m_S(h^2-x^2)}{4\pi r^4}\end{cases} \tag{11-11}$$

若令 $\dfrac{\Delta g_\infty - \Delta g_{2L}}{\Delta g_{2L}} \leqslant \delta$（$\delta$ 为一允许相对误差），则可解

$$L \geqslant \frac{r}{[(\delta+1)^2-1]^{1/2}} = \frac{r[(\delta+1)^2-1]^{1/2}}{[(\delta+1)^2-1]} = \frac{(2\delta)^{1/2}r}{2\delta} = \frac{0.7\delta^{1/2}r}{\delta} \tag{11-12}$$

若给定相对误差为 5% 和 10%，则 $2L \geqslant 6.3r$ 和 $2L \geqslant 4.4r$。由 $(Z_a^{\perp})_\infty = 0$ 和 $(Z_a^{\perp})_{2L} = 0$

分别解出

$$x_{\infty}^{0} = \pm h$$

和

$$x_{2L}^{0} = \pm \left[\frac{h^2 - L^2 + (9h^4 + 2h^2L^2 + L^4)^{1/2}}{2}\right]^{1/2}$$

式中：x_{∞}^{0}与x_{2L}^{0}分别代表当水平圆柱体走向为∞和$2L$时$Z_{a}^{\perp}$异常零值点的x方向坐标。于是可计算出两个零值点坐标之间距离的相对误差δ_0为

$$\delta_0 = \frac{(x_{2L}^{0} - x_{\infty}^{0})}{x_{\infty}^{0}} = \sqrt{\frac{[9 + 2(\frac{L}{h})^2 + (\frac{L}{h})^4]^{1/2} + 1 - (\frac{L}{h})^2}{2}} - 1$$

还可以求出上述两种情况下$Z_{a}^{\perp}$极大值的相对误差δ_{m}为

$$\delta_{m} = \frac{[(Z_{a}^{\perp})_{2L}]_{\max}}{[(Z_{a}^{\perp})_{\infty}]_{\max}} = \frac{L(2h^2 + L^2)}{(h^4 + L^2)^{3/2}}$$

经计算，$2L \geqslant 6h$时，$\delta_0 < 10\%$；$2L = 3h$时，$\delta_{m} = 1.09$。

以上计算结果表明，在水平圆柱体的长度大于观测点P到其轴线距离的4.4倍的情况下，其中心剖面的重力异常与二度异常的相对误差小于10%；在水平圆柱体的长度大于轴线深度6倍的情况下，$Z_{a}^{\perp}$曲线的零值点与二度异常零值点的距离的相对误差小于10%；两种情况下极大值的相对误差则更小。

同样，也可以对其他简单条件下的规则地质体进行讨论，此处不再赘述。计算结果表明，在允许误差相同的情况下，不同形状地质体的中心剖面可视为二度异常的条件有所不同，重、磁异常也各不相同，很难确定一个统一的标准。通常，将走向长度大于5倍埋深（即$2L > 5h$）的地质体中心剖面的磁异常视为二度异常，而将走向长度大于10倍埋深（即$2L > 10h$）的地质体中心剖面的重力异常视为二度异常。实践中，人们往往用异常极大值一半的等值线的长轴与短轴的长度的比值来确定是否为二度异常，比值大于3的磁异常中心剖面为二度异常，比值大于6的重力异常中心剖面为二度异常。

三、规则形状地质体异常的反演方法

这里主要讨论简单条件下规则地质体异常的反演方法。这些方法大都以其对应的重、磁剖面异常的解析表达式为基础，分析场源的几何形状及物性参量与重、磁异常分布特征之间的关系，导出反演计算公式。因此，在应用这些计算公式进行反演计算时必须注意以下几个问题：①注意用于定量计算剖面的选择，对似二度体异常，要选择与异常走向垂直的接近异常中心的异常剖面；对二度异常应选择与其异常长轴垂直的中心剖面；而对三度异常通常选用经过极大值以及明显极小值的中心主剖面，也可选用与中心主剖面垂直的异常剖面。②必须在初步判断场源模型体的形状之后，才能合理地选用相应形体的反演计算公式。③要注意尽可能与正演公式的假设条件一致。

1. 解析法

解析法又称为任意点法或特征点法。解析法是由简单条件下的规则地质体异常公式出发，分析求解出异常任意点坐标、特征点坐标以及异常值与地质体的位置、几何参数以及物性参数之间的解析表达式，再在实际异常的剖面（或主剖面）上取出任意点或特征点

的坐标或异常值，然后将它们代入解出的解析式，经过简单计算求得实际异常的反演结果。考虑到简单条件下各种规则地质体的解析法反演公式的推导思路相似，本部分仅对球体主剖面重力异常 Δg 和磁异常 Z_a 的反演公式进行推导，对其他规则地质体只给出最终反演公式。

（1）球体

1）重力异常（主剖面）：在如图 11－5（a）所示的重力异常主剖面上，任意选择两个点，其坐标为 x_i、x_j，异常值为 Δg_i、Δg_j，由球体的重力异常表达式（4－9）式可得

$$\Delta g_i = \frac{Gmh}{(x_i^2 + h^2)^{3/2}}, \Delta g_j = \frac{Gmh}{(x_j^2 + h^2)^{3/2}}$$

若令 $n = \frac{\Delta g_i}{\Delta g_j}$，则球体的中心深度为

$$h = \left[\frac{x_j^2 - x_i^2 n^{2/3}}{n^{2/3} - 1}\right]^{1/2} \quad (11-13)$$

若取特征点，如 $x_i = 0$，则有

$$\Delta g_i(x_i = 0) = \frac{Gm}{h^2} = \Delta g_{max}$$

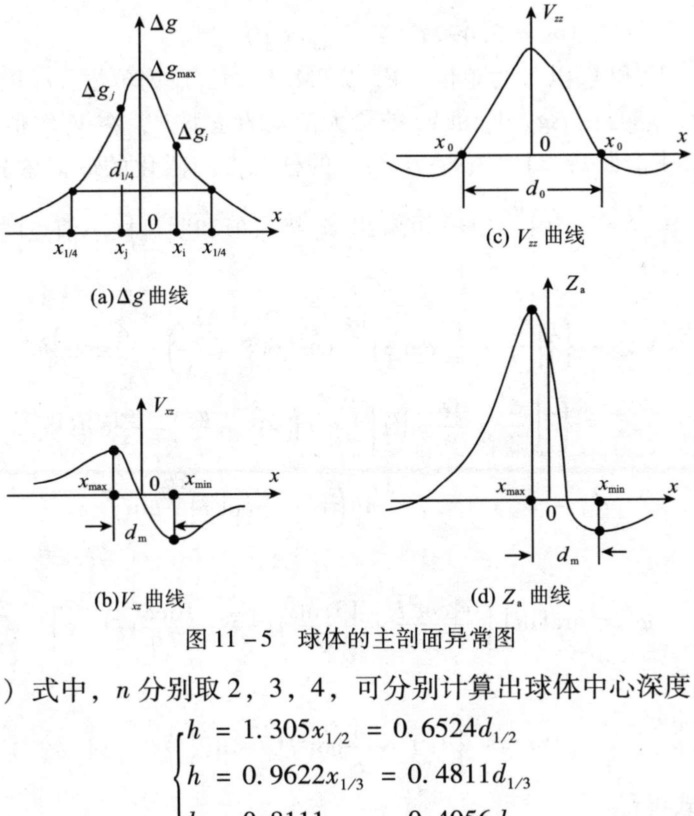

图 11－5　球体的主剖面异常图

在（11－13）式中，n 分别取 2，3，4，可分别计算出球体中心深度的三个表达式：

$$\begin{cases} h = 1.305x_{1/2} = 0.6524d_{1/2} \\ h = 0.9622x_{1/3} = 0.4811d_{1/3} \\ h = 0.8111x_{1/4} = 0.4056d_{1/4} \end{cases} \quad (11-14)$$

式中：$x_{1/2}$、$x_{1/3}$、$x_{1/4}$ 和 $d_{1/2}$、$d_{1/3}$、$d_{1/4}$ 分别为 Δg 等于 1/2、1/3、1/4Δg_{max} 点的横坐标及其两个点之间的距离。由 $\Delta g_{max} = \frac{Gm}{h^2}$ 可解出球体的剩余质量，即

$$m=\frac{h^2\Delta g_{max}}{G}=14.99h^2\Delta g_{max} \tag{11-15}$$

式中：Δg 以 g. u. 为单位，质量以 t（吨）为单位，其他量取 SI 单位。

若已知球体的密度（ρ_1）、围岩的密度（ρ_2），则由剩余质量 $m=\rho v=4\pi(\rho_1-\rho_2)R^3/3$，可解出球体的半径 R，球体的顶 h' 和球体的实际质量 m'，即

$$R=0.62\left[\frac{m}{\rho_1-\rho_2}\right]^{1/3} \tag{11-16}$$

$$h'=h-R \tag{11-17}$$

$$m'=\frac{\rho_1 m}{\rho_1-\rho_2} \tag{11-18}$$

对图 11-5（b）和（c）中所示的球体 V_{xz}、V_{zz} 和 V_{zzz} 的主剖面分别有

$$\begin{cases}h=2x_{min}=-2x_{max}=d_m\\ m=0.01746h^3(V_{xz})_{max}\end{cases} \tag{11-19}$$

$$\begin{cases}h=0.707x_0=-0.707x_0=0.3535d_0\\ m=0.00749h^3(V_{zz})_{max}\end{cases} \tag{11-20}$$

$$\begin{cases}h=1.225x_0=-1.225x_0'=0.6125d_0\\ m=2.499h^4(V_{zzz})_{max}\times10^{-6}\end{cases} \tag{11-21}$$

以上三式中，V_{xz} 和 V_{zz} 以 E 为单位，V_{zzz} 以 PMKS（V_{zzz}）为单位，m 以 t（吨）为单位，其他量取 SI 单位。球心在 Δg、V_{zz} 和 V_{zzz} 的最大值点的正下方，在 V_{xz} 零值点的正下方。

2）磁异常（主剖面）：对由表 8-1 给出的任意方向磁化的球体磁异常 Z_a 分量的表达式，令式中 $y=0$、$\delta=0$，由 $\frac{\partial Z_a}{\partial x}=0$ 可解出 Z_a 极大值和明显极小值点的坐标及其之间的距离：

$$x_{max}=\left\{2\left[\frac{4}{3}+\frac{16}{9}\cot^2 i\right]^{1/2}\cos\left(60^\circ+\frac{\varphi'}{3}\right)-\frac{4}{3}\cot i\right\}h \tag{11-22}$$

$$x_{min}=\left\{2\left[\frac{4}{3}+\frac{16}{9}\cot^2 i\right]^{1/2}\cos\left(60^\circ-\frac{\varphi'}{3}\right)-\frac{4}{3}\cot i\right\}h \tag{11-23}$$

$$d_m=x_{min}-x_{max}=4h\left(1+\frac{4}{3}\cot^2 i\right)^{1/2}\sin\frac{\varphi'}{3} \tag{11-24}$$

其中：

$$\varphi'=\arccos\left[\left(\frac{64\cot^3 i}{27}+\frac{13\cot i}{6}\right)\left(\frac{4}{3}+\frac{16\cot^2 i}{9}\right)^{-3/2}\right]$$

若令

$$f(i)=\left\{4\left(1+\frac{4}{3}\cot^2 i\right)^{1/2}\sin\frac{\varphi'}{3}\right\}^{-1}$$

则由（11-24）式可得

$$h=f(i)d_m \tag{11-25}$$

令 $\frac{x_{max}}{d_m}=\psi(i)$，可得

$$x_{max} = \psi(i)d_m \tag{11-26}$$

将（11-22）式和（11-23）式分别代入球体的 Z_a 分量表达式（见表 8-1），并令 $y=0$、$\delta=0$，可得

$$Z_{amax} = \frac{2\mu_0 m\varphi_m(i)}{4\pi h^3} \tag{11-27}$$

$$Z_{amin} = \frac{2\mu_0 m\varphi_{min}(i)}{4\pi h^3} \tag{11-28}$$

由以上二式可解得

$$m = \frac{4\pi h^3 Z_{amax}}{2\mu_0\varphi_m(i)} \tag{11-29}$$

$$\frac{|Z_{amin}|}{Z_{amax}} = K(i) \tag{11-30}$$

以上各式中 $f(i)$、$\psi(i)$、φ_{max}、φ_{min} 和 $K(i)$ 都是磁化强度倾角或有效磁化强度倾角（i 或 i_S）的函数，表 11-1 给出了不同的 i 或 i_S 的各函数值。

表 11-1　磁化强度倾角或有效磁化强度倾角（i 或 i_S）与 $f(i)$、$\psi(i)$ 和 $K(i)$ 的对应关系

形体	i（i_S）	0°	15°	30°	45°	60°	75°	90°
球体	K	1.000	0.530	0.290	0.150	0.100	0.040	0.020
	f	1.000	0.980	0.920	0.830	0.720	0.610	0.500
	φ_m	0.430	0.560	0.700	0.820	0.920	0.980	1.000
	ψ	0.500	0.380	0.270	0.170	0.100	0.040	0.000
水平圆柱体	K	1.000	0.740	0.540	0.390	0.300	0.190	0.130
	f	0.866	0.857	0.831	0.789	0.731	0.660	0.577
	φ_m	0.650	0.744	0.830	0.901	0.955	0.989	1.000
	ψ	0.50	0.340	0.303	0.211	0.129	0.058	0.000

Z_a 异常的反演步骤为：①在如图 11-5（d）所示 Z_a 主剖面上读取 Z_{amax} 和 Z_{amin}（明显极小值）及极大点与极小点间的距离 d_m；②用（11-30）式计算 K 值；③由 K 值在表 11-1 中查出 i 及其相应的 f、φ_{max} 和 ψ 值；④用（11-25）式、（11-26）式和(11-29）式分别计算出球心深度、球心在剖面上的投影点（原点）的位置和球体的磁矩；⑤若已知磁化强度，则由磁矩可求出球体的半径和球体的顶深。

（2）无限长水平圆柱体

1）重力异常：对 Δg、V_{xz}、V_{zz} 和 V_{zzz} 分别有

$$\begin{cases} h = x_{1/2} = 0.5d_{1/2} = 07071x_{1/3} = 0.3535d_{1/3} \\ \lambda = 7.496x_{1/2}\Delta g_{max} = 5.301x_{1/3}\Delta g_{max} \\ R = 0.5642\left(\dfrac{\lambda}{\rho}\right)^{1/2} \\ h' = h - R \end{cases} \tag{11-31}$$

$$\begin{cases} h = -1.732x_{max} = 0.866d_m \\ \lambda = 0.03462x_{max}^2(V_{xz})_{max} \end{cases} \tag{11-32}$$

$$\begin{cases} h = |x_0| = 0.5d_0 \\ \lambda = 0.007496x_0^2(V_{zz})_{max} \end{cases} \qquad (11-33)$$

$$\begin{cases} h = 1.732|x_0| = 0.866d_0 \\ \lambda = 1.948|x_0^2|(V_{zzz})_{max} \times 10^{-5} \end{cases} \qquad (11-34)$$

以上各式中Δg、V_{xz}、V_{zz}和V_{zzz}分别以g. u. 、E和PMKS（V_{zzz}）为单位，λ以T/m为单位，其他量皆取SI单位。

2）磁异常：对Z_a有

$$K(i) = \frac{|Z_{amin}|}{Z_{amax}} \qquad (11-35)$$

$$h = f(i_S)d_m \qquad (11-36)$$

$$x_{max} = \psi(i_S)d_m \qquad (11-37)$$

$$m_S = \frac{4\pi h^2 Z_{amax}}{2\pi_0 \varphi_{max}(i)} \qquad (11-38)$$

表11-1中给出了不同i_S的K、f、ψ和φ_{max}值。

由于无限长水平圆柱体的ΔT与Z_a是同簇曲线，因此，前面四式也适用于ΔT，只不过应将i_S视为$\varepsilon_1 = i_S - I_{0S} - 90°$，而将$m_S$视为$\dfrac{m_S\cos I_0\cos A'}{\cos I_{0S}}$。在$M$与$T_0$方向一致时，$\varepsilon_1 = 2I_{0S} - 90°$，而$\dfrac{m_S\cos I_0\cos A'}{\cos I_{0S}} = \dfrac{m_S\sin I_0}{\sin I_{0S}} = \dfrac{m_S^2}{m}$。

（3）无限延深板状体

1）无限延深直立板状体的V_{zz}和顺层磁化无限延深板状体的Z_a''异常：直立无限延深厚板状体的V_{zz}和顺层磁化无限延深厚板状体的Z_a''异常的公式相同，曲线特征相似，如图11-6（a）所示。计算其上顶面深度和半宽度的公式为

$$h = \frac{x_{1/4}^2 - x_{1/2}^2}{2x_{1/2}} = \frac{d_{1/4}^2 - d_{1/2}^2}{4d_{1/2}} \qquad (11-39)$$

$$b = (x_{1/2}^2 - h^2)^{1/2} = \frac{(d_{1/2}^2 - 4h^2)^{1/2}}{2} \qquad (11-40)$$

而计算剩余密度和磁化强度垂直分量的公式为

$$\rho = \frac{(V_{zz})_{max}}{2G\arctan\dfrac{2bh}{h^2 - b^2}} \qquad (11-41)$$

$$\boldsymbol{M}_z = \boldsymbol{M}_S\sin\beta = \frac{Z''_{amax}}{\dfrac{2\mu_0}{4\pi}\arctan\dfrac{2bh}{h^2 - b^2}} \qquad (11-42)$$

对直立无限延深薄板的V_{zz}和顺层磁化无限延深薄板的Z_a''，其深度计算公式为

$$h = \frac{d_{1/2}}{2} \qquad (11-43)$$

2）无限延深倾斜板状体的V_{xz}和无限延深斜磁化板状体的Z_a：无限延深斜磁化板状体的Z_a为不对称曲线，如图11-6（b），对此可用分解曲线法，这里的分解曲线法实质

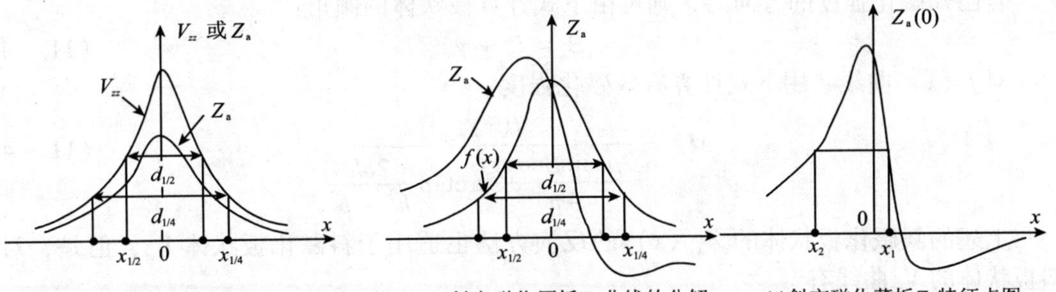

(a)直立厚板V_{zz}及顺层磁化厚板Z_a特征点图　(b)斜交磁化厚板Z_a曲线的分解　(c)斜交磁化薄板Z_a特征点图

图 11－6　无限延深板状体的异常剖面

上仍然是特征点法。

无限延深倾斜斜磁化厚板状体的 Z_a 公式，即（8－39）式可写成

$$Z_a(x) = f(x) + \varphi(x) \tag{11-44}$$

式中：

$$f(x) = \frac{2\mu_0 \boldsymbol{M}_S \sin\beta\cos\gamma}{4\pi}\arctan\frac{2bh}{x^2 - b^2 + h^2}$$

$$\varphi(x) = \frac{2\mu_0 \boldsymbol{M}_S \sin\beta\sin\gamma}{4\pi}\ln\frac{(x-b)^2 + h^2}{(x+b)^2 + h^2}$$

显然，$f(x)$ 是偶函数，其与 Z_a'' 曲线的特征相同且呈现轴对称；而 $\varphi(x)$ 为奇函数。故有

$$Z_a(x) = f(x) + \varphi(x)$$
$$Z_a(-x) = f(x) - \varphi(x)$$

由上式可解得

$$\begin{cases} f(x) = \dfrac{Z_a(x) + Z_a(-x)}{2} \\ \varphi(x) = \dfrac{Z_a(x) - Z_a(-x)}{2} \end{cases} \tag{11-45}$$

为利用（11－45）式将斜磁化的 $Z_a(x)$ 曲线分解成 $f(x)$ 和 $\varphi(x)$ 曲线，必须已知坐标原点 O。下面介绍一种确定坐标原点的方法。将（8－50）式、（8－51）式分别代入（8－44）式的 $Z_a(x)$ 公式中可得斜磁化的 $Z_{amax}(x)$ 和 $Z_{amin}(x)$，令（8－44）式中的 $x=0$，可得原点的 $Z_a(0)$ 的异常值。可以验证

$$Z_a(0) = Z_{amax}(x) + Z_{amin}(x) \tag{11-46}$$

由上式可知，$Z_a(x)$ 异常值等于极大值与极小值代数和的点为斜磁化板状体 $Z_a(x)$ 的坐标原点。

确定原点之后，在斜磁化的 $Z_a(x)$ 曲线上对称地取 $Z_a(x)$ 和 $Z_a(-x)$，代入（11－45）式就可求得半和曲线 $f(x)$ 与半差曲线 $\varphi(x)$。

对分解出的 $f(x)$ 曲线，可用（11－39）式与（11－40）式计算 h 和 b。

对原斜磁化的 $Z_a(x)$ 曲线，可用下式计算磁化特征角 γ：

$$\csc^2\gamma = \frac{(x_{min} - x_{max})^2 - 4b^2}{4h^2} = \frac{d_m^2 - 4b^2}{4h^2} \tag{11-47}$$

若已知磁化强度的方向时，则可由下式计算板状体的倾角：

$$\beta = i_S + \gamma \tag{11-48}$$

对 $f(x)$ 曲线，用下式计算有效磁化强度：

$$\boldsymbol{M}_S = \frac{f(x)_{\max}}{\frac{2\mu_0 \sin\beta\cos\gamma}{4\pi}\arctan\frac{2bh}{h^2 - b^2}} \tag{11-49}$$

上述的斜磁化板状体的 $Z_a(x)$ 的反演方法也适用于斜磁化板状体 V_{xz}，但是，对倾斜板状体的 V_{xz} 曲线有

$$\csc^2\beta = \frac{(x_{\min} - x_{\max})^2 - 4b^2}{4h^2} \tag{11-50}$$

$$\rho = \frac{f(x)_{\max}}{2G\sin\beta\cos\beta\arctan\frac{2bh}{h^2 - b^2}} \tag{11-51}$$

对于斜磁化薄板的 $Z_a(x)$ 曲线，如图 11－6（c）所示，有

$$\csc\gamma = \frac{Z_{a\max} - |Z_{a\min}|}{Z_{a\max} + |Z_{a\min}|} \tag{11-52}$$

$$h = \frac{(x_1 - x_2)\cos\beta}{2} \tag{11-53}$$

对倾斜薄板的 V_{xz} 曲线，有

$$\csc\beta = \frac{(V_{xz})_{\max} - |(V_{xz})_{\min}|}{(V_{xz})_{\max} + |(V_{xz})_{\min}|} \tag{11-54}$$

$$h = \frac{(x_1 - x_2)\cos\beta}{2} \tag{11-55}$$

（11－53）式与（11－55）式中的 $(x_1 - x_2)$ 为 $Z_a(x)$ 或 V_{xz}，等于原点 $Z_a(0)$ 或 $V_{xz}(0)$ 一半的两点间的距离。其原点也由（11－46）式决定。

由于无限延深板状体的 ΔT 与 Z_a 是同簇曲线，因此，Z_a 曲线的反演方法也适用于 ΔT。只不过应将 γ 视为 $\varepsilon_3 = 90° + \gamma - I_{0S}$，而将 $\boldsymbol{M}_S$ 视为 $\frac{\boldsymbol{M}_S \cos I_0 \cos A'}{\cos I_{0S}}$；在 M 方向与 T_0 方向一致时，$\varepsilon_3 = 90° + \beta - 2I_{0S}$，而 $\frac{\boldsymbol{M}_S \cos I_0 \cos A'}{\cos I_{0S}} = \frac{\boldsymbol{M}_S \sin I_0}{\sin I_{0S}} = \frac{\boldsymbol{M}_S^2}{\boldsymbol{M}}$。

（4）台阶

对于倾斜台阶，只利用某一异常反演求解是很困难的。由于篇幅所限，这里只介绍直立台阶的反演方法。

1）重力异常：对于直立台阶的 Δg，由下式计算台阶的厚度：

$$t = H - h = \frac{\Delta g_{\max}}{2\pi G\rho} \tag{11-56}$$

对直立台阶重力异常的水平导数 V_{xz}，有

$$\begin{cases} h = m - (m^2 - x_{1/2}^2)^{1/2} \\ H = m + (m^2 - x_{1/2}^2)^{1/2} \\ \rho = \dfrac{(V_{xz})_{\max}}{2G(\ln H - \ln h)} \end{cases} \tag{11-57}$$

式中：$m=\dfrac{H+h}{2}=\dfrac{x_{1/4}^2-x_{1/2}^2}{2x_{1/2}}$。

对直立台阶重力异常的垂向导数 V_{zz}，有

$$\begin{cases} h = \dfrac{B-(B^2-4x_{\max}^2)^{1/2}}{2} \\ H = \dfrac{B+(B^2-4x_{\max}^2)^{1/2}}{2} \\ \rho = \dfrac{(V_{zz})_{\max}}{2G\arctan\dfrac{(B^2-4x_{\max}^2)^{1/2}}{2x_{\max}}} \end{cases} \tag{11-58}$$

式中：$B=\dfrac{(x_{\max}-x_{1/2})^2}{|x_{1/2}|}$。

对于如图 11-7 所示的物质半平面的重力异常 Δg，有

$$\begin{cases} D=-1.732x_{1/3}=-x_{1/4}=1.732x_{2/3}=x_{3/4} \\ \mu=\dfrac{\Delta g_{\max}}{2\pi G}=\dfrac{\Delta g(x)+\Delta g(-x)}{2\pi G} \\ h=D-\dfrac{\Delta g(x)+\Delta g(-x)}{4\pi G\rho} \\ H=D+\dfrac{\Delta g(x)+\Delta g(-x)}{4\pi G\rho} \end{cases} \tag{11-59}$$

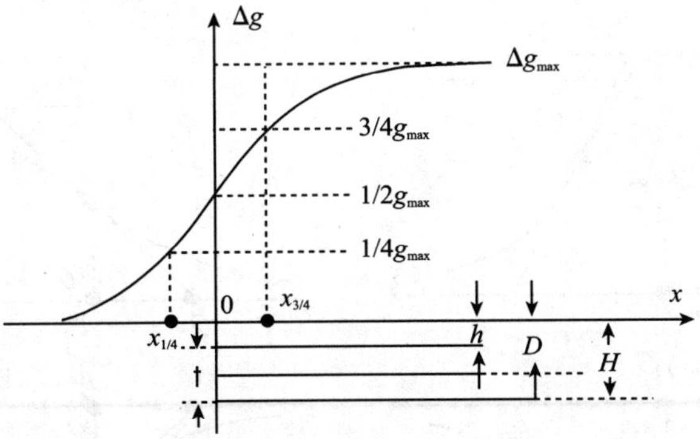

图 11-7　水平物质半平面的 Δg 特征点示意图

对水平物质半平面重力异常的水平导数 V_{xz}，有

$$\begin{cases} D=x_{1/2} \\ \mu=\dfrac{x_{1/2}(V_{xz})_{\max}}{2G} \\ h=\dfrac{x_{1/2}[1-(V_{xz})_{\max}]}{4G\rho} \\ H=\dfrac{x_{1/2}[1+(V_{xz})_{\max}]}{4G\rho} \end{cases} \tag{11-60}$$

对水平物质半平面重力异常的垂向导数 V_{zz}，有

$$
\begin{cases}
D = x_{max} \\
\mu = \dfrac{D(V_{zz})_{max}}{G} \\
h = D\dfrac{1-(V_{zz})_{max}}{2G\rho} \\
H = D\dfrac{1+(V_{zz})_{max}}{2G\rho}
\end{cases}
\tag{11-61}
$$

直立台阶 Δg 曲线的拐点、V_{xz} 曲线的极大值点以及 V_{zz} 曲线的零点为坐标原点。

误差分析表明，对于 Δg 来说，以水平物质半平面代替直立台阶，其相对误差最大也仅为 7.2%。因此，在研究直立台阶 Δg 的反问题时，我们可用水平物质半平面代替它。

2）磁异常：对垂直磁化直立台阶的 $H_{ax}^{\perp}$ 和 $Z_{a}^{\perp}$，（11－57）式和（11－58）式也适用，只不过应将 ρ、G 换为 $\boldsymbol{M}_S$ 和 $\dfrac{\mu_0}{4\pi}$，而将 V_{xz} 和 V_{zz} 换成 $H_{ax}^{\perp}$ 和 $Z_{a}^{\perp}$。

对斜磁化直立台阶的 Z_a 曲线也可应用分解曲线法，用分解出来的 $f(x)$ 曲线做反演。

2. 切线法与积分法

切线法是利用异常曲线上一些特征点的切线的交点坐标间的关系求解反问题的一类方法。该方法具有简单、快速和不受正常场选择的影响等优点。

（1）Δg 切线法

图 11－8 中给出了几种简单条件下规则地质体的 Δg 曲线和过拐点、极值点的切线。

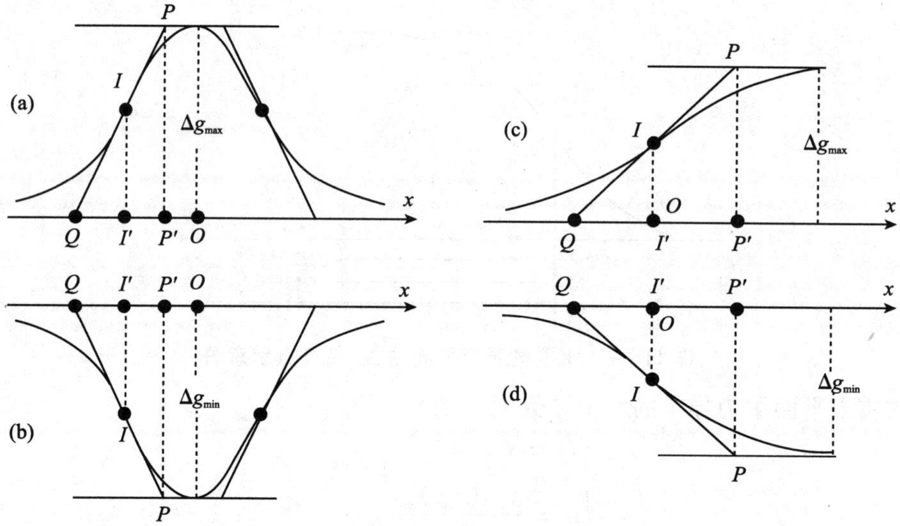

图 11－8　几种 Δg 线的切线图

由图可知：

$$
QI' = \frac{|(\Delta g)_I|}{|(V_{xz})_I|},\quad I'P' = \frac{|\Delta g_{max}| - |(\Delta g)_I|}{|(V_{xz})_I|}
$$

式中：$(\Delta g)_I$ 和 $(V_{xz})_I$ 分别为 Δg 曲线拐点的重力异常和拐点的斜率。于是有

$$\Delta x = QI' + I'P' = \frac{|\Delta g_{\max}|}{|(V_{xz})_I|} \quad (11-62)$$

$$|x_Q| = QI' + I'O = \frac{|(\Delta g)_I|}{|(V_{xz})_I|} + |x_I| \quad (11-63)$$

式中：X_Q 和 x_1 分别为 Q 点和拐点 I 的坐标。

下面以无限长水平圆柱体的重力异常 Δg 为例说明带系数切线法的具体计算过程。

根据无限长水平圆柱体重力异常 Δg 的表达式（4－24）和重力异常的一阶水平导数 V_{xz}表达式（4－25）式，可求得

$$\Delta g_{\max} = \frac{2G\lambda}{h}, \quad x_1 = \pm h/\sqrt{3}$$

$$(\Delta g)_I = \frac{3G\lambda}{2h}, \quad (V_{xz})_I = 9G\lambda/(4\sqrt{3}h^2)$$

将以上四式代入(11－62)式和(11－63)式可以求出无限长水平圆柱体轴线的深度：

$$h = 0.6495\Delta x = 0.5774|x_Q| \quad (11-64)$$

（11－64）式也可以应用于其他不同形状的地质体，应用中对不同的地质体取不同的系数。表11－2为几种规则形体在不同线段的系数。

表11－2　几种规则形体在不同线段的系数

线段 / 地质体	Δx	$\|x_Q\|$	$\|x_Q\| - \Delta x$
球　体	0.8587	0.7500	
水平圆柱体	0.6495	0.5774	
水平物质半平面	0.3183	0.6366	
直立薄板			3.2600
直立细柱	0.3849		

（2）Z_a 切线法

最初提出和应用的切线法是一种经验的方法。它的实现过程可以概括如下：过异常曲线的拐点和极值点作切线，然后延长这些切线使它们相交，最后根据拐点、极值点以及这些交点的横坐标的相互关系求出场源的埋深。图11－9给出了 Z_a 异常曲线以及切线的示意图，依照图中所示，经验切线法计算深度的公式为

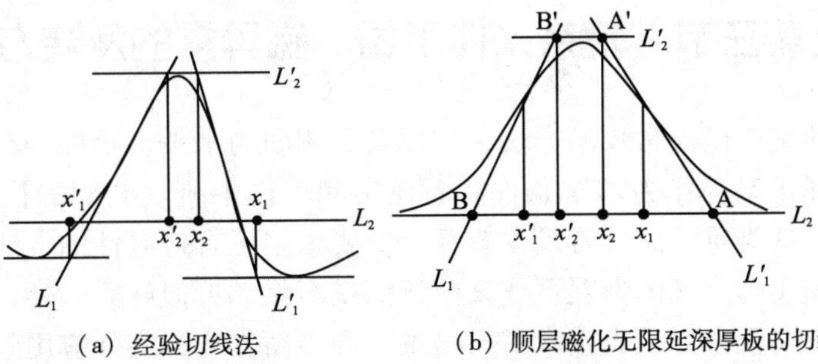

（a）经验切线法　　（b）顺层磁化无限延深厚板的切线法

图11－9　Z_a 切线法示意图

$$h=\frac{1}{2}\left[\frac{x_1-x_2}{2}+\frac{x_2'-x_1'}{2}\right] \tag{11-65}$$

实践表明，上式仅对走向和延深均很大的地质体的异常计算效果较好，对其他形体误差很大。为此，出现了乘改正系数的切线法，其计算公式为

$$h=k\frac{(x_1-x_2)+(x_2'-x_1')}{2} \tag{11-66}$$

式中：k 为改正系数，表 11－3 列出了不同形状地质体的改正系数。针对不同形状的场源，参照表 11－3 给出的改正系数进行计算效果较好。

表 11－3　改正系数切线法中不同形状地质体的改正系数

形体	无限延深板状体（$\beta=i_S$）			无限延深薄板			水平圆柱体			直立细柱	球体		
条件	$2b$			γ			i_S			顺轴磁化	i		
	$>h$	h	$0.2h$	0°	45°	90°	30°	45°	90°		15°	30°	40°～90°
k	0.32～0.55	0.59	0.65	0.65	0.56	0.41	1.03	1.10	1.30	0.86	2.30	1.40	1.30

以上的切线法称为经验切线法。实际应用人们还根据对切线法的理论研究，提出过既计算深度，也计算场源水平宽度的更详细的改正计算方法。当然，由于切线法计算主要根据一些特征点进行计算，在离散测量结果中特征点（拐点）的确定有一定经验因素且对计算结果的影响较大，再加上计算中受场源磁化方向以及测量分量的影响，使 Z_a 曲线的切线法的应用受到了一定的限制。

（3）磁异常的积分法

积分法是针对规则形体二度体的剖面磁异常，利用其异常曲线和 x 轴（或 y 轴）之间所围的面积、部分面积或其他形如 $\int x^m f(x)\,dx$ 的积分，来计算地质体的产状要素和物性参量的方法。它的优点在于充分利用了整条异常曲线上的场值，避免了个别测点上的测量误差和干扰的影响。但该方法要求正常场选择准确，剖面要足够长，并且事先要对场源的形状有大致正确的估计，以便正确选用计算公式。另外该方法以利用 H_{ax} 和 Z_a 分量为主进行计算，应用中有一定的局限性，故这里不对其做详细介绍。感兴趣者可参阅其他相关文献和书籍。

第三节　复杂条件下重、磁异常的反演方法

前面介绍的重、磁异常反演方法，均以其观测面为水平、物性分布均匀、简单规则形体及正常场选择正确等作为求解条件。而在实际工作中所观测到的往往是复杂条件下的重、磁异常。对这类重、磁异常反演解释一般要采用更有针对性的方法和技术，或者对复杂条件在不失其实际意义的情况下作某些近似或简化求近似解。另外，随着计算机应用技术的快速发展，对复杂异常直接求解已出现了许多新方法，实际应用效果也很好。

复杂重、磁异常反演解释方法种类非常多，鉴于本书对读者适用性以及篇幅的要求，本节主要介绍一些经典的反演方法，如起伏地形条件下的磁异常反演，磁异常的矢量解释

法，重、磁异常反演的选择法等。下一节将对一些针对性更强的反演方法做简要介绍。

一、起伏地形条件下的磁异常反演

起伏地形无论对重力异常还是磁异常的测量都会产生影响。在重力测量中，地形改正计算过程已经考虑到了各种地形影响因素并已经进行了改正。在磁异常测量中，地形起伏以不同的方式影响着观测结果。第八章就无限延深薄板状体垂直磁异常 Z_a 在起伏地形条件下的情况给出了计算表达式，如（8－54）式的结果。这里我们对该式做反演计算讨论。

在（8－54）式中令 $\beta=90°$，即假定场源为直立无限延深薄板状体，则（8－54）式变成

$$Z_a=\frac{\mu_0}{4\pi}2M_S2b\frac{[h+(x-x_i)\tan\alpha_j]\cos\gamma-x\sin\gamma}{x^2+[h+(x-x_i)\tan\alpha_j]^2} \tag{11－67}$$

当 $x_i=x_0=0$，即地形为斜坡时，上式变为

$$Z_a=\frac{\mu_0}{4\pi}2M_S2b\frac{(h+x\tan\alpha_j)\cos\gamma-x\sin\gamma}{x^2+(h+x\tan\alpha_j)^2} \tag{11－68}$$

若为顺层磁化，即 $\gamma=0°$时，则（11－68）式变为

$$Z_a=\frac{\mu_0}{4\pi}2M_S2b\frac{(h+x\tan\alpha_j)}{x^2+(h+x\tan\alpha_j)^2} \tag{11－69}$$

由以上三式可以看出，当地形不水平时，磁场特征还与地形线的倾角 α_j 的大小及符号有关。

对于其他简单形体，其起伏地形条件下的磁场表达式均可采用与上面相同的方法化简。

在反演计算中，将起伏地形条件下异常的表达式与水平条件下的公式相比较可知，前者除了地形参量 x_j 和 α_j 以外，其他参量与后者均相同，而且 x_i 和 α_j 又是已知量，因此，可以类似水平地形那样，导出起伏地形条件下直接进行反演计算的公式。下面仍以薄板为例说明起伏地形上直接进行定量解释的方法和过程。

由（11－68）式，若令 $Z_a=0$，则得

$$x_0=\frac{h}{\tan\gamma-\tan\alpha_1}=hf_1 \tag{11－70}$$

上式中 $f_1=\dfrac{1}{\tan\gamma-\tan\alpha_1}$，$x_0$ 为 $Z_a=0$ 时的水平坐标。

对（11－68）式求 x 的偏导数，并令 $\dfrac{\partial Z_a}{\partial x}=0$，得

$$x^2(1-\tan\alpha_j\cot\gamma)-2xh\cot\gamma-h^2\cos^2\alpha_j\cot\gamma(\tan\alpha_j+\tan\gamma)=0$$

解此方程，得极值点坐标为

$$x_{max}=\frac{1-\cos\alpha_2\sec\gamma}{\tan\gamma-\tan\alpha_2}h=f_2h \tag{11－71}$$

$$x_{min}=\frac{1+\cos\alpha_3\sec\gamma}{\tan\gamma-\tan\alpha_3}h=f_3h \tag{11－72}$$

上两式中：　$f_2 = \dfrac{1 - \cos\alpha_2 \sec\gamma}{\tan\gamma - \tan\alpha_2}$；　$f_3 = \dfrac{1 + \cos\alpha_3 \sec\gamma}{\tan\gamma - \tan\alpha_3}$

（11－70）式～（11－72）式中的 α_1、α_2、α_3 分别为零值点、极大值点和极小值点所对应的地形直线段的倾角。利用上述特征点坐标所构成的直线段即可求得上顶埋深。即

$$\begin{cases} h = d_{m0} f_4, \quad f_4 = \dfrac{1}{f_1 - f_2} \\ h = d'_{m0} f_5, \quad f_5 = \dfrac{1}{f_1 - f_3} \\ h = d_m f_6, \quad f_6 = \dfrac{1}{f_2 - f_3} \end{cases} \tag{11-73}$$

式中：$d_{m0} = x_0 - x_{max}$ 为极大值点和零值点之间的距离；$d'_{m0} = x_0 - x_{min}$ 为极小值点与零值点之间的距离；$d_m = x_{max} - x_{min}$ 为极大值点与极小值点之间的距离。以上所计算出的 h 均取其绝对值。上述公式中的系数 f_j 为 γ 和 α_j（$j = 1, 2, 3$）的函数，其值可由不同的 γ 和 α_j 事先计算出，如表 11－4 所示。此表适用于简单的简化地形如斜坡、山脊和山谷地形。

表 11－4　不同的 γ 和 α_j 所对应的系数 f_j

r	15°			30°			45°			60°			75°		
α_1 \ f	f_1	f_2	f_3	f_1	f_2	f_3	f_1	f_2	f_3	f_1	f_2	f_3	f_1	f_2	f_3
0	3.732	-0.132	7.595	1.732	-0.268	3.732	1	-0.414	2.414	0.577	0.577	1.732	0.268	-0.767	1.303
150	-	-	-	3.232	-0.373	6.837	1.366	-0.5	3.232	0.638	-0.636	2.002	0.289	-0.788	1.366
-150	1.866	0	3.752	1.183	-	2.502	0.788	-0.289	1.866	0.5	-0.466	1.466	0.25	-0.683	1.183
300	-3.232	-0.334	-6.13	-	-0.136	-	2.366	-0.532	5.264	0.866	-0.633	2.366	0.317	-0.743	1.378
-300	1.183	0.122	2.243	0.866	0	1.732	0.634	-0.142	1.410	0.433	-0.316	1.183	0.232	-0.544	1.008
450	-1.366	-0.366	-2.366	-2.366	-0.434	-4.298	-	-	-	1.366	-0.565	3.298	0.366	-0.634	1.366
-450	0.789	0.211	1.366	0.634	0.116	1.151	0.5	0	1	0.366	-0.151	0.844	0.211	-0.366	0.789

对单斜坡地形，上述解析式更简单，可由 $\dfrac{|Z_{amin}|}{Z_{amax}}$ 的比值来确定 γ 角，其关系式为

$$\frac{|Z_{amin}|}{Z_{amax}} = \frac{(1 - \cos\alpha\sec\gamma)^2 + (\tan\gamma - \sin\alpha\sec\gamma)^2}{(1 - \cos\alpha\sec\gamma)^2 + (\tan\gamma + \sin\alpha\sec\gamma)^2} \tag{11-74}$$

对于不同的 γ 和 α，由上式可制作成表 11－5，使用已知的极值比和 α 角可查得相应的 γ 角，由表可见，当 $\alpha = \gamma$ 时，Z_a 曲线近于对称且无负值。

表 11－5　不同的 γ 和 α 所对应的 $|Z_{amin}|/Z_{amax}$

r / $\frac{\lvert Z_{amin}\rvert}{\lvert Z_{amax}\rvert}$ / α	0°	15°	30°	45°	60°	75°
0°	0（0）	0.017（0.017）	0.072（0.073）	0.172（0.172）	0.333（0.333）	0.586（0.588）
15°	0.017（0.017）	0（0.072）	0.017（0.171）	0.072（0.333）	0.172（0.589）	0.333（1.000）
30°	0.072（0.072）	0.017（0.171）	0（0.334）	0.017（0.588）	0.072（1.000）	0.171（1.703）

续表

$\frac{|Z_{amin}|}{|Z_{amax}|}$ α \ r	0°	15°	30°	45°	60°	75°
45°	0.173 (0.172)	0.072 (0.333)	0.017 (0.588)	0 (1.000)	0.017 (1.698)	0.071 (3.004)
60°	0.333 (0.333)	0.171 (0.588)	0.072 (1.000)	0.017 (1.699)	0 (2.999)	0.017 (5.833)
75°	0.588 (0.588)	0.333 (1.000)	0.172 (1.699)	0.072 (2.999)	0.017 (5.826)	0 (13.928)

当$\gamma=0°$时，若$\alpha_2 \neq \alpha_1$（或$\alpha_2=\alpha_1$），则由（11－70）式～（11－73）式可得到相应的表达式，其形式更为简单，读者可自行推导。

当求得h后，再结合使用相应的f值，便可以求得特征点的坐标x_0、x_{max}和x_{min}，进一步还能确定出原点的位置，即板的上顶中心在地形线上的投影点。

对其他简单形体，采用类似的推导方法，也可得到起伏地形上求h（或R）及原点位置的特征点法的计算公式。

二、矢量法

利用磁异常的强度、方向及其分布规律求解磁性体几何参量及磁性参数的方法称为矢量法或矢量解释法。它可分为矢量交会法、矢量轨迹法、矢量倾角法、矢量强度空间等值线量板法及矢量强度比值圆交会法等。多数矢量解释法能适用于任意磁化方向、任意地形起伏条件下的磁异常，能够用图解的方法求出多种参数如上顶埋深、中心或下底埋深、板状体的倾角及磁化强度的方向等。但在使用中要求有水平分量的数据，对场源体形状要有一定的估计以及正常场要求选择正确等，这些条件不易满足。相对而言，矢量强度比值圆法在计算过程中仅要求利用总磁异常矢量，且其他条件要求也较少。根据近些年来野外磁法勘探多数以测量总磁异常矢量模为主的情况，下面着重以水平圆柱体为例介绍矢量强度比值圆法的计算。

1. 比值圆法的应用基础

由公式$T_a=\sqrt{Z_a^2+H_a^2}$可将几种规则形体磁异常总强度T_a的极坐标表达式归纳为如下的通式：

$$T_a=\frac{Q}{r^n} \tag{11-75}$$

式中：Q为磁性体的几何尺度及与磁性有关的常数；r为观测点至场源体端点或中心点之间的距离；n为磁性体的形状参数，如$n=1$为无限延深薄板状体，$n=2$为水平圆柱体等。可见各类形体的T_a均有与r^n成反比之共同点，故它们都能以一种T_a比值圆交会法求其顶、端点或中心的位置。

2. 水平圆柱体比值圆交会法（双圆法）

设在起伏地形下有一任意磁化方向的水平圆柱体，如图11－10所示。水平圆柱体截面中心位置在O点，与地面上任意三测点的距离为r_1、r_2和r_3，在三测点上的T_a值分别为T_{a1}、T_{a2}和T_{a3}，由（11－75）式可写出它们的T_a比值关系式：

$$\begin{cases} \dfrac{T_{a1}}{T_{a2}} = T_{a12} = \left(\dfrac{r_2}{r_1}\right)^2 = K_{12}^2, \quad K_{12} = \sqrt{T_{\alpha 12}} \\ \dfrac{T_{a1}}{T_{\alpha 3}} = T_{\alpha 13} = \left(\dfrac{r_3}{r_1}\right)^2 = K_{13}^2, \quad K_{13} = \sqrt{T_{a13}} \\ \dfrac{T_{a2}}{T_{a3}} = T_{\alpha 23} = \left(\dfrac{r_3}{r_2}\right)^2 = K_{23}^2, \quad K_{23} = \sqrt{T_{a23}} \end{cases} \tag{11-76}$$

写成一般形式：

$$\frac{T_{ai}}{t_{aj}} = T_{aij} = \left(\frac{r_j}{r_i}\right)^2 = K_{ij}^2, \quad K_{ij} = \sqrt{T_{aij}} \tag{11-77}$$

可见，K 值取决于圆柱体截面中心到各测点距离之比，称为比值系数。它可通过任意两点上 T_{ai} 和 T_{aj} 之比求得。i，j 两点之间的距离 d_{ij} 也为已知，由几何学知，若我们以 i，j 两点之间的距离 d_{ij} 作为基线长度画出比值系数为 K_{ij} 的比值圆，则水平圆柱体的中心必在其圆周上。对此结论证明如下：

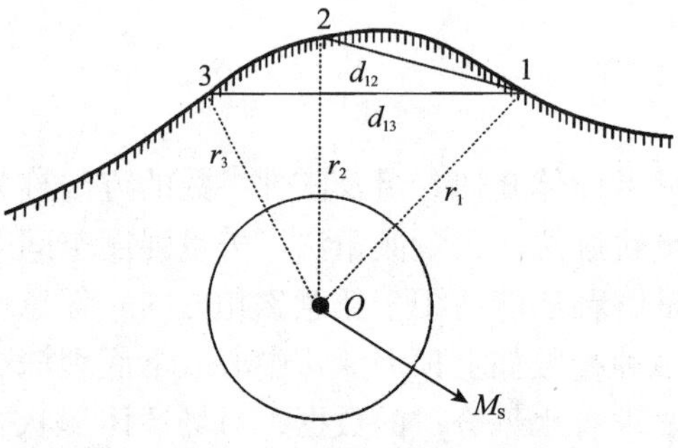

图 11－10　水平圆柱体坐标系简图

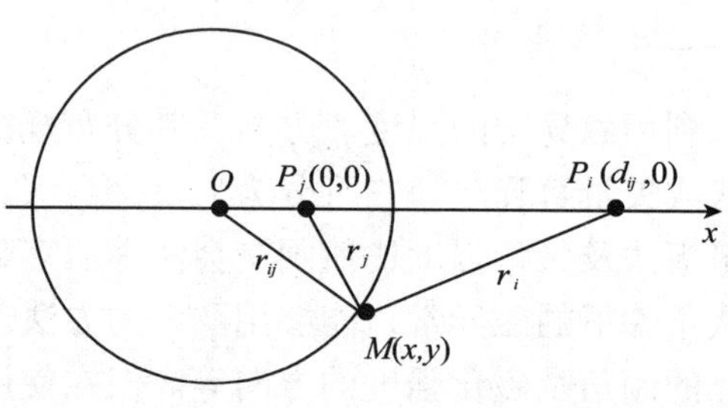

图 11－11　比值圆简图

设在地形线上任取两点 P_i 和 P_j，其连线 $\overline{P_iP_j}$ 的长度为 d_{ij}，由两点的 T_a 可计算出比值系数 K_{ij}，如图 11－11 所示。令坐标系的原点在 P_j 处，x 轴与 $\overline{P_iP_j}$ 重合，动点 M 的坐标为（x，y），此时 P_i 点的坐标为（d_{ij}，0），比值系数

$$K_{ij} = \frac{P_jM}{P_iM} = \frac{r_j}{r_i} = \frac{\sqrt{x^2 + y^2}}{\sqrt{(x - d_{ij})^2 + y^2}}$$

将上式展开后经配方、整理可得

$$\left(x + \frac{d_{ij}K_{ij}^2}{1 - K_{ij}^2}\right)^2 + y^2 = \left(\frac{d_{ij}K_{ij}}{1 - K_{ij}^2}\right)^2$$

显然，此式为圆的方程，即动点 M 的轨迹为比值系数为 K_{ij} 的比值圆，如图 11－11 所示。该圆的半径 R_{ij} 和圆心 O 点到 P_j 的距离 OP_j 分别为

$$\begin{cases} R_{ij} = \dfrac{d_{ij}K_{ij}}{1 - K_{ij}^2} \\ OP_j = R_{ij}K_{ij} \end{cases} \tag{11-78}$$

若有两组 d_{ij} 和 K_{ij} 可作出两个比值圆，则两圆的公共交点必为水平圆柱体截面的中心位置，此法也成为双圆法。必须注意：作比值圆时，应取比值系数 $K_{ij} < 1$，其圆心位于 T_a 值大的一端的外侧。

3. **薄板状体的比值圆交会法（分交法）**

设起伏地形下有一任意倾斜方向和任意磁化倾角的有限延深板状体，如图 11－12 所示。由（11－11）式知道，剖面内各测点的 T_a 值与测点到薄板上、下端点的距离 r_A 和 r_B 之乘积成反比，即 $T_a=\dfrac{C\cdot 2l}{r_A\cdot r_B}$，这时两点上 T_a 的比值为

$$\frac{T_{ai}}{T_{aj}}=\frac{r_{Aj}\cdot r_{Bj}}{r_{Ai}\cdot r_{Bi}}=K_{ij}^{A}\cdot K_{ij}^{B} \tag{11－79}$$

可见，有限延深板状体异常 T_a 在两个不同测点上的比值，对应有两个比值系数 K_{ij}^{A} 和 K_{ij}^{B}，它们分别取决于磁性体两端点到各测点之间的距离之比，使问题变得复杂化。为此，要设法消除 K_{ij}^{A} 或 K_{ij}^{B}，让 T_a 的比值仅与一个 K_{ij}^{A} 或 K_{ij}^{B} 有关，这样便又可以使用前述的双圆法了，有两种途径可以实现这种做法。

方法一：当磁性体上顶 A 为已知时，可在起伏地形上直接量出 r_A 和 r_B 的值，则 $K_{ij}^{A}=r_{Aj}/r_{Ai}$ 可算出，再利用 T_a 的比值求出 K_{ij}^{B}，即 $K_{ij}^{B}=(T_{ai}/T_{aj})\,K_{ij}^{A}$；还可在起伏地形上取与 A 等距离的点（以 A 点为圆心做圆，圆与地形线之交点即为与 A 等距离的点），则有 $r_{Aj}=r_{Bj}$，$K_{ij}^{A}=1$，然后利用 T_a 的比值，亦可求出 K_{ij}^{B} 的值，即有 $K_{ij}^{B}=T_{ai}/T_{aj}$。

若只知道磁性体上顶 A 在地面上的投影位置 O，当地形水平时，可在 O 点两侧取对称的点，如图 11－13 所示，显然有 $r_{Aj}=r_{Bj}$，$K_{ij}^{A}=1$，则 $K_{ij}^{B}=T_{aj}/T_{aj}$，当为起伏地形时，类似地可在 O 点两侧取对称的点，此时就有 $r_{Aj}\approx r_{Bj}$，$K_{ij}^{A}=1$，能近似地求得 K_{ij}^{B} 的值。

在已知 K_{ij}^{B} 后，再利用（11－78）式求出半径，定出圆心位置，便可作比值圆求其交点，即磁性体下端点 B。可见，当只知点位置，对于起伏地形条件下确定出的 B 端会有一定的误差。

磁性体下端 B 定出以后，对已知 O 点位置的情况，又可采用上述方法从 B 端出发交出上顶 A 的位置。

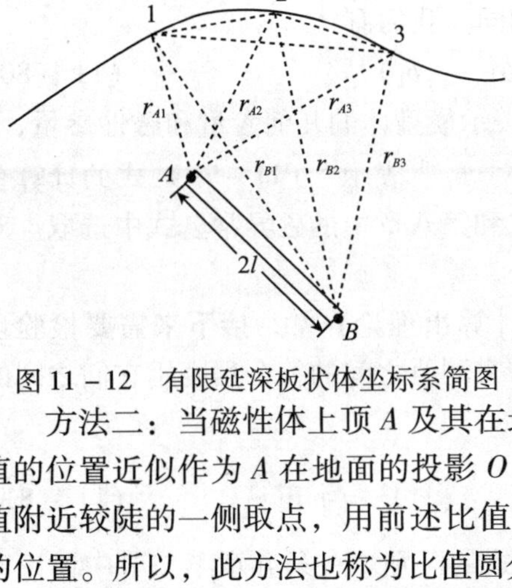

图 11－12　有限延深板状体坐标系简图

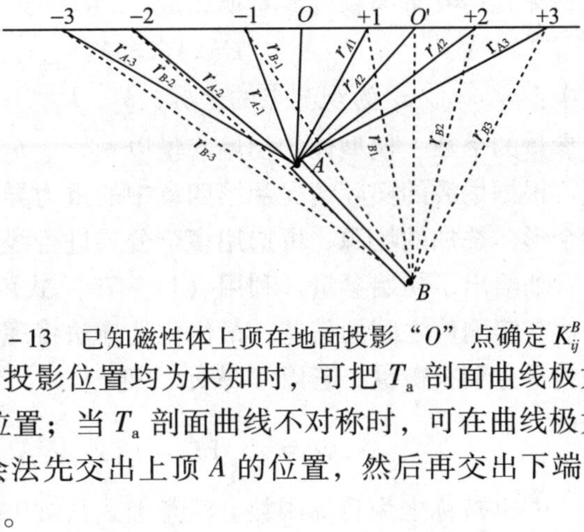

图 11－13　已知磁性体上顶在地面投影“O”点确定 K_{ij}^{B}

方法二：当磁性体上顶 A 及其在地面的投影位置均为未知时，可把 T_a 剖面曲线极大值的位置近似作为 A 在地面的投影 O 点的位置；当 T_a 剖面曲线不对称时，可在曲线极大值附近较陡的一侧取点，用前述比值圆交会法先交出上顶 A 的位置，然后再交出下端 B 的位置。所以，此方法也称为比值圆分交法。

利用 T_a 曲线极大值的坐标位置来确定 A 端在地面的投影位置，这样的近似做法是可行的。因为对薄板状体来说，即使 T_a 曲线呈明显的不对称，但其极大值坐标点的位置与实际板顶在地面的投影位置也是相当接近的（尤其是对水平地形），如图 11－14 所示。

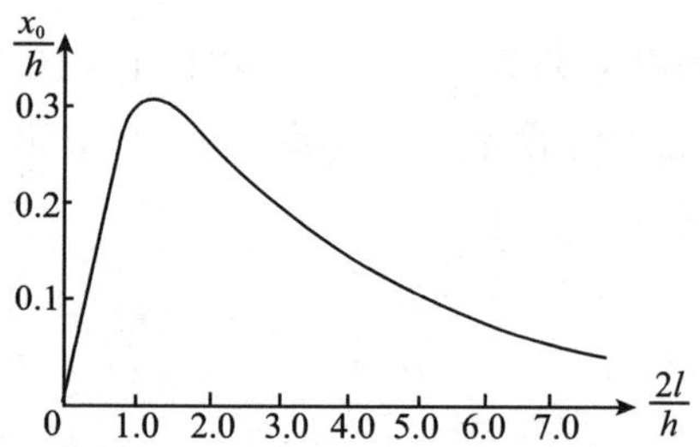

图 11－14　倾斜薄板（$\alpha=30°$）

ΔT 极大值点位置偏离板顶图

由图 11－14 可见，当 $\alpha=30°$时，在$\frac{2l}{h}=1.25$ 的附近偏离最大，仅为 $0.3h$；若$\frac{2l}{h}\geqslant 1$，则偏离值随 $2l$ 变大而愈来愈小。计算结果还表明，当磁性体有一定的水平宽度时，偏离值也相应地减小；当 α 角增大时，偏离值也减小；$\alpha=90°$ 时，$\frac{x_0}{h}=0$ 。因此，在 $\alpha>30°$时，可将 T_a 曲线极大值坐标点的位置近似作为板状体上顶在地面的投影位置。但是，在地面剧烈起伏的情况下，这样做将会引起较大的误差，而对截面近似圆形的二度体的 T_a 异常，其偏离相对地也会小一些。

三、最优化选择法

所谓最优化选择法，就是将实测异常曲线与理论异常曲线进行对比，使理论曲线拟合实测曲线的一种异常解释方法。这种对比拟合常采用逐次逼近的方式。选择法解释异常的步骤可以归纳为：①场源初始模型的给出；②初始模型体理论异常的计算；③将理论异常曲线和实测异常曲线对比，视二者拟合情况决定是否修改模型体；④若拟合得不好，修改初始模型体，然后重复①、②、③步骤，直到拟合较好为止。上述步骤的实现，是在给出场源初始模型的情况下，通过一系列的数学计算最后给出计算结果，此种计算即称为最优化选择法。

1. 方法的基本原理

设实测异常（重力 Δg 或磁异常 ΔT）以 f_k 表示，$k=1$，2，…，m（m 为观测点数），与实测异常对应的理论异常以 $\boldsymbol{F}$（$\boldsymbol{x}$）$_k$ 表示（式中 $\boldsymbol{x}$ 为向量），其各分量由观测点坐标和模型体几何参量与物性参量所组成，k 的意义与 f_k 相同。我们有

$$\boldsymbol{F}(\boldsymbol{x})_k = F(x_k, y_k, z_k, b_1, b_2, \cdots, b_n) \qquad (11-80)$$

式中：x_k，y_k，z_k 为观测点的坐标；b_1，b_2，…，b_n 表示模型体的几何参量和磁性参量，n 为参量的个数。模型体的初始参量以 $b_1^{(0)}$，$b_2^{(0)}$，…，$b_n^{(0)}$表示，（11－79）式的计算公式可根据场源的实际情况从第四章中的重力异常公式和第八章中的磁异常公式中选取。对多个形体叠加的场源，可选用多个公式进行线性组合。

如给出了初始参量，利用（11－79）式就可以计算出理论异常，接下来需要检验理论值与实测值之间的偏差。最优化选择法将理论值与实测值之间的符合程度用它们之间的偏差平方和来衡量，若以 $\boldsymbol{\Phi}$ 表示，则

$$\boldsymbol{\Phi} = \sum_{k=1}^{m} [f_k - F(x_k, y_k, z_k, b_1, b_2, \cdots, b_n)]^2 = \min \qquad (11-81)$$

$\boldsymbol{\Phi}$ 也被称之为目标函数。注意上式与（9－16）式的区别。在第九章第二节中讨论对重、磁异常的插值、圆滑以及分离的计算时，均涉及求实测值与期望值（插值或圆滑以后的值）偏差平方和极小的问题（即最小二乘问题），但（9－16）式中的 f（x_j，y_j）均可用较简单的函数代入，并通过一次计算即可获得所需要的结果。而（11－80）式的

F（x_k，y_k，z_k，b_1，b_2，…，b_n）一般不是模型参量 b_1，b_2，…，b_n 的线性函数，因此，在求解（11－80）式的过程中，需要首先将非线性的模型函数 F（x_k，y_k，z_k，b_1，b_2，…，b_n）在某组初值（例如 b_{10}，b_{20}，…，b_{n0}）附近作级数展开且保留线性项，这样实现非线性函数 F（x_k，y_k，z_k，b_1，b_2，…，b_n）的线性化，然后通过求解（11－80）式线性化以后的极小就可以得到模型参量的近似值 b'_1，b'_2，…，b'_n，这个过程不能够一次完成，而是通过多次迭代计算来实现。

为了使计算得到的线性化以后的模型参量能逐步地接近正确的模型参数，需要寻求一组关于模型参量的修改量 δ_1，δ_2，…，δ_n，使初始参量得到修正，可写为

$$b_i = b_i^0 + \delta_i \quad (i = 1,2,\cdots,n) \tag{11-82}$$

将修改后的模型体参量代入（11－80）式，使理论异常与实测异常的偏差平方和的 Φ 值逐步获得改善，直到 Φ 取得极小，这时我们便认为该组的模型参量 b_i（$i=1$，2，…，n）可以作为最后解释结果。在这个准则下的选择法就称为最小二乘意义下的最优化选择法。

最优化方法的关键在于求出使目标函数 Φ 取得极小值的改正量 δ。对（11－80）式的多参量非线性目标函数求极小的问题，其数学算法是很多的，我们通常采用的是阻尼最小二乘法。它是一种在高斯法（非线性函数线性化求极小的方法）和最速下降法（沿目标函数梯度方向求解的方法）之间取某种插值的逐次逼近的算法。

已知高斯迭代法和最速下降法的求解形式为

$$\boldsymbol{A}\delta_i = \boldsymbol{g} \tag{11-83}$$

$$b = b^{(0)} + \lambda\delta_g = b^{(0)} - \lambda \operatorname{grad}\Phi \tag{11-84}$$

前式为高斯方程，后式为最速下降法，式中的 δ_i、δ_g 分别为高斯法和最速下降法的修改量的改正向量；λ 为最速下降法计算中的最优步长，另外一些变量分别为

$$\boldsymbol{A} = \boldsymbol{P}^{\mathrm{T}}\boldsymbol{P}, \boldsymbol{P} = \left(\frac{\partial f}{\partial b_i}\right)_{b_i = b^{(0)}} \qquad (i = 1,2,\cdots,n)$$

$$\boldsymbol{g} = \boldsymbol{P}^{\mathrm{T}}\left[\Delta Z - f(b^{(0)})\right]$$

$$\delta_g = -\operatorname{grad}\boldsymbol{\Phi} = -\left(\frac{\partial\boldsymbol{\Phi}}{\partial b_i}\right)^{\mathrm{T}}$$

上述两种方法均存在一定的不足，前者因校正矢量步长太大，往往使其迭代不收敛，特别是初始值远离真值时，更容易出现发散，故不稳定收敛；后者虽然解决了前者的不稳定收敛问题，但因在接近极小时步长太小，其收敛速度变得太慢。为了充分发挥这两种方法的优势，克服它们的弊病，马奎特又提出了阻尼最小二乘法（也称马奎特方法），即对高斯方程作如下修改：

$$(\boldsymbol{A} + \lambda\boldsymbol{I})\delta_0 = \boldsymbol{g} \tag{11-85}$$

式中：$\boldsymbol{I}$ 为单位矩阵；λ 为用来控制校正方向和步长的任意整数，称之为阻尼系数。此时修正量 δ_0 是 λ 的函数，即 $\delta_0=\delta_0$（λ），称为马奎特校正量。显然（11－85）式降低了系数方阵 $\boldsymbol{A}$ 的条件数，改善了迭代的收敛性。

另外，再对 $\boldsymbol{\Phi}$ 函数求梯度，并与高斯法的向量 $\boldsymbol{g}$ 比较，则得

$$\frac{1}{2}\delta_g = g \tag{11-86}$$

可见 $\boldsymbol{g}$ 的方向就是最速下降方向 $\boldsymbol{\delta}_g$。对比上述三式可以发现，（11－85）式实际上是

介于高斯法和最速下降法之间的某种插值。当 $\lambda=0$ 时，马奎特方法就变为高斯法；当 λ 充分大时，$\delta_0 \approx (1/\lambda)\boldsymbol{g}$，这时马奎特校正方向就是最速下降的方向。在实际计算中，在收敛的情况下应使 λ 尽可能取较小的值，让迭代过程以较大的步长接近于高斯方向；仅当不满足 Φ 变小的情况时，才被迫取较大的 λ 值以保证收敛。

在实际应用阻尼最小二乘法时，由于阻尼系数 λ 选择不当，常常作多次解方程组的无效计算。为此又提出改进的阻尼最小二乘法（也称为改进的马奎特方法）。该方法是利用计算过程的中间信息来决定下次迭代中应取的方向和步长，即决定合适的 λ 值。这样就使阻尼最小二乘法更趋于完善。

2. 收敛性和多解性问题的讨论

所谓最优化选择法收敛性应包含两个方面内容：一是指计算过程能否趋近并找到目标函数 Φ 的极小，二是指收敛的速度。这与所选取的具体计算方法密切相关，为此，目前我们所采用的阻尼最小二乘法，从理论上说属于局部收敛于极小，此种算法对平方和形式的目标函数效果是较好的。实践表明，它的收敛性还取决于目标函数 Φ 的复杂程度及初始值的选取。具体地说，如果选择的地质模型简单即理论场值计算公式简单、参量个数少，这时 Φ 函数也简单，收敛性就能改善；若初始值的选取又接近真值，则能获取更好的收敛效果。反之，将严重影响计算的收敛性。

多解性是物探资料解释中所固有的问题，用最优化选择法解释也同样存在多解性。其原因除了位场反演问题多解性之外，在解释过程中，由于算法不同计算结果可能有所不同，即使是同一算法，由于所给出的地质模型、参量个数以及初始值等不同，其计算结果也会有差异，这样便出现更为复杂的多解性问题。

在最优化选择法计算中，为了提高其收敛性，减少多解性，应注意以下几点：①合理选择地质模型，尽可能选用简单模型，力求做到公式简单、参量个数少、初始值容易合理确定等；②对模型体参量施以约束，一般采用对参量给定合理的上、下限进行约束，必要时可采用求条件极值的算法；③可同时计算出多种可能的解，然后进行比较，并结合实际的地质、物性及综合地球物理资料分析决定取舍，以求得较为符合实际情况的解。

四、线性反演

线性反演是一种确定场源物性（密度 ρ 或磁化强度 $\boldsymbol{M}$）的空间分布的方法。

线性反演求解中首先将观测场覆盖的地下空间划分为若干个体积元，体积元的大小以保证每个体积元的物性参数为常数（或常矢量）为原则，这时每个体积元的异常与其物性参数就构成了线性关系，建立线性方程组并求解就可以得到场源物性的分布情况。

1. 基本原理

设地表有 m 个观测点，地下场源被划分成 n 个体积元，则第 j 个体积元在第 i 个测点上的重力异常 Δg 或总强度磁异常 ΔT 分别为

$$\begin{cases} \Delta g_i = G\rho_j \iiint_{v_j} \dfrac{\partial}{\partial z}\left(\dfrac{1}{r_{ij}}\right)\mathrm{d}v = \rho_j G_{ij} \\ \Delta T_i = \dfrac{\mu_0 M_j}{4\pi}\iiint_{v_j} \dfrac{\partial^2}{\partial t \partial s}\left(\dfrac{1}{r_{ij}}\right)\mathrm{d}v = M_j T_{ij} \end{cases} \tag{11-87}$$

式中：v_j、ρ_j 和 M_j 分别为第 j 个体积元的体积、剩余密度和磁化强度，令

$$
\begin{cases}
G_{ij} = G\iiint_{v_j} \dfrac{\partial}{\partial z}\left(\dfrac{1}{r_{ij}}\right)\mathrm{d}v \\
T_{ij} = \dfrac{\mu_0}{4\pi}\iiint_{v_j} \dfrac{\partial^2}{\partial t \partial s}\left(\dfrac{1}{r_{ij}}\right)\mathrm{d}v
\end{cases}
\tag{11-88}
$$

式中：r_{ij}为第j个体积元到第i个测点的距离。

在坐标选定和体积元划分确定之后，G_{ij}和T_{ij}均可由（11-87）式计算出来。则n个体积元在第i个测点所产生的异常为

$$
\begin{cases}
\Delta g_i = \sum\limits_{j=1}^{m} G_{ij}\rho_j \\
\Delta T_j = \sum\limits_{j=1}^{m} T_{ij}M_j
\end{cases}
\tag{11-89}
$$

式中：$i=1, 2, \cdots, m$，m为观测点数。可以看出，（11-88）式是以观测场值为自由项，以G_{ij}或T_{ij}为系数，以物性参数ρ_i和M_i为待求量的线性方程组，其矩阵形式为

$$
\boldsymbol{A\varepsilon} = \boldsymbol{b} \tag{11-90}
$$

式中：$\boldsymbol{A}$为$m \times n$阶矩阵，矩阵的各元素$a_{ij}=G_{ij}$或T_{ij}（$i=1, 2, \cdots, m$；$j=1, 2, \cdots, n$）；$\boldsymbol{\varepsilon}$为n维列向量，向量各元素对应于ρ_i或M_i；$\boldsymbol{b}$为m维列向量，各元素对应于Δg_i或ΔT_i。求解（11-89）式就可求出地下各体积元的物性参数，同时也获得了地下地质体不同岩性的分布情况。

2. 方程组求解中的问题

方程组（11-90）式的求解计算中，根据方程组系数矩阵$\boldsymbol{A}$的行、列变化，可以将方程组划分为三种不同的类型。不同类型的系数矩阵其求解结果的精确度有很大不同。

（1）超定方程组

当$m>n$时，（11-90）式为超定方程组。由于$\boldsymbol{A}$的秩不等于$\boldsymbol{A}$的增广矩阵的秩，也称矛盾方程组。矛盾方程组无通常意义下的解，但有最小二乘意义下的解。

$m>n$表示地面观测点多于地下体积元数，即地面测点较密、地下体积元较稀或体积元较大。为使求解合理，体积元划分应满足如下条件：①对重力异常而言，体积元的水平尺寸应大于等于其深度的1.5倍；对磁异常而言，应大于等于其深度的1.0倍。当体积元的水平尺寸小于上述深度的倍数时，体积元内物性参数的不均匀性，在地面异常中已不易分辨，可视为均匀的。②为使方程组有较好的求解特性，应使系数矩阵具有较小的条件数和较大的行列式的值。对三度体，当将地下物质划分为三层时，要使相邻两层的体积元左、右错开（即不要上、下对齐）可减小条件数，能得到较合理的解。

（2）适定方程组

$m=n$时，（11-90）式为适定方程组。对适定方程组，只要行列式的秩不等于零（系数矩阵为非奇异的），就存在惟一稳定解。一般情况下，$\boldsymbol{A}$是非奇异的。但是，若测点的位置或地下体积元的划分不当，$\boldsymbol{A}$很可能接近奇异而导致求解困难。根据赛德尔迭代法解适定方程组的收敛判别准则来检查，在地下被划分为在同一水平层内相互平行并列的体积元时，仅当体积元的水平尺寸$2b$、顶部深度h、垂向延深$2l$与观测点距Δx之间满足一定条件时，才能得到确切的解。

（3）亚定方程组

$m<n$ 时，（11－90）式为亚定方程组。亚定方程组有无穷多个通常意义下的解，即无确切解。但是若采用线性规划法，计算以（11－90）式为约束条件使与物性参数有关的目标函数达最优（极值）的解，则这种解还是有意义的。关于线性规划法，读者可查阅有关的资料。

在线性反演法计算中要获得合理的解，必须对地下地质体做合理划分，并要求正常场选择要合适，减少方程求解中的不稳定性问题。另一方面，与其他反演方法一样，线性反演法也存在多解性问题，使用中也须注意。

五、人机联作模拟反演

重、磁异常的人机联作模拟反演（也称人机联作选择法），就是根据选定地质模型及重、磁异常的正演计算公式，由给定的初始模型参数计算出理论场值，并与实际观测场值进行对比，根据对比中确定的不一致性或残差，依靠解释人员的经验来修改模型形状及物性参数，重新计算理论场值进行下一次对比，反复多次直至达到满意为止。人机联作选择法整体为一套计算机软件，并依据支撑条件的不同可分为在人机联作工作站上使用或在一般的微机上使用等不同的版本。

人机联作选择法既可应用于二度体重、磁异常，也可以应用于三度体重、磁异常的模拟计算解释。对三度体异常，其理论场值与实测场值对比中偏差的确定以及三度体场源模型修改都比较复杂。目前二度体重、磁异常人机联作技术应用较为广泛。

1. 人机联作模拟反演实现的基本步骤

二度体重、磁异常人机联作软件的编制建立在以下四方面的技术基础上：

1）重、磁异常正演计算程序。该程序的编制一般选用截面为任意形状二度体的重力异常（Δg）、磁异常（ΔT）或任意多面体模拟的任意形状三度体的重力异常（Δg）、磁异常（ΔT）的表达式作计算。

2）选择合适的可视化编程语言。此项技术随计算机高级语言的发展而不断更新。选用某种语言的基本条件是该语言能够方便地实现在屏幕上显示以及修改重、磁异常曲线、场源模型等。

3）人机交互的实现。该部分主要包括实测异常、初始模型以及初始物性参数等的输入、理论异常与实测异常对比情况的显示、场源模型的添加、删除以及修改、容错功能等。所有这些内容均通过选用的可视化编程语言实现。

4）合适的硬件支持，其中包括显示器、打印机、扫描仪等。

随着计算机应用技术以及重、磁异常正演计算理论的不断发展，重、磁异常人机联作技术已被广泛应用。它不仅基本取代了一些传统的正演模拟计算以及反演技术，而且使得计算与解释融为一体并不断地促进着解释水平的提高。当然，由于人机联作软件的编制过程中所依靠的硬件环境不同、编程语言不同以及程序编写人员的个人设计不同，不同的软件具有不同的特点，为了方便读者掌握这方面的技术，后面将详细地介绍截面为任意形状二度体、任意多边形模拟的任意形状三度体的重、磁异常正演计算理论（Won I J and Michael Bevis，1987；Bijendra Singh and D Guptasarma，2001），读者可在掌握该理论技术的基础上，紧随计算机应用技术的换代更新，不断提高并完善重、磁人机联作的技术水平，使人机联作方法的计算更精确，模拟与修改更方便、更实用。

2. 截面为任意形状二度体重、磁异常的正演计算

（1）重力异常

图 11－15 所示为一截面为任意形状、沿 y 方向水平无限延伸的二度体，假定该二度体的剩余密度 ρ 为均匀分布，由（1－58）式已知沿垂直走向的断面上其引力位 V 为

$$V = 2G\rho\iint_s \ln\left(\frac{1}{r}\right)\mathrm{d}s \tag{11-91}$$

式中：G 为万有引力常数；s 为二度体横截面；$r=[(x-x')^2+(y-y')^2]^{1/2}$，为观测点到横截面上面积元的距离，$x$，$y$ 为观测点的坐标，x'，y'为二度体横截面上小面积元的坐标。

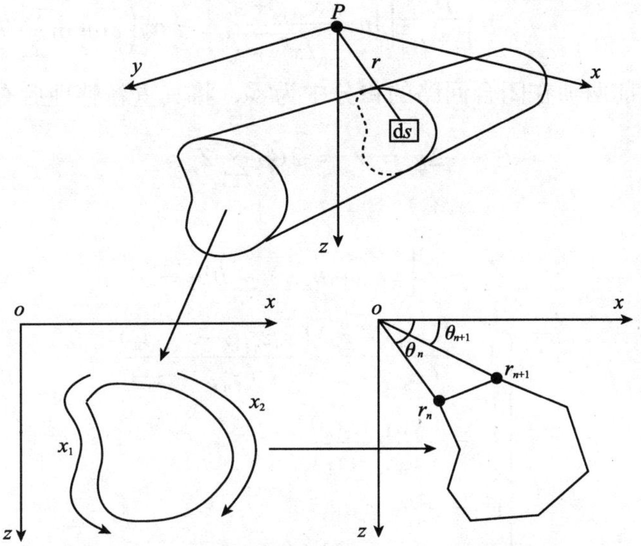

图 11－15　截面为任意形状多边形二度体示意图

为了简化起见，将观测点移动至坐标原点，并对 V 就 x，z 方向分别计算偏微分，则该二度体的重力异常 $\Delta g = V_z$ 为

$$\Delta g = V_z = \frac{\partial}{\partial z}\left[2G\rho\iint_s \ln\left(\frac{1}{r}\right)\mathrm{d}s\right] = 2G\rho\iint_s \frac{z'\mathrm{d}x'\mathrm{d}z'}{x'^2+z'^2} \tag{11-92}$$

就上式对 x'积分有

$$\Delta g = 2G\rho\int\left[\arctan\frac{x'_2}{z'} - \arctan\frac{x'_1}{z'}\right]\mathrm{d}z' \tag{11-93}$$

式中：x'_1 与 x'_2 均是 z'的函数，分别代表二度体截面左、右两边的边界。将被积函数方括号内第二项变号，则（11－92）式变成

$$\Delta g = 2G\rho\oint\arctan\frac{x'}{z'}\mathrm{d}z' \tag{11-94}$$

式中线积分以顺时针方向沿横截面边界进行。如果将上述积分用 N 个边的多边形代替圆滑的横截面的边界，则（11－93）式变成

$$\Delta g = 2G\rho\sum_{n=1}^{N}\int_{z_n}^{z_{n+1}}\arctan\frac{x'}{z'}\mathrm{d}z' \tag{11-95}$$

式中：z_n 与 z_{n+1}分别是多边形第 n 边的两个端点的 z 坐标，将 x'用 z'代替（建立两者之间的直线方程）有

$$x' = a_n z' + \beta_n \tag{11-96}$$

式中：$a_n = \dfrac{x_{n+1} - x_n}{z_{n+1} - z_n}$；$\beta_n = x_n - a_n z_n$。

将（11－95）式代入（11－94）式并计算得

$$\begin{aligned}\Delta g &= 2G\rho \sum_{n=1}^{N} \int_{z_n}^{z_{n+1}} \arctan\left(\frac{\alpha_n z' + \beta_n}{z'}\right) dz' \\ &= 2G\rho \sum_{n=1}^{N} \left\{ \frac{\pi}{2}(z_{n+1} - z_n) + \left(z_n \arctan\frac{z_n}{x_n} - z_{n+1}\arctan\frac{z_{n+1}}{x_{n+1}}\right) \right. \\ &\quad \left. + \frac{\beta_n}{1+\alpha_n^2}\left[\ln\frac{\sqrt{x_{n+1}^2 + z_{n+1}^2}}{\sqrt{x_n^2 + z_n^2}} - \alpha_n\left(\arctan\frac{z_{n+1}}{x_{n+1}} - \arctan\frac{z_n}{x_n}\right)\right]\right\}\end{aligned}$$

上式中求和号内的前两项在闭合回路的积分中为零，将其重新整理后有

$$\Delta g = V_z = 2G\rho \sum_{n=1}^{N} Z_n \tag{11-97}$$

式中：

$$Z_n = A\left[(\theta_n - \theta_{n+1}) + B\ln\frac{r_{n+1}}{r_n}\right] \tag{11-98}$$

$$\begin{cases} A = \dfrac{(z_{n+1} - z_n)(x_n z_{n+1} - x_{n+1} z_n)}{(x_{n+1} - x_n)^2 + (z_{n+1} - z_n)^2} \\ B = \dfrac{(x_{n+1} - x_n)}{(z_{n+1} - z_n)} \\ r_n^2 = x_n^2 + z_n^2 \\ r_{n+1}^2 = x_{n+1}^2 + z_{n+1}^2 \\ \theta_n = \arctan\left(\dfrac{z_n}{x_n}\right) \end{cases} \tag{11-99}$$

类似地可以得到引力沿 x 方向的分量：

$$V_x = 2G\rho \sum_{n=1}^{N} X_n \tag{11-100}$$

式中：

$$X_n = A\left[-(\theta_n - \theta_{n+1}) + B\ln\frac{r_{n+1}}{r_n}\right] \tag{11-101}$$

（2）磁异常

对于图 11－15 所示的二度体，假定其磁化率为 k，周围的地磁场强度为 $\boldsymbol{M}_{\mathrm{S}}$，磁化倾角为 $\boldsymbol{I}_0$，x 轴正向沿逆时针方向与磁北的夹角为 A'，同时假定磁场测量方向与地磁场方向一致，则由（8－13）式及（8－14）式可得到其总磁异常 ΔT 及分量 H_{ax}、Z_{a} 为

$$\begin{aligned}\Delta T &= \frac{\mu_0}{4\pi}\frac{\kappa \boldsymbol{M}_{\mathrm{S}}}{G\rho}\left[\left(\sin I_0 \frac{\partial}{\partial_z}V_z + \cos_0 I \cos A' \frac{\partial}{\partial x}V_x\right)\sin I_0\right. \\ &\quad \left. + \left(\sin I_0 \frac{\partial}{\partial z}V_x - \cos I_0 \cos A' \frac{\partial}{\partial z}V_z\right)\cos I_0 \cos A'\right] \\ &= Z_{\mathrm{a}} \sin I_0 + H_{\mathrm{ax}} \cos I_0 \cos A'\end{aligned} \tag{11-102}$$

$$
\begin{aligned}
Z_a &= \frac{\mu_0}{4\pi}\frac{\kappa \boldsymbol{M}_S}{G\rho}\left(\sin I_0 \frac{\partial}{\partial z}V_z + \cos I_0 \cos A' \frac{\partial}{\partial x}V_x\right) \\
&= \frac{\mu_0}{2\pi}\kappa \boldsymbol{M}_S\left[\sin I_0 \sum_{n=1}^{N}\left(\frac{\partial}{\partial z}Z_n\right) + \cos I_0 \cos A' \sum_{n=1}^{N}\left(\frac{\partial}{\partial z}X_n\right)\right] \qquad (11-103)
\end{aligned}
$$

$$
\begin{aligned}
H_{ax} &= \frac{\mu_0}{4\pi}\frac{\kappa \boldsymbol{M}_S}{G\rho}\left(\sin I_0 \frac{\partial}{\partial z}V_x - \cos I_0 \cos A' \frac{\partial}{\partial z}V_z\right) \\
&= \frac{\mu_0}{2\pi}\kappa \boldsymbol{M}_S\left[\sin I_0 \sum_{n=1}^{N}\left(\frac{\partial}{\partial z}X_n\right) - \cos I_0 \cos A' \sum_{n=1}^{N}\left(\frac{\partial}{\partial z}Z_n\right)\right] \qquad (11-104)
\end{aligned}
$$

将（11－97）式、（11－100）式代入（11－102）式与（11－103）式，并计算它们的偏微分（在（11－98）式与（11－101）式中，分别令 $x_i = x_i - x$，$z_i = z_i - z$（$i = n$ 或 $n+1$），即可作偏微分计算）有

$$
\begin{cases}
\dfrac{\partial}{\partial z}Z_n = \dfrac{(x_{n+1}-x_n)^2}{R^2} - \left[(\theta_n - \theta_{n+1}) + \dfrac{z_{n+1}-z_n}{x_{n+1}-x_n}\ln\dfrac{r_{n+1}}{r_n}\right] - P \\
\dfrac{\partial}{\partial x}Z_n = \dfrac{-(x_{n+1}-x_n)(x_{n+1}-z_n)}{R^2}\left[(\theta_n - \theta_{n+1}) + \dfrac{z_{n+1}-z_n}{x_{n+1}-x_n}\ln\dfrac{r_{n+1}}{r_n}\right] + Q \\
\dfrac{\partial}{\partial_z}X_n = -\dfrac{(x_{n+1}-x_n)^2}{R^2}\left[\dfrac{z_{n+1}-z_n}{x_{n+1}-x_n}(\theta_n - \theta_{n+1}) - \ln\dfrac{r_{n+1}}{r_n}\right] + Q \\
\dfrac{\partial}{\partial_x}X_n = \dfrac{(x_{n+1}-x_n)(z_{n+1}-z_n)}{R^2}\left[\dfrac{z_{n+1}-z_n}{x_{n+1}-x_n}(\theta_n - \theta_{n+1}) - \ln\dfrac{r_{n+1}}{r_n}\right] + P
\end{cases} \qquad (11-105)
$$

式中：

$$
\begin{cases}
R^2 = (x_{n+1}-x_n)^2 + (z_{n+1}-z_n)^2 \\
P = \dfrac{z_{n+1}x_n - z_n x_{n+1}}{R^2}\left[\dfrac{x_n(x_{n+1}-x_n) - z_n(z_{n+1}-z_n)}{r_n^2}\right. \\
\qquad \left. - \dfrac{x_{n+1}(x_{n+1}-x_n) - z_{n+1}(z_{n+1}-z_n)}{r_{n+1}^2}\right] \\
Q = \dfrac{z_{n+1}x_n - z_n x_{n+1}}{R^2}\left[\dfrac{x_n(z_{n+1}-z_n) - z_n(x_{n+1}-x_n)}{r_n^2}\right. \\
\qquad \left. - \dfrac{x_{n+1}(z_{n+1}-z_n) - z_{n+1}(x_{n+1}-x_n)}{r_{n+1}^2}\right]
\end{cases} \qquad (11-106)
$$

在公式（11－97）式～（11－106）式的编程计算过程中，为保证获得正确计算结果，须注意以下几个方面的问题。

1）（11－97）式、（11－102）式、（11－103）式与（11－104）式均为针对坐标原点的计算表达式，实际应用中，须将场源模型大致放置在剖面的中心位置，确定场源各角点的坐标（x_n，z_n）（$n = 1$，2，…，N，N 为多边形角点个数），对角点按顺时针方向排序；然后根据需要，用（$x_n \pm x$，$z_n \pm z$）代替（x_n，z_n），即可计算不同距离以及不同高度上测点的重力或磁异常值。

2）由（11－99）式可见，在（11－97）式、（11－102）式、（11－103）式与（11－104）式的计算中，若测点与场源角点位置重合时将会出现奇异值。另外，当角点处

在不同象限时，反正切计算也需要给出特殊限定，故对程序编写中须给出如下规定：

①如果测点位于 z_n 与 z_{n+1} 之间，z_n 与 z_{n+1} 符号相反，且 z_n 与 z_{n+1} 不在相邻的象限内，则当 $x_n z_{n+1} < x_{n+1} z_n$ 并且 $z_{n+1} \geqslant 0$，则用 $\theta_n + \pi$ 代替 θ_n；当 $x_n z_{n+1} > x_{n+1} z_n$ 并且 $z_n \geqslant 0$，则用 $\theta_{n+1} + \pi$ 代替 θ_{n+1}；当 $x_n z_{n+1} = x_{n+1} z_n$，则令 $X_n = Z_n = 0$。②当 $z_n = x_n = 0$，$x_{n+1} = z_{n+1} = 0$ 时，则令 $X_n = Z_n = 0$。③当 $x_n = x_{n+1}$ 时，则

对重力异常，令

$$\begin{cases} Z_n = x_n \ln \dfrac{r_{n+1}}{r_n} \\ X_n = -x_n(\theta_n - \theta_{n+1}) \end{cases}$$

对磁异常，令

$$\begin{cases} \dfrac{\partial Z_n}{\partial z} = -P \\ \dfrac{\partial Z_n}{\partial x} = \dfrac{-(z_{n+1} - z_n)^2}{R^2} \ln \dfrac{r_{n+1}}{r_n} + Q \\ \dfrac{\partial X_n}{\partial z} = Q \\ \dfrac{\partial X_n}{\partial x} = \dfrac{(z_{n+1} - z_n)^2}{R^2}(\theta_n - \theta_{n+1}) + P \end{cases}$$

3）完成（11－97）式、（11－102）式、（11－103）式与（11－104）式仅完成了一个二度体模型的计算，在（11－97）式、（11－102）式、（11－103）式与（11－104）式中变换不同的（x_n，z_n）并反复调用，可计算任意多个二度体模型组合场源的重力异常或磁异常。

3. 任意形状三度体的重、磁异常的正演计算

（1）重力异常基本表达式

如图 11－16（a）所示的任意形状的三度体，假定其具有均匀的剩余密度分布，由（1－10）式可知，其在空间任意一点所产生的引力表达式为

$$\boldsymbol{F} = G\rho \iiint_V \nabla\left(\frac{1}{r}\right) \mathrm{d}V \tag{11-107}$$

式中：$\boldsymbol{F}$ 代表物体在场源外部任意一点的引力；ρ 为场源的剩余密度；V 为场源的体积；$\nabla(1/r)$ 代表对（$1/r$）的梯度计算，r 为观测点（x，y，z）到场源体元（x'，y'，z'）之间的距离。（11－107）式中的梯度计算是对测点进行的，若换成对体积元坐标进行，则有

$$\boldsymbol{F} = G\rho \iiint_V \nabla\left(\frac{1}{r}\right) \mathrm{d}V = -G\rho \iiint_V \nabla'\left(\frac{1}{r}\right) \mathrm{d}V \tag{11-108}$$

式中：∇'代表梯度计算对体积元坐标进行。根据高斯定律

$$\oiint_S \boldsymbol{A} \cdot \boldsymbol{n} \mathrm{d}S = \iiint_V \nabla \cdot \boldsymbol{A} \mathrm{d}V$$

令 $\boldsymbol{A} = \boldsymbol{a}\left(\dfrac{1}{r}\right)$，其中 $\boldsymbol{a}$ 可以是 x、y、z 的函数，但对于 ∇'计算来说，它为一常矢量。

利用矢量恒等式 $\nabla\cdot\left(\left(\frac{1}{r}\right)\boldsymbol{a}\right)=\nabla\left(\frac{1}{r}\right)\cdot\boldsymbol{a}+\left(\frac{1}{\mathrm{r}}\right)\nabla\cdot\boldsymbol{a}$，从（11－107）式可得到

$$\boldsymbol{F}\cdot\boldsymbol{a}=-G\rho\iiint_V\nabla'\left(\frac{1}{r}\right)\cdot\boldsymbol{a}\mathrm{d}V=-G\rho\boldsymbol{u}_n\cdot\boldsymbol{a}\iint_S\frac{1}{r}\mathrm{d}S \tag{11-109}$$

式中等式右端的面积分在场源的外表面 S 上进行，$\boldsymbol{u}_n$ 代表场源外表面的单位法向量。$\boldsymbol{F}$ 为一矢量，我们可以选择用面积元至原点的负方向 $\frac{\boldsymbol{r}}{r}$ 代替 $\boldsymbol{a}$，并计算其在面积元至原点的负方向 $\frac{\boldsymbol{r}}{r}$ 上的投影，投影后的 F 为一标量：

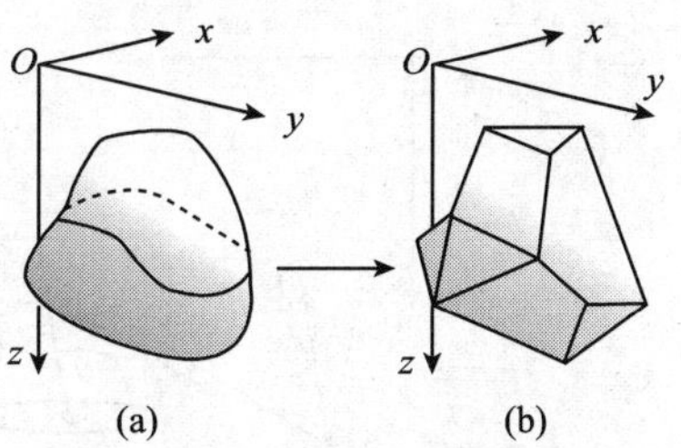

图 11－16　任意形状三度体及其多面体的模拟

$$F=G\rho\frac{\boldsymbol{r}}{r}\cdot\boldsymbol{u}_n\iint_S\frac{1}{r}\mathrm{d}S=G\iint_S\frac{\rho\boldsymbol{r}\cdot\boldsymbol{u}_n}{r^2}\mathrm{d}S \tag{11-110}$$

与物体引力表达式（1－2）式相对照，上式为在面密度为 $p\boldsymbol{r}\cdot\boldsymbol{u}_n$ 的曲面上对曲面在原点处所产生的引力的积分。由此可以得到 F 沿 x、y、z 三个方向的分量：

$$\begin{cases}F_x=G\rho\iint_S\boldsymbol{r}\cdot\boldsymbol{u}_n\left(\frac{x}{r^3}\right)\mathrm{d}S\\F_y=G\rho\iint_S\boldsymbol{r}\cdot\boldsymbol{u}_n\left(\frac{y}{r^3}\right)\mathrm{d}S\\F_z=G\rho\iint_S\boldsymbol{r}\cdot\boldsymbol{u}_n\left(\frac{z}{r^3}\right)\mathrm{d}S\end{cases} \tag{11-111}$$

计算中，通常将场源简化成由多个小平面围成的多面体，如图 11－111（b）所示，则（11－111）式的积分变成了多个小平面的积分的和，有

$$\begin{cases}F_x=G\sum_{i=1}^{N}\rho d_i\iint_{S_i}\frac{x}{r^3}\mathrm{d}S\\F_y=G\sum_{i=1}^{N}\rho d_i\iint_{S_i}\frac{x}{r^3}\mathrm{d}S\\F_z=G\sum_{i=1}^{N}\rho d_i\iint_{S_i}\frac{x}{r^3}\mathrm{d}S\end{cases} \tag{11-112}$$

式中：N 为小平面的个数；S_i 代表小平面的面积；$d=\boldsymbol{r}\cdot\boldsymbol{u}_i$，$\boldsymbol{u}_i$ 代表第 i 个小平面的单位法向量，则 d_i 在小平面上为一常量，它的数值等于坐标原点到小平面的垂直距离。

对第 i 个小平面的外法线向量 $\boldsymbol{u}_i$ 的计算可以由下式获得，即

$$\boldsymbol{u}_i=\frac{\boldsymbol{n}_i}{|\boldsymbol{n}_i|} \tag{11-113}$$

式中：

$$n_i=\sum_{i=1}^{K-1}(\boldsymbol{a}_{i,j}-\boldsymbol{a}_{i,1})\times(\boldsymbol{a}_{i,j+1}-\boldsymbol{a}_{i,1}) \tag{11-114}$$

式中：$\boldsymbol{a}_{i,j}$ 为第 i 个小平面上第 j 个角点的坐标，$\boldsymbol{a}_{ij}=(x_{i,j},\ y_{i,j},\ z_{i,j})$，$j$ 的排列方向为逆时针。参照图 11－17 所示。

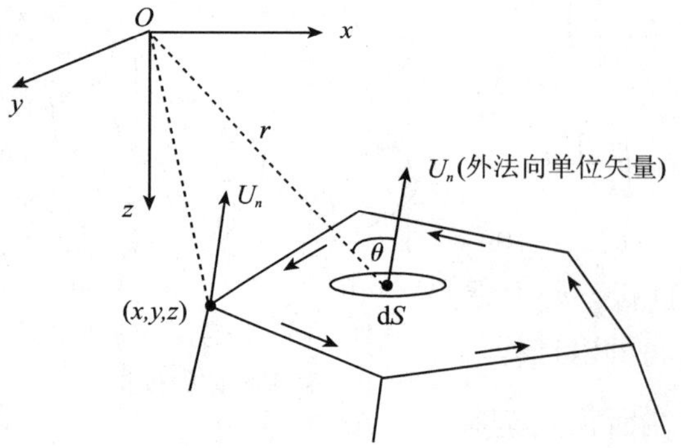

图 11－17　多面体上第 i 个小平面各有关参量在笛卡儿坐标系中的位置示意图

（2）磁异常基本表达式

假设磁异常源为图 11－16 所示的任意形状三度体，且为均匀磁化，磁化强度为 $\boldsymbol{M}$。根据磁位与引力位的泊松关系式可知其磁位 U 为

$$U = -\frac{1}{4\pi}\iiint_V \boldsymbol{M}\cdot\nabla\left(\frac{1}{r}\right)\mathrm{d}V \tag{11－115}$$

式中各量的意义与（11－107）式相同。同样，再利用矢量恒等式 $\nabla\cdot(\varphi\boldsymbol{A}) = \nabla\varphi\cdot\boldsymbol{A} + \varphi\nabla\cdot\boldsymbol{A}$（将 φ 作为标量函数 $\frac{1}{r}$；$\boldsymbol{A}$ 作为常矢量 $\boldsymbol{M}$）以及高斯定律可得

$$\begin{aligned}U &= \frac{1}{4\pi}\iiint_V \boldsymbol{M}\cdot\nabla\left(\frac{1}{r}\right)\mathrm{d}V = \frac{1}{4\pi}\iiint_V \boldsymbol{M}\cdot\nabla'\left(\frac{1}{r}\right)\mathrm{d}V \\ &= \frac{1}{4\pi}\iint_S \frac{\boldsymbol{M}\cdot\boldsymbol{u}_n}{r}\mathrm{d}S - \frac{1}{4\pi}\iiint_V \frac{\nabla'\cdot\boldsymbol{M}}{r}\mathrm{d}V\end{aligned} \tag{11－116}$$

式中除去磁化强度矢量外，其他各量的意义与（11－107）式及（11－108）式相同。由于场源为均匀磁化，上式右端第二项体积分为零，故有

$$U = \frac{1}{4\pi}\iint_S \frac{\boldsymbol{M}\cdot\boldsymbol{u}_n}{r}\mathrm{d}S \tag{11－117}$$

由此可得到任意形状三度体的磁场强度 H：

$$\begin{aligned}\boldsymbol{H} &= -\nabla U = \frac{-1}{4\pi}(\boldsymbol{M}\cdot\boldsymbol{u}_n)\iint_S \frac{\boldsymbol{r}}{r^3}\mathrm{d}S \\ &= \frac{-1}{4\pi}\sum_{i=1}^{N}(\boldsymbol{M}\cdot\boldsymbol{u}_n)\iint_{S_i}\frac{\boldsymbol{r}}{r^3}\mathrm{d}S\end{aligned} \tag{11－118}$$

式中：$\boldsymbol{r}$ 为小面积元到坐标原点的单位矢量；$\boldsymbol{u}_i$ 为第 i 个小平面的单位法向矢量；S_i 为第 i 个小平面的面积。等式右端的最后的积分代表在模拟三度体的多面体的各个小平面上进行。

由（11－117）式磁场强度沿（x，y，z）各个坐标轴上的分量分别为

$$\begin{cases}H_x = -\dfrac{1}{4\pi}\sum\limits_{i=1}^{N}\delta_i\iint_{S_i}\dfrac{x}{r^3}\mathrm{d}S \\ H_y = -\dfrac{1}{4\pi}\sum\limits_{i=1}^{N}\delta_i\iint_{S_i}\dfrac{y}{r^3}\mathrm{d}S \\ H_z = -\dfrac{1}{4\pi}\sum\limits_{i=1}^{N}\delta_i\iint_{S_i}\dfrac{z}{r^3}\mathrm{d}S\end{cases} \tag{11－119}$$

式中：$\delta_i = \boldsymbol{M}\cdot\boldsymbol{u}_i$ 可以被看作为为第 i 个小平面上的磁荷密度。其他各量与（11－112）式、（11－113）式以及（11－114）式相同。

（3）重、磁异常的计算

在（11－119）式中，假定第 i 个小平面的单位法向量为 $\boldsymbol{u}_i$，并设该小平面上分布有单位面磁荷密度，则计算该小平面在坐标原点所产生的磁场强度为函数

$$dH_i = \frac{\cos\theta}{r^2}dS \tag{11-120}$$

在该小平面上的积分。式中 r 为积分元到坐标原点的距离，θ 为 $\boldsymbol{u}_i$ 与积分元到坐标原点连线的夹角，显然（11－119）式在小平面上的积分等于该小平面对坐标原点所张的立体角 Ω。另一方面，若假定第 i 个小平面的法向量 $\boldsymbol{u}_i$ 具有方向余弦（l，m，n），且已知小平面在坐标原点所产生的磁异常的 x，y，z 分量分别为 H_x，H_y，H_z，则第 i 个小平面在坐标原点处产生的总磁异常 $\boldsymbol{H}_i$ 为

$$\boldsymbol{H}_i = lH_{xi} + mH_{yi} + nH_{zi} = \Omega \tag{11-121}$$

立体角 Ω 有正、负区别，当从坐标原点出发沿直线能够到达第 i 个小平面的正面，即法向量正方向的一面，Ω 为正，反之为负。立体角 Ω 的计算由附录 A 给出。

再考虑（11－118）式，假定积分计算前面的系数为 1，则有表达式

$$\begin{cases} H_{xi} = \iint_{S_i} \dfrac{-x}{r^3}dS \\ H_{yi} = \iint_{S_i} \dfrac{-y}{r^3}dS \\ H_{zi} = \iint_{S_i} \dfrac{-z}{r^3}dS \end{cases} \tag{11-122}$$

我们的目的是求出上式的积分结果。为此，考虑三个沿 x、y、z 方向的向量 $\dfrac{\boldsymbol{i}}{r}$、$\dfrac{\boldsymbol{j}}{r}$ 与 $\dfrac{\boldsymbol{k}}{r}$（其中 r 为从坐标原点到小平面上某点的距离），分别求 $\dfrac{\boldsymbol{i}}{r}$、$\dfrac{\boldsymbol{j}}{r}$ 与 $\dfrac{\boldsymbol{k}}{r}$ 的旋度，并计算它们与小平面单位法向量 $\boldsymbol{u}_i$ 的标量积，有

$$\begin{cases} \boldsymbol{u}_i \cdot rot\,\dfrac{\boldsymbol{i}}{r} = \dfrac{-xz + ny}{r^3} \\ \boldsymbol{u}_i \cdot rot\,\dfrac{\boldsymbol{j}}{r} = \dfrac{-nx + lz}{r^3} \\ \boldsymbol{u}_i \cdot rot\,\dfrac{\boldsymbol{k}}{r} = \dfrac{mx - ly}{r^3} \end{cases} \tag{11-123}$$

对上式做积分计算，且积分在第 i 个小平面 S_i 上进行，可得到

$$\begin{cases} P_i = \iint_{S_i} \boldsymbol{u}_i \cdot rot\,\dfrac{\boldsymbol{i}}{r}dS = -nH_{yi} + mH_{zi} \\ Q_i = \iint_{S_i} \boldsymbol{u}_i \cdot rot\,\dfrac{\boldsymbol{j}}{r}dS = nH_{xi} - lH_{zi} \\ R_i = \iint_{S_i} \boldsymbol{u}_i \cdot rot\,\dfrac{\boldsymbol{k}}{r}dS = -mH_{xi} + lH_{yi} \end{cases} \tag{11-124}$$

结合（11－121）式与（11－124）式，可以得到

$$\begin{cases} H_{xi} = l\Omega_i + nQ_i - mR_i \\ H_{yi} = m\Omega_i + lR_i - nP_i \\ H_{zi} = n\Omega_i + mP_i - lQ_i \end{cases} \tag{11-125}$$

（11－125）式中，Ω_i 的计算过程已知，而对 P_i、Q_i 与 R_i 的计算，由（11－124）式，通过斯托克司（Stokes）定理，即

$$\oint \boldsymbol{A} \cdot \mathrm{d}\boldsymbol{l} = \iint_S rot\boldsymbol{A} \cdot \boldsymbol{n}\mathrm{d}S$$

将第 i 个小平面上的面积分转换成沿小平面的多边形周边的线积分分段完成，分段线积分的方向如图 11－17 所标示的方向进行。P_i、Q_i 与 R_i 的计算均由附录 B 给出。

将（11－124）式分别代入到（11－111）式与（11－118）式，可分别得到任意形状三度体的重力异常与磁异常的表达式。对引力的各个分量有

$$\begin{cases} F_x = -G\sum_{i=1}^{N}\rho d_i H_{xi} \\ F_y = -G\sum_{i=1}^{N}\rho d_i H_{yi} \\ F_z = -G\sum_{i=1}^{N}\rho d_i H_{zi} \end{cases} \tag{11-126}$$

其中重力异常 $\Delta g = F_z$。

对磁（感应强度）异常的 Z_a、H_{ax}、H_{ay} 分量分别为

$$\begin{cases} H_{ax} = \dfrac{\mu_0}{4\pi}\sum_{i=1}^{N}\delta_i H_{xi} \\ H_{ay} = \dfrac{\mu_0}{4\pi}\sum_{i=1}^{N}\delta_i H_{yi} \\ H_{az} = \dfrac{\mu_0}{4\pi}\sum_{i=1}^{N}\delta_i H_{zi} \end{cases} \tag{11-127}$$

对总强度磁异常 ΔT 有

$$\Delta T = \alpha H_{ax} + \beta H_{ay} + \gamma Z_a \tag{11-128}$$

（11－127）式中，μ_0 为真空中的导磁率；（11－128）式中，α、β、γ 分别为地磁场沿 x、y、z 三个方向的方向余弦。

第四节　其他反演计算方法

本节对一些适用于较复杂条件下的重、磁异常反演计算方法给予介绍。与前面的内容相比，这些方法涉及更多的数学计算，解决问题的针对性也比较强。对这些方法这里将重点介绍基本原理，如欲对其做更深入的探讨可参阅其他相关文献。

一、重力归一化总梯度法

重力归一化总梯度法是前苏联学者别廖兹金（Березкин В М）等人在 20 世纪 60 年代末提出的，是一种利用高精度测量的重力异常来确定场源、断裂位置及密度分界面的方法。这种方法不仅适用于重力勘探，同时也适用于磁法勘探，它具有不需要预先知道场源剩余密度等附加参数的优点。

1. 基本原理

重力位及其导数都是解析函数，可以从已知区（例如地表实测值）解析延拓到场源以外的区域而仍然保持其解析性。但在场源处，函数失去解析性。使函数失去解析性质的点叫做奇点。根据这一原理，可以把确定重力场源的问题归结为通过解析延拓来确定解析函数的奇点问题。

在正演问题中，由于被研究对象的确切表达式是已知的，寻找奇点不存在特别的困难。例如图 11－18 所示的一个水平圆柱体，假定圆柱体的中心位于坐标原点的正下方，由（4－19）式可以得到计算其上方任意高度上的重力异常表达式：

$$\Delta g(x,z') = 2\lambda G\frac{h-z'}{(h-z')^2+x^2} \qquad (11-129)$$

式中：h 为圆柱体中心埋深；λ 为线密度；G 为引力常数。沿 z 轴方向（$x=0$），则上式变为

$$\Delta g(z') = 2\lambda G\frac{1}{h-z'} \qquad (11-130)$$

不难看出，当计算点到达场源即 $z'\to h$ 时，Δg（z'）$\to\infty$，也就是在圆柱体中心处，Δg 表达式失去解析性，h 即场源的中心深度。

在实际工作中，对实测的 Δg 异常作反演计算，不能利用（11－129）公式计算不同高度上的 Δg 异常值，而是采用向下延拓的方法分析研究接近场源时异常值的变化（如第九章曾经介绍过的积分插值法）。这里针对归一化总梯度法原理的说明，再介绍一种利用级数展开作延拓计算的方法，并围绕奇点对延拓结果的影响进行分析。

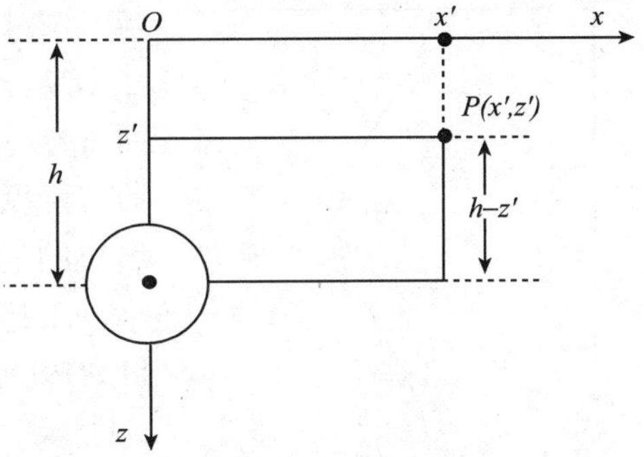

图 11－18　水平圆柱体模型

实际计算中，受实测资料有限性和离散性的限制，级数展开计算也只能是近似的，特别是在下延计算中，往往在延拓到场源之前其延拓过程已被破坏，因而常常找不到与场源有关的奇点。为说明这个问题，现以水平圆柱体为例，将（11－130）式在 $z=z'=0$ 的邻域内展成泰勒级数并取有限项，这时有

$$\Delta g(z') = \sum_{n=0}^{N}\frac{1}{n!}2\lambda G\frac{n!}{(h-z')^{n+1}}\bigg|_{z'=0}z'^{n}$$

$$= 2\lambda G\sum_{n=0}^{N}\frac{1}{h^{n+1}}z'^{n} = \frac{2\lambda G}{h}\sum_{n=0}^{N}\left(\frac{z'}{h}\right)^{n} \qquad (11-131)$$

式中：N 为级数取有限项的项数。显然，即使延拓深度达到或超过圆柱体中心（即场源），也就是当 $z'=h$ 时，上式仍为一有限量，而且只要 N 为有限数，级数值虽然随着 N 的增大而增大，但只要 N 取确定的值，级数总是收敛。因此，用有限项级数对重力场进行延拓是找不到与场源有关的奇点的。

为了克服上述困难，需要进一步研究用有限项级数表达重力场的办法。现仍以水平圆柱体为例，将（11－131）式写成无穷级数的形式，即

$$\Delta g(z') = \frac{2\lambda G}{h}\sum_{n=0}^{\infty}\left(\frac{z'}{h}\right)^n$$

它又可以写作

$$\Delta g(z') = \frac{2\lambda G}{h}\sum_{n=0}^{N}\left(\frac{z'}{h}\right)^n + \frac{2\lambda G}{h}\sum_{n=N+1}^{\infty}\left(\frac{z'}{h}\right)^n \tag{11-132}$$

若令 $\zeta = \frac{z'}{h}$，上式又可写为

$$\Delta g(z') = \frac{2\lambda G}{h}\sum_{n=0}^{N}\left(\frac{z'}{h}\right)^n + r_n(\zeta) \tag{11-133}$$

上式前项为有限 N 项级数之和，后项 $r_n(\zeta) = \frac{2\lambda G}{h}\sum_{n=N+1}^{\infty}\left(\frac{z'}{h}\right)^n$ 为级数取有限项时的余项，亦即级数舍去余项的误差。

由级数理论可以证明，若 N 取适当值，当 $\zeta<1$ 时，$r_n<\Delta g_n$ 成立，反之，当 $\zeta>1$ 时，将有 $r_n>\Delta g_n$。根据这一证明，若对 $\Delta g(\zeta)$ 用 $r_n(\zeta)$ 进行归一化，则有

$$\Delta g^H(\zeta) = \frac{\Delta g_n(\zeta) + r_n(\zeta)}{r_n(\zeta)} = \frac{\Delta g_n(\zeta)}{r_n(\zeta)} + 1 \tag{11-134}$$

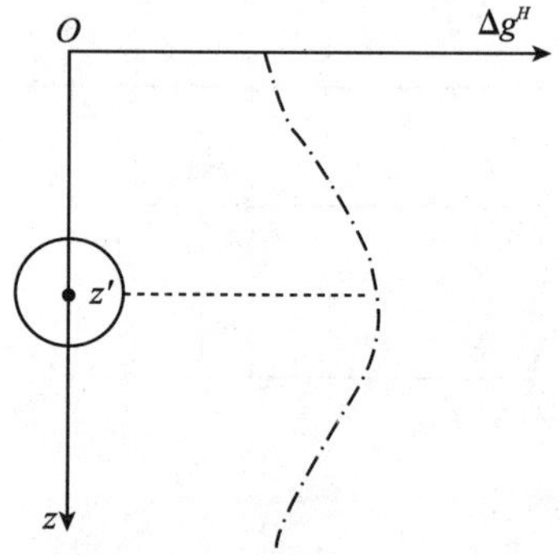

图 11－19　Δg^H 特征示意图

不难看出，(11－134) 式中 Δg^H 的变化仅取决于 Δg_n 与 r_n 之比。当 $\zeta<1$，即 z' 从上而下接近奇点时，由于 $r_n(\zeta)<\Delta g_n(\zeta)$ 且当 N 适当时，$r_n(\zeta)$ 增长得较慢。而 $\Delta g_n(\zeta)$ 增长得较快，故 $\Delta g^H(\zeta)$ 随 ζ 而增大；但当 z' 通过奇点 $(\zeta>1)$ 时，因为 $r_n(\zeta)>\Delta g_n(\zeta)$ 且 $r_n(\zeta)$ 增长的速度超过 $\Delta g_n(\zeta)$ 的增长速度，故 $\Delta g^H(\zeta)$ 将减小。于是在 $\zeta\to 1$，即 $z\to h$ 时，$\Delta g^H(\zeta)$ 将有极大值，如图 11－19 所示。也即在场源位置上（$\Delta g(z')$ 的位置上），$\Delta g^H(\zeta)$ 有极大值。这样就得到启示，用归一化的方法可以克服用一般方法向下延拓直接寻找奇点的困难。

接下来的问题是如何确定 $r_n(\zeta)$，在上述讨论中它显然是一个未知量，根据别廖兹金研究的结果，如采用傅里叶级数进行计算时，可以用某一个换算深度上的 $\Delta g(\zeta)$ 的平均值代替余项 $r_n(\zeta)$。

必须指出，这里的归一化函数 Δg^H 已不是解析调和函数，所谓对之“延拓”求奇点，也仅是借用原来的概念而已。此外，如果再深入研究一下 Δg^H，可以发现它也并非一个稳定的函数，随着 z' 值的增加它将越来越不稳定，会出现许多附加的极值。因此，用 Δg 进行归一化计算仍然不是一个可靠的办法，在实际工作中是不能采用的。

可以证明，更有效的办法是对重力的总梯度（即 V_{xz} 与 V_{zz} 矢量和的模）进行归一化，同归一化的 Δg^H 一样，当归一化总梯度延拓至场源时将有极大值，同样可根据其极值来判断场源或奇点的位置。归一化总梯度的表达式为

$$G^H(x,z) = \frac{G(x,z)}{\overline{G}(x,z)} = \frac{\sqrt{V_{xz}^2(x,z) + V_{zz}^2(x,z)}}{\frac{1}{M+1}\sum_{0}^{M}\sqrt{V_{xz}^2(x,z) + V_{zz}^2(x,z)}} \tag{11-135}$$

式中：$G(x, z) = \sqrt{V_{xz}^2(x, z) + V_{zz}^2(x, z)}$为观测剖面（$xoz$ 铅垂面）上的重力总梯度的模（z 相当于（11－132）式中的 z'，以下式子均相同）。

$\overline{G}(x, z) = \frac{1}{M+1}\sum_{0}^{M}\sqrt{V_{xz}^2(x, z) + V_{zz}^2(x, z)}$为深度为 z 上的 $M+1$ 个点的总梯度模的平均值。

2. 归一化总梯度的计算

由（11－135）式可知，要得到空间各点的 $G^H(x, z)$，首先要确定 V_{xz}与 V_{zz}。一种换算的办法是用傅里叶级数来表示 $\Delta g(x, y)$，然后求导数 V_{xz}与 V_{zz}。在实际工作中级数必然是有限项的，在计算时可只用正弦级数或余弦级数来表示，从而使问题变得更简便。若测线上有两个端点的重力值为零，则正弦级数收敛得更快，为了使两个端点的重力值为零，可对测线上的每一个 $\Delta g(x, 0)$ 减去线性项 $a + bx$，其中 a 为测线起点的重力值 $\Delta g_{起}(x, 0)$，$b = [\Delta g_{起}(x, 0) - \Delta g_{末}(x, 0)]/L$，$\Delta g_{末}(x, 0)$ 为测线末端的重力值，L 为测线长度。经以上处理后，可获得以正弦项表示的向下延拓的傅里叶级数，表达式为

$$\Delta g(x,z) = \sum_{n=1}^{N} B_n \sin\frac{n\pi x}{L}e^{\frac{n\pi z}{L}} \tag{11－136}$$

式中：N 为级数的有限项数；L 为测线长；$\exp(n\pi z/L)$ 为延拓因子；B_n 为谐波，其表达式为

$$B_n = \frac{2}{L}\int_0^L \Delta g(x,0)\sin\frac{n\pi x}{L}dx$$

对（11－136）式求导数得 V_{xz}与 V_{zz}：

$$V_{xz}(x,z) = \frac{\pi}{L}\sum_{n=1}^{N} nB_n\cos\frac{n\pi x}{L}e^{\frac{n\pi z}{L}} \tag{11－137}$$

$$V_{zz}(x,z) = \frac{\pi}{L}\sum_{n=1}^{N} nB_n\sin\frac{n\pi x}{L}e^{\frac{n\pi z}{L}} \tag{11－138}$$

B_n 值的计算可这样进行，设测线是由点距为 Δx 的 $M+1$ 个测点组成的，则 $X=j\Delta x$（$j=1, 2, \cdots, M$），而 $L=M\Delta x$，于是就得到 B_n 的离散求和形式：

$$B_n \approx \frac{2}{M}\sum_{j=1}^{M}\Delta g(j\Delta x)\sin\frac{n\pi j}{M} \tag{11－139}$$

式中：$X=j\Delta x$（$j=1, 2, \cdots, M$）；Δx 为点距；M 为总点数；$\Delta g(j\Delta x)$ 即测线上第 j 点的实测重力值。为了减小由随机干扰和测线两端场的截断而引起的下半平面中 $G^H(x, z)$ 曲线的剧烈跳动，还必须对 B_n 乘上一个圆滑因子 q_m，而

$$q_m = \left[\frac{\sin\frac{n\pi}{N}}{\frac{n\pi}{N}}\right]^m \tag{11－140}$$

式中：N 为总项数；$m=1, 2, \cdots$，根据前人研究结果认为，在石油勘探中 $m=2$ 比较合适；q_m 的数值从 1 变到零，N（谐波数）越大，q_m 值越小，说明 q_m 对高波数成分有明显的压抑作用。因此，计算 V_{xz}与 V_{zz}的公式有

$$V_{xz}(x,z) = \frac{\pi}{L}\sum_{n=1}^{N} nB_n \cos\frac{n\pi x}{L} e^{\frac{n\pi z}{L}} \left(\frac{\sin\frac{n\pi}{N}}{\frac{n\pi}{N}} \right)^m \tag{11-141}$$

$$V_{zz}(x,z) = \frac{\pi}{L}\sum_{n=1}^{N} nB_n \sin\frac{n\pi x}{L} e^{\frac{n\pi z}{L}} \left(\frac{\sin\frac{n\pi}{N}}{\frac{n\pi}{N}} \right)^m \tag{11-142}$$

需要指出的是，级数的总项数（谐波数）N 是一个甚为关键的参数，在观测误差及测线长度一定的情况下，它的取值将决定是否能正确定出场源的位置。G^H（x，z）的极值以及出现极值的深度均随 N 值而异。实际工作中可选不同的 N 值来计算 G^H（x，z），这时将获得相应的一系列的极值，诸极值中最大的那个极值的深度即为场源所在的深度，而算出最大极值的那个 N 便是应取的参数。

综上所述，计算归一化总梯度的具体步骤如下：

1）从原始重力场值 Δg（x，0）减去线性项 $a+bx$；

2）利用上述相减后的 Δg 值，根据（11－139）式求 B_n；

3）由（11－141）式和（11－142）式用求出的 B_n 求 V_{xz} 与 V_{zz}；

4）由（11－135）式用求得的 V_{xz} 与 V_{zz} 计算 G^H（x，z）；

5）确定 N 值。

将归一化总梯度用于磁异常，有关系式：

$$T^H(x,z) = \frac{T(x,z)}{\bar{T}(x,z)} = \frac{\sqrt{\left(\frac{\partial T}{\partial x}\right)^2 + \left(\frac{\partial T}{\partial z}\right)^2}}{\frac{1}{M+1}\sum_{n=0}^{M}\sqrt{\left(\frac{\partial T}{\partial x}\right)^2 + \left(\frac{\partial T}{\partial z}\right)^2}} \tag{11-143}$$

式中：

$$\frac{\partial T(x,z)}{\partial x} = \frac{\pi}{L}\sum_{n=0}^{M}\left(nB_n\cos\frac{n\pi}{L}x - nA_n\sin\frac{n\pi}{L}x\right)e^{\frac{n\pi z}{L}}$$

$$\frac{\partial T(x,z)}{\partial z} = \frac{\pi}{L}\sum_{n=0}^{M}\left(nB_n\sin\frac{n\pi}{L}x + nA_n\sin\frac{n\pi}{L}x\right)e^{\frac{n\pi z}{L}}$$

这里 T（x，z）展开为一般傅里叶级数，在确定场源奇点方面，磁异常归一化总梯度也具有同样的效果。

二、希尔伯特（Hilbert）变换方法及其应用

近些年来，希尔伯特变换在重、磁异常解释中的应用越来越引起人们的注意。该方法在磁异常反演计算中的应用最初开始于20世纪70年代，主要用于由磁场的水平分量求垂直分量，或由垂直分量求水平分量。自20世纪80年代开始，Mohan N L（1980）等人进一步将希尔伯特变换引入到重、磁异常的解释领域，不仅将该方法用于计算地质体的形体参数，还将其应用从一维变换扩展到二维变换，用于计算重力或磁异常的一阶或二阶导数，为促进希尔伯特变换在位场解释方面的应用，提高反演精度做了许多有意义的研究和探索。作为对一种反演方法的一般了解，这里仅重点介绍利用二度磁异常的垂直分量、水

平分量以及它们的导数的希尔伯特变换结果，确定特征点并进行反演计算的方法。

1. *基本原理*

由实数概念出发，实函数 $f(x)$ 的希尔伯特变换对定义为

$$\begin{cases} G(\xi) = \dfrac{1}{\pi}\displaystyle\int_{-\infty}^{\infty} \dfrac{f(x)}{\xi - x}\mathrm{d}x \\ f(x) = \dfrac{1}{\pi}\displaystyle\int_{-\infty}^{\infty} \dfrac{G(\xi)}{\xi - x}\mathrm{d}\xi \end{cases} \tag{11-144}$$

在重、磁异常反演计算的应用中，把磁异常 Z_a 分量的希尔伯特变换定义为

$$H_l(x) = \frac{1}{\pi}\int_0^{\infty}[\mathrm{Im}\tilde{Z}(\omega)\cos\omega x - \mathrm{Re}\tilde{Z}(\omega)\sin\omega x]\mathrm{d}\omega \tag{11-145}$$

式中：$H_l(x)$ 为 Z_a 分量的希尔伯特变换；$\mathrm{Im}\,\tilde{Z}(\omega)$ 与 $\mathrm{Re}\,\tilde{Z}(\omega)$ 分别为 Z_a 分量的傅里叶变换的虚部与实部。它是任意形体希尔伯特变换空间域正演的通式。在（11-144）式的基础上，如果已知某一个确定形体的 $Z_a(x)$ 表达式，先对其作一维傅里叶变换，再将实、虚部代入（11-144）式，则可得到该物体磁异常 $Z_a(x)$ 的希尔伯特变换的计算结果，进而通过 $Z_a(x)$ 和 $H_l(x)$ 的交（切）点坐标，得到用于确定该物体形体参数的反演公式。

这种建立在连续变量条件下的理论在实际应用中必须采用离散化的形式。已知 $Z_a(x)$ 的离散傅里叶变换表达式为

$$\begin{cases} \mathrm{Re}\tilde{Z}(n\omega_0) = \displaystyle\sum_{l=0}^{N-1} Z_a(l\Delta x)\cos(n\omega_0 l\Delta x) \\ \mathrm{Im}\tilde{Z}(n\omega_0) = \displaystyle\sum_{l=0}^{N-1} Z_a(l\Delta x)\sin(n\omega_0 l\Delta x) \end{cases} \tag{11-146}$$

式中：N 是测点个数；Δx 是测点间距；$\omega_0 = \dfrac{2\pi}{N(\Delta x)}$ 是基波。对应的离散希尔伯特变换定义为

$$H_l(l\Delta x) = \frac{1}{\pi}\Big[\sum_{n=0}^{\frac{N}{2}-1}\mathrm{Im}\tilde{Z}(n\omega_0)\cos(n\omega_0 l\Delta x) - \sum_{n=0}^{\frac{N}{2}-1}\mathrm{Re}\tilde{Z}(n\omega_0)\sin(n\omega_0 l\Delta x)\Big] \tag{11-147}$$

2. *几种规则二度体磁场的希尔伯特变换及反演公式*

这里我们以斜交磁化无限延深板状体为例，详细给出其希尔伯特变换结果以及反演计算表达式，更多二度体磁异常希尔伯特变换的反演表达式将在其后以列表形式给出。

根据（8-48）式知斜交磁化无限延深板状体的 $Z_a(x)$ 表达式为

$$Z_a(x) = A\frac{h\cos\gamma - x\sin\gamma}{h^2 + x^2} \tag{11-148}$$

式中：$A = \dfrac{2\mu_0 \boldsymbol{M}_S 2b\sin\beta}{4\pi}$。其波谱函数为

$$\tilde{Z}_a(\omega) = \int_{-\infty}^{\infty} Z_a(\Delta x)\mathrm{e}^{-\mathrm{i}\omega z}\mathrm{d}\omega = A\pi\mathrm{e}^{-\omega h}(\cos\gamma + \mathrm{i}\sin\gamma) \tag{11-149}$$

式中的虚、实分量分别为

$$\begin{cases}\mathrm{Re}\tilde{Z}(\omega) = A\pi\cos\gamma e^{-\omega h} \\ \mathrm{Im}\tilde{Z}(\omega) = A\pi\sin\gamma e^{-\omega h}\end{cases} \tag{11-150}$$

将（11－150）式代入（11－145）式，则其希尔伯特变换表达式为

$$\begin{aligned} H_l(x) &= A\int_0^{\infty} e^{-\omega h}(\cos\omega x\sin\gamma - \sin\omega x\cos\gamma)\mathrm{d}\omega \\ &= A\frac{h\sin\gamma - x\cos\gamma}{h^2 + x^2} \end{aligned} \tag{11-151}$$

如果以 x 为横坐标，并分别以 Z_a（x）、H_l（x）为纵坐标在同一坐标系内作剖面曲线图，将会发现 Z_a（x）与 H_l（x）曲线存在交（切）点，如图 11－20 给出的斜磁化直立板状体的情况。因此，由（11－148）式与（11－151）式，令

$$Z_a(x) = H_l(x)$$

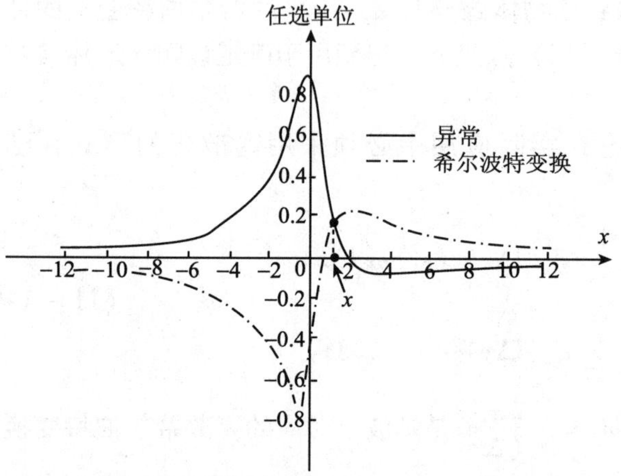

图 11－20　无限延深直立板体 Z_a（x）、H_l（x）曲线
（$\gamma=60°$，$h=1$，$A=1$）

可求解出其交（切）点的横坐标 x^* 与场源顶端埋深 h 的关系式，即

$$h = -x^* \tag{11-152}$$

利用 Z_a（x）、H_l（x）在任意点及原点处的值，还可以分别求得磁化特征角 γ 与常数 A 等：

$$\begin{cases}\gamma = \arctan\dfrac{hH_l(x) + xZ_a(x)}{hZ_a(x) + xH_l(x)} \\ A = h\sqrt{Z_a^2(0) + H_l^2(0)}\end{cases} \tag{11-153}$$

利用希尔伯特变换技术可以对更多不同形体的磁异常进行计算，并能够得出有意义的反演计算公式。这里不对它们作详细推导，仅将这些公式列于表 11－6 以供查用。

表 11－6　对不同形状物体的磁异常进行希尔伯特变换进行反演计算的相关表达式

形　体	反　演　公　式	说　明
斜磁化有限延深直立薄板	$h_1 = \{(x_1+x_2) - [(x_1+x_2)^2 - 4x_1x_2]^{1/2}\}$ $h_2 = 0.5\{(x_1+x_2) + [(x_1+x_2)^2 + 4x_1x_2]^{1/2}\}$ $\gamma = \arctan\dfrac{x^2H_l(x) - h_1h_2H_l(x) - xZ_a(x)(h_1+h_2)}{x^2Z_a(x) - h_1h_2Z_a(-x) - xH_l(x)(h_1+h_2)}$ $A = \dfrac{[Z_a^2(0) + H_l^2(0)]^{1/2}}{\dfrac{1}{h_1}+\dfrac{1}{h_2}}$	$h_1 > h_2$ x_1，x_2 为 Z_a（x）与 H_l（x）交（切）点的横坐标 $A = \dfrac{2\mu_0 M_S 2b\sin\beta}{4\pi}$

续表

形体	反演公式	说明
斜磁化无限延深厚板	$h_1=0.5\ (x_1+x_2)$ $b=-0.25\ [4x_1x_2+\ (x_1+x_2)^2]^{1/2}$ $\gamma=\arctan\dfrac{(h^2+b^2-x^2)\ Z'_{ax}(x)\ +2xhH'_{lx}\ (x)}{(h^2+b^2-x^2)\ H'_{lx}(x)\ +2xhZ'_{ax}\ (x)}$ $M_2=\ (h^2+b^2)\ [Z'^2_{ax}\ (0)\ +2xhH'^2_{lx}\ (0)]^{1/2}/\ (4b)$	$Z'_{ax}\ (x)$、$H'_l\ (x)$ 为 $Z_a\ (x)$、$H_l\ (x)$ 沿 x 方向的一阶导数 x_1，x_2 为 $Z'_{ax}\ (x)$ 与 $H'_l\ (x)$ 交（切）点的横坐标 $M_2=\dfrac{\mu_0 \boldsymbol{M}_S \sin\alpha}{4\pi}$
斜磁化水平薄板	$h_1=0.5\ (x_1+x_2)$ $b=[(x_1+h)^2-2h_1^2]^{1/2}$ 或 $b=[(x_2+h)^2-2h_1^2]^{1/2}$ $\gamma=\arctan\dfrac{(h^2+b^2-x^2)\ H_l\ (x)\ +2xhZ_a\ (x)}{(h^2+b^2-x^2)\ Z_a\ (x)\ +2xhH_l\ (x)}$ $A=\ (h^2+b^2)\ [Z_a^2\ (0)\ +2xhH_l^2\ (0)]^{1/2}$	x_1，x_2 为 $Z_a\ (x)$ 与 $H_l\ (x)$ 交（切）点的横坐标 $A=\dfrac{2d\cdot 2b\cdot \mu_0 \boldsymbol{M}_S \sin\beta}{4\pi}$ $2d$ 为薄板的厚度
斜磁化水平圆柱体	$R=0.5\ (x_1+x_2)$ $i_S=\arctan\dfrac{(R^2-x^2)\ Z_a\ (x)\ +2xRH_l\ (x)}{(R^2-x^2)\ H_l\ (x)\ +2xRZ_a\ (x)}$ $C=\dfrac{R^2\ [Z_a^2\ (0)\ +H_l^2\ (0)]^{1/2}}{2}$	x_1，x_2 为 $Z_a\ (x)$ 与 $H_l\ (x)$ 交（切）点的横坐标 $C=\dfrac{\mu_0 R^2 \boldsymbol{M}_S}{2}$ R 是水平圆柱体的中心深度

三、欧拉（Euler）反褶积方法计算重、磁场源的位置

欧拉反褶积（或欧拉法）是依据欧拉方程，在给出构造指数的前提下，利用重力或磁异常沿空间不同方向的导数建立方程组并求解，计算出场源的水平位置或深度的方法。它可以用于计算剖面数据，也可以用于计算平面网格数据。能够对断层、岩脉以及岩体等多种不同形状地质体的场源位置参数进行反演计算。

1. 基本原理

对任意函数 $f\ (x,\ y,\ z)$，如果有

$$f(tx,ty,tz)\ =\ t^n f(x,y,z) \tag{11-154}$$

则称函数 $f\ (x,\ y,\ z)$ 是 n 阶齐次的，式中 x，y，z，t 为函数 f 的自变量。此外还可以证明，如果 $f\ (x,\ y,\ z)$ 是 n 阶齐次的，则（11－154）式满足下式：

$$x\frac{\partial f}{\partial x}+y\frac{\partial f}{\partial y}+z\frac{\partial f}{\partial z}=nf \tag{11-155}$$

此偏微分方程被称为欧拉齐次方程，或简称为欧拉方程。

考虑一个相对于观测平面位于点（ξ_0，η_0，ζ_0）的重力或磁异常源，ζ_0 可以是场源顶端埋深，也可以是场源中心深度，其在观测平面上一点（x，y，0）处的重力或磁异常具有如下形式：

$$\Delta\Phi(x,y) = \frac{E}{r^n} \tag{11-156}$$

其中 $r=\sqrt{(x-\xi_0)^2+(y-\eta_0)^2+(z-\zeta_0)^2}$，$n=1$，2，…。$E$ 为根据场源形状不同取不同数值的量。对于（11-156）式这样的函数，其欧拉方程可以写成

$$(x-\xi_0)\frac{\partial\Delta\Phi}{\partial x}+(y-\eta_0)\frac{\partial\Delta\Phi}{\partial y}+(z-\zeta_0)\frac{\partial\Delta\Phi}{\partial z}=-N\Delta\Phi(x,y) \tag{11-157}$$

方程（11-157）式是 $n=-N$ 阶齐次的欧拉方程，N 称作构造指数。很显然，方程(11-157)式中重、磁异常三个坐标方向的导数值可以由一般位场转换计算得到，再给出构造指数，利用实测的 Δg（x，y）或 ΔT（x，y），由（11-157）式可以建立欧拉方程组，解这样的方程组就可以得到 ξ_0、η_0、ζ_0，达到求解的目的。

顺便说明，欧拉反褶积方法并不是直接的数学反褶积变换的计算过程。从(11-157)式可以看出，它是对（$x-\xi_0$）、（$y-\eta_0$）、（$z-\zeta_0$）等褶积形式的自变量的微分运算，而 $\Delta\Phi$（x，y，z）所代表的 Δg（x，y，z）或 ΔT（x，y，z）异常则是通过对 ξ_0、η_0、ζ_0 等变量的积分所得到，如（1-49）式。（11-156）式的求解是对 Δg（x，y，z）或 ΔT（x，y，z)异常的反演，故欧拉反褶积由此而得名。

2. 构造指数的推导

由（11-157）式出发，既可以求解 ξ_0、η_0、ζ_0 等参数进行反演计算，也可以在 Δg（x，y，z)函数已知的情况下计算出构造指数 N。构造指数依据计算对象（重力异常或磁异常）不同而不同，并随着场源形状的变化而变化。下面分别以球体和无限长水平圆柱体为例进行说明。

（1）球体

1）重力异常 Δg：由（4-1）式知球体的重力异常表达式为

$$\Delta g = Gm\frac{-(z-\zeta_0)}{[(x-\xi_0)^2+(y-\eta_0)^2+(z-\zeta_0)^2]^{3/2}} \tag{11-158}$$

式中 ξ_0，η_0，ζ_0 代表场源中心的坐标。以 Δg 代替 $\Delta\Phi$ 代入（11-157）式（因 Gm 为常数项，可以暂不考虑)，有

$$\left\{\begin{aligned}
\frac{\partial}{\partial x}(\Delta g) &= \frac{\partial}{\partial x}\left(\frac{-(z-\zeta_0)}{[(x-\xi_0)^2+(y-\eta_0)^2+(z-\zeta_0)^2]^{3/2}}\right)\\
&= \frac{-3(x-\zeta_0)(z-\zeta_0)}{[(x-\xi_0)^2+(y-\eta_0)^2+(z-\zeta_0)^2]^{5/2}}\\
\frac{\partial}{\partial y}(\Delta g) &= \frac{\partial}{\partial y}\left(\frac{-(z-\zeta_0)}{[(x-\xi_0)^2+(y-\eta_0)^2+(z-\zeta_0)^2]^{3/2}}\right)\\
&= \frac{-3(y-\eta_0)(z-\zeta_0)}{[(x-\xi_0)^2+(y-\eta_0)^2+(z-\zeta_0)^2]^{5/2}}\\
\frac{\partial}{\partial z}(\Delta g) &= \frac{\partial}{\partial z}\left(\frac{-(z-\zeta_0)}{[(x-\xi_0)^2+(y-\eta_0)^2+(z-\zeta_0)^2]^{3/2}}\right)\\
&= \frac{(x-\xi_0)^2+(y-\eta_0)^2-2(z-\zeta_0)^2}{[(x-\xi_0)^2+(y-\eta_0)^2+(z-\zeta_0)^2]^{5/2}}
\end{aligned}\right. \tag{11-159}$$

将上式代入（11－157）式可以得到球体重力异常的构造指数 $N=2$。

2）磁异常垂直分量 Z_a：由球体磁异常垂直分量 Z_a 的表达式（见表 8－1），令其 $i=\pi/2$ 可得垂直磁化条件下球体磁异常垂直分量 $Z_a^{\perp}$ 的计算公式为

$$Z_a^{\perp}=\frac{\mu_0 m}{4\pi}\frac{2(z-\zeta_0)^2+(x-\xi_0)^2+(y-\eta_0)^2}{[(x-\xi_0)^2+(y-\eta_0)^2+(z-\zeta_0)^2]^{5/2}} \tag{11-160}$$

式中 ξ_0，η_0，ζ_0 的意义与（11－158）式相同。将上式代入（11－157）式，显然求微分计时与 x、y、z 无关的常数项均可忽略，且微分运算可分别对

$$\frac{E}{[(x-\xi_0)^2+(y-\eta_0)^2+(z-\zeta_0)^2]^{5/2}} \tag{11-161}$$

进行，式中 $E=(x-\xi_0)^2$ 或 $(y-\eta_0)^2$ 或 $(z-\zeta_0)^2$，对 $E=(x-\xi_0)^2$ 的情况有

$$\begin{cases}\dfrac{\partial}{\partial x}(Z_a)=\dfrac{\partial}{\partial x}\left\{\dfrac{(x-\xi_0)^2}{[(x-\xi_0)^2+(y-\eta_0)^2+(z-\zeta_0)^2]^{5/2}}\right\}\\ \quad=\dfrac{-3(x-\xi_0)^3+2(x-\xi_0)(z-\zeta_0)^2+2(x-\xi_0)(y-\eta_0)^2}{[(x-\xi_0)^2+(y-\eta_0)^2+(z-\zeta_0)^2]^{7/2}}\\ \dfrac{\partial}{\partial y}(Z_a)=\dfrac{\partial}{\partial y}\left\{\dfrac{(x-\xi_0)^2}{[(x-\xi_0)^2+(y-\eta_0)^2+(z-\zeta_0)^2]^{5/2}}\right\}\\ \quad=\dfrac{-5(y-\eta_0)(x-\xi_0)^2}{[(x-\xi_0)^2+(y-\eta_0)^2+(z-\zeta_0)^2]^{7/2}}\\ \dfrac{\partial}{\partial z}(Z_a)=\dfrac{\partial}{\partial z}\left\{\dfrac{(x-\xi_0)^2}{[(x-\xi_0)^2+(y-\eta_0)^2+(z-\zeta_0)^2]^{5/2}}\right\}\\ \quad=\dfrac{-5(z-\zeta_0)(x-\xi_0)^2}{[(x-\xi_0)^2+(y-\eta_0)^2+(z-\zeta_0)^2]^{7/2}}\end{cases} \tag{11-162}$$

上式对于 $E=(y-\eta_0)^2$ 或 $E=(z-\zeta_0)^2$ 的情况均成立。将 $E=(x-\xi_0)^2$ 或 $E=(y-\eta_0)^2$ 或 $E=(z-\zeta_0)^2$ 的所有计算结果代入（11－157）式，可以得到垂直磁化条件下球体磁异常垂直分量 $Z_a^{\perp}$ 的构造指数 $N=3$。

（2）水平圆柱体

1）重力异常：由（4－19）式知水平圆柱体的重力异常表达式为

$$\Delta g=2G\lambda\frac{-(z-\zeta_0)}{(x-\xi_0)^2+(z-\zeta_0)^2} \tag{11-163}$$

式中：ξ_0，ζ_0 为水平圆柱体横截面中心位置的坐标。仿照（11－159）式的做法，并把计算结果代入（11－157）式，可以得到水平圆柱体的重力异常的构造指数 $N=1$。

2）磁异常总强度 ΔT：已知水平圆柱体磁异常总强度 ΔT 的计算公式（见表8－1）为

$$\begin{aligned}\Delta T=&\frac{\mu_0}{4\pi}\frac{2m_S}{(x^2+h^2)^2}[(h^2-x^2)(\sin i_S\sin I_0-\cos i_S\cos I_0\cos A')\\&-2hx(\cos i_S\sin I_0+\sin i_S\cos I_0\cos A')]\end{aligned} \tag{11-164}$$

将式中 x 用 $x-\xi_0$ 代替，h 用 $z-\zeta_0$ 代替，其中 ξ_0、ζ_0 的意义与（11－158）式相同。对上式计算构造指数时，可以发现其与 x、z 有关的项可以写成 $\dfrac{E}{[(x-\xi)^2+(z-\zeta)^2]^2}$ 的

线性组合形式，其中 E 分别为 $(h-\zeta_0)^2-(h-\xi_0)^2$ 与 $(h-\zeta_0)(h-\xi_0)$ 等不同形式。将（11－164）式代入（11－157）式，并仿照（11－162）式的做法对（11－164）式进行计算，再把计算结果代入（11－157）式，可以得到水平圆柱体总强度磁异常 ΔT 的构造指数 $N=2$。

上述计算对台阶、板状体等场源的重、磁异常同样有效。但须注意的是，各种形状场源的重、磁异常满足（11－157）式的条件不完全相同，条件数会有变化，甚至对一些场源还需要作简化或转换处理才能够得到确切的构造指数，否则就不能利用（11－157）式求解。

3. 计算过程及相关问题

如前所述，对欧拉反褶积的计算，首先要利用重力或磁异常资料在各个测点计算沿 x、y、z 三个不同方向（对二度体情况不考虑 y 变量）的偏导数 $\frac{\partial \Delta\Phi}{\partial x}$、$\frac{\partial \Delta\Phi}{\partial y}$ 与 $\frac{\partial \Delta\Phi}{\partial z}$；其次确定并给出构造指数 N，利用（11－157）式建立线性方程组；最后解方程组求出 ξ_0、η_0、ζ_0 的值（对二度体求出 ξ_0、ζ_0）。但实际应用中，简单地使用上述方法往往不能得到合理的计算结果。其主要原因包括以下两个方面：

1）计算的主要目标物的重、磁异常往往要受到其他异常的干扰，即背景场干扰的影响；

2）在进行区域性的大面积范围计算时，很难用某一固定的形状来模拟所有场源。

为了克服这些干扰，计算过程中常常需要采取一些附加的处理。

对于背景场的干扰问题，可以假定在小区域内背景场为一常数 B（后面我们会看到在小区域内这种假定是允许的），由此 $\Delta\Phi$ 为 $\Delta\Phi+B$，而（11－157）式变为

$$(x-\xi_0)\frac{\partial \Delta\Phi}{\partial x}+(y-\eta_0)\frac{\partial \Delta\Phi}{\partial y}+(z-\zeta_0)\frac{\partial \Delta\Phi}{\partial z}=-N[\Delta\Phi(x,y)+B] \tag{11-165}$$

移项后有

$$\xi_0\frac{\partial \Delta\Phi}{\partial x}+\eta_0\frac{\partial \Delta\Phi}{\partial y}+\zeta_0\frac{\partial \Phi}{\partial z}-BN=x\frac{\partial \Delta\Phi}{\partial x}+y\frac{\partial \Delta\Phi}{\partial y}+z\frac{\partial \Phi}{\partial z}+N\Delta\Phi(x,y) \tag{11-166}$$

（11－166）式与（11－157）式相比，多出了一个待求的未知量 B，但它并不影响对（11－166）式的求解。

对于区域资料的计算可以分两步进行，第一步，将计算区域划分 3×3（或 $n\times n$，n 值可根据计算需要自行确定）的小窗，取小窗内的导数及原始异常值，利用（11－166）式建立超定方程组。显然，由小窗内的数据可以建立起 4×9 的系数矩阵及对应的右端项，也就不难计算出未知量 ξ_0、η_0、ζ_0 与 B。这样在小窗范围内背景场可以被认为是某一常数，另外还可以在一定程度上避开邻近场源异常的干扰。第二步，根据解释人员对原始异常的初步认识，确定工作区内不同地段场源的大概形状即构造指数，计算中对不同区段的构造指数赋予不同数值，这样会使得计算结果更加合理。实践证明，这样的计算结果一般情况下都令人满意。

四、重、磁异常的统计分析及应用

自20世纪60年代以来，数理统计学中的一些统计方法已经引入到重、磁异常的计算与解释中。本节扼要地对它们作以介绍。

1. 重、磁异常的对应分析

根据前面所介绍的各种方法，我们不难理解重力与磁异常解释的复杂性和多解性。因此，若综合多种地球物理资料进行分析，则有可能减少异常的多解性，增加可靠性。重、磁异常的对应分析就是综合解释方法之一。

由第八章的（8－5）式可知，在重、磁同源情况下有

$$Z_a^{\perp} = \frac{\mu_0 M}{4\pi G\rho}\frac{\partial \Delta g}{\partial z} \tag{11－167}$$

实际应用中，在进行重、磁异常对应分析计算时，一般采用

$$Z_a^{\perp} = \frac{\mu_0 M}{4\pi G\rho}\frac{\partial \Delta g}{\partial z} + A \tag{11－168}$$

式中 A 表示实测异常中与背景场有关的成分。

（1）回归分析

（11－168）式表明，当重、磁异常同源时，垂直磁化的垂直磁异常 $Z_a^{\perp}$ 与重力异常的垂直一阶导数$\frac{\partial \Delta g}{\partial z}$间成线性关系。因此，只要将实际磁异常做化极处理，对实际重力异常计算垂向一阶导数，再对 $Z_a^{\perp}$ 和$\frac{\partial \Delta g}{\partial z}$进行线性回归分析，便得到斜率$\frac{\mu_0 M}{4\pi G\rho}$和截距 A，进而可求出泊松比 $\alpha = M/\rho$。

A 可作为判定重、磁是否同源的一个准则，也是检验计算出来的泊松比可靠性的一个标准。当 $A=0$ 时，这是重、磁同源的最理想的情况。实际上，一般 A 皆不等于零，但只要 A 的值不大或变化不大就可认为重、磁是同源的，所计算出来的泊松比就有意义；否则，说明测区内背景场变化大或者异常间互相干扰强，还有可能存在异于地磁场方向的剩余磁化强度。

（2）计算相关系数

反映 $Z_a^{\perp}$ 和$\frac{\partial \Delta g}{\partial z}$线性相关密切程度的量是相关系数 R，它的定义为

$$R = \frac{\mathrm{cov}(Z_a^{\perp}, \partial \Delta g/\partial z)}{\sqrt{D(Z_a^{\perp})D(\partial \Delta g/\partial z)}} \tag{11－169}$$

式中：$\mathrm{cov}(Z_a^{\perp}, \partial \Delta g/\partial z) = \frac{1}{N}\sum_{i=1}^{N}\left\{\left(Z_{ai}^{\perp} - \frac{1}{N}\sum_{i=1}^{N} Z_{ai}^{\perp}\right)\left[(\partial \Delta g/\partial z)_i - \frac{1}{N}\sum_{i=1}^{N}(\partial \Delta g/\partial z)_i\right]\right\}$，为 $Z_a^{\perp}$ 与 $\frac{\partial \Delta g}{\partial z}$ 的协方差；$D(Z_a^{\perp}) = \frac{1}{N}\sum_{i=1}^{N}\left(Z_{ai}^{\perp} - \frac{1}{N}\sum_{i=1}^{N} Z_{ai}^{\perp}\right)^2$，为 $Z_a^{\perp}$ 的方差；$D\left(\frac{\partial \Delta g}{\partial z}\right) = \frac{1}{N}\sum_{i=1}^{N}\left[\left(\frac{\partial \Delta g}{\partial z}\right)_i - \frac{1}{N}\sum_{i=1}^{N}\left(\frac{\partial \Delta g}{\partial z}\right)_i\right]^2$，为$\frac{\partial \Delta g}{\partial z}$的方差。

相关系数 R 反映计算窗口内重、磁异常的线性相关程度，其值为 $-1 \leqslant R \leqslant 1$，$R$ 接近

于1时为正相关，表示重力高（或低）对应于磁力高（或低）；R 接近 -1 时为负相关，表示重力高与磁力低或重力低与磁力高对应。R 接近于 ± 1 时，重、磁异常同源；R 接近于零（一般小于0.5时），可认为重、磁异常不同源或异常体之间相互干扰强烈、或剩余磁性与地磁场方向不一致。因此，由 R 的大小可判断回归分析所得的泊松比的可信程度（或者说相关系数是检验线性相关的一种依据）。

对应分析的计算按窗口进行，其效果与窗口的选择有关。确定窗口大小时，既要考虑所研究异常的波长、点距和异常的叠加情况，也要使窗口内有足够的点数。

为取得较好的效果，做对应分析计算之前要首先确定工作区内的区域场和局部场。对局部场进行对应分析，其相关性取决于浅部地质体的物性分布情况，因此，可用来研究浅部的岩性和构造特征；对区域场进行对应分析可用来研究深部构造特征。此外，还可对不同高度上的重、磁异常进行对应分析，以研究不同深度上的地质构造。

2. 利用布格重力异常与莫霍面深度的相关性计算莫霍面深度

对比重力资料和地壳测深资料可以发现，在地壳均衡情况下，地面上的布格重力异常 Δg 随地壳厚度的增加而减小（或随地壳厚度的减小而增加）。因此，可以认为布格重力异常与地壳厚度之间存在有一线性关系，通常用如下公式表示：

$$h = a + b\Delta g \tag{11-170}$$

式中：h 为地壳深度；a 和 b 为待定系数。

考虑到上地幔密度的变化也是均衡补偿的一个因素，加之地壳上部地质因素的影响等，实践中通常采用足够大的窗口内平均布格重力异常与该窗口内平均莫霍面深度进行回归分析。可以看出，(11－170) 式中 Δg 为某一窗口内的平均布格重力异常。

图11－21是中国大陆区域的布格重力异常图（以10g. u. 为单位）。利用若干个已知的地壳莫霍面深度值与布格重力异常的对应关系，可以求出中国大陆的莫霍面深度图。这里对22个点的布格重力异常与各点莫霍面深度（由地壳测深资料提供）进行了统计计算。首先计算出已知莫霍面深度与对应的布格重力异常 Δg 的相关系数 $R=-0.96$，表明二者之间存在密切的负相关关系；然后，采用极大似然法估计，求出 $a=34.8$km，$b=-0.0628$km/g. u.（也可采用求目标函数极小的方法进行计算）；接下来，利用我国1∶100万的布格重力异常图，先计算出 $1°\times1°$ 窗口内的平均布格重力异常，然后由 (11－170) 式计算出各窗口内的平均莫霍面深度，并绘制出了如图11－22所示的中国大陆区域的莫霍面深度图（以km为单位）。图11－21和图11－22是研究我国地壳深部构造及分区的基础资料。

3. 利用相关分析确定和追踪断裂构造

断裂构造，尤其是深大断裂与地质构造的演化、矿产的形成及其空间分布有密切关系，而不同级别的断裂又经常是不同级别构造单元的分界线。因此，利用重、磁异常确定、追踪断裂构造是异常解释的一项重要内容。

（1）相关滤波确定断裂

构造地质学中把断裂分成不同类型，且具有多种典型的组合形式。在重、磁资料解释时，如果选择的先验的断裂模型符合实际情况，则实际测量的断裂地段的重力或磁异常将与模型的理论场具有较好的相关关系。对二者的相关程度可用计算相关系数的方法加以判别，称之为相关滤波。相关系数为

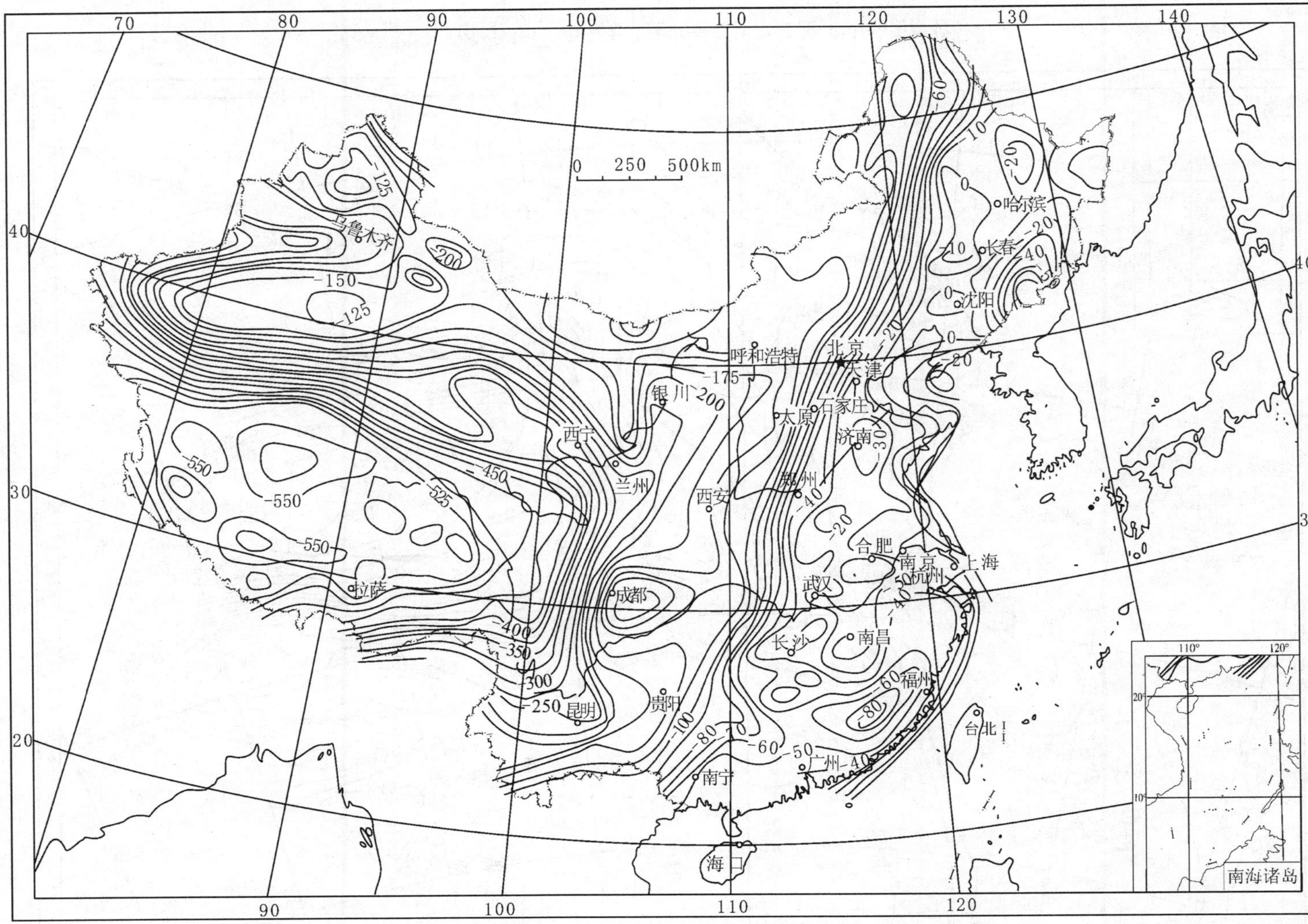

图 11-21 中国大陆区域1°×1°平均布格重力异常图（以10g.u.为单位）

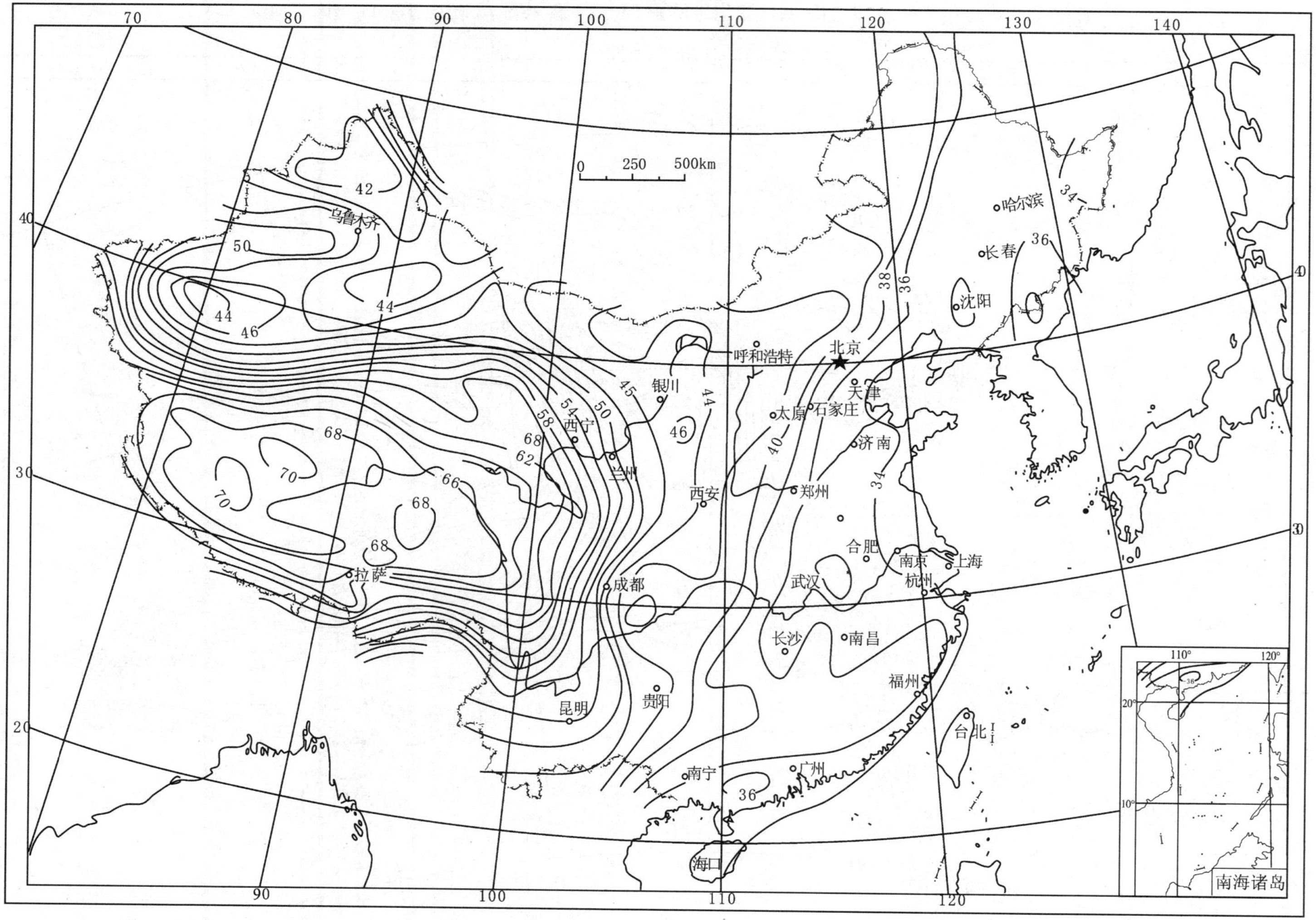

图11-22 中国大陆区域莫霍面深度图（以km为单位）

$$R(j) = \frac{\sum_{i=-N}^{N} f_1(i) f_2(i+j)}{\left[\sum_{i=-N}^{N} f_1^2(i) \sum_{i=-N}^{N} f_2^2(i+j)\right]^{1/2}} \quad (11-171)$$

式中：$f_1(i)$ 为第 i 点的模型理论场值；$f_2(i+j)$ 为第 $i+j$ 点的实测重力或磁异常场值（或经处理后的场值）；$(-N, N)$ 表示计算窗口；j 为延迟量。

当计算出的 R 值接近于1时，说明实际断裂与理论模型的错动方向相同；当 R 值接近于 -1 时，说明二者的错动方向相反。在平面上沿纵横两个方向进行相关分析，便可确定出断裂构造的平面位置。

为取得较好的效果，在作相关分析计算之前，应根据实测场的分布特征和研究区的地质情况选择先验断裂构造模型，并逐步修改达到完善，否则，不易达到确定断裂构造的目的。

（2）利用不同剖面的相关性追踪断裂

由于断裂构造沿走向方向具有一定的延展，因而沿走向方向不同剖面上的异常的分布特征存在着相似性。相邻两剖面的相关系数为

$$R(j) = \sum_{i=-N}^{N} f_k(i) f_{k+1}(i-j) \quad (11-172)$$

式中：$f_k(i)$ 为第 k 条剖面上第 i 个点的场值；$f_{k+1}(i-j)$ 为第 $k+1$ 条剖面上延迟量为 j 的点上的场值。

在断裂构造延展方向各剖面的相应点上可得到较大的相关函数值，在其他点上相关函数值很小且无明显的方向性。故可由相关函数值的大小和分布特征来追踪断裂构造。

4. 异常的统计分区与图像识别简介

利用大面积的区域重、磁测量资料可进行构造单元划分、地质填图和矿产预测等。为解决这些问题，需要对实测异常进行分区，在分区的基础上对异常的标志进行分析认识。以往的标志划分都是定性的。例如，将异常的轴向、强度、水平梯度、异常形状和范围进行统计、归类，并以此作为地球物理场的分区标志，利用将已知区场的标志与未知区场的分布特征作对比的方法，进行构造单元划分、地质填图和矿产预测等。

目前，异常的统计分区正朝着定量方向发展，所谓定量就是选择充分且必要的地球物理标志做参数，用适当的方法处理实测数据，作出定量的计算，对结果给出合理的解释，图像识别有可能实现这些要求。

图像识别是计算机应用的重要内容，它将研究对象客观存在的特征通过计算机和人工方法进行分类，有时还要求确定研究对象的性质和结构。

图像识别现在还没有统一的算法，且由于缺乏经过充分研究的地质过程模型，因而提取地质和地球物理信息时，难以事先确定最佳标志。

分区的图像识别可分为在已知类型上进行“学习”和在未知类型上进行“自学”两种方法。

进行“学习”的方法是在研究区内，以已知的含矿区和非含矿区作为标准区，通过资料整理得到地球物理场的全部标志，并以之作为标准体。解释时，将未知区的全部标志与标准体进行对比，便可确定出含矿区和无矿区。可见，最关键的是选择标准体，并仿此

标准体进行标志统计特征（如平均值、方差、偏度系数、相关系数等）的估计。

进行“自学”的方法是在缺少标准体的情况下根据某些经验，按不同的标志组合将研究区划分为几个均匀类型。由于这些类型的地质性质是未知的，其识别结果的可信度一般较由“学习”方法得到的结果的可信度低，应用中应慎重对待。

习题十一

1. 说明重、磁异常反演多解性的主要原因及克服的办法。

2. 对重力场源，如果其沿某一坐标轴呈对称形状，则沿该坐标方向上的重力异常是对称的；而对磁性场源的 ΔT 和 Z_a 异常，这种对称性存在吗？在什么条件下它们不对称？什么条件下它们才对称？

3. 根据磁异常特征判断磁性体形状的方法有哪几种？

4. 走向有限的地质体的重力或磁异常与二度体的重力或磁异常有所不同，在什么条件下可以将它们的重、磁异常视为二度体的异常进行计算或讨论？

5. 简单叙述解析法、切线法以及积分法的应用条件，并分别说明在应用这些反演方法进行计算时应注意哪几个方面的问题？

6. 结合书中介绍的起伏地形下直立无限延深板状体的 Z_a 异常公式，说明其磁场特征除了与磁化强度、磁化倾角以及埋藏深度影响以外，还受哪些因素影响？

7. 以水平圆柱体为例，说明比值圆交会法的计算步骤，比值圆交会法的计算受正常场选择的影响吗？

8. 简述最优化选择法的计算步骤，说明在迭代计算中阻尼最小二乘法为什么比高斯法和最速下降法具有优越性。

9. 本书中介绍的线性反演以计算场源的哪个参量为主，线性反演计算需要哪些假定条件？在线性方程组求解中经常会遇到哪几种问题？怎样解决？

10. 简述人机联作模拟反演实现的基本步骤。

11. 根据书中对截面为任意形状二度体磁异常正演计算的讨论，说明实现正演计算需要事先确定哪些参量；利用书中给出的重力和磁异常计算公式进行人机联作模拟反演，能够实现起伏地形上的反演计算吗？

12. 写出重力归一化总梯度的计算公式并说明其中各量的意义，同时阐述归一化总梯度的具体计算步骤。

13. 写出磁异常 Z_a 分量希尔伯特变换的定义并简单说明利用希尔伯特变换进行反演计算的过程。

14. 根据欧拉方程，推导计算球体重力异常的构造指数，并选择其他任意一种简单形体，尝试推导它的磁异常的构造指数。

15. 重、磁异常对应分析的基础是什么？如何确定重、磁异常是否同源？

第十二章　重、磁资料的地质解释及重、磁勘探的应用

重、磁资料的地质解释就是根据重力与磁异常的分布特征，结合岩、矿石的物性参数和地质条件，说明引起异常的地质原因，作出地质结论。在完成了某个工作区的重力或磁法勘探测量之后，必须对测量结果给出地质解释。解释结果的优劣既取决于实测资料的质量，也取决于解释人员掌握重、磁场的理论和地质理论的水平，它决定着重、磁勘探的地质效果和经济效益，是重、磁勘探工作中不可缺少的一部分。

第一节　重力异常、磁异常的基本特征分析

重力勘探与和磁法勘探测量原理不同，测量结果所包含的地质信息也各不相同。在重、磁异常资料的解释应用中，既要充分利用其在目标勘探中各自的优势，又要注意它们的区别，在综合解释中还要注意总结它们的共性，减少多解性。为了达到上述目的，这里首先从以下四个方面强调它们各自的特点。

一、物性基础

重力勘探是建立在场源密度差异的基础上，在对重力异常进行分析以及反演计算时必须充分搜集和利用已有的岩、矿石的密度资料。

磁法勘探是建立在场源磁性差异的基础上，故对磁异常进行分析以及反演计算时必须充分搜集和利用已有的岩、矿石的磁性数据以及相关资料，包括岩、矿石的磁化率、剩余磁化强度以及当地的地磁场强度、磁倾角、磁偏角等。

二、重、磁异常的原始图件

重力异常与磁异常的原始图件一般均以三种形式表示：①剖面图；②平面剖面图；③平面等值线图。重力异常 Δg 的强度单位是 g. u.；磁异常 ΔT（或 Z_a、H_{ax}）的强度单位是 nT。

一般情况下，无论哪一种形式的图件，重力异常相对于磁异常其绝对值幅度变化较小，异常频率变化也小。它反映出地下物质密度的变化比较缓慢（或重力测量结果更多显示的是具有一定规模的密度变化）；而物质的磁性变化比较快（或物质的磁性变化能够较敏感地被观测到）。针对此种情况，对 Δg 需要认真对待异常的微小变化，并解释遇到的微小变化的地质原因；而对 ΔT 则需要更多地注意地下岩性差异可能引起的磁异常变化以及周围不同地质体磁场的干扰。

三、重力、磁异常形状的差异

对孤立场源，Δg 的正、负值变化跟正常场选择有关，同时也与岩、矿石剩余密度大

于零或小于零有关；而 ΔT 的正、负值变化除了与正常场选择以及磁化率变化有关以外，还与场源形状、磁化方向等多种因素有关。对同一个地质体，如果埋深、剩余密度与磁化率确定，与其对应的重力异常 Δg 即可确定；而其对应的磁异常有 Z_a、H_a（或 H_{ax}、H_{ay}）与 ΔT 多个不同的量，异常强度并不完全确定，且异常强度与方向会随着地磁场强度、方向的不同而不同。磁异常随磁化方向变化而变化的特点决定了利用其确定场源倾斜方向具有更多的选择性，同时磁异常的解释还要引进矢量的概念。

四、勘探对象各有侧重

利用重力和磁法在多种不同目标物的勘探过程中都有很多成功的先例。这里主要强调一般情况下何种方法更具有优势。

1）在区域地质研究工作中，布格重力异常可以用来确定莫霍面，磁异常可以用来确定居里面。在深部构造的研究中，重力资料和磁异常资料从不同的方面发挥自己的作用。

2）在石油与天然气勘探中，重力与磁法测量均是前期普查勘探的首选方法。重力资料在确定盆地基底起伏，大规模断裂构造等方面非常重要，而磁测结果在研究火山岩分布，基底岩性变化等方面比较有效。

3）在固体矿产勘探中，磁法测量主要以寻找铁矿以及与磁铁矿共生的矿种（包括金、银、铜等多金属矿）最有效，而重力测量对于寻找大型矿床（如铬铁矿）比较有效。

4）在工程物探中，磁法勘探比重力勘探应用更广泛一些。

第二节　重、磁资料地质解释的内容、方法和步骤

对于不同的地质任务，在重力资料与磁测资料之间，虽然其地质解释的内容、方法、步骤有一定的差别，但一般来说两种资料地质解释的基本步骤是相同的，它们大致可以分为以下四个阶段。

一、重、磁资料的分析和预处理

为保证资料完整、可靠和解释结果的合理性，在解释前应分析以下条件和因素：重、磁测量精度的高低，有无系统误差，是否存在自然或人工干扰；测网形状和密度是否合适，测线是否水平；正常场选择是否合适；图件能否拼接；相关资料是否齐备；各种岩（矿）石物性参数测定的数量和质量是否满足要求等。做到胸中有数，以便选择适当的处理方法和解释方法。一般情况下，还需要对重、磁资料进行转换处理。

二、异常的定性解释

定性解释包括两个主要步骤，一是初步判断引起异常的地质原因，对目的物存在的可能性大小做出判断（习惯上将直接寻找的对象称为目标物，而将最终寻找的对象称为目的物）。二是大致判断地质体的形状、产状和范围。异常定性解释的基本内容包括以下四个方面。

1. 异常分类（区）

重、磁资料是地下各种不同赋存状态、不同物性参数地质体的综合反映，为了对异常

进行分门别类或有所侧重的研究，在解释前应对异常进行分类。目前，对异常分类还没有普遍适用的标准，应根据地质任务或测区内异常分布的特征进行划分。如普查找矿中，往往先根据异常的分布范围，分为区域异常或局部异常。区域异常一般与区域地质构造、火成岩体分布等有关，局部异常可能与矿化带、侵入体、矿床等有关。依地质条件不同，区域异常又可分为强度大、变化大（也称为强振幅、高频率）的异常和强度小、变化小（也称为弱振幅、低频率）的异常。对局部异常，结合地质条件尤其是成矿控矿因素，又可分为有意义和无意义异常。

2. 由“已知”到“未知”的对比

在已知地质情况的区域内，按照物性参数的差别，将异常的分布特征（强度、梯度、极值、正负值的分布、形状、走向等）与地质构造、岩石（或地层）、矿体进行对比，总结出它们的对应规律。从已知的对应规律出发，运用对比分析方法对条件相同的未知地区的异常进行地质解释。

实践中，地质、地球物理条件完全相同的地区是少见的。因此，在进行“已知”到“未知”的对比分析时，应考虑具有典型意义的一些特征，忽略那些次要的细节，也应注意某些条件变化对异常的影响。经验表明，在查明异常地质原因时，只要已知区的规律总结得正确，与未知区的对比分析得当，均能取得较好的地质效果。

3. 对异常进行详细分析

对实际异常或经处理、转换后的异常分布特征和变化规律进行深入、仔细分析，可以确定地质体的范围、形状、产状、埋深及其物性参数，再结合地质资料，就可能判断引起异常的地质原因。

4. 地球物理资料的综合分析

由于地下地质情况的复杂性，仅利用一种地球物理方法所获得的资料判断所引起的地质原因有时会很困难。考虑到研究对象往往具有多种物理性质，对多种地球物理方法所获得的资料进行综合分析有助于更准确地确定引起异常的地质原因，取得较好的地质效果。

三、异常的定量解释

定量解释通常在定性解释的基础上进行。定量解释结果往往可以补充初步定性解释结果，两者之间没有严格的界限。关于定量解释方法（或反演计算方法）前面的章节已经做了很多介绍，从中不难理解定量解释的目的和作用，它可以概括为以下三个方面：①依据反演所得到的地质体的位置、几何参数和物性参数，进一步判断引起异常的地质原因；②提供岩石（地层）或基底的深度、倾角和厚度在平面或剖面上的变化，以便推断地下的地质构造；③提供地质体在平面上的投影位置及地质体的深度、倾向等，以便合理地布置进一步的勘探工程。

四、地质结论和图示

地质结论是异常解释的主要成果，它是对场源重、磁异常规律的归纳与总结，也是由定性解释、定量解释与地质规律相结合而作出的地质推论。

地质图示是重、磁工作成果的集中表现和形象描述。重、磁工作成果应尽可能以推断成果图的形式表示，如推断地质剖面图、推断地质略图、推断构造纲要图和矿产预测图等。图件不仅要便于地质人员使用，也应便于根据验证结果和新的地质成果进行再解释。

第三节 重、磁勘探在研究地壳深部结构构造中的应用

利用重、磁资料研究地壳深部结构构造，不仅对解决地壳的演化和大陆与海洋的形成等地学的基础理论问题有重要意义，而且对地质构造单元的划分、天然地震活动性的分析和预报以及火山作用与各种矿产的分布的研究也有重要意义。

一、利用布格重力异常计算莫霍面深度

20世纪初期，南斯拉夫科学家A·莫霍罗维奇在研究1909年发生在萨格勒布南部卡尔帕山谷的大地震的地震波曲线记录时发现和提出了地球壳幔分界面——莫霍面。一个世纪以来，全世界许多地球科学工作者从不同的角度对莫霍面的定义和特点进行了研究并提出了许多补充修改，但莫霍面作为一个重要的地球内部的分界面的基本认识是一致的，而且由于莫霍面上下的岩石学、矿物学、化学、地震波速度、密度和流变学等情况发生了重大变化，它的起伏与近代地质活动历史密切相关，所以，随着这方面研究的深入，莫霍面的确定越来越多地引起了相关领域科学工作者的重视。

莫霍面具有明显的密度变化。利用布格重力异常的相关计算确定莫霍面深度能够提供较大范围内地壳厚度变化资料，这种资料因为其覆盖区域广不仅使得对有限的地震测深剖面的区域性的解释更加方便合理，而且为区域与深部地质构造发展过程研究提供了一种重要参考。在第十一章我们已经就利用布格重力异常计算莫霍面的方法和过程做了介绍，利用布格重力异常计算得到的全国范围的莫霍面深度可以帮助我们分析认识我国大陆区域地质和地壳厚度变化的基本规律，这是其他任何一种地质或地球物理资料所无法比拟的。

二、利用均衡重力异常研究地壳的均衡状态

在研究地球表面的高山凸起和大洋凹陷的地质历史进程中，重力均衡是一种被普遍认同的地壳动态演变过程，而重力均衡异常图正是地壳重力均衡现状的描述。虽然重力均衡改正计算需要大范围甚至全球的地形资料，大面积计算重力均衡改正比较麻烦，但可以用自由空间异常代替均衡异常，这种代替在小比例尺情况下，在地形平均高度和海底平均深度不超过2000m的范围内被认为是均衡异常的一级近似，是可行的。

大范围的均衡重力异常的计算结果表明，均衡异常Δg_{ave}的平均值可能有三种情况：①$\Delta g_{ave}\approx 0$，表明区域补偿近于均衡状态；②$\Delta g_{ave}>0$，说明区域补偿过剩（地壳内存在剩余质量）；③$\Delta g_{ave}<0$，表明区域补偿不足（地壳内存在质量亏损）。由此认为，在造山带地区出现正的均衡异常是由于地壳下有向上的挤压力而使较轻地壳上升的缘故；在深海沟处出现负均衡异常是由于岩石圈向地幔俯冲而使较轻的岩石圈插入软流圈的缘故。在借鉴有限的莫霍面深度资料的情况下计算得到的重力均衡异常图，不仅可以实现不同地区地壳稳定性的对比，而且进一步丰富了均衡理论，更有利于人们分析和认识地壳演变的趋势，是研究地壳均衡状态的重要基础资料。

三、利用航磁异常计算居里面深度

航磁异常几乎包含了地下一定范围内地壳磁场的所有成分。因此，对航磁异常进行适

当的分离，去掉地表局部异常以及相邻异常的干扰，其剩余部分就是异常所在区域地壳磁场的主体。由于物质磁性受温度变化的影响，当地下温度高于居里温度时岩石即退变为无磁性，故计算该剩余异常场源的下底面深度即得到居里面深度值。居里面深度的计算结果对于研究地热分布、新生代盆地演化以及地壳活动性等问题具有重要意义，国内外目前已经有许多成功应用的先例。

四、重、磁资料在全球地学大断面（GGT）研究中的应用

全球地学大断面（Global Geoscience Transects，简称 GGT）计划是国际岩石圈计划委员会于 1985 年 8 月在日本东京召开的一次会议上提出来的，通过对分布在全球范围不同地段的地质、地球物理大断面的研究，进一步深化对地球结构与构造认识的一项全球性的合作研究计划。截止到第 28 届国际地质大会，在全球已经设计了约 170 条 GGT 大断面。GGT 大断面利用沿断面穿过地区的所有地质、地球物理和地球化学等资料来研究全球范围内的深部地质问题。在全世界各国地质工作者的积极努力下，通过该计划的组织实施，至 20 世纪 90 年代，一些重大的基础地质问题的研究已经取得了令人鼓舞的成果。这些研究成果不仅包括有莫霍面性质的新认识、岩石圈滑脱构造的证实、岩石圈和软流圈界限的新的划分标准以及地壳、上地幔厚度分布的不均匀性和复杂性等，而且在岩石圈形成、演化和动力学研究、地震活动性研究以及地壳中深大断裂的识别与追踪等方面也提出了许多新的观点和看法。由于全球地学大断面几乎穿越了全球所有的构造单元，涉及各种各样的地质作用，在研究岩石圈的性质、起源和演化、动力学特征、获得有关地壳和上地幔的物质组成、结构构造、物理化学状态等信息，探索全球构造和地质学中的一些复杂问题等方面发挥了积极作用。

1. GGT 成果的编图

因 GGT 研究内容较多，而且具有广泛交流的重要作用，为了统一规格，在 1987 年 8 月在温哥华召开的第 19 届国际大地测量与地球物理联合会期间，国际岩石圈计划委员会第 7 协调组举行了第一次会议，制定出了全球地学断面（GGT）的编图指南。编图指南建议，GGT 编制者要汇集剖面控制区域的地质－地球物理资料，综合描述岩石圈的构造与演化。强调要建立断面地球物理解释模型，导引地表构造向深部投射，确定母岩在纵深方向的分布、接触关系以及变质、变形和侵入作用的影响。并通过归纳模型所表示的不同地质单元的深部状态，揭示断面构造的动力学过程。显然，地球物理解释模型的研究，成为断面解释质量的关键。图 12－1 为编图指南所展示的典型 GGT 图面轮廓，图中要求给出六幅带状图，其中垂直断面走向 100km 域内的地质条带图、重力条带图与磁场条带图三幅（重力与磁场条带图占据了其中的两幅）；在另外三幅包括地球物理解释模型在内的垂向条带解释结果图中，除了要求给出断面地下 100km 深度以上范围内的速度、电阻率、热流值等参数外，还要求对应地给出密度分布、莫霍面起伏以及深部火成岩体的分布等，这些参数的计算与确定都与重力与磁异常的反演解释密不可分，可见重力与磁场信息在地学断面的研究中起到了其他资料不可比拟的重要作用。

2. 中国的 GGT 研究成果

全球地学大断面计划得到了世界各国岩石圈研究机构的积极响应。1986 年 7 月中国岩石圈委员会也成立了由原地质矿产部、石油部、国家地震局以及中国科学院代表组成的

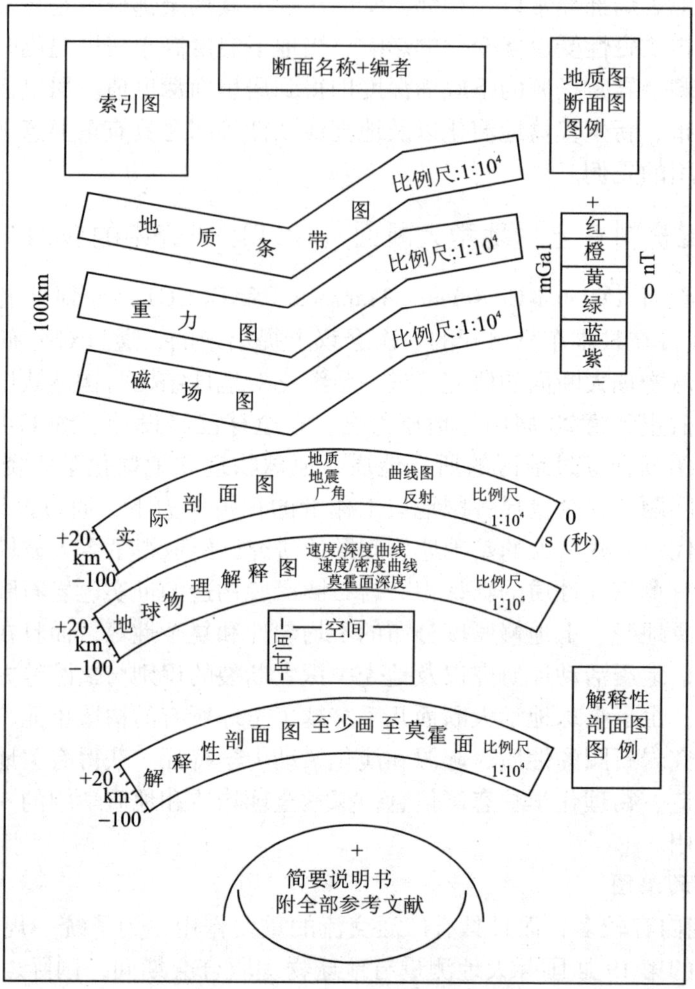

图 12-1 典型的 GGT 图面轮廓

中国地学大断面协调组以推动这项计划的实施。经过该协调组的调研论证，在我国境内提出了 11 条地学大断面的研究计划。这 11 条断面总长 25130km，目前已经全部完成，它们对我国主要构造类型均有所控制，如西藏亚东—青海格尔木段穿过了全世界地质工作者所瞩目的青藏高原，它是研究大陆板块运动及其地壳形成演化作用的一个重要地区。断面成果揭示了青藏高原为一个拼合大陆，由六个不同的地体组成；台湾—黑水段穿过扬子地台、华南褶皱带和华夏古陆，它对了解扬子地台基底的分布及其性质，证实华夏古陆的存在，揭示华南地区大规模挤离构造都具有重要意义。截至 20 世纪 90 年代，中国的 GGT 研究成果受到了国内外同行们的高度赞扬和一致好评。中国地学大断面的研究成果标志着我国地学基础研究进入了高层次、高技术和多学科综合研究阶段。

满洲里—绥芬河—日本海中国境内段由原长春地质学院承担并完成，该断面为北西西走向，穿越了额尔古纳地体、大兴安岭地体组合、松嫩—张广才岭地体组合和佳木斯地体，从地质演化角度看，本区涉及两个时代不同的板块对接带，一个是晚期的太平洋板块与亚洲大陆板块的对接带（近南北向），叠加在另一个较老的西伯利亚与华北板块对接带（近东西向）之上。第四纪玄武岩的喷溢活动、包括绥芬河—延吉一带的深源地震等现代地震活动频繁，这种特殊地质背景所造成的大陆岩石结构的复杂性，是世界上其他地区所少见的。图 12－2 是满洲里—绥芬河地学断面的研究成果图，实际工作中，负责重力与磁测资料解释的专业人员除了对断面域内的资料进行了详细的分析与反演计算外，还完成了从满洲里到绥芬河全长 1200km 高精度重力与磁法测量，补充完善了已有资料的不足部分，同时根据剖面人机联作反演与平面资料的综合分析，给出了断面域内莫霍面以上地壳的密度分层结果以及强磁性体的分布情况。满洲里—绥芬河地学断面的研究结果在松辽盆地的形成机理和基底构造、大兴安岭和张广才岭岩浆岩带的成因、大兴安岭重力梯级带的性质及成因以及郯庐断裂带北延等重大基础地质问题提出了有意义的看法和结论，而重力与磁测资料为这些地质结论的形成提供了有力的支持。

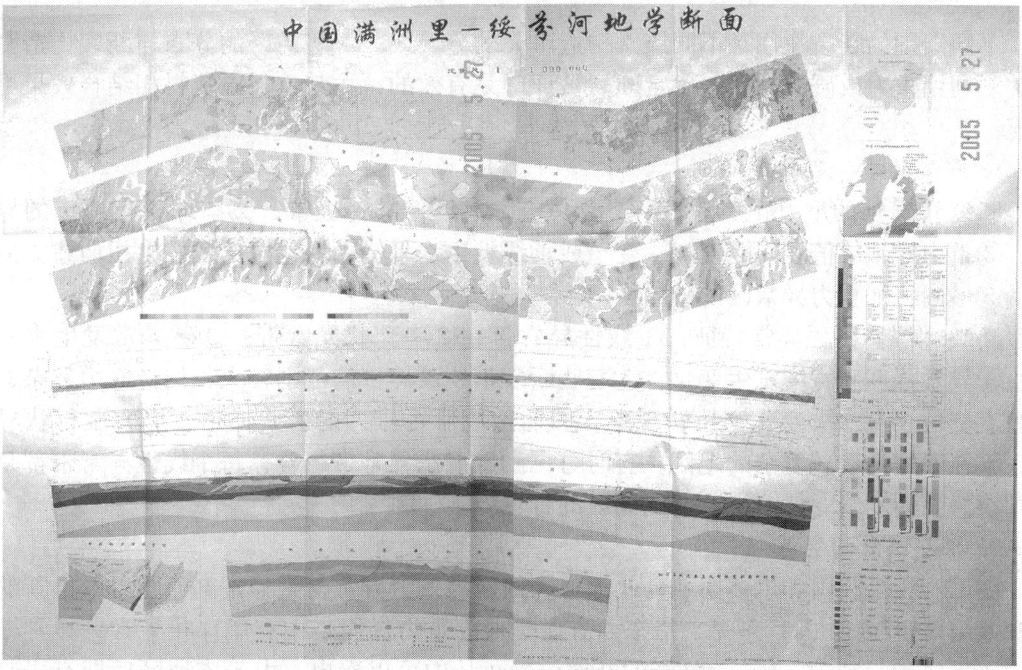

图 12－2　中国满洲里—绥芬河地学断面图

第四节　重、磁勘探在区域地质调查中的应用

区域地质调查是具有战略意义的综合性基础地质工作，也是先行的地质工作。区域地质调查的比例尺是 1∶100 万（或 1∶50 万）、1∶20 万（或 1∶10 万）和 1∶5 万。区域地质调查的比例尺不同，地质任务、工作重点亦不同。

不同比例尺地质调查中利用重、磁资料可能解决的地质问题可概括为：①划分地质构造单元、确定深大断裂、研究金属和非金属矿产的分布规律；②进行地质填图，如确定接触带、断裂带、破碎带，圈定侵入体、喷出岩、沉积岩及变质岩；③划分成矿带，确定成矿远景区，指出找矿方向；④1∶5 万的重、磁测量还具有直接和间接找矿的价值。

一、利用重、磁资料划分构造单元

地槽区和地台区是一级构造单元，它们的内部还可以划分为一些次一级的构造单元。重、磁资料在划分各级构造单元中都可以起到重要作用。

由于地槽区和地台区的地质特征不同，它们的重、磁异常的分布特征也不同。地槽区的区域异常等值线多呈带状排列且沿一定方向延伸，区域异常幅度变化比较大，局部异常变化剧烈；地台区的区域异常等值线方向性不十分明显，区域异常的幅度变化和梯度较小，在较平稳的区域异常背景上常出现一些幅度不大且分布不具有明显规律的局部异常。

二、利用重、磁资料确定断裂构造

不同级别的断裂往往是不同级别构造单元的分界线，一些矿产的分布与断裂构造密切相关。利用重力或磁异常资料确定断裂被证明是有效的，尤其重、磁资料相结合效果更加明显。

1. 断裂的重、磁异常特征

断裂（层）的重力异常特征：①沿一定方向延伸的梯级带；②串珠状正或负的异常带；③重力异常等值线间隔变宽、变窄或轴线发生水平错动；④等值线发生扭曲或方向变化；⑤不同特征重力异常区的分界线。

断裂（层）的磁异常特征：①线性异常带；②串珠状异常带；③磁异常发生水平错动；④异常强度和宽度发生变化；⑤有些断裂带、破碎带的范围较大，构造应力复杂，既有垂直变位也有水平变化和扭转现象，因而造成雁行排列的岩浆通道，形成雁行状异常带；⑥在断块活动较复杂的地区，有时可见到放射状异常带组合，每个线性异常带都是一条断裂岩浆活动线；⑦不同特征磁场区的分界线。

2. 推断断裂的实例

图 12－3 是我国鄂尔多斯地台北部边缘的区域重力异常与磁异常剖面图以及推断的地堑和断裂。由图中（a）可见，沿东西方向延伸的重力梯级带中有串珠状异常且异常轴线发生水平错动；图中（b）为推断的断层位置，从中可以看出，由于该地区后期有岩浆侵入，在地堑方向上出现线性和串珠状磁异常；图中（c）为横穿地堑的重、磁异常剖面以及推断地质断面图。以上推断结果已被地质和其他地球物理资料所证实。

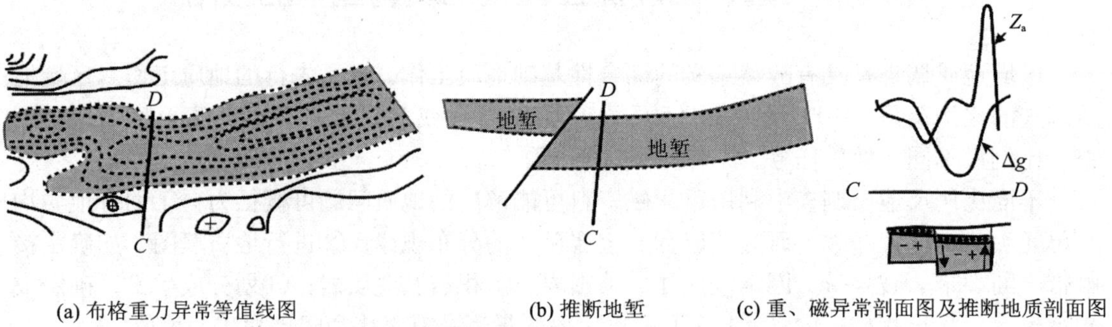

(a) 布格重力异常等值线图　(b) 推断地堑　(c) 重、磁异常剖面图及推断地质剖面图

图 12－3　鄂尔多斯地台北部边缘重、磁异常以及推断结果

在一些深大断裂带内，近于平行的断裂成组出现，磁异常亦能有所反映。例如我国郯

城－庐江深大断裂带是1957年航空磁测发现的，断裂带长约800km，宽约30～50km，图12－4为该断裂带中段航磁异常平面剖面图。

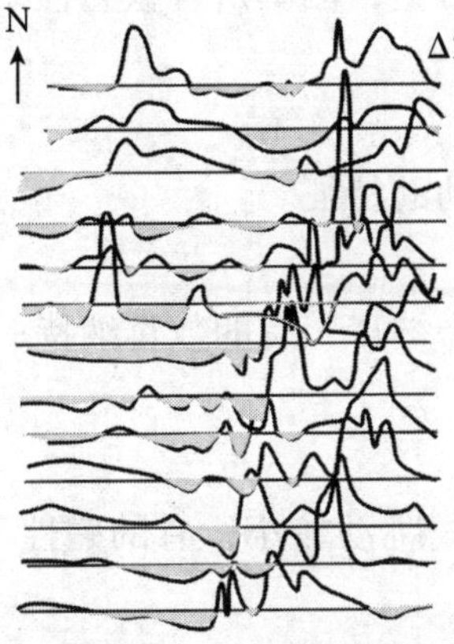

图12－4　郯城－庐江深大断裂中段磁场图

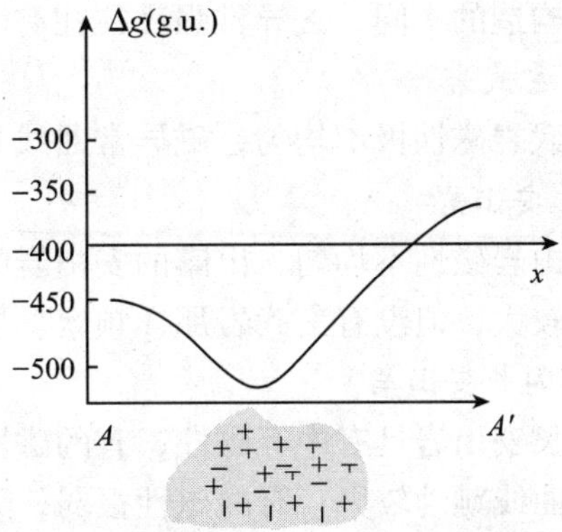

图12－5　羊角地区花岗岩体及对应的重力异常

三、依据重、磁资料圈定岩体和划分不同岩性区

圈定岩体和划分不同岩性区是地质填图的重要内容。利用重、磁资料圈定岩体和划分不同岩性区的地球物理前提是，不同岩体和不同岩性区具有不同的物性参数，以及不同的异常特征。

我国湖南中部羊角地区广泛出露中泥盆系地层，部分地区被第四系覆盖。在羊角西5～6km处有印支期花岗岩零星出露。1∶10万布格重力异常平面图上呈现一个圈闭的重力低。该异常中心恰好在花岗岩零星出露的部位上。密度测定结果表明，泥盆系地层的平均密度为$2.7\times10^3kg/m^3$，花岗岩的平均密度为$2.63\times10^3kg/m^3$，二者的密度差为$-0.07\times10^3kg/m^3$。由重力异常的分布特征和密度测定结果，推断该重力异常是隐伏花岗岩体引起的，并根据重力异常曲线拐点的位置勾画出了花岗岩体的边界，如图12－5所示。

岩石（地层）间磁性差异较大，不同岩体、岩性区的磁场特征明显不同，因此，由磁测资料圈定岩体、划分不同岩性区的效果也较重力资料的效果好。

图12－6为综合了多种不同岩性、地层（岩性区）的一条磁异常、地质综合剖面，从中可以对应地观察它们的磁性特征。

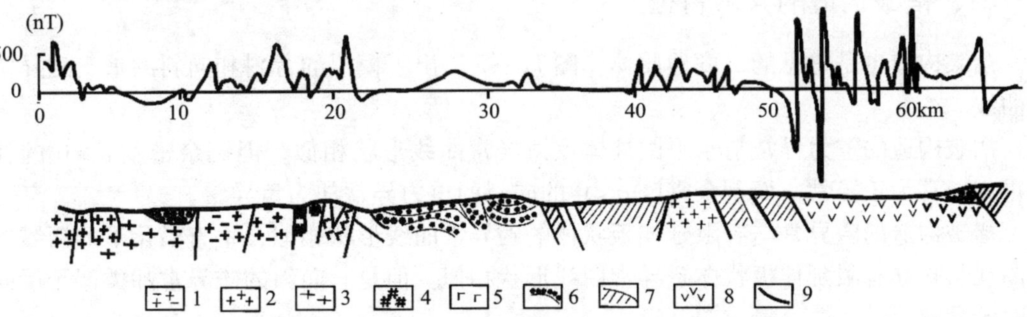

图12－6　穿过几种不同岩体和岩层的Z_a曲线

1—辉长岩；2—黑云母细粒花岗岩；3—花岗岩；4—玢岩；5—玄武岩墙；6—砂岩；
7—灰岩页岩层；8—超基性岩；9—破碎带

1. **辉长岩、橄榄岩、超镁铁质岩和超基性岩类**

辉长岩、橄榄岩一般都含有较多的铁磁性矿物，在出露或埋藏较浅的情况下，在地面可产生数千或上万纳特的强磁异常。在这些岩体的不同相带上，因其所含铁磁性矿物数量和结构构造的不同，磁异常强度往往有明显差别。

2. **玄武岩**

玄武岩磁性极不均匀，磁异常曲线具有锯齿状剧烈跳动的特征。

3. **安山岩**

安山岩磁性不均匀，出露的安山岩的磁异常有的达数千纳特，有的数百纳特；异常曲线跳动较大，但没有玄武岩那样频繁。

4. **闪长安山岩**

闪长安山岩具有中等磁性，有的磁性均匀，磁异常曲线跳动较小；有的磁性不均匀，磁异常曲线跳动较大；有的磁性很弱，无明显磁异常。

5. **花岗流纹岩类**

花岗流纹岩一般磁性较弱。多数出露的花岗流纹岩体上只有数百纳特的磁异常，有的甚至在100nT以下。磁异常曲线跳动较小。少数花岗岩体上的磁异常可达数千纳特。有些花岗流纹岩体具有磁性差异较大的不同的岩相带，而且处在边缘相地段的岩石磁性往往较强。

6. **沉积岩**

多数沉积岩（包括砂岩，灰页岩等）磁性微弱，磁场曲线平滑、单调，有些砂岩、页岩上出现稍强的磁场，有的盐丘具有数十或数百纳特的负磁异常。

7. **变质岩**

变质岩的磁性往往与原岩的磁性有很密切的关系，原岩磁性较强，在此基础上形成的变质岩磁性也比较强，反之则较弱；另外变质岩的磁性还与其形成时代的早晚关系很大，一般太古代变质岩磁性较强；有些特殊的岩类如磁铁石英岩往往具有很强的磁性，其所在地段磁场一般具有明显的方向性。

应该注意，以上介绍的仅是出露或埋藏较浅情况下的一些岩体、岩层的磁场特征。当它们埋藏较深时磁场特征将会变得不明显。

四、褶皱构造的异常特征

褶皱构造也是常见的二度地质体，图12－7给出了模拟的背斜和向斜的重、磁异常理论曲线。

褶皱构造的重力异常与水平圆柱体重力异常曲线形状相似，但剩余密度$\rho>0$的背斜的重力异常为正异常，而剩余密度$\rho<0$的向斜的重力异常却为负异常。

褶皱构造的磁异常与有限延伸板状体的磁异常曲线形状相似，垂直磁化下的褶皱磁异常曲线与直立有限延伸板状体磁异常曲线形状相似。但是，向斜的磁异常却类似于反向磁化时的异常特征。

实际的褶皱构造，只有在发生褶皱的岩层中存在明显的物性标志层的条件下才能产生相应的重、磁异常。

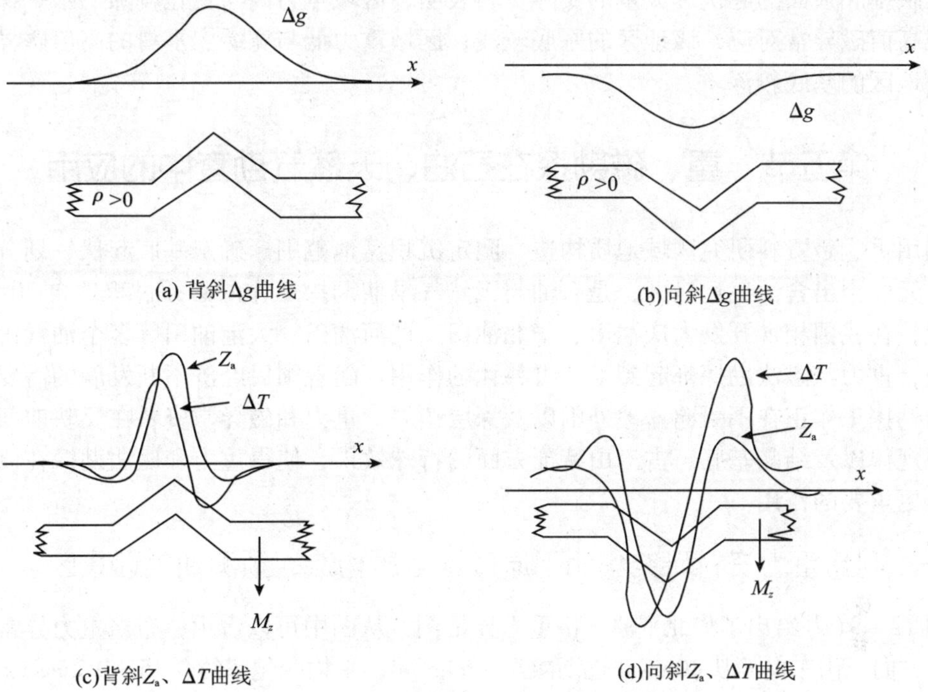

(a) 背斜Δg曲线　(b)向斜Δg曲线

(c)背斜Z_a、ΔT曲线　(d)向斜Z_a、ΔT曲线

图 12－7　褶皱重、磁异常理论曲线

五、利用重、磁资料研究结晶基底岩性和基底起伏

在埋藏深度不大的情况下，结晶基底的岩性变化可以产生一定的重、磁异常，图 12－8 为某地台区的重、磁异常剖面曲线及推断地质断面图。

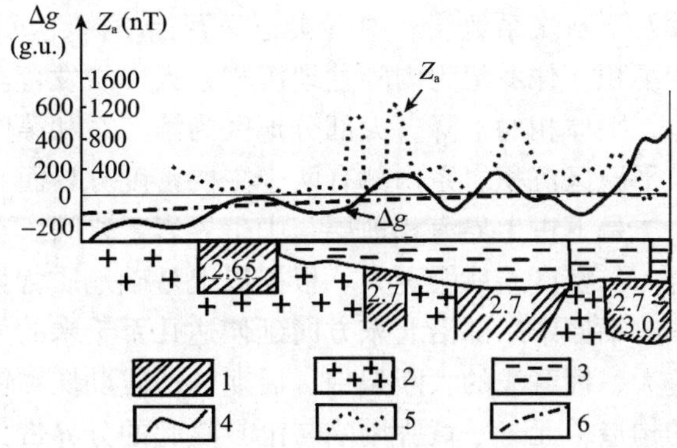

图 12－8　某地台区重、磁异常剖面图及其推断结果

1—片麻岩和混合岩；2—花岗岩；3—沉积岩；4—布格重力异常曲线；5—垂直磁异常曲线；6—区域重力异常曲线

在地台区研究结晶基底起伏可推断沉积岩系的分布范围和厚度的变化情况，此工作对划分构造单元、指出油气远景区均有重要意义。此外，某些金属、非金属矿床，如沉积变质铁矿、铝土矿等也与基底起伏有关。结晶基底与上覆沉积岩系通常为明显的密度和磁性界面，而且基底的密度和磁性经常比沉积岩大。在基岩的密度、磁性较均匀时，重、磁异

常可反映基底顶面的起伏。大量的实际资料表明，区域重力高与变化剧烈、水平梯度较大的区域高值磁异常对应，该地区的基底较浅；区域重力低与宽缓、平滑的高值磁异常相对应，该地区的基底较深。

第五节　重、磁勘探在石油、天然气勘查中的应用

利用重、磁资料研究区域地质构造、圈定沉积盆地范围、确定基底起伏、划分次一级构造单元、指出含油气远景区，是石油与天然气早期勘探工作的必须过程。自20世纪60年代起，在我国相继开发大庆油田、华北油田、辽河油田、大港油田等多个油气田的勘探测量中，重力与磁法勘探都起到了不可替代的作用。随着国民经济不断发展的需要，目前油气田勘探工作正在不断向盆地外围以及深层拓展，重力和磁异常资料在反映前新生代地层分布规律以及结晶基底、古潜山特征方面的特殊效果，使得重力和磁法勘探在该领域中发挥着更重要的作用。

一、利用重力资料研究华北平原区域地质构造、预测油气远景区

图12－9(a)给出了华北平原布格重力异常图，从图中可以看出，布格重力异常等值线呈北东方向，由东向西从10mGal逐渐减至－60mGal，平均变化率约0.15～0.2mGal/km，它反映出该地区莫霍面自东向西逐渐加深的趋势；另外区内有许多北东—南西向的重力梯级带，尤其图中西部沿吴桥县—东光县—沧州等地再向北东方向延展的梯度带，水平梯度超过2mGal/ km，反映了地层时代和岩性的显著变化。

华北平原为新生代沉积盆地，表层覆盖有巨厚的松散沉积。但从华北平原周边出露地层以及华北地台的构造发展历史看，华北地台基底是由前震旦系的变质岩系构成的。吕梁运动后，震旦纪至中奥陶纪沉积了较厚的海相地层。加里东晚期，本区开始上升，因而缺失上奥陶、志留、泥盆及下石炭系地层。中石炭纪又开始下降，沉积了海陆交互相地层。二叠纪之后全部为陆相沉积。侏罗纪为内陆盆地沉积，火山岩发育。燕山运动使得本区北部、西部边缘褶皱成山，平原相对下降，大部分地区为第三系和第四系所覆盖。从平原地壳上部密度差异上看，平原区沉积岩系内部有两个主要密度分界面，一是新生界岩系与下伏的中生界岩系之间，二是下古生界海相地层与中生界岩系之间。在上古生界与中生界缺失的地区，两个界面合一，密度差就会更大。根据以上基础地质背景分析以及重力异常的反演解释，人们认为华北平原中东部沿北东方向延伸达几百千米的吴桥县—东光县—沧州重力梯度带为一个断差大、埋藏浅的大断裂带。后期的地震勘探和钻探均已证实：该梯度带为平原中两个重要的构造单元——黄骅坳陷与沧县隆起的分界带，在沧县隆起部分，在平均不到1000m的基底深度上多数为古生界地层，而在黄骅坳陷中则是厚度达2500～5000m的新生代松散沉积，整个黄骅坳陷前新生代基底具有自东向西逐渐加深的趋势，且在分界带接触部位许多沿北东向展布的局部沉陷厚度达5000 m以上，新生代地层与古生代基底密度的显著差别与短距离内数千米的断差形成了地表如此显著的重力梯度异常带。图12－9（b）为黄骅坳陷前新生代基底深度立体阴影图，该图阴影显示出吴桥县—东光县—沧州—增福台—塘沽方向的深大断裂带，其延展方向与图12－9（a）中的重力梯度带完全吻合。正是上述重力资料揭示出的平原区基底地质构造的基本框架，为后期沉积盆

地油气勘探投入决策提供了重要借鉴。在后续的地质勘探工作中，依据重力异常特征并结合其他已知资料，华北平原已划分为冀中坳陷、沧县隆起、黄骅坳陷、无棣隆起、济阳坳陷和临清坳陷等构造单元。20 世纪 60 年代在黄骅坳陷中发现了大港油田、在济阳坳陷中发现了胜利油田，70 年代在冀中坳陷中发现了任丘油田。

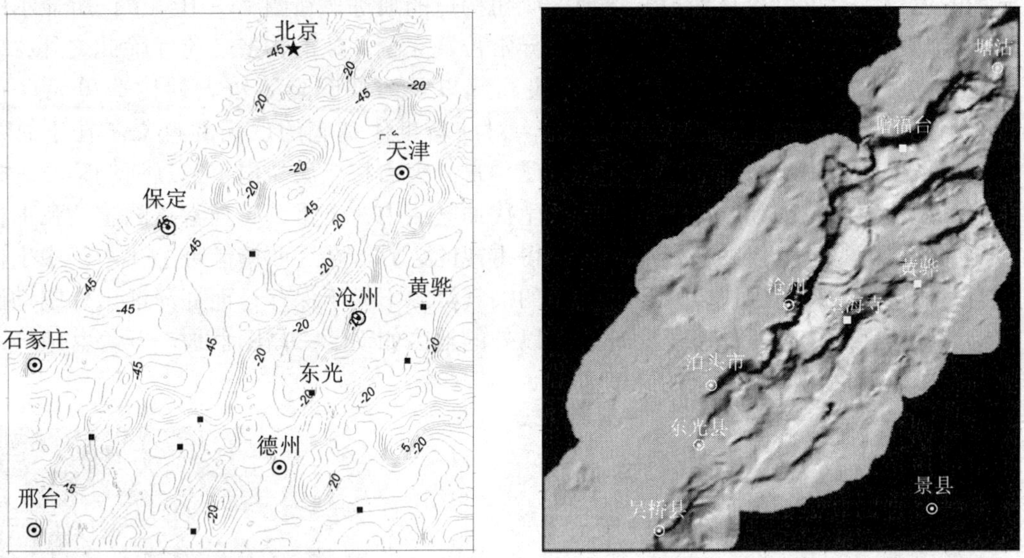

(a) 华北平原布格重力异常图　　(b)黄骅坳陷基底构造阴影图

图 12－9　华北平原布格重力异常及黄骅坳陷基底构造图

在现在的油气田勘探中，人们已不再满足于仅仅利用重力与磁测资料研究盆地基底起伏。目前的高精度重力、磁法勘探以及更精确地测量及反演解释等新的技术手段在确定古潜山以及火山岩分布方面显示出新的优势，且在古潜山油气藏与火山岩油气藏勘探方面发挥着更积极的作用。

二、利用重、磁测资料研究和预测辽河油田及其外围油气远景

辽河油田位于辽宁省中南部，其主要勘探区域为下辽河坳陷及其周边地带。辽河油田油气资源十分丰富，截至 20 世纪 90 年代，该油田已经形成了年产 1335×10^4t 的生产能力，成为我国的第三大原油勘探生产基地。随着国民经济发展对能源需求的不断增加，该油田在加大开采能力的同时，不断地挖掘已有探区的生产潜力，同时将资源的勘探开发向深部和外围拓展。1993 年，原中国石油天然气总公司提出的对辽河油田所在探区——下辽河盆地及其外围区域构造和深部构造的研究暨油气远景预测的任务。

此项研究工作分别从石油地质、区域与深部构造以及区域地球物理三个方面展开。利用 1:20 万的重力和航磁资料进行处理和解释是区域地球物理研究工作的一部分。图 12－10（a）、（b）、（c）、（d）分别是研究区的布格重力异常图、布格重力异常灰度图、航磁异常图以及航磁异常灰度图。重、磁异常处理结果的分析解释认为，本区大部分火成岩及变质岩的重、磁异常呈正相关，重、磁异常的分布特征反映出辽西地区中生代末随燕山沉降带形成了一种旋扭运动，多期的岩浆活动和上地壳的褶皱构造都受到这种旋扭运动的影响；新生代沉积将这一区域性的早期构造部分覆盖，在下辽河地区沉降幅度较大，新

生代盖层较厚，但沿北西朝辽西方向这种沉降幅度逐渐减弱，前新生代基底的旋扭构造趋势沿锦州东、盘锦西，再向彰武、通辽方向呈弧形显现。由于研究区基底中生代火成岩以及老的结晶岩的磁化率普遍较高，所以旋扭构造的格架在航磁异常中反映的特别明显，图12－10（d）所展示的灰度图中，深色代表强磁异常，浅色代表弱磁异常，根据异常强弱所显示的色彩反差可以容易地追索本地区旋扭构造的痕迹；在图12－10（b）所显示的布格重力异常灰度图中，可以追踪到与航磁异常位置完全一致的构造变化，除此之外，下辽河盆地中的大民屯凹陷、东部凹陷、中央凸起以及西部凹陷等较大的构造单元（在盘锦—沈阳—营口一带）在图中都明显可见。对前新生代基底的认识的意义不在于总结其模式，更重要的是由于前新生代基底重、磁异常的突出特点反映出了下辽河坳陷及其外围新生代沉积覆盖的范围和厚度，在寻找新生代油气藏中，由重、磁异常所圈定的弧形构造带的西部边缘就是新生代油气资源勘探值得重视的边界。在辽西褶皱带上，由于中生代多期的构造运动，使得中生代以及早期形成的油气资源不易于保存，而辽河油田外围勘探的重点应放在此弧形构造西部以及北部边缘以外的地区如铁岭—昌图盆地、开鲁盆地等，此意见受到了辽河油田有关专家的高度重视。

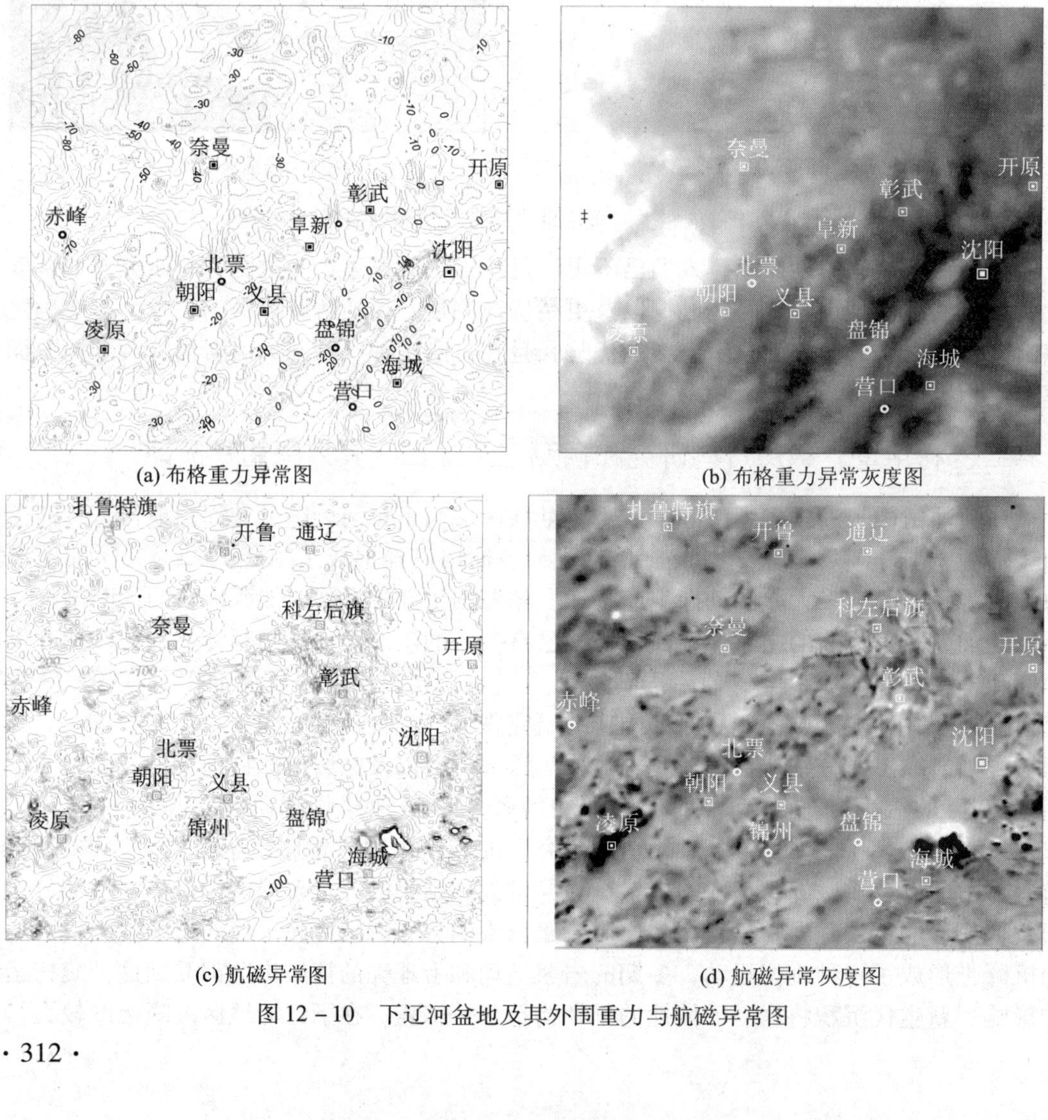

(a) 布格重力异常图　(b) 布格重力异常灰度图

(c) 航磁异常图　(d) 航磁异常灰度图

图12－10　下辽河盆地及其外围重力与航磁异常图

在深部构造的研究工作中，除了采用区域重、磁资料以及地质资料的分析解释以外，还设计并完成了三条在研究区均匀分布的大地电磁测深剖面，同时结合穿越本研究区中部的东沟—东乌（GGT）断面对地壳结构的研究进行综合，结果认为，下辽河坳陷中央凸起的两侧深部可能有大范围侏罗—白垩系的沉积，值得重视。同时在下辽河坳陷外围确定出了六个新的凹陷，并解释说明了六个新凹陷中沉积层的含油气远景，对后续新勘探区的布置指明了明确的目标。

第六节　重、磁勘探在固体矿产勘查中的应用

根据重、磁资料研究深部构造和区域地质调查的结果，再结合区域地质资料、矿点和矿床的分布规律，往往可以发现一些找矿标志（包括地球物理标志和地球化学标志两类）。对各种找矿标志进行综合分析，可划分和圈定出金属矿的成矿远景区。利用重、磁资料划分和圈定金属矿成矿远景区的实例很多，这里不再一一列举。

一、普查找矿中重、磁勘探的主要任务和异常解释应注意的问题

普查找矿工作是在区域调查基础上进行的。普查找矿中重、磁工作的主要任务有：发现并圈定有意义的重力（或磁力）异常、判断异常的地质原因、对个别异常进行必要的定量计算。在普查找矿中无论是确定重、磁任务还是解释资料，应注意充分发挥重、磁勘探的直接找矿和间接找矿的双重作用。

普查找矿中，重、磁异常解释须注意以下几个问题：①注意研究不同特征的异常，每个异常都反映一定的地质现象；②注意研究那些已知的接触带、断裂带附近的局部异常，同时也注意由重、磁异常发现新的接触带和断裂带，因为接触带和断裂带往往是成矿的有利部位；③坚持就矿找矿的原则，即注意研究和发现已知矿点、矿区周围及附近的异常，这是因为成矿在空间上有更大的范围；④注意研究各种异常间的相互关系，它们是不同地质现象空间关系的客观反映；⑤注意多种地球物理、地球化学以及地质资料的综合分析，这样能够减少解释的多解性问题；⑥对有意义的异常进行必要的定量解释。

二、在矿产勘探中重、磁勘探的主要任务和异常解释应注意的问题

矿产地质勘探一般分为初步勘探和详细勘探两个阶段。初步勘探的主要任务是：①初步查明矿体（床）赋存的地质条件和空间分布；②初步查明矿体（床）的数量和质量及其开采利用的技术条件；③对矿体（床）作出初步工业评价。详细勘探的主要任务是：①对矿体（床）作出工业评价；②为矿山设计提供地质、技术和经济资料。

在矿产勘探中重、磁勘探的主要任务是：查明已为普查找矿中所发现的异常特征，并对异常进行详细的解释（其中定量解释占主要内容），由于这项工作常与异常的钻探验证或与矿区勘探相配合，因此，对解释推断的要求也不同。在异常验证之前，应提出定性和定量解释结果，以便确定孔位和选择钻机型号及预测见矿深度。在钻探过程中，应随时解释工程所见的地质体是否为引起异常的地质体，并根据地面和井中物探资料及探矿工程资料，进一步分析异常的找矿远景，以指导钻探工作的进行。在矿区勘探中，由于工程数量多，可提供较多的有关岩体、矿体的资料，应及时进行仔细地正、反演计算和剩余异常计

算。实践表明，在矿区勘探中，利用剩余异常并结合井中物探资料，能够有效地寻找深部或旁侧的盲矿体。

三、定量解释应注意的问题

前面已经指出，在普查找矿中可对异常进行必要的定量解释，而在矿产勘探中以异常定量解释为主。在定量解释中须注意以下问题：①在定量解释前，要分析待解释的异常是否完整、剖面是否足够的长、正常场选择是否合适、剖面位置和方向是否满足反演方法的条件、定点精度和异常精度是否满足要求等；②分析异常是简单条件下的规则异常，还是复杂条件下的不规则异常，分析地形影响及其他干扰情况，以便选择适当的处理、转换方法；③正确判断引起异常的地质体形状，以便正确选择定量解释方法和具体计算公式；④正确估计定量解释结果。严格说来，定量计算及解释结果一般都是近似值，近似程度与所选择的数学模型和实际地质体近似程度、假设条件和实际条件的近似程度有关，也与定点精度、异常精度、异常取值误差、异常处理转换误差等有关；⑤随着已知条件的增多应及时对异常进行再解释，可提高解释结果与实际情况的符合程度。

计算剩余异常时还须注意以下两个问题：①要消除非研究对象（或干扰）场。计算剩余异常的目的是为了寻找盲矿体。如果剩余异常中还包含有干扰成分时，则剩余异常的解释结果就不可靠。为提高剩余异常解释的地质效果，应通过地质资料与重、磁资料的详细对比，确定干扰因素，并设法消除；②对已知地质体的理论异常的计算要尽量准确。由于剩余异常等于实际异常减去已知地质体的理论异常，因此，已知地质体的理论异常计算的是否准确将直接影响剩余异常的可靠性。为此，必须保证已知地质体的位置、几何参数和物性参数的准确，并选择正确的计算公式和方法。

四、应用实例

1. 寻找铁矿实例

图 12－11 为冀东某地前震旦系沉积变质铁矿区南部的重力与磁异常平面图。1973 年第一个钻孔（ZK1）证实，该异常是由沉积变质铁矿所引起的，并发现了次生风化淋滤型富铁矿的迹象。此后，对物探工作提出的任务是：对异常作出远景评价；进一步提供矿体的空间分布情况，以指导钻探工作；希望找到次生淋滤型富铁矿，并指出富矿的有利部位。

本区的原生磁铁矿（黑矿）和次生赤铁矿（红矿）的密度都在 $3.2\times10^3\text{kg/m}^3$ 以上，围岩（混合花岗岩）的密度均在 $2.7\times10^3\text{kg/m}^3$ 以下；黑矿磁性很强，红矿和围岩都为弱磁性或无磁性的。

（1）叠加异常的区分及其结果的分析

由图 12－11 可见，该工区存在东西两个磁异常，它们分别被称为Ⅰ、Ⅱ号磁异常。Ⅰ、Ⅱ号磁异常的等值线都是近南北的，二磁异常间的等值线发生局部畸变，称其为Ⅲ号磁异常。三个磁异常相互叠加使它们各自的面目不清。在磁异常的范围内，仅有一个重力异常，在重力高的东南部等值线有向外凸的趋势，区域场自东南向北西逐渐增高。

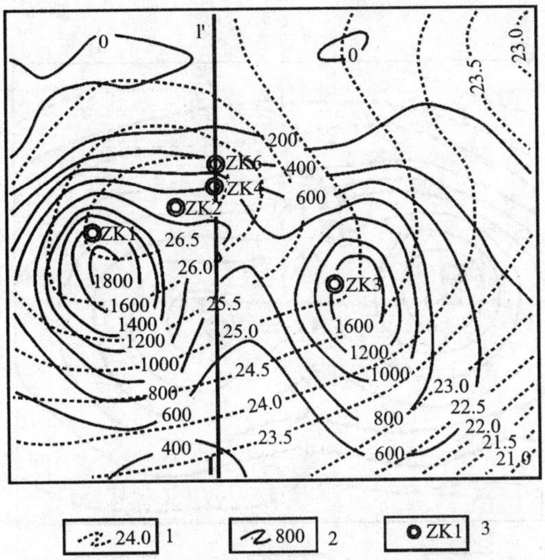

图 12－11　冀东某地 Δg 和 Z_a 等值线图

1—Δg 等值线（以 10g. u. 为单位）；2—Z_a 等值线（以 nT 为单位）；3—钻孔

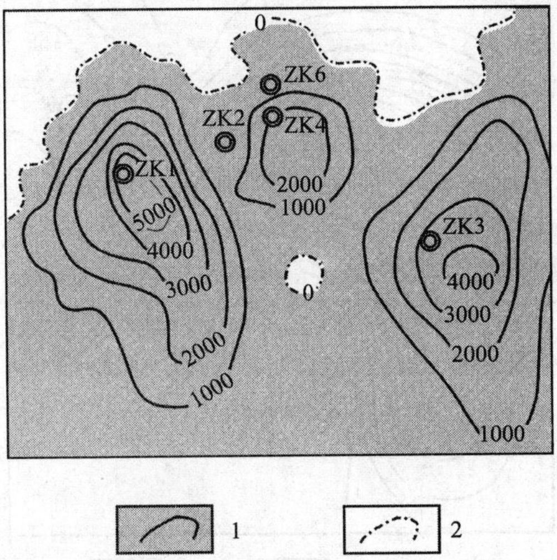

图 12－12　冀东某地 Z_a 向下延拓 400m 等值线图

1—正磁异常区域；

2—负磁异常区域（等值线以 nT 为单位）

为区分叠加异常，对磁异常向下延拓了 400m，其结果如图 12－12 所示。对重力异常用圆周法进行了区域场和局部场的划分，并用艾尔金斯公式计算了重力异常的二阶导数 V_{zzz}，其结果如图 12－13 所示。

由图 12－12 可见，Ⅰ、Ⅱ号磁异常已明显分离且形态清晰；Ⅲ号磁异常明显存在且异常值大于 2000nT。由图 12－13 可以看出，该矿区存在三个局部重力异常且与三个磁异常的形态、位置大体一致。但是，Ⅲ号磁异常值较Ⅰ、Ⅱ号磁异常的值小，而Ⅲ号重力异常值较Ⅰ、Ⅱ号重力异常值大。推断三个异常可能由三个矿体引起，其中Ⅲ号异常可能由强磁性、高密度的黑矿和高密度弱磁性的红矿共同引起的，值得重视。

（2）异常性质的进一步判断

为研究和解释Ⅲ号重力异常与磁异常强度的差别，进一步判断Ⅲ号异常的性质，计算了磁源重力异常，其结果如图 12－14 所示。将局部重力异常与磁源重力异常图对比可以看出，Ⅰ、Ⅱ号异常均有明显反映，而Ⅲ号异常在两种图上呈现不同的特点，Ⅲ号异常在磁源重力异常图上仅表现为局部畸变，而在局部重力异常图上却很明显。这表明，Ⅰ、Ⅱ号重力异常和磁异常基本上是同源的，主要由黑矿引起，而Ⅲ号局部重力异常可能主要由红矿引起，与之对应的下延 400m 的局部磁异常，可能为红矿下部的黑矿所引起，因为埋深大、相对规模小，在地面磁异常无明显反映。

以上推断结果与后来的钻探结果基本一致。

2. 对磁异常进行定量反演计算的实例

胡峪磁异常位于某地的石炭及中奥陶系地层与后期火成侵入岩的接触带上，为矽卡岩型变质铁矿。其垂直磁异常 Z_a 分量如图 12－15 所示。从图中可以看出，该异常近于等轴形，北部有明显的负异常，范围比较大但强度较小，属低缓异常。初步判断该异常应为一球形磁性体引起，进一步的反演计算则可以给出该磁性体的中心埋深，并说明该地质体为矿或非矿的可能性。

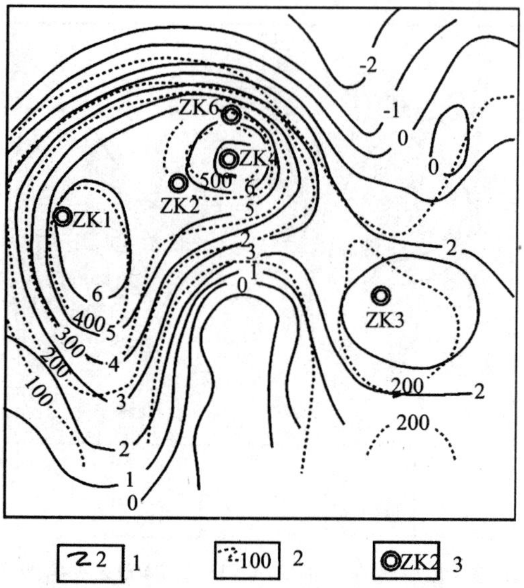

图 12－13　冀东某地局部重力 Δg 和 V_{zzz} 等值线图

1—局部重力异常 Δg 等值线，以 g. u. 为单位；

2—V_{zzz} 等值线，以 0. 1pMSK 为单位；

3—钻孔

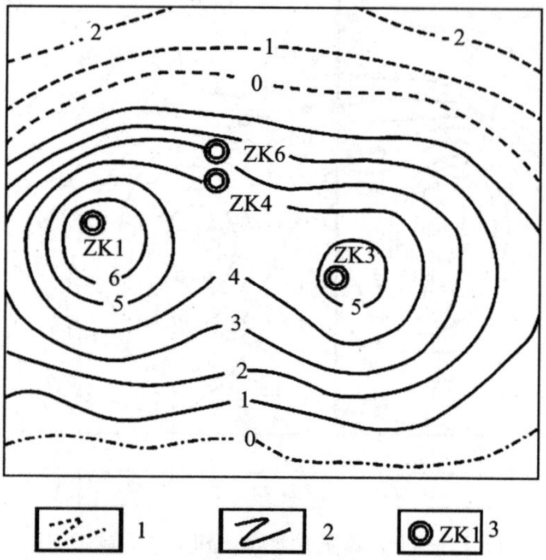

图 12－14　冀东某地的磁源重力异常等值线图

1—重力负异常；2—重力正异常；3—钻孔

（$M=50\mathrm{A/m}$，$I_0=56°$；$\rho=0.6\mathrm{g/cm^3}$；

重力异常单位 g. u.）

图 12－16 为穿越异常中心的一条 Z_a 磁异常精测剖面，剖面方向为 336°49′。首先计算场源埋深，利用异常特征点法，已知剖面穿越部分 Z_{amax} 为 375nT，Z_{amin} 为 －200nT。由此可计算出 $K(i)=|Z_{amin}|/Z_{amax}=0.53$；再由剖面异常可知 Z_{amax} 与 Z_{amin} 之间的距离 $d_m\approx420\mathrm{m}$，根据表 11－1 可以查得与 $K(i)=0.53$ 对应的球体的 $f(i)=0.98$，由 (11－25) 式可计算球体的中心深度 h：

$$h=f(i)d_m\approx412\mathrm{m}$$

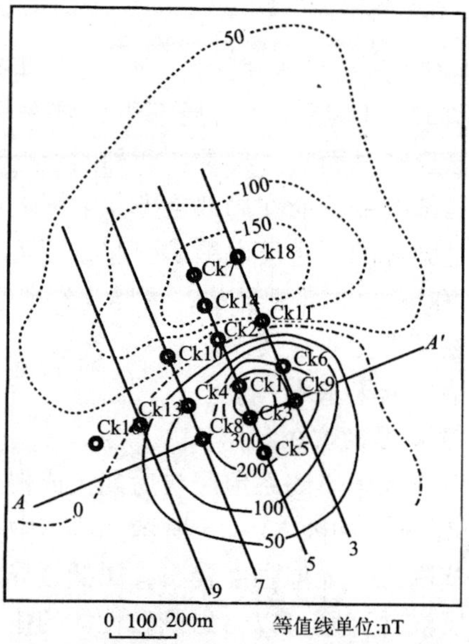

图 12－15　胡峪磁异常 Z_a 分量平面等值线图

再由表 11－1 中查得 $\varphi(i)=0.56$，利用（11－29）式可以计算球体的磁矩 m：

$$m=4\pi h^3\frac{Z_{\text{amax}}}{2\mu_0\varphi(i)}=2.334\times10^{18}\text{Am}^2$$

接下来利用（9－37）式对精测剖面作了向下延拓计算，图 12－17 为延拓结果，其显示的奇点的最大宽度约 300m，推算该球体的半径为 150m。设球体的体积为 V，则可以计算出场源的磁化强度 M 为

$$M=\frac{m}{V}=16.5\text{A/m}$$

从磁化强度的计算结果看，该场源为铁矿引起的可能性较大。图 12－17 中对应地给出了沿精测剖面上的钻探控制情况，显然上述定量计算结果与实际情况基本是吻合的。

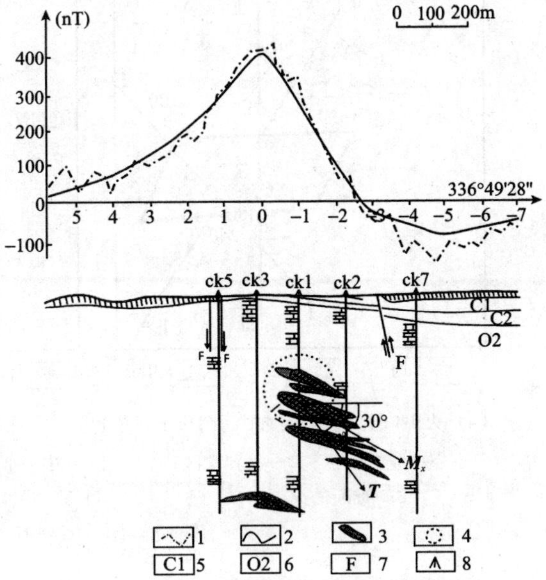

图 12－16 胡峪磁异常精测剖面图

1—实测 Z_a 曲线；2—三度体 Z_a 正演曲线；3—矿体；4—推断矿体；5—石炭系地层；6—奥陶系地层；7—推断断层；8—钻孔

对 Z_a 异常平面数据采用波数域求质心的计算公式（见（10－159）式）也可以得到场源的中心埋深的计算结果，不过需注意计算公式中磁化方向参数的选择。

3. 寻找火山口实例

某断陷盆地东缘分布着一条以安山岩为主的中性火山岩带。此处安山岩的磁性最强，深部的岩石磁性大于地表同类岩石的磁性。Z_a 平面等值线图如图 12－18（a）所示。推断该异常为一近东西向展布的火山口所引起的。山地工程勘探结果证实了这一推断的正确性，并在火山颈旁隐爆角砾岩中找到了铀矿，如图 12－18（b）所示。

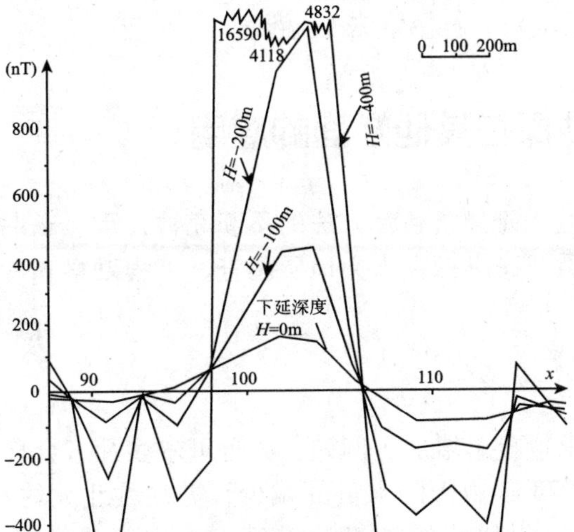

图 12－17 胡峪磁异常向下延拓计算结果图

4. 寻找金矿的实例

在一定的条件下，第四系底部起伏的凹陷处和古河床的砂积层中可形成有工业价值的砂金矿床。通常，在砂积层中聚集一些磁铁矿、钛铁矿等重矿物，并且砂金与磁性重矿物间有一定的相关性。因此，在这类砂金矿床上能够观测到一定强度的磁异常。图 12－19 为某一砂金矿床上的磁异常剖面实例。

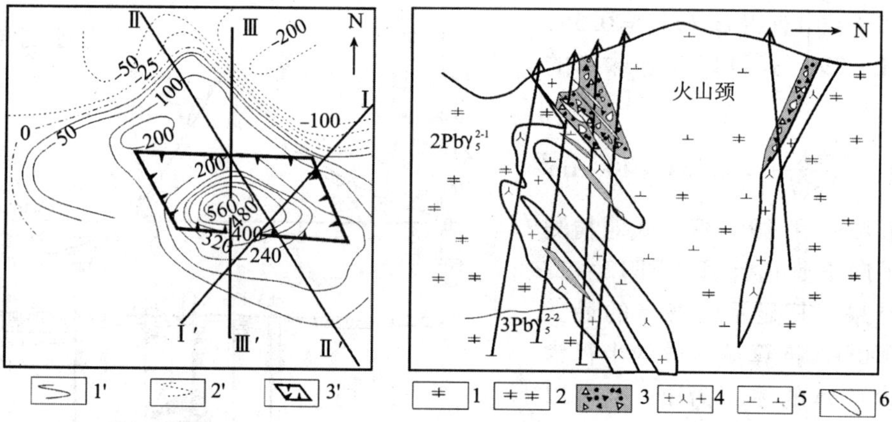

（a）火山口上 Z_a 等值线图（附火山口位置）

1—正异常区；2—负异常区；

3—推断的火山口

（b）火山口剖面示意图

1—中粒似斑状黑云母花岗岩；2—细粒似斑状黑云母花岗岩；

3—隐爆角砾岩；4—震碎花岗岩；5—安山岩；6—矿体

图 12－18　某火山口的磁异常

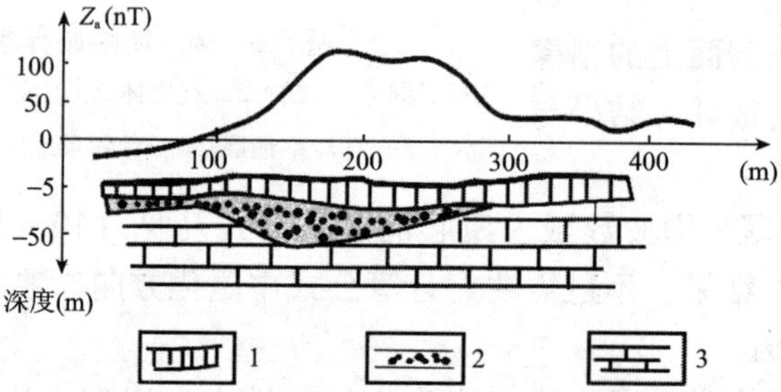

图 12－19　含砂金砂积层上的磁异常剖面

1—被覆层；2—砂质粘土层（含金、白金砂土）；3—石灰岩

第七节　重、磁勘探在其他方面的应用

由于重、磁勘探的精度不断提高以及重、磁异常解释方法的不断完善，重、磁勘探的应用范围也在不断扩大。这里仅简单介绍重、磁勘探在水文地质调查、工程勘察和考古方面的应用。

一、重力勘探在水文地质调查中的应用

随着城市的发展，城市对水资源的需求量显著增加。例如，苏丹可尔多凡省会乌拜伊德是一个拥有 50 万人口的城市，1966～1973 年由于降水量的减少，需在城北大约 60km 的巴腊盆地找水。该盆地面积约 6000km^2，为稀疏植被半沙漠区。重力测量的点距为 0.5km 或 1.0 km，测量得到的布格重力异常如图 12－20 所示。

利用图解法由图 12－20 计算出了剩余重力异常，同时利用了多条剩余重力异常剖面进行定量计算并进行解释，由解释结果绘制了盆地总厚度图。根据异常值、异常范围确定出剩余质量；结合测出的岩石含水饱和度、干燥脱水沉积条件下的密度和空隙度等参数，估计出该盆地蓄水量达 $10^{12}m^3$。此结果为乌拜伊德解决缺水问题的后续工程勘探提供了重要依据。

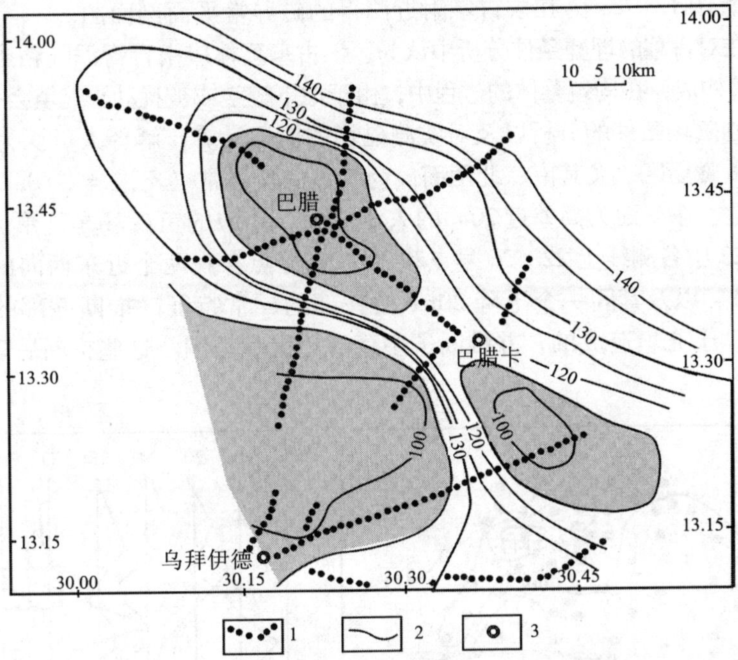

图 12－20　巴腊盆地布格重力异常平面等值线图

1—重力测点；2—重力异常等值线；3—城镇

二、重力勘探在工程勘察中的应用

国外某一发电厂的配电站附近发现一个直径为30m 的洞穴（距地面仅 0.6m）。考虑到洞穴直接影响配电站的稳定性，为寻找配电站范围内是否还有类似的洞穴，决定在该地段约（100×50）m^2 的面积上进行高精度重力测量（点距 3m 左右），得到的剩余重力异常如图 12－21 所示。由图可见，在 *A*、*B*、*C*、*D*、*G*、*H* 等处出现了负异常，推断它们可能为大小不同的洞穴所引起的。

图 12－22 为在国外某一核动力发电厂冷却塔附近进行的高精度重力测量所得到的布格重力异常图。从图中可见，在测区的东北部和东部出现了两个孤立的负异常。后经钻探验证负异常是由地下 4～5m 深的一系列洞穴所引起的。在东部负异常处灌注水泥浆后又进行了重复测量，结果原来的负异常消失；而东北部的负异常，因未灌注水泥浆，负异常仍然存在。

图 12－21　某配电站所在地区剩余重力异常平面等值线图

1—重力负异常；2—重力正异常

三、磁法勘探在考古中的应用

1978 年在河南省固始县县城东南 2km 处侯古堆的北侧发现一个古墓陪葬坑。为寻找古墓的位置，河南省地球物理探矿大队在该区开展了磁法和电法工作。图 12－23 为在候古堆附近测得的磁异常平面剖面图。

相关人员在对古墓的埋葬条件分析中认为，该古墓墓体应由青膏泥（粘土）、墓堆积物和一些金属器皿等构成，在构筑墓体的过程中，由于地下挖空或被扰动土充填会引起磁场降低。

依据对基础磁场条件的分析以及对实测磁场的对比计算，解释人员认为，候古堆的南、北、东三面的负磁场区，尤其南、北两面最为明显的负异常（$Z_{a\,min}=-80nT$），可以看作是候古堆的南、北、东三面为高差近 20m 的人工陡壁，相应的负磁场是地形影响的结果；同时根据图 12－23 中各测线上 22～26 号点和 30～36 号点存在两个近东西向的条带状正异常（$Z_{amax}=5.3nT$），以及其间一个下降 20nT 的鞍部的异常特征，推断鞍部的磁场降低是由地下挖空或扰动土充填造成的，并推断了主墓的位置和范围。这些推断后来被挖掘结果所证实。

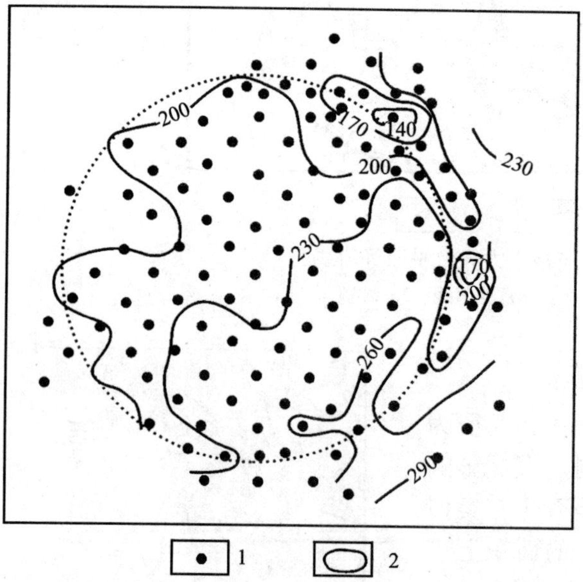

图 12－22　冷却塔附近的布格重力异常平面等值线图

1—重力测点；2—重力异常等值线（以 0.1 g. u. 为单位）

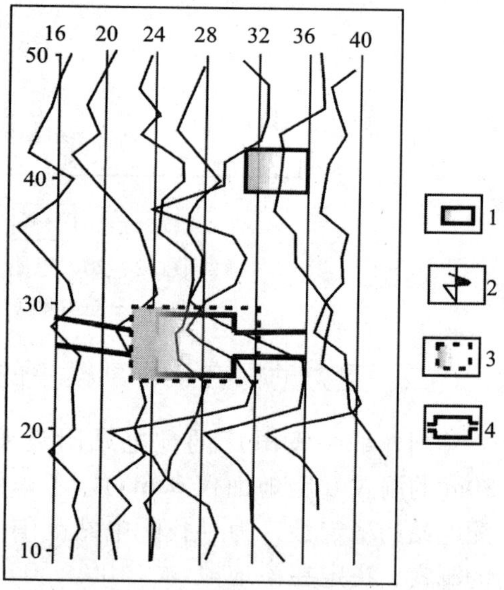

图 12－23　候古堆附近的磁异常平面剖面图

1—陪葬坑；2—Z_a 异常；3—推断古墓范围

4—挖掘主墓位置及墓道

习题十二

1. 简单叙述重力资料、磁测资料地质解释的步骤。

2. 分别分析说明重力、磁法勘探的应用条件、施工过程中可能会遇到的不利因素以及克服这些不利因素的办法。

3. 利用重力、磁法可否对城市及其周边地带的目标物进行勘测，如果实施这种勘测，需要具备哪些基本条件？

4. 结合重力、磁法理论分析及计算中所需要的种种假定条件，说明重力、磁法勘探在解决实际地质问题中的局限性以及多种地球物理方法的综合应用、地质地球物理综合解释的必要性。

附录 A 立体角的计算

第 i 个多边形小平面可以是任意朝向，其对坐标原点（观测点）的立体角是通过一个棱锥体对其顶点所张的立体角的计算而得到。该棱锥体的底面即多边形小平面，顶点即坐标原点。该立体角 Ω_i 的计算公式为

$$\Omega_i = \sum_{j=1}^{N} \psi_j - (N-2)\pi \tag{A-1}$$

式中：N 为多边形小平面的边数；ψ_j 为棱锥体任意两个面之间的夹角。在（A－1）式的计算中，ψ_j 的取值必须小于 π，如果 $\psi_j > \pi$，则 ψ_j 必须用 $(2\pi - \psi_j)$ 代替。

计算立体角之前，必须利用（11－113）式计算出多边形小平面的单位外法线向量 $\boldsymbol{n}_i$；接下来用 $\boldsymbol{P}_j = [x_j, y_j, z_j]$ 棱锥体底面的多边形角点，在小平面上依逆时针方向取 $\boldsymbol{P}_1 = [x_1, y_1, z_1]$、$\boldsymbol{P}_2 = [x_2, y_2, z_2]$ 与 $\boldsymbol{P}_3 = [x_3, y_3, z_3]$ 三个相邻的点，从坐标原点 $\boldsymbol{O}$ 出发分别连接这三个点，则由交线 $\boldsymbol{OP}_2$ 连接的平面 $\boldsymbol{OP}_1\boldsymbol{P}_2$ 与平面 $\boldsymbol{OP}_2\boldsymbol{P}_3$ 之间的夹角即为 ψ_j 角。计算 ψ_j 的步骤如下。

第一步：检查自坐标原点出发，看到的是否为多边形小平面的正面。它通过 $\boldsymbol{n}_i$ 与 $\boldsymbol{P}_1$ 的标量积正、负号确定。若该标量积为负号，则为正面，否则须将 $\boldsymbol{P}_1$ 与 $\boldsymbol{P}_3$ 的位置对调，$\boldsymbol{P}_1\boldsymbol{P}_2\boldsymbol{P}_3$ 的顺序变为 $\boldsymbol{P}_3\boldsymbol{P}_2\boldsymbol{P}_1$（相当于自原点出发看到的多边形的角点的排列顺序始终是逆时针方向，它是 ψ_j 计算的需要）；如果 $\boldsymbol{n}_i$ 与 $\boldsymbol{P}_1$ 的标量积等于零，则 $\Omega = 0$，对此多边形小平面无须再做其他计算。

第二步：计算平面 $\boldsymbol{OP}_1\boldsymbol{P}_2$ 的单位法向矢量 $\boldsymbol{n}_1$ 与平面 $\boldsymbol{OP}_2\boldsymbol{P}_3$ 的单位法向矢量 $\boldsymbol{n}_2$，有

$$\boldsymbol{n}_1 = \frac{\boldsymbol{P}_2 \times \boldsymbol{P}_1}{|\boldsymbol{P}_2 \times \boldsymbol{P}_1|} = \frac{(y_2z_1 - y_1z_2)\boldsymbol{i} + (x_1z_2 - x_2z_1)\boldsymbol{j} + (x_2y_1 - x_1y_2)\boldsymbol{k}}{[(y_2z_1 - y_1z_2)^2 + (x_1z_2 - x_2z_1)^2 + (x_2y_1 - x_1y_2)^2]^{1/2}} \tag{A-2}$$

$$\boldsymbol{n}_2 = \frac{\boldsymbol{P}_3 \times \boldsymbol{P}_2}{|\boldsymbol{P}_3 \times \boldsymbol{P}_2|} = \frac{(y_3z_2 - y_2z_3)\boldsymbol{i} + (x_2z_3 - x_3z_2)\boldsymbol{j} + (x_3y_2 - x_2y_3)\boldsymbol{k}}{[(y_3z_2 - y_2z_3)^2 + (x_2z_3 - x_3z_2)^2 + (x_3y_2 - x_2y_3)^2]^{1/2}} \tag{A-3}$$

第三步：检查平面 $\boldsymbol{OP}_1\boldsymbol{P}_2$ 与平面 $\boldsymbol{OP}_2\boldsymbol{P}_3$ 在连线 $\boldsymbol{OP}_2$ 处的夹角是否大于 π，它可以通过 $\boldsymbol{P}$ 与 $\boldsymbol{n}$ 的标量积的正、负号判断。如果其标量积大于零，则该夹角小于 π，否则大于 π。

第四步：计算夹角 ψ_j。即首先计算 $\boldsymbol{n}_1$ 与 $\boldsymbol{n}_2$ 的标量积，再对该标量积求反余弦计算即得到 ψ_j。如果第三步的计算结果小于零，则 ψ_j 用 $(2\pi - \psi_j)$ 代替。重复上述四步，分别计算出 ψ_j 的其他值（$j = 1, 2, \cdots, N$），最后将 ψ_j 从 $j = 1$ 到 $j = N$ 求和，即得到 Ω。

附录B　沿多边形边界的分段线积分计算

在（11－123）式的计算中包含有

$$\begin{cases} \boldsymbol{P}_i = \int_l \boldsymbol{i}\left(\dfrac{1}{r}\right)\cdot \mathrm{d}\boldsymbol{l} \\ \boldsymbol{Q}_i = \int_l \boldsymbol{j}\left(\dfrac{1}{r}\right)\cdot \mathrm{d}\boldsymbol{l} \\ \boldsymbol{R}_i = \int_l \boldsymbol{k}\left(\dfrac{1}{r}\right)\cdot \mathrm{d}\boldsymbol{l} \end{cases} \tag{B－1}$$

式中：$\boldsymbol{i}$，$\boldsymbol{j}$，$\boldsymbol{k}$ 为沿 x，y，z 三个坐标轴的向量；$\mathrm{d}\boldsymbol{l}$ 为沿多边形第 j 条边的矢量元（$j=1$，2，…，M；M 为第 i 个多边形的边数），分段积分依次在 M 个边上完成。$\boldsymbol{P}_i$、$\boldsymbol{Q}_i$、$\boldsymbol{R}_i$的积分从 $\boldsymbol{P}_j=[x_j,\ y_j,\ z_j]$ 开始，到 $\boldsymbol{P}_{j+1}\ [x_{j+1},\ y_{j+1},\ z_{j+1}]$ 结束。显然，对（B－1）式中，只要计算出其中一个积分式的结果，其余两个便可仿照算出。对于第一式，令

$$I = \int_l \boldsymbol{i}\left(\frac{1}{r}\right)\cdot \mathrm{d}\boldsymbol{l} = \int_{x_j}^{x_{j+1}} \frac{1}{(x^2+y^2+z^2)^{1/2}}\mathrm{d}x \tag{B－2}$$

在（B－2）式中，利用$\dfrac{x-x_j}{x_{j+1}-x_j}=\dfrac{y-y_j}{y_{j+1}-y_j}=\dfrac{z-z_j}{z_{j+1}-z_j}=t$ 代入并整理得

$$I = L_x\int_0^1 (L^2t^2+bt+{r_1}^2)^{-1/2}\mathrm{d}t \tag{B－3}$$

式中：$L=(L_x^2+L_y^2+L_z^2)^{1/2}$，$L_x=x_{j+1}-x_j$，$L_y=y_{j+1}-y_j$，$L_z=z_{j+1}-z_j$；$b=2(x_1L_x+y_1L_y+z_1L_z)$；$r_1=(x_1+y_1+z_1)^{1/2}$；$j=1$ 代表积分起始点，$j+1$ 代表积分终点。对(B－3)式积分可得

$$I = \frac{L_x}{L}\ln\frac{(L^2+b+{r_1}^2)^{1/2}+L+\dfrac{b}{2L}}{r_1+\dfrac{b}{2L}} \tag{B－4}$$

如令

$$I' = \frac{1}{L}\ln\frac{(L^2+b+{r_1}^2)^{1/2}+L+\dfrac{b}{2L}}{r_1+\dfrac{b}{2L}}$$

则由（B－1）式可得

$$P_i = I'L_x,\quad Q_i = I'L_y,\quad R_i = I'L_z \tag{B－5}$$

为保证（B－4）式能够计算出合理值，还必须对一些观测点（计算点）进一步给出如下特殊规定：

1）若观测点 O 落在多边形的两个线积分计算点 P_1（始点）与 P_2（终点）之间，或 O 点与 P_1、P_2的位置形成了 O、P_2、P_1的直线关系，此时有 $r_1=-\dfrac{b}{2L}$，在（B－4）式中

出现了分母项$\left(r_1+\frac{b}{2L}\right)=0$的情况，故（B－4）式须用

$$I=L_x\int_0^1 (Lt-r_1)^{-1}\mathrm{d}t=\frac{L_x}{L}\ln\frac{|L-r_1|}{r_1} \tag{B-6}$$

代替。

2）在（B－5）式的计算中，若$L=r_1$，这时观测点落在了线积分的终点上，与所有的观测点落在多面体任意一个角点的情况一样，该点无法计算出异常值。补救的办法是，在这些测点周围圈出半径足够小的区域将该点去除掉。

附录C　重力、磁法勘探中的单位对照表

表 C－1　基本单位

名称及符号	CGSM 单位制			SI 单位制		
	单位名称	符号	量纲	单位名称	符号	量纲
长度 L	厘米	cm	L	米	m	L
质量 M	克	g	M	千克	kg	M
时间 T	秒	s	T	秒	s	T
电流 I				安培	A	I

表 C－2　重力勘探中常用物理量单位对照表

物理量名称及符号	量纲	SI 单位及常用分数单位	CGSM 单位及常用分数单位	单位换算式
密 度 ρ	$L^{-3}M$	kg/m^3	g/cm^3	$1kg/m^3=10^{-3}g/cm^3$
重力加速度 g	LT^{-2}	m/s^2	cm/s^2	$1m/s^2=10^2\ cm/s^2$
力 f	LMT^{-2}	N（牛顿）$=kg\cdot m/s^2$	dyn（达因）$g\cdot cm/s^2$	$1N=10^5dyn$
万有引力常数 G	$L^3M^{-1}T^{-2}$	$6.67\times10^{-11}m^3/(kg\cdot s^2)$	$6.67\times10^{-8}cm^3/(g\cdot s^2)$	相等
重力场强度 g	LT^{-2}	m/s^2 g. u. $=10^{-6}\ m/s^2$	$1cm/s^2=Gal$（伽） $1mGal=10^{-3}Gal$	$1m/s^2=10^2$ Gal 1g. u. $=10^{-1}mGal$
引力位 U 及重力位 W	L^2T^{-2}	m^2/s^2	cm^2/s^2	$1m^2/s^2=10^4\ cm^2/s^2$
重力位二阶导数 W_{xz}、W_{zz} 等	T^{-2}	$1/s^2$ 1E（艾维）$=10^{-9}s^{-2}$	$1/s^2$ 1E（艾维）$=10^{-9}s^{-2}$	相等 相等（E 又称厄缶）
重力位三阶导数 W_{zzz}	$L^{-1}T^{-2}$	MKS（W_{zzz}） $=1/(m\cdot s^2)$ nMKS（W_{zzz}） $=10^{-9}$ MKS（W_{zzz}） pMKS（W_{zzz}） $=10^{-12}$ MKS（W_{zzz}）	CGSM（W_{zzz}） $=1/(cm\cdot s^2)$ pCGSM（W_{zzz}） $=10^{-12}$ CGSM（W_{zzz}） fCGSM（W_{zzz}） $=10^{-15}$ CGSM（W_{zzz}）	1MKS（W_{zzz}） $=10^{-2}$ CGSM（W_{zzz}） 1nMKS（W_{zzz}） =10pCGSM（W_{zzz}） 1pKMS（W_{zzz}） =10fCGSM（W_{zzz}）

表 C－3　磁法勘探中常用物理量单位对照表

物理量名称及符号	SI 单位及常用分数单位		CGSM 单位及常用分数单位		单位换算式
	单位	量纲	单位	量纲	
磁荷 Q_m	N·m/A （牛顿·米/安培）	$L^2MT^{-2}I^{-1}$	CGSM（Q_m）	$L^{3/2}M^{1/2}I^{-1}$	$1N\cdot m/A=(1/4\pi)\times10^8$ CGSM（Q_m）

续表

物理量名称及符号	SI 单位及常用分数单位		CGSM 单位及常用分数单位		单位换算式
	单位	量纲	单位	量纲一	
磁导率 μ	H/m（亨利/米）	$LMT^{-2}I^{-2}$	CGSM（μ）	量纲一	1H/m =（1/4π）× 10^{-7}CGSM（μ）
磁感应强度 B	T（特斯拉） nT（纳特）= 10^{-9} T	$MT^{-2}I^{-1}$	Gs（高斯） （γ（伽马）= 10^{-5} Gs）	$L^{-1/2}M^{1/2}T^{-1}$	1T = 10^4 G_s （1nT = 1γ）
磁场强度 H	A/m（安培/米）	$L^{-1}I$	Oe（奥斯特）	$L^{-1/2}M^{1/2}T^{-1}$	1A/m = 4π × 10^{-3}Oe
自感系数 L	H（亨利）	$L^2MT^{-2}I^{-2}$	CGSM（L）	L	1H = 10^9CGSM（L）
磁通量 ϕ	Wb（韦伯）	$L^2MT^{-2}I^{-1}$	Mx（麦克斯韦）	$L^{3/2}M^{1/2}T^{-1}$	1Wb = 10^8Mx
磁偶极矩 P_m	N · m^2/A	$L^3MT^{-2}I^{-1}$	CGSM（p_m）	$L^{5/2}M^{1/2}T^{-1}$	1N · m^2/A =（1/4π）× 10^{10}CGSM（p_m）
磁矩 m	A · m^2	L^2I	CGSM（m）	$L^{5/2}M^{1/2}T^{-1}$	1A · m^2 = 10^3CGSM（m）
磁极化强度 J	T	$MT^{-2}I^{-1}$	CGSM（J）	$L^{-1/2}M^{1/2}T^{-1}$	1T =（1/4π）× 10^4CGSM（J）
磁化强度 M	A/m	$L^{-1}I$	CGSM（M）	$L^{-1/2}M^{1/2}T^{-1}$	1A/m = 10^{-3}CGSM（M）
磁化率 κ	SI（κ）	量纲一	CGSM（κ）	量纲一	1SI（κ）=（1/4π）CGSM（κ）
磁荷体密度 ρ_m	N/（A · m^2）	$L^{-1}MT^{-2}I^{-1}$	CGSM（ρ_m）	$L^{-3/2}M^{1/2}T^{-1}$	1N/（A · m^2）=（1/4π）× 10^2CGSM（ρ_m）
磁标位 U_M	A	量纲一	Gb（吉伯）	$L^{1/2}M^{1/2}T^{-1}$	1A = 4π × 10^{-1}Gb

参考文献

北京大学地球物理教研室、中国科技大学地球物理教研室.1986. 地磁学教程. 北京：地震出版社

北京地质仪器厂.1976. 机械式磁力仪. 北京：地质出版社

北京地质仪器厂.1985. CZM—2 型质子磁力仪使用说明书

北京地质仪器厂编译.1988. IGS—MP—4 型质子磁力仪操作手册.

长春地质学院测量教研室.1978. 物探测量. 北京：地质出版社

长春地质学院磁法教研室.1979. 磁法勘探. 北京：地质出版社

地面磁测资料解释推断手册编写组.1979. 地面磁测资料解释推断手册. 北京：地质出版社

燃料化学工业部，北京大学数学力学系，成都地质学院物探系，华东石油学院勘探系.1974. 地震勘探数字技术. 北京：科学出版社

武汉地质学院，成都地质学院，河北地质学院，合肥工业大学.1980. 应用地球物理学——磁法教程. 北京：地质出版社

西安地质学院.1979. 磁法勘探. 北京：地质出版社

中华人民共和国地质矿产行业标准.1994. 地面高精度磁测技术规程. 中华人民共和国地质矿产部

中华人民共和国地质矿产行业标准.1995. 地面磁勘查技术规程. 中华人民共和国地质矿产部

中华人民共和国地质矿产行业标准.1995. 航空磁测技术规范. 中华人民共和国地质矿产部

重力勘探资料解释手册编写组. 重力勘探资料解释手册.1983. 北京：地质出版社

奥菲塞 C B 著，王子昌等译.1980. 理论地球物理学引论. 北京：科学出版社

巴特 M 著，郑治贞译.1978. 地球物理学中的谱分析. 北京：地震出版社

白武明等.2003. 地球动力学. 北京：地震出版社

Bell R E, Watts 著，武传真译. 刘元龙校.1987. 对 Conrad 海洋调查船上的 BEM－3 海洋重力仪系统的评价. 地球物理学进展

布赖姆 E O 著，柳群译.1979. 快速傅里叶变换. 上海：上海科学技术出版社

陈善.1986. 重力勘探. 北京：地质出版社

程乾生.1979. 信号数字处理的数学原理. 北京：石油工业出版社

董焕成.1993. 重磁勘探教程. 北京：地质出版社

郭敦仁.1978. 数学物理方法. 北京：人民教育出版社

何宝侃，周熙襄，钟本善.1980. 地球物理反问题中的最优化方法. 北京：地质出版社

黄国祥，余惠祥，蔡文成.1988. 应用地球物理——磁法勘探. 长沙：中南工业大学出版社

姜寿亭.1993. 铁磁性理论. 北京：科学出版社

列维亚金 П C 等著，郭武林译.1991. 高精度磁法勘探. 北京：地质出版社

刘光鼎.1997. 地球物理与中国建设——庆祝中国地球物理学会成立 50 周年. 北京：地质出版社

楼海，王椿镛，王飞.2000. 卫星重力资料揭示的新疆天山地区构造动力学状态. 地震学报，第 22 卷第 5 期，482－490

栾文贵.1989. 地球物理中的反问题. 北京：科学出版社

罗孝宽，郭绍雍.1991. 应用地球物理教程——重力 磁法. 北京：地质出版社

穆石敏.1990. 区域地球物理数据处理方法及其应用. 长春：吉林科学技术出版社

秦葆瑚，张昌达等.1988. 高精度磁法勘探. 长沙：中南工业大学出版社

莎玛 P V 著，王恕铭等译.1983. 地质学研究中的地球物理方法. 北京：地质出版社

申宁华，管志宁.1985. 磁法勘探问题. 北京：地质出版社

史谞.2002. 地球物理学基础. 北京：北京大学出版社

谭成泽、郭绍雍.1984. 磁法勘探教程. 北京：地质出版社

唐光后.1996. 我国物探仪器的现状和展望. 物探与化探，(1)

滕吉文.2003. 固体地球物理学概论. 北京：地震出版社

王基.1999. 中国大陆基底构造的地球物理解释——地球物理第 30 届国际地质大会论文集. 北京：地质出版社

王家林，王一心，万明浩.1991. 石油重磁解释. 北京：石油工业出版社
王谦身，安玉林，张赤军，蒋福珍.2003. 重力学. 北京：地震出版社
王为民.1986. 电磁场理论. 武汉：华中工学院出版社
王延权等.1980. 定向水平磁力仪及水平向量磁异常测量. 北京：地质出版社
吴宣志，刘光海，薛光琦.1987. 傅里叶变换和位场谱分析方法及其应用. 北京：测绘出版社
萧敬涌、周国藩.1983. 重力勘探资料解释手册. 北京：地质出版社
熊光楚.1986. 地球物理调查预测金属矿产. 北京：地质出版社
徐公达、周国藩.1989. 井和坑道重力测量. 北京：地质出版社
徐文耀.2003. 地磁学. 北京：地震出版社
薛琴访.1978. 场论. 北京：地质出版社
扬诺夫斯基 Б М 著，刘洪学、周姚秀译.1982. 地磁学. 北京：地质出版社
于汇津. 邓一谦.1991. 勘查地球物理概论. 北京：地质出版社
曾华霖.2005. 重力场与重力勘探. 北京：地质出版社
曾融生.1984. 固体地球物理学—导论. 北京：科学出版社
左愚，金宜声.1999. 中国高精度重力勘查技术与应用—地球物理. 第30届国际地质大会论文集. 北京：地质出版社
Barongo J O. 1984. Euler's differential equation and the identification of the magnetic pointpole and point－dipole sources, Geophysics, Vol. 49
Bell F C. 1969. Schuler's princinciple and inertial navigation vol. 147. p. New York Academy of Sciences Annual 493－514
Bhattacharyya B K and Leu Lei Kuang. 1975. Analysis of magnetic anomalies over Yellowstone National Park: mapping of curie point isothermal surface for geothermal reconnaissance, J. Geophys. Res., Vol. 80, No. 32
Bhattacharyya B K and Leu Lei Kuang. 1975. Spectral analysis of gravity and magnetic anomalies due to two－dimensional structures. Geophysics, Vol. 40, No. 6
Bhattacharyya B K and Leu Lei Kuang. 1977. Spectral analysis of gravity and magnetic anomalies due to rectangular prismatic bodies. Geophysics, Vol. 42, No. 1
Bijendra Singh and Guptasarma D. 2001. New method for fast computation of gravity and magnetic anomalies form arbitrary polyhedra. geophysics, Vol. 66, 521－526
Campbell W. 1997. Introduction to geomagnetic fileds. Cambridge University Press
Bhskara Rao D and Ramesh Babu N. 1991. A Fortran－77 computer program for three－dimensional analysis of gravity anomalies with variable density contrast, Computer &. Geosciences, Vol. 17, 655－667
Bhskara Rao D, Parakask M J and Ramesh Babu N. 1990. 3D and 2. 5D modeling of gravity anomalies with variables density contrast. Geophysical Prospecting, Vol. 38, 411－422
D Guptasarma and Singh B. 1999. New scheme for computing the magnetic filed resulting from a uniformly magnetized arbitrary polyhedron. Geophysics, Vol. 64, 70－74
Parasnis D S. 1986. Principles of applied geophysics. Printed in great Britain by J. W. Arrowsmith Ltd., Bristol
Oldenburg D W. 1974. The inversion and interpretation of gravity anomalies. Geophysics, Vol. 39, 526－536
ENVI geophysical system operations manual. 1997. Canada, SCINTREX Limited
Erdelyi A. et al. 1954. Tables of Integral Transforms. Vol. 1. McGraw-Hill, New York
Erdélyi A; Oberhettinger M F; and Tricomi F G. 1994. Tables of integral Transforms. Based, in part, on notes left by Harry Bateman and compiled by the staff of the Bateman Manuscript project, 2 vols. New York: McGraw-Hill, 1954. Furness, P. A physical approach to computing magnetic fields. Geophys. Prosp, Vol. 42, 405－416
Gerard A and Debeglia N. 1975. Automatic three－dimensional modeling for the interpretation of gravity or magnetic anomalies. Geophysics, Vol. 40, 1014－1034
Götze H J and Lahmeyer B. 1988. Application of three－dimensional interactive modeling gravity and magnetics. Geophysics, Vol. 53, 1096－1108
Holstein H and Ketteridge B. 1996. Gravimetric analysis of uniform polyhedra. geophysics, Vol. 61, 357－364
Holstein H Schurholz P, Starr A J and Chakraborty M. 1999. Comparison of gravimetric formulas for uniform polyhedra. geophysics,

Vol. 64, 1438 - 1446

Horst Holstein. 2002. Gravimagnetic similarity in anomaly formulas for uniform polyhedra. Geophysics, Vol. 67, 1126 - 1133

International Association of Geomagnetism and Aeronomy (IAGA) Drvision V, Working group 8. 1991. Analysis of the main field and secular variation ; International Geomagnetic Reference Field, 1991 Revision, J. Geomag. Geoelectr. 43, 1007 - 1012

International Association of Geomagnetism and Aeronomy (IAGA) Drvision V, Working group 8. 2000. International Geomagnetic Reference Field, http: //www. dsri. dk/Oersted/Filed_ models

Ivan M. 1996. Optimum expression for computation of the magnetic field of a homogeneous pohyhedral body. geophys, Prosp. , Vol. 44, 279 - 288

Mohan N L. 1980. Interpretation of some two - dimensional magnetic bodies using Hilbert transforms. Geophysics, Vol. 45, No. 3

Nabighian M N. 1984. Toward a three dimensional automatic interpretation of potential field data Via generalized Hilbert transforms: fundamental relations. Geophysics, Vol. 49, No. 6

Okabe M. 1979. Analytical expressions for gravity anomalies due to homogeneous polyhedral bodies and translations into magnetic anomalies. Geophysics, Vol. 44, 730 - 741

Parker R L and Huestis S P. 1974. The inversion of magnetic anomalies in the presence of topography, J. G. Research, Vol. 79

Parker R L. 1972. The rapid calculation of potential anomalies. Geophys. J. Roy. Astr Soc, Vol. 31, 447 - 455

Parker R L. 1974. A new method for modeling marine gravity and magnetic anomalies. J. G. Research, Vol. 79

Paterson N R. 1991. Use of Euler deconvolution in recognizing magnetic anomalies of pipelike bodies. Abstracts from 61th SEG, 642 - 645

Pawlowski P S. 1990. Gravity anomaly separation by Wiener filtering. Geophysics, Vol. 55, No. 5

Pohánka V. 1988, Optimum expressions for computation of the gravity field of a homogeneous polyhedral body. Geophys. Prosp. , Vol. 36, 733 - 751

Richard J Blakely. 1995. Potential theory in gravity and magnetic applications. Cambridge University Press

Spector A and Ggromd F S. 1970. Statistical model for interpreting aeromagnetic data. Geophysics, Vol. 35, 293 - 302

Telford W M, Geldart L P, Sheriff R E. 1990. Applied geophysics second edition. Cambridge University Press

Telford W M, Geldart L P, Sheriff R E, Keys D A. 1978. Applied geophysics. Cambridge University Press

Willian Menke. 1984. Geophysical Data Analysis: Discrete inverse theory. Academic Press. INC

Won I J and Michael Bevis. 1987. Computing the gravitational and magnetic due to a polygon: algorithms and Fortran subroutines. Geophysics, Vol. 52, 232 - 238